EL ARCOÍRIS DE LA EVOLUCIÓN

Diversidad, género y sexualidad en la naturaleza y en las personas

JOAN ROUGHGARDEN

EL ARCOÍRIS DE LA EVOLUCIÓN

Diversidad, género y sexualidad en la naturaleza y en las personas

JOAN ROUGHGARDEN

Prólogo de

Alana S. Portero

Traducción de

Patricia Teixidor

Capitán Swing

Título original:

Evolution's Rainbow: Diversity, Gender, and Sexuality in Nature and People (2013)

Corrección ortotipográfica:
Victoria Parra Ortiz

ISBN: 978-84-123902-2-3
Depósito Legal: M-28248-2021
Código BIC: FV

Impreso en España / *Printed in Spain*
Artes Gráficas Cofás, Móstoles (Madrid)

Índice

Parte II. Arcoíris humanos

Parte III. Arcoíris culturales

Prefacio a la edición de 2013

Diez años después, *El arcoíris de la evolución* sigue ofreciendo una revisión valiosa sobre la diversidad de la sexualidad y la expresión de género en los animales y en las personas. Su valor ha persistido en parte por haber conseguido reunir en un solo lugar la magnitud de esta diversidad.

Otra de sus virtudes es que su enfoque es biológico, mientras que la mayor parte de los libros sobre género y sexualidad provienen de las humanidades o la medicina. Mi enfoque es el que adoptaría un marciano biólogo que viniera de expedición a la Tierra. Un marciano recién llegado observaría a su alrededor y se percataría de la diversidad que existe entre los animales, incluidos los humanos. Cuando lea este libro, imagine que es usted un joven Darwin, no el Darwin mayor, pensativo y barbudo de la mayoría de las fotografías, sino el joven que intentaba descubrir lo que había «allí afuera»: el Darwin que desembarcó en las islas Galápagos y quedó maravillado con las extrañas y sorprendentes criaturas con las que se fue topando. Al desembarcar en el campo de la sexualidad y el género, también usted descubrirá infinidad de hechos asombrosos. El objetivo es desentrañar qué hay en esta diversidad; no explicarla, sino aceptarla y ponerla sobre la mesa para futuras discusiones. Escribí este libro con la mentalidad de una bióloga exploradora, como la de aquellos expedicionarios de los años 1800 o como un marciano que visitara la Tierra hoy. Era consciente de que los estereotipos existentes sobre la conducta de los machos y las hembras no se ajustaban a lo que vemos en los animales, y sospechaba que tampoco eran acertados en el caso de las personas. Por tanto, este texto es una expedición para descubrir qué hay ahí fuera.

El libro también se centra en las equivocaciones de la ciencia actual a la hora de explicar la diversidad en el género y la sexualidad. Hoy en día, los científicos dicen estar interesados en investigaciones «transformadoras», y las principales entidades de financiación científica del Gobierno de Estados Unidos, así como de algunas fundaciones privadas, afirman buscar proyectos que cumplan este objetivo. Sin embargo, existen dos tipos de conocimientos transformadores: el extensivo y el desestabilizador. Es fácil entusiasmarse con investigaciones extensivas, y, aunque suelen ser arriesgadas, cuando funcionan, ¡guau!, se convierten en la respuesta a todo tipo de cuestiones. A menudo llevan consigo el desarrollo de nuevas tecnologías y su aplicación a problemas empíricos sin resolver. Los conocimientos desestabilizadores pueden ser igual de transformadores que los extensivos, pero en lugar de entusiasmo siempre provocan actitudes defensivas y hostiles. A nadie le gusta ver sus preciadas teorías aplastadas y convertidas en un montón de ideas deshilachadas. *El arcoíris de la evolución* es tanto transformador como desestabilizador. La herramienta principal para desestabilizar un determinado conocimiento es el criticismo. La transformación, por descontado, solo es completa si después de la desestabilización tiene lugar una reconstrucción. Mis esfuerzos de reconstrucción se publicaron en la secuela de este libro, *The Genial Gene* (El gen genial).[1] De alguna manera, *El arcoíris de la evolución* prepara el terreno para la reconstrucción que está empezando a ocurrir actualmente.

Este texto critica la respetada versión de los roles de género «universales» de machos y hembras, sobre los que Darwin escribió hacia 1871 bajo el título de «selección sexual».[2] Puede que esta versión le resulte familiar gracias a los medios y a los programas de naturaleza que retratan a los machos siempre como promiscuos y a las hembras como quisquillosas y tímidas. Se presupone que estos rasgos de los machos y las hembras explican, por ejemplo, por qué el pavo real tiene una preciosa cola: los machos promiscuos

[1] J. Roughgarden, *The Genial Gene*, University of California Press, 2009.

[2] C. Darwin, *The Descent of Man and Selection in Relation to Sex*, John Murray, 1871 [trad. cast.: *El origen del hombre y la selección en relación al sexo*, Los Libros de la Catarata, 2019].

suelen ser los que muestran su cola a las hembras, que eligen como compañeros solo a los que tienen colas más vistosas. Este libro demuestra lo absurdo de estos estereotipos al enfrentarnos con hechos reales de la vida. En respuesta a mis críticas, muchos biólogos están redefiniendo la selección sexual de forma que, al hacer referencia a los roles sociales, no se mencione a machos promiscuos y hembras tímidas. Se ha redefinido la selección sexual para que sea más general, tratando únicamente con rasgos que hayan evolucionado al competir por conseguir pareja, sin atribuir ninguna característica genérica a machos o hembras.[3] Esta definición revisada es mucho mejor que la anterior versión de los roles sexuales que critica este libro. La considero una reconstrucción positiva de la selección sexual, inspirada tanto por este libro como por mis artículos posteriores. Por supuesto, esta versión podría seguir siendo incorrecta si los rasgos que se pensaba que habían evolucionado como respuesta a la competitividad entre machos lo hubieran hecho en respuesta a alguna otra forma de selección natural, como la que implica la cooperación entre machos y hembras, tal y como se describe en *The Genial Gene*. La potencial aplicación de la versión revisada de la selección sexual es actualmente un tema abierto en biología.

Han aparecido traducciones de *El arcoíris de la evolución* en portugués y coreano, y *The Genial Gene* se ha traducido al francés. Además, un talentoso artista, Gwen Seemel, ha escrito e ilustrado un libro bellísimo, *Crime against Nature*, que presenta a muchas de las especies animales mencionadas aquí y que ha sido adaptado para niños.[4] Espero que usted se una a los muchos lectores que ya han disfrutado y se han beneficiado de leer *El arcoíris de la evolución*.

Joan Roughgarden
Kapa, Hawái
17 de abril de 2013

---

[3] D. M. Shuker, «Sexual selection: Endless forms or tangled bank?», *Anim. Behav.* 79, 2010, pp. E11-E17.

[4] G. Seemel, *Crime against Nature: A More Accurate Telling of What's Natural*, autopublicación, 2012.

Prefacio a esta edición

Los editores me han pedido algunos comentarios sobre la controversia surgida a raíz de la conquista de los derechos de los trans en España y su consiguiente rechazo. No me corresponde a mí, como extranjera, comentar acerca de cuestiones políticas españolas. Sin embargo, este libro puede arrojar algo de luz y consuelo a aquellos que luchan por saber si un compromiso con la inclusión puede extenderse lo suficiente como para abarcar a las personas transgénero. Respeto la urgencia que sienten las personas trans en su deseo de salir de la nada y participar en todos los aspectos de la vida social y religiosa como lo que son. También respeto la ansiedad que provocan estas nuevas incorporaciones al escenario social y religioso: ¿pondrán en peligro las personas trans las mismas instituciones a las que desean unirse abiertamente? Este libro ofrece consuelo y aliento tanto a las personas trans como a los que están preocupados por la perspectiva de ver sus propias experiencias eclipsadas de algún modo por estos recién llegados. Por supuesto, los precedentes sirven de guía: después de todo, la llegada del matrimonio homosexual fortaleció la institución del matrimonio en lugar de debilitarla. Es de suponer que la inclusión plena de los trans en nuestras instituciones sociales y religiosas también las fortalecerá. Este libro proporciona una base para ese optimismo, más allá de la mera fe en los precedentes. Muestra cómo la naturaleza ofrece una asombrosa cornucopia de diversidad sexual y de género, y revela que la diversidad sexual y de género en el ser humano resulta más bien anodina cuando se compara con lo que la naturaleza ya ha construido. En él también reviso cómo muchas culturas humanas a lo largo de la historia y en todo el mundo han integrado la diversidad de género y sexual dentro de sus formas sociales e institucionales. Espero que este libro resulte sorprendente y estimulante para el lector.

JOAN ROUGHGARDEN
11 de agosto de 2021

Prólogo

Alana S. Portero

I. Una anécdota personal sobre frenología moderna

Nunca había tenido ningún problema con el aspecto de mis brazos hasta ese día. Terminaba septiembre de 2016, no recuerdo la fecha exacta, tampoco es relevante.

Había empezado mi transición clínica y legal un año antes. Me encontraba en medio de la fase de evaluación psicológica. Las consultas con el especialista en salud mental de la unidad de género del hospital consistían en una tediosa hora en la que yo rellenaba interminables y humillantes test en los que, al parecer, se evaluaba la autenticidad de mi *mujeridad*. A veces manteníamos conversaciones en las que el especialista me hablaba desde un paternalismo enternecedor sobre lo bien que lo estaba haciendo en mi proceso y sobre la de «tiempo de evaluación que nos íbamos a ahorrar gracias a mis habilidades con el maquillaje».

Decía que parte de su trabajo consistía en «enseñar a ser mujer» a las pobres desdichadas que pasaban la evaluación y eran diagnosticadas pero iban *mal educadas* en el correcto desempeño de la feminidad. «Para que no hagan el ridículo», remataba con benevolencia de fraile. Yo me imaginaba las clases de este señor como aquellos balnearios del siglo XIX que escondían psiquiátricos en su interior, lugares a los que se enviaba a las hijas díscolas de la aristocracia y la burguesía a tratarse de sus *histerias*.

Durante aquella consulta concreta tuve que lidiar con uno de los cuestionarios más aberrantes de todos los que hice durante los dos años de evaluación diagnóstica. En él se me preguntaba el grado de disconformidad con mi cuerpo, desglosándolo por partes y puntuando el autodesprecio por cada una de ellas del 1 al 5, siendo 1 ninguna disconformidad y 5 odio absoluto. Esas memeces se contestan con la colección de tópicos sobre la feminidad que se espera de nosotras —y al parecer, de cualquier mujer—, pero ese día me dio por ser sincera. La naturaleza de mi disforia es intensa, así que valoré mi cuerpo desde una perspectiva muy poco amable. Normalmente entregaba el test y me iba. Si había alguna respuesta incorrecta o alejada del camino de la mujer decente, lo comentábamos en la siguiente consulta. Si todo estaba bien y Venus me había susurrado las respuestas correctas, se daba por superado y pasábamos al cuestionario siguiente sin comentario alguno. Esta vez terminé muy pronto, y quedaba casi media hora de consulta que rellenar. Me propuso repasar el cuestionario en ese momento y discutir los posibles problemas. Me pareció bien.

De aquel día, dos cosas se me quedaron grabadas a fuego. La primera, lo contentísimo que se puso aquel hombre de ciencia con toda la vergüenza que destilaban mis respuestas. Ya lo sospechaba, pero ese día entendí, más allá de toda duda razonable, que la clave clínica para obtener el diagnóstico de la «buena transexual» era —y sigue siendo— padecer o demostrar un sufrimiento indecible. Hasta entonces jugábamos a que él era Freud y yo una frágil muchacha que pestañeaba delicada como esperando a que su alférez se decidiese a invitarla a bailar. Su mal disimulada satisfacción me reveló la verdadera naturaleza del paso a dos que estábamos ejecutando mi examinador del género y yo. Ser diagnosticada como mujer trans no solo pasaba por cumplir a rajatabla con comportamientos sexuales literalmente preestablecidos por Darwin, en los que las hembras somos sumisas, tímidas y desapasionadas. Además, la naturaleza de nuestra disconformidad con el género asignado debía ir acompañada de una urgencia lacerante por desempeñar en público y en privado el arquetipo que la ciencia y la cultura patriarcal han diseñado históricamente sobre cómo debe ser una mujer. Una *hembra*.

La segunda cosa que recuerdo es que fue el día exacto en el que empecé a odiar mis brazos, que eran de las pocas partes de mi cuerpo que escapaban a la disforia. En el test los puntué con benevolencia.

Cuando llegamos a esa pregunta en el repaso, el evaluador levantó la vista, me miró por encima de los papeles y me preguntó con sorpresa si no me avergonzaba de ellos. Le dije que no y respondió: «Pues deberías». Ante mi perplejidad sobrevino una avalancha de razones por las que me estaba equivocando y un curso rápido sobre el sexado de extremidades. Con la seguridad que demostraría un primatólogo recogiendo un Nobel, me explicó que hay brazos de hombre y brazos de mujer, y que dan una primera impresión muy potente. No importa lo que hagas con el resto del cuerpo ni los procedimientos estéticos a los que accedas, con esos *brazos de hombre* olvídate de ser percibida como una mujer. Mejor cubrirlos.

Yo solía tratar al profesional y a la evaluación desde la distancia que se pone ante algo tedioso, potencialmente doloroso pero imprescindible para seguir adelante. Tratando de no escuchar las barbaridades que allí se proponían, con una coraza emocional e intelectual. Pero, al final, la transición es un proceso en el que la fragilidad está latiéndote debajo de la piel, y ciertas cosas acaban por atravesar cualquier protección, por fuerte que sea. Así, de una forma ridícula, la mala ciencia, la ciencia vieja, la ciencia aburrida, consiguió condicionarme la vida hasta hoy mismo y hacerme dudar también sobre la pertinencia de la forma de mis brazos, que rara vez llevo al descubierto.

Sus herramientas, estrechas y definidas desde sesgos muy concretos, muy blancos y muy conservadores, no solo no cumplieron los propósitos para los que se estaban aplicando —que eran, además de diagnosticar la disforia, acompañarla y aliviar su peso—, sino que añadieron dudas y sufrimiento extra incluso a alguien que se estaba sometiendo a sus disecciones sin rebelarse.

La ciencia que no se revisa acaba por ser paraciencia y es inútil.

II. Buscar nuevas vidas, nuevas civilizaciones. Llegar donde nadie ha llegado antes: un viaje en el USS *Rainbow* a las órdenes de la capitana Roughgarden

Tienes que ver *Star Trek*. La temporada que quieras. Si nunca te has acercado a la serie te recomiendo empezar por «The Next generation» o «Voyager». Necesitas escuchar a Patrick Stewart recitar la introducción completa antes de cada capítulo poniendo voz al capitán Picard. Si vas a leer *El arcoíris de la evolución* o lo estás hojeando y buscas en este prólogo algo que te convenza, aguanta un poco y déjame que te ponga en situación. Te menciono *Star Trek* porque ninguna otra producción audiovisual ha tratado con tanto acierto, tanta belleza y tanta inteligencia el impulso humano por explorar la maravilla. Sin prejuicios, sin animadversiones culturales y sin miedo a lo desconocido. Y es justo lo que te vas a encontrar en este viaje evolutivo y antropológico junto a Joan Roughgarden.

Hoy, en los planes de estudio ordinarios, seguimos aprendiendo una teoría de la evolución y la selección sexual basada en las observaciones de un solo hombre hace doscientos años. Un hombre al que también hay que entender en su contexto imperialista, colonialista y de formación anglicana devenida en un respetuoso agnosticismo no exento de fe. La importancia de las aportaciones de Darwin es innegable, y suya es la piedra fundacional que ha servido de cimentación al trabajo de los naturalistas contemporáneos. Dicho esto, pretender que la observación de un solo hombre con los medios de hace dos siglos permanezca inalterable como fuente de conocimientos futuros no solo es acientífico, es muy aburrido.

La anécdota que abre este prólogo, aparte de una confesión personal, sirve para dibujar los contornos de esa ciencia hegemónica que se resiste a la revisión y que no es hija de su tiempo. Es una digresión que creo que la autora de este libro entendería perfectamente si leyera el fragmento. Verse atrapada en una dinámica coercitiva que te reduce a un ser estrecho y predecible es, además de doloroso, insultante para cualquier ser humano e indigno de una disciplina que se basa en la observación desprejuiciada y metódica.

¿No es frustrante pensar que solo somos machos dominantes o hembras sumisas? ¿Qué dice de nosotros aceptar tal afirmación sin rechistar porque lo dice la ciencia? ¿Está nuestro destino como individuos escrito de una forma tan plana?

Me niego a que, como contaba al principio, mi condición de mujer, la condición de cualquiera en realidad, se defina a partir de colores, gestos y sumisiones que unos hombres escribieron para dibujar nuestros contornos. Y esa es la premisa que Joan Roughgarden hace estallar por los aires en este libro: toda esa política de definiciones científicas relativas al sexo, el género, su selección, evolución y desarrollo no está escrita por la ciencia, sino por los científicos, que es muy diferente.

Darwin, en su impagable labor como observador, aplicó a lo que veía el sesgo de un hombre de principios del siglo XIX, la época de la palidez y la celebración estética de la consunción. La época de los nacionalismos románticos que acabaron siendo fascismos. La época del exotismo referido a otras culturas. La época en la que el hombre blanco, europeo y colonizador afirma su supremacía y se sitúa en el centro de todas las cosas. Fue incapaz de ver más allá de la supervivencia como una guerra sin cuartel en la que los más fuertes son los únicos que sobreviven. Joan Roughgarden nos introduce en este texto maravilloso el concepto de colaboración como clave de la evolución. Y es tan hermoso, tan rico en sus matices.

El arcoíris de la evolución es una bitácora de observación científica que nos saca de las dos dimensiones de la ciencia decimonónica y nos muestra volúmenes y colores que las profanas solo intuíamos como una corazonada.

Aprendí de *Star Trek* que la cooperación entre individuos y especies deviene en paz, avance y prosperidad; que la diversidad es garantía de riqueza. También que si transitamos el sueño de la utopía debe ser por estos caminos ajenos a la competitividad, la homogeneización y la violencia. Con Joan Roughgarden he confirmado que esto ya se da a nuestro alrededor de formas portentosas y que la utopía está, tan solo, a un cambio de sesgos en nuestra mirada sin que la ciencia deje de ser otra cosa que ciencia misma. Toda observación científica atenta y desprejuiciada, por tanto más cerca de la exactitud, debería buscar la impugnación de las coordenadas clásicas, los campos semánticos y las definiciones institucionales. Y si no su impugnación completa —me disculpo por mis excesos activistas—, sí al menos confrontar todo ello sin miedo a contradecir o reformular lo que sea necesario. Esta obra no es una refutación a Darwin, es una revisión, una actualización y una suma. Un ejemplo perfecto de ese concepto de colaboración entre individuos y saberes que nos hace crecer.

Tranquiliza de algún modo saberse parte de un ecosistema de apoyos mutuos, cambios de perspectivas y permutaciones sexuales y de género constantes; de un universo que hace fluir categorías hasta ahora sagradas al servicio de la evolución. Comprobar que lo que se ha estado catalogando como rareza o anomalía no es ni una cosa ni la otra. Que la normalidad biológica es la ausencia de la misma. Que en un arrecife de coral se dan más expresiones de género, prácticas sexuales y redes de cooperación que durante la semana del Orgullo LGTBIQ+ de nuestras respectivas ciudades.

Joan Roughgarden nos ha contado en estas páginas la cautivadora historia de nuestra complejidad, nos ha descubierto que somos mucho más que entes binarios que matan, mueren o se reproducen.

Comprobar con hechos y argumentos científicos que la humanidad, observada con paciencia y desde diferentes ángulos, se parece mucho más a una colorida selva marina que a esa partida de *Call of Duty* que nos han descrito como evolución resulta esperanzador, hermoso y fascinante. Es una imagen que, si la pensamos con detenimiento, nos proyecta hacia futuros llenos de esperanza en lugar de a los páramos caníbales que no dejamos de imaginar una y otra vez en las ficciones. La violencia extractiva y el individualismo, a fuerza de imponerse como relatos oficiales de nuestra génesis, nos han parasitado hasta los sueños. Aceptar la ley del más fuerte como dinámica rectora es volver a la época de los kurganes, y aplicar sus lógicas a todo lo que nos rodea es un fracaso.

Las principales enseñanzas que he extraído de este viaje a bordo del *Rainbow* junto a la capitana Roughgarden, y que me gustaría compartir contigo a modo de epígrafes que te sirvan para sumergirte en la lectura de *El arcoíris de la evolución*, son estas: la crueldad es, de un modo irrevocable, el inicio de la extinción. No hay supervivencia y evolución posibles sin un sistema de colaboración, adaptación y suma. Todo lo que nos define a través de conceptos planos y cerrados pretende engañarnos.

III. Las motivaciones de la doctora Roughgarden no son las que imaginas

El germen de este libro está relacionado con la marcha del Orgullo LGTBIQ+. En concreto con la de San Francisco de 1997. La doctora Roughgarden asiste a la misma con la idea de su propia transición de género a punto de atravesar los límites entre ideación y realidad. Está de año sabático dándole vueltas a los pormenores de su salida del armario pública y observando el mundo desde ese prisma de fragilidad, incertidumbre e incipiente libertad.

Acude a la celebración del Orgullo con la idea preconcebida de quien no ha ido nunca, y lo que se encuentra es muy diferente de lo que esperaba. La mujer trans que está a punto de revelarse se siente arropada por una marea de diversidad mucho más rica de lo que los parámetros binarios de su educación pueden definir. No es solamente una fiesta de gais, lesbianas, bisexuales y personas trans, categorías que todos hemos aprendido y que dábamos por cerradas. Es mucho más. Mientras Joan, la mujer, se deja llevar por la energía de libertad y se siente un poco en casa; la científica, la doctora Roughgarden, toma el mando y observa aquella explosión de diversidad incatalogable. Hay individuos a los que, literalmente, no es capaz de incluir en las categorías *queer* tradicionales, tampoco en los géneros binarios. Piensa: «La ciencia dice que todas estas personas son defectuosas, pero son demasiadas, quizá es la ciencia la que tiene un problema». Y ahí nace *El arcoíris de la evolución*.

Que no te engañe la chispa que lo origina ni la condición trans de la autora. Esto no es una reescritura trans de la biología o la antropología. No tendría nada de malo si lo fuese, pero no es así. Es un libro científico, una bitácora de observación rigurosa, una suma de argumentos, estudios y experiencias descritos con minuciosidad. Quizá Joan estaba tratando de encontrar su lugar en el mundo, pero es la curiosidad científica, esa exploración de la maravilla de la que hemos hablado, lo que motiva este texto que ya es un clásico de la biología evolutiva.

Solo queda empezarlo. Vas a encontrar descripciones alucinantes sobre el comportamiento de los animales, vas a viajar a lugares del mundo cuyas sociedades han asimilado desde hace milenios realidades humanas que en nuestro «primer mundo» seguimos poniendo en tela de juicio, vas a revisitar la Biblia y te va a sorprender lo que vas a encontrar, vas a dejar el libro apartado varias veces para comprobar datos en internet y seguir aprendiendo sobre la inagotable variedad del mundo que te rodea y del que formas parte. Vas a reírte con algunas de las imágenes que te va a mostrar tu navegador a propósito de tus búsquedas. Y algún mensaje vas a mandar para compartir los hallazgos más insospechados.

Espero haberte ayudado a dar el paso. Tienes entre tus manos, gracias a Joan Roughgarden, a Capitán Swing y a la traductora, Patricia Teixidor, una celebración de la vida en toda su belleza y complejidad. Aprovéchalo y pásalo bien.

Madrid, 27 de julio de 2021

EL ARCOÍRIS DE LA EVOLUCIÓN

Diversidad, género y sexualidad en la naturaleza y en las personas

A mis hermanas de la calle
A mis hermanas en cualquier lugar
A gente de todas partes

EL

ARCOÍRIS

DE LA

EVOLUCIÓN

Introducción

Negar la diversidad

Un caluroso y soleado día de junio de 1997 asistí en San Francisco a mi primer desfile del Orgullo Gay. Me llenó de asombro la cantidad de público que había. Mientras avanzaba desde el Civic Center a Market Street para llegar a la bahía de San Francisco, una multitud formada por varias filas de espectadores nos animaba a ambos lados con sus gritos de ánimo. Sentí por primera vez la verdadera magnitud de la comunidad gay.

Esta imagen se me quedó grabada en la mente. Me preguntaba cómo la biología podía explicar esa enorme población que no encaja en el molde de lo que la ciencia suele poner como ejemplo de lo que es normal. Cuando una teoría científica dice que algo no está bien en tantas personas, puede que la que esté equivocada sea la teoría, no las personas.

Lo que más me sorprendió, sin embargo, no fue la gran cantidad de personas gais que había, sino la diversidad de expresiones presentes en el desfile. Los periódicos sacaron solo a un par de travestis, pero había muchas otras manifestaciones menos llamativas con distintas mezclas de símbolos generizados. Sentí curiosidad y decidí investigar más sobre el tema en cuanto surgiera la primera oportunidad. En los siguientes meses tenía pensado empezar la transición para convertirme en mujer transgénero.[1] No estaba segura de lo que me depararía el futuro: si perdería mi

[1] Ver C. Yoon, «Scientist at work: Joan Roughgarden, a theorist with personal experience of the divide between the sexes», *New York Times*, 17 de octubre de 2000, pp. D1-D2; también una entrevista de cincuenta minutos del 22 de enero de 2001 en el programa 294 de radio en internet GenderTalk, con Nancy Nangeroni y Gordene MacKenzie, disponible en: http://www.gendertalk.com/real/251/gt294.shtml.

puesto de profesora de Biología, si me convertiría en camarera de un bar de noche o si seguiría siquiera con vida. No era capaz de hacer ningún plan a largo plazo.

Aun así, no podía evitar que me asaltara una pregunta tras otra: ¿cuál es la historia real de la diversidad sexual y de género? ¿Existe también esta diversidad en otras especies de vertebrados? ¿Cómo evoluciona en el reino animal? ¿Y cómo se desarrolla a medida que los individuos crecen? ¿Cuál es el papel de los genes, las hormonas y las células cerebrales? ¿Y qué hay de la diversidad en otras culturas y a lo largo de la historia, desde los tiempos bíblicos hasta nuestros días? Es más, me preguntaba dónde podríamos encontrar la diversidad en la expresión de género y de la orientación sexual en la globalidad de la diversidad humana. ¿Es este tipo de diversidad tan inofensivo como las diferencias de altura, peso, proporción corporal y aptitud? ¿O acaso la diversidad en la expresión de género y de la sexualidad invoca una alarma especial y requiere un tratamiento único?

Unos años después de la marcha gay de 1997 seguía viva y conservaba mi empleo. Me obligaron a renunciar a mis responsabilidades administrativas, pero tenía más tiempo para investigar y escribir. Pude volver a pensar en las preguntas que habían inundado mi mente mientras marchaba en el desfile ese magnífico día. Este libro es el resultado.

Descubrí una diversidad mucho mayor de la que nunca había imaginado. A pesar de dedicarme al estudio de la ecología —la diversidad es lo mío—, me quedé atónita. Una gran parte de este texto presenta el sensacional colorido de la diversidad en los vertebrados: las formas de vida de las familias animales, cómo se organizan sus sociedades, cómo cambian de sexo, cómo pueden tener más de dos géneros, cómo las especies a menudo incorporan en sus sistemas sociales el cortejo entre individuos del mismo sexo. Esta diversidad revela la estabilidad evolutiva y la importancia biológica de expresiones de género y sexualidad que van mucho más allá del tradicional binomio macho-hembra o Marte-Venus. También descubrí que, a medida que pasamos de minúsculos embriones a adultos, nuestros genes toman decisiones. Nuestra gloriosa diversidad es el resultado de la aprobación de varios acuerdos bioquímicos por parte de nuestros «comités de genes». En la democracia celular cacofónica ningún gen es el rey, ningún tipo de cuerpo domina de forma suprema ni existe ningún molde universal.

Me dediqué a estudiar la valoración que hacen algunas culturas de las personas transgénero, en qué pasajes de la Biblia aparecen personas trans, y descubrí las distintas maneras en las que personas de culturas diversas organizan las categorías identitarias. Aunque todas las culturas abarcan el mismo rango de diversidad humana, tienen sus maneras particulares de distinguir identidades gais, lesbianas y transgénero.

Todos estos descubrimientos eran nuevos para mí y todavía hoy me resultan extremadamente atractivos, dándome la posibilidad de llenar páginas y páginas de expresiones como: «¡guau!», «¡eso no lo sabía!» y «¿en serio?». Así, este libro recorre mis memorias de viaje por los intersticios académicos de la ecología y la evolución, la biología molecular, la antropología, la sociología y la teología. Mi conclusión general es que cada disciplina académica tiene su propia manera de discriminar la diversidad. Al inicio, pensé que el mensaje principal del libro sería ofrecer un catálogo de la diversidad que validara biológicamente las expresiones divergentes de género y sexualidad. Aunque este catálogo es importante, a medida que reflexionaba sobre mi viaje académico me iba preguntando por qué no conocíamos más sobre esa maravillosa diversidad sexual y de género que encontramos en la naturaleza. Empecé a ver el mensaje fundamental del libro como una crítica al mundo académico por suprimir y negar la diversidad. Ahora creo que esas disciplinas académicas deberían volver a la escuela, repasar sus datos de partida y resurgir con un concepto de diversidad reformado, ampliado y más exacto.

En el campo concreto de la ecología y la evolución, la teoría de la selección sexual de Darwin ha menospreciado la diversidad sexual y de género. Esta teoría predica que los machos y las hembras siguen unos determinados patrones universales —el macho ardiente y la hembra tímida— y que cualquier desviación de ese patrón constituye una anomalía. Sin embargo, los hechos que ocurren en la naturaleza desmienten la teoría de la selección sexual darwiniana. En la biología molecular y en la medicina, la diversidad se considera patológica: la diferencia se trata como enfermedad. Además, la ausencia de una definición científica de la misma implica que los diagnósticos sobre las enfermedades a menudo estén cargados de valoraciones que rayan en el prejuicio. En las ciencias sociales, las diferencias de género y sexualidad se consideran algo irracional, carente de autonomía personal. Se piensa que las personas no conformes con su género o sexualidad se comportan guiadas por una devoción irracional a dioses primitivos, que actúan guiadas por necesidades psicológicas inverosímiles o por convenciones sociales que les han lavado el cerebro, etc.: siempre parece haber una razón para no tomarlas en serio.

El problema fundamental radica en que nuestras disciplinas académicas están arraigadas en la cultura occidental, que es discriminatoria respecto de la diversidad, y cada una encuentra su propia justificación para esta discriminación. Este libro llama la atención sobre un patrón común denigrante existente en el mundo académico hacia cualquier variación sexual o de género y anticipa las dificultades de cada disciplina.

Aunque cualquier criticismo es valioso por derecho propio y no es responsabilidad de la persona que critica proporcionar soluciones, he propuesto mejoras cuando me ha sido posible. Ofrezco alternativas para interpretar la conducta de los animales, interpretaciones que pueden ser probadas y facilitarán en última instancia una ciencia más exacta. Sugiero nuevos enfoques sobre genética y desarrollo que pueden generar una industria biotecnológica más exitosa. Demuestro que los criterios matemáticos para explicar la rareza de una enfermedad genética tienen ciertas ventajas que posiblemente se hayan pasado por alto en genes que se han considerado defectuosos. Sugiero una lectura nueva de las historias de personas no conformes con su género en distintas culturas y llamo la atención sobre aspectos de la Biblia que han pasado desapercibidos y que apoyan la diversidad de género.

Lo que *no* apoyo es que, porque exista variación sexual y de género en los animales, esta variación tenga que ser también buena para los humanos. La gente podría pensar que al ser científica voy a decir algo como «lo natural es bueno». No abogo por ninguna versión de esta falacia que confunde los hechos con lo que es válido. Creo que la bondad de cualquier rasgo natural pertenece al campo de la ética, no de la ciencia. El infanticidio es algo natural en muchos animales, pero no está bien en los humanos. La diversidad de género y la homosexualidad también son naturales en los animales y muy normal en los humanos. Lo que me parece inmoral es la homofobia y la transfobia. En grado extremo, estas fobias pueden llegar a ser enfermedades que necesiten terapia, al igual que el miedo excesivo a las alturas o a las serpientes.[2]

Tampoco sugiero que se pueda comparar directamente a las personas con los animales. De hecho, incluso algunos pueblos de determinadas culturas tienen experiencias vitales que no son comparables, y comparar a la gente con los animales implica un riesgo aún mayor. Sin embargo, a veces encontramos paralelismos entre culturas. El *rugby* equivale al fútbol americano, pero implica una cultura del deporte distinta. Algunos aspectos del fútbol americano, como la forma de empezar a jugar dándole una patada al balón, son comparables al *rugby*. Del mismo modo, podemos establecer paralelismos entre la forma de comportarse de las personas y de los animales, como si estos nos ofrecieran culturas biológicas parecidas a las nuestras. Estoy más que dispuesta a antropomorfizar a los animales. No es que los animales sean realmente como las personas, pero tampoco son meras máquinas. Cometemos un error si atribuimos demasiadas cualidades humanas a los animales, pero los subestimamos si pensamos que son como robots. En esto he intentado lograr un equilibrio.

Para el título del libro he tomado prestada la palabra *arcoíris* y la he ido utilizando a lo largo de sus páginas. Esta palabra significa diversidad, sobre todo en cuanto a minorías raciales y culturales. El reverendo Jesse Jackson fundó la Coalición Nacional Arcoíris, con la que se presentó a candidato en las presidenciales. El arcoíris también simboliza la liberación de los gais.

---

[2] H. Adams, L. Wright y B. Lohr, «Is homophobia associated with homosexual arousal?», *Psychological Review* 103, 1996, pp. 320-335. Los psicólogos definen la «homofobia» como el temor a estar en espacios reducidos con personas homosexuales y sentir miedo, odio e intolerancia irracionales hacia las personas homosexuales.

Es posible que usted trabaje con personas biológicamente diversas o que las supervise. Puede que sea progenitor o pariente de un niño inusual. Puede que sea docente, jefe *scout*, *coach*, ministro, diputado, analista político, juez, agente de policía, periodista o terapeuta y se pregunte por qué sus colegas, clientes o electores son tan diferentes a lo que de niños nos adoctrinaron que estaba dentro de la norma. Puede que sea un estudiante de instituto o de colegio y que esté intentando entender a algún compañero de clase diferente. Puede que esté a punto de realizar una profunda inspiración para conseguir ser usted mismo, o que haya salido del armario hace años y quiera conectar con sus orígenes. Puede que esté estudiando Teoría del Género y se pregunte qué tiene la ciencia que decir, o que sea una científica que quiere poner su granito de arena en la teoría feminista. Puede que sea un especialista en biología de la conservación intentando que la biodiversidad adquiera más importancia en los problemas humanos. Puede que sea un estudiante de Medicina que necesita conseguir más información sobre diversidad que la que enseñan en la facultad. Puede que pertenezca a un grupo de discusión en su lugar de culto y que esté intentando entender cómo ser más inclusivo. O puede que sea un joven estudiante de doctorado en búsqueda de un tema para la tesis. En todos los casos, este libro es para usted.

En la primera parte, «Arcoíris animales», comienzo con mi propia disciplina: la ecología y la evolución. Ya he escrito con anterioridad sobre la evolución del sexo: ¿por qué los organismos han evolucionado para reproducirse sexualmente, en lugar de simplemente mediante gemación, fragmentación, partenogénesis o algún otro tipo de reproducción no sexual?[3] La reproducción que utiliza el sexo en lugar de prescindir de él es mejor porque las especies necesitan una cartera equilibrada de genes para sobrevivir a largo plazo, y el sexo reequilibra constantemente el material genético de una especie. Sin embargo, aunque este beneficio asociado a la mezcla de genes sea universal, las formas de implementar esta reproducción sexual son extraordinariamente diversas, abarcando muchos tipos de cuerpos, organizaciones

---

[3] J. Roughgarden, «The Evolution of Sex», *Amer. Natur.* 138, 1991, pp. 934-953.

familiares y patrones de emparejamiento entre sexos distintos y dentro del mismo sexo, con unos valores propios y una lógica interna única.

La primera parte repasa los patrones corporales, los géneros, las organizaciones familiares, la selección de pareja entre machos y hembras, y la sexualidad en los animales, llegando a la conclusión de que la teoría de la selección sexual de Darwin es falsa. Encuentro que se ha abusado demasiado de descripciones competitivas de la naturaleza, al estilo de «la ley del más fuerte»; defiendo que los animales desarrollan amistades de diferentes tipos, muchas condicionadas por la sexualidad, y que multitud de roles sociales se expresan a través de símbolos corporales de género. La gran diferencia existente entre el tamaño de un óvulo y el del esperma (un índice de masa de un millón a uno) no se da en el mismo grado a nivel corporal, conductual y de historia vital. Cuando existe un binario de género, la diferencia suele ser leve y algunas veces invalida los estereotipos de género. Además, a menudo existen más de dos géneros, con múltiples tipos de machos y hembras. Esta diversidad en la vida real en cuanto a la expresión sexual y de género supone un desafío a las bases de la teoría evolutiva.

Darwin es bien conocido por tres afirmaciones: que las especies se relacionan entre sí al compartir un linaje de antepasados comunes; que las especies cambian por medio de la selección natural, y que los machos y las hembras siguen patrones universales (los machos son ardientes y las hembras tímidas). Esta tercera afirmación proviene de su teoría de la selección sexual y es justo la que pongo en cuestión, no las otras dos. La imagen que proporciona Darwin en su teoría de la selección sexual para explicar la diversidad animal en el mundo real es inexacta en sus detalles e inadecuada en sus fines. La teoría de la selección sexual de Darwin es quizá válida para especies como el pavo real, en la que los machos utilizan adornos llamativos en el cortejo, pero no sirve como teoría biológica general de los roles de género. El hecho de darle la vuelta a la teoría original de Darwin para adaptarla a lo que sabemos sería una tautología. En su lugar propongo que ha llegado el momento de aceptar el valor histórico de la teoría de la selección sexual darwiniana y pasar a lo siguiente.

He sugerido una nueva teoría a la que llamo «selección social», que se ajusta a la diversidad sexual y de género. Asume que los animales intercambian ayuda a cambio de tener acceso a la reproducción, produciendo un «mercado» biológico de asistencia mutua al utilizar como moneda de cambio las oportunidades de reproducirse. La teoría propone que en los animales han evolucionado ciertos rasgos que les permiten ser incluidos en grupos que controlan recursos tales como la reproducción y los lugares más seguros para vivir y criar a la descendencia. Estos rasgos, llamados rasgos de inclusión social, los encontramos solo en hembras, en las que siguen siendo todavía inexplicables (como el pene de las hienas hembra), o solo en machos, en los que se consideran características sexuales secundarias, aunque las hembras no les den ninguna preferencia durante el cortejo.

La segunda parte del libro, «Arcoíris humanos», trata sobre las áreas de la biología que tienen que ver con el desarrollo humano. Cuento en primera persona la historia de la embriogénesis humana («cuando mi parte esperma conoció a mi parte óvulo») para enfatizar que la autonomía y la experiencia funcionan a lo largo de toda la vida, antes y después de nacer. Mi intención es desestabilizar la primacía del individualismo, resaltando el grado de cooperación que tiene lugar durante el desarrollo, desde una madre que apoya químicamente a algunos espermatozoides y no a otros igual de hábiles para que se fusionen con sus óvulos, a genes que se interconectan para producir gónadas, tejidos que se tocan y dirigen su desarrollo mutuo u hormonas de bebés vecinos en el mismo útero que influyen de forma permanente en su temperamento futuro. De este modo, aquello en lo que nos convertimos tiene más que ver con las relaciones que establecemos que con nuestros genes atómicos, al igual que un pedazo de enlace atómico de carbón difiere del de un diamante, aunque ambos estén formados únicamente de átomos de carbón.

He inventado el término «gen genial» para distinguir mi idea de la noción popular del gen egoísta, que se supone ejerce el control del desarrollo en solitario siguiendo sus propios intereses. En vez de esto, defiendo que los genes deben cooperar entre sí para que el cuerpo común que habitan no se vaya a pique como un bote salvavidas repleto de marineros bravucones. Me extiendo a gusto sobre las diferencias genéticas, fisiológicas y anatómicas entre las personas. Somos tan diferentes unos de otros bajo la piel como lo somos en la superficie. Aunque pueden encontrarse diferencias biológicas entre dos sexos o entre personas con expresiones de género distintas, existen igualmente entre dos personas cualesquiera. Por ejemplo, se ha descubierto que los músicos que se dedican a tocar instrumentos de cuerda tienen cerebros distintos a las personas que no tocan instrumentos de cuerda. En la segunda parte muestro cómo la medicina utiliza mínimas diferencias anatómicas entre las personas y sus diferentes trayectorias vitales para categorizarlas mediante un patrón artificial de normalidad y negarles sus derechos humanos al calificarlas de enfermas. Mientras tanto, en nuestra sociedad estamos abocados no solo a la persecución de personas con expresiones de género y sexualidad heterogéneas, sino también a un futuro en el que se infligirá un daño permanente a la totalidad del acervo genético de nuestra especie, perjudicándola de por vida. Esta segunda parte concluye con un resumen de los peligros inherentes a los intentos de la ingeniería genética de «erradicar» la diversidad de nuestro patrimonio genético.

En la tercera parte, «Arcoíris culturales», el libro pasa de la biología a las ciencias sociales, ofreciendo una visión general y una nueva lectura de la diversidad sexual y de género en distintas culturas y a lo largo de la historia. Muchas tribus de nativos americanos dieron cabida a la diversidad sexual y de género utilizando el término «dos espíritus» e incluyendo a estas personas en la vida social, hasta el punto de que hoy sirven de inspiración a los que son perseguidos en las sociedades modernas. En Polinesia, los mahus, comparables a los dos espíritus de los nativos americanos, están sufriendo tensiones culturales a causa de la llegada del concepto occidental de transgénero. En otro punto del globo, en la India, encontramos un gran grupo de personas transgénero, similar a una casta, a las que se llama *hijras*; hay más de un millón de *hijras* en una población total de mil millones de indios. Las *hijras* disfrutan de un antiguo pedigrí y constituyen el equivalente asiático de la historia europea de la diversidad de género, que se extiende desde las sacerdotisas de Cibeles, del Imperio romano, a los santos travestidos de la Edad Media, como Juana de Arco (a la que llamaré Jehanne d'Arc), un hombre transgénero. En Europa, las primeras personas transgénero eran clasificadas como eunucos, un gran grupo similar a las *hijras*, con las que puede que compartan un origen común. La Biblia, tanto en el testamento hebreo como en el cristiano (incluyendo un pasaje de Jesús), da su apoyo explícito al bautismo de los eunucos y a que sean miembros de pleno derecho de la comunidad religiosa. La variación de género también fue reconocida en los primeros textos islámicos.

La Grecia temprana impuso un binarismo de género para la práctica de técnicas sexuales: algunas eran consideradas como técnicas apropiadas para las relaciones entre individuos de sexos distintos y otras para la sexualidad entre individuos del mismo sexo. Las técnicas permitidas se denominaban «limpias» y las prohibidas eran «pecaminosas». La Biblia permaneció en silencio en cuanto a la sexualidad entre personas del mismo sexo, aunque durante siglos se haya creído que condenaba la homosexualidad. Sugiero que la afirmación de la Biblia respecto a la variación de género y su relativo silencio sobre las relaciones entre individuos del mismo sexo son un reflejo de que a lo largo de las épocas han existido distintas categorías identitarias de personas no conformes con su género o su sexualidad. La categoría de eunuco se extendió hasta los tiempos de Cristo y ya venía de la prehistoria, mientras que la homosexualidad como categoría de identidad personal se originó hace bastante poco en Europa, a finales de los años 1800. Por tanto, cuando se escribió la Biblia existía un lenguaje para referirse a las diferencias de género, pero no de sexualidad.

A continuación, me centro en antropólogos que trabajan en Indonesia y describen cómo llegaron a admitir, a desgana, un elemento legítimo de identidad de género masculino en la expresión lésbica, aunque al principio pensaran que la orientación sexual lesbiana no debería incluir una expresión masculina. Por el contrario, un investigador mexicano que se centraba en las *vestidas* (trabajadoras sexuales transgénero) no fue nunca más allá de las descripciones peyorativas. Además, se ha dado una situación interesante en la República Dominicana, donde había suficientes personas intersexuales viviendo en varios pueblos como para crear una categoría social especial llamada los güevedoces. Termino el recorrido cultural de vuelta al Estados Unidos contemporáneo para analizar las ideas políticas en torno a las personas transgénero y su creciente alianza con las organizaciones de gais y lesbianas, y concluyo con una agenda política para las personas trans. Lo que demuestra la tercera parte del libro es que nuestra especie exhibe el mismo rango de variación entre culturas y a lo largo de la historia, pero muestra mayores diferencias en la forma en que agrupamos a la gente en categorías sociales.

En la tercera parte trato sobre la defensa de la diversidad desde un punto de vista religioso. Creo que ignorar la religión, y la Biblia en concreto, supone trabajar con una visión limitada. Independientemente de lo que la ciencia diga, si la gente cree que la Biblia denigra a las lesbianas, gais y trans, peligrará su inclusión, porque muchos eligen la religión antes que la ciencia. De hecho, creo que la Biblia no habla mucho sobre la orientación sexual y que se han ignorado los pasajes sobre eunucos que apoyan a personas trans. En general, la Biblia no apoya la persecución de las diferencias sexuales o de género. Es más, la conocida historia del arca de Noé sugiere un imperativo moral para conservar toda la biodiversidad, tanto entre especies como dentro de una misma especie.

En el apéndice recomiendo una normativa concreta. Sugiero fortalecer los programas universitarios de Psicología y mejorar la educación de los estudiantes de Medicina para prepararlos a entender mejor la diversidad natural. Propongo nuevos procesos institucionales para prevenir el continuo abuso médico de la diversidad humana bajo el envoltorio del tratamiento de enfermedades. Exijo que los expertos en ingeniería genética hagan un juramento de responsabilidad profesional y que solo se les otorgue el permiso de ejercer después de pasar por un examen certificado. Por último, presento la idea de que nuestro país debería quizá construir una gran estatua y plaza, a la que llamaríamos Estatua de la Diversidad, que para la costa oeste de Estados Unidos representaría lo mismo que la Estatua de la Libertad para la costa este.

Este libro es mi primer libro «comercial», como llaman los editores a los títulos dirigidos a un público general, en oposición a los libros de texto de uso en clase (todas mis obras anteriores han sido libros de texto especializados, monografías y actas de simposios).[4] En este tipo de libro tengo libertad para expresar mis opiniones y escribir con un estilo informal. En el texto me he posicionado con total libertad. Al mostrar abiertamente mi posición, surge de forma automática la cuestión de la objetividad; he dicho lo mejor que he sabido la verdad y toda la verdad, pero es mi propia interpretación de los hechos, como si fuera un abogado de la defensa enfrentándome a los abogados de la «acusación». Ustedes, mis lectores, un jurado de vecinos y amigos, son los que decidirán. Les ruego no olviden que cualquiera que escribe sobre estos temas lo hace desde su propio punto de vista y con un interés personal. Algunos hombres se aprovechan de la excusa biológica que proporciona la teoría de la selección sexual de Darwin para justificar el hecho de ser mujeriegos. Otros disfrazan su agresividad a través de la visión del mundo darwiniana. Los hay también que disfrutan del elitismo genético que propugna la teoría de la selección sexual, sintiéndose seguros de que sus genes son superiores. Creo que el hecho de desmentir la teoría de la selección sexual inculca a la elección de pareja por parte de las hembras una responsabilidad en la toma de decisiones sobre el poder y la familia mucho más sofisticada que la concebida por Darwin, y fortalece expresiones de género y de sexualidad variadas.

En algunos momentos he disfrutado mucho escribiendo este libro; en otros, sin embargo, he tenido miedo de lo que tenía que decir. La visión que muestro aquí sobre nuestros cuerpos, sobre el género y sobre la sexualidad es radicalmente nueva. He seguido adelante porque creo que el mensaje es positivo y liberador. Espero que lo disfruten y que mejore sus vidas.

Doy las gracias al personal de la Falconer Biology Library, en la Universidad de Stanford, por su gran ayuda en mis investigaciones.

---

[4] J. Roughgarden, *Primer of Ecological Theory*, Prentice Hall, 1998; J. Roughgarden, *Anolis Lizards of the Caribbean: Ecology, Evolution, and Plate Tectonics*, Oxford University Press, 1995; J. Roughgarden, R. May y S. Levin (eds.), *Perspectives in Ecological Theory*, Princeton University Press, 1989; P. Ehrlich y J. Roughgarden, *The Science of Ecology*, Macmillan, 1987; J. Roughgarden, *Theory of Population Genetics and Evolutionary Ecology: An Introduction*, Macmillan, 1979.

Estoy profundamente agradecida a las personas que han revisado mi texto, a Blake Edgar, Patricia Gowaty, Scott Norton, Robert Sapolsky y Bonnie Spanier. Agradezco las mejoras del personal de la editorial de la Universidad de California, sobre todo a Elizabeth Berg y Sue Heinemann. He tenido la gran fortuna de contar con el cariño de mi mejor amiga, Trudy, y de mis hermanas de la Iglesia Episcopal Trinity, en Santa Barbara, especialmente de Terry.

PARTE I

ARCOÍRIS ANIMALES

01

Sexo y diversidad

Todas las especies sin excepción muestran diversidad genética, su arcoíris[1] biológico. Los arcoíris biológicos son universales y eternos. Sin embargo, desde los comienzos de la teoría evolucionista, han supuesto algunos problemas para los biólogos. Charles Darwin, el fundador de la biología de la evolución, describe en sus diarios publicados en *El viaje del Beagle*[2] su propia lucha para lidiar con la variación en el mundo natural.

A mediados del siglo XIX se pensaba que las especies vivientes eran el equivalente biológico de especies químicas como el agua o la sal. El agua es igual en todas partes. Los países no tienen agua con un color y una temperatura de ebullición únicos. En cambio, en el caso de las especies biológicas, cada país tiene su variante única. Darwin se dio cuenta de que el tamaño corporal de los pinzones era distinto en cada isla de las Galápagos. También vemos que los petirrojos de California son rechonchos en comparación con los de Nueva Inglaterra, y que las lagartijas de la parte occidental de Puerto Rico son más grises que las que habitan cerca de San Juan, de color más pardo. Darwin admitió que las propiedades que definen a las especies biológicas, al contrario de lo que ocurre con las especies físicas, no son las mismas en todos los lugares. Este nuevo y desconcertante descubrimiento de mediados del siglo XIX sigue siendo igual de sorprendente hoy en día.

---

[1] La autora utiliza a lo largo del texto el término «arcoíris» en sentido figurativo para referirse al amplio abanico o espectro que caracteriza la diversidad sexual y de género en la naturaleza. *(N. de la T.)*.

[2] C. Darwin, *The Voyage of the Beagle*, Anchor Books, 1962 (1860), pp. 393, 394, 398 [trad. cast.: *El viaje del Beagle*, Labor, 1984].

En los tiempos de Darwin estaba empezando a consolidarse el sistema de clasificación de Linneo, basado en filos, géneros, especies y demás. Los naturalistas organizaban expediciones a lugares remotos para recolectar especímenes para museos y después encasillarlos en el sistema de clasificación linneano. A la vez que esto ocurría, los físicos estaban desarrollando la tabla periódica de los elementos —su sistema de clasificación para las especies físicas—, y los químicos estaban clasificando fórmulas para diversas sustancias basándose en sus enlaces químicos. Pero la clasificación biológica equivalente a la clasificación física no funcionaba muy bien. Si el petirrojo de Boston es diferente al de San Francisco y en cada gasolinera de la interestatal 80 vive una especie intermedia, ¿qué estamos clasificando? ¿Cuál es el «auténtico» petirrojo? ¿Cuál es el significado de «petirrojo»? Los nombres problemáticos siguen siendo problemáticos en zoología y botánica. Los arcoíris biológicos interfieren en cualquier intento de meter con calzador a los seres vivos en categorías estancas. La biología no cuenta con una tabla periódica para sus especies. Los organismos fluctúan entre las líneas divisorias de cualquier categoría que construyamos. En biología, la naturaleza aborrece las categorizaciones.

Aun así, obviamente un petirrojo sigue siendo diferente de un arrendajo. Si no tuviéramos nombres, ¿cómo podríamos decir si lo que vemos en un comedero es un petirrojo o un arrendajo azul? Un método alternativo es coleccionar suficientes ejemplares para cubrir el rango completo de colores en el arcoíris de la especie. Y así, los taxónomos, especialistas en clasificaciones biológicas, pueden decir algo similar a «un petirrojo es cualquier ave de entre doce y catorce centímetros con el pecho rojo anaranjado».[3] No existe ningún petirrojo que sirva de modelo de «auténtico petirrojo»; *todos* los petirrojos son auténticos. Cada petirrojo tiene un estatus de primera clase. Ninguno es mejor que otro como modelo de la especie.

---

[3] E. Mayr, *Systematics and the Origin of Species*, Dover Publications, 1964 [1942]; E. Mayr, *Animal Species and Evolution*, Harvard University Press, 1963.

¿Es la diversidad buena o mala?

Los arcoíris trastocan el objetivo humano de clasificar la naturaleza. Y lo que es peor: la variabilidad en una especie podría ser una señal de que algo va mal, una equivocación. En química, una variación se interpreta como una impureza, una imperfección en el diamante. ¿Acaso la variabilidad dentro de una especie no es también un signo de impureza e imperfección? La principal pregunta a la que se enfrentan los biólogos es si la variación observada dentro de una especie es buena por derecho propio o si es simplemente una colección de impurezas con la que cada especie tiene que cargar. Sobre este tema hay una división entre los biólogos evolucionistas.

Muchos se muestran positivos respecto al arcoíris. Lo ven como un reservorio de genes que pueden entrar en acción en distintos momentos y lugares para garantizar la supervivencia de la especie bajo condiciones cambiantes. El arcoíris representa los recursos genéticos de la especie.[4] Según esta visión, resulta sin duda beneficioso. Es una visión optimista respecto al potencial de la especie para responder a condiciones ambientales siempre cambiantes. Se ratifica la diversidad.

Otros biólogos evolucionistas muestran una actitud negativa respecto al arcoíris, creen que todos los acervos génicos —incluido el nuestro— están repletos de mutaciones deletéreas, o genes nocivos. Durante la década de 1950, los estudios defendían que cada persona tiene de tres a cinco genes letales recesivos que se manifestarían si sus portadores eligiesen al compañero equivocado y que provocarían la muerte de sus hijos.[5] Es una visión pesimista del futuro que sugiere que la evolución ha alcanzado su punto álgido y que toda variación es ya inútil o perjudicial.[6] Esta escuela de

---

[4] Ver T. Dobzhansky, «Evolution as a creative process», *Proc. 9th. Int. Cong. Genet.*, en *Caryologia*, 1954, pp. 435-449.

[5] H. Muller, «Our load of mutations», *Amer. J. Hum. Genet.* 2, 1950, pp. 111-176; N. Morton, J. Crow y H. Muller, «An estimate of the mutational damage in man from data on consanguineous marriages», *Proc. Nat. Acad. Sci.* 42, 1956, pp. 855-863.

[6] Ver cita de H. Muller, p. 166, en M. Kimura y T. Ohta, *Theoretical Aspects of Population Genetics*, Princeton University Press, 1971; citado en R. Lewontin, *The Genetic Basis of Evolutionary Change*, Columbia University Press, 1974, p. 30 [trad. cast.: *La base genética de la evolución*, Ediciones Omega, 1979].

evolucionistas creía en una élite genética y defendía la inseminación artificial con bancos de esperma que reunirían los genes de grandes hombres. Una visión que reprime la diversidad.

El propio Darwin se mostraba ambivalente respecto al valor de los arcoíris. Para él, la selección natural era el mecanismo que hacía que las especies evolucionaran. Por un lado, como la selección natural depende de la variación, Darwin consideraba el arcoíris como un espectro de posibilidades que contenían el futuro de la especie. Una especie sin variabilidad no tiene potencial evolutivo alguno, como una marca sin nuevos productos en desarrollo. Por otro lado, Darwin veía a las hembras como compradoras que buscan parejas con genes apetecibles y rechazan a los que tienen genes de más baja calidad. Este punto de vista menosprecia la variación entre machos e implica la existencia de una jerarquía de calidades, sugiriendo que la selección de las hembras consiste en encontrar al mejor macho y no a la pareja con la que mejor encajen. Durante su carrera, Darwin reafirmó y reprimió la diversidad en varias ocasiones.

El conflicto filosófico entre reafirmar o reprimir la diversidad sigue presente en nuestros días, impregnando cada rincón, desde la manera en que los biólogos interpretan las motivaciones ocultas en la elección de una determinada pareja, al modo en que los médicos tratan a los recién nacidos en los hospitales.

Costes y beneficios del sexo

Entonces, ¿cómo vamos a decidir si los arcoíris son buenos o malos? ¿Quiénes están en lo cierto, los que realzan la diversidad o los que la reprimen? Para dar respuesta a esta importante pregunta, comparemos especies con arcoíris completos y especies con arcoíris limitados. Las especies que consiguen reproducirse sin sexo tienen arcoíris limitados. Al utilizar la palabra *sexo* me refiero a dos progenitores que mezclan sus genes para producir descendencia. Existen multitud de especies que se propagan sin sexo: todos los individuos son hembras y la prole surge sin que ocurra la fertilización. Además, en muchas especies la descendencia se generará con o sin fertilización según cuál sea la estación del año.

Si van a Hawái fíjense en los hermosos gecos que trepan por las paredes. Es una especie asexual en la que todos los individuos son hembras.[7] En este tipo de especies, las hembras producen óvulos que desde el principio contienen todo el material genético necesario. En especies sexuales, como los humanos, un óvulo solo contiene la mitad del material genético necesario para producir un bebé; el espermatozoide tiene la otra mitad, por lo que la combinación de ambos es lo que da lugar al material necesario. Asimismo, los óvulos de las especies que solo tienen hembras no necesitan ser fertilizados por un espermatozoide para desencadenar la división en la célula que genera un embrión. Las hembras en estas especies se clonan a sí mismas al reproducirse.

Los gecos hembra hawaianos abundan localmente y están ampliamente distribuidos por el Pacífico Sur, desde las islas de la Sociedad en la Polinesia Francesa a las islas Marianas, cerca de Nueva Guinea. Otras especies en las que solamente hay hembras viven en México, Nuevo México y Texas (son todas versiones de lagartijas cola de látigo). Estos pequeños y elegantes animales a rayas marrones corretean rápidamente por el suelo buscando comida. Las especies en las que solo hay hembras viven junto a riachuelos, mientras que otros parientes con reproducción sexual suelen vivir más arriba de los riachuelos, en bosques cercanos o en otro tipo de vegetación. Cada cuenca de un río importante del suroeste de Norteamérica es un hábitat en el que han evolucionado lagartijas cola de látigo hembra. En esta región se han encontrado más de ocho especies en las que solo hay hembras. También existen estas especies en las montañas del Cáucaso en Armenia y a lo largo del río Amazonas en Brasil. Pueden encontrarse, asimismo, peces en los que todos los individuos son hembras. De hecho, existen especies animales constituidas solo por hembras entre la mayoría de los principales grupos de vertebrados.[8]

---

[7] K. Petren y T. Case, «Habitat structure determines competition intensity and invasion success in gecko lizards», *Proc. Nat. Acad. Sci.* 951, 1998, pp. 11739-11744.

[8] Sobre los gecos, ver R. Radtkey, S. Donnellan, R. Fisher, C. Moritz, K. Hanley y T. Case, «When species collide: The origin and spread of an asexual species of gecko», *Proc. R. Soc. Land.*, ser. B, 259, 1995, pp. 145-152. Sobre las lagartijas cola de látigo, ver C. Cole, «Evolution of parthenogenetic species of reptiles», en R. Reinboth (ed.),

Además, en algunas especies existen dos tipos de hembras: las que no se aparean para reproducirse y las que sí lo hacen. Algunos ejemplos incluyen a insectos como los saltamontes, langostas, polillas, mosquitos, cucarachas, moscas de la fruta y abejas, así como a pavos y gallinas.[9] Las moscas de la fruta se crían con facilidad en el laboratorio y han sido muy estudiadas. Más de un 80 por ciento de las especies de mosca de la fruta cuenta con algunas hembras que se reproducen exclusivamente de manera asexual. Aunque la mayoría de las hembras en esas especies se reproduzcan mediante el apareamiento, la proporción de hembras que no necesitaban copular después de ser seleccionadas en el laboratorio aumentó sesenta veces, produciéndose una vigorosa cepa constituida solo de hembras.[10]

Por tanto, entre los animales son bien conocidos los casos de especies en las que solo hay hembras. ¿Por qué entonces no hay incluso más? En realidad, ¿por qué las especies no están constituidas exclusivamente por hembras? Para contestar a esta pregunta, echemos un vistazo a los costes y beneficios de la reproducción sexual y la asexual.

La reproducción sexual divide por dos la tasa de crecimiento de una población; este es el coste que tiene el sexo. Solo las hembras tienen descendencia, no los machos. Si la mitad de la población son machos, la velocidad de crecimiento de la misma será la

---

Intersexuality in the Animal Kingdom, Springer Verlag, 1975; O. Cuellar, «On the ecology of coexistence in parthenogenetic and bisexual lizards of the genus *Cnemidophorus*», *Amer. Zool.* 19, 1979, pp. 773-786; O. Cuellar, «Animal parthenogenesis», *Science* 197, 1977, pp. 837-843. Ver también L. D. Densmore, C. Moritz, J. W. Wright y W. M. Brown, «Mitochondrial DNA analysis and the origin and relative age of parthenogenetic lizards (Genus *Cnemidophorus*): IV. Nine *semilineatus*-group unisexuals», *Evolution* 43, 1989, pp. 969-983. Sobre especies de peces formadas solo por hembras, ver R. C. Vrijenhoek, «The evolution of clonal diversity in *Poeciliopsis*», en B. J. Turner (ed.), *Evolutionary Genetics of Fishes*, Plenum Press, 1984, pp. 399-429. Sobre vertebrados en general, ver R. C. Vrijenhoek, R. M. Dawley, C. J. Cole y J. P. Bogart, «A list of the known unisexual vertebrates», en R. M. Dawley y J. P. Bogart (eds.), *Evolution and Ecology of Unisexual Vertebrates*, New York State Museum, 1989, pp. 19-23.

[9] O. Cuellar, «On the origin of parthenogenesis in vertebrates: The cytogenetic factors», *Amer. Natur.* 108, 1974, pp. 625-648.

[10] H. Carson, «Selection for parthenogenesis in *Drosophila mercatorium*», *Genetics* 55, 1967, pp. 157-171.

mitad de una población formada exclusivamente por hembras. Una especie formada solo por hembras podrá producir más descendencia que una de machos-hembras, permitiendo a la primera sobrevivir en hábitats con alta mortalidad en los que la segunda no sobreviviría. (Esto también es cierto en especies hermafroditas, en las que la distribución del esfuerzo reproductivo entre la parte masculina y la parte femenina al 50 por ciento reduce a la mitad la producción de óvulos de la parte femenina).

El potencial que tienen las especies compuestas solo de hembras para doblar la producción no se les ha escapado a los agrónomos. Durante la década de 1960 se criaron pavos y gallinas para conseguir razas que tuvieran solo hembras.[11] De hecho, la clonación de una oveja en Escocia reflejó el intento —que duró cincuenta años— de aumentar la producción agrícola suprimiendo el sexo de la reproducción. Sin embargo, a pesar de la gran ventaja en crecimiento poblacional que suponen las especies compuestas solo de hembras y de los muchos ejemplos que existen, la clonación de especies sigue siendo muy minoritaria. La mayoría de las especies son, con diferencia, sexuales. La naturaleza ha experimentado muchas veces con especies clónicas y lo sigue haciendo, aunque con poco éxito. El sexo funciona, pero ¿por qué?

El beneficio del sexo está en sobrevivir a través del tiempo evolutivo. Al carecer de sexo, las especies clónicas son puntos muertos evolutivamente hablando. En la escala temporal evolutiva casi todas las especies clónicas provienen de ancestros sexuales recientes. En el árbol genealógico de las especies, aquellas que son asexuales representan tallos cortos, no largas ramas.[12] Las ventajas de la reproducción sexual también se demuestran en especies que pueden elegir entre tener sexo o no tenerlo en función de la época del año. Los áfidos (minúsculos insectos que viven en plantas de jardín) se

---

[11] M. Olsen, «Twelve year summary of selection for parthenogenesis in the Beltsville small white turkey», *Brit. Poultry Sci.* 6, 1965, pp. 1-6; M. W. Olsen, S. P. Wilson y H. L. Marks, «Genetic control of parthenogenesis in chickens», *J. Hered.* 59, 1968, pp. 41-42.

[12] G. L. Stebbins Jr., *Variation and Evolution in Plants,* Columbia University Press, 1950; O. P. Judson y B. Normark, «Ancient asexual scandals», *Trends Ecol. Evol.* 11, 1996, pp. 41-46; y R. Butlin, «The costs and benefits of sex: New insights from old asexual lineages», *Nature Reviews: Genetics* 3, 2002, pp. 311-317.

reproducen por clonación a comienzos de la temporada de cultivo, cambiando a una reproducción sexual a finales de la estación. Se benefician de una reproducción rápida en el momento de colonizar un rosal, pero un cambio esperado en las condiciones climáticas al final de la estación hace que la reproducción sexual sea más atractiva.[13]

Las «malas hierbas» son especies que se reproducen por clonación, especies que están especializadas en un crecimiento y dispersión rápidos, como las plantas que encuentran y colonizan nuevos trozos de tierra. El diente de león común de Norteamérica es un reproductor por clonación cuyos ancestros viven en Europa.[14] Con el tiempo, las malas hierbas dejan sus territorios a especies que son peores colonizadoras, pero más eficaces a largo plazo.[15] Los gecos que colonizaron el Pacífico Sur y las lagartijas cola de látigo de los cauces de Nuevo México tienen sentido en esos contextos, en los que la dispersión resulta muy valiosa o el hábitat se ve constantemente perturbado.

La reproducción por clonación es un modo de vida especializado que no está recomendado para especies que deseen ser residentes permanentes de este planeta. Pero todavía no hemos contestado a la pregunta de *por qué* la reproducción sexual resulta beneficiosa a largo plazo. Se han propuesto dos teorías; una realza la diversidad y la otra la reprime. Ambas están de acuerdo en que las especies asexuales son efímeras en tiempos evolutivos, en comparación con las especies sexuales, y en que el sexo es lo que garantiza la supervivencia de la especie longeva. Por tanto, las dos coinciden en que el sexo resulta beneficioso para una especie. Concuerdan en que la finalidad del sexo no es la reproducción en sí misma, dado que las especies asexuales son perfectamente capaces de reproducirse. En lo que difieren ambas es en su percepción de por qué el sexo es bueno. La teoría que realza la diversidad considera

---

[13] G. C. Williams y J. B. Mitton, «Why reproduce sexually?», *J. Theor. Biol.* 39, 1973, pp. 545-554; G. C. Williams, *Sex and Evolution*, Princeton University Press, 1975.

[14] O. Solbrig, «The population biology of dandelions», *American Scientist* 59, 1971, pp. 686-694.

[15] D. Tilman, «Constraints and tradeoffs: Toward a predictive theory of competition and succession», *Oikos* 58, 1990, pp. 3-15.

que esta es buena y que el sexo la mantiene. La teoría que reprime la diversidad ve esta como nociva y considera que el sexo sirve para podarla.[16] Comencemos con la teoría que realza la diversidad.

La teoría que realza la diversidad

La explicación de esta teoría respecto al beneficio del sexo consiste en que por medio de él se equilibra continuamente el material genético de la especie. Piense en una cuenta corriente y en las joyas, un arcoíris de dos colores. ¿Cuánto dinero son capaces de ganar juntos? Cuando la demanda de joyas está baja, no se pueden vender ni a una casa de empeños, y solo con sacarle un dos por ciento a nuestra cuenta bancaria ya nos parece magnífico. Cuando las joyas están al alza, el interés de la cuenta bancaria parece ínfimo y vender joyas resulta un buen partido. Las ganancias totales son la suma de ambas inversiones.

Una especie, en lugar de ganar dinero con sus inversiones, gana descendencia. La supervivencia a largo plazo de una especie depende de que sea lo suficientemente diversa como para tener una descendencia lo más colorida posible. Aunque los biólogos suelen hablar del arcoíris como una fuente de genes para entornos nuevos, resulta más importante para sobrevivir a las fluctuaciones regulares de frío y calor, lluvia y sequía, y a la llegada y partida de nuevos depredadores, competidores y patógenos, como la peste bubónica o el sida.[17]

El entorno social de una especie también es algo que está en continuo cambio. Los conceptos de pareja «ideal» cambian a lo largo del tiempo. Tal y como demuestran los retratos de mujeres de los museos, a veces los hombres han preferido mujeres de buenas proporciones al estilo de Mama Cass, y en otras ocasiones a mujeres delgadas tipo Twiggy. A lo largo de los siglos, otros aspectos

---

[16] R. Lewontin, *The Genetic Basis of Evolutionary Change*, Columbia University Press, 1974; J. Gillespie, *The Causes of Molecular Evolution*, Oxford University Press, 1994; H. Muller, «Some genetic aspects of sex», *Amer. Natur.* 66, 1932, pp. 118-138; número especial sobre la evolución del sexo en *Nature Reviews: Genetics*, vol. 3, abril de 2002.

[17] G. Kolata, «Scientists see a mysterious similarity in a pair of deadly plagues», *New York Times*, 26 de mayo de 1998, p. B9.

de nuestro medio social también han cambiado, como la cantidad de tiempo que se pasa con individuos del mismo sexo o del sexo contrario, o el número de compañeros sexuales que tiene una persona. Los cambios en el marco social dentro de una especie, así como los cambios en su entorno físico y ecológico, afectan a qué colores del arcoíris brillarán más en cada momento concreto.

Una especie clónica puede acumular diversidad por medio de mutaciones, o puede tener múltiples orígenes, comenzando así con un arcoíris limitado. De hecho, entre los gecos del Pacífico Sur y en las plantas de diente de león se han detectado varios clones genéticamente distintos. Aun así, estos arcoíris basados en mutaciones y en orígenes distintos son casi monocromáticos.[18]

Por otro lado, incluso el arcoíris limitado de una especie clónica se encuentra en continuo peligro. Los colores que brillan más siempre están eclipsando a los que no brillan, causando que la diversidad disminuya con el tiempo. Recuerden las joyas y la cuenta corriente. Si los diamantes se convierten en algo valioso durante mucho tiempo, su valor se incrementa y llega a eclipsar a la cuenta. Si los beneficios se reinvierten de manera automática en la aventura de éxito más inmediata que aparezca, la cartera perderá gradualmente su diversidad. Así, cuando la demanda de joyas cae —por ejemplo porque un nuevo descubrimiento de diamantes inunda el mercado—, la cartera resulta duramente golpeada. Esta secuencia es parecida a la de un reproductor clónico, que juega con el peligro concentrándose solo en unas pocas inversiones. En su lugar, uno debería redistribuir las ganancias de cada año en varias inversiones. Si las joyas tienen un buen año, deberíamos vender algunas y poner las ganancias en la cuenta de ahorros. Si un año el interés es alto, deberíamos sacar algunos fondos del banco y comprar joyas. Mezclar el dinero de esta forma en inversiones mantiene la diversidad de la cartera, y un mal año en una inversión no causa pérdidas desastrosas. Los inversores de Wall Street llaman a esta mezcla «reestructuración de las carteras». Es la misma

[18] A. Cullum, «Phenotypic variability of physiological traits in populations of sexual and asexual whiptail lizards (genus *Cnemidophorus*)», *Evol. Ecol. Research* 2, 2000, pp. 841-855.

estrategia que sigue un reproductor sexual. Cuando animales que se reproducen sexualmente copulan, cada generación mezcla sus genes con otra y recombina los colores que escasearan. De este modo, según la teoría que realza la diversidad, el sexo sirve para mantener el arcoíris biológico que preserva la especie.[19]

La teoría que reprime la diversidad

Para explicar los beneficios del sexo, la teoría que reprime la diversidad defiende que aquel protege la calidad genética de la especie. Prevé que las especies asexuales acumularán mutaciones perjudiciales a lo largo del tiempo y se volverán gradualmente menos funcionales, como si las lagartijas asexuales perdieran poco a poco la capacidad de correr rápido o digerir la comida. Supuestamente, el sexo contrarresta este peligro permitiendo a estas cepas familiares, que han heredado las mutaciones nocivas, recombinarse y

---

[19] Esta afirmación parece una generalización similar a un teorema. Consideremos un locus con dos alelos en una población diploide de apareamiento aleatorio. Supongamos que las eficacias biológicas de los tres genotipos en los momentos *t*, $W_{11,t}$, $W_{12,t}$ y $W_{22,t}$ son variables aleatorias independientes idénticamente distribuidas. La eficacia biológica media en el momento *t* es la expectativa de W_{ij} con respecto a las frecuencias de los genotipos en el momento *t*. En una especie asexual, las frecuencias de los genotipos no están limitadas, mientras que en una especie sexual se reajustan en cada generación a las proporciones de Hardy-Weinberg. Por lo tanto, la varianza en el tiempo de la eficacia biológica media en una población asexual es mayor que en una población sexual. De ahí que la media geométrica de la eficacia biológica media a lo largo del tiempo sea necesariamente menor en una población asexual que en una sexual, lo que implica que una población sexual inevitablemente vivirá más que una población asexual. Para la simulación por ordenador, ver mi artículo: J. Roughgarden, «The evolution of sex», *Amer. Natur.* 138, 1991, pp. 934-953. La simulación muestra cómo una especie con reproducción sexual sobrevive a una especie clonal en un entorno fluctuante, incluso aunque ambas hayan comenzado con arcoíris igualmente diversos. Ver también W. D. Hamilton, «Sex versus non-sex», *Oikos* 35, 1980, pp. 282-290; y W. Hamilton, P. Henderson y N. Moran, «Fluctuations of environment and coevolved antagonist polymorphism as factors in the maintenance of sex», en R. Alexander y D. Tinkle (eds.), *Natural Selection and Social Behavior: Recent Research and Theory*, Chiron Press, 1981, pp. 363-381; R. May y R. Anderson, «Epidemiology and genetics in the coevolution of parasites and hosts», *Proc. R. Soc. Lond.*, ser. B, 219, 1983, pp. 281-331; L. Nunney, «The maintenance of sex by group selection», *Evolution* 43, 1989, pp. 245-257; R. Michod y B. Levin (eds.), *The Evolution of Sex: An Examination of Current Ideas*, Sinauer, 1988; y el número de abril de 2002 de *Nature Reviews: Genetics*.

producir así descendencia libre de mutaciones dañinas. Según esta teoría, algunos descendientes tendrán las mutaciones de ambas familias y morirán incluso más rápido, pero otros no tendrán ninguna y conseguirán salir adelante en representación de la especie. Sin sexo, cada familia acumula inexorablemente mutaciones que llevarán con el tiempo a la extinción de la especie.

El fin del debate

Aunque ambas teorías tienen una larga historia detrás, ha llegado el momento de pasar página. Ha llegado la hora de rechazar la teoría que reprime la diversidad por ser teóricamente imposible y estar empíricamente vacía. El escenario que imagina es imposible. En una especie asexual, cuando surge un gen nocivo, la cepa en la que la mutación se originó ya no está sujeta a la selección natural, mientras que las cepas sin mutación prosperan. El acervo genético nunca se deteriora, porque la selección natural no mira para otro lado cuando un gen nocivo se extiende, sino que elimina los genes perjudiciales en cuanto aparecen, preservando la funcionalidad global de la especie. No existe ninguna evidencia que pruebe que las especies asexuales se extinguen debido a la progresiva acumulación de discapacidades y a la pérdida de funcionalidad. Un gen nocivo nunca consigue prosperar en una especie asexual, por lo que la supuesta función de poda que ejerce el sexo sobre el acervo génico es innecesaria y utópica.

Por otra parte, las condiciones ambientales cambian de año en año; los individuos que no consiguen salir adelante un año pueden brillar cuando las condiciones cambian, y viceversa. Las mariposas cuyas enzimas funcionan bien en condiciones de frío crecen sin problemas en años oscuros y húmedos, mientras que las que tienen enzimas que funcionan bien en altas temperaturas prosperan en años soleados de sequía. Todas las mariposas están perfectamente bien, aunque algunas tengan habilidades que no se adapten a las condiciones ambientales en un determinado momento.

No veo ningún fundamento que legitime la visión que reprime la diversidad al explicar el beneficio del sexo, en detrimento de la teoría que la realza. Si quisiéramos mostrar una buena disposición, podríamos decir que ambas teorías son válidas, pero este arreglo no sirve. Admitir que una de las funciones del sexo es podar la variabilidad sería defender una visión sin base científica. Aceptar una visión del sexo que reprime la diversidad solo para ser educado admite por la puerta de atrás una postura filosófica que puede utilizarse más tarde para justificar la discriminación.

Por tanto, tomo como hipótesis de trabajo que el arcoíris biológico de una especie es algo positivo, algo bueno, porque es la variabilidad lo que permite a la especie sobrevivir y progresar en condiciones que cambian constantemente. Además, acepto que la finalidad del sexo es mantener la diversidad del arcoíris, recombinándola en cada generación para reequilibrar de forma continua el material genético de la especie. Rechazo la teoría alternativa de que el sexo existe para recortar la diversidad nociva del acervo genético.

Los darwinistas deben adoptar una posición congruente sobre el valor de la diversidad. No pueden defender por un lado que en su mayor parte la variación es buena porque es necesaria para la selección natural y, a la vez, mantener que las hembras deben continuamente salir a la búsqueda de machos con los mejores genes, como si la mayoría de los genes pudieran ser categorizados en una escala de buenos a malos. Lo que yo defiendo es que casi toda la diversidad es beneficiosa y que las hembras, cuando eligen pareja, buscan la mejor combinación, no al mejor macho.

¿Cómo debemos entonces valorar los arcoíris en nuestra propia especie? Deberíamos estar agradecidos por reproducirnos sexualmente, aunque probablemente sea un don que damos por hecho. Pienso también que deberíamos preservar y abrazar nuestros arcoíris. Reafirmar la diversidad es difícil, muy difícil. Debemos conseguir aceptarnos a nosotros mismos y amar a nuestros vecinos, con independencia del color del arcoíris.

En general, el sexo es esencialmente cooperativo, un pacto natural para compartir la riqueza genética. La reproducción sexual no es una batalla.

02

Sexo frente a género

Para la mayoría de las personas, la palabra «sexo» implica automáticamente a un «macho» o a una «hembra», pero para los biólogos no es así. Como vimos en el capítulo anterior, sexo significa mezclar los genes al reproducirse. La reproducción sexual consiste en producir descendientes al mezclar genes provenientes de dos progenitores, mientras que la reproducción asexual implica producir descendientes a partir de un solo progenitor, como en la clonación. En la definición de reproducción sexual no se menciona al «macho» ni a la «hembra». ¿Qué tiene que ver con el sexo, entonces? Podríamos suponer que la respuesta es que cuando tiene lugar la reproducción sexual un progenitor es macho y el otro hembra. Pero ¿cómo sabemos cuál es el macho? ¿Qué es lo que hace a un macho ser un macho y a una hembra ser una hembra? Es más, ¿hay solo dos sexos o podría haber un tercero? En cualquier caso, ¿cómo definimos «machos» y «hembras»?

La palabra «género» también evoca para la mayoría de la gente un «macho» y una «hembra». Entonces, si definimos biológicamente «macho» y «hembra», ¿acabamos definiendo también el género? ¿Y los adjetivos «masculino» y «femenino»?, ¿podemos llegar a definirlos biológicamente? Entre los humanos, ¿es un hombre automáticamente un «macho» y una mujer necesariamente una «hembra»? Se podría decir que sí, pero pensándolo mejor estos términos tienen un significado mucho más amplio. En este capítulo desarrollaré varias definiciones para estas palabras que resultaran útiles más tarde.

Al hablar de seres humanos, encuentro que es útil distinguir entre categorías sociales y biológicas. «Hombres» y «mujeres» son categorías sociales. Tenemos la libertad de decidir quién puede considerarse hombre y quién mujer. Los criterios cambian de vez en cuando. En algunos círculos, un «hombre de verdad» no puede comer quiche. En otros, la gente se centra en los rasgos físicos para definir la hombría: altura, voz, cromosoma Y o pene. Pero estos rasgos no siempre van juntos: algunos hombres son bajitos, o tienen una voz de tenor, algunos no tienen el cromosoma Y, mientras que otros no tienen pene. Aun así, puede que optemos por calificar igualmente a esas personas como hombres para decidir el tipo de empleos a los que pueden optar, a qué tipo de club pueden pertenecer, qué deportes pueden practicar y con quién pueden casarse.

En el caso de las categorías biológicas no tenemos la misma libertad. «Macho» y «hembra» son categorías biológicas, y los criterios para clasificar a un organismo como macho o hembra deben obligatoriamente funcionar tanto con gusanos como con ballenas, algas rojas o secuoyas. En lo que se refiere a los humanos, los criterios biológicos para machos y hembras no coinciden al cien por cien con los criterios sociales actuales para hombres y mujeres. De hecho, utilizar categorías biológicas como si fueran categorías sociales es un error conocido como «esencialismo». El esencialismo equivale a escurrir el bulto. En lugar de asumir la responsabilidad de a quién se considera socialmente un hombre o una mujer, la gente recurre a la ciencia intentando utilizar los criterios biológicos de un macho para definir a un hombre y los criterios biológicos de una hembra para definir a una mujer. Sin embargo, la definición de las categorías sociales está en manos de la sociedad, no de la ciencia, y no se puede forzar a las categorías sociales a coincidir con las biológicas, excepto por decreto.

Definición de macho y hembra

Para un biólogo, «macho» quiere decir que produce pequeños gametos y «hembra» significa que produce grandes gametos. Punto. Por definición, el más pequeño de los dos gametos se denomina esperma y el más grande óvulo. Los biólogos no reconocen ninguna otra diferencia universal entre machos y hembras más allá del tamaño de los gametos.[1] Por supuesto, en algunas especies pueden existir algunos marcadores indirectos del tamaño de los gametos. En mamíferos, los machos normalmente tienen un cromosoma Y. Pero el hecho de que un individuo sea o no macho se reduce a que fabrique esperma, y los machos de algunas especies de mamíferos no tienen cromosoma Y. Además, en aves, reptiles y anfibios no existe el cromosoma Y. Aun así, la definición a partir del tamaño de los gametos es general y funciona en todo el reino vegetal y animal.

El tema del tamaño de los gametos podría sonar un poco decepcionante. Entre los humanos, por ejemplo, siglos de poesía y arte hablan de la fuerza y el coraje entre los hombres, frente a la belleza y la maternidad de las mujeres. Decir que la única diferencia esencial entre machos y hembras es el tamaño de los gametos parece demasiado trivial. Pero el punto clave aquí es que «macho» y «hembra» representan categorías biológicas, mientras que «hombre» y «mujer» son categorías sociales. La poesía y el arte tienen que ver con hombres y mujeres, no con machos y hembras. Los hombres y las mujeres difieren en muchas dimensiones sociales además de en el tamaño de sus gametos, que es una dimensión biológica.

Además, biológicamente, la definición de macho y hembra que toma en cuenta el tamaño de los gametos es todo menos decepcionante. En realidad, resulta sumamente fascinante. Podríamos imaginar alguna especie cuyos miembros produzcan gametos del mismo tamaño, o varios tamaños de gameto —pequeño, mediano y grande—, o un continuo de tamaños de gametos que vaya desde uno pequeño a uno grande. ¿Existen especies así? Casi ninguna. Algunas especies de algas, hongos y protozoos tienen gametos del mismo tamaño. El apareamiento suele ocurrir solo entre individuos de categorías genéticas llamadas «tipos de apareamiento». A menudo existen más de dos tipos de apareamiento. En esos casos,

---

[1] Un gameto es una célula que contiene la mitad de los genes de sus progenitores. La fusión de dos gametos, cada uno con la mitad del número necesario de genes, produce un nuevo individuo. El gameto se forma por medio de una división celular especial que se llama meiosis, mientras que otras células se forman por una división celular normal llamada mitosis. Cuando dos gametos se fusionan, la célula resultante se llama cigoto. Un óvulo fertilizado es un cigoto.

el sexo tiene lugar entre los tipos de apareamiento, pero la distinción macho-hembra no tiene cabida porque hay un único tamaño de gameto.[2] Por el contrario, cuando existen gametos con más de un tamaño, suelen existir dos tamaños, uno muy pequeño y el otro muy grande. Los organismos multicelulares con tres o más tamaños distintos de gametos son extremadamente raros, y no se conoce ninguno que tenga una gama de tamaños.

En algunos organismos coloniales unicelulares, como los protozoos, se dan más de dos tamaños de gametos. En las algas verdes, *Chlamydomonas euchlora*, las células producen gametos que pueden dividirse de cuatro a sesenta y cuatro veces. Cuatro divisiones dan como resultado gametos bastante grandes, mientras que sesenta y cuatro divisiones producen un montón de pequeños gametos. Las células que se dividen más de cuatro veces, pero menos de sesenta y cuatro, producen gametos de tamaño intermedio. Otro ciliado, *Pandorina*, vive en colonias de dieciséis células. Durante la reproducción, algunas células se dividen en ocho grandes gametos y otras en dieciséis pequeños gametos. Sin embargo, cualquiera de los dos puede fusionarse: dos de los grandes, uno grande y uno pequeño, o dos pequeños.[3] Estas especies están en la frontera entre los organismos unicelulares y los multicelulares.

En la mosca de la fruta, *Drosophila bifurca*, del suroeste de Estados Unidos, el espermatozoide es ¡veinte veces (sí, veinte) más largo que el tamaño del macho que lo fabricó! Este espermatozoide tiene un precio. Los testículos que lo fabrican constituyen el 11 por ciento del peso de un macho adulto. Les lleva mucho tiempo producirlo, por lo que los machos tardan el doble en madurar que las hembras. El espermatozoide es tan costoso que los machos lo conservan «ofreciéndoselo» a las hembras a cuentagotas, lo que lleva a una proporción de gametos de uno a uno.[4] Nada que

---

[2] En la isogamia, los gametos son iguales en tamaño, y en la anisogamia, ambos gametos son de tamaño diferente. Ver G. Bell, *The Masterpiece of Nature*, University of California Press, 1982; R. Hoekstra, «The evolution of sexes», en S. Sterns (ed.), *The Evolution of Sex and Its Consequences*, Birkhauser, 1987, pp. 59-91.

[3] V. A. Dogiel, *General Protozoology*, Clarendon Press, 1965.

[4] C. Bressac, A. Fleury y D. Lachaise, «Another way of being anisogamous in *Drosophila* subgenus species: Giant sperm, one-to-one gamete ratio, and high zygote

ver con la visión de un solo óvulo enorme rodeado de tropecientos espermatozoides. Aunque el espermatozoide gigante resulte un fenómeno maravilloso, el descubrimiento más importante es que algunas especies de *Drosophila* tienen tres tamaños de espermatozoide: uno enorme y dos variedades de menor tamaño que, en cierto modo, se solapan, dando un total de cuatro tamaños de gametos (tres tamaños de espermatozoide más un tamaño de óvulo). En las *Drosophila pseudooboscura*, de Tempe (Arizona), la cola del espermatozoide grande tiene de largo 1/3 de milímetro y la de los dos pequeños tienen 1/10 y 1/20 de milímetro respectivamente.

La hembra *Drosophila* de algunas especies es capaz de almacenar el esperma durante varios días o, incluso, hasta un mes después del apareamiento. Casi un tercio de los espermatozoides es del tamaño enorme; los restantes dos tercios son espermatozoides de tamaño pequeño. Las hembras almacenan preferentemente el espermatozoide grande, aunque también cierta cantidad de espermatozoides de tamaño pequeño. Las hembras controlan qué espermatozoide se utiliza para la fertilización y suelen elegir el grande. Es difícil comprobar si utilizan alguna vez el espermatozoide pequeño para la fertilización. La cantidad de material contenido en el espermatozoide grande es casi cien veces mayor que el del pequeño. Por tanto, para llegar al punto de equilibrio, la tasa de fertilización del espermatozoide pequeño tiene que ser solo 1/100 de la tasa de fertilización del grande; esta tasa tan baja sería difícil de detectar.[5]

---

provisioning», *Proc. Nat. Acad. Sci. (USA)* 91, 1994, pp. 10399-10402; S. Pitnick y T. A. Markow, «Male gametic strategies: Sperm size, testes size, and the allocation of ejaculate among successive mates by the sperm-limited fly *Drosophila pachea* and its relatives», *Amer. Natur.* 143, 1994, pp. 785-819; S. Pitnick, G. S. Spicer y T. A. Markow, «How long is a giant sperm?», *Nature* 375, 1995, p. 109.

[5] R. R. Snook, T. A. Markow y T. L. Karr, «Functional nonequivalence of sperm in *Drosophila pseudoobscura*», *Proc. Nat. Acad. Sci. (USA)* 91, 1994, pp. 11222-11226; C. Bressac y E. Hauschteck-Jungen, «*Drosophila subobscura* females preferentially select long sperm for storage and use», *J. Insect Physiol.* 42, 1996, pp. 323-328; R. R. Snook, «Is the production of multiple sperm types adaptive?», *Evolution* 51, 1997, pp. 797-808. Ver también P. Lee y A. Wilkes, «Polymorphic spermatozoa in the hymenopterous wasp», *Dahlbominus, Science* 147, 1965, pp. 1445-1446; R. Silberglied, J. Shepherd y J. Dickinson, «Eunuchs: The role of apyrene sperm in lepidoptera?», *Amer. Natur.* 123, 1984, pp. 255-265; P. Cook, I. Harvey y G. Parker, «Predicting variation in sperm precedence», *Phil.*

Si diferentes individuos produjeran gametos de diferentes tamaños, podríamos tener hasta cuatro sexos en la *Drosophila*, uno para cada tamaño de gameto. Sin embargo, en esta especie, al parecer, cada macho produce los tres tamaños de espermatozoide con la misma frecuencia, por lo que todos los machos están igualados. Si futuras investigaciones revelaran que los machos fabricantes de esperma difieren en la proporción de los tamaños que producen, estaríamos ante el descubrimiento de una especie con más de dos sexos. Tal descubrimiento no violaría ninguna ley natural, pero sería algo excepcional y saldría en titulares. De este modo, machos y hembras son, por razones prácticas, categorías biológicas universales definidas por una distinción binaria entre gametos pequeños y grandes, entre espermatozoide y óvulo.

¿Por qué en las especies con reproducción sexual existen dos tamaños de gametos de manera casi universal? La teoría actual imagina que una especie hipotética comienza con dos tipos de apareamiento que producen gametos del mismo tamaño. Estos gametos se fusionan entre sí para producir un cigoto, y cada gameto contribuye con la mitad de los genes y del citoplasma necesarios para el cigoto. A continuación, se supone que el gameto de uno de los tipos de apareamiento desarrolla un menor tamaño para poder aumentar la cantidad, aun sacrificando la calidad. El gameto del otro tipo de apareamiento responde desarrollando un gameto de tamaño mayor para compensar la menor calidad de los gametos pequeños producidos por su homólogo. En general, estas negociaciones sucesivas entre los tipos de apareamiento respecto al tamaño de los gametos culminan cuando uno de los tipos produce gametos minúsculos —que aportan genes y nada más—, mientras que el otro produce gametos lo suficientemente grandes como para aportar tanto genes como todo el citoplasma necesario para que el cigoto comience su vida.[6]

Trans. R. Soc. Land., ser. B, 352, 1997, pp. 771-780; M. Watanabe, M. Bon'no y A. Hachisuka, «Eupyrene sperm migrates to spermathecal after apyrene sperm in the swallowtail butterfly», *Papilio xuthus L.* (Lepidoptera: Papilionidae), *J. Ethol.* 18, 2000, pp. 91-99.

[6] El estado en el que ambos tipos de apareamiento (A y B) poseen el mismo tamaño de gametos tiene la interesante propiedad de ser una EEE (estrategia evolutivamente estable) que es dinámicamente inestable. Si el tamaño óptimo de un cigoto

Esta pequeña historia sobre el origen de los gametos binarios es totalmente especulativa y no ha sido nunca probada, lo que muestra lo necesario que es pensar más en un tema tan importante. Además, esta historia deja sin explicar por qué algunos grupos, como los hongos, sobreviven teniendo gametos de un único tamaño, y por qué grupos inusuales como los de la *Drosophila* tienen espermatozoides de tamaños múltiples.

Definición de género

Hasta ahora hemos visto dos generalizaciones: (1) la mayoría de las especies se reproduce sexualmente; (2) entre las especies que se reproducen sexualmente, el tamaño de los gametos presenta un

---

es, por ejemplo, de 2 mg, el tamaño óptimo de cada gameto es de 1 mg, por lo que suman 2 mg al fusionarse. Por lo tanto, condicionado a que el tipo A tenga un tamaño de gameto de 1 mg, el tamaño óptimo de gameto para el tipo B es también de 1 mg, y una mutación dentro de B que se desvíe de este tamaño óptimo de 1 mg no aumentará cuando sea rara. A la inversa, condicionado a que el tipo B tenga un tamaño de gametos de 1 mg, el tamaño óptimo de gametos para el tipo A es también de 1 mg, y cualquier mutación dentro de A que se desvíe de este tamaño no aumentará cuando sea rara. Por tanto, el estado en el que tanto el tipo A como el tipo B tienen un tamaño de gametos de 1 mg es una EEE. Pero este estado no es dinámicamente estable a las perturbaciones. Si el tamaño de los gametos del tipo A disminuye un poco, la selección favorece el aumento del tamaño de los gametos dentro del tipo B para compensar, en una progresión escalonada que lleva a tamaños de gametos cada vez más divergentes, culminando en que uno es tan pequeño como sea posible y el otro tan grande como sea necesario para abastecer completamente al cigoto. Ver G. Parker, R. Baker y V. Smith, «The origin and evolution of gamete dimorphism and the male-female phenomenon», *J. Theor. Biol.* 36, 1972, pp. 529-553; N. Knowlton, «A note on the evolution of gamete dimorphism», *J. Theor. Biol.* 46, 1974, pp. 283-285; G. Bell, «The evolution of anisogamy», *J. Theor. Biol.* 73, 1978, pp. 247-270; J. Maynard Smith, *The Evolution of Sex*, Cambridge University Press, 1978; R. Hoekstra, «Why do organisms produce gametes of only two different sizes? Some theoretical aspects of the evolution of anisogamy», *J. Theor. Biol.* 87, 1980, pp. 785-793; G. Parker, «Why so many tiny sperm? The maintenance of two sexes with internal fertilization», *J. Theor. Biol.* 96, 1982, pp. 281-294; H. Matsuda y P. Abrams, «Why are equally sized gametes so rare? The instability of isogamy and the cost of anisogamy», *Evol. Ecol. Research* 1, 1999, pp. 769-784; I. Eshel y E. Akin, «Coevolutionary instability of mixed Nash solutions», *J. Math. Biol.* 18, 1983, pp. 123-134; J. Madsen y D. M. Waller, «A note on the evolution of gamete dimorphism in algae», *Amer. Natur.* 121, 1983, pp. 443-447.

binarismo casi universal entre muy pequeño (espermatozoide) y grande (óvulo), de modo que los machos y las hembras pueden definirse biológicamente como los productores de gametos pequeños y grandes, respectivamente. Más allá de estas dos generalizaciones, termina la generalización y comienza la ¡diversidad!

La cualidad binaria del tamaño de los gametos no se puede ampliar a otros terrenos. Uno de los mayores errores de la biología actual es asumir sin sentido crítico que el binarismo en el tamaño de los gametos lleva consigo un binarismo también en el tipo de cuerpo, la conducta y la historia vital. Ningún binarismo gobierna a los individuos que fabrican gametos, que se juntan entre sí para la fertilización y que interaccionan con otros para sobrevivir en el contexto social originario. De hecho, el propio proceso sexual que perpetúa el arcoíris de una especie y facilita la supervivencia a largo plazo aporta automáticamente una cornucopia de coloridos comportamientos sexuales. El género, al contrario que el tamaño de los gametos, no está limitado a dos.[7]

El género se refiere normalmente a la manera en que una persona expresa su identidad sexual en un contexto cultural. El género refleja tanto al individuo que entra en contacto con las normas culturales como la sociedad que impone sus expectativas sobre el individuo. Suele pensarse que el género es puramente humano; cualquier especie tiene sexo, pero solo las personas tienen género. No obstante, me gustaría, con su permiso, ampliar el significado de género para incluir también a las especies no humanas. Como definición, sugiero que *género es la apariencia, conducta e historia vital de un cuerpo sexuado.* Un cuerpo se convierte en «sexuado» cuando se clasifica en función del tamaño de los gametos que produce. Por tanto, el género es apariencia más acción, la manera que tiene un organismo de utilizar la morfología —incluidos color y forma— junto al comportamiento para adoptar un rol sexual.

Ahora ya somos libres de explorar el equivalente zoológico (¡y botánico!) de los estudios sobre género en humanos. Podemos

---

[7] J. Butler, *Gender Trouble*, Routledge, 1990, informe en C. Gould (ed.), *Key Concepts in Critical Theory: Gender*, Humanities Press, 1997, pp. 80-88; S. Kessler y W. McKenna, *Gender: An Ethnomethodological Approach*, University of Chicago Press, 1978.

empezar preguntando: ¿cuánta variedad existe en la expresión de género de otras especies? Veamos algunos de los estereotipos preferidos, centrándonos sobre todo en los vertebrados. En los invertebrados y las plantas se da una variedad incluso mayor.

→ *Durante su vida, un organismo solo puede ser macho o hembra*. No, la forma corporal más común entre las plantas y quizá en la mitad del reino animal es que un individuo adopte la forma de macho o hembra a la vez o en diferentes momentos de su vida. Estos individuos producen tanto gametos pequeños como grandes durante su existencia.
→ *Los machos son por término medio más grandes que las hembras*. No, en muchas especies, especialmente en los peces, la hembra es más grande que el macho.
→ *Son las hembras, no los machos, las que pueden dar a luz*. No, en muchas especies la hembra deposita huevos en la bolsa del macho, que los incuba hasta que nacen, y son los machos, no las hembras, las que cuidan del nido.
→ *Los machos tienen cromosomas XY y las hembras cromosomas XX*. No, en aves, incluyendo las de corral como las gallinas, ocurre lo contrario. En muchas otras especies, machos y hembras no muestran diferentes cromosomas. En los caimanes, cocodrilos, tortugas y lagartos, y en algunos peces, el sexo está determinado por la temperatura a la que se incuban los huevos. Una hembra puede controlar la distribución por sexo en su descendencia poniendo los huevos en un lugar con sombra o en uno soleado.
→ *Solo puede haber dos géneros, que corresponden a dos sexos*. No, muchas especies tienen tres o más géneros, con individuos de cada sexo manifestándose de dos o más formas.
→ *Los machos y las hembras tienen apariencias distintas*. No, en algunas especies machos y hembras son casi indistinguibles. En otras, los machos se manifiestan de dos o más formas diferentes, una más parecida a la hembra y las otras diferentes a ella.
→ *El macho es el que tiene pene y la hembra la que amamanta*. No, en la hiena manchada, las hembras tienen un órgano

externo idéntico al pene de los machos, y en el murciélago de la fruta de Malasia y Borneo los machos tienen glándulas mamarias que producen leche.[8]

→ *Los machos controlan a las hembras*. No, en muchas especies son las hembras las que ejercen el control sobre los machos, y en otras el apareamiento es una interacción dinámica entre la elección de la hembra y del macho. Las hembras no prefieren necesariamente a los machos dominantes.

→ *Las hembras prefieren la monogamia y a los machos les gusta tontear*. No, dependiendo de la especie, son las hembras o los machos los que tontean. La monogamia para toda la vida es algo raro, e incluso en las especies monógamas puede que las hembras sean las que busquen la separación para conseguir un macho de mayor rango.

Podríamos ir descartando muchos más ejemplos de estereotipos de género que a menudo se considera que siguen la «ley de la naturaleza» pero que no se pueden generalizar al mundo biológico. En su lugar, observemos más de cerca las vidas de estos organismos para averiguar si lo que hacen tiene algún sentido para nosotros. Prepárese, eso sí, para encogerse de hombros y asombrarse ante los misterios de la vida.

Fíjese en que, al definir el género como la forma en que un organismo exhibe y desempeña un rol sexual, también podemos definir lo masculino y femenino de manera única para cada especie. «Masculino» y «femenino» se refiere a los rasgos distintivos que poseen la mayoría de los machos y las hembras respectivamente. También son posibles la apariencia y los comportamientos de géneros cruzados. Por ejemplo, si la mayoría de las hembras tienen rayas verticales en el cuerpo y los machos no, un macho con rayas verticales es un «macho femenino». Si la mayoría de los machos tienen astas y las hembras no, una cierva con astas es una «hembra masculina».

Políticamente, asociar la definición de macho y hembra con el tamaño de los gametos mantiene alejadas las categorías de género

---

[8] C. Francis, E. L. P. Anthony, J. Brunton y T. H. Kunz, «Lactation in male fruit bats», *Nature* 367, 1994, pp. 691-692.

de la sociedad del binarismo biológico del sexo. No hay que negar la universalidad de la distinción biológica macho-hembra para cuestionar si el género de un organismo entero se puede clasificar en un binarismo macho-hembra. En humanos, en concreto, un binarismo de género no está claro para todas las personas, aun cuando la diferencia entre espermatozoide y óvulo sea obvia (un índice de masa de un millón a uno).

03

El sexo en el interior del cuerpo

Aunque el binarismo en el tamaño de los gametos sea prácticamente universal, la forma en la que las funciones masculinas y femeninas se empaquetan en cuerpos individuales no encaja en una polaridad coherente. Tendemos a pensar que los machos y las hembras deben estar en cuerpos separados porque la mayoría lo estamos, al igual que ocurre con muchos de los animales con los que vivimos: nuestras mascotas, el ganado doméstico y las aves o abejas que abundan en nuestros parques. Sin embargo, muchas especies tienen otra forma de organizar sus funciones sexuales.

Un cuerpo que en algún momento de su vida produce *tanto* gametos pequeños como grandes se define como hermafrodita. Un individuo que desarrolla ambos tamaños al mismo tiempo es un hermafrodita simultáneo, y uno que los alterna dependiendo del momento es un hermafrodita secuencial. La mayoría de las plantas y los árboles florales son hermafroditas simultáneos, pues producen polen y semillas al mismo tiempo. El polen es la parte masculina de la planta y el óvulo la femenina. Un óvulo polinizado se convierte en un minúsculo embrión que se libera para que el viento lo transporte o un animal lo lleve consigo.

Entre los animales, el hermafroditismo es común en los océanos.[1] La mayoría de los invertebrados marinos, como los percebes, los caracoles, las estrellas de mar, los gusanos poliquetos y las anémonas, son hermafroditas. Muchos peces también. Si buceamos en un arrecife de coral de Hawái, el Caribe, Australia o el mar

---

[1] D. Policansky, «Sex change in plants and animals», *Ann. Rev. Ecol. Syst.* 13, 1982, pp. 471-495.

Rojo, casi una cuarta parte de los peces con los que nos toparemos serán probablemente hermafroditas. Si nos asomamos a un acuario tropical, veremos coloridos peces que suelen ser hermafroditas secuenciales. La mayoría de los lábridos, los peces loro y los grandes meros son hermafroditas, al igual que el pez payaso, el pez ángel, el pez espada, los gobios, los sargos, los jaboncillos, los peces de la familia de los *Pseudochromidae*[2] y las morenas (todos de aguas poco profundas), así como muchos peces de aguas profundas.[3]

El hermafroditismo es una forma de vida exitosa para muchas especies; creo que en el mundo es más común el hermafroditismo que las especies gonocoristas, en las que los sexos se encuentran separados en cuerpos diferentes. El estado de sexo separado-cuerpo separado a menudo es visto como lo «normal», sugiriendo que el hermafroditismo en plantas, en arrecifes coralinos y en aguas profundas está causado por algo anómalo. La alternativa es considerar el hermafroditismo como la norma original, lo que nos lleva a preguntarnos qué es lo que hay en los organismos móviles del medio terrestre que favorece dos sexos separados en cuerpos distintos.

Lo que podemos aprender de los peces

Hembras que se convierten en machos

El cambio de sexo solo es uno de los muchos aspectos interesantes que encontramos en las sociedades de peces de los arrecifes coralinos. El lábrido de cabeza azul se llama así por el color azulado de la cabeza de los machos de mayor tamaño. Cuando son pequeños y están entrando en la etapa de madurez sexual, los peces de

---

[2] En inglés se conocen como *dottybacks*. La familia *Pseudochromidae* comprende a un grupo de peces integrados a su vez en el orden de los perciformes. Cuenta con veinticuatro géneros y unas ciento cincuenta especies, siendo el género *Pseudochromis* el que presenta mayor diversidad. Suelen ser especies de pequeño tamaño —no más de diez centímetros—, y muchos ejemplares presentan bellos y vistosos coloridos. *(N. de la T.)*.

[3] R. Warner, «Mating behavior and hermaphrodism in coral reef fishes», *American Scientist* 72, 1984, pp. 128-136; G. Mead, E. Bertelson y D. M. Cohen, «Reproduction among deep-sea fishes», *Deep Sea Research* 11, 1964, pp. 569-596.

ambos sexos parecen iguales, pero más tarde se desarrollan tres géneros. Uno es el de los individuos que comienzan la vida como machos y lo siguen siendo durante toda su existencia; otro consiste en individuos que comienzan siendo hembras y después se transforman en machos. Estos machos de sexo cambiado son más grandes que los que son machos desde el principio. El tercer género son hembras que permanecen como tales toda la vida. Llamaré a los dos géneros de machos los «machos pequeños sin variaciones» y los «machos grandes de sexo cambiado». Los individuos de la segunda categoría son los más grandes de los tres géneros e intentan controlar a las hembras. En algunas especies, estos machos se ocupan de mantener y defender a las hembras; en otras lo que defienden son los lugares preferidos por ellas.

La fertilización es externa: una hembra libera en el agua los huevos y un macho libera una nube de esperma a su alrededor para fertilizarlos. Los huevos sin fertilizar siguen expuestos y pueden ser potencialmente fertilizados por cualquier macho que se acerque.

Los machos pequeños sin variaciones y los machos grandes de sexo cambiado se muestran hostiles entre sí. Los grandes expulsan a los pequeños del territorio o los alejan de las hembras que están bajo su control. Los pequeños son más numerosos que los grandes y son capaces de formar alianzas entre sí para aparearse con hembras que los grandes están intentando controlar. Para aparearse, los pequeños machos se lanzan rápidamente y fertilizan los huevos que los machos grandes acaparaban. Algunos de los machos pequeños distraen a los machos grandes mientras los otros se aparean.

Existen distintas circunstancias ecológicas que favorecen o bien a los machos sin variación de sexo o bien a los de sexo cambiado. Los lábridos habitan tanto en arrecifes coralinos como en praderas marinas cercanas. En las praderas, las hembras que anidan entre las hojas no pueden ser muy bien defendidas y el resultado de las hostilidades entre machos es que los pequeños tienen las de ganar. Esta situación hace que al final solo queden dos géneros, los machos sin variaciones de sexo y las hembras. En los arrecifes de coral, la claridad del agua y el hábitat abierto permiten que los machos grandes de sexo cambiado controlen mejor a las hembras y suelan salir vencedores.[4] Es una situación que hace que estén presentes los tres géneros. La densidad de población también hace fluctuar la proporción de cada género: en altas densidades es más difícil proteger a las hembras, por lo que predominan los machos pequeños, mientras que en bajas densidades los machos grandes de sexo cambiado controlan el «harén».[5] No se sabe si las hembras tienen alguna preferencia por uno de los dos tipos de machos.

Los cambios de sexo también pueden desencadenarse por cambios de organización social. Otro tipo de lábridos son los lábridos limpiadores, llamados así porque se ocupan de expurgar los ectoparásitos de los otros peces. Cuando uno de los machos grandes de sexo cambiado es eliminado de su harén, la hembra más grande cambia de sexo y toma el mando. En unas cuantas horas adopta el comportamiento de un macho, incluyendo el cortejo y el desove con el resto de las hembras. A los diez días, este nuevo pez que ahora es un macho produce esperma, mientras que las otras hembras del harén no cambian.[6] No he sido capaz de averiguar si, al morir el macho, cualquier hembra de tamaño grande podría convertirse en macho, o si las hembras se dividen en dos grupos: las que siguen siendo hembras con independencia de lo que pase y las que cambian de sexo cuando las circunstancias son las apropiadas.

¿Le parece muy extravagante esta sociedad animal? Pues no lo es. Ciertos aspectos de este sistema aparecen una y otra vez entre los vertebrados, sobre todo el tema del control de las hembras y los huevos por parte de los machos, la identidad sexual flexible y la organización social que cambia dependiendo del contexto

---

[4] D. Robertson y R. Warner, «Sexual patterns in the labroid fishes of the western Caribbean: II. The parrotfishes (Scaridae)», *Smithsonian Contributions to Zoology* 255, 1978, pp. 1-26.

[5] R. Warner y S. Hoffman, «Local population size as a determinant of a mating system and sexual composition in two tropical reef fishes (*Thalassoma* spp.)», *Evolution* 34, 1980, pp. 508-518.

[6] D. Robertson, «Social control of sex reversal in a coral reef fish», 1972, *Science* 1977, pp. 1007-1009; J. Godwin, D. Crews y R. Warner, «Behavioral sex change in the absence of gonads in a coral reef fish», *Proc. R. Soc. Land.*, ser. B, 263, 1996, pp. 1683-1688; J. Godwin, R. Sawby, R. Warner, D. Crews y M. Grober, «Hypothalamic arginine vasotocin mRNA abundance variation across the sexes and with sex change in a coral reef fish», 1999 (manuscrito no publicado).

ecológico. Aun así, no es usted el único al que las escenas de los arrecifes coralinos le resultan extrañas, pues a los biólogos que las presenciaron por primera vez les pasó lo mismo. Estamos empezando a darnos cuenta de que los conceptos de género y sexualidad con los que hemos crecido son erróneos.

Machos que se convierten en hembras

También ocurren cambios de sexo de macho a hembra. Existe un grupo de peces damisela que se denominan peces payaso, por las sólidas rayas blancas de su cuerpo que recuerdan al maquillaje utilizado por los payasos de circo. Estos peces viven entre los tentáculos de las anémonas marinas, que cuentan con células urticantes para cualquier animal que las toque. Para sobrevivir en esta morada letal, el pez payaso secreta una mucosidad que desactiva los tentáculos venenosos de la anémona. Aunque el hecho de vivir entre los tentáculos de la anémona les proporciona seguridad, el tamaño de su hogar se ve limitado por la tasa de crecimiento de la anémona. Una anémona suele tener espacio solo para un par de peces payaso adultos y unos cuantos jóvenes.

La hembra es más grande que el macho, y si ella desaparece, el macho se convierte en hembra y uno de los peces jóvenes se convierte en macho.[7] La pareja es monógama. La producción de huevos de la hembra aumenta a medida que aumenta su tamaño corporal. Un macho monógamo no obtiene ventaja alguna por ser grande porque no tiene que controlar un harén de hembras. La ventaja que obtienen los machos al permanecer pequeños y la de las hembras al aumentar en tamaño podrían explicar la progresiva transformación de macho a hembra.[8]

---

[7] H. Fricke y S. Fricke, «Monogamy and sex change by aggressive dominance in coral reef fish», *Nature* 266, 1977, pp. 830-832; J. Moyer y A. Nakazono, «Protandrous hermaphrodism in six species of the amenonefish genus *Amphiprion* in Japan», *Japan. J. Ichthyology* 25, 1978, pp. 101-106. Ver también J. Moyer y A. Nakazono, «Population structure, reproductive behavior and protogynous hermaphrodism in the angelfish *Centropyge interruptus* at Miyake-jima, Japan», *J. Ichthyology* 25, 1978, pp. 25-39.

[8] Es posible poner a prueba esta idea realizando una comparación con los peces payaso, como los de la bahía Batavia, en Indonesia, que viven en anémonas lo suficientemente grandes como para alojar a más de un par de adultos en los que puede

Macho y hembra a la vez

Los hamlets, que pertenecen al género *Hypoplectrus*, son pequeños peces de arrecifes coralinos que no han de preocuparse por su sexo: tienen ambos sexos a la vez. Sin embargo, su fecundación depende de la fertilización cruzada y deben aparearse para reproducirse. Son hermafroditas simultáneos que cambian de macho a hembra varias veces durante el apareamiento. Un individuo libera unos cuantos huevos y el otro los fertiliza con esperma. Después, el otro es el que libera algunos huevos y el primero los fertiliza con esperma, y así sucesivamente.[9]

Hasta ahora nadie ha sabido por qué los hamlets son hermafroditas simultáneos. Los peces de aguas profundas también suelen ser hermafroditas simultáneos, lo que se considera como una adaptación a densidades de población extremadamente bajas.[10] Los hamlets no tienen un aspecto extraño, como tampoco lo tienen otros peces hermafroditas. Los peces hermafroditas parecen sencillamente peces. Los hamlets no tienen nada de raro ni provienen de un ancestro que fuera un pez especial o viviera en aguas profundas. Por tanto, la razón de que sean hermafroditas simultáneos sigue siendo un misterio.

Machos y hembras entrecruzados

Puede que cambiar de sexo una vez parezca una gran proeza, pero algunos peces lo hacen varias veces durante su ciclo vital. Un individuo joven puede cambiar de asexuado a hembra, después a macho y volver luego a convertirse en hembra. O puede cambiar de joven asexuado a macho, luego a hembra y volver a ser un macho. Algunas especies cambian de identidad sexual como de chaqueta.

---

darse la poligamia en lugar de la monogamia. Existe una tabla que presenta una revisión sobre estas especies en J. Roughgarden, «Evolution of marine simbiosis —a simple cost-benefit model», *Ecology* 56, 1975, pp. 1201-1208.

[9] E. Fischer, «The relationship between mating system and simultaneous hermaphrodism in the coral reef *Hypoplectrus nigricans* (Seranidae)», *Anim. Behav.* 28, 1980, pp. 620-633; P. Pressley, «Pair formation and joint territoriality in a simultaneous hermaphrodite: The coral reef fish *Serranus tigrius*», *Z. Tierpsychol.* 56, 1981, pp. 33-46.

[10] G. Mead, E. Bertelson y D. M. Cohen, «Reproduction among deep-sea fishes», *Deep Sea Research* 11, 1964, pp. 569-596.

El entrecruzamiento de sexo fue descubierto por primera vez en una especie de gobios, una de las familias de peces más extensas. Los góbidos son minúsculos y suelen vivir en arrecifes de coral, en este caso en una isla del Pacífico llamada Okinawa.[11] Viven como parejas monógamas entre las ramificaciones de los corales y son los machos los que se ocupan de cuidar los huevos. Cerca del 80 por ciento de los alevines se convierten en hembras, y el resto en machos. Algunas de las hembras cambian después a macho, y algunos de los machos se transforman en hembras. Una pequeña parte de los que ya han cambiado una vez vuelven a cambiar; son los individuos entrecruzados.

¿Por qué asumir el coste de cambiar de vestuario sexual? Una teoría sostiene que la formación de parejas en los góbidos ocurre al caer dos larvas juntas desde el plancton a un trozo de coral. Después de la metamorfosis, se despiertan y descubren que ambos tienen el mismo sexo. ¿Qué hacer? Bien, uno de ellos cambia de sexo. Se ha sugerido que cambiar de sexo es una mejor forma de conseguir un emparejamiento heterosexual que trasladarse a algún otro sitio para buscar a un compañero del sexo opuesto, teniendo en cuenta que moverse es arriesgado. Esta teoría, por tanto, se resume a la elección entre cambiar de sexo o moverse. Pero es bastante heterosexista. Tal y como demuestran los hamlets, no se necesita una pareja heterosexual para reproducirse, puesto que ambas partes podrían ser hermafroditas simultáneos y no tener que molestarse en entrecruzarse.

Recientemente, se ha descubierto que una especie de gobio de la isla Lagarto, en la Gran Barrera de Coral australiana, se entrecruza, pero de un modo muy diferente a como lo hacen los góbidos de Okinawa.[12] En el gobio australiano todos los alevines se convierten en hembras, y algunos más tarde en machos, aunque estos pueden volver a convertirse en hembras. De hecho, el significado de macho resulta ambiguo aquí. Los investigadores definieron a

---

[11] Discusión basada en T. Kuamura, Y. Nakashima y Y. Yogo, «Sex change in either direction by growth-rate advantage in the monogamous coral goby, *Paragobiodon echinocephalus*», *Behav. Ecol.* 5, 1994, pp. 434-438.

[12] Discusión basada en P. Munday, M. Caley y G. Jones, «Bi-directional sex change in a coral-dwelling goby», *Behav. Ecol. Sociobiol.* 43, 1998, pp. 371-377.

un macho como cualquier pez que produjera cierta cantidad de esperma. Sin embargo, todos los machos contienen en sus gónadas ovocitos en estado primario (células que se convierten en óvulos). Por tanto, todos los machos tienen una parte hembra. La especie tiene dos géneros en todo momento: peces completamente hembra y peces que son parte macho y parte hembra.

Entre las plantas con flor son comunes las poblaciones de hermafroditas y hembras,[13] incluso más que las poblaciones de machos y hembras. Estas especies que son una mezcla de hermafroditas e individuos de un solo sexo contrastan con la mayoría de las plantas, que son en su totalidad hermafroditas. (Es posible que a medida que se investigue más sobre los góbidos se descubran otras especies con hembras y hermafroditas, como en las plantas).

Las plantas también ofrecen los ejemplos más llamativos de entrecruzamiento en el cambio de sexo. En una especie de jengibre tropical de China algunos individuos son machos por la mañana y producen polen, mientras que otros son hembras y lo reciben, cambiando de sexo por la tarde. Este fenómeno se conoce como *flexistyly*[14] y ocurre en once familias de plantas florales.[15] El cambio de sexo diurno del jengibre no es muy diferente de la forma de aparearse de los hamlets, en la que los miembros de una pareja alternan entre el sexo masculino y femenino una vez por minuto.

---

[13] A una población formada tanto por hembras como por hermafroditas se la llama ginodioica, y a una formada por machos y hermafroditas, androdioica. Ver M. Geber, T. Dawson y L. Delph (eds.), *Gender and Sexual Dimorphism in Flowering Plants*, Springer Verlag, 1998; D. Charlesworth y M. Morgan, «Allocation of resources to sex functions in flowering plants», *Phil. Trans. R. Soc. Land.*, ser. B, 332, 1991, pp. 91-102; J. Pannell, «The maintenance of gynodioecy and androdioecy in a metapopulation», *Evolution* 51, 1997, pp. 10-20; A. Liston, L. H. Rieseberg y T. Elias, «*Datisca glomerata* is functionally androdioecious», *Nature* 343, 1990, pp. 641-642.

[14] Estilo flexible. El término *flexistyly* se introdujo por primera vez en el siguiente artículo: Zhang Ling y Li Qingjun, «Flexistyly and its evolutionary ecological significance», *Acta Phytoecological Sinica*, 26(4), 2002, pp. 385-390, en https://europepmc.org/article/cba/375424. *(N. de la T.).*

[15] Qing-Jun Li, Zai-Fu Xu, W. John Kress, Yong-Mei Xia, Ling Zhang, Xiao-Bao Deng, Jiang-Yun Gao y Zhi-Lin Bai, «Flexible style that encourages outcrossing», *Nature* 410, 2001, p. 432; S. Barrett, «The evolution of plant sexual diversity», *Nature Reviews: Genetics* 3, 2002, pp. 274-284.

Estos ejemplos de hermafroditismo secuencial, simultáneo y entrecruzado demuestran que la función de machos y hembras no tiene por qué estar encajonada en el mismo cuerpo toda la vida. Las especies de vertebrados hermafroditas son comunes y exitosas.

Mamíferos intersexuales

¿Pueden los mamíferos ser también hermafroditas, o nos hemos quedado fuera? No del todo. A menudo aparecen descripciones de mamíferos hermafroditas, aunque la palabra «hermafrodita» en este caso se preste a confusión.

Empecemos con algunas definiciones. El sistema reproductivo de los mamíferos consiste en las gónadas —lugar donde se desarrollan los óvulos y el esperma— y un sistema de conductos, que transportan los gametos desde las gónadas a su destino. Este sistema está formado por conductos internos y llaves de paso externas. Los conductos son las trompas de Falopio, los conductos müllerianos, etc. Las válvulas externas incluyen el pene, el clítoris, el escroto, los labios vaginales y demás.

Un individuo «intersexual» tiene gónadas, que producen tanto óvulos como esperma, y/o combinaciones de un sistema de conductos y válvulas relacionados con el esperma o con los óvulos. Con tantas partes, hay una infinidad de combinaciones posibles.

Siendo más concretos, podemos distinguir entre gónadas intersexuales, con alguna combinación de tejidos ováricos y testiculares, y genitales intersexuales, con alguna combinación de conductos relacionados con los óvulos y el esperma.[16] Podríamos incluso distinguir entre intersexuado genital interno e intersexuado genital externo para precisar dónde ocurre la combinación de conductos. A pesar de que el binarismo en el tamaño de los gametos implique que solo existan dos funciones asociadas a cada

[16] Los médicos han introducido el término «hermafroditismo verdadero» para los individuos con gónadas intersexuales, y el de «pseudohermafroditismo» para aquellos con genitales intersexuales. Son términos sin ninguna utilidad. En esto no hay nada de «verdadero» o «pseudo», y suponen un juicio de valor sobre algo que debería ser una mera descripción.

sexo, se dan muchos tipos corporales, desde partes que son todo esperma a varias combinaciones mixtas de esperma y óvulos, o partes que contienen solo óvulos.

Para construir un ser hermafrodita utilizando componentes de un mamífero en un armazón de vertebrado, son necesarios dos conjuntos completos de gónadas y conductos, uno para los óvulos y otro para el esperma. Los mamíferos muestran muchas combinaciones parciales de partes que tienen que ver con el esperma y partes que tienen que ver con el óvulo. Podríamos juntar y batir todas las combinaciones parciales para formar una masa, a partir de la cual la evolución un día moldearía un mamífero hermafrodita completo si surgiera una presión selectiva como aquella a la que respondieron (en su día) los peces en los arrecifes coralinos. En algunas especies de mamíferos, los cuerpos intersexuales son una minoría, en otros son mayoría.

Los cuernos representan una pista fácil para detectar animales que pueden ser intersexuales. El ciervo de cola blanca (*Odocoileus virginianus*) presenta un tipo corporal masculino llamado cuerno aterciopelado porque conserva el terciopelo que recubre sus astas y que normalmente se pierde cuando envejecen. Los machos de cuerno aterciopelado tienen cuernos de tamaño reducido, un cuerpo y expresiones faciales de proporciones similares a las de las hembras y testículos pequeños; se dice que son estériles. Normalmente, las hembras no tienen astas, pero hay un tipo de hembra que tiene astas rígidas, con mucho tejido óseo y también partes combinadas en su sistema de conductos. Se cree que no son fértiles. Existen también machos fértiles sin cuernos y hembras fértiles con cuernos.

La mención a la infertilidad contribuye al prejuicio de que hay algo que «no va bien» en la intersexualidad, pero la historia es algo más complicada. La frecuencia de los cuernos aterciopelados en los ciervos de cola blanca es de aproximadamente el 10 por ciento en algunas zonas, y puede llegar a alcanzar del 40 al 80 por ciento.[17] Cifras tan altas contradicen la idea de que los cuernos aterciopelados representan una mutación deletérea.

---

[17] Sobre los ciervos de cola blanca: C. Crispens Jr. y J. Doutt, «Sex cromatin in antlered female deer», *J. Wildlife Management* 37, 1973, pp. 422-423; J. C. Donaldson y J. Doutt,

Igualmente, existe una forma masculina en el ciervo mulo (*Odocoileus hemionus*), llamado macho «cactus», que puede ser una forma intersexual. El ciervo común (*Cervus elaphus*, también llamado ciervo rojo), el ciervo de los pantanos (*Cervus duvauceli*), el ciervo sica (*Cervus nippon*), el corzo (*Capreolus capreolus*) y el gamo (*Dama dama*) tienen todos un morfo masculino con astas aterciopeladas, al que se llama «peluca», descrito como no reproductor. Los alces (*Alces alces*) tienen machos con astas aterciopeladas, que también se pueden encontrar en algunas hembras.[18]

Puesto que los canguros hembra incuban sus embriones en una bolsa en lugar de en un útero, un individuo intersexual podría tener tanto pene como bolsa, glándulas mamarias y testículos. Existen individuos intersexuales en el canguro gris oriental (*Macropus*

«Antlers in female white-tailed deer: A four-year study», *J. Wildlife Management* 29, 1965, pp. 699-705; J. Doutt y J. Donaldson, «An antlered doe with possible masculinizing tumor», *J. Mammalogy* 40, 1959, pp. 230-236; D. Taylor, J. Thomas y R. Marburger, «Abnormal antler growth associated with hypogonadism in whitetailed deer of Texas», *Amer. J. Veterinary Research* 25, 1964, pp. 179-185; J. Thomas, R. Robinson y R. Marburger, *Studies in Hypogonadism in White-tailed Deer of the Central Mineral Region of Texas*, Texas Parks and Wildlife Department Technical Series No. 5, Texas Parks and Wildlife Department, 1970; J. Thomas, R. Robinson y R. Marburger, «Social behavior in a white-tailed deer herd containing hypogonadal males», *J. Mammalogy* 46, 1965, pp. 314-327; J. Thomas, R. Robinson y R. Marburger, «Hypogonadism in white-tailed deer in the central mineral region of Texas», en J. B. Trefethen (ed.), *Transactions of the North American Wildlife and Natural Resources Conference* 29, 1964, pp. 225-236, Wildlife Management Institute; W. Wishart, «Frequency of antlered white-tailed does in Camp Wainright, Alberta», *J. Mammalogy* 35, 1985, pp. 486-488; G. Wislocki, «Antlers in female deer, with a report on three cases in *Odocoileus*», *J. Mammalogy* 35, 1954, pp. 486-495; G. Wislocki, «Further notes on antlers in female deer of the genus *Odocoileus*», *J. Mammalogy* 37, 1956, pp. 231-235.

[18] Sobre el ciervo mulo: I. McT. Cowan, «Antlered doe mule deer», *Canadian Field-Naturalist* 60, 1946, pp. 11-12; B. Wong y K. Parker, «Estrus in blacktailed deer», *J. Mammalogy* 69, 1988, pp. 168-171. Sobre otros ciervos: D. Chapman, N. Chapman, M. Horwood y E. Masters, «Observations on hypogonadism in a perruque silka deer *(Cervus nippon)*», *J. Zoology, London* 204, 1984, pp. 579-584; G. Lincoln, R. Youngson y R. Short, «The social and sexual behavior of the red deer stag», *J. Reproduction and Fertility* (suplemento) 11, 1970, pp. 71-103; D. Wurster-Hill, K. Benirschke y D. Chapman, «Abnormalities of the X chromosome in mammals», en S. Sandberg (ed.), *Cytogenetics of the Mammalian* X *Chromosome* (parte B), Alan Liss, 1983, pp. 283-300. Sobre los alces: A. Bubenik, G. Bubenik y D. Larsen, «Velericorn antlers on a mature male moose *(Alces a. gigas)*», *Alces* 26, 1990, pp. 115-128; O. Murie, «Abnormal growth of moose antlers», *J. Mammalogy* 9, 1928, p. 65; W. Wishard, «Velvet-antlered female moose *(Alces alces)*», *Alces* 26, 1990, pp. 64-65.

giganteus), el canguro rojo (*Macropus rufus*), el walaró oriental (*Macropus robustus*), el ualabí de Tammar (*Macropus eugenii*) y el quokka (*Setonix brachyurus*).[19]

El canguro ratón (*Dipodomys ordii*) es un pequeño mamífero que no tiene nada que ver con los marsupiales, sino con los roedores nativos del suroeste americano. Se trasladan pegando saltos sobre sus pies traseros, como los canguros de verdad, y, para no ser menos, tienen muchas formas intersexuales. Alrededor de un 16 por ciento tiene sistemas de conductos asociados con esperma y óvulos, incluyendo vagina, pene, útero y testículos en un solo individuo.[20]

En las islas de Vanuatu (antiguas Nuevas Hébridas, en el Pacífico Sur) han criado cerdos por sus manifestaciones intersexuales. Suelen tener gónadas masculinas y un sistema interno de conductos asociado al esperma, genitales externos mixtos y colmillos como los jabalíes. En la cultura vanuatu se valora a los cerdos como símbolo de estatus, y la gente de Sakao distingue entre siete géneros diferentes, desde los que tienen genitales externos más relacionados con el óvulo a los que están más relacionados con el esperma. Este sistema de clasificación indígena de los diferentes grados de intersexualidad es más completo que cualquier otro sistema de denominación creado por científicos occidentales y fue adoptado por el investigador que describió esa cultura por primera vez. En el pasado, entre un 10 y un 20 por ciento de los cerdos domésticos eran individuos intersexuales.[21]

Para las tribus nativas americanas, los osos, incluidos el grizzly (*Ursus arctos*, también conocido como oso pardo), el oso negro (*Ursus americanus*) y el oso polar (*Ursus maritimus*), han sido siempre

---

[19] G. Sharman, R. Hughes y D. Cooper, «The chromosomal basis of sex differentiation in marsupials», *Australian J. Zoology* 37, 1990, pp. 451-466.

[20] G. Pfaffenberger, F. Weckerly y T. Best, «Male pseudohermaphroditism in a population of kangaroo rats, *Dipodomys ordii*», *Southwestern Naturalist* 31, 1986, pp. 124-126.

[21] J. Baker, «On sex-intergrade pigs: Their anatomy, genetics, and developmental physiology«, *Brit. J. Experimental Biology* 2, 1925, pp. 247-263; J. Baker, «Notes on New Hebridean customs, with special reference to the intersex pig», *Man* 28, 1928, pp. 113-118; J. Baker, «A new type of mammalian intersexuality», *Brit. J. Experimental Biology* 6, 1928, pp. 56-64; W. Rodman, «The boars of Bali Ha'i: Pigs in paradise», en J. Bonnemaison, C. Kaufmann, K. Huffman y D. Tryon (eds.), *Arts of Vanuatu*, University of Hawaii Press, 1996, pp. 158-167.

símbolo de mezcla de géneros. Las tribus bimin-kuskusmin e inuit cuentan historias de osos «madres macho» que daban a luz a través de un órgano similar a un pene-clítoris.[22] En algunas poblaciones, entre un 10 y un 20 por ciento de las osas cuentan con un canal de parto dentro del clítoris, en lugar de formar una vagina independiente. Una osa intersexual copula y da a luz con la punta de su pene.[23]

Este sistema de conductos intersexuales se encuentra en *todas* las hembras de la hiena moteada (*Crocuta crocuta*) de Tanzania, que cuentan con penes casi indiferenciables de los machos.[24] Aristóteles pensaba que estos animales eran hermafroditas, pero solo tenía parte de razón. La primera investigación científica, en 1939, demostró que la hiena moteada solo produce gametos de un mismo tamaño durante su vida, solo óvulos o solo esperma.[25] Por tanto, estas hienas no son hermafroditas, sino que son intersexuales, como algunas osas. Las hienas hembra tienen un falo de una longitud que es un 90 por ciento la del macho y del mismo diámetro (sí, alguien lo midió, 171 milímetros de largo y 22 milímetros de diámetro). Los labios vaginales se fusionan para formar una especie de escroto que contiene materia grasa y tejido conectivo similar a los testículos. El conducto genitourinario recorre la longitud del clítoris, en lugar de comenzar desde abajo. El animal puede orinar por este órgano, convirtiéndolo así en un pene. Para completar la imagen, el pene de las hembras contiene tejido eréctil (*corpus spongiosum*), que le permite tener erecciones como las del pene del macho.

Una hiena hembra copula y da a luz por su canal genitourinario. Al aparearse, la hembra retrae el pene, algo parecido a «levantar las mangas de una camisa», creando un orificio por el que el

---

[22] B. Bagemihl, *Biological Exuberance*, St. Martin's Press, 1999, p. 234.

[23] M. Cattet, «Abnormal differentiation in black bears *(Ursus americanus)* and brown bears *(Ursus arctos)*», *J Mammalogy* 69, 1988, pp. 849-852.

[24] L. Frank, «Female masculinization in the spotted hyena: Endocrinology, behavioral ecology, and evolution», en J. Gittleman (ed.), *Carnivore Behavior and Evolution*, vol. 2, Cornell University Press, 1996, pp. 78-131; L. Frank, «Evolution of genital masculinization: Why do female hyaenas have such a large 'penis'?», *Trends Ecol. Evol.* 12, 1997, pp. 58-62.

[25] M. Harrison, «Reproduction in the spotted hyena, *Crocuta crocuta* (Erxleben.)», *Phil. Trans. Roy. Soc. Land.*, ser. B, 230, 1939, pp. 1-78.

macho introduce su propio pene. El pene de la hembra se encuentra en el mismo sitio que el de un macho, en un punto un poco superior que la vagina de la mayoría de los mamíferos. Por tanto, al aparearse, el macho debe deslizar su parte trasera bajo la hembra para conseguir que su pene esté alineado con el de ella. Durante el nacimiento, el embrión atraviesa un largo y estrecho canal de parto que tiene un ángulo cerrado. Un 15 por ciento de las hembras suelen morir durante su primer parto, y pierden más del 60 por ciento de sus primeras crías.[26] Estas evidentes desventajas nos llevan a preguntarnos por qué las hienas hembra tienen un pene en lugar de un clítoris.

Las hienas moteadas hembra tienen una marcada jerarquía de dominancia, en la que el pene erecto representa una señal de sumisión. Cuando dos hembras interactúan durante una pelea por la dominancia, la que retrocede muestra su pene erecto.[27] Nadie sabe por qué evolucionó esta señal en las hienas, pero las señales comunicativas son arbitrarias en sí mismas. ¿Por qué las luces de un semáforo son de color rojo, amarillo y verde? En las hienas, la erección del pene de las hembras es una «señal honesta». Las erecciones ocurren en las «ceremonias de reencuentro», cuando los animales se saludan después de haber estado alejados. Los animales se acercan y se colocan juntos, con la cabeza hacia la cola del otro, levantando uno de ellos o ambos la pata trasera para permitir que el otro le inspeccione el pene erecto. Cuando solo una de las hembras muestra el pene erecto al saludarse, esta suele ser la subordinada. Cada hiena pone a merced de las potentes mandíbulas de la otra sus órganos reproductores. Cuando dos hembras que viven en cautividad se saludan después de haber estado separadas durante una semana, sus encuentros son tensos

---

[26] L. Frank y S. Glickman, «Giving birth through a penile clitoris: Parturition and dystocia in the spotted hyena *(Crocuta crocuta)*», *J. Zoology London* 206, 1994, pp. 525-531; L. Frank, M. Weldele y S. Glickman, «Masculinization costs in hyenas», *Nature* 377, 1995, pp. 584-585.

[27] M. East, H. Hofer y W. Wickler, «The erect 'penis' is a flag of submission in a female-dominated society: Greetings in Serengeti spotted hyenas», *Behav. Ecol. Sociobiol.* 33, 1993, pp. 355-370; H. Hofer y M. East, «Virilized sexual genitalia as adaptations of female spotted hyenas», *Revue Suisse de Zoologie* 102, 1995, pp. 895-906.

y a menudo terminan en una pelea que empieza cuando una muerde los genitales de la otra, causándole a veces daños en su capacidad reproductora.

Los genitales masculinizados de las hienas hembra son un ejemplo de lo que llamo rasgos de inclusión social, que permiten a una hembra acceder a los recursos necesarios para la reproducción y la supervivencia. Si una hembra no participara en las interacciones sociales utilizando su pene como señal, no sería funcional en la sociedad de las hienas y podría morir o no ser capaz de reproducirse.

Se ha sugerido que el aumento del tamaño del clítoris es un efecto secundario de unos niveles elevados de testosterona en las hienas moteadas.[28] La vida social de las hienas moteadas incluye mucha agresividad, causada probablemente por los altos niveles de testosterona en la sangre. Esta testosterona podría producir un «exceso» accidental de masculinización durante el desarrollo. A mí esta teoría no me convence. La agresividad no requiere testosterona. No hablamos de un ligero aumento en el tamaño del clítoris, sino de una réplica completamente desarrollada de la anatomía genital masculina, con su saco escrotal completo y unos cuerpos grasos parecidos a los testículos. No es posible que esta estructura se haya desarrollado salpicando la sangre con testosterona. Creo que este caso demuestra que los genitales de los mamíferos tienen una función simbólica. De hecho, exhibir los genitales es algo muy de mamífero. Los peces, las ranas, los lagartos, las serpientes y las aves raras veces muestran genitales externos con colores llamativos para saludarse. Los mamíferos sí.

Varias especies de primates hembra tienen también penes, como los gálagos, unos primates nocturnos del tamaño de una ardilla que habitan en África central. De entre la docena de especies de gálagos que existen, todas las hembras tienen pene, es decir, un largo clítoris colgante con una uretra que se extiende hasta la punta permitiéndoles orinar.[29] El pene de los machos tiene un

---

[28] Frank, «Female masculinization in the spotted hyena», 1996.

[29] Bagemihl, *Biological Exuberance*, 1999, pp. 336-337; H. Butler, «The oestrus cycle of the senegal bush baby *(Galago senagalensis senegalensis)* in the Sudan», *J. Zoology*

hueso llamado báculo. La cópula en estos primates es anormalmente lenta, llegando a durar de una a dos horas.[30]

Las guías de campo sobre los monos araña de América del Sur hacen referencia a un clítoris pendular y eréctil lo suficientemente largo como para ser confundido con un pene.[31] Existen más de seis especies de monos araña, llamados así por su extraordinaria capacidad de colgarse de su larga cola prensil y trasladarse por el dosel de la selva usando manos, pies y cola como si contaran con cinco miembros. Como el clítoris parece un pene, es la presencia del escroto lo que los observadores de campo utilizan para saber si el sujeto es un macho y no una hembra. Estos monos también tienen en el clítoris unas glándulas para marcar su rastro.

En los monos lanudos, parientes cercanos de los monos araña, el clítoris es todavía más largo que el pene.[32] Y en otro pariente más, el muriquí, existen pezones a ambos lados del cuerpo, bajo los brazos. Así, incluso entre los primates un cuerpo generizado puede ensamblarse en un armazón de vertebrado de muchas maneras.

Una de las razones por las que la presentación de los genitales en público es un tema tan cargado de emocionalidad para los humanos es que los primates utilizan sus genitales en ostentaciones incluso más que otros mamíferos. Los libros de fotografías de animales suelen mostrar a ciertos tipos de papiones denominados driles y mandriles mostrando sus coloridos hocicos. Si vemos una foto de cuerpo entero, en lugar de una toma solo de la cabeza, nos daremos cuenta de que el color se extiende también a los genitales, pues tanto los machos como las hembras tienen genitales de color rojo brillante. Los machos muestran un pene rojo carmesí

London 151, 1967, pp. 143-162; G. Doyle, «Behavior of Prosimians», *Behavior of Nonhuman Primates* 5, 1974, pp. 154-353; R. Martin, G. Doyle y A. Walker (eds.), *Prosimian Biology*, University of Pittsburgh Press, 1974; D. Lipshitz, «Male copulatory patterns in the Lesser Bushbaby *(Galago moholi)* in captivity», *Int. J. Primatology* 17, 1996, pp. 987-1000.

30 D. Dewsbury y J. Pierce Jr., «Copulatory patterns of primates as viewed in broad mammalian perspective», *Amer. J. Primatology* 17, 1989, pp. 51-72.

31 Ver la fotografía del clítoris alargado de un mono araña de vientre amarillo (*Ateles belzebuth*) en la p. 112 de N. Rowe, *The Pictorial Guide to the Living Primates*, Pogonias Press, 1996.

32 Ver la fotografía de un macho y una hembra de mono lanudo (*Lagothrix lagotricha*) con un clítoris alargado y de punta rosada, en la p. 116 de *ibid.*

cabalgando a horcajadas de un escroto blanco como la nieve, y las hembras, en época de celo, exhiben hinchazones rojizas alrededor de la vagina. Los driles se muestran unos a otros estas zonas provocativamente.[33] Nuestra costumbre de cubrir nuestros genitales con ropa, excepto en determinadas situaciones, denota el poder simbólico que tiene el diseño y decoración de los genitales humanos. La peculiar tradición de la medicina de asignar el género basándose en la anatomía de los genitales sin duda puede haber surgido de nuestra gran dependencia primate en la consideración de los genitales como símbolos.

¿Qué hay de los genitales masculinos feminizados? Los ejemplos de hienas moteadas, gálagos y monos araña eran todos casos de genitales femeninos masculinizados. ¿Y al contrario? Los genitales de los delfines y ballenas macho parecen representar un tipo diferente de intersexualidad. A efectos de optimización hidrodinámica, los delfines y ballenas macho no tienen genitales externos. En su lugar, tienen los testículos dentro del propio cuerpo. El pene se encuentra contenido dentro de una «hendidura genital» y cubierto por una especie de aletas hasta que entra en erección. Los cetáceos macho no tienen escroto.

¿Cuál sería la forma más sencilla de desarrollar esta arquitectura genital en los machos utilizando partes corporales de mamífero en un armazón de vertebrado? Algunos de los pasos que siguen normalmente los mamíferos terrestres macho cuando sus genitales se desarrollan se omitirían. En tierra, los testículos de los mamíferos macho suelen descender hasta el escroto, donde se convierten en testículos. El escroto proviene de la fusión de los tejidos que en la hembra se transforman en labios vaginales y clítoris. Al no tener que molestarse en fusionar el tejido labial en escroto y dejar los testículos en la cavidad abdominal, un delfín o ballena macho en desarrollo mantiene los testículos protegidos utilizando los tejidos labiales como aletas protectoras. El clítoris sigue desarrollándose hasta convertirse en un pene, ya que la uretra se incluye a lo largo de su eje. Si estas etapas tuvieran lugar en tierra, un mamífero macho sería catalogado como intersexual. Por tanto, podríamos

[33] *Ibid.*

suponer que los delfines y ballenas macho han alcanzado su arquitectura genital convirtiendo en normal lo que podría considerarse como una morfología intersexual excepcional.

Tanto la intersexualidad genital como la gonadal están documentadas en cetáceos que viven en estado salvaje. El delfín listado (*Stenella coeruleoalba*) cuenta con algunos individuos que tienen tanto genitales externos femeninos como testículos, así como un sistema de conductos internos masculinos. La ballena boreal (*Balaena mysticetus*) tiene individuos con genitales externos femeninos y glándulas mamarias combinados con cromosomas masculinos, testículos y conductos internos masculinos. El rorcual común (*Balaenoptera physalus*) cuenta con órganos reproductivos tanto masculinos como femeninos, incluidos útero, vagina, clítoris alargado y testículos. La población de ballena beluga (*Delphinapterus leucas*) del estuario del río San Lorenzo tiene genitales externos masculinos combinados con un juego completo de dos ovarios y dos testículos.[34]

A pesar de que un informe reciente plantea el fantasma de si la intersexualidad en cetáceos podría estar causada por la polución que está provocando deformidad en los genitales, los primeros estudios sobre intersexualidad son anteriores a los elevados niveles de polución. Quizá los cetáceos hayan comenzado el camino evolutivo alcanzado por los peces hermafroditas.

Hasta ahora todos los ejemplos se han centrado en conductos genitales intersexuales. ¿Y las gónadas intersexuales? En cuatro especies de mamíferos europeos que excavan madrigueras, llamados topos del Viejo Mundo, los machos tienen testículos parecidos a los de otros mamíferos, mientras que *todas* las hembras tienen ovotestis, que contienen tanto tejido ovárico como testicular. La

---

[34] Sobre los distintos cetáceos de los que habla este párrafo, ver M. Nishiwaki, «Hermaphroditism in a dolphin (*Prodelphinus caeruleo-albus*)», *Scientific Reports of the Whales Research Institute* 8, 1953, pp. 215-218; R. Tarpley, G. Jarrell, J. George, J. Cubbage y G. Stott, «Male pseudohermaphroditism in the bowhead whale, *Balaena mysticetus*», *J. Mammalogy* 76, 1995, pp. 1267-1275; J. Bannister, «An intersexual fin whale *Balaenoptera physalus* (L.) from South Georgia», *Proc. Zool. Soc. London* 141, 1963, pp. 811-822; S. De Guise, A. Lagace y P. Beland, «True hermaphroditism in a St. Lawrence beluga whale *(Delphinapterus leucas)*», *J. Wildlife Diseases* 30, 1994, pp. 287-290.

hembra fabrica óvulos en la parte ovárica de su ovotestis, mientras que la parte testicular no tiene esperma y segrega hormonas. Estas especies están cerca de ser hermafroditas.[35]

Hemos visto que diversas especies de mamíferos recombinan sus conductos genitales y gónadas de formas sorprendentes y exitosas. De manera más general, vemos que, entre los vertebrados, de los peces a los mamíferos, la distinción binaria en el tamaño de los gametos no suele extenderse a todo el cuerpo. Muchos cuerpos incluyen la producción de ambos tamaños de gameto en diferentes momentos o a la vez, así como varias estructuras genitales y una mezcla de conductos genitales, como una forma de cumplir importantes funciones sociales en la sociedad de cada especie.

[35] R. Jiménez, M. Burgos, A. Sánchez, A. Sinclair, F. Alarcón, J. Marín, E. Ortega y R. D. de la Guardia, «Fertile females of the mole *Talpa occidentalis* are phenotypic intersexes with ovotestes», *Development* 118, 1993, pp. 1303-1311; A. Sánchez, M. Mullejos, M. Burgos *et al.*, «Females of four mole species of genus *Talpa* (Insectivora, Mammalia) are true hermaphrodites with ovotestes», *Mol. Reprod. Dev.* 44, 1996, pp. 289-294.

04

Roles sexuales

Incluso las especies consideradas casos típicos por tener un género asociado a cada sexo e individuos que conservan el mismo sexo a lo largo de sus vidas, a menudo presentan roles sexuales muy alejados del patrón tradicional. En algunas especies, los machos (aparte de fabricar esperma) tienen una apariencia y un comportamiento similares a los de hembras de otras especies, y estas (además de producir óvulos) tienen una apariencia y un comportamiento parecidos a los de machos de otras especies. Si estas especies pudieran manifestar lo que piensan de nosotros, dirían que nuestra forma de distinguir los géneros está al revés.

Tamaño corporal invertido

El rape es un pez de aguas profundas que cuenta con una especie de minúsculo apéndice con forma de caña de pescar que sobresale de su cabeza. Una protuberancia de la espina dorsal se proyecta sobre su boca con un farol o bulbo luminiscente en la punta para atraer a las presas. Cuando una se encuentra lo bastante cerca, se lanza a por ella cual «pescador con un señuelo», engulléndola.

Los depredadores desarrollan infinidad de formas peculiares para capturar a sus presas. La caña de pescar del rape es una curiosidad formidable, pero lo más interesante es que todos los rapes que cazan así son hembras (pescadoras en lugar de pescadores). ¿Es el rape un ejemplo más de una especie en la que todos los individuos son hembras? No, los rapes macho existen, pero son diminutos y se conocen como «machos enanos». Estos machos son incapaces de vivir sin las hembras. Tienen unos grandes orificios nasales para concentrarse en el rastro que dejan las hembras y unas pinzas en lugar de dientes, para acoplarse a las protuberancias de la hembra. Una vez que un macho se ha agarrado a la espalda o al lateral de una hembra, sus tejidos se fusionan y el macho conecta con el flujo sanguíneo de la hembra, convirtiéndose en un órgano de su cuerpo. Puede haber varios machos acoplados a una hembra —lo que se conoce como poliandria—, convirtiéndose en dos o más individuos genéticamente distintos en un solo cuerpo: una colonia.[1]

Fue un biólogo islandés quien lo descubrió en 1922, al observar a dos pequeños peces con sus narices acopladas al vientre de una hembra de gran tamaño. Lo primero que pensó fue que se trataba de crías a las que su madre estaba amamantando; algo muy normal entre mamíferos, pero nuevo en peces.[2] No fue hasta tres años después que se descubrió que los pequeños peces eran machos reproductivamente maduros.

Al macho acoplado se lo denominó «parásito», por analogía con los pequeños ectoparásitos que viven en grandes peces, como los bálanos que se pegan a las ballenas o las sanguijuelas que se adhieren a los bañistas en los ríos tropicales. El término *parásito* no resulta muy afortunado, porque se supone que es una relación mutualista. El rape macho es «meramente un apéndice de la hembra, completamente dependiente de ella para su alimentación [...], una unión marido-mujer tan perfecta y completa que casi podría asegurarse que sus glándulas genitales maduran a la vez, y quizá no sea tan fantasioso pensar que ella puede controlar la descarga seminal del macho para que ocurra justo para fertilizar sus huevos».[3]

---

[1] E. Bertelsen, «The ceratioid fishes: Ontogeny, taxonomy, distribution, and biology», *Dana Report* 39, 1951; T. Pietsch, «Dimorphism, parasitism and sex: Reproductive strategies among deep sea ceratioid anglerfishes», *Copeia*, 1976, pp. 781-793.

[2] B. Saemundsson, «Zoologiske Meddelelser fra Island. XIV. Fiske, ny for Island, of supplerende Oplysninger om andre, tidligere kendte», *Vidensk. Medd. fra Dansk Naturh. Foren. Bd.* 74, 1922, pp. 159-201.

[3] C. Regen, «Dwarfed males parasitic on the females in oceanic anglerfishes (Pediculati Ceratioidea)», *Proc. R. Soc. Land.*, ser. B, 97, 1925, pp. 386-400.

Se conocen más de cien especies de rape, que habitan los océanos del mundo a más de mil quinientos metros de profundidad. En todas ellas, las hembras son mucho más grandes que los machos. Sin embargo, en otros aspectos, los rapes son muy diversos y exhiben su propio arcoíris. Algunas especies tienen machos enanos que se acoplan fusionándose con el cuerpo de la hembra, como he descrito; otras tienen tanto machos que viven libres como otros que se acoplan; y, por último, hay machos que viven siempre en solitario. Siempre que uno mira de cerca cualquier categoría biológica encuentra un arcoíris de diversidad. El mundo de los seres vivientes está lleno de arcoíris inmersos en otros arcoíris, que a su vez forman parte de otros más, en una secuencia sin fin.

Roles sexuales invertidos

El pez trompeta es un pequeño pez con forma de lápiz y una boca circular parecida a una flauta. En algunas especies, los embriones se encuentran «pegados» a la parte inferior de los machos; los alevines se desarrollan allí y, al alcanzar la madurez, se alejan nadando. En otras, los machos tienen unas aletas protectoras que cubren parcialmente los huevos fertilizados.

En sus parientes cercanos, los caballitos de mar, la aleta se convierte en una especie de bolsa que contiene a los embriones en desarrollo. La hembra coloca los huevos en la bolsa del macho. Allí son fertilizados, se desarrollan en embriones y comienza el «embarazo» del macho. Este proporciona oxígeno, mantiene un equilibrio adecuado de sal y alimenta y protege a los embriones que se encuentran dentro de su bolsa.[4]

Podríamos pensar que los caballitos de mar y los peces trompeta invierten los roles masculinos y femeninos en comparación con los mamíferos. Para evaluar si esta impresión es o no correcta, debemos tener en cuenta la «inversión parental» que realizan los machos y las hembras durante la crianza de los pequeños. La

[4] A. Vincent, I. Ahnesjö, A. Berglund y G. Rosenqvist, «Pipefishes and seahorses: Are they all sex role reversed?», *Trends Ecol. Evol.* 7, 1992, pp. 237-241.

contribución del macho consiste en el esperma para el embrión, lo que supone muy poca energía o nutrientes. La hembra contribuye al embrión con un óvulo del tamaño habitual, por lo que desde el principio realiza una mayor inversión que el macho.

Los biólogos definen los «roles sexuales invertidos» como lo que ocurre cuando la inversión parental total de los machos al criar a los jóvenes excede a la de las hembras.[5] Los caballitos de mar y los peces trompeta macho proporcionan una gran cantidad de cuidados parentales en cuanto al tiempo que pasan criando a los jóvenes en sus bolsas o pegados a su parte inferior. Lo que hacen los machos por las crías hasta el momento en que los embriones maduran ¿es más de lo que hacen las hembras, teniendo en cuenta la inversión inicial de estas?

El simple hecho de que los machos proporcionen ciertos cuidados a las crías no quiere decir que se trate de una inversión de roles sexuales. Hay demasiados ejemplos para citarlos todos de especies en las que los machos exhiben algún tipo de ayuda parental. Muchos peces macho cuidan y alimentan los huevos en nidos situados en el fondo marino o en los lagos, y otros llegan incluso a incubar los huevos dentro de la boca (los llamados incubadores bucales). La forma específica en que los machos proporcionan cuidados parentales depende de la especie, y la bolsa del caballito de mar es solo uno de los muchos estilos peculiares que existen. El tipo de cuidado no es lo que importa, sino la cantidad. Entonces, ¿están invertidos o no los roles sexuales en los caballitos de mar? Es decir, ¿excede la inversión parental acumulada del macho a la de la hembra?

¿Cómo podríamos estar seguros de qué sexo en general contribuye más en la crianza de la progenie? Una posible pista está en la oferta y demanda de cada sexo en el momento del apareamiento. A todos nos resulta conocida la oferta y la demanda durante el cortejo. Una belleza en una explotación minera de Alaska estará rodeada de hombres que la agasajan con bolsas de polvo de oro y promesas de viajes a París. Un soltero en un crucero de lujo tipo

---

[5] T. Clutton-Brock y A. C. J. Vincent, «Sexual selection and the potential reproductive rates of males and females», *Nature* 351, 1991, pp. 58-60.

Vacaciones en el mar estará rodeado de mujeres que le entretienen ofreciéndole puros cubanos libres de impuestos y cháchara sobre fútbol americano que han memorizado del libro de jugadas de los 49ers.[6] Profundicemos en esta idea.

Si uno de los dos sexos, pongamos el sexo A, es el que está proporcionando la mayor parte del cuidado parental, habrá pocos individuos receptivos para aparearse porque la mayoría estarán ocupados criando a la prole. Por el contrario, el otro sexo, el B, no está muy implicado en la crianza de la progenie y cuenta con muchos individuos dispuestos para aparearse. Esta asimetría en la oferta y la demanda de parejas implica una tensión dinámica entre los sexos. Los del sexo B compiten entre sí por el acceso a los del sexo A y por controlarlos. Siempre que la libertad de elegir de los individuos de A no se vea frustrada por un excesivo control de los de B, los de A elegirán con qué individuo B se quieren aparear.

Los biólogos llaman a la proporción de hembras receptivas por cada macho disponible la «proporción operativa de sexos». La proporción operativa de sexos no es de cincuenta a cincuenta, porque el sexo con la mayor inversión parental estará ocupado cuidando de las crías y no estará muy disponible para la cópula, en comparación con el otro sexo.[7]

Volviendo a los caballitos de mar y a los peces trompeta, podemos preguntarnos cuál de los dos sexos está menos disponible para aparearse a causa del esfuerzo invertido en cuidar a la descendencia. Unos investigadores suecos descubrieron en el mar del Norte dos especies próximas de peces trompeta que tienen los roles sexuales invertidos. Las hembras de ambas especies producen suficientes huevos para dos machos durante el tiempo que le

---

[6] Los San Francisco 49ers son un equipo profesional de fútbol americano de Estados Unidos con sede en el área de la Bahía de San Francisco, California. *(N. de la T.)*.

[7] La proporción de sexos tiene sentido cuando machos y hembras son individuos distintos. En las especies hermafroditas, el concepto equivalente es la asignación por sexo, que se refiere a cuánta energía un individuo pone en su parte femenina y cuánta en su parte masculina. Sobre una teoría que explica una especie con una proporción de sexos de cincuenta a cincuenta, ver R. Fisher, *The Genetical Theory of Natural Selection*, Oxford University Press, 1927; sobre una con asignación por sexo de cincuenta a cincuenta, ver E. Charnov, *The Theory of Sex Allocation*, Princeton University Press, 1982; y J. Roughgarden, «The evolution of sex», *Amer. Natur.* 138, 1991, pp. 934-953.

lleva a uno cuidar a sus crías. En estado salvaje, el número de hembras con huevos maduros excede siempre el número de machos receptivos. Las hembras de estas especies son poliándricas, disponen de un harén de machos. Además, estas hembras son más grandes que los machos y desarrollan colores brillantes durante la época de cortejo, presumiblemente para que los machos puedan elegir, lo opuesto a la teoría clásica de Darwin sobre el pavo real. Las hembras, y no los machos, son las que compiten unas contra otras, formando jerarquías de dominancia para acceder a los machos que cuidarán de sus huevos. Hay otras nueve especies de pez trompeta en las que son solo las hembras las que desarrollan coloraciones sexuales y/o son más grandes que los machos, y se consideran especies con roles sexuales invertidos.

En cambio, los caballitos de mar y otras especies distintas de pez trompeta no tienen roles sexuales invertidos; siguen el modelo del pavo real de Darwin. Los caballitos de mar macho son capaces de criar a su prole y estar listos para los siguientes embriones más rápido de lo que las hembras tardan en producir la siguiente hornada de huevos. El resultado es un excedente neto de machos que quieren huevos en comparación con el número de hembras que los ofrecen. Los machos compiten de forma agresiva con la cola, golpeándose los hocicos para acceder a las hembras, mientras que ellas no tienen comportamientos específicamente agresivos entre sí. Los machos suelen ser más grandes y coloridos, y presentan patrones más llamativos que las hembras.[8]

Por tanto, está claro que en la naturaleza tiene lugar la inversión de roles sexuales. Muchos piensan que el concepto de proporción operativa de sexos amplía la teoría de Darwin de la selección sexual para incluir especies con roles sexuales invertidos. Después de todo, la lógica es la misma en las estrategias de apareamiento de ambos tipos de especies (con roles sexuales típicos y con roles invertidos), solo que está intercambiado cuál de los dos sufre exceso de sexo y cuál lo tiene limitado. Pero no se ha propuesto ninguna teoría para explicar por qué ocurre la inversión de roles sexuales.

---

[8] A. C. J. Vincent y L. M. Sadler, «Faithful pairbonds in wild seahorses, *Hippocampus whitei*», *Anim. Behav.* 50, 1995, pp. 1557-1569.

Los roles sexuales invertidos se dan en aves, sobre todo en aves acuáticas y en aves marinas. Cuando se da la inversión de roles sexuales, la doble moral también puede invertirse. La jacana común del río Chagres, en Panamá, es un ave grande y negra, excepto por los bordes blancos de las alas, la cara roja y un pico largo amarillo en forma de sonda para buscar alimento entre plantas de agua dulce poco profundas, como los jacintos. Las escandalosas y corpulentas hembras se pasan el tiempo ajustando cuentas en los límites de sus territorios, dentro de los cuales los machos, más pequeños, se juntan en harenes para cuidar de los polluelos y los huevos.

Sus perfiles de ADN han demostrado que los machos cuidan de los huevos de las hembras que controlan sus harenes, aunque los huevos hayan sido engendrados por machos externos al harén. Resulta claro que las hembras salieron del harén para aparearse, y aun así colocaron todo el peso de la crianza de la prole de otros padres sobre las espaldas de los machos de su harén. Los investigadores, todos varones, se mostraron escandalizados, afirmando que los machos de jacana eran unos «cornudos» por haber contribuido tanto al cuidado parental. Un investigador exclamó: «Era lo peor que podía haberles pasado a estos chicos».[9]

Si hubiera pasado lo contrario, posiblemente no hubiera causado tanta indignación. Una hembra de un harén controlado por un macho podría criar al polluelo engendrado por ese macho colocado allí por una hembra de un harén vecino. Este tipo de adopción puede producirse por muchas razones imaginables. Puede que la hembra considere ventajoso criar al polluelo a cambio del alimento y protección que proporcione el macho controlador a las crías engendradas por ella misma. O, al contrario, un macho podría considerar ventajoso cuidar a un polluelo cuya madre fuese una hembra controladora, a cambio del alimento y la protección de los polluelos que él mismo ha engendrado. Así es como la inversión de los roles sexuales lleva aparejada

---

[9] S. T. Emlen, P. H. Wrege y M. S. Webster, «Cuckoldry as a cost of polyandry in the sex-role reversed wattled jacana, *Jacana jacana*», *Proc. R. Soc. Lond.*, ser. B, 265, 1998, pp. 2359-2364. Ver también C. Yoon, «In this battle of the sexes, the females win», *New York Times*, 22 de diciembre de 1998, p. D3.

también la inversión de la doble moral. Es una idea a la que cuesta acostumbrarse.

Otras aves que muestran roles sexuales invertidos son dos aves costeras: el falaropo de Wilson y la lavandera manchada.[10] Aparentemente, no existe ningún mamífero que muestre la inversión de roles sexuales, porque parece que las hembras realizan una gran inversión parental. Además del óvulo, un mamífero hembra proporciona leche al embrión y saca adelante a las crías, bien en la placenta o en una bolsa. Para un mamífero macho este es un acto difícil de seguir. Para superar esta elevada inversión parental de las hembras, los machos necesitarían un sistema social que les permitiese cuidar de la prole más allá de la edad del destete, como puede ocurrir en humanos.

La evolución de la placenta y la bolsa en los mamíferos suele presentarse como un avance fisiológico, una adaptación para criar al embrión en un clima que se ha ido enfriando cada vez más globalmente desde los tiempos de los dinosaurios. Otra posibilidad es que la fuerza evolutiva responsable de la placenta y la bolsa haya sido que las hembras asumieran el control de su progenie. Un efecto colateral sería que los machos tuvieran entonces un incentivo para controlar a las hembras.

---

[10] D. J. Delehanty, R. C. Fleisher, M.A. Colwell y L. W. Oring, «Sex role reversal and the absence of extra-pair fertilization in Wilson's phalarope», *Anim. Behav.* 55, 1996, pp. 995-1002; L. W. Oring, J. M. Reed y S. J. Maxson, «Copulation patterns and mate guarding in the sex-role reversed, polyandrous spotted sandpiper *Actitis macularia*», *Anim. Behav.* 47, 1994, pp. 1065-1072.

05

Familias de dos géneros

Pasemos ahora a las especies con dos géneros que no cambian de sexo, no tienen partes del cuerpo intersexuales y no intercambian sus roles sexuales. ¿Son estos animales «normales»? ¿Hemos llegado por fin a los roles de género de cuerpos corrientes con los que estamos más familiarizados y que vemos en los documentales de naturaleza? ¿O acaso estos documentales no cuentan toda la verdad? ¿Qué pasa dentro de las familias de animales con dos géneros y cómo se organizan?

Muchos de nosotros crecimos admirando la familia nuclear como norma, y nos enseñaron que las familias monoparentales y de parejas del mismo sexo o las comunas eran alternativas de segunda o, peor aún, inapropiadas. Sin embargo, el significado de la familia humana está cambiando. En Estados Unidos, la opinión pública se ha centrado en el problema de cómo definir «familia» debido a un caso reciente del Tribunal Supremo sobre los derechos de los abuelos a visitar a sus nietos pese a la objeción de los padres. La Asociación Americana de Personas Retiradas (AARP), que cuenta con treinta millones de socios, defiende que los abuelos son los principales cuidadores de 1,4 millones de niños porque muchas familias nucleares se han disuelto.[1]

El Centro Estadounidense por el Derecho y la Justicia, que representa a la derecha cristiana, afirma que «la familia tradicional, constituida por dos progenitores casados y sus hijos», representa los cimientos de cualquier sociedad. Un líder de la Nación

[1] L. Greenhouse, «Case on visitation rights hinges on defining family», *New York Times*, 4 de enero de 2000, p. A11.

del Islam declara que «cuando un 50 por ciento de las personas que se casan se divorcian durante los primeros tres años, es una señal del declive de la civilización».[2]

Por otro lado, Lambda Legal, una organización que defiende los derechos de las personas gais, argumenta que ni los abuelos ni los padres protegen lo suficiente a los niños criados en familias no tradicionales, afirmando la importancia primordial de «la calidad y la seguridad de la relación entre niños y adultos más allá de los lazos de sangre o de las etiquetas».[3] De hecho, en junio del 2002, la Corte Suprema de California dictó una sentencia por la cual un hombre que había cuidado a un niño de seis años podía considerarse como su progenitor, aunque no fuese su padre biológico ni se hubiese casado con su madre. A pesar de la oposición de esta, se le otorgó la custodia, demostrando que puede obtenerse «la paternidad por medio del cariño y la conducta responsable».[4]

Con tanta controversia sobre el significado de la familia y la paternidad, preguntarse cómo crían los animales a sus crías puede ser útil. ¿En qué consiste una familia animal? ¿Existe alguna organización familiar que resulte especialmente eficaz para criar a los hijos? ¿Apoya la biología la creencia de que la familia nuclear debería tener un estatus privilegiado en nuestra sociedad?

Sexo y poder

Ojalá las familias animales más sencillas estuvieran compuestas por un macho y una hembra felizmente unidos. Por desgracia, los machos y las hembras negocian el poder incluso en las familias animales más básicas. Los escritos feministas llaman la atención sobre la diferencia de poder entre los sexos: «La imagen de la jaula ayuda a transmitir […] la naturaleza de la opresión. "¿Por qué no puedo ir al parque? ¡A Jimmy le dejas ir!". "Porque no es seguro

---

[2] Louis Farrakhan, citado en F. Clines, «Families arrive in Washington for march called by Farrakhan», *New York Times*, 16 de octubre de 2000.

[3] M. Janofsky, «Custody case in California paves way for 'fathers'», *New York Times*, 8 de junio de 2002.

[4] *Ibid.*

para las chicas"».[5] Bueno, ¿cómo de seguro es fuera de la jaula? ¿Por qué existe la jaula? Si nos fijamos en las ardillas, podemos ver lo que los biólogos llaman «protección de la pareja»: un macho que enjaula a una hembra.

La ardilla terrestre de Idaho (*Spermophilus brunneus*) vive en praderas en poblaciones formadas por entre cien y trescientos individuos.[6] Las ardillas pasan la mayor parte del año hibernando en madrigueras y se activan desde finales de marzo hasta principios de agosto. Los machos suelen despertarse de la hibernación unas dos semanas antes que las hembras. Las hembras se vuelven sexualmente activas durante solo tres horas durante la tarde del primer día después de la hibernación. Tres horas en este único día es toda la vida familiar que tienen estas ardillas.

Una cita exitosa para un macho consiste en caminar pegado al trasero de una hembra olfateando y lamiendo sus genitales, meterse con ella en la madriguera, aparearse allí durante cinco minutos y volver a salir. Como señal de que el apareamiento ha tenido éxito, la hembra adquiere un «tapón de esperma» que puede ser visto por un observador humano y probablemente por otras ardillas. A continuación, el macho se mantiene a menos de un metro de ella y la obliga a quedarse en la misma zona «pastoreándola». Aproximadamente cada cuarenta minutos, la sigue de vuelta a la madriguera, donde se aparean de nuevo. Ella adquiere un tapón de esperma fresco y él se da la vuelta para bloquear la entrada con su cuerpo. El macho repele de media a unos cuatro machos que intentan aparearse con la hembra. Si es desplazado por otro macho, tardará aproximadamente una hora y veinte minutos en encontrar una nueva hembra, que estará custodiada a su vez por algún otro macho.

Una camada suele contener cinco cachorros. Si la hembra ha sido custodiada por un único macho durante esas tres horas, la camada entera habrá sido engendrada por él. Pero si más de un macho ha custodiado a la hembra, el análisis de paternidad muestra

---

[5] M. Frye, *The Politics of Reality: Essays in Feminist Theory*, Crossing Press, 1983, informe en C. Gold (ed.), *Key Concepts in Critical Theory: Gender*, Humanities Press, 1997, pp. 91-102.

[6] Discusión basada en P. Sherman, «Mate guarding as paternity insurance in Idaho ground squirrels», *Nature* 338, 1989, pp. 418-420.

que el padre de la camada suele ser el último que protegió a la hembra o el que más tiempo pasó con ella.

Por tanto, la vida familiar de las ardillas terrestres de Idaho se limita a esas tres horas al año. La familia es meramente una unidad de reproducción. El macho no se queda con la hembra para cuidar de la prole. Se dice que vigila a la hembra para proteger su «inversión» espermática, asegurándose de que la hembra no le engañe con otros. Él mismo no la engaña con otras porque, si dejara de vigilarla, perdería su inversión de esperma y porque encontrar otra hembra es, de todas maneras, casi imposible.

Un pariente cercano, la ardilla terrestre de Belding (*Spermophilus beldingi*), que vive en el Medio Oeste de Estados Unidos, no hace guardia de pareja. En esta especie, veinticinco minutos es todo lo que necesita un macho para localizar e iniciar el cortejo con otra hembra. Las hembras suelen aparearse con entre tres y cinco machos. El primer compañero engendra la mayor parte de la camada, seguido por el segundo, luego el tercero y así sucesivamente, en contraste con la ardilla de Idaho, en la que es el último en copular el que engendra a la mayoría de las crías. Un macho de Belding no pierde el tiempo vigilando a una hembra porque su inversión espermática está asegurada: como primer compañero ya tiene garantizado el hecho de engendrar a la mayoría de las crías. Por ello, los machos se apresuran a buscar más hembras con las que aparearse, y, al tener a tantas cerca, no resulta tan mala idea.

Por tanto, biológicamente hablando, la jaula no es universal. Estas dos especies de ardilla tan estrechamente emparentadas tienen relaciones de poder completamente diferentes entre machos y hembras. Las ardillas macho de Idaho escoltan a las hembras, mientras que las de Belding no. ¿Por qué? Es probable que la relación de poder no sea tan sencilla como parece. ¿Están atrapadas contra su voluntad las ardillas hembra de Idaho? Puede que sí o puede que no. Si se le preguntara, el macho de Idaho quizá diría que, durante su breve matrimonio, estaba «protegiendo» cariñosamente a su hembra de los avances indeseados de machos rivales. Y es posible que ella estuviera de acuerdo, contenta de tenerlo allí. El cortejo que precede al apareamiento sugiere su aceptación. Además, es muy capaz de repeler físicamente a un macho si lo desea: el día después de las tres horas de sexo explosivo, la hembra construye un nido y expulsa a cualquier ardilla que se acerque a su pequeño territorio. Por tanto, una ardilla hembra de Idaho posiblemente quiera que el macho la proteja.

¿Por qué en las ardillas terrestres de Idaho el último macho es el que engendra la mayoría de las crías y en las ardillas de Belding es el primero? ¿Podrían las hembras estar controlando qué esperma fertiliza sus óvulos?[7] ¿Podría una hembra manipular a un macho para que la proteja o no en función de su esperma? ¿Puede una hembra elegir que sea el esperma del primer macho el que fertilice sus óvulos si lo que quiere es que no tenga ningún incentivo para quedarse a protegerla, y elegir el esperma del último macho si lo que quiere es que sea él quien la proteja? Presentar la protección de la pareja como una táctica por la que los machos defienden su inversión espermática ignora la perspectiva femenina. Las hembras son vistas como un terreno en el que los machos plantan semillas y las protegen en caso de necesidad. Sin embargo, las hembras probablemente tengan la última palabra en cuanto a si quieren o no ser custodiadas.

Puede que las ardillas de Idaho y las de Belding hayan evolucionado para experimentar placer de maneras diferentes. Una hembra de Idaho puede que disfrute al estar encerrada dentro de una madriguera y puede que al macho le guste tener a una hembra detrás mientras bloquea la entrada, como un chico que lleva a su chica a dar una vuelta en su descapotable rojo (muy divertido para los dos). En cambio, a una hembra de Belding puede resultarle un chasco total que la aplasten dentro de una madriguera, y por eso no permite a los machos custodiarla. Las diferencias entre especies en cuanto a la forma de erotizar el poder hace muy difícil poder discernir si los animales tienen o no la libertad de elegir pareja o un determinado tipo de vida familiar.

Entre los primates, la cantidad de coacción sexual varía enormemente de una especie a otra, al igual que el nivel general de

---

[7] T. R. Birkhead, «Defining and demonstrating post-copulatory female choice—again», *Evolution* 54, 2000, pp. 1057-1060; T. R. Birkhead, «She knows what she wants», *New Scientist* 2244, 2000, pp. 28-31.

agresividad que existe entre los sexos y dentro del mismo sexo.[8] Fuera del periodo de reproducción, los gorilas de montaña macho agreden a las hembras entre una y cuatro veces al día; los papiones oliva agreden a las hembras una vez al día, y los monos aulladores rojos solo 0,04 veces al día. El contexto de la agresión es muy variado: cuando compiten con las hembras por comida, cuando prestan ayuda a una hembra que se está peleando con otra y cuando interrumpen alguna pelea entre varias hembras. Estas formas de agresividad no son ejemplos directos de coerción sexual, sino que más bien reflejan un clima social violento.

Durante la temporada reproductora, los macacos *rhesus* macho atacan a las hembras que se juntan con machos rivales. Igualmente, en los chimpancés, uno de nuestros parientes primates más cercanos, los machos atacan a las hembras que se juntan con machos rivales de menor rango, en lugar de atacar a los propios machos. Utilizando «una buena dosis de brutalidad», los chimpancés macho persuaden a las hembras para que les acompañen fuera del grupo donde vivían. Un tercio de la procreación es el resultado de cópulas entre parejas que se separaron del grupo durante varios días o más de un mes. Más adelante, los machos siguen obligando a las hembras a someterse a sus avances. La ausencia de resistencia no quiere decir necesariamente que participen gustosas, sino que puede que hayan tenido experiencias directas con anteriores muestras de agresividad por parte del macho.

Los que ostentan el récord de coerción sexual masculina son los orangutanes, en los que la mayoría de las cópulas realizadas por machos subadultos y casi la mitad de todas las cópulas de los machos adultos ocurren después de que hayan vencido violentamente la feroz resistencia de la hembra.[9] Otras especies de primates en las que los machos se muestran muy agresivos contra las hembras incluyen el capuchino de cara blanca, el capuchino llorón, el mono araña negro y el lémur marrón. Las estrategias de

---

[8] B. Smuts y R. Smuts, «Male aggression and sexual coercion of females in nonhuman primates and other mammals: Evidence and theoretical implications», *Adv. Study Behav.* 22, 1993, pp. 1-63.

[9] J. Mitani, «Mating behavior of male orangutans in the Kutai Reserve», *Anim. Behav.* 33, 1985, pp. 392-402.

contraataque de las hembras incluyen evitar las áreas frecuentadas por los machos, unirse al harén de un macho o a su territorio para conseguir su protección y formar coaliciones con otras hembras para luchar contra los machos.

Sin embargo, otros primates disfrutan de una vida más pacífica. Entre los bonobos, los machos raras veces se muestran agresivos hacia las hembras. Esta es una especie de primate tan emparentada con los humanos como el relativamente violento chimpancé. La coerción sexual masculina también es rara en el mono patas, en el mono tití, en los capuchinos, en el muriquí y en el vari blanquinegro. Al igual que ocurre con la diferencia entre bonobos y chimpancés, otras especies con un parentesco estrecho también difieren respecto a la agresividad sexual masculina.

No existe ninguna explicación de por qué algunas sociedades desarrollan relaciones coercitivas de poder entre los sexos, mientras que otras establecen relaciones de poder equitativas.[10] Algunas especies se asemejan a las tramas duras de la serie televisiva *Policías de Nueva York*, otras se parecen al pacífico *Míster Rogers*. La manera en la que el poder se ve reflejado en el sexo no es un universal biológico. Podemos elegir vivir como lo hacen algunas especies y no como otras.

Monogamia y divorcio

A medida que nos fijamos más en las familias de dos géneros de larga duración —más allá de las uniones de tres horas de las ardillas terrestres—, la cosa se complica. Un 90 por ciento de las aves son monógamas, en el sentido de que una familia consiste en un macho y una hembra que cohabitan en el mismo nido cuidando

---

[10] T. Clutton-Brock y G. Parker, «Sexual coercion in animal societies», *Anim. Behav.* 49, 1995, pp. 1345-1365; en aves, la coerción sexual por parte de los machos ocurre en los patos y en el colorido abejaruco de frente blanca y pico largo *(Merops bullockoides)*. F. McKinney, S. R. Derrickson y P. Mineau, «Forced copulation in waterfowl», *Behavior* 86, 1983, pp. 250-294; S. T. Emlen y P. H. Wrege, «Forced copulations and intra-specific parasitism: Two costs of living in the white fronted bee-eater», *Ethology* 71, 1986, pp. 2-29.

de los polluelos juntos durante por lo menos una temporada de cría. En cambio, un 90 por ciento de los mamíferos siguen una estrategia de cría llamada poliginia, con un solo macho para muchas hembras.[11] Entre los mamíferos suele haber grupos de dos o más hembras cubiertas por un macho.

Pero ¿qué significan estas estadísticas? Los biólogos han tardado mucho tiempo en distinguir entre la monogamia económica y la monogamia reproductiva. A las aves las identifican como «monógamas» simplemente por vivir en el mismo nido y alimentar juntas a los polluelos, un criterio económico. No solían cuestionar que los polluelos pudieran no ser los hijos de la pareja que había en el nido. Al descubrirse la paternidad compartida, los biólogos se dieron cuenta de que había algo que no iba bien: uno de los miembros de la pareja «había engañado» al otro, al haber tenido una aventura fuera del vínculo matrimonial. Sin embargo, las aves han disociado la monogamia económica de la reproductiva; en algunas especies van juntas, pero en otras no.

Los carboneros cabecinegros (*Parus atricapillus*) del este de Ontario son monógamos.[12] Durante el verano, las parejas se asientan en territorios para criar a sus familias: el sueño de todo burgués. En invierno dejan de vivir en pareja y se juntan en bandadas de unos diez pájaros. Como la vida de un carbonero suele durar varios años, las aves se conocen entre sí tanto en el periodo de hibernación como en el de cría. Durante el invierno, los machos y las hembras forman jerarquías de dominancia diferenciadas.

En el invierno se forman nuevas parejas, que se asientan durante el verano para formar una familia. Suelen buscar alimento juntos, excavar la cavidad del nido, copular y defender un territorio. Aunque los dos busquen comida, es el macho el que se ocupa de alimentar a la hembra, al tiempo que evita que otros machos se le acerquen. En el momento de formar parejas, la hembra de

[11] T. Clutton-Brock, «Review lecture: Mammalian mating systems», *Proc. R. Soc. Land.*, ser. B, 236, 1989, pp. 339-372.

[12] Discusión basada en S. M. Smith, *The Black-Capped Chickadee: Behavioral Ecology and Natural History*, Comstock Publishing, 1991; K. Ratcliffe y L. Ratcliffe, «Female initiated divorce in a monogamous songbird: Abandoning mates for males of higher quality», *Proc. R. Soc. Land.*, ser. B, 263, 1996, pp. 351-354.

mayor rango se empareja con el macho de mayor rango y suelen permanecer juntos durante más de una temporada de cría. Puede que las hembras se «divorcien» de su compañero o que se apareen con otros machos con los que no han compartido el nido. El apareamiento fuera de la pareja se llama cópula extrapareja (o CEP, en la jerga de los biólogos). Los carboneros hembra suelen divorciarse para conseguir un macho que se encuentre más arriba que su pareja en la jerarquía de dominancia.

En un estudio[13] retiraron del territorio a siete hembras emparejadas con siete machos de alto rango, convirtiendo así a estos últimos, temporalmente, en viudos muy deseados. A lo largo de los siguientes dos días, algunas de las hembras restantes abandonaron a sus compañeros y acapararon a los viudos de alto rango. Cuando volvieron a introducir a las hembras, estas echaron rápidamente a las usurpadoras, obligándolas a volver con los machos a los que habían abandonado. Estos maridos calzonazos aceptaron de nuevo a sus caprichosas esposas. Para completar el experimento, también retiraron a seis hembras que eran pareja de machos de bajo rango, pero en este caso ninguna dejó a su pareja para unirse a estos perdedores. La única forma de salvar a estos machos de una soledad eterna fue reintroducir a sus hembras en el territorio. Las hembras no solo están dispuestas a abandonar a su compañero para conseguir estar con un macho de rango más alto si hay uno disponible, sino que están dispuestas a aparearse con esos machos, lo que da como resultado múltiples nidadas de parentesco mixto.

Un pariente cercano de los carboneros cabecinegros, y miembro del mismo género, es el carbonero común europeo (*Parus major*). Se construyeron varias cajas nido para estas aves en la isla de Gotland, en el sureste de Suecia. Entre 1985 y 1989 se realizó un experimento en el que se retiraron los huevos del nido de una de las parejas, llevándolos al de otra pareja para ver cómo afectaba a los divorcios. Las parejas a las que les quitaron los huevos se divorciaron más a menudo, supuestamente porque no fueron capaces de criar tantos polluelos como los de la población base. Por el contrario, las parejas a las que les pusieron huevos extra en el nido

[13] *Ibid.*

se divorciaron menos, posiblemente porque sacaron adelante a más polluelos. Por tanto, el éxito en criar a una familia parece ser un factor clave en la decisión de las aves de divorciarse o no.[14]

Un censo sobre fidelidad marital entre aves muestra tasas de divorcio anuales tan bajas como del 2,4 por ciento en la barnacla cariblanca (*Branta leucopsis*) del norte de Europa; del 2,5 por ciento en el anteojitos dorsigrís (*Zosterops lateralis*), un ave que se alimenta de bayas y habita en Australia, Nueva Zelanda y en las islas de Fiyi; y del 2,7 por ciento en la pardela de Cory (*Calonectris diomedea*), que puede encontrarse desde Long Island hasta Nueva Escocia.[15] Las tasas más altas de divorcio fueron del 36 por ciento en el cormorán moñudo europeo (*Phalacrocorax aristotelis*), similar a un cormorán pero más marino, y del 30,6 por ciento en el ave cantora europea mencionada antes, el *Parus major*.

La tasa de divorcio se correlaciona con la mortalidad. En las aves en las que la tasa de supervivencia anual es solo del 40 al 80 por ciento, el porcentaje de divorcios es alto, y en aves con una tasa de supervivencia anual del 90 por ciento o más, la tasa de divorcio es baja.[16] Un montón de viudos y viudas entre los que elegir hace que surjan lujuriosas escenas de solteros. Y si la escena de los solteros sube de tono, la acción no se queda solo en los solteros. Cuando las tasas de divorcios son altas, gran parte de los apareamientos ocurren fuera del nido. Los datos en las aves muestran una relación estadística positiva entre tasa de divorcio y cópulas fuera de la pareja.

Por tanto, la monogamia entre las aves parece ser una institución social y económicamente beneficiosa, en la que el divorcio y algunos apareamientos fuera del nido también forman parte del panorama. Las hembras de las aves parecen tener mucho que decir sobre su propia vida, eligiendo a sus parejas e iniciando el divorcio cuando es ventajoso. Pero si miramos a los mamíferos, nos damos cuenta de que la monogamia es algo bastante raro, ¿por qué?

---

[14] M. Lindén, «Divorce in great tits—chance or choice? An experimental approach», *Amer. Natur.* 138, 1991, pp. 1039-1048.

[15] F. Cezilly y R. G. Nager, «Comparative evidence for a positive association between divorce and extra-pair paternity in birds», *Proc. R. Soc. Land.*, ser. B, 262, 1995, pp. 7-12.

[16] *Ibid.*

Una explicación de por qué las aves son más monógamas que los mamíferos es que la capacidad de volar otorga a las aves hembra más posibilidades de elegir a sus parejas que las de los mamíferos hembra.[17] Las aves pueden ir picoteando de marido en marido, volando de fiesta en fiesta, mientras que la hembra de mamífero se tiene que contentar con ir andando a la primera fiesta que encuentre en el barrio. Con tantas posibilidades de elección, el ave hembra puede exigirle al marido que sea fiel y le ayude con los platos, mientras que el mamífero hembra no. No obstante, esta teoría asume que el macho no suele querer quedarse a ayudar a criar a los pequeños, que odia lavar los platos y que es la amenaza de la hembra de irse con otro lo que le convence a hacerlo. No acepto esta lógica. Creo que la perspectiva del macho debería ser definida de modo diferente. Tiene dos direcciones en las que puede invertir su esfuerzo social. El esfuerzo dentro de su propio sexo implica competir con otros machos y/o establecer coaliciones con ellos para acceder a las hembras. El esfuerzo entre sexos implica «establecer coaliciones» con una hembra para cuidar de la prole. El hecho de que un macho acabe teniendo más descendencia al optar por un tipo de esfuerzo u otro depende de las circunstancias. Es el equivalente animal de lograr un equilibrio entre vida profesional y familiar.

De este modo, la monogamia surge cuando: a) construir una relación con una hembra resulta más ventajoso para el éxito reproductivo de un macho que construir relaciones con otros machos; b) construir una relación con un macho resulta más ventajoso para el éxito reproductivo de una hembra que criar a la prole por sí sola o junto a otras hembras. En general, los distintos sistemas de apareamiento dependen de lo apropiadas que sean las elecciones sobre el esfuerzo social entre sexos diferentes o en el mismo sexo.

Aunque no sea tan común como entre las aves, la monogamia también se da entre los mamíferos. Ocurre en un 15 por ciento de las especies de primates y es común entre los cánidos que viven en estado salvaje, entre otros. En la mayoría de las especies

[17] T. Clutton-Brock, «Review lecture: Mammalian mating systems», *Proc. R. Soc. Lond.*, ser. B, 236, 1989, pp. 339-372.

monógamas, el marido contribuye a los cuidados parentales construyendo una guarida, una madriguera o un cubil, defendiendo el territorio en el que la familia se alimenta, dando de comer a su esposa mientras está amamantando y encargándose del desplazamiento de las crías (llevando a los niños al fútbol después del colegio). En los monógamos topillos de las praderas (*Microtus ochrogaster*), cuando una hembra da a luz a una camada más grande de lo normal, se construye un segundo nido, se divide la prole y el macho cuida de una madriguera mientras la hembra cuida de la otra. La monogamia ocurre en mamíferos, aunque no es tan común como en las aves.

Pero ¿por qué la monogamia es poco frecuente en los mamíferos? Los mamíferos hembra han internalizado el desarrollo embrionario en un útero o en una bolsa, mientras que las aves hembra colocan los embriones en desarrollo en forma de huevos en un medio externo. Esta diferencia afecta a quién puede controlar a la progenie. Un mamífero macho que quiera controlar a su progenie deberá de alguna forma controlar también a la hembra, mientras que un ave macho puede controlar directamente los huevos que hay en el nido. Los mamíferos hembra saben que el embrión que está en proceso de desarrollo dentro de ellas es suyo y solamente suyo; no puede ser un huevo depositado allí por otra hembra. En las aves, a partir de una unión monógama, las hembras consiguen tanto la ayuda del macho para alimentar a los polluelos como su protección del nido ante depredadores y también frente a las hembras que intentan «cargarles con el muerto» depositando en su nido huevos que no son suyos.[18] El macho se beneficia de la inversión inicial de la hembra en los huevos y de su aprovisionamiento adicional. Ni los mamíferos macho ni los hembra se benefician tanto del matrimonio como las aves.

---

[18] P. Johnsgard, *The Avian Brood Parasites: Deception at the Nest*, Oxford University Press, 1997.

Familias numerosas

Echemos ahora un vistazo a las familias de dos géneros de más de dos individuos, las familias numerosas. El anó de pico estriado (*Crotophaga sulcirostris*) es un ave insectívora de color negro y un gran pico estriado. Habita en pantanos y pastizales de Centroamérica y está emparentada con el cuco. Su organización familiar puede ser de un dúo, macho y hembra, un cuarteto con dos hembras y dos machos, un sexteto e, incluso, un octeto.[19] Los cuartetos no son como una comuna de amor libre estilo años sesenta. Los cuartetos de los aníes son más parecidos a dos parejas que viven en el mismo piso de una habitación con una sola cuna. Construyen los nidos en árboles de ramas espinosas o lianas. Cada macho protege a una hembra, que suele poner un huevo cada uno o dos días. Desde el momento de la puesta pasan tres semanas hasta que nace el polluelo.

Las dos hembras del cuarteto suelen acabar con dos huevos cada una en total. Una hembra en pareja puede poner cuatro huevos de golpe, por lo que el número de huevos por cada hembra es menor en el cuarteto que en la pareja. En el cuarteto, las hembras empiezan la puesta en momentos distintos. La primera en poner huevos los pone más grandes y tarda más en producir la segunda puesta que la segunda. Ambas dejan de poner huevos más o menos al mismo tiempo. Cada hembra «lanza» fuera del nido cierto número de huevos puestos por la otra, por lo que la segunda hembra en poner acabará incubando un 63 por ciento de los huevos y la primera solo el 37 por ciento. Una vez que termina el descarte, solo quedan cuatro huevos en el nido.

Aunque la segunda hembra incuba una mayor cantidad de huevos, no es la que consigue sacar adelante al mayor número de polluelos. La primera es la que pone los huevos más grandes que rompen el cascarón antes y, por tanto, son polluelos con más

---

[19] S. Vehrencamp, «The adaptive significance of communal nesting in groove-billed Anis», *Behav. Ecol. Sociobiol.* 4, 1978, pp. 1-33; B. S. Bowen, R.R. Koford y S. L. Vehrencamp, «Breeding roles and pairing patterns within communal groups of groove-billed Anis», *Anim. Behav.* 34, pp. 347-366.

posibilidades de sobrevivir que los polluelos de la segunda hembra. Los cuatro integrantes del cuarteto trabajan juntos para sacar adelante los huevos y protegerlos. Los machos se dividen el día en turnos desiguales. El de mayor edad incuba por la noche y durante la mayor parte de las horas de luz, por lo que corre más peligro y tiene una tasa de mortalidad mayor. Sin embargo, es el que más polluelos engendra.

Pero ¿por qué razón una hembra que puede poner cuatro huevos en pareja, sin preocuparse de que otra se los rechace, se molestaría en vivir en un cuarteto? La respuesta es que cuanto más grande es el grupo, mejor protegido está contra los depredadores. Teniendo en cuenta la pérdida de huevos a causa de la depredación, la hembra que consigue sacar adelante más crías es la primera de un cuarteto, seguida por la hembra de un dúo, que produce un número intermedio de descendientes, y la que menos es la segunda de un cuarteto. Para los aníes, el beneficio de la protección ante los depredadores al vivir en familias numerosas supera las desventajas de una vida llena de rencores en casa.

La vida familiar de los monos tamarinos ofrece un agradable contraste con la de los aníes. El tamarino marrón es un pequeño tití que vive en los bosques tropicales del sureste de Perú, en el Parque Nacional del Manu.[20] Un 22 por ciento de las familias de tamarinos consisten en una hembra con un macho en una relación monógama, un 61 por ciento en una hembra con múltiples machos, un 14 por ciento en varias hembras con múltiples machos, y un 3 por ciento están constituidas solo por machos. En las familias compuestas por una hembra y varios machos, la hembra se aparea con todos. Las cópulas ocurren a la vista de los otros machos, sin que haya ningún signo de agresividad. Los machos de esta especie no solo ayudan a cuidar de la prole, sino que cooperan entre sí para hacerlo. Las hembras suelen parir gemelos y los machos transportan a los bebés por las copas de los árboles. Tanto las hembras como los machos alimentan a las crías con frutos e insectos.

---

[20] Discusión basada en J. Terborgh y A. Goldizen, «On the mating system of the cooperatively breeding saddle-backed tamarin *Saguinus fuscicollis*», *Behav. Ecol. Sociobiol.* 16, 1985, pp. 293-299.

El peso de los bebés gemelos suele representar el 20 por ciento del peso de la madre, y el 50 por ciento cuando ya pueden caminar y subirse a los árboles por sí mismos. Una hembra y un macho solos no son suficientes para criar a los gemelos, se necesita un mínimo de tres adultos. Incluso las familias formadas por un macho adulto y una hembra adulta suelen ir acompañadas de monos jóvenes que les ayudan. Este tipo de organización familiar se denomina poliandria cooperativa.

Otros mamíferos con poliandria cooperativa son los licaones o perros salvajes africanos (*Lycaon pictus*) y las mangostas enanas.[21] También se da en las aves, incluidos el sericornis de cejas blancas autraliano (*Sericornis frontalis*), que vive cerca de Canberra, la gallineta de Tasmania *(Tribonyx mortierii*), el gavilán de las islas Galápagos (*Buteo galapagoensis*), el acentor común inglés *(Prunella modularis*), el calamón común de Nueva Zelanda (*Porphyrio porphyrio*) y el cucarachero blanquinegro venezolano.[22] No hay ninguna razón biológica que impida que estos chicos cooperen entre sí y ayuden en casa.

En cambio, los leones parecen haberse tomado al pie de la letra la idea de una guerra entre sexos. Puede que la imagen típica de los leones como cazadores cooperativos nos lleve a engaño. Aunque parezca que los leones trabajan en equipo no solo durante la caza, sino también para criar a los cachorros y rugir al

---

[21] B. Keane, P. Waser, N. Creel, L. Elliott y D. Minchella, «Subordinate reproduction in dwarf mongooses», *Anim. Behav.* 47, 1994, pp. 65-75.

[22] L. Whittingham, P. Dunn y R. Magrath, «Relatedness, polyandry and extra-group paternity in the cooperatively-breeding white-browed scrubwren *(Sericornis frontalis)*», *Behav. Ecol. Sociobiol.* 40, 1997, pp. 261-270; H. Gibbs, C. Bullough y A. Goldizen, «Parentage analysis of multi-male social groups of Tasmanian native hens *(Tribonyx mortierii)*: Genetic evidence for monogamy and polyandry», *Behav. Ecol. Sociobiol.* 35, 1994, pp. 363-371; J. Faaborg, P. Parker, L. DeLay, T. de Vries, J. Bednarz, M. Paz, J. Naranjo y T. Waite, «Confirmation of cooperative polyandry in the Galapagos hawk *(Buteo galapagoensis)*», *Behav. Ecol. Sociobiol.* 36, 1995, pp. 83-90; T. Burke, N. Davies, M. Bruford y B. Hatchwell, «Parental care and mating behavior of polyandrous dunnocks *Prunella modularis* related to paternity by DNA fingerprinting», *Nature* 338, 1989, pp. 249-251; I. Jamieson, J. Quinn, P. Rose y B. White, «Shared paternity is a result of an egalitarian mating system in a communally breeding bird, the pukeko», *Proc. R. Soc. Lond.* 257, 1994, pp. 271-277; W. Piper y G. Slater, «Polyandry and incest avoidance in the cooperative stripe-backed wren of Venezuela», *Behavior* 124, 1993, pp. 227-247.

unísono, la realidad hace que a su lado las disputas internas políticas de los humanos parezcan incluso afables.[23] La organización familiar de los leones es una poliginia multimacho, en la que bandas de machos custodian grupos de hembras llamados manadas. Los machos forman alianzas que duran toda la vida, formadas por entre uno y ocho leones. Algunos miembros son hermanos o primos, pero otros no tienen parentesco alguno. Una vez formadas, estas coaliciones se hacen cargo de una manada de hembras y engendran toda la progenie de la manada durante dos o tres años. A continuación, una coalición rival llega y los desaloja. La situación en la que los machos son capaces de trabajar mejor en equipo es al luchar con una banda rival de machos. El éxito de un macho depende del éxito de su coalición; una guerra de bandas en estado puro. Un león macho no existe si no está en la banda correcta.

Los leones vencedores no suelen ser novios ideales. Un cachorro tarda dos años en madurar, durante los cuales la hembra no está interesada en aparearse. Sin embargo, si el cachorro fallece, la leona volverá a copular en solo dos días. Con sus prisas por ser padres, los machos de una coalición invasora suelen matar a más de una cuarta parte de los cachorros, lo que hace que sus madres vuelvan a estar disponibles para la reproducción. Pero los machos invasores no comparten la paternidad por igual, solo uno o dos leones será el que engendre a casi todas las crías de la manada.

Para contrarrestar el peligro que suponen los machos para los cachorros, las hembras suelen unirse en grupos para criar juntas a los pequeños. Las hembras tienen un periodo reproductor que dura diez años, durante los cuales puede que pasen por sus vidas unas cinco bandas de machos distintas. Las hembras dan a luz en secreto y mantienen sus camadas escondidas en el lecho de un río o en un saliente rocoso, hasta que los cachorros son capaces de moverse por sí solos. Después, los llevan a un lugar donde pueden criarse juntos en una especie de *crèche*, un término que se refiere a una guardería pública para hijos de madres trabajadoras.

---

[23] C. Packer y A. Pusey, «Divided we fall: Cooperation among lions», *Scientific American*, mayo de 1997, pp. 52-59.

Las leonas dan de mamar a sus cachorros y a los de otras hembras. Esta lactancia compartida no es del todo altruista. La leona amamanta sobre todo a sus propios cachorros y a veces rechaza los intentos de mamar de otras crías. Sin embargo, necesitan dormir y, mientras lo hacen, los cachorros que no son sus hijos consiguen amamantarse. Aunque una leona prefiera a sus propios cachorros, la fuerza de esta preferencia depende de lo estrecho que sea el parentesco con los otros cachorros. Si una manada está compuesta en su mayoría por parientes cercanos, una leona se mostrará más generosa con los cachorros que no sean suyos que si la manada estuviera formada por hembras no emparentadas entre sí.[24] En resumen, las leonas crían a sus cachorros en guarderías para defenderlos contra los machos infanticidas y no para proporcionarles los beneficios nutritivos de la lactancia compartida. Resulta irónico que los ratones domésticos tengan la misma dinámica familiar que los leones,[25] como si en el fondo un león no fuera más que un ratón que ruge.

La gran ciudad

Ciertas especies animales viven en lo que podrían llamarse ciudades, donde la vida familiar refleja muchas de las sofisticadas complejidades de la vida urbana de los humanos. Pensemos en el murciélago vampiro. Al imaginarnos a los murciélagos vampiro en mitad de la noche, abalanzándose sobre su víctima desprevenida dispuestos a chuparle la sangre, nuestra primera reacción puede ser un escalofrío. Y, sin embargo, estos animales esconden una maravillosa historia sobre cooperación social.[26]

---

[24] S. Lewis y A. Pusey, «Factors influencing the occurrence of communal care in plural breeding mammals», en N. G. Solomon y J. A. French (eds.), *Cooperative Breeding in Mammals*, Cambridge University Press, 1997, pp. 335-362.

[25] C. J. Manning, D. A. Dewsbury, E. K. Wakeland y W. K. Potts, «Communal nesting and communal nursing in house mice *(Mus musculus domesticus)*», *Anim. Behav.* 50, 1995, pp. 741-751.

[26] G. Wilkinson, «Food sharing in vampire bats», *Scientific American*, febrero de 1990, pp. 76-82.

El murciélago vampiro común (*Desmodus rotundus*) es un murciélago bastante pequeño, no mucho mayor que una ciruela. Es capaz de colgarse de la crin de un caballo y morderle el cuello. No le chupa la sangre, sino que arranca un pequeño trozo de carne con sus afilados incisivos y absorbe la sangre que fluye de la herida. Su saliva tiene un anticoagulante que evita que la sangre se coagule. Los caballos pueden quitarse de encima a los pequeños murciélagos sacudiendo la cabeza, dando latigazos con la cola o frotándose contra los árboles.

La vida de los murciélagos vampiro es dura. Son animales de sangre caliente, por lo que, al no tener plumas ni pelo, pierden mucho calor y tienen una enorme necesidad de energía. En cada comida, un murciélago vampiro consume entre el 50 y el 100 por cien de su peso, pero hasta un tercio de los murciélagos no consigue comer nada algunas noches. Saltarse una comida es peligroso, puesto que un vampiro muere después de sesenta horas sin alimento, al bajar su peso un 25 por ciento y no poder mantener una temperatura corporal adecuada. Por eso, los murciélagos vampiro han desarrollado un complejo sistema de compañerismo que consiste en compartir las comidas. El intercambio tiene lugar entre las madres y sus cachorros, así como entre los adultos.

Un estudio sobre murciélagos vampiro realizado en un rancho de Costa Rica se centró en una población dividida en tres grupos de una docena de hembras cada uno. Normalmente, los miembros de un grupo permanecen juntos durante mucho tiempo —hasta doce años en algunos casos— y llegan a conocerse muy bien. Desde el punto de vista de un murciélago, un grupo de una docena de adultos se considera una unidad familiar. La mayoría de los miembros del grupo son hembras que suelen cuidar cada una a una cría. Las crías hembra se quedan en el grupo en el que nacieron, mientras que los machos se marchan. Las hembras de un determinado grupo pasan varias generaciones en él, aunque la pertenencia al grupo no es del todo estática. Una hembra nueva se une al grupo cada dos años, por lo que en un determinado momento las hembras del grupo pertenecen a varios linajes, llamados matrilíneas.

Los murciélagos viven en los agujeros de los árboles. Imagine un árbol hueco con una apertura en la base y una larga cámara vertical que se adentra en el tronco. Las hembras se congregan en la parte superior de la cámara, mientras que en el hueco del árbol hay unos tres machos pasando el rato, por así decirlo. Uno de ellos asume la posición más cercana a la parte superior de la cámara, junto a las hembras, y defiende este sitio de otros machos en posibles encuentros agresivos. Este macho dominante engendra aproximadamente a la mitad de los hijos del grupo. Los machos subordinados suelen colocarse en posiciones más cercanas a la base del árbol, junto a la entrada. Los demás machos no tienen suerte y permanecen solos o en pequeños grupos de machos que rara vez son visitados por las hembras.

El patrón de reparto de comida resulta especialmente interesante. Un murciélago regurgita la comida en la boca de otro (no le gustaría mucho ser murciélago, ¿no?). La mayor parte de la comida (un 70 por ciento) la comparten las madres con sus crías y sirve para completar la lactancia. El 30 por ciento restante incluye a hembras adultas que alimentan a otras crías que no son las suyas, a hembras adultas que alimentan a otras hembras adultas y, en alguna rara ocasión, a machos que alimentan a las crías.

Algunas hembras adultas tienen una «amistad especial» con hembras con las que no están emparentadas (los machos también tienen este tipo de relaciones con otros machos; ver capítulo 8, p. 222). Este vínculo se desarrolla en parte gracias al acicalamiento social, puesto que los murciélagos pasan un 5 por ciento del día acicalándose y lamiéndose unos a otros. Parte de este acicalamiento se da entre amigos especiales y el resto entre parientes. Un murciélago hambriento suele acicalar a uno que acaba de comer para animarle a que realice una donación de sangre. Para solicitar comida, el murciélago hambriento lame primero el ala del posible donante y después sus labios. Esto a veces provoca que el donante le ofrezca comida.

Esta ayuda mutua es trascendental, ya que de no ayudarse unos a otros la mortalidad de los vampiros sería del 80 por ciento, debido a que no pueden soportar dos noches seguidas sin comer sin poner en riesgo su vida. En cambio, la mortalidad anual es de solo un 25 por ciento, ya que compartir comida saca del apuro a los individuos que han tenido una mala noche.

Los biólogos dan por sentado que las especies animales no cooperan fácilmente entre sí. Si la selección natural implica la supervivencia del más apto, ¿no debería premiar el egoísmo y desalentar la cooperación? Los biólogos sugieren dos formas de cooperación que han podido evolucionar por selección natural. La primera es la cooperación que se limita a ayudar a los parientes y la segunda es la cooperación restringida a ayudar a los amigos especiales (aquellos que suelen devolver el favor).[27] Los murciélagos vampiro suelen ayudar no solo a sus parientes, sino también a amigos sin parentesco, lo que los hace especiales. Esta conducta de ayuda mutua, denominada «altruismo recíproco», ocurre principalmente entre animales que han vivido juntos y han llegado a conocerse bien. Cada uno ayuda al otro en varias ocasiones y cada caso de ayuda beneficia al receptor mucho más de lo que le cuesta al donante.

Los que critican la idea del altruismo recíproco han argumentado que la selección natural favorece a los «tramposos» que se aprovechan de la comida sin devolver el favor. Si los tramposos son evolutivamente más exitosos que los que comparten comida, el altruismo terminaría por desaparecer y todos los animales acabarían siendo egoístas. El murciélago vampiro soluciona el problema de los tramposos al desarrollar amistades especiales en lo que podría llamarse cortejo entre individuos del mismo sexo. Esto implica un acicalamiento continuo y solicitudes de comida que los murciélagos llevan a cabo con una conducta parecida al beso, que refuerza el vínculo de pareja y promueve la supervivencia a largo plazo.

Otras especies tienen tácticas diferentes para excluir a los egoístas o tomar represalias contra ellos.[28] Por ejemplo, entre los macacos *rhesus*, aquellos individuos que descubren comida y no emiten las llamadas de aviso correspondientes para alertar a los otros de su presencia suelen recibir más agresiones.

---

[27] Algunas veces se hace una distinción entre cooperación y altruismo, ya que este último implica renunciar a algo para ayudar a otro individuo, mientras que la cooperación implica simplemente que un individuo no compite con otro. Utilizo aquí *cooperación* en el sentido más amplio para incluir tanto la conducta de ayudar como la de no hacer daño a otros. Ver R. Trivers, *Social Evolution,* Benjamin-Cummings, 1984.

[28] T. H. Clutton-Brock y G. A. Parker, «Punishment in animal societies», *Nature* 373, 1995, pp. 209-215.

No se sabe si los animales adquieren una especie de «reputación» que los demás utilizan para decidir si los incluyen o no en actividades cooperativas. La idea del altruismo recíproco alienta a pensar en términos de pareja. Sin embargo, en mis estudios de campo con lagartijas, cada vez que he visto a dos individuos interactuando entre sí utilizando movimientos de cabeza, flexiones y cambios en la coloración, el resto de los animales del grupo que estaba cerca también observaban estas conductas. ¿Se acuerdan de lo que han presenciado? Posiblemente. Es probable que las lagartijas se acuerden de quién perdió o ganó en el último careo sobre el territorio, así como de quién hizo trampas y quién devolvió el favor en el último caso de cooperación. Los animales también pueden hablar unos con otros, lo que llamamos cotillear.[29] Todas las interacciones animales suelen ocurrir a la vista de todos, desde el apareamiento a las disputas territoriales, el acicalamiento y la conducta de compartir comida, por lo que todos pueden ver lo que pasa y hablar de ello después. Puede que los animales que tengan una buena reputación sean incluidos en las actividades cooperativas y que los que son «crueles» sean apartados de ellas. La reputación es quizá lo que permite a un animal saber si otro es propenso a devolver los favores, sin tener que aprenderlo por las malas.

Del mismo modo, se sabe muy poco sobre la «generosidad» en los animales. Un sistema social efectivo a la hora de excluir a los tramposos promueve la evolución del deseo de compartir. La generosidad depende de la promesa de la sociedad de que uno recibe lo que da. Si un día los murciélagos vampiro demuestran ser las criaturas más generosas del mundo natural, los futuros libros para niños los representarán como amigos en lugar de como hostiles.

La medalla de oro de la cooperación entre los mamíferos la ostenta un pequeño y lampiño roedor subterráneo que habita principalmente en Kenia, Etiopía y Somalia. Sus familias subterráneas están formadas por algunos individuos especializados en la

---

[29] Esta sugerencia amplía la idea de información pública que recientemente se ha demostrado que está implicada en la elección del lugar de cría. Ver B. Doligez, E. Danchin y J. Clobert, «Public information and breeding habitat selection in a wild bird population», *Science* 297, 2002, pp. 1168-1169.

reproducción y otros que se encargan de asear, alimentar y proteger a las crías. Si esta sociedad le recuerda a una colonia de abejas, con una reina reproductora rodeada de las obreras, está en lo cierto. Estos mamíferos, llamados ratas topo lampiñas (*Heterocephalus glaber*) por su carencia de pelo, son los equivalentes vertebrados a los insectos sociales.[30]

Una familia de ratas topo lampiñas suele contener unos cien individuos que viven todo el tiempo bajo tierra. Las únicas señales visibles en la superficie son unos montículos con forma de volcán de unos treinta centímetros de alto, creados al acumularse la tierra suelta de sus madrigueras. Las ratas forman estos montículos al excavar túneles durante el atardecer y el amanecer de los días lluviosos de invierno. Su forma de buscar comida es cavar hasta toparse con una raíz jugosa. Como no pueden ver u olfatear en la tierra, encontrar una raíz es como si un minero diera con una veta de oro. Al ser tan difíciles de estudiar en el campo, la mayor parte de lo que se conoce sobre ellas se basa en observaciones realizadas con colonias cautivas.

Las familias de ratas topo viven en estrecho contacto: más de un 80 por ciento de los apareamientos se dan entre hermanos y hermanas, o entre padres e hijos. Una sola hembra y entre uno y tres machos se encargan de la crianza. Esta hembra es dominante sobre las demás y da a luz cada dos o tres meses, produciendo una camada de unas diez crías. Una hembra produce al año entre treinta y sesenta crías. Las ratas topo que no se dedican a la cría no son individuos estériles. Si un macho o una hembra reproductores mueren o son retirados de la colonia, un individuo no reproductor del mismo sexo ocupará su lugar.

La cría es una actividad muy exigente. Mientras la hembra reproductora suele ser la más grande y de más peso de toda la colonia durante el tiempo que dura su rol de reproductora jefa, los machos reproductores llegan a perder entre un 17 y un 30 por

---

[30] J. Jarvia, M. O'Riain, N. Bennett y P. Sherman, «Mammalian eusociality: A family affair», *Trends Ecol. Evol.* 9, 1994, pp. 47-51; E. Lacey y P. W. Sherman, «Cooperative breeding in naked mole-rats: Implications for vertebrate and in vertebrate sociality», en Solomon y French (eds.), *Cooperative Breeding in Mammals*, Cambridge University Press, 1997, pp. 267-301.

ciento de su peso al convertirse en sementales y, al cabo de los años, parecen raquíticos. La hembra reproductora, en cambio, además de ganar peso se va alargando, gracias a las vértebras que se van añadiendo a su espina dorsal.

El hecho de convertirse o no en un reproductor (macho o hembra) parece estar determinado por los conflictos entre las hembras aspirantes. En cuanto muere una hembra reproductora, las sucesoras no solo se atacan entre sí, sino que comienzan a atacar a determinados machos, empujándolos y mordiéndolos. De siete peleas que comenzaron las hembras contra los machos, cinco terminaron con la muerte de estos.[31] Los machos que sufrieron el ataque habían sido parejas de la anterior hembra reproductora o estaban emparejados con las hembras rivales, como indicaban conductas de cortejo como el frotamiento frecuente de la zona anogenital.

Los machos y las hembras no reproductores proporcionan cuidados parentales a las crías de los reproductores. Desde antes de que nazcan las crías hasta el destete, estos cuidadores se apiñan alrededor de los cachorros en el nido comunal para proporcionarles un medio térmico estable, una guarida cálida. Los trabajadores dan empujoncitos, manipulan y acicalan a las crías; recogen a las que se han caído fuera del nido; las transportan cuando la familia se traslada; y las evacúan en caso de que haya habido algún incidente. Además, proporcionan alimento a las crías en forma de cecotrofias, bolitas fecales parcialmente digeridas. Las crías suelen pedir a los trabajadores estos bocados de golosinas, pero nunca a los individuos reproductores. Después del destete, las crías ya son capaces de comer alimento que no ha sido procesado con anterioridad. Los trabajadores se ocupan también de defender, mantener y ampliar la red de túneles de la colina. Recolectan y transportan trozos de comida a través de los túneles de vuelta al nido, donde alimentan a otros miembros de la colonia, incluidas las ratas topo reproductoras.

La distribución de la actividad reproductiva en un grupo se denomina sesgo reproductivo. Un grupo social en el que todo el mundo se reproduce tiene un bajo sesgo reproductivo. En las ratas

---

[31] Lacey y Sherman, «Cooperative breeding in naked mole-rats: Implications for vertebrate and in vertebrate sociality», 1997.

topo lampiñas hay un alto sesgo reproductivo: en un grupo de unos cien individuos solo se reproducen dos o cuatro. Desde el punto de vista evolutivo, el sesgo reproductivo en una sociedad animal es el atributo más importante, el índice de la equidad reproductiva de una sociedad. Se sabe poco sobre lo que determina el sesgo reproductivo, pero una vez que aparece sienta un punto de referencia sobre cómo cada individuo de la sociedad estructura su plan de vida para conseguir reproducirse con éxito.

La golondrina común (*Hirundo pyrrhonota*) quizá sea nuestro pariente más cercano en lo que se refiere a vivir en una gran ciudad.[32] Viven en parejas monógamas dentro de colonias. Sus nidos, que parecen pequeñas vasijas, están situados unos al lado de otros. Puede llegar a haber hasta cinco mil golondrinas en una especie de urbe hecha de nidos de barro. Sin embargo, no todas las golondrinas viven en grandes ciudades. Algunas lo hacen en pequeños pueblos de unos veinte nidos, y algunos machos viven fuera de cualquier ciudad y no tienen nidos.

La vida de las golondrinas incluye aspectos parecidos a los que vemos diariamente en una de nuestras urbes: un mercado pujante de agencias inmobiliarias, invasión de propiedad privada, robos, chanchullos con los vecinos y se supone que algunas compensaciones. Sin embargo, la mayoría de los investigadores que observan la vida de las golondrinas ponen el énfasis en los problemas, quizá porque las aves que estudian viven en el campo, donde las virtudes de la vida urbana están poco valoradas. Los nidos están colocados unos encima de otros, de manera que a veces un ave se ve atrapada dentro de su propio nido y muere cuando la construcción del vecino bloquea su agujero de entrada. Y lo que es aún peor: a veces el barro desprendido de un nido situado encima de otro provoca que este último quede taponado y enterrado (las golondrinas necesitan urgentemente a un experto en ingeniería civil). Además, tienen importantes problemas de salud pública, pues la alta densidad de la colonia promueve la aparición de virus que dañan a los polluelos y a los adultos.

---

[32] Discusión basada en C. Brown y M. Bomberger Brown, *Coloniality in the Cliff Swallow: The Effect of Group Size on Social Behavior*, University of Chicago Press, 1996.

Estas aves a veces «violan la propiedad privada» de otras colándose en el nido sin avisar o siguiendo al dueño hasta su nido sin que a este le dé tiempo a darse la vuelta y bloquear la entrada. Un 75 por ciento de los intrusos son machos. Del total de accesos considerados «exitosos», un 14 por ciento de las veces el intruso robó algo de hierba para forrar su nido; un 9 por ciento de las veces el intruso forzó a la esposa del dueño del nido; un 7 por ciento de las veces robó un poco de barro mojado antes de que se secara; un 3 por ciento de las veces una hembra intrusa puso un huevo o trasladó uno de sus huevos dentro del nido del vecino; un 1 por ciento de las veces la hembra sacó fuera del nido uno de los huevos o de los polluelos del dueño; y en un 0,3 por ciento de las veces el intruso desalojó al dueño de su propio nido. Suficiente material para una trama de una serie de televisión tipo *Corrupción en la colina de las golondrinas.*

Las hembras se congregan en bandadas para recolectar bolitas de barro y hierba para fabricar los nidos. Los machos «sobrantes» suelen revolotear alrededor de los sitios donde hay barro para esperar a que las hembras se posen. Vuelan sobre ellas y, de repente, se lanzan «forzándolas» a copular revolcándose en el barro. Sin embargo, a veces los machos son inocentes y lo que ocurre es que van a un punto donde hay barro para ver a los amigotes y se encuentran allí con una hembra que «provoca una cópula forzada». Además, «las hembras no siempre parecían luchar con los machos que intentaban copular con ellas en los agujeros de barro. Algunas claramente permitieron el contacto cloacal».[33] En efecto, un 86 por ciento de las cópulas extrapareja (CEP) en los agujeros de barro «conseguían» contacto con la cloaca.

¿Y qué opinan de todo esto los maridos que se encuentran en el nido? Se «cree que gestionan la posibilidad de que les hayan puesto los cuernos copulando frecuentemente con sus parejas». Sí, «los machos copulaban con su pareja prácticamente cada vez que esta volvía al nido», consumando «docenas» de veces cada mañana el amor conyugal.

Los biólogos han observado cuáles son los machos «infractores» responsables de las aventuras ilícitas. De entre los treinta y

---

[33] *Ibid.*

ocho machos observados en CEP, uno era responsable de «perpetrar» doce cópulas, otro once, el siguiente ocho y así sucesivamente. El 30 por ciento de las CEP habían sido realizadas por tres machos, e iban disminuyendo hasta llegar a machos que habían coqueteado solo una vez cada uno. Por tanto, había solo unos pocos machos que «realizaban esta conducta» de manera habitual, mientras que el resto «lo hizo» pocas veces o nunca.

Las cópulas fuera de la pareja conllevaban paternidad extrapareja, o PEP (la presencia en el nido de huevos engendrados por un macho distinto al que está cuidando de ese nido). Las hembras colocan huevos en los nidos de otras, haciendo que también haya una maternidad variada en cada nido. La maternidad extrapareja, o MEP, implica que existan huevos de madres distintas a las que están cuidando de ese nido.

Las hembras pueden poner huevos en el nido de los vecinos o pueden transferirlos de su propio nido al de otros transportándolos en el pico. Suelen transferir los huevos a los nidos más cercanos —los que están dentro de una distancia de cinco nidos del suyo— cuando estos están desatendidos, aunque en varias ocasiones el propietario de un nido permitió a una hembra vecina entrar en su nido y dejar un huevo allí mientras él estaba presente. La hembra no suele deshacerse de los huevos que ya hay en un nido para hacer sitio al suyo; simplemente añade su huevo junto a los que ya están. Alrededor del 15 por ciento de los nidos acaban con uno o más huevos fruto de la maternidad extrapareja.

A esta transferencia de huevos los biólogos la llaman «parasitismo de puesta»; el ave al que pertenece el nido es el «hospedador» y la que coloca el huevo es el «parásito». Los pájaros hospedadores ponen un 71 por ciento menos de huevos que las aves parásitas, lo que implica que los parásitos se están beneficiando de los hospedadores. Sin embargo, a menudo los parásitos también sufren el parasitismo de otros al dejar sus propios nidos sin vigilancia.

Al igual que algunos machos son más propensos que otros a perpetrar una cópula fuera de la pareja, algunas hembras son más propensas a ser parásitas de puesta. En un estudio, un 29 por ciento de las hembras etiquetadas como parásitas pusieron huevos en dos o más nidos, mientras que las otras solo pusieron huevos en sus propios nidos. Las hembras no incurrieron en el parasitismo de puesta porque quisieran eludir sus quehaceres domésticos. Las etiquetadas como parásitas contribuyeron al cuidado parental y a la crianza de la prole en sus propios nidos igual que sus hospedadoras. La ventaja del parasitismo de puesta es simplemente dejar más huevos en los nidos de otras hembras, no disminuir el número de huevos en el propio nido. Al igual que algunas hembras solían ser más propensas a poner huevos en los nidos de otras, había hembras más propensas a ser receptoras. A veces las hembras también trasladaban polluelos que acababan de romper el cascarón.

Tomando las CEP y el parasitismo de puesta juntos, se estima que un 43 por ciento de los nidos contienen un huevo no engendrado por ninguna de las aves que cuidan ese nido. Está claro que las golondrinas de los acantilados han separado la monogamia económica de la monogamia reproductiva.

Tanto la paternidad como la maternidad fuera de la pareja llevan a que existan huevos en el nido no engendrados por ninguna de las aves emparejadas en el nido. Pero no son simétricas, porque la PEP implica que se transfirió un gameto, mientras que la MEP implica la transferencia de dos gametos, uno de la madre y otro del padre. De hecho, puede que una hembra que traslade un huevo a otro nido no esté siendo oportunista, sino que esté transfiriendo el huevo al nido del padre de ese huevo. No se ha demostrado que el llamado parasitismo de puesta confiera una ventaja competitiva.

El afán por ver robos y engaños por todas partes ha cegado a los biólogos a otras interpretaciones de lo que pasa a su alrededor. Parece que las golondrinas lo que tienen es un sistema distributivo para criar a sus hijos. Dentro de la colonia, la carga de trabajo parental se encuentra dividida en grupos de trabajo de dos adultos cada uno, que es la monogamia económica, a pesar de que el intercambio de óvulos y gametos implique una ausencia de monogamia reproductiva. Cada equipo de trabajo acaba ocupándose del mismo número de huevos y polluelos por nido, y cada nidada de pollitos contiene crías del vecindario. (Para saber más sobre un sistema de paternidad distribuida en una especie estrechamente emparentada, ver la sección de la golondrina bicolor, en el capítulo 7).

Una vez que han echado las plumas, las golondrinas jóvenes forman bandadas en una especie de comederos. Los adultos siguen alimentando a los polluelos algunos días después de que hayan abandonado el nido y los buscan en esos comederos, dándoles allí de comer. Son capaces de reconocer a sus crías gracias a que cada una tiene una seña de identidad vocal única. Algunos jóvenes no se reúnen en los comederos, sino que vuelven al nido, como harían los niños de octavo que se pasan por la clase de preescolar para que les den una galleta. A estos jóvenes se los llama cleptoparásitos porque bloquean la entrada al nido e interceptan el alimento destinado a los polluelos. Los progenitores suelen «estar dispuestos» a alimentarlos, nunca los expulsan como hacen con otros adultos que invaden el nido. ¿Cómo se explica esto? Se supone que los padres son incapaces de reconocer a los jóvenes como ladrones y que son engañados para que desembuchen el alimento aunque no sean sus polluelos.

¿Por qué no se considera que ese alimento que los padres dan a los jóvenes podría ser una donación voluntaria que hacen los adultos? El hecho de llamar cleptoparásitos a los jóvenes que entran al nido los convierte en criminales e implica que los adultos son incapaces de velar por sus propios intereses. De hecho, cada vez que una golondrina no hace lo que se supone que debería hacer, se la criminaliza. Los machos de las cópulas fuera de la pareja son «infractores», las hembras «desencadenan la copulación» y las que colocan huevos en los nidos de otras son «parásitas». No creo que las aves hayan sido corrompidas por el sexo y la violencia de las películas; ¿no deberían comportarse mejor?

La trama se complica. Los machos a veces copulan con otros machos en los agujeros de barro, lo que se llaman «peleas en el barro». En un experimento en el que colocaron modelos de aves disecadas junto a un hoyo de barro, el 70 por ciento de los intentos de copulación eran de machos a los machos modelos. La interpretación fue que los machos estaban «confundidos», que no fueron capaces de distinguir el sexo de las aves disecadas. Hum…

Las golondrinas tienen un sistema dinámico complejo. En estas aves, la vida en la ciudad ha supuesto un reto para la habilidad de los biólogos a la hora de describir lo que están viendo, pero el lenguaje peyorativo que han utilizado hasta ahora dificulta los intentos por entender sus sociedades en toda su profundidad.

Un modelo diferente

¿Son los animales realmente dueños de algo? Asumir que lo son naturaliza los derechos de propiedad humanos, y, según esto, podemos decir que los animales roban. Los biólogos pretenden atribuir sentido de la propiedad a los animales, como si a ellos les importara tanto como a las personas. Para un biólogo, un ave que alimenta a otra está desperdiciando la comida. Dicen que el ave es incapaz, demasiado tonta como para darse cuenta de que la están engañando para que renuncie a un botín ganado con mucho esfuerzo. Y, sin embargo, aceptan que esa misma ave es inteligente en muchos otros sentidos. ¿Por qué un ave es lista en algunos sentidos y estúpida en otros? Una y otra vez los biólogos asumen que el sentido de la propiedad está bien definido y explican el hecho de no saber ser egoísta como una limitación de la capacidad, en lugar de cuestionar la suposición de que el egoísmo es adaptativo.

La estrecha relación genética entre individuos debilita el sentido de la propiedad natural. Imagine que vive en un lugar en el que está estrechamente emparentado con todos los que le rodean. En una colonia en la que cada individuo está emparentado un 50 por ciento con otro, ¿posees la mitad de tus cosas o posees a medias todas tus cosas? No lo sé. Quién comparte qué es algo confuso en este caso. El altruismo recíproco y distribuido también debilita el sentido de la propiedad. Vivo en San Francisco entre personas sin techo y a menudo veo a gente con pocos recursos dando dinero a los pobres en las calles. ¿No les ha dicho nadie que sean más egoístas? Quizá ellos o sus genes hayan pasado por esa situación. Recibes lo que das.

Hace veinte años, Sandra Vehrencamp, una bióloga evolucionista, introdujo la idea de que el sesgo reproductivo de una sociedad estaba relacionado con lo que hoy podría llamarse «mercado laboral» del esfuerzo cooperativo dentro de esa sociedad. Su investigación se centraba en las colonias de insectos con múltiples reinas. La idea básica es que un animal ayuda a otro a cambio del acceso a una oportunidad para reproducirse.[34] Se supone que algunos individuos, los privilegiados, tienen el control de las oportunidades reproductoras, y proporcionan algunas de estas oportunidades a otros que no tienen un acceso similar. A cambio de esta paga, los desfavorecidos contribuyen como mano de obra para ayudar a los privilegiados en su reproducción.

Los economistas llaman a la desigualdad de oportunidades reproductivas disponibles «desigualdad distributiva». Puede reflejar territorios que varían en su grado de exposición a los depredadores o en la disponibilidad del alimento, del agua y de lugares soleados y con sombra. Las conexiones políticas de un animal también pueden facilitarle el control de los recursos. La desigualdad distributiva puede ser heredada o puede deberse a la edad, las habilidades y la suerte.

Los intercambios de mano de obra a cambio de oportunidades de reproducirse resultan especialmente beneficiosos entre parientes y pueden llevar a la formación de una familia extensa, en la que el individuo que realiza la crianza es un pariente de los colaboradores que permanecen en el nido. El valor de un colaborador al prestar ayuda en la reproducción de los progenitores depende de su relación genética con la progenie de estos. El valor más alto se encuentra en las crías que son hermanos o hermanas de madre y padre; en este caso puede que al colaborador no le preocupe no reproducirse y deje que sea el progenitor quien haga todo el trabajo, lo que se ha llamado selección de parentesco.[35]

Un intercambio de ayuda a cambio de oportunidades para reproducirse es posible incluso en ausencia de una relación genética, si la cantidad de acceso que el colaborador recibe como pago excede las oportunidades que tendría en ausencia de trabajo

---

[34] S. Vehrencamp, «Optimal degree of skew in cooperative societies», *Amer. Zool.* 23, 1983, pp. 327-335; H. Reeve, S. T. Emlen y L. Keller, «Reproductive sharing in animal societies: Reproductive incentives or incomplete control by dominant breeders?», *Behav. Ecol.* 9, 1998, pp. 267-278; S. Emlen, «An evolutionary theory of the family», *Proc. Nat. Acad. Sci. (USA)* 92, 1995, pp. 8092-8099.

[35] W. D. Hamilton, «The genetical theory of social behavior», *J. Theor. Biol.* 7, 1964, pp. 1-52.

alguno. La oportunidad reproductiva que un individuo privilegiado otorga a un individuo desfavorecido se llama «incentivo de permanencia», porque el pago lleva al desfavorecido a quedarse en el nido para ayudar en lugar de irse a construir un nuevo nido. En general, esta teoría concibe la sociedad animal como una economía política mantenida por transacciones que utilizan la reproducción como moneda de cambio.

Las familias numerosas se van formando con dependencia de la oferta y la demanda que exista en el mercado laboral. Si la demanda de trabajo es escasa —no existe suficiente trabajo para los jóvenes fuera de casa—, incluso un incentivo de permanencia pequeño hará que los jóvenes se queden y se unan a la familia numerosa. Si hay muchas oportunidades fuera de casa, por muy grande que sea el incentivo para quedarse, los jóvenes acabarán marchándose a vivir por su cuenta.

Según esta forma de pensar, la estructura familiar es algo fluido que cambia cuando las oportunidades fuera del nido varían y cuando el individuo que cría cambia de pareja (lo que devalúa la paga genética que reciben los colaboradores por su trabajo). Una gran inequidad distributiva hace que la reproducción se concentre en unos pocos individuos por medio de acuerdos mutuos entre criadores y colaboradores, con el resultado de un sesgo reproductivo elevado que puede amplificar la inequidad inicial. Si los recursos están repartidos equitativamente, casi todos los individuos crían por sí solos y el sistema social tiene un bajo sesgo reproductivo. Sandra Vehrencamp llamó a estos dos extremos sociedades «despóticas» y sociedades «igualitarias».[36]

Veamos cómo funciona esta teoría en un caso real. Los sericornis de cejas blancas de Canberra, en Australia, son unas aves que encajan bien en la teoría del mercado laboral de la dinámica familiar.[37] Los grupos sociales consisten en una hembra reproductora y uno o más machos (poliandria). En este caso los machos jóvenes

---

[36] S. Vehrencamp, «A model for the evolution of despotic versus egalitarian societies», *Anim. Behav.* 31, 1983, pp. 667-682.

[37] L. Whittingham, P. Dunn y R. Magrath, «Relatedness, polyandry and extra-group paternity in the cooperatively-breeding white-browed scrubwren (*Sericornis frontalis*)», *Behav. Ecol. Sociobiol.* 40, 1997, pp. 261-270.

tienen que decidir entre quedarse y ayudar a mamá y papá, o partir a construir su propio hogar. Las hembras construyen sus nidos e incuban los huevos solas. Los machos alimentan a la hembra durante el tiempo que esta es fértil, antes de la puesta, y mientras está incubando los huevos. Tanto los machos como las hembras alimentan a los polluelos mientras están en el nido y hasta ocho semanas después de que lo hayan abandonado. Los machos compiten entre sí para ocupar un puesto en la jerarquía de dominancia, con un macho alfa en lo alto y el beta como subordinado. La cuestión es qué es lo que el alfa debería permitirle hacer al beta para que este siga siendo subordinado y no decida lanzarse por cuenta propia. ¿Cómo consigue el alfa negociar con el beta para que este sea colaborador? Pueden darse cuatro tipos de familias multimacho:

1. Si el macho beta está emparentado tanto con el macho alfa como con la hembra, ayuda en las tareas del nido y no engendra a ninguno de los polluelos. El macho alfa es el único progenitor masculino. Aunque el macho beta no es el padre, los huevos son muy valiosos para él porque son sus hermanos completos. Al macho beta, teniendo en cuenta que fuera del nido no tiene muchas oportunidades, le resulta reproductivamente rentable quedarse, aunque no tenga el incentivo de que compartan con él algunas cópulas. Este tipo de familia tiene un sesgo reproductivo alto.
2. Si el macho beta está emparentado con la hembra, pero no con el macho alfa, también ayudará en el nido sin aparearse, aunque los huevos no sean tan valiosos para él como si tuviera una relación de parentesco con ambos padres. De nuevo, el macho alfa no aporta ningún incentivo de permanencia. Este tipo de familia tiene también un alto sesgo reproductivo.
3. Si el macho beta está emparentado con el macho pero no con la hembra, el valor de los huevos es todavía menor porque la paternidad de los mismos es incierta: alrededor de un 15 por ciento de los huevos son engendrados por cópulas realizadas fuera del grupo. Desde el punto de vista del

macho beta, los huevos que no hayan sido engendrados por el alfa no tienen ningún valor. Como incentivo para que se quede, el macho alfa le permite engendrar aproximadamente el 20 por ciento de la nidada copulando con la hembra. Esta familia tiene un sesgo reproductivo moderado.

4. Si el macho beta no está emparentado con el macho alfa ni con la hembra alfa, será el padre del 50 por ciento de la nidada. El macho alfa tiene que compartir la mitad de las cópulas con el beta, el incentivo máximo que existe, para que este sea su colaborador. Esta familia tiene un sesgo reproductivo nulo.

De este modo, podría decirse que el macho alfa asigna al macho beta el acceso a las oportunidades reproductivas dentro del grupo familiar en la medida necesaria para inducirle a quedarse como ayudante. En las situaciones 1 y 2, el macho beta no necesita ningún incentivo para quedarse. En la situación 3, el macho alfa permite al beta engendrar el 20 por ciento de la nidada y en la 4 le permite engendrar la mitad.

¿Cree usted que estas familias son grupos felices de individuos que permanecen juntos de mutuo acuerdo para formar vidas productivas para todos? Algunos biólogos se muestran muy críticos y plantean tres objeciones.[38] Puede que el macho reproductor considere el precio de los incentivos a pagar al colaborador por quedarse demasiado alto y no esté de acuerdo en pagar. En ese caso el colaborador abandonaría el nido y se establecería por su cuenta. Sin embargo, también es posible que el macho reproductor coaccione al colaborador para que se quede de todas maneras. Y podría ocurrir que ese macho reproductor no fuera capaz de controlar por completo al colaborador y que este se dedicase a criar a escondidas siempre que tuviera la oportunidad. Este no sería un hogar pacífico, sino una familia en pie de guerra.

---

[38] T. H. Clutton-Brock, «Reproductive skew, concessions and limited control», *Trends Ecol. Evol.* 13, 1998, pp. 288-292; T. H. Clutton-Brock, P. N. M. Brotherton, A. F. Russell, M. J. O'Riain, D. Gaynor, R. Kansky, A. Griffin, M. Manser, L. Sharpe, G. M. McIlrath, T. Small, A. Moss y S. Monfort, «Cooperation, control, and concession in meerkat groups», *Science* 291, 2001, pp. 478-481.

Una segunda objeción se refiere a si el efecto neto del colaborador es ayudar o perjudicar. ¿Produce el hecho de merodear por el nido y llevar comida de vez en cuando un beneficio neto al macho reproductor? En las ratas topo lampiñas, la hembra reproductora da empujones a los trabajadores «vagos», sugiriendo que existe una tensión entre patrono y empleado.[39]

Una tercera objeción es que el consentimiento mutuo es algo que está fuera del alcance de lo que los animales son capaces de hacer. Quizá los animales no pueden realmente negociar contratos laborales, cuando ni siquiera las personas somos capaces de hacerlo muy bien. Yo creo que los animales son capaces de cualquier cosa, soy una fanática sin remedio de los animales.

Quizá estas objeciones sean fruto de los problemas de desarrollo típicos de los primeros pasos de una nueva teoría. A mí me parece prometedor este enfoque de fijarse en las relaciones contractuales entre los miembros de una familia, y me gustaría que esta teoría pudiera ser más dinámica e interactiva. Tal y como está formulada en la actualidad, parecería como si el individuo reproductor tuviera que saber lo que los colaboradores están dispuestos a aceptar para ofrecerles ese precio. El colaborador es lo que los economistas llaman un monopolista perfectamente discriminador de precios, un vendedor exclusivo que tiene la información perfecta sobre lo que los compradores están dispuestos a pagar. La teoría económica también deja margen para negociar el precio entre comprador y vendedor, y para que exista competición entre ambos. Quizá ampliando la teoría biológica sobre las relaciones laborales, para que incluya las negociaciones en curso entre reproductores y colaboradores, se solucionarían las limitaciones actuales y podríamos predecir cuándo las sociedades se volverán pacíficas o violentas.

El mensaje final que podemos sacar de esta teoría es que la desigualdad reproductiva emerge de una combinación entre la desigualdad distributiva y las relaciones genéticas. En los animales encontramos el equivalente de las democracias y las dictaduras humanas. En las teorías biológicas vemos los mismos temas que tratan los

---

[39] L. Keller y H. K. Reeve, «Partitioning of reproduction in animal societies», *Trends Ecol. Evol.* 9, 1994, pp. 98-102.

politólogos en las sociedades humanas. Vemos que una distribución uniforme de los recursos conduce a una amplia participación en la crianza, y que una distribución concentrada de los recursos conduce a jerarquías de poder, enemistades familiares y luchas laborales. Vemos mercados económicos para la transacción de oportunidades reproductivas.

A medida que vamos centrándonos en sistemas sociales con múltiples géneros, el lenguaje que utilizan los biólogos para describir el comportamiento de los animales se va volviendo más y más emotivo. El lenguaje siempre alaba a los individuos que detentan territorios y poseen parejas, como si cada macho tuviera derecho a tener un castillo propio con princesa incluida. Palabras como robar, parasitismo, engaño y mimetizarse dominan los debates y distorsionan la sofisticada realidad de lo que realmente ocurre en las increíblemente diversas sociedades biológicas. En cambio, la teoría de las transacciones de oportunidades reproductivas se puede aplicar muy bien a las familias con múltiples géneros.

06

Familias de múltiples géneros

Los roles sociales de los animales de múltiples géneros están determinados por sus cuerpos. Los machos y las hembras de una especie pueden ser de dos o más tamaños y colores. Las diferencias morfológicas son la punta del iceberg. Las dos morfologías corporales encaran el cortejo de manera diferente, tienen distinto número de parejas, acuerdos variados en las relaciones entre los dos sexos y entre los individuos del mismo sexo, vidas de duración variable, prefieren distintos espacios para convertirlos en su hogar, se implican en los cuidados parentales en distinto grado, etc. Dado que la forma del cuerpo, el color y la postura —las principales maneras de comunicarse de los peces y las lagartijas— son tan visibles para los biólogos, las sociedades multigénero están mejor descritas en esos grupos que en los que se comunican mediante el sonido y el olfato.

A los biólogos les ha costado llamar a estas sociedades «polimorfismos dentro del mismo sexo». En su lugar, a veces hablan de «estrategias de apareamiento alternativas», para enfatizar las diferentes formas que tiene cada morfo de cortejar, o de «historias vitales alternativas», para enfatizar los diferentes caminos que han tomado. En un capítulo anterior he sugerido que llamásemos a estas diferentes expresiones de modos de vida «géneros». Creo que esta palabra captura mejor la totalidad de las diferencias entre morfos, desde el apareamiento hasta el estilo o la duración de la vida.

Expresiones tales como «estrategia de apareamiento» o «historia de vida alternativa» resultan muy pobres para referirse a los géneros múltiples, pues esta estrategia «alternativa» suele ser la más común. Distinguir una estrategia minoritaria como «normal» y etiquetar el resto como «alternativas» es un prejuicio. Las sociedades con múltiples géneros no son fáciles de describir porque no estamos preparados para descubrir lo que tenemos delante. Vayamos a ello.

Dos machos, una hembra

El primer paso más allá de las sociedades que tienen un género macho y otro hembra es el de las sociedades con dos machos y una hembra, tres géneros en total. Veamos un ejemplo.

La rana mugidora o rana toro (*Rana catesbeiana*) tiene dos géneros macho: los machos grandes que cantan por la noche, de ahí el nombre de rana mugidora, y los machos pequeños, que son silenciosos.[1] Ambos son reproductivamente aptos y las hembras se aparean con los dos. Los machos silenciosos se convierten en cantores al hacerse mayores. Las ranas macho de otras especies[2] y los machos de muchos grupos de vertebrados también tienen que decidir cuándo empezar a criar: si esperar a estar lo suficientemente bien establecidos como para presumir de riqueza y poder, o empezar antes con menos recursos pero mucho encanto. Quizá los machos silenciosos no deberían ser considerados como un género distinto de los machos cantores, sino como un periodo de desarrollo temprano del mismo género. Comparemos este caso con otros y estará usted quizá de acuerdo en que tiene más sentido ver a los machos que pasan de una fase silenciosa a una en la que utilizan el canto como dos géneros cambiantes.

¿Sabe que los peces son capaces de cantar? Hay un pez en los estuarios y las ensenadas de la Costa Pacífica, incluida la bahía de San Francisco, llamado pez guardiamarina de aleta lucia (*Porichthys notatus*) por sus manchas bioluminiscentes, que parecen una fila de botones del uniforme de la Marina. También se le conoce como

[1] R. D. Howard, «The evolution of mating strategies in bullfrogs», *Rana catesbeiana, Evolution* 32, 1978, pp. 859-871; R. D. Howard, «Sexual dimorphism in bullfrogs», *Ecology* 62, 1981, pp. 303-310; R. D. Howard, «Alternative mating behaviors in young male bullfrogs», *Amer. Zool.* 24, 1984, pp. 397-406.

[2] S. L. Lance y K. D. Wells, «Are spring peeper satellite males physiologically inferior to calling males?», *Copeia*, 1993, pp. 1162-1166.

pez cantor de California o pez canario. La especie tiene dos géneros macho que se comportan de forma parecida a las ranas mugidoras. El género de macho grande consiste en peces que defienden el territorio y custodian los huevos que hay dentro. Para anunciar que está listo para aparearse, el macho grande emite un sonido bajo parecido a un zumbido, durante por lo menos quince minutos, al que la hembra suele responder entrando en el territorio y poniendo los huevos. Las hembras realizan solo una puesta. El macho grande suele custodiar una gran cantidad de huevos procedente de las puestas de cinco o seis hembras. El género de macho pequeño consiste en peces que maduran a una edad más temprana y son silenciosos, como la rana macho silenciosa. No defienden territorios, sino que para aparearse se lanzan furtivamente a fertilizar los huevos puestos por las hembras en el territorio de los machos grandes.

Estos peces representan uno de los cientos de especies conocidas en las que los machos tienen dos o más géneros. Resultan insólitos a causa de sus sonidos, que han permitido a los biólogos determinar hasta qué punto difiere la anatomía de los dos géneros. Para los más empollones, aquí están los detalles biológicos técnicos: el género de macho grande tiene una masa de músculos productores de sonido seis veces mayor que la del pequeño, un número y diámetro de fibras musculares productoras de sonido cinco veces más grandes, una ultraestructura celular con zonas aumentadas densamente pobladas de mitocondrias, un retículo endoplasmático más ramificado, sarcómeros de mayor tamaño con líneas Z veinte veces más anchas. Las neuronas motoras y las neuronas marcapasos son tres veces más grandes, y los axones sónicos con botones terminales son entre dos y tres veces más largos. Y así sucesivamente. Incluso no siendo un empollón en Biología, puede uno ver que el género de macho grande y el género de macho pequeño representan claramente programas de desarrollo diferenciados que implican juegos de genes completamente diferentes.[3]

---

[3] A. Bass, «Dimorphic male brains and alternative reproductive tactics in a vocalizing fish», *TINS* 15, 1992, pp. 139-145; J. L. Goodson y A. H. Bass, «Fore brain peptides modulate sexually polymorphic vocal circuitry», *Nature* 403, 2000, p. 769.

Por eso, tanto la rana mugidora como el pez guardiamarina tienen un género de macho cantor más grande y uno pequeño silencioso. En la rana, el macho se transforma de pequeño a grande a medida que va madurando, mientras que en el pez cada macho está fijado en su género de por vida.

En el océano Pacífico, el salmón coho (*Oncorhynchus kisutch*) tiene dos tipos de machos: el que llaman «jack», que pasa dos años en el océano antes de volver a los ríos en la época de cría, y el «nariz de gancho», que pasa tres años en el océano antes de volver para la reproducción. La hembra también pasa tres años en el océano. Los tres tipos mueren después de la época de cría. El jack es pequeño y presenta colores que se mimetizan con su entorno, y el nariz de gancho es grande y tiene una trompa pronunciada (como su nombre indica) y una coloración brillante.

Las hembras excavan un nido en la grava para poner los huevos. Al ponerlos, el macho que esté más cerca fertiliza la mayoría. Los nariz de gancho son más hábiles en pelear para conseguir una posición más cercana a la hembra y fertilizar un mayor número de huevos. Los jack consiguen fertilizar algunos huevos lanzándose a toda velocidad bajo la hembra cuando está poniéndolos. El beneficio del jack al poder criar un año antes y evitar el riesgo de vivir un año más en el océano compensa su relativa desventaja en el número de fertilizaciones, en comparación con el nariz de gancho. Los dos tipos de salmón coho, el jack y el nariz de gancho, parecen tener estrategias vitales igualmente exitosas.[4]

En el salmón del Atlántico (*Salmo salar*) existen algunos machos que migran desde los ríos hasta el océano como salmones jóvenes y vuelven a los cinco años como grandes machos anádromos de unos setenta y cinco centímetros de longitud. Otros machos, los parr, no se molestan en viajar al mar; se quedan en los ríos y maduran en tres años, alcanzando casi los cincuenta centímetros. Las hembras migran al mar y luego vuelven. Durante el desove, un gran macho anádromo protege el acceso a las hembras, mientras el macho parr se queda aguas abajo. Cuando el macho

---

[4] M. R. Gross, «Disruptive selection for alternative life histories in salmon», *Nature* 313, 1985, pp. 47-48.

anádromo y la hembra están apareándose, el parr se cuela rápidamente entre ellos y consigue fertilizar algunos huevos. Las estrategias vitales de estos dos machos parecen tener un éxito similar en lo que respecta a la supervivencia y el acceso al apareamiento.

Los machos de ciervo rojo (*Cervus elaphus*), a los que no les crecen las astas, probablemente sean el equivalente a la rana macho silenciosa.[5] También conocidos como *hummels* (o *notts*), presentan mejores condiciones físicas que los machos con cornamenta y a veces tienen más éxito en aparearse.[6]

Tres machos, una hembra: el pez luna

Ahora veamos las especies con machos de tres géneros. Las hembras tienen un género, por lo que en total tenemos cuatro géneros. Un buen ejemplo es el pez luna, con su cuerpo de forma aplastada y una media de diez centímetros de longitud, muy comunes en los lagos de Norteamérica. Recuerdo que durante el tiempo que pasé en Nueva Jersey en el instituto veíamos muchos peces luna. Cada vez que iba a bucear en uno de los lagos cercanos, los veía con mis gafas. Cuando íbamos a pescar, todo lo que cogíamos eran peces luna. Nadie los valoraba, la gente quería pescar una perca o algún otro pez raro. Nunca hubiera imaginado que un día estos peces tan comunes en aguas dulces de Estados Unidos y Canadá harían tambalear los cimientos sobre sexualidad y género.

Existe una especie de pez luna, el percasol o mojarra (*Lepomis macrochirus*), que ha sido estudiado con gran detalle en el lago Opinicon, en Ontario (Canadá), y en el lago Cazenovia, al norte del estado de Nueva York.[7] En la etapa de desove, los machos son

---

[5] F. F. Darling, *A Herd of Red Deer*, Oxford University Press, 1937.

[6] G. Lincoln, R. Youngson y R. Short, «The social and sexual behavior of the red deer stag», *J. Reproduction and Fertility*, suplemento 11, 1970, pp. 71-103.

[7] Sobre los estudios del lago Opinicon, ver M. R. Gross, «Sneakers, satellites and parentals: Polymorphic mating strategies in North American sunfishes», *Z. Tierpsychol.* 60, 1982, pp. 1-26; M. R. Gross, «Evolution of alternative reproductive strategies: Frequency-dependent sexual selection in male bluegill sunfish», *Phil. Trans. R. Soc. Land.*, ser. B, 332, 1991, pp. 59-66. Sobre los estudios del lago Cazenovia, ver W. J. Dominey, «Female mimicry in bluegill sunfish-a genetic polymorphism?», *Nature* 284, 1980,

de tres tamaños y colores diferentes y se pueden clasificar, junto a las hembras, en cuatro categorías morfológicas que corresponden a cuatro géneros distintos:

1. *Machos grandes*, de unos diecisiete centímetros de longitud y ocho años de edad. Sus gónadas constituyen el 1 por ciento de su peso y tienen el cuerpo color claro con el pecho amarillo anaranjado.
2. *Machos medianos*, de unos diez centímetros de longitud y cuatro años de edad. Sus gónadas constituyen el 3 por ciento de su peso y tienen el cuerpo color oscuro con líneas verticales negras.
3. *Machos pequeños*, de siete centímetros de longitud y tres años de edad. Sus gónadas representan el 5 por ciento de su peso y su cuerpo tiene un color claro uniforme, sin líneas verticales ni pecho amarillo anaranjado. Los testículos pueden ocupar la mayor parte de la cavidad corporal, aplastando el estómago y desplazando los intestinos.
4. *Las hembras* tienen unos doce centímetros de longitud y seis años de edad, siendo de mayor tamaño que los machos medianos en aproximadamente dos centímetros, y dos años mayores. Durante la crianza, las hembras se hinchan a causa de los huevos. Presentan un color oscuro con barras verticales, al igual que los machos medianos. Estos se parecen en cierta forma a las hembras jóvenes debido al color.

El evento anual del desove dura un solo día. Como preparación, los machos grandes aseguran con agresividad sus territorios, llamados *leks*, uno al lado de otro, en agrupaciones de cien o más machos a lo largo del fondo del lago a un metro de profundidad. Los machos grandes deben defender su espacio contra otros vecinos una vez cada tres minutos. Construyen nidos para los huevos en sus territorios escarbando un agujero en el barro con la cola. Las hembras se agrupan en los lugares donde hay muchos

pp. 546-548; W. J. Dominey, «Maintenance of female mimicry as a reproductive strategy in bluegill sunfish *(Lepomis macrochirus)*», *Environ. Biol. Fishes* 6, 1981, pp. 59-64.

machos y no suelen visitar los nidos aislados o periféricos, sino que prefieren nidos que formen parte de grandes agregaciones, ya que la presencia de muchos machos ofrece mayor protección a los huevos frente a los depredadores.

Los machos grandes no suelen ser precisamente tipos agradables. Su conducta agresiva incluye mordiscos, desplegar el opérculo, pavoneos laterales, golpear con la cola y persecuciones. Aunque las agresiones suelen ir dirigidas sobre todo contra machos intrusos, a veces recaen en las hembras de su territorio (violencia doméstica al estilo pez luna). Aparentemente, el macho intenta controlar la rapidez y la duración de la puesta de huevos por parte de la hembra, pero, si la acosa demasiado, la hembra suele marcharse.

Las hembras llegan al cardumen y entran una a una al territorio de los machos grandes. Cuando una hembra llega, el macho empieza a nadar a su alrededor en círculos cada vez más pequeños y ella le va siguiendo. Cada pocos segundos, mientras van girando, la hembra ladea el cuerpo y presiona su poro genital contra el del macho, soltando los huevos que este fertiliza. La suelta de huevos es visible como un movimiento horizontal hacia abajo.

Una hembra puede desovar en muchos nidos. Un macho grande acumula hasta treinta mil huevos de varias hembras durante el día que dura el desove. La hembra suelta unos doce huevos cada vez que realiza su zambullida, por lo que esta acumulación de huevos implica que hay una hembra poniendo huevos en el nido cada treinta segundos. La escena ocurre rápido. Aun así, a los machos grandes les da tiempo de entrar en los nidos de los machos vecinos: un 9 por ciento de las fertilizaciones son realizadas por un macho vecino grande.

Mientras tanto, los machos pequeños también están activos. Permanecen en los límites de los territorios de los machos grandes y en la periferia, a menudo cerca de las rocas o entre la vegetación. Los huevos suelen ser viables en agua dulce durante una hora, y el esperma solo un minuto. Cuando la hembra suelta sus huevos, los machos pequeños se lanzan como un rayo para cubrir algunos huevos con su esperma y realizar así su propia fertilización. Los machos grandes intentan ahuyentarlos de sus territorios, pero los pequeños son más numerosos (una proporción de siete a uno en colonias de aguas poco profundas). El hecho de tener que perseguir a todos estos machos pequeños, a otros machos grandes vecinos y al depredador ocasional hace que el macho grande apenas pueda dedicarse a fertilizar los huevos puestos en su territorio. En estos casos, mientras los grandes están ocupados en sus cacerías, las hembras están más que dispuestas a desovar con los machos pequeños.

En las colonias de aguas poco profundas hay más machos pequeños que en las de aguas profundas porque hay más vegetación donde esconderse. Es importante esconderse porque los depredadores —lubina de boca grande, lubina de boca pequeña y lucios— merodean por los lagos. Por eso, la proporción de machos pequeños y grandes depende de las condiciones del medio circundante. En definitiva, los machos pequeños parecen ser el equivalente a las ranas macho silenciosas, los peces cantores silenciosos, los peces jack, los salmones parr y el ciervo sin astas.

Los machos de talla mediana —el tercer género— son realmente sorprendentes. Nadie sabe dónde pasan la mayor parte del tiempo, pero puede que vivan en los cardúmenes de hembras. Un macho mediano suele acercarse al territorio de un macho grande desde arriba y desciende sin ningún tipo de agresión o duda hasta introducirse en su territorio. A continuación, los dos machos comienzan un cortejo que consiste en dar vueltas juntos durante diez minutos. Al final, el macho mediano se une al grande, compartiendo el territorio que este creó y que defiende.

Aunque a veces el macho mediano se une al grande antes de que haya llegado una hembra, es más frecuente que esto ocurra una vez que la hembra ya está presente. El macho grande no hace casi ningún intento por espantar al macho mediano, al contrario de lo que ocurre con los machos pequeños que se introducen en el territorio. Cuando se juntan una hembra y los dos machos, los tres comienzan el cortejo dando vueltas y apareándose. Lo que suele pasar es que el macho mediano, que es más pequeño que la hembra, queda atrapado entre esta y el grande mientras siguen girando. A medida que la hembra va soltando los huevos, ambos machos los van fertilizando.

A veces hay dos hembras al mismo tiempo en el territorio de un macho grande. Aunque este se aparee con ambas, no se produce aquí ningún ritual entre los tres del tipo que acabamos de mencionar entre la hembra, el macho mediano y el grande.

Después de que haya pasado la excitación de la primera jornada, cada macho grande permanece en su territorio entre ocho y diez días para custodiar los huevos. Repelen a los depredadores y nunca abandonan el nido para buscar comida, con lo que suelen perder masa corporal.

En total, un 85 por ciento de los machos de desove son pequeños o medianos, y el 15 por ciento restante son grandes. A pesar de ser minoría, los machos grandes son los que participan en la mayor parte de las cópulas. Entre ellos, el sesgo reproductivo es alto, y solo algunos consiguen sobrevivir a las agresiones mutuas necesarias para adquirir un territorio exitoso. Los machos pequeños y medianos obtienen aproximadamente el 14 por ciento de los desoves. En total, un 85 por ciento de los territorios en los que tiene lugar el desove están compuestos por un macho con una hembra, un 11 por ciento por dos o más machos y una hembra —normalmente, un macho grande acompañado de uno mediano— y un 4 por ciento por un macho y dos hembras.

En cuanto al desarrollo, los machos pequeños y los medianos conforman un genotipo, y los machos grandes otro. Los individuos del genotipo macho pequeño pasan del género macho pequeño al mediano a medida que van haciéndose mayores, mientras que los individuos del genotipo macho grande no son reproductivamente activos hasta que han llegado a tener el tamaño y la edad del género macho grande.

El género de los machos medianos ha suscitado una gran confusión entre los biólogos. Han surgido tres teorías.

El engaño

La teoría más popular es que los machos medianos, al tener una coloración similar a la de las hembras y participar en el cortejo dando vueltas, lo que hacen es engañar al macho grande haciéndole creer que son hembras. Este macho disfrazado de hembra roba algunas fertilizaciones que pertenecerían en realidad al macho grande.[8]

Yo no veo que esta teoría sea plausible. Los peces luna, que durante el día suelen cazar minúsculas gambas, tienen una vista excelente. Son muy capaces de estimar tamaño y distancias, utilizando sus habilidades para decidir qué presas cazar y cuáles ignorar. Existen multitud de señales visuales para distinguir a un macho mediano de una hembra, incluyendo las más simples: tamaño y forma. Un pez que puede detectar la diferencia entre una gamba de un milímetro y otra de dos milímetros a un metro de distancia seguro que puede detectar los dos centímetros de diferencia que hay entre los dos peces que tiene al lado. Además, el macho grande dispone de mucho tiempo para identificar a un macho mediano, puesto que permanecen diez minutos muy juntos durante el cortejo. En ese rato, el macho grande puede ver perfectamente que el mediano no está poniendo huevos.

Si engañara al macho grande, este interrumpiría de vez en cuando la ceremonia de cortejo a tres bandas. Se necesita mucha precisión para que un macho grande y una hembra puedan nadar en formación con el macho mediano aplastado entre ambos. Si el macho grande estuviera siendo engañado, maniobraría para excluir al macho mediano una vez que descubriera que producía esperma en lugar de huevos, al igual que repele a los machos pequeños. Además, cuando existen dos hembras en el territorio de un macho grande, no se ponen a nadar los tres juntos en una ceremonia de cortejo.

La respuesta para explicar que el macho grande no repela al mediano una vez que descubre el engaño es que le preocupa perder fertilizaciones mientras la hembra sigue poniendo huevos. Pero con los machos pequeños sí lo hace y los expulsa, aunque incurra en el mismo coste. El contraargumento es que la coloración femenina del macho mediano es lo que reprime la tendencia agresiva del macho grande.

En resumidas cuentas, esta teoría es otro ejemplo más de cómo los biólogos intentan justificar un hecho sorprendente asumiendo que los animales son incapaces de hacer algo. El macho grande

[8] Gross, «Evolution of alternative reproductive strategies», 1991.

debería expulsar al macho mediano, ¿no? Y si no lo hace se debe a que, por alguna razón, es incapaz. Un macho grande es demasiado torpe como para diferenciar a un macho mediano de una hembra. Un macho grande no es capaz de activar su agresividad cuando la necesita.

Una señal común sin género

Una teoría alternativa es que el macho mediano esté ayudando al grande, que trabajen en equipo.[9] ¿De qué modo? Es posible que, a la hora de atraer a la hembra, los dos machos tengan más éxito juntos que por separado. Las hembras prefieren poner los huevos en territorios en los que hay muchos machos, ya que estos son capaces de protegerlas mejor de los depredadores en grupo que de forma aislada. Por ello, un macho territorial podría tener más posibilidades de atraer a una hembra si se junta con un macho mediano. Además, puede que prefiera un macho mediano a otro macho grande porque el mediano tiene gónadas de menor tamaño y produce menos esperma que el grande. Al unirse con él, consigue un colaborador al menor coste posible.

Según esta teoría, las fertilizaciones obtenidas por el macho mediano no son robadas al macho grande, sino que este se las cede como incentivo para que se quede. Se trataría de una transacción basada en las oportunidades reproductoras. La ceremonia de cortejo que precede al momento en que el macho mediano se une al territorio del grande sería el equivalente a una entrevista de trabajo. La teoría defiende que los machos medianos tienen patrones de color similares a los de las hembras para actuar como banderas de paz, como una invitación a cesar las hostilidades y las conductas agresivas. Es una casualidad que el macho mediano se parezca a la hembra y que ambos estén enviando las mismas señales, ondeando una bandera blanca. A pesar de tener los mismos colores que las hembras, el macho mediano es visto por los demás machos como un auténtico macho.

---

[9] Dominey, «Maintenance of female mimicry as a reproductive strategy in bluegill sunfish», 1981.

Para mí esta teoría resulta más plausible, pero sigo desconfiando. Me parece demasiado centrada en los machos, parece sugerir que cuantos más machos, mejor; más machos implican más protección, más masculinidad y más atractivo. Bueno, quizá, pero ¿qué hay de la función de la hembra y de la coloración de los machos medianos? ¿Son simplemente banderas blancas sin género? ¿O el macho mediano pretende realmente parecer un macho *femenino*? Y el grande ¿está utilizando intencionadamente a un macho *femenino* como colaborador, en lugar de recurrir a una versión más pequeña de sí mismo?

Feminidad en los machos

Sugiero una tercera interpretación: las hembras suelen ver a los machos grandes territoriales como peligrosos, a los que hay que acercarse con cuidado. Puede que las hembras se pregunten si van a sufrir violencia doméstica por parte de esos machos que están intentando aparentar ser grandes y poderosos. Observan a los machos grandes repeler a los vecinos y a los pequeños. Todo lo que ven a su alrededor es violencia. ¿Cómo saben que ese macho guaperas con un gran territorio es alguien con quien poder sentirse seguras? Y al revés, ¿cómo va un macho grande a asegurarle a la hembra que es amable, después de la imagen de duro que ha mostrado con los otros machos?

Quizá el cortejo entre el macho grande y el mediano ofrece a la hembra la oportunidad de ver cómo se comporta el grande con un pez de apariencia femenina un poco más pequeño que ella. Puede observar cómo el macho grande realiza el cortejo dando vueltas con el macho mediano, ver si se muestra o no agresivo. Claro que el hecho de que un macho grande sea amable con uno mediano no le garantiza que vaya a serlo también con ella, pero al menos observar cómo se comporta puede darle alguna pista; siempre es mejor que guiarse solo por una intuición.

Por otra parte, una vez que el macho mediano está atrapado entre el grande y la hembra durante los giros que los tres realizan en el cortejo, puede facilitar el proceso de apareamiento sincronizando la suelta de huevos y esperma. Puede proteger a la hembra del acoso durante el desove gracias a su posición entre ella y el macho grande. Además, podría haber desarrollado una relación con la hembra cuando se unió al cardumen de hembras y, de ese modo, ahora puede garantizarle que el macho grande es de fiar.

Mi interpretación es que la feminidad del macho mediano juega un papel genuino, sin connotaciones de engaño. Sugiero que el macho femenino es como un agente matrimonial que facilita el apareamiento una vez que la hembra ha entrado en el territorio del macho. El macho grande adquiere este servicio del macho mediano a cambio de dejarle acceder a la reproducción.

En definitiva, las teorías segunda y tercera ven al macho mediano trabajando en equipo con el macho grande, en lugar de robándole algo, ampliando así el concepto de colaborador. Compartir la fertilización representa un incentivo para quedarse, no un hurto. Para añadir más términos a nuestra jerga biológica, podríamos decir que un macho mediano es un colaborador precigótico, en lugar de poscigótico, que ayudaría a cuidar de las crías una vez han nacido. No hay nada que impida que los animales cooperen en el apareamiento, al igual que en cuidar de las crías después del mismo; vendría a ser como un servicio de citas que vende ayuda precigótica, y una clínica pediátrica que vende ayuda poscigótica (ver la discusión sobre las aves limícolas en el capítulo 7).

En vista de los roles que han jugado los tres géneros de macho, podríamos llamar al macho grande el «controlador», al macho pequeño el «evasor» y al mediano el «cooperador».

Tres machos, una hembra. Otros casos

Los servicios del macho del tercer género, por lo general el de tamaño intermedio, son contratados por los machos controladores a cambio de darles acceso a las oportunidades de reproducirse. El tipo de servicio que resulta más valioso para el macho controlador varía dependiendo de las circunstancias.

Los lábridos europeos son igual de interesantes que los que habitan en los arrecifes de coral. Estas especies no cambian de sexo, pero tienen machos de múltiples géneros. Las especies con dos machos tienen un macho controlador, colorido y territorial, que protege los huevos, y un macho evasor que es más pequeño y de colores sencillos. Las especies con tres machos tienen además un macho de tamaño mediano, comparable al del pez luna norteamericano.

Tomemos el tordo ocelado europeo (*Symphodus ocellatus*), que vive en aguas poco profundas del Mediterráneo, en costas rocosas. Los biólogos han observado a estos lábridos buceando en la bahía Revellata, al oeste de Calvi, en Córcega.[10] Estos pequeños peces viven hasta tres años, crían durante el verano y no alcanzan más de ocho centímetros de longitud. De las tres variantes que existen, el macho mediano es de nuevo el más peculiar. No tiene una apariencia femenina ni actúa como un macho femenino. Es un poco más grande que una hembra, tiene una coloración distintiva y puede ser agresivo. Sin embargo, el macho de mayor tamaño invita al mediano a su territorio y le permite fertilizar algunos huevos de su puesta. ¿Por qué? Parecería que el macho grande le hubiese contratado como un guarda de seguridad. El macho mediano repele a los machos pequeños que, de otro modo, tendría que expulsar el grande. Algo más interesante en esta especie es que hay más hembras que machos con territorios. Durante el desove, varias hembras llegan a un nido y, como solo puede haber una hembra desovando al mismo tiempo mientras está allí el macho grande, las otras esperan en el borde del nido. Pero a veces estas hembras se amontonan e interrumpen a la que está poniendo los huevos. En esta situación, es el macho mediano el que expulsa a las hembras sobrantes para que pueda continuar el desove. El macho mediano suele quedarse tres días en el nido, mientras que el grande se queda una semana entera.

Los tordos ocelados tienen tres vías de desarrollo. Una consiste en saltarse la reproducción temprana y madurar directamente hasta convertirse en un macho controlador. La segunda comienza siendo un macho evasor que después evoluciona en un cooperador.

---

[10] M. Taborsky, B. Hudde y P. Wirtz, «Reproductive behavior and ecology of *Symphodus (Crenilabrus) ocellatus*, a European wrasse with four types of male behavior», *Behavior* 102, 1987, pp. 82-118.

La tercera comienza como un cooperador y evoluciona en controlador.[11] Así, comparando a los lábridos con los peces luna, vemos que la proporción operativa de sexos puede determinar si el macho mediano es femenino o masculino. Si hay pocas hembras, como en los peces luna, el macho grande necesitará ayuda para atraerlas y un macho femenino podrá ayudarle. Si hay muchas hembras, como en los lábridos, el macho grande necesitará ayuda para mantener el orden en casa, por lo que utilizará a un «portero» más que a un «agente matrimonial».

Otro caso muy gráfico es el de los cíclidos, una familia de peces coloridos parecidos a las percas que se encuentran en aguas dulces tropicales de África, Centroamérica y Sudamérica, India, Sri Lanka y Madagascar. Se conocen unas mil quinientas especies de cíclidos, que equivalen al 5 por ciento de ¡todas las especies de vertebrados! La mayoría se encuentran en los lagos del Gran Rift, en el este de África (lago Malawi, lago Tanganika y lago Victoria). Están estrechamente emparentados con los peces damisela, los lábridos y los peces payaso, entre otros.[12] Son el equivalente en aguas dulces de los coloridos y diversos peces de los arrecifes de coral.

Oreochromis mossambicus, un tipo de cíclido que suele habitar en el río Incomati, en Mozambique, ha sido objeto de estudio en un acuario de Portugal.[13] Son peces bastante pequeños, de unos seis centímetros, y los machos tienen tres géneros. El controlador recluta a un cooperador por medio de un cortejo con considerable actividad sexual.

Durante la época reproductora, los machos negros que controlan el territorio suelen formar grandes *leks* en la arena o el barro. Para atraer a una hembra, un macho excava un hoyo en el que ella pone los huevos después del cortejo. A continuación, el macho comienza a temblar y libera esperma sobre los huevos. La hembra

[11] S. Alonzo, M. Taborsky y P. Wirtz, «Male alternative reproductive behaviours in a Mediterranean wrasse, *Symphodus ocellatus:* Evidence from otoliths for multiple life-history pathways», *Evol. Ecol. Research* 2, 2000, pp. 997-1007.

[12] G. Barlow, *The Cichlid Fishes: Nature's Grand Experiment in Evolution*, Perseus, 2000.

[13] R. Oliveira y V. Almada, «Mating tactics and male-male courtship in the lek-breeding cichlid *Oreochromis mossambicus*», *J. Fish Biology* 52, 1998, pp. 1115-1129.

aspira la mezcla de huevos y esperma introduciéndosela en la boca, continuando con la incubación, incluso después de que los jóvenes alevines estén fuera, durante un total de tres semanas. Se considera que los jóvenes han «nacido» cuando son capaces de nadar por sí solos fuera de la boca de su madre.

El segundo tipo de género es el conocido macho evasor, que durante el desove se cuela en el territorio de un macho controlador y suelta su propio esperma sobre la mezcla antes de ser aspirada por la hembra. El macho controlador reacciona repeliendo con agresividad a estos machos. El tercer género de macho vuelve a ser el más sorprendente. Tienen un color claro neutral y son reclutados por machos controladores que les cortejan con el mismo repertorio completo que usan con las hembras, incluyendo las conductas de inclinarse, señalizar el nido, nadar en círculos y temblar.

De las seiscientas cópulas observadas, doscientas iban dirigidas a estos machos de color claro y las cuatrocientas restantes a las hembras. En tres de los cortejos observados entre machos, el macho color claro colocó su boca sobre las papilas genitales del macho oscuro territorial y este respondió temblando y soltando esperma, tras lo cual el macho color claro movió la boca como lo hace la hembra al aspirar la freza. Los machos evasores no irrumpieron estos cortejos de machos, aunque sí se lanzaron contra los de machos y hembras, indicando que todos sabían lo que estaba pasando allí.

En casi todos los grupos de estos peces, los machos cortejaron más a las hembras que a los machos, excepto en uno en el que cortejaron más a otros machos. La conclusión de los autores fue que «sería necesario realizar futuras investigaciones». Sobre todo, tendrían que desvelarse los beneficios que el tercer macho supuestamente proporcionaba al macho controlador.

Los géneros de macho pueden variar desde los más caseros y territoriales a los más viajeros y nada territoriales. A pesar de que muchas de las especies que tienen tres machos se organizan siguiendo el formato de macho controlador, macho evasor y macho cooperador, no todas lo hacen así. Entre las lagartijas arborícolas (*Urosaurus ornatus*) que viven en el suroeste americano, los machos pueden ser de varios colores, nueve en total. Algunas especies son de un solo color, otras de dos, y las hay incluso de cinco colores.[14]

En un lugar aguas arriba del río Verde, en Arizona, un 45 por ciento de los machos tienen dos colores. El morfo naranja-azul, que entusiasmaría a los punks, tiene la garganta naranja y una mancha azul en el medio; la gula es de color naranja en la sección pegada al cuerpo, con una banda azul en el borde y azul también en el vientre. En cambio, el otro morfo es todo naranja tanto en la garganta como en la gula y el vientre. El primer tipo de machos naranja-azules es más agresivo y más corto y fornido. Son machos controladores y defienden territorios de tamaño suficiente para albergar de tres a cuatro hembras. Los machos naranjas son evasores, aunque tienen dos subcategorías: los nómadas y los sedentarios. Al contrario que la mayoría de los evasores, pesan lo mismo o incluso más que los controladores, pero son más largos y esbeltos. No se muestran agresivos y suelen rendirse ante los machos controladores cuando estos los amenazan.

En un año típicamente seco, los machos naranjas son nómadas y pasan solo un día o dos en el mismo sitio antes de seguir adelante. En un año lluvioso se asientan en el mismo lugar para pasar toda la estación, convirtiéndose en sedentarios y ocupando territorios bastante pequeños, iguales al área de distribución de las hembras. El papel de macho controlador o evasor está fijado de por vida, aunque los evasores pueden alternar entre nómadas y sedentarios a lo largo de los años.

En esta especie se ha llegado a comprender la dimensión hormonal de la expresión de género. La progesterona determina si un macho se convierte en un controlador o en un evasor. Una única inyección de progesterona en una cría el mismo día que eclosiona el huevo asegurará que se convierta en un macho controlador naranja-azul. En cambio, los machos con poca progesterona se convierten en evasores naranjas.[15] No existen morfos intermedios.

---

[14] M. Moore, D. Hews y R. Knapp, 1998, «Hormonal control and evolution of alternative male phenotypes: Generalizations of models for sexual differentiation», *Amer. Zool.* 38, pp.133-51.

[15] El grupo con niveles bajos de progesterona tuvo 0,1-1,0 ng/ml; el de niveles altos, 10-100 ng/ml.

Se supone que los genes producen niveles elevados o bajos de progesterona el día de la eclosión, determinando así si un macho se convierte en un controlador o en un evasor.

A medida que la estación avanza y las lagartijas esperan a que llueva, los machos naranjas escuchan la versión lagartija de la canción de Emmylou Harris «Born to run» (Nacida para correr). ¿Cómo siente el macho naranja que ya es hora de lanzarse a la pista en lugar de sentar la cabeza? Los machos naranjas son sensibles. Cuando las condiciones ambientales son secas, tienen niveles altos de la hormona corticosterona, un indicador de estrés que hace disminuir la testosterona. Esta caída en testosterona, a su vez, les impulsa a partir y convertirse en nómadas.[16] Mientras tanto, los machos naranja-azules permanecen indiferentes a los cambios de tiempo y persisten pase lo que pase.

Los tres tipos de lagartijas ejemplifican lo que se han llamado efectos «organizacionales» de las hormonas (efectos irreversibles que ocurren en el desarrollo temprano) y también los efectos «activacionales» (efectos reversibles que suelen ocurrir más tarde). La progesterona en el día de la eclosión *organiza* el cuerpo del macho para que se desarrolle en un controlador naranja-azul. La corticosterona derivada del estrés de la sed durante la sequía *activa* al macho evasor naranja para que se convierta en nómada en lugar de permanecer sedentario.

Dos machos, dos hembras

Cuando se dan múltiples géneros tanto en machos como en hembras podemos preguntarnos si no podrían existir combinaciones de géneros que encajen especialmente bien. ¿No podría un macho femenino emparejado con una hembra masculina tener tanto éxito como un macho muy macho emparejado con una hembra muy hembra? ¿Y qué hay de otros tipos de pareja?

[16] D. DeNardo y B. Sinervo, «Effects of corticosterone on activity and home-range size of free-ranging male lizards», *Hormones and Behavior* 28, 1994, pp. 53-65 y 28, pp. 273-287.

El gorrión de garganta blanca (*Zonotrichia albicollis*) de Ontario, Canadá, tiene cuatro géneros, dos de machos y dos de hembras:

1. Un *macho con raya blanca*, que es el más agresivo; canta a menudo y es el más territorial.
2. Un *macho con raya marrón*, que es menos agresivo e incapaz de defender un territorio ante el macho de raya blanca.
3. Una *hembra con raya blanca*, que es agresiva; canta de manera espontánea y defiende su territorio.
4. Una *hembra con raya marrón*, que es la más complaciente de los cuatro. Frente a una intrusión territorial, continúa forrajeando.[17]

Tanto en machos como en hembras, los individuos de raya blanca son más agresivos que los de raya marrón. Un 90 por ciento de las parejas reproductoras incluyen a un macho de raya blanca con una hembra de raya marrón, o a un macho de raya marrón con una hembra de raya blanca (la atracción de los opuestos).

El macho rayado blanco parece tenerlo todo a su favor. Una hembra que elige emparejarse con un macho rayado marrón tiene que asentarse en un territorio de menor calidad, a pesar de lo cual algunas hembras prefieren a los machos rayados marrones. En estudios realizados tanto en 1988 como en 1989, hubo más machos rayados marrones que encontraron pareja, y las encontraron antes que los machos rayados blancos. ¿Por qué se le da tan mal al macho con raya blanca atraer a futuras parejas?

Un macho rayado marrón y una hembra rayada blanca suelen trabajar en equipo para defender el territorio. Al tener en cuenta

---

[17] J. Kopachena y J. Falls, «Aggressive performance as a behavioral correlate of plumage polymorphism in the white-throated sparrow *(Zonotrichia albicollis)*», *Behavior* 124, 1993, pp. 249-266. Ver también J. Lowther, «Polymorphism in the whitethroated sparrow *Zonotrichia albicollis* (Gmelin)», *Can. J. Zool.* 39, 1961, pp. 281-292; H. Thorneycroft, «A cytogenetic study of the white-throated sparrow, *Zonotrichia albicollis*», *Evolution* 29, 1975, pp. 611-621; A. Houtman y J. Falls, «Negative assortative mating in the white-throated sparrow *Zonotrichia albicollis:* The role of mate choice and intra-sexual competition», *Anim. Behav.* 48, 1994. pp. 377-383; T. De Voogd, A. Houtman y J. Falls, «White-throated sparrow morphs that differ in song production rate also differ in the anatomy of some song-related brain areas», *Neurobiology* 28, 1995, pp. 202-213.

el desempeño de la pareja, el equipo macho rayado marrón-hembra rayada blanca es igual de eficaz al repeler intrusos que la pareja macho rayado blanco-hembra rayada marrón. El potencial agresivo de ambos equipos es el mismo. Los machos rayados marrones no consiguen territorios hasta que las hembras llegan a ayudarles.

Aun así, ¿por qué la hembra rayada blanca no se empareja con un macho rayado blanco? Si lo hiciera, podría formar parte del equipo más agresivo y juntos podrían conseguir el mejor territorio. Pues bien, resulta que los machos rayados marrones proporcionan más cuidados parentales que los rayados blancos, por lo que, en lo referente a la supervivencia de la nidada, la hembra rayada blanca saldrá más beneficiada con un compañero más casero que le deje a ella las peleas. Por el contrario, las hembras rayadas marrones proporcionan más cuidados parentales que las rayadas blancas, por lo que un equipo compuesto de machos rayados blancos y hembras rayadas marrones proporcionarán en total los mismos cuidados parentales que el otro tipo de equipo.

Los gorriones de garganta blanca son un genial ejemplo de encaje de géneros. Dos tipos de equipos proporcionan la misma cantidad de protección y cuidado parental, pero se dividen el trabajo de forma distinta. Estos géneros representan un polimorfismo genético en el que las diferencias corporales no se limitan al color de las rayas. La arquitectura cerebral de los morfos difiere. Al igual que ocurría con los morfos de los peces cantores y el pez guardiamarina, las diferencias de género se extienden hasta el interior del cuerpo (ver también p. 335).

Tres machos, dos hembras

Hasta el momento, el máximo número de géneros descritos para una especie es de cinco, tres machos y dos hembras. La que ostenta la medalla, la lagartija de costado manchado (*Uta stansburiana*) del suroeste y el oeste americanos, tiene machos y hembras de múltiples colores, entre los que se distinguen cinco géneros. La mortalidad es elevada y la población se regenera anualmente. En una región de praderas situada en Los Baños Grandes, en el centro de California, existen tres machos y dos hembras con colores distintos:

1. Los *machos de garganta naranja* son controladores, «muy agresivos, ultradominantes, con elevados niveles de testosterona». Defienden territorios lo suficientemente grandes como para abarcar las áreas de distribución de varias hembras.
2. Los *machos de garganta azul* son menos agresivos y tienen menos testosterona. Defienden territorios pequeños con una sola hembra a la que «custodian».
3. Los *machos de garganta amarilla* no son territoriales, sino que se juntan alrededor de los territorios de los machos anaranjados, «roban» alguna cópula y se disfrazan «mimetizando el fenotipo de las hembras».
4. Las *hembras de garganta naranja* ponen muchos huevos pequeños, 5,9 huevos por puesta. Al igual que los machos anaranjados, son muy territoriales y, como resultado, deben mantener la distancia entre sí; tienen una densidad de una hembra por cada 1,54 metros cuadrados.
5. Las *hembras de garganta amarilla* ponen menos huevos pero de mayor tamaño, 5,6 huevos por puesta. Al igual que los machos de garganta amarilla, son más tolerantes con sus congéneres y pueden llegar a una densidad máxima de una hembra por cada 0,8 metros cuadrados.[18]

Las hembras ponen hasta cinco lotes de huevos al mes durante una estación. La proporción de machos en cada género funciona por ciclos. En un periodo de cuatro años, predominaron los machos azules en 1991, los anaranjados en 1992, los amarillos en 1993-1994 y de nuevo los azules en 1995. La proporción de hembras de cada

[18] B. Sinervo y C. M. Lively, «The rock-paper-scissors game and the evolution of alternative male strategies», *Nature* 380, 1996, pp. 240-243; B. Sinervo, E. Sevensson y T. Comendant, «Density cycles and an offspring quantity and quality game driven by natural selection», *Nature* 406, 2000, pp. 985-988. El artículo cita una capacidad de carga (*K*) para las hembras de garganta naranja de 0,70, y de 1,18 para las hembras de garganta amarilla, sin precisar las unidades. Supongo que la unidad adecuada para el saliente rocoso en el que viven es de 1 metro cuadrado.

morfo también funciona por ciclos, pero a lo largo de un periodo de dos años. La abundancia total también fluctúa en un ciclo de dos años. El ciclo de la hembra está sincronizado con el ciclo de dos años de abundancia total.

En lo que respecta a los géneros macho, los investigadores propusieron una explicación de sus ciclos basada en el juego infantil de piedra, papel o tijera: la piedra gana a las tijeras, el papel gana a la piedra y las tijeras ganan al papel, llevando a un ciclo interminable de ganadores. «Los invasores amarillos pueden engañar a los anaranjados con su mimetismo del color de las hembras. Sin embargo, los machos azules persiguen y atacan a los machos invasores amarillos. Aunque los machos anaranjados, con su alto nivel de testosterona y gran aguante, pueden derrotar con facilidad a los azules, son susceptibles de dejarse encandilar por los amarillos». Y así sucesivamente, en una máquina ecológica en movimiento perpetuo.

¿Podría parecer que esta teoría es demasiado bonita para ser verdad? El problema, como siempre, está en cómo se interpreta el género del macho que no es agresivo. En primer lugar, todos los machos «roban» alguna cópula, no solo los amarillos, por lo que el macho amarillo no está bien descrito como ladrón. Y lo que es más importante: el macho amarillo no es realmente una imitación de la hembra. ¿Qué es lo supuestamente femenino en él? Los primeros estudios indicaban que todas las hembras tenían la garganta amarilla, por eso se pensó que el macho amarillo se parecía a ellas en el color de su garganta. Estudios posteriores han revelado que las hembras anaranjadas se encontraban en un momento bajo de su ciclo poblacional durante el primer estudio. Una vez que su número creció, tanto los machos de garganta amarilla como los de garganta naranja se parecieron a los morfos de las correspondientes hembras. Al desaparecer el color de la garganta como criterio de feminidad, quedaba solo otro rasgo: «la llamativa exhibición que solo realizan los machos de garganta amarilla es una imitación de la exhibición de rechazo de las hembras. Esta exhibición de rechazo es típica de las hembras después de haber estado receptivas y consiste en una serie de vibraciones rápidas de la cabeza llamadas zumbidos. El macho extiende su garganta amarilla, arquea la espalda, se acerca y mordisquea la cola del macho dominante. El paralelismo entre el macho amarillo [...] y un rechazo de una hembra verdadera que actúa de buena fe es extraordinario».

¿Por qué el hecho de realizar este comportamiento en particular podría ser suficiente para engañar al macho naranja y hacerle creer que el macho amarillo es una hembra? De hecho, a los machos azules no les engaña, ¿por qué solo a los naranjas? Esta cuestión también inquieta un poco a los investigadores. Un revelador pasaje publicado en su sitio web titulado «¿Están ciegos?» mantiene que «el macho naranja está un poco ciego y no puede identificar al macho amarillo que tiene delante como macho». ¿Una lagartija macho que se gana la vida como depredador gracias a su agudeza visual atrapando insectos? Imposible, los machos naranjas se morirían si estuvieran ciegos. Ni siquiera se plantean remotamente la posibilidad de que el macho naranja sepa lo que está haciendo y de que en realidad le interesa tener al macho amarillo cerca.

En lo que respecta a las hembras, la sincronía entre tamaño poblacional y proporción de los dos morfos femeninos sugiere que la aglomeración baja y alta impulsa la alternancia de hembras naranjas y amarillas. La hembra naranja es más valiosa cuando la aglomeración es baja y el crecimiento es mayor. La hembra amarilla es más útil cuando la aglomeración es alta y la habilidad para meterse en un espacio pequeño es muy valiosa.[19] Por tanto, el polimorfismo entre hembras naranjas y amarillas es propuesto como un polimorfismo entre un genotipo adaptado a condiciones de baja densidad y un genotipo adaptado a condiciones de aglomeración.

De nuevo, la alternancia entre aglomeración elevada y baja no puede ser la única explicación. Junto a los efectos negativos de la aglomeración, la conducta de ayuda también juega un papel: «Cuando las hembras naranjas tenían más vecinas naranjas, su

[19] Se ha llamado a la hembra naranja «estratega r» y a la amarilla «estratega k». Ver R.H. MacArthur, 1962, «Some generalized theorems of natural selection», *Proc. Nat. Acad. Sci. (USA)* 231, pp.123-38; J. Roughgarden, 1971, «Density-dependent natural selection», *Ecology* 52, pp.453-68.

eficacia biológica disminuía, pero cuando tenían más vecinas amarillas aumentaba. La eficacia biológica de las hembras amarillas no se vio afectada por la densidad de los dos tipos de morfos».[20] Una también se pregunta cómo el ciclo de dos años de las hembras naranja-amarillas conecta con el ciclo de los machos naranja-amarillo-azules. En general, este sistema social de múltiples géneros se beneficiaría de futuras reflexiones y estudios.

Machos femeninos. El mito del engaño

Por lo que hemos visto, la noción de un modelo universal de macho o de hembra es falsa. Centrémonos específicamente en los machos que parecen violar más claramente el patrón universal: los machos femeninos. El tercer género de macho en el percasol lo componen individuos que parecen hembras. ¿Abunda este travestismo en animales? A menudo los miembros de un sexo se visten con las ropas del otro, pero son sobre todo los machos femeninos los que hacen que los biólogos echen espuma por la boca. ¿Por qué motivo un macho respetable querría parecer femenino? Bueno, quizá esté justificado si intenta engañar. Oiga, ahí fuera es la guerra, cualquiera haría lo que hiciera falta para ganarla, aunque sea ponerse un vestido.

Repasemos los casos que existen de machos travestidos para ver si los biólogos han demostrado realmente que su función es el engaño, pues, de lo contrario, deberíamos considerar que ser un macho femenino podría resultar adaptativo en sí mismo.

El papamoscas cerrojillo (*Ficedula hypoleuca*) es un ave común insectívora de Europa. Los machos muestran distintos plumajes, que van desde un llamativo blanco y negro al marrón, y los colores se heredan. Las hembras son también marrones. Algunos biólogos han sugerido que los machos marrones imitan a las hembras, aunque tienen la cola más oscura y las alas más blancas que ellas. Al parecer, los observadores humanos pueden diferenciar

[20] Sinervo, Sevensson y Comendant, «Density cycles and an offspring quantity and quality game driven by natural selection», 2000.

un sexo del otro, pero las aves no.[21] ¿Creen que los biólogos son mejores observadores que las aves?

En los bosques cercanos a Oslo, en Noruega, se puso delante de los papamoscas macho que habían establecido ya sus territorios una jaula con un pájaro dentro para comprobar si eran capaces de distinguir un sexo de otro.[22] Un macho poseedor de un territorio que todavía no había atraído a ninguna hembra reaccionó ante un ave hembra en la jaula alardeando frente a la entrada del nido y cantando seductoramente. Cuando se presentó al mismo macho un individuo blanco y negro, no se mostró tan hospitalario y saltó sobre la jaula del visitante, picoteándola e intentando atacar al ocupante, sin emitir ningún tipo de llamada de bienvenida. Cuando se le presentó un macho marrón femenino, volvió a presumir de su nido y a emitir cantos de forma sugerente. ¿Estaba el macho poseedor de un territorio cometiendo un error, creyendo que el macho marrón femenino era en realidad una hembra?

Más avanzada la estación, después de que esos machos que ya tenían un territorio habían conseguido atraer a una hembra, se les volvió a presentar la jaula con el macho femenino dentro. Esta vez, la mitad de los machos no cortejaron al macho femenino visitante, sino que reaccionaron agresivamente. La conclusión de los investigadores fue que los machos habían adquirido suficiente «experiencia» con las hembras como para saber diferenciar entre una hembra y un macho femenino. Ya no pudieron engatusarlos.

Pero el caso es que estos mismos machos poseedores de un territorio ya habían criado en el año anterior. ¿Por qué no aprendieron de esa «experiencia» entonces? Los investigadores llegaron a la conclusión de que, de un año para otro, los machos habían olvidado cómo distinguir a un macho femenino de una hembra y «necesitaban una experiencia sexual reciente para poder realizar

[21] R. Alatalo, L. Gustafsson y A. Lundberg, «Male coloration and species recognition in sympatric flycatchers», *Proc. Roy. Soc. Land.*, ser. B, 256, 1994, pp. 113-118.

[22] T. Slagsvold y G. Sretre, «Evolution of plumage color in male pied flycatchers *(Ficedula hypoleuca)*: Evidence for female mimicry», *Evolution* 45, 1991, pp. 910-917. Ver también E. Huhta y R. Alatalo, «Plumage colour and male-male interactions in the pied flycatcher», *Anim. Behav.* 45, 1993, pp. 511-518.

correctamente el reconocimiento sexual», que debería ser «refrescada cada año». ¿Cómo podían ser tan tontos estos machos?

Al comienzo de la temporada de cría, los machos femeninos suelen llegar tarde y deben buscar un sitio para establecer su territorio entre los de las aves que llegaron antes. Normalmente, los machos varoniles permiten a los machos femeninos establecerse más cerca de ellos que a otros machos varoniles. Si fueras un macho varonil, ¿no dejarías a otros vecinos amistosos establecerse más cerca de ti que a un vecino agresivo? Los machos femeninos tampoco son exactamente débiles. Cuando se realizaron experimentos en aviarios y se les obligó a competir con machos varoniles en una caja nido, los machos femeninos atacaron primero y ganaron (en los casos en que atacaron). En un 20 por ciento de las veces el macho femenino no se molestó en atacar y dejó simplemente al macho varonil quedarse con la caja nido.[23]

En estado salvaje se ha observado a machos con territorio que todavía no habían atraído a una hembra llamando a machos femeninos. El macho territorial suele pavonearse delante del agujero de su nido, emitiendo cantos de forma sugerente, y el macho femenino se une a él y entran juntos al nido. ¿Podría ser que el macho femenino engatusara al macho territorial para entrar en su casa con el objetivo de «obtener información» sobre la «calidad de su nido»? ¿Podría ser tan sibilino?

Una explicación más sencilla es que los machos territoriales que todavía no han atraído a una hembra están salidos y coquetean con los machos femeninos. Una vez que han conseguido atraer a una hembra, ya no están tan calientes y no muestran interés en cortejar a los machos femeninos. Una explicación más simple es que no hay ningún engaño, ni ningún olvido de año en año, ni nadie que necesite poner al día su memoria continuamente; simplemente hay dos aves macho que se retiran juntas dentro del nido y que disfrutan de una aventura. Estas aves podrían ser simples vecinos que están construyendo una relación cooperativa basada en una atracción sexual mutua.

---

[23] G. Sætre y T. Slagsvold, «The significance of female mimicry in male contests», *Amer. Natur.* 147, 1996, pp. 981-995.

El problema con las teorías sobre el engaño en el campo del comportamiento animal es que asumen no solo que algunos animales son increíblemente tontos, sino que los otros deben ser sumamente retorcidos, como si existiera una gran asimetría en sus habilidades cognitivas. Imagine a una de estas aves colándose en el nido de otra para espiarla. ¿Qué haría con la información que encontrara? ¿Guardan los pájaros una especie de archivo en su cabeza lleno de sucios secretos sobre sus vecinos? No lo creo, y ningún científico ha demostrado nada parecido.

El cernícalo vulgar (*Falco tinnunculus*) es un ave de presa impresionante que ofrece otro ejemplo de travestismo. Los machos mayores de dos años son de un azul grisáceo con rojo ladrillo en la espalda y manchas en la cabeza. Las hembras son marrones, con un patrón rayado en la cabeza. Los machos de un año se parecen mucho a las hembras, hasta el punto de que a los observadores les resulta difícil diferenciarlos. Por eso los biólogos han sugerido que estos machos de un año puede que imiten a las hembras para engañar a los machos y hacerles pensar que son hembras.

Se alojó a una treintena de aves en jaulas aisladas en un centro de investigación de Finlandia.[24] Se colocó a un ave dentro de una caja con un espejo unidireccional en ambos lados. Se colocaron aves a ambos lados, que no podían ver al pájaro en el centro a causa del espejo unidireccional. Este pájaro, en cambio, podía verlas a ellas. Los biólogos anotaron a cuál de los dos pájaros miraba más el ave que estaba en el centro y con cuál intentaba interaccionar (le llamaron el «ave preferida»).

Cuando el ave central era un macho varonil y a ambos lados se colocaba un macho varonil y una hembra, siempre prefería a la hembra. Cuando se le ofrecía un macho femenino en un lado y una hembra en el otro, la mitad de las veces prefería a la hembra y la mitad al macho. La conclusión de los investigadores fue que habían conseguido probar que un ave varonil no es capaz de distinguir un

---

[24] H. Hakkarainen, E. Korpimaki, E. Huhta y P. Palokangas, «Delayed maturation in plumage color: Evidence for the female-mimicry hypothesis in the kestrel», *Behav. Ecol. Sociobiol.* 33, 1993, pp. 247-251. (Las citas que siguen en el párrafo provienen de esta fuente).

macho femenino de una hembra. No obstante, está claro que hay otra posibilidad: un macho varonil puede ser perfectamente capaz de diferenciar a un macho femenino de una hembra, pero no le importa en absoluto con cuál de los dos se posa.

Cuando el ave central era una hembra y se colocaba a un lado un macho varonil y al otro un macho femenino, siempre prefería al macho varonil. Los investigadores aseguraron que habían demostrado que a las hembras se les da mejor que a los machos distinguir la identidad sexual. El experimento no decía nada sobre si una hembra puede distinguir o no a un macho femenino de otra hembra, puesto que no se le presentó esa opción; solo le ofrecieron la elección entre machos.

Los investigadores fueron más allá en sus especulaciones, afirmando que el hecho de que «a las hembras se les dé mejor que a los machos reconocer el sexo puede haber evolucionado porque son el sexo más selectivo. Los machos [...] no necesitan ser tan hábiles como las hembras reconociendo el sexo». La teoría del engaño es una trampa porque obliga a los científicos a elegir qué individuo es más inteligente que otro, en este caso afirmando que las hembras son más listas que los machos.

Otro tipo de travestismo ocurre en la serpiente de jarretera roja o culebra rayada (*Thamnophis sirtalis parietalis*).[25] Es una de las siete subespecies de la serpiente de jarretera común, no es venenosa y es casi toda negra excepto unas líneas amarillas y unas bandas rojas. Se alimenta de invertebrados y de pequeños roedores. Las hembras son diez centímetros más grandes que los machos, con una media de cincuenta y cinco centímetros para ellas y cuarenta y cinco centímetros para ellos.

Estas culebras han convertido la región de Manitoba en un lugar famoso mundialmente por la posibilidad de observar serpientes,

---

[25] R. Mason y D. Crews, «Female mimicry in garter snakes», *Nature* 316, 1985, pp. 59-60; R. Shine, D. O'Connor y R. Mason, «Female mimicry in garter snakes: Behavioural tactics of "she-males" and the males that court them», *Can. J. Zool.* 78, 2000, pp. 1391-1396; R. Shine, P. Harlow, M. Lemaster, I. Moore y R. Mason, «The transvestite serpent: Why do garter snakes court (some) other males?», *Anim. Behav.* 59, 2000, pp. 349-359; fotos e información general en http://www.naturenorth.com/spring/creature/garter/Fgarter.html.

y la ciudad de Inwood ha creado incluso un monumento en reconocimiento a su gran población de culebras rayadas. Las madrigueras de las serpientes (o *hibernacula*) pueden encontrarse en raíces de árboles, acantilados de roca sedimentaria, pilas de rocas, cloacas, cimientos, guaridas de animales, salientes rocosos y socavones. Cada invierno, unas veinte mil culebras rayadas se juntan en una única madriguera. En primavera, la repentina aparición en masa supone un espectáculo natural alucinante. Ya por los años 1880 se organizaban pícnics cerca de la comunidad de Stony Mountain solo para presenciar este fenómeno. Pero las congregaciones de serpientes también han provocado miedo. En una ocasión, durante una huelga laboral, los trabajadores presos que trabajaban en la construcción se negaron a seguir trabajando en Stony Mountain si no destruían antes la guarida de las culebras.

Después de salir de la madriguera, las culebras se aparean y se dispersan hacia sus hogares estivales en los marjales y lagos poco profundos. Los machos suelen quedarse más tiempo que las hembras en las guaridas, por lo que la proporción de machos y hembras cerca de la madriguera suele ser de diez a una. El cortejo ocurre en pequeños grupos en las llamadas «bolas de apareamiento», en las que un animal es cortejado por muchos otros. Estos «pretendientes» deslizan sus cuerpos alineándolos con el del individuo al que cortejan y consiguen reajustar la posición de sus colas hasta que quedan pegadas en una maraña de serpientes retorciéndose.

Las hembras segregan un perfume de lípidos especial en su piel que excita a los machos. En 1985 se descubrió que algunas culebras macho tenían perfumes femeninos en su piel. De unas doscientas bolas de apareamiento, un 15 por ciento estaban formadas por machos, con perfumes de hembra en su piel, rodeados de machos que los cortejaban. Ya habrán adivinado que a estos machos con perfumes femeninos los llamaron imitadores de hembras. Se pensó que estos machos femeninos que se unían a las bolas de apareamiento centradas en las hembras estaban intentando distraer a los machos para tener mayores posibilidades de acceder a la hembra.

Como las otras afirmaciones sobre imitaciones de hembras, la historia tenía contradicciones internas. En experimentos en los que se les daba a elegir, los machos preferían a una hembra que a un macho femenino, demostrando que eran capaces de captar la diferencia; no caían en el engaño. Además, en el año 2000 se descubrió que, al salir de la madriguera en primavera, *todos* los machos tenían perfume de hembra en su piel, y que *todos* los machos querían aparearse con estos machos perfumados además de con las hembras. En ese momento, los investigadores dejaron caer cuatro posibles teorías basadas en el engaño para explicar que todos los machos salieran perfumados: (1) un macho perfumado puede confundir a los otros machos mientras se dedica a aparearse; (2) un macho perfumado puede evitar gastar energía en el cortejo antes de despertarse por completo de la hibernación; (3) un macho perfumado puede inducir a otros machos a invertir tiempo y energía en cortejarle mientras se prepara para empezar su propia fase de cortejo; (4) un macho perfumado puede distraer a otros machos y alejarlos de las hembras para tener así más hembras para él cuando comience a moverse.

Los investigadores descartaron la que parecía la hipótesis más obvia. Imagine usted que es una culebra macho que se acaba de despertar esta primavera. Está helado, cubierto de tierra sucia y de barro. Consigue atisbar un pedacito de cielo azul en el techo. Se arrastra al exterior y lo primero que ve son los rostros sonrientes y excitados de diez machos que creen que usted es una hembra. Pero no lo es y ellos están calientes, son rápidos y usted está frío y es lento. ¿No le gustaría revolcarse al sol? ¿Por qué no utilizar un poco de perfume para señalar sus intenciones? Y, si usted fuese uno de los diez machos que ve emerger un rostro del suelo y se da cuenta de que no es la hembra que estaba esperando, ¿por qué no darle la bienvenida a la luz del sol y conocerse mejor? Será mejor que atacarle con sus nueve colegas, que parecen más que dispuestos a atacarle también a usted.

Esta explicación, que el perfume de hembra podría proteger al macho del ataque en el momento de salir de la madriguera, fue descartada porque las culebras rayadas simplemente no son «agresivas». Son amistosas por naturaleza. De hecho, más les vale serlo, con veinte mil en el mismo sitio a la vez. Pero ¿por qué son tan «notoriamente amorosas»? ¿Y qué las hace tan amistosas? El sexo grupal.

Estos estudios resultan inquietantes porque intentan recurrir al sensacionalismo a expensas de las personas transgénero. Un artículo de la revista científica *Animal Behaviour* comienza: «El mimetismo femenino, por medio del cual un hombre toma la apariencia de una mujer, es un rasgo inusual pero ampliamente difundido en las sociedades humanas. Resulta notable el número de paralelismos que encontramos en otras especies animales». Los machos femeninos y las hembras varoniles no son inusuales entre los humanos, y las personas transgénero no son comparables a las serpientes. *Todas* las culebras rayadas macho están perfumadas y participan cada año en copulaciones con individuos del mismo sexo. ¡Ninguna sociedad humana ha disfrutado de un rito primaveral parecido! Un artículo en otra revista científica, el *Canadian Journal of Zoology*, describe el mimetismo femenino como «estrambótico».[26] El problema del mimetismo femenino no es que sea estrambótico; el problema radica en que es un mito.

Ambos artículos hacen referencia a los machos femeninos dentro del texto principal y en los pies de las figuras como *shemale*. Este término que proviene de la pornografía es despectivo. Un *shemale* es una mujer con pene. La comunidad transgénero tiene mejores expresiones para describir los cuerpos transgénero. En la literatura biológica existen términos como «macho ginomórfico» y «hembra andromórfica», que son mejores para describir a un macho femenino o a una hembra masculina.[27]

Esos artículos científicos denigran no solo a las personas trans, sino también a sus parejas. El título de uno de ellos incluye la frase «serpiente travestida», y otro afirma que va a tratar el tema de «las tácticas conductuales de los "hombres trans" y de los machos que los cortejan». Esta forma de escribir no solo estigmatiza a las personas transgénero con determinados tipos de cuerpo, sino que también transfiere el estigma a sus amigos. Espero que en el futuro la investigación sobre estos animales se realice de forma más

---

[26] Citas procedentes de Shine, Harlow, Lemaster, Moore y Mason, «The transvestite serpent»; Shine, O'Connor y Mason, 2000, «Female mimicry in garter snakes», 2000.

[27] Por ejemplo, ver D. Hilton, «A terminology for females with color patterns that mimic males», *Ent. News* 98, 1987, pp. 221-223.

profesional y que los artículos científicos sobre el tema reciban una mejor supervisión editorial.

Los ejemplos que acabo de citar implican a machos cuya apariencia es de alguna forma femenina. Otro tipo de ejemplo implica al muflón macho, que es morfológicamente indistinguible de otros machos pero muy diferente conductualmente (le llaman «macho afeminado») (ver capítulo 8). Lo que tienen en común todos estos machos femeninos es la reducción en el número de conductas hostiles. El fin de la hostilidad puede ser temporal, como en las culebras rayadas, durar un año más o menos, como en las aves jóvenes que tienen los mismos colores que las hembras, o ser permanentes, como en el morfo cooperador del pez luna, cuya función es ayudar al macho controlador en su cortejo. Los machos femeninos suelen exhibir una señal distintiva femenina, como bandas o rayas de color, o simplemente compartir con las hembras la ausencia de los colores amenazantes típicos de los machos controladores. En cualquier caso, los machos adoptan imágenes femeninas para reducir la hostilidad y promover la amistad.

Pasar por alto el valor positivo de los machos femeninos forma parte de un problema mayor, que es subestimar la cooperación entre los animales. Al margen de las expresiones de género, existen muchas formas de cooperación. Veamos algunas más.

Peces amistosos

Los libros sobre la conducta de los peces rivalizan en extensión con el listín telefónico. Sin entrar en demasiados detalles, vale la pena mencionar unos cuantos ejemplos para rellenar algunos colores del arcoíris de género en los peces.[28]

Algunas especies no se molestan en tener un morfo controlador, sino que desovan en grandes grupos de solo dos géneros:

[28] M. Taborsky, «Sneakers, satellites and helpers: Parasitic and cooperative behavior in fish reproduction», *Adv. Study Behav.* 23, 1994, pp. 1-100; M. Taborsky, «Sperm competition in fish: 'Bourgeois' males and parasitic spawning», *Trends Ecol. Evol.* 13, 1998, pp. 222-227.

macho y hembra. Así de sencillo. En el caso del pez cirujano, miles de individuos se congregan en una fiesta de amor gigante. Otras especies desovan en pares y en grupos.[29]

En el barbo de cabeza azul (*Nocomis leptocephalus*), los machos se agrupan para construir nidos juntos. Dos tipos de machos grandes, reconocibles individualmente, fueron observados juntos construyendo cinco nidos diferentes, uno tras otro. Los machos del ciprínido de agua dulce (*Etheostoma blennioides*) forman asociaciones para cortejar a las hembras. Varias especies de peces de agua dulce de zonas templadas llevan a cabo cortejos conjuntos, como la trucha de lago (*Salvelinus namaycush*), el *Notropis lutipinnis* y el caballo rojo de río (*Moxostoma carinatum*). En muchas especies de caballos rojos, el desove parece ocurrir *solo* en tríos. Dos machos compañeros en el desove se pegan a la hembra uno a cada lado y presionan en sus laterales. Esta formación se apoya en tubérculos reproductores llamados «órganos perla», que hacen que la superficie corporal de los machos sea rugosa para que los tres peces puedan mantener la posición y no resbalarse.

Los machos de algunas especies de lábridos, como el tordo mediterráneo (*Symphodus tinca*) —llamado «cama compartida»—, ponen los huevos en un nido mientras el propietario se encuentra entre periodos de desove. Por alguna razón, los biólogos llaman a esta forma de compartir el nido «piratería», reflejando de nuevo su preocupación con el robo. En el ciprínido *Etheostoma olmstedi*, un macho que desova en un hueco de cría lo abandona para encontrar otro. A continuación, otro macho ocupa el nido y custodia los huevos, limpiándolos y protegiéndolos.[30]

Algunas especies realizan cuidados cooperativos de las crías en familias extensas, como ocurre en las familias de aves que cuentan con ayuda poscigótica en el nido. *Lamprologus brichardi*, un pequeño pez del lago Tanganika, es una de las seis especies que

---

[29] V. Brawn, «Reproductive behavior of the cod *(Gadus callarias L)*», *Behavior* 18, 1961, pp. 177-198; C. Wedekind, «Lek-like spawning behaviour and different female mate preferences in roach *(Rutilus rutilus)*», *Behavior* 102, 1996, pp. 82-118.

[30] G. D. Constanz, «Alloparental care in the tesselated darter: *Etheostoma olmstedi* (Pisces: Percidae)», *Environ. Biol. Fishes* 14, 1985, pp. 175-183.

realizan cuidados cooperativos de las crías.[31] Hay incluso especies que ¡cuidan de las crías de otras especies! Todos los grupos de crías mayores de cinco semanas que protege el cíclido rey midas (*Cichlasoma citrinellum*) en Centroamérica contienen jóvenes de *Neetroplus nematopus* además de las suyas, y al contrario, algunos grupos de crías que cuida el *Neetroplus nematopus* contenían jóvenes rey midas.[32]

En definitiva, los peces muestran muchísimas formas de cooperación. Aunque no es mi primera elección, no me importaría vivir siendo pez.

Un vocabulario sesgado

Ranas toro silenciosas, ciervos sin cornamenta y peces luna pequeños, medianos y grandes viven en feliz ignorancia, sin tener ni idea de cómo los han descrito los biólogos. Si lo supieran, no les gustaría nada.

Los biólogos que la estudian han descrito a la rana toro silenciosa como «parásito sexual». Por el contrario, a la rana toro que pasa toda la noche croando se la considera el modelo de rana toro al que debería aspirar cualquier joven rana. ¿Por qué el ruidoso macho es un ser tan privilegiado? Si yo fuera una rana hembra, preferiría desde luego a un macho que no me tuviera despierta toda la noche. No veo ninguna razón para admirar a una rana macho enorme y ruidosa considerándola el estandarte masculino del reino de las ranas, mientras menospreciamos al macho silencioso tildándolo de parásito.

Los biólogos dicen que un pequeño pez macho que se lanza a fertilizar los huevos de otros «roba», que un macho de tamaño

[31] M. Taborsky y D. Umberger, «Helpers in fish», *Behav. Ecol. Sociobiol.* 8, 1981, pp. 143-145; D. Umberger, «Pairs and harems in a cichlid fish, *Lamprologus brichardi*», *Z. Tierpsychol.* 62, 1983, pp. 115-144; M. Taborsky, «Broodcare helpers in the cichlid fish *Lamprologus brichardi*: Their costs and benefits», *Anim. Behav.* 32, 1984, pp. 1236-1252.

[32] K. McKaye y N. McKaye, «Communal care and kidnapping of young by parental cichlids», *Evolution* 31, 1977, pp. 674-681; J. Coyne y J. Sohn, «Interspecific brood care in fishes: Reciprocal altruism or mistaken identity?», *Amer. Natur.* 112, pp. 447-450.

mediano que se asemeja a una hembra pequeña es un «imitador de la hembra» y que un macho grande agresivo y territorial es «parental», para darle un giro positivo a su conducta de custodiar los huevos. Tanto el macho que roba como el que imita a la hembra se consideran parásitos sexuales de la «inversión» del macho parental en la construcción del nido y en su defensa territorial. Se dice que el macho que roba y el que imita el aspecto de la hembra tienen un gen responsable de la conducta de «poner los cuernos», como si el macho parental estuviera casado con la hembra de su territorio y esta estuviera abusando de él al serle infiel. En realidad, el macho territorial y la hembra que se encuentra temporalmente en su territorio no han establecido ningún vínculo de pareja. Los científicos cuelan estereotipos de género en la literatura científica y manchan su objetividad. ¿Son estas descripciones meras palabras inocentes?

No lo creo. Las palabras tienen un efecto directo en la forma en que la biología interpreta la naturaleza. Los animales no son máquinas de luchar que, cuando se les presiona lo suficiente, todo lo que hacen es mentir, engañar, robar y pelear. La biología que conozco revela relaciones mucho más sofisticadas entre los animales, relaciones que incluyen la honestidad y la cooperación en igual o mayor medida que el engaño y la competición.

Los científicos no ocultan sus preferencias de ver engaños por doquier. Escriben: «La selección natural favorece a los individuos que son capaces de incrementar su eficacia biológica manipulando la conducta de otros», y: «La cooperación podría ser vista como lo contrario a la competición [...], pero resulta ser solo otra forma de conducta egoísta».[33] Estas actitudes suponen un sesgo en la forma de interpretar el comportamiento animal y condicionan el tipo de datos que se recogen.

La expresión «mimetismo femenino» imposibilita el estudio de la variación de género. Las palabras sugieren que un macho se hace pasar subrepticiamente por una hembra. En biología, el mimetismo se refiere normalmente a casos como el de una mosca comestible

---

[33] R. Dawkins y J. Krebs, «Animal signals: Information or manipulation?», en J. R. Krebs y N. B. Davies (eds.), *Behavioral Ecology—an Evolutionary Approach*, Blackwell, 1978, pp. 282-309; Taborsky, «Sneakers, satellites, and helpers», 1994.

que tiene la apariencia de una abeja no comestible. «Tiene la apariencia» quiere decir «*exactamente igual*», no «aproximadamente igual». Una mosca que imita a una abeja parece casi una abeja. Se necesita una buena lupa de aumento y conocimientos técnicos para distinguirlas. Un ave que pase volando rápidamente no es capaz de ver la diferencia.[34] Los casos de mimetismo femenino no significan que el individuo parezca exactamente una hembra, y, además, todos los implicados disponen de mucho tiempo para examinarse con detenimiento. Dudo mucho que el mimetismo femenino exista fuera de la imaginación de los biólogos.

De este modo, los biólogos proyectan en los cuerpos de los animales un guion repleto de sus prejuicios y experiencias sobre la competición entre machos, y utilizan un lenguaje insultante sobre ellos. En vez de considerarlo como un parásito sexual, ¿por qué no ver al macho silencioso de la rana toro como un antídoto de la naturaleza contra el exceso de actitudes machistas, para prevenir que el controlador adquiera un poder ilimitado? En vez de interpretar que quiere poner los cuernos a otros machos, ¿por qué no describir al macho femenino del pez luna como el mediador del mundo natural? Los biólogos deberían desarrollar historias positivas sobre la diversidad de la que son testigos. A partir de ahí surgiría toda una serie de hipótesis para hacer experimentos que podrían sustituir a las ideas inverosímiles, superficiales y peyorativas que han inundado la teoría del engaño.

Especies transgénero

Algunas especies exhiben una apariencia o conducta que invita a usar el término «transgénero». Son especies que contienen polimorfismos de machos femeninos, hembras varoniles, machos varoniles y hembras femeninas todos juntos, y/o conductas con entrecruzamiento de géneros. Un estudio ofrece datos comparativos sobre la morfología transgénero en especímenes de museos.

---

[34] P. Ehrlich y J. Roughgarden, *The Science of Ecology*, Macmillan, 1987, pp. 310-318; W. Wickler, *Mimicry in Plants and Animals*, McGraw-Hill, 1968.

Los colibríes, las aves más pequeñas del mundo, se alimentan del néctar de las flores y de insectos. Su nombre en inglés (*hummingbird*) viene de la especie de zumbido que hacen sus alas al vibrar para mantenerse en el aire mientras se alimentan en una flor. Existen unas trescientas cuarenta especies en el mundo. Los colibríes suelen vivir entre tres y cinco años. El más pequeño es el colibrí abeja de Cuba, que mide solo 5,70 centímetros.

Los colibríes también son las aves con los huevos de menor tamaño, la mitad de una gominola. La hembra construye el nido y cría a los pequeños sola. Los machos solo fertilizan los huevos. Un nido típico es minúsculo, del tamaño del globo de un chicle. La hembra suele incubar dos huevos durante dos o tres semanas, y los alimenta durante tres semanas más. Como las hembras se ocupan de todo, parece que hay machos de sobra y las hembras tienen donde elegir. En efecto, los machos de muchas especies de colibríes tienen colores espectaculares, lo que según Darwin hace que las hembras se sientan atraídas hacia ellos. Sin embargo, recientemente, los colibríes se han convertido en el mejor ejemplo de la expresión transgénero en aves.

El colibrí ángel del sol macho (*Heliangelus*) de los Andes (presente en Venezuela, Colombia, Ecuador, Perú y Bolivia) tiene plumas coloridas en lo que se llama gola. El nombre proviene del babero de metal utilizado en esgrima para proteger la garganta y evitar que la espada la atraviese. En las aves, la gola es una banda ancha de un color característico que cubre la garganta y la parte superior del pecho.

Los especímenes de los museos revelaron que ocho de los nueve colibríes ángel tenían cierto porcentaje de hembras masculinas con golas parecidas a las de los machos. También se detectaron algunos casos de machos con coloraciones de hembra.[35] La investigación sobre las hembras varoniles y los machos femeninos se ha ampliado a cuarenta y dos especies de colibríes de cinco géneros, constituyendo los primeros datos estadísticos sobre expresión transgénica en aves.[36] De las cuarenta y dos especies, siete tenían

---

[35] R. Bleiweiss, «Widespread polychromatism in female sunangel hummingbirds (*Heliangelus*: Trochilidae)», *Biol. J. Linnean Soc.* 45, 1992, pp. 291-314.

[36] R. Bleiweiss, «Asymmetrical expression of transsexual phenotypes in hummingbirds», *Proc. R. Soc. Land.*, ser. B, 268, 2001, pp. 639-646.

tanto hembras masculinas como machos femeninos, nueve tenían hembras masculinas y ningún macho femenino, dos tenían machos femeninos y ninguna hembra masculina, y veinticuatro no tenían ni unos ni otros. Al juntar los datos sobre las especies con hembras masculinas, machos femeninos o ambos, tenemos la variación total en la expresión de género de los dos sexos. La apariencia de la gola de un ave se dividió en cuatro categorías, de la más parecida a la de una hembra a la más parecida a la de un macho. Un 52 por ciento de las hembras adultas (288 de 548) eran masculinas, incluyendo un 34 por ciento que eran muy masculinas. Por el contrario, solo un 2 por ciento de los machos adultos (18 de 745) eran femeninos.

No solo la variación de género total cambiaba entre los sexos, sino también su distribución. La distribución de la masculinidad entre hembras era gradual. Es decir, la mayoría de las hembras eran femeninas, y el porcentaje caía gradualmente de las más femeninas a las más masculinas. En cambio, la distribución de la feminidad entre los machos era bimodal. La gran mayoría eran masculinos, sin formas intermedias, y un segundo pico pequeño se situaba en la categoría más femenina. Por tanto, los sexos no son simétricos en la cantidad total o en la distribución de la expresión transgénero.

¿Qué significa esta variación en la expresión de género? Resulta difícil de decir. La fortaleza de este estudio sobre los especímenes de colibríes de los museos está en su amplitud de cobertura. Su debilidad es la ausencia de datos de campo sobre cómo se comportan los dos géneros. Aun así, existen otras pistas además de la gola.

Los colibríes macho suelen tener el pico más corto que las hembras.[37] En los colibríes, la longitud del pico es muy importante porque determina el tipo de flor que cada pájaro visita: los picos cortos son para flores pequeñas y rechonchas; los picos largos, para flores largas y con forma de tubo. En general, las flores pequeñas y sus usuarios son más abundantes que las flores tubulares y sus usuarios. Por eso, los pájaros de pico corto terminan

[37] R. Bleiweiss, «Joint effects of feeding and breeding behavior on trophic dimorphism in hummingbirds», *Proc. R. Soc. Land.*, ser. B, 266, 1999, pp. 2491-2497.

defendiendo sus flores y son más agresivamente territoriales que los de pico largo, que no defienden sus flores. Así, un macho, además de tener un pico relativamente corto y una gola llamativa, suele mostrar un comportamiento territorial.

Las hembras masculinas tienen el pico más corto que las femeninas, y se supone que defienden territorios que contienen flores. Es posible que un macho prefiera aparearse con una hembra cuya progenie tenga asegurado el acceso a los recursos del territorio que ella defiende. De hecho, estudios recientes han demostrado que los machos prefieren hembras adornadas (masculinas) en siete especies de aves: los álcidos, las palomas, las golondrinas, los petirrojos, los herrerillos y dos especies de pinzones.[38] Por tanto, una suposición es que los colibríes hembra masculinos representen un género de hembras controladoras mantenido en parte por la elección de los machos.

Los machos femeninos tienen picos más largos que los machos masculinos, incluso más largos que las hembras femeninas; de ahí que deban utilizar diferentes flores que los machos masculinos. Los machos femeninos también tienen testículos más pequeños que los machos masculinos, indicando una menor asignación de energía a la producción de esperma. Quizá los machos femeninos estén emparejados con hembras masculinas, otro caso de entrecruzamiento de géneros. Otra alternativa es que puedan jugar el papel de facilitar el cortejo. Además, el apareamiento en algunas de estas especies tiene lugar en *leks*, sugiriendo una comparación con los peces luna y percas macho femeninas, que también se encuentran en *leks*. Quizá los machos femeninos juegan un papel en facilitar el cortejo en los *leks*. De cualquier forma, los datos de los especímenes de los museos muestran que la expresión transgénero está muy extendida en los colibríes, y deja la puerta abierta a un futuro seguimiento con trabajo de campo.

Para un caso de conducta transgénero, fijémonos en el extremo opuesto de la recogida de datos: un único individuo en condiciones de campo. La reinita encapuchada (*Wilsonia citrina*) es un ave

[38] T. Amundsen, «Why are female birds ornamented?», *Trends Ecol. Evol.* 15, 2000, pp. 149-155.

que vive en los bosques del Atlántico medio de Estados Unidos. Se llaman así por el plumaje negro que los machos adultos tienen en la cabeza, como una capucha. Algunas hembras también tienen estas capuchas negras y los aficionados a observar aves no son capaces de distinguirlas de los machos.[39] Al principio se pensaba que la variación en el color del plumaje de las hembras representaba su edad, pero futuras investigaciones demostraron que el color es permanente, sugiriendo un polimorfismo genético en el color. Un 5 por ciento de las hembras se parecen mucho a los machos.

Una reinita encapuchada transgénero descubierta en Maryland tiene un especial interés.[40] Se pensó que el ave era una hembra masculina, pero más tarde se descubrió que tenía gónadas de macho. Estas aves son monógamas, y el individuo transgénero se comportaba como la hembra de una pareja monógama, mostrando durante dos años comportamientos típicos de hembra: construía el nido, incubaba y criaba a los polluelos, no cantaba ni se dedicaba a la defensa del territorio. La apariencia corporal del individuo transgénero era típica de los machos, la conducta era como la de las hembras. Este individuo se emparejó con un macho que era típicamente masculino en aspecto y comportamiento.[41] En este caso, un ave con cuerpo de macho se comportó en todo como una hembra, excepto en lo que respecta a poner huevos. La identidad de género de este individuo de reinita encapuchada está claro que se entrecruzó con la de un cuerpo sexuado típico.

En conclusión, las familias con múltiples géneros pueden explicarse utilizando los conceptos desarrollados para las familias de dos géneros. La idea de ayudar en el nido a cambio de acceder a la reproducción, concebida para los insectos sociales y aplicada a las familias de aves y mamíferos, también funciona para explicar

---

[39] E. Morton, «Female hooded warbler plumage does not become more male-like with age», *Wilson Bulletin* 101, 1989, pp. 460-462.

[40] D. Niven, «Male-male nesting behavior in hooded warblers», *Wilson Bulletin* 105, 1993, pp. 190-193.

[41] Ver también B. Stutchbury y J. Howlett, «Does male-like coloration of female hooded warblers increase nest predation?», *Condor* 97, 1995, pp. 559-564; B. Stutchbury, «Extra-pair mating effort of male hooded warblers, *Wilsonia citrina*», *Anim. Behav.* 55, 1998, pp. 553-561.

cómo se integran múltiples géneros en un sistema social. Ampliar la teoría de la selección de parentesco nos lleva a una teoría del mercado laboral que intercambia acceso a las oportunidades de reproducción por servicios, con la relación genética afectando únicamente al valor de una unidad de acceso reproductivo. Los diferentes géneros representan diferentes sectores dentro de esta economía. Mientras ciertos sectores, como los evasores, compiten claramente con los controladores, otros (como los cooperadores) son proveedores de servicios que trabajan bajo un contrato. Creo que entender esta compleja e interesante dinámica social, una política económica animal, es el siguiente paso de la teoría evolucionista social. La parte de la teoría de la selección sexual de Darwin que predice que existen patrones universales de machos y hembras puede que sea falsa, pero el enfoque evolutivo para estudiar la conducta social está vivo y coleando.

07

¿A quién prefieren las hembras?

Las diferencias entre cómo las hembras eligen pareja en la vida real y el modelo que propuso Darwin son otro ejemplo de las dificultades que ofrece la teoría de la selección sexual. Darwin se centra exclusivamente en el apareamiento. Se supone que las hembras eligen a los machos según su atractivo y coraje. Por su parte, los machos compiten entre sí para conseguir más oportunidades de aparearse y alardear de su buen aspecto ante las hembras. Este peculiar énfasis únicamente en el acto del apareamiento no se ve apoyado por la elección de pareja que realizan las hembras, más preocupadas por la reproducción en general y por el crecimiento y la protección de los pequeños.

La «eficacia biológica darwiniana» es un término técnico que se refiere al número de descendientes que participarán en la reproducción de la siguiente generación; en términos matemáticos, la eficacia biológica es producto de la fertilidad y de la probabilidad de supervivencia. La evolución depende de esta medida global del éxito reproductivo. El apareamiento es uno de los componentes de la eficacia biológica, pero la preocupación por el «éxito de apareamiento» ha llevado a poner un énfasis excesivo en este a expensas de otros componentes. En realidad, la elección de pareja en las hembras tiene en cuenta la producción de crías total, sin perder de vista el apareamiento. Darwin está equivocado respecto a la mayoría de los detalles que rodean la elección de pareja en las hembras, aunque debemos al menos concederle el mérito de haber reconocido que la elección de las hembras ocupa un lugar central entre los animales.

¿Cuáles son las preferencias de las hembras y cómo varían a este respecto? ¿Qué espera una hembra de un macho? ¿Cuántas veces quiere aparearse? ¿Con cuántos machos se aparea? ¿Cómo encuentra a la pareja perfecta? ¿Cómo decide cuántos huevos poner?

Abstenerse padres negligentes

¿Es realmente la lucha entre dos machos una prueba de su fortaleza? ¿Surge el mejor macho como ganador después de una pelea y asume la dominancia en la jerarquía de aspirantes? ¿No debería una hembra aspirar a juntarse con un ganador que ha demostrado ser el mejor? ¿No debería una hembra respetar al ganador de una competición entre machos como si fuera el mejor padre para sus hijos, un semental con los mejores genes? ¿Acaso aparearse con él no le garantiza que engendrarán a descendientes mejores y más listos?

Veamos lo que piensan sobre la dominancia de los machos los góbidos hembra. El gobio de arena (*Pomatoschistus minutus*) es un pez de pequeño tamaño (de cinco a seis centímetros), común en aguas costeras europeas. Para descubrir qué es lo que un góbido hembra quiere de un góbido macho, se recolectaron especímenes de una bahía arenosa de aguas poco profundas cerca de la estación biológica de Klubban, en Suecia, y se colocaron en unos tanques de agua salada para poder observarlos.[1] Después del experimento, los volvieron a soltar en el mar.

El gobio de arena vive entre uno y dos años. Tiene una sola temporada de cría, en la cual el macho y la hembra se reproducen muchas veces durante los dos meses que dura el periodo de apareamiento (mayo y junio). Los machos construyen los nidos debajo de conchas de mejillones vacías cubriéndolas de arena y excavando bajo ellas una cavidad. Atraen a las hembras realizando una exhibición de cortejo que incluye mostrarles sus coloridas aletas. Durante el desove, la hembra incorpora sus huevos al nido en una sola capa.

Se realizó un experimento en el que dos góbidos macho tenían que competir por un trozo de cerámica de barro para utilizarlo

---

[1] E. Forsgren, «Female sand gobies prefer good fathers over dominant males», *Proc. R. Soc. Land.*, ser. B, 264, 1997, pp. 1283-1286.

como nido y determinar así cuál de los dos era el más dominante. El ganador solía ser un poco más grande que el perdedor, aunque solo por tres milímetros. A continuación, los colocaban en diferentes compartimentos en extremos opuestos de una pecera, que se dividía en tres utilizando tabiques transparentes —el compartimento del medio se dejaba vacío—, y se les daba a ambos nuevos fragmentos de cerámica para que pudieran hacer cada uno su nido.

Después, se introducía una hembra en el compartimento de en medio. La hembra podía elegir cuál de los machos prefería, cosa que se hacía evidente en función de la sección de la pecera en la que pasara más tiempo. Una vez determinada la preferencia de la hembra, se la colocaba con uno de los machos o con el otro —echándolo a suertes con una moneda— y se anotaba el tiempo que necesitaban para el desove. Se colocaba una segunda hembra con el macho que había quedado solo y, asimismo, se anotaba el tiempo requerido para desovar. Por tanto, se permitía a los dos machos participar en el desove.

Por último, después del desove, se sacaba a las hembras de la pecera, se retiraban las divisiones que separaban a los machos y se los dejaba uno frente a otro, con sus correspondientes nidos y huevos, cada uno en una esquina opuesta. Se introducía entonces un pequeño cangrejo (un depredador de huevos) y los observadores anotaban cuántos huevos perdía cada macho a causa del cangrejo para determinar cuál era capaz de proteger mejor su freza.

Los resultados fueron sorprendentes. No hubo ninguna correlación entre el hecho de que un macho fuera dominante durante la competición por el nido y que luego fuese un buen padre al proteger los huevos. La preferencia de la hembra tampoco se correlacionó en absoluto con la dominancia en la competición entre machos. A las hembras no pareció importarles si el macho que habían elegido había ganado la pelea con el otro macho. Lo que les importó fue si el macho era capaz de proteger la freza. Las hembras fueron capaces, de alguna manera, de predecir cuál de los dos machos sería o no un buen padre, y eligieron siempre aparearse con machos que después resultaron ser buenos protectores de frezas. Era como si las hembras pudieran mirar al macho a los ojos y discernir si era o no un padre negligente.

Ahora echemos un vistazo al bodión (*Symphodus tinca*), que vive en un hábitat rocoso de aguas poco profundas en las costas de Córcega, en el Mediterráneo.[2] La hembra puede elegir entre poner los huevos en el nido de un macho o esparcirlos sobre el fondo marino. La decisión que toma depende de la evaluación que haga de los cuidados parentales del macho.

Los grandes machos controladores construyen y protegen áreas de un metro de diámetro y colocan en el medio trozos de algas a las que se van pegando los huevos. La construcción del nido lleva de uno a dos días, seguidos de dos o tres días más durante los que las hembras los visitan y depositan en ellos unos cincuenta huevos cada vez, llegando a acumularse hasta cincuenta mil huevos en un nido. A partir de ahí, puede que el macho custodie el amasijo de huevos hasta su eclosión, lo que supone doce días si es en las aguas frías de mediados de abril o seis días si tiene lugar en las aguas cálidas de mediados de junio.

Los machos pequeños juegan dos papeles. Pueden ser «seguidores», nadando a cierta distancia detrás de la hembra embarazada y fertilizando los huevos que esta va esparciendo por el fondo del mar. O pueden ser «los últimos de la cola» en los territorios de los machos controladores e intentar fertilizar los huevos del territorio de estos. Sin embargo, durante la primera mitad de la etapa reproductiva, estos machos pequeños aún no están presentes, pues llegan solo para la segunda mitad, cuando la capacidad del macho grande para ahuyentarlos se encuentra presuntamente limitada por la necesidad de proteger los huevos que ya han sido depositados en el nido.

Los machos que defienden la freza suelen perder peso y, al parecer, tienen una mayor tasa de mortalidad durante este periodo, por lo que abandonan los nidos que no han acumulado suficientes huevos como para que merezca la pena defenderlos. Los huevos abandonados se dejan ahí colgados, por decirlo de alguna manera, y, al estar concentrados en un sitio, suelen atraer rápidamente a

[2] Discusión basada en R. Warner, F. Lejeune y E. van den Berghe, «Dynamics of female choice for parental care in a fish species where care is facultative», *Behav. Ecol.* 6, 1994, pp. 73-81.

los depredadores. Por tanto, un huevo tiene más posibilidades de sobrevivir si lo han puesto en un nido no abandonado. El siguiente que tiene más posibilidades de sobrevivir es el huevo puesto en el fondo marino. Y, por último, las peores perspectivas serían para el huevo puesto en un nido que después se ha abandonado.

En los inicios de la estación reproductora, los machos se quedan con solo un 20 por ciento de los nidos; a mitad de la estación, con un 85 por ciento, y al final, de nuevo con un 20 por ciento. De este modo, desovar en el nido de un macho solo es recomendable a mitad de la estación reproductora. De hecho, solo un 15 por ciento de las hembras pone sus huevos en nidos al comienzo de la estación; a mediados de la estación lo hace un 85 por ciento; y a finales, un 15 por ciento.

¿Qué es lo que espera un tordo hembra de un macho? Que no sea un padre negligente, que no abandone sus huevos. Y sabe qué machos lo son. Los investigadores dicen que «cuando una hembra elige poner sus huevos fuera de un determinado nido, suele hacerlo solo después de haber visitado varios nidos antes».

Animar a las hembras a comprometerse

¿Cómo puede un tipo convencer a su chica de que no es un pésimo padre? Los peces ofrecen también algunos consejos sobre este viejo tema. Las hembras saben que los machos abandonan los nidos que no han acumulado suficientes huevos como para que merezcan la pena desde el punto de vista del macho. Desde la posición de la hembra, tiene sentido añadir huevos a un amasijo que ya es suficientemente grande, puesto que el macho que la custodia es más probable que se vaya a quedar cerca que si la masa de huevos es pequeña. ¿Cómo empieza entonces a formarse un depósito de huevos? La hembra tiene que probar suerte con un macho o decidir ir por libre.

Varios peces macho tienen unas estructuras en el cuerpo que semejan huevos. Un ejemplo muy común es el del ciprínido *Etheostoma flabellare*. Estos pequeños peces se encuentran en arroyos de agua dulce de Norteamérica, como en el centro del estado de Kentucky.[3] Durante la primavera, los machos excavan nidos bajo rocas planas, defienden pequeños territorios y se aparean con varias hembras, que depositan huevos en sus nidos. Los machos suelen custodiar los huevos hasta el momento de su eclosión.

Cada una de las siete u ocho espinas dorsales de la aleta frontal del macho se encuentra coronada por un nudo carnoso. Estos nudos son más pequeños que los huevos, excepto en el caso de los machos de mayor tamaño, en los que son casi iguales. Los defensores de las teorías sobre el engaño han sugerido que estas estructuras confunden a las hembras y las hacen creer que el macho ya está ocupándose de los huevos, para que decida sumar los suyos a la colección. Este hipotético engaño se llama «mimetismo de los huevos».

Dos datos ponen en duda esta interpretación: las hembras también tienen estos nudos carnosos, y los nudos de los machos son más pequeños que la mayoría de los huevos reales. ¿Por qué iban a tener las hembras estos nudos si su única función fuese engañarlas? ¿Por qué iban a dejarse engañar estos peces, que son depredadores visuales, por unos nudos carnosos más pequeños que los huevos?

Los experimentos realizados sugieren que las hembras prefieren poner los huevos en nidos de machos que tengan nudos carnosos, en vez de en los nidos de machos a los que se les hayan cortado. Aunque este fue un estudio preliminar, podemos preguntarnos qué significa. ¿Estaban las hembras confundidas? Una posible alternativa es que los nudos carnosos sean símbolos de huevos, no imitaciones. Cuando un macho nada cerca de la parte inferior de una roca, podría estar señalando el lugar donde deberían colocarse los huevos.

Las hembras quieren que los machos cumplan la promesa de proteger los huevos. El macho debe comunicar de algún modo que su disposición a cuidar a las crías va en serio. La invitación a poner los huevos en su nido debe de alguna manera demostrar que sabe cómo encargarse de esta responsabilidad. La hembra

---

[3] Discusión basada en R. Knapp y R. Sargent, «Egg-mimicry as a mating strategy in the fantail darter, *Etheostoma flabellare:* Females prefer males with eggs», *Behav. Ecol. Sociobiol.* 25, 1989, pp. 321-326.

evalúa con mucho cuidado la credibilidad de esta promesa; no parece muy probable que se deje engañar por un truco como el mimetismo de los huevos.

¿Cuánto sexo es suficiente?

Los periódicos están repletos de anuncios sobre nuevos juguetes y sustancias químicas para ayudar a la gente a tener más sexo. ¿Qué frecuencia en el sexo es suficiente? Las aves nos sirven para ilustrar cómo las hembras pueden tomar la iniciativa a la hora de decidir con qué frecuencia ocurre el apareamiento y cuándo.

El acentor alpino hembra (*Prunella collaris*) se encuentra en los Pirineos centrales, en Francia, y es un ave a la que le gusta el sexo.[4] A estas hembras no les preocupa el acoso de los machos. Más bien todo lo contrario: las hembras se pasan el día acosando a los machos para que tengan sexo con ellas. ¿Qué quieren estas hembras fogosas? Lo mismo que los gobios de arena y los tordos mediterráneos hembra: machos que cumplan con las labores de casa.

A los acentores alpinos les van los octetos de cuatro machos y cuatro hembras. La hembra suele ser fértil unas dos semanas, desde una semana antes de poner su primer huevo hasta que ha puesto el último. Después de que los huevos eclosionen, los machos pueden ayudar a alimentar a los pequeños.

Las hembras fértiles buscan activamente la copulación. Una hembra suele acercarse al macho, se agacha con el pecho tocando el suelo, levanta la cola para exponer el rojo intenso de su cloaca hinchada, hace vibrar la cola de lado a lado y luego son sus alas las que tiemblan. Para asegurarse de que el macho está despierto, a menudo da saltos justo delante de él, presentándole la cloaca en la cara. Difícil no verla. Suele buscar la cópula de este modo una vez cada 8,5 minutos. Un total de noventa y tres solicitudes de

---

[4] Discusión basada en N. B. Davies, I. R. Hartley, B. J. Hatchwell y N. E. Langmore, «Female control of copulations to maximize male help: A comparison of polygynandrous alpine accentors, *Prunella collaris,* and dunnocks, *P. modularis*», *Anim. Behav.* 51, 1996, pp. 27-47.

sexo son iniciadas por la hembra, en el 7 por ciento de las ocasiones restantes es el macho el que se acerca a ella.

Los machos del grupo forman una jerarquía de dominancia. El macho alfa es el que va directamente detrás de cualquier hembra fértil, limitando, pero no impidiendo por completo, el acercamiento a ella de los machos de menor rango. Además, los machos suelen hacerse los duros e ignoran un 68 por ciento de las solicitudes. En cualquier caso, se aparean con mucha frecuencia. De hecho, una hembra copula doscientas cincuenta veces por cada nidada, aunque una sola inseminación proporciona suficiente esperma como para fertilizar todos los huevos. ¡Ya está bien de pensar que el único propósito de la copulación es concebir!

¿Qué está pasando aquí? Un macho alfa no se queda a ayudar en el nido a no ser que esté lo suficientemente entretenido. Le resulta muy fácil visitar los nidos cercanos, por lo que, para mantenerlo en casa, la hembra invierte más tiempo en aparearse con él que en hacerlo con los machos de bajo rango. Estos no tienen tantas oportunidades de picotear fuera del nido, pero para quedarse como ayudantes requieren compartir una parte del botín. Por ello, la hembra suele ofrecer sus insinuaciones también a los machos subordinados, asegurándose de que se llevan una parte de las cópulas y, por tanto, de la paternidad.

Los acentores alpinos son un ejemplo de especie en la que las hembras prefieren a un macho alfa, porque casi todas las cópulas las hacen con él y son iniciadas por ellas. Esta preferencia parece sugerir que el macho alfa ofrece algún beneficio a las hembras, como sus «estupendos genes». La preferencia de la hembra podría interpretarse como una garantía de su calidad superior. Sin embargo, los datos demuestran que la calidad de los polluelos engendrados por los machos alfa no es mejor que la de los polluelos de machos subordinados, a juzgar por su peso en el momento de abandonar el nido. De hecho, la única razón por la que la hembra parece preferir copular más con el macho alfa es que él tiene más oportunidades fuera del nido, lo que parece suponer un mayor desafío para la hembra que tiene que retenerle. Desde el punto de vista de la hembra, la cópula aporta la paternidad compartida necesaria como «incentivo de permanencia», que asigna a los machos de diferente estatus de dominancia según lo que sea necesario para mantenerlos involucrados en el nido.

¿Se aparean las hembras monógamas solo durante el breve periodo en el que los huevos están listos para ser fertilizados? ¿O también les gusta divertirse? En realidad, las hembras monógamas pueden ser incluso más activas sexualmente que las de otros tipos de familias.[5] En aves como el ánade real y el arao aliblanco, el apareamiento comienza antes de que la hembra esté preparada para producir huevos y antes de que el macho esté listo para producir esperma. ¿Por qué iban a tener lugar todos estos apareamientos aparentemente innecesarios? Uno pensaría que la respuesta obvia es que el apareamiento mantiene el vínculo entre machos y hembras. El apareamiento regular mantiene a la pareja en contacto, por así decirlo. Al copular se proporcionan placer sexual mutuo. Se podría teorizar que el placer implícito en el apareamiento evolucionó en esas especies con el objetivo de proporcionar una motivación constante para que los miembros de la pareja permanecieran juntos.

Pero en la mente de los teóricos del engaño, el apareamiento excesivo entre los miembros de una pareja no tiene nada que ver con construir una relación; más bien supone que las hembras utilizan la sexualidad para manipular a los machos y que les den comida gratis (una cita con cena seguida de sexo). Según el modelo de evolución de la «sexualidad de la hembra» en aves monógamas, los machos continúan invitándolas a cenar porque no pueden «correr el riesgo de marcharse».[6]

Que quede claro que la biología no proporciona ninguna prueba de que la función de la sexualidad en las relaciones monógamas sea el engaño. En su lugar, deberían haberse tomado en cuenta las teorías de la cooperación macho-hembra para explicar la sexualidad de las familias monógamas.

---

[5] T. Birkhead y A. Moller, *Sperm Competition in Birds*, Academic Press, 1992.

[6] M. Rodríguez-Gironés y M. Enquist, «The evolution of female sexuality», *Anim. Behav.* 61, 2001, pp. 695-704.

Cuando las hembras se parecen a los machos

¿Qué nos puede decir el travestismo de hembra en macho sobre el papel de la elección de pareja femenina? Los informes sobre machos femeninos están marcados por una retórica engañosa y sensacionalista. Por otro lado, existen pocos informes sobre hembras masculinas, lo que sugiere que no se informa de ello. Lo que vemos es que algunas hembras anuncian su receptividad mediante colores que casualmente coinciden con los de los machos, mientras que otras modifican su atractivo ante los machos para controlar la frecuencia con la que estos les ofrecen aparearse.

En la punta noroeste de la península ibérica, se encuentra la ciudad portuaria de La Coruña, en España, donde vive la lagartija de Bocage (*Podarcis bocagei*). Es la única especie de vertebrado descubierta hasta la fecha en la que las hembras imitan a los machos, aunque su caso no parece muy convincente.[7] Los machos tienen la espalda de un verde intenso, y las hembras, que suelen ser marrones, cuando ya tienen huevos fertilizados en sus oviductos o acaban de poner un huevo se vuelven verdes para anunciar que no aceptarán más cortejo. ¿Es el hecho de ser verde un atributo masculino y, por tanto, no tiene ningún atractivo para otros machos, como han especulado algunos científicos? Mientras a los machos femeninos se les da el papel de impostores, a las hembras masculinas se las describe como poco atractivas. ¿Podría el verde ser simplemente una señal de género neutra que indique a los machos que no vale la pena seguir cortejando?

El color verde parece ser una señal de género neutra, en lugar de una presentación masculina que los machos encuentran poco atractiva, porque a veces los machos intentan aparearse con hembras verdes y son rechazados por ellas. Se supone que estos machos están aprendiendo lo que significa el color verde. Si los machos encontraran poco atractivas a las hembras, de entrada no las cortejarían.

Resulta curioso que no se haya utilizado la expresión «mimetismo del macho». No se cree que las hembras estén engañando a los

---

[7] P. Galán, «Females that imitate males: Dorsal coloration varies with reproductive stage in female *Podarcis bocagei* (Lacertidae)», *Copeia*, 2000, pp. 819-825.

machos. Si esto fuera un caso de mimetismo del macho, los machos que sí intentan aparearse con hembras de color verde estarían tomándolas como machos y solicitando entonces cortejo a un individuo del mismo sexo, algo no descrito (¿todavía?) en esta especie.

En el oeste de Ecuador vive una especie de lagartija comparable (*Microlophus occipitalis*) que también cuenta con una hembra que exhibe un color especial cuando no está receptiva para el cortejo.[8] Las crías de ambos sexos recién salidas del huevo tienen la garganta y la gola rojas durante un mes. Luego los machos pierden el rojo, mientras que las hembras lo conservan en los pliegues laterales del cuello. Los machos desarrollan marcas negras en la espalda y se hacen más grandes que las hembras.

Durante la estación reproductora, algunas hembras desarrollan una pigmentación roja brillante en toda la garganta y en la gola, similar a la de los jóvenes. Imagine pintarse todo el cuello hasta el esternón y la barbilla con colorante Texas Red: llamaría la atención. Las hembras exhiben este color en la gola y el cuello cuando llevan huevos sin desarrollar en sus oviductos o después de la puesta. Se descubrió que los machos cortejaban más y de forma más apasionada a las hembras que no exhibían el color rojo. Por su parte, las hembras de color rojo rechazaron los cortejos con más frecuencia que las hembras sin este color. De los treinta y ocho apareamientos observados durante tres años de estudio, treinta y tres incluyeron a hembras sin pigmentación o con muy poco rojo, mientras solo cinco incluyeron hembras con la garganta completamente roja.

Por tanto, las lagartijas hembra de España y Ecuador señalan cuándo no están receptivas. En la especie española, la señal (verde en la espalda) es un color que los machos casualmente también tienen en su espalda, mientras que en la especie ecuatoriana la señal (rojo en cuello y gola) no tiene nada que ver con el color que los machos tienen en su gola y cuello. Hasta el momento, se han descrito colores brillantes en hembras de más de treinta especies de lagartijas, y en dieciocho de ellas los colores brillantes aparecen

---

[8] G. Watkins, «Inter-sexual signalling and the functions of female coloration in the tropidurid lizard *Microlophus occipitalis*», *Anim. Behav.* 53, 1997, pp. 843-852.

cuando las hembras llevan huevos en sus oviductos.[9] Por consiguiente, está bastante extendido en las lagartijas el uso del color por parte de las hembras para alertar a los machos de que se mantengan alejados.

Para encontrar algún caso de hembras realmente masculinas hay que fijarse en los insectos. Desde 1800, los naturalistas han sabido que en muchas especies las libélulas hembra tienen dos colores, uno típicamente de hembra y el otro exactamente como un macho.[10] Una especie de libélula de charcas del centro de Florida, *Ischnura ramburii*, cuenta con machos coloridos, con puntos verdes en la cabeza, el tórax verde y el abdomen negro.[11] Las hembras femeninas tienen puntos naranjas en la cabeza, el tórax naranja y un abdomen negro metalizado (que tomen nota los de la marca Gucci). Las hembras masculinas son verdes como los machos, pero pueden identificarse por sus genitales externos femeninos y un poco de color femenino en las alas. ¿Qué pensar de estas hembras masculinas?

Las libélulas macho no protegen a sus parejas. El macho y la hembra se toman todo el tiempo del mundo para aparearse; la cópula puede durar desde una hora hasta seis, con una media de tres. Por muy divertido que pueda parecer una cópula tan larga, puede suponer todo un día perdido y ser demasiado, sobre todo si se realiza día tras día en un ciclo vital que dura solo unos cuantos días.[12] Desde la perspectiva de la hembra, más de una cópula sería redundante, porque con una ya obtiene suficiente esperma. Posteriores copulaciones simplemente aumentarían el riesgo de exponerse a algún peligro.

Las hembras masculinas tienen de media la mitad de cópulas que las hembras femeninas. El comportamiento de las hembras

---

9 W. Cooper Jr. y N. Greenberg, 1992, «Reptilian coloration and behavior», pp. 298-422, en C. Gans y D. Crews (eds.), *Biology of the Reptilia: Hormones, Brain, and Behavior,* University of Chicago Press.

10 C. Johnson, 1975, «Polymorphism and natural selection in ischnuran damselflies», *Evol. Theory* 1, pp.81-90.

11 Discusión basada en H. Robertson, «Female dimorphism and mating behavior in a damselfly, *Ischnura ramburi*: Females mimicking males», *Anim. Behav.* 33, 1985, pp. 805-809.

12 P. S. Corbet, «Biology of the Odonata», *Ann. Rev. Entomol.* 25, 1980, pp. 189-217.

masculinas cuando se les acerca un macho se parece a la forma en la que se comporta un macho con otro: un duelo cara a cara, algo como lo que hace un entrenador de béisbol cuando se enfrenta al árbitro. Aun así, las hembras masculinas se aparean, por lo que los machos deben saber lo que está pasando.

Un estudio de seguimiento de otra especie de libélula, la *Ischnura elegans*, demostró que la ventaja de una hembra con apariencia masculina dependía de cuántos machos se encontraran en la vecindad. A altas densidades, las hembras masculinas se beneficiaban más que las femeninas al evitar el acoso sexual de los machos y tener un acceso más libre al agua para poder poner los huevos sin tantas interrupciones. Pero en las poblaciones con pocos individuos, las hembras masculinas eran cortejadas menos por los machos y se quedaban con más frecuencia sin pareja, en comparación con las femeninas.[13] A mí estas libélulas me convencen. Las hembras masculinas tienen una tasa de supervivencia mayor debido a la disminución del acoso de los machos, pero pueden experimentar menos oportunidades de aparearse.

De todos modos, nunca se sabe qué es lo que excita a los tíos. Aunque las hembras masculinas son una minoría (aproximadamente el 30 por ciento de todas las libélulas), en la *Enallagma boreale* las hembras masculinas constituyen del 60 al 80 por ciento del total de hembras. En esa especie, los machos se sienten atraídos por las hembras masculinas.[14] Por tanto, lo que pasa cuando una hembra tiene una apariencia masculina depende en parte del gusto del macho.[15]

---

[13] B. Hinnekint, «Population dynamics of *Ischnura E. elegans* (Vander Linden) (Insects: Odonata) with special reference to morphological colour changes, female polymorphism, multiannual cycles and their influence on behavior», *Hydrobiologia* 146, 1987, pp. 3-31.

[14] M. R. L. Forbes, «Female morphs of the damselfly *Enallagma boreale* Selys (Odonata: Coenagrionidae): A benefit for androchromatypes», *Can. J. Zool.* 69, 1991, pp. 1969-1970; M. R. L. Forbes, «Tests of hypothesis for female-limited polymorphism in the damselfly, *Enallagma boreale* Selys», *Anim. Behav.* 47, 1994, pp. 724-726.

[15] D. J. Thompson, «Lifetime reproductive success in andromorph females of the damselfly *Coenagrion puella* (L.) (Zygoptera: Coenagrionidae)», *Odonatologica* 18, 1989, pp. 209-213; A. Cordero, «Density-dependent mating success and colour polymorphism in females of the damselfly *Ischnura graellsii* (Odonata: Coenagrionidae)»,

Algunas especies de insectos cuentan con hembras que sintetizan aromas masculinos, lo opuesto a lo que vimos en las culebras rayadas. Las hembras utilizan estos aromas para mantener a los pretendientes alejados, como una mujer que usara una loción para después del afeitado. Para bajarle la excitación a un tipo en su próxima cita, ¡pruebe a ponerse Agua Brava! Durante el apareamiento, un macho de mosca del vinagre (*Drosophila melanogaster*) transfiere una fragancia «antiafrodisíaca» a la hembra que, aunque en su mayor parte se evapora después de cuatro o seis horas de la primera cópula, las hembras son capaces de sintetizar durante el cortejo para ser menos atractivas ante los machos.[16] También las mariposas utilizan antiafrodisíacos.[17]

Llegados a este punto, puede que su conclusión sea que los vertebrados no son un ejemplo de hembras masculinas porque los colores de las lagartijas hembra que señalan la poca disposición para aparearse solo son iguales a la coloración de los machos

---

J. Anim. Ecol. 61, 1992, pp. 769-780; O. M. Fincke, «On the difficulty of detecting density-dependent selection on polymorphic females of the damselfly *Ischnura graellsii*: Failure to reject the null hypothesis», *Evol. Ecol.* 8, 1994, pp. 328-329; O. M. Fincke, «Female colour polymorphism in damselflies: Failure to reject the null hypothesis», *Anim. Behav.* 47, 1994, pp. 1249-1266. Sobre la genética de las diferencias de color entre las libélulas hembra, ver C. Johnson, «Genetics of female dimorphism in *Ischnura demorsa*», *Heredity* 21, 1966, pp. 453-459. Sobre un fenotipo de hembra masculina en mariposas, ver R. I. Vane-Wright, «Towards a theory of the evolution of butterfly colour patterns under directional and disruptive selection», *Biol. J. Linnean Soc., Lond.* 11, 1979, pp. 141-152; C. Clarke, F. Clarke, S. Collins, A. Gill y J. Turner, «Male-like females, mimicry and transvestism in butterflies (Lepidoptera: Papilionidae)», *Systematic Entomology* 10, 1985, pp. 257-283; ver «female-limited Batesian mimicry», en T. Belt, *The Naturalist in Nicaragua*, Murray, 1874; R. Krebs y D. West, «Female mate preference and the evolution of female-limited Batesian mimicry», *Evolution* 42, 1988, pp. 1101-1104; S. E. Cook, J. G. Vernon, M. Bateson y T. Guilford, «Mate choice in the polymorphic African swallowtail butterfly, *Papllio dardanus:* Male-like females may avoid sexual harassment», *Anim. Behav.* 47, 1994, pp. 389-397; R. Vane-Wright, «The role of pseudosexual selection in the evolution of butterfly colour patterns», en R. VaneWright y P. Ackerly (eds.), *The Biology of Butterflies*, Academic Press, 1984.

[16] D. Scott, «Sexual mimicry regulates the attractiveness of mated *Drosophila melanogaster* females», *Proc. Nat. Acad. Sci. (USA)* 83, 1986, pp. 8429-8433.

[17] L. Gilbert, «Postmating female odor in *Heliconius* butterflies: A male-contributed antiaphrodesiac», *Science* 193, 1976, pp. 419-420; C. Wiklund y J. Forsberg, «Courtship and male discrimination between virgin and mated females in the orange tip butterfly *Anthocharis cardamines*», *Anim. Behav.* 34, 1985, pp. 328-332.

ocasionalmente, por lo que la coincidencia es una mera casualidad. Es cierto que la mayoría de los estudios de hembras masculinas provienen de los insectos. Pero recordemos a los colibríes de los Andes y a la reinita encapuchada del este de Estados Unidos, ambos citados en el capítulo 6 como ejemplos de especies en los que se da la expresión transgénero. De hecho, las hembras de ambas especies introducen el fenómeno de los «adornos en las hembras». Aquí es donde se ha restado importancia a la variación de género en las hembras.

En las aves hembra, la ornamentación consiste en plumas de colores brillantes, papos, picos y crestas que también encontramos en los machos. Darwin sugirió que los ornamentos en las hembras eran rasgos masculinos que se habían expresado «accidentalmente» en hembras porque su sistema genético no estaba en condiciones de interrumpir su desarrollo durante la embriogénesis. Hoy en día cada vez es mayor el interés por saber cómo se benefician las hembras de estos rasgos. Otras aves en las que los ornamentos hacen que las hembras parezcan machos son el mérgulo empenachado, la paloma bravía, la golondrina común, el ruiseñor pechiazul, el pinzón mexicano y el diamante cebra.[18]

Entre los estorninos carunculados (*Creatophora cinerea*), aves de pastizales del este y oeste de África, la mayoría de los machos desarrollan un aspecto peculiar durante la época de cría que consiste en dos papos colgantes negros (carúnculas) a cada lado del pico, una pérdida de las plumas de la cabeza que hace que se les vea la piel de color amarillo o negro, y crestas carnosas en la frente. (La pérdida de las plumas se ha comparado con la calvicie en los varones humanos porque ambas surgen a causa de las hormonas masculinas). Aproximadamente un 5 por ciento de las hembras desarrollan también estos pliegues carnosos y la pérdida de plumas, lo que las cualifica como hembras masculinas. No se sabe mucho más.[19]

---

[18] T. Amundsen, «Why are female birds ornamented?», *Trends Ecol. Evol.* 15, 2000, pp. 149-155.

[19] A. Craig, «The annual cycle of wing moult and breeding in the wattled starling *Creatophora cinera*», *Ibis* 138, 1996, pp. 448-454; W. Dean, «Plumage, reproductive condition, and moult in non-breeding wattled starlings», *Ostrich* 49, 1978, pp. 97-101.

Los ciervos hembra con astas, que normalmente es un rasgo limitado a los machos, podrían ser considerados como hembras masculinas. En el ciervo de cola blanca (*Odocoileus virginianus*), un 1 por ciento de las hembras tiene cornamenta, y también se han visto astas en algunas hembras del ciervo mulo (*Odocoileus hemionus*).[20] En los renos (*Rangifer tarandus*), las hembras suelen tener astas como las de los machos, pero no todas (la frecuencia varía entre el 8 y el 95 por ciento, dependiendo de la población).[21] Por tanto, hay muchas especies de ciervo que ofrecen la posibilidad de investigar más en detalle la razón por la que las hembras podrían adoptar una apariencia masculina.

Encontrar a Míster Perfecto

A veces resulta difícil hallar información sobre potenciales parejas. Algunos géneros de macho parecen ayudar a que las parejas se junten, como los peces luna macho de tamaño mediano (ver capítulo 6). Aquí tenemos un caso similar en aves que se aparean en *leks*, como los peces luna. Un *lek* es como la zona roja en la que los machos se agrupan, y cada uno defiende un espacio personal llamado «patio». Cuando las hembras van llegando a los *leks*, cada macho intenta atraer a una a su patio para poder copular con ella. ¿En qué puede basarse una hembra para elegir? ¿Cómo encontrar a Míster Perfecto?

Los combatientes (*Philomachus pugnax*) son aves limícolas que crían durante los veranos en el norte de Europa, desde Inglaterra a

---

[20] Sobre el ciervo de cola blanca, ver J.C. Donaldson y J. Doutt, «Antlers in female white-tailed deer: A four-year study», *J. Wildlife Management* 29, 1965, pp. 699-705; W. Wishart, «Frequency of antlered white-tailed does in Camp Wainright, Alberta», *J. Mammalogy* 35, 1985, pp. 486-488; G. Wislocki, «Antlers in female deer, with a report on three cases in *Odocoileus*», *J. Mammalogy* 35, 1954, pp. 486-495; G. Wislocki, «Further notes on antlers in female deer of the genus *Odocoileus*», *J. Mammalogy* 37, 1956, pp. 231-235. Sobre el ciervo mulo, ver I. McT. Cowan, «Antlered doe mule deer», *Canadian Field-Naturalist* 60, 1946, pp. 11-12; B. Wong y K. Parker, «Estrus in blacktailed deer», *J. Mammalogy* 69, 1988, pp. 168-171.

[21] E. Reimers, «Antlerless females among reindeer and caribou», *Can. J. Zool.* 71, 1993, pp. 1319-1325.

Siberia.[22] En inglés se les llama *ruffs*, que quiere decir «golas», por los vistosos collares de plumas y penachos alrededor del cuello en los machos, que recuerdan a los cuellos ornamentales que se usaban durante el Renacimiento. Los combatientes macho tienen dos géneros. Uno tiene un collar negro, decorado con plumas oscuras en la cabeza formando un penacho, y el otro tiene plumas blancas en el collar y en el copete. Estos géneros se diferencian genéticamente, con un 20 por ciento aproximado de machos de collar blanco y el 80 restante de collar negro.

Estas aves limícolas se aparean en *leks*, pero no exclusivamente. Algunos machos también siguen a las hembras mientras estas forrajean, haciendo exhibiciones delante de ellas. Si los recursos se encuentran tan dispersos como para que la densidad de hembras sea baja, los machos dejan de seguirlas y se congregan en un *lek*, esperando a que las hembras vayan a ellos.[23] En un área de Finlandia, el 12 por ciento de los machos utilizaron los *leks*, mientras que un 90 por ciento de las exhibiciones a las hembras ocurrieron fuera de ellos.[24] Los machos que se encuentran fuera del *lek* se pasan el 75 por ciento del tiempo alimentándose y el resto intentando atraer a alguna hembra. En un *lek*, los machos tienen una tasa de apareamiento cinco veces mayor que en los campos, a pesar de los esfuerzos invertidos en exhibirse delante de las hembras fuera del *lek*. Además, las hembras, cuando se encuentran fuera del *lek*, están ocupadas en comer y tienen la cabeza en otras cosas. Sin embargo, las que van a los *leks* tienen la misma cosa en mente que los machos: sexo, sexo y más sexo.

Lo que diferencia a un combatiente de otras aves que forman *leks* es la existencia de los dos géneros de macho. Los combatientes oscuros son machos controladores que defienden pequeños patios de 1,5 metros cuadrados contra otros machos oscuros presentes en el *lek*. Estos machos oscuros solicitan la ayuda de los machos de collar blanco como asistentes. Cuando un macho de collar blanco

---

[22] A. Hogen-Warburg, «Social behavior of the ruff, *Philomachus pugnax* (L.)», *Ardea* 54, 1966, pp. 109-229; J. van Rhijn, *The Ruff*, Poyser, 1991.

[23] J. Högland y R. Alatalo, *Leks*, Princeton University Press, 1995.

[24] D. Lank y C. Smith, «Conditional lekking in ruff *(Philomachus pugnax)*», *Behav. Ecol. Sociobiol.* 20, 1987, pp. 137-145.

está cerca y uno de collar oscuro está solo en un patio, el oscuro realiza una inclinación de rodilla y baja el pico. Es una invitación para que el macho blanco se sume a su patio.[25] Las hembras que llegan a un *lek* prefieren a un equipo de machos formado por uno de collar oscuro y otro de collar blanco que uno con dos machos de collar oscuro. Ambos machos cortejan juntos a la hembra y se aparean con ella. Mientras copulan, puede que el macho de collar oscuro intente limitar el acceso del macho de collar blanco a la hembra, si no es que termina por expulsarlo. El macho de collar oscuro obtiene más cópulas cuando está presente un macho de collar blanco que cuando está solo, a pesar de que tenga que compartir algunas con él. Por tanto, los dos géneros de macho actúan como controlador y cooperador. De algún modo, el cooperador ayuda al controlador a crear un patio de apareamiento más atractivo para las hembras y, a cambio, obtiene algunas cópulas como incentivo para quedarse. Los dos géneros existen específicamente para satisfacer las necesidades de la elección de pareja de la hembra.

No he encontrado ninguna explicación de por qué una hembra encuentra más atractivo un patio en el que haya un macho de collar oscuro y otro de collar blanco que uno en el que haya un único macho de collar oscuro. La mayoría de los investigadores parecen asumir que a una hembra automáticamente le parece mejor encontrarse con dos machos que con uno: cuanta más masculinidad, mejor. Si más masculinidad total resulta tan importante, bastaría con que dos machos de collar oscuro unieran sus fuerzas. ¿Por qué tendrían que existir dos géneros distintos? Sospecho que el macho de collar blanco hace amistad con las hembras mientras está con ellas fuera de los *leks*. Mientras el macho de collar oscuro se encuentra defendiendo un patio de otros machos oscuros, el macho de collar blanco está revoloteando con las hembras en el campo y conociéndolas mejor. Quizá el macho de collar blanco puede, por decirlo así, ocuparse de las presentaciones cuando las hembras llegan al *lek*. El hecho de que conozca a las hembras por

---

[25] D. Hugie y D. Lank, «The resident's dilemma: A female choice model for the evolution of alternative mating strategies in lekking male ruffs *(Philomachus pugnax)*», *Behav. Ecol.* 8, 1997, pp. 218-225.

haber pasado con ellas algún tiempo y de que también conozca al macho de collar oscuro por su breve cortejo inicial, puede facilitar el apareamiento. Le permite actuar de intermediario, como una especie de agente matrimonial.

El tamaño de la familia

¿Quién determina el tamaño de la familia? Desde un punto de vista evolutivo, el tamaño de la familia está en última instancia controlado por la hembra, que determina el tamaño y el número de huevos que pone. La hembra elige el tamaño de los huevos y su número basándose en sus expectativas sobre la inversión parental. En los mamíferos, también puede ocurrir que una hembra se sienta coaccionada por un macho controlador para que produzca más crías de las que hubiera tenido si pudiera reproducirse libremente. Se conoce muy poco sobre la elección de la hembra del tamaño familiar entre los vertebrados, pues se ha prestado más atención a la elección de pareja y a la frecuencia del apareamiento.

Las lagartijas de costado manchado (*Uta*) tienen dos morfologías de color, amarillas y naranjas, que difieren en el tamaño y número de los huevos, como se mencionó en el capítulo 6. En los salmones, los huevos de mayor tamaño pueden ser dos o tres veces más grandes que los huevos más pequeños. Puesto que comienzan con la misma cantidad de material para poner en los huevos, esta variación de tamaño se traduce en que algunas familias llegan a ser tres veces más grandes que otras.[26] Se ha encontrado

---

[26] Discusión basada en C. Groot y L. Margolis, *Pacific Salmon Life Histories,* University of British Columbia Press, 1991; I. A. Fleming, «Pattern and variability in the breeding system of Atlantic salmon *(Salmo salar),* with comparisons to other salmonids», *Canadian J. Fisheries and Aquatic Sciences* 55 (suplemento 1), 1998, pp. 59-76. Ver también M. A. Elgar, «Evolutionary compromise between a few large and many small eggs: Comparative evidence in teleost fish», *Oikos* 59, 1990, pp. 283-287; I. A. Fleming y M. R. Gross, «Latitudinal dines: A trade-off between egg number and size in Pacific salmon», *Ecology* 71, 1990, pp. 1-11; G. S. Su, L. E. Liljedahl y G. A. E. Gall, «Genetic and environmental variation in female reproductive traits in rainbow trout *(Oncorhynchus mykiss)*», *Aquaculture* 154, 1997, pp. 115-124; S. Einum e I. A. Fleming, «Highly fecund mothers sacrifice offspring survival to maximise fitness», *Nature* 405, 2000, pp. 565-567.

una gran variación en el tamaño de los huevos también en algunas especies de aves.[27]

El tamaño de la familia tiene que ver con la elección reproductiva. ¿Controlan las hembras su destino reproductivo? En biología, la tradición ha sido asumir que la hembra fija el número y el tamaño de los huevos que produce y los machos luchan entre sí para conseguir la paternidad de esos huevos. Una teoría alternativa es que la elección de sus compañeros por parte de la hembra permite a un macho cooperar con ella para elegir conjuntamente el tamaño de la familia. Si un macho promete ayudarla en el cuidado parental y no le falla, la hembra puede decidir tener una mayor prole que si tuviera que criar a sus descendientes sola. Esta solución cooperativa respecto del tamaño familiar llevaría por lo general a una mayor producción de huevos que una solución competitiva. Puede que el cortejo sirva más para ayudar a establecer la confianza mutua implícita en una solución cooperativa que para que el macho anuncie sus cualidades, su poder y sus posesiones.

Número e identidad de los compañeros

Otro aspecto de la elección reproductiva de las hembras es el número y la identidad de los compañeros de apareamiento. La elección de pareja de las hembras es otra área más de la biología sujeta a un lenguaje seriamente sesgado. Muchos estudios describen a las hembras que prefieren a un solo compañero de apareamiento como «fieles», y a las que prefieren tener varios compañeros como «promiscuas». Una nidada de huevos con paternidad múltiple se

---

[27] D. Lack, «The significance of clutch size: I. Intraspecific variation», *Ibis* 89, 1947, pp. 302-352; S. C. Kendeigh, T. C. Kramer y F. Hamerstrom, «Variations in egg characteristics of the House Wren», *Auk* 73, 1956, pp. 42-65; F. C. Rohwer, «Inter-and intraspecific relationships between egg size and clutch size in waterfowl», *Auk* 105, 1988, pp. 161-176. Ver también W. C. Kerfoot, «Egg size cycle of a cladoceran», *Ecology* 55, 1974, pp. 1259-1270; S. Kolding y T. M. Fenchel, «Patterns of reproduction in different populations of five species of the amphipod genus *Gammarus*», *Oikos* 37, 1981, pp. 167-172; S. A. H. Geritz, «Evolutionary stable seed polymorphism and small-scale spatial variation in seedling density», *Amer. Natur.* 146, 1995, pp. 685-707; T. A. Mousseau y C. W. Fox, «The adaptive significance of maternal effects», *Trends Ecol. Evol.* 13, 1998, pp. 403-407.

dice que contiene descendientes «legítimos» e «ilegítimos», y un macho que cuida de una puesta con paternidad múltiple es un «cornudo». Esta pátina de moralina oculta los hechos.

El alca común (*Alca torda*) es un ave marina colonial del Atlántico norte, que se ha estudiado en la isla de Skomer, cerca de la costa de Gales.[28] Los machos y las hembras tienen los mismos colores y una forma similar. Viven en parejas formando nidos dentro de una colonia. Cada pareja proporciona cuidados parentales conjuntos a un único huevo cada año, lo que puede considerarse como una monogamia económica. No obstante, como vimos en el capítulo 5, una pareja que sea monógama económicamente hablando no necesariamente lo es reproductivamente.

Cerca de la colonia existen unas zonas abiertas visibles llamadas arenas, en las que tienen lugar la mayoría de los apareamientos, incluso los de las parejas fijas. En las arenas se llevan a cabo aproximadamente un 75 por ciento de los apareamientos entre individuos emparejados, aunque la pareja comparta un nido en la colonia, y un 87 por ciento de los apareamientos entre individuos no emparejados. Un considerable número de apareamientos entre individuos del mismo sexo también tienen lugar allí (ver p. 214).

Un tercio de las hembras aceptaron los apareamientos fuera de la pareja, mientras dos tercios no. A lo largo de dos años consecutivos, las identidades de las hembras que aceptaban o no apareamientos fuera de la pareja no variaron. De las que los aceptaron, la mayoría consintió en hacerlo con un único macho, y el resto aceptaron apareamientos con dos, tres o hasta siete machos diferentes. El investigador concluyó que existen dos tipos de hembras: dos tercios de hembras «fieles» y un tercio de hembras «promiscuas».

Todos los machos participaban en intentos por aparearse fuera de sus parejas. Los machos que se emparejaban con hembras promiscuas tenían ligeramente más éxito para obtener cópulas extrapareja (CEP) que los machos emparejados con hembras fieles. El

---

[28] Discusión basada en R. Wagner, «The pursuit of extra-pair copulations by monogamous female razorbills: How do females benefit?», *Behav. Ecol. Sociobiol.* 29, 1992, pp. 455-464. (Las citas del texto provienen de esta fuente).

investigador concluyó que todos los machos suelen tontear, pero que solo los mujeriegos suelen emparejarse con ligonas.

¿Por qué se llevó a cabo este estudio? Para descifrar los misterios femeninos. El investigador escribió: «El beneficio de las CEP para los machos es evidente; al fertilizar a un mayor número de hembras, los machos pueden aumentar su éxito reproductivo a expensas de otros machos [...]. Aunque ahora está claro que algunas aves hembra realizan las CEP, no está claro qué beneficios les aportan». La lista de razones hipotéticas por las que una hembra podría querer aparearse con más de un macho incluye querer tener genes estupendos, querer una mayor variedad de genes, almacenar esperma en caso de que uno de los machos resulte ser infértil y probar algún macho por si vale la pena cambiar más tarde. Estas hipótesis asumen que lo único que los tíos aportan son genes.

Pensemos. ¿Podría ser que el apareamiento aporte algo más que la transferencia de esperma? De hecho, ¿por qué se aparean en áreas abiertas incluso en las cópulas dentro de la misma pareja? Para que todo el mundo pueda verlos, ¡no hay duda! Los apareamientos públicos tienen un significado simbólico. Al igual que un observador de aves puede verlas aparearse, los propios pájaros también. No es solo que el apareamiento se realice en público, sino que el acto se lleva a cabo para impresionar. Los alcas hembra son capaces de controlar si hay o no transferencia de esperma. Tienen una cola larga y rígida que deben levantar para que el macho pueda establecer contacto con la cloaca. Las hembras pueden llevar a cabo conductas copulatorias, incluido dejarse montar, aunque a la vez impidan que exista transferencia de esperma. En más de seiscientas CEP, los observadores nunca vieron a un macho obligar a una hembra a levantar su cola para establecer contacto cloacal. Los investigadores concluyeron que los machos «no parecen capaces» de forzar a la hembra a copular. Pero quizá los machos no quieran forzar la cópula. Quizá lo importante es que los vean copular, no que ocurra la transferencia de esperma.

Concentrarse en la transferencia de esperma como objetivo único de la copulación presenta una serie de problemas. Si un macho resulta ser verdaderamente un «cornudo», debería abandonar a su pareja infiel. Los alcas macho no abandonan a sus compañeras, ni las atacan cuando las ven aceptar una CEP. Tampoco reducen sus cuidados parentales en función del grado de promiscuidad de su pareja. ¿Por qué no? ¿No han leído el manual? ¿Consiguen las hembras salirse con la suya sobre algo que los machos deben tolerar a regañadientes?

Hay algo en la historia que no cuadra. Lo que sugiero es que el apareamiento no solo tiene que ver con la transferencia de esperma, sino también con gestionar relaciones. Al aparearse en arenas públicas, tanto los machos como las hembras están anunciando la red de relaciones en las que participan. Dos tercios de las hembras encuentran ventajoso concentrar la paternidad de sus huevos en un solo macho, mientras que un tercio distribuye la probabilidad de la paternidad entre varios machos. Puesto que al aparearse en público este arreglo se ha difundido a los cuatro vientos dentro de la colonia, las relaciones de poder y las alianzas que fluyen en esta red de conexiones también son públicas.

¿Pero por qué algunas hembras quieren distribuir la probabilidad de la paternidad y otras no? ¿Qué implicaciones tiene para las aves una red de relaciones de poder? Como los machos no impiden a las hembras distribuir la probabilidad de la paternidad ni toman represalias, ¿podrían estar también beneficiándose de participar en esta red de alianzas?

Consideremos otra especie colonial, la golondrina bicolor (*Tachycineta bicolor*) de Ontario, Canadá. Al igual que en los alcas, la hembra de la golondrina tiene «dos estrategias alternativas de cópula».[29] También se las estudió para descifrar los misterios femeninos. Los investigadores escribieron: «En un principio centramos toda nuestra atención en los beneficios de los machos [...]. Más tarde nos dimos cuenta de que puede que las hembras no sean meros sujetos pasivos de las CEP». ¡Nunca es demasiado tarde! Los investigadores siguieron: «El conflicto entre el macho fuera de la pareja y el macho emparejado resulta obvio y claro; el macho fuera de la pareja intentará incrementar su éxito reproductivo a un coste

[29] J. Lifjeld y R. Robertson, «Female control of extra-pair fertilization in tree swallows», *Behav. Ecol. Sociobiol.* 31, 1992, pp. 89-96. (Todas las citas del estudio de golondrinas proceden de esta fuente).

relativamente bajo al parasitar los cuidados parentales del macho emparejado, y este intentará blindar su paternidad y evitar cuidar de una progenie con la que no esté emparentado. En el caso de la hembra, su interés no está tan claro». De nuevo, los investigadores admiten no entender del todo a las hembras. También se dedican a denigrar las CEP como si fuesen una forma de robar los cuidados parentales que pertenecen legítimamente al macho emparejado, sin considerar nunca que este pueda estar negociando la probabilidad de la paternidad que aparentemente controla a cambio de ciertos beneficios. La conclusión a la que llegan es: «En algunas especies las hembras buscan activamente las CEP [...], en otras, las hembras en general se resisten a los intentos de cópula de machos con los que no están emparejadas».

Para averiguar la razón por la que las hembras se alejan de los votos matrimoniales, los investigadores intentaron determinar primero si solo son algunas las que lo hacen. Los estudios sobre paternidad utilizando perfiles de ADN demostraron que el 50 por ciento de los nidos contenían uno o más polluelos engendrados por un macho de fuera de la pareja. Además, una nidada con paternidad extrapareja (PEP) no contenía solamente un polluelo «ilegítimo»; el 65 por ciento de los polluelos habían sido engendrados por machos fuera de la pareja. Así, la mitad de las hembras tenían puestas con huevos que no procedían de CEP y la otra mitad pusieron nidadas que contenían una mayoría de huevos fertilizados en apareamientos extrapareja.

En un experimento se permitió a diez hembras que pusieran uno o dos huevos y después retiraron al macho con el que estaban emparejadas (le pegaron un tiro). A la «viuda» la dejaron que encontrara un macho de repuesto. Si la viuda era lo que llamaban una hembra casera, los dos primeros huevos habrían sido engendrados por el macho de la pareja original, pero si la hembra era una *swinger*, los huevos tendrían varios padres. ¿Sería el macho de repuesto el padre de los otros huevos? Las hembras caseras rehusaron copular con el macho de repuesto y utilizaron el esperma almacenado del macho de la pareja para fertilizar los huevos posteriores, de forma que el 78 por ciento de los huevos posteriores fueron engendrados por el macho original, aunque ya hubiese desaparecido. Pero las hembras *swinger* copularon gustosamente con el macho reemplazante y los huevos posteriores fueron fertilizados no por el reemplazante, sino por otros machos vecinos. La *swinger* continuó siéndolo, y su nidada siguió siendo engendrada por múltiples machos, mientras que la hembra casera continuó siendo «fiel» a su compañero de pareja original.

Los investigadores dejan abierta la posibilidad de que los «dos tipos de conducta copulatoria estén motivados por estrategias obligatorias, es decir, que algunas hembras siempre son fieles mientras que otras siempre son promiscuas». Un tercio de los apareamientos extrapareja fueron solicitados por una hembra que voló al nido de otro macho y copuló allí con él, mientras que los restantes dos tercios tuvieron lugar en el nido de la propia hembra con un macho que se acercó a ella. «La habilidad de las hembras para oponer resistencia a las cópulas con eficacia puede explicar por qué es poco común ver intentos forzados de CEP». Por tanto, la responsabilidad de las infidelidades sigue siendo de las hembras que se prestan a jugar.

¿Cómo reaccionan los machos al hecho de que «sus» hembras coqueteen con otros? Los investigadores defienden que vigilar a la pareja no es posible en las especies coloniales porque los machos deben custodiar los nidos y no pueden custodiar a las propias hembras. A cambio, los machos copulan con mucha frecuencia. Ocurren cincuenta cópulas por cada nidada, aunque con una valdría. De acuerdo con esta teoría, las hembras coquetean con otros porque los machos confinados no pueden vigilarlas. A cambio, estos machos se aparean con ellas muchas veces cuando vuelven de sus juergas, con la esperanza de que su esperma supere en cantidad al de cualquier otro macho con el que la hembra haya coqueteado. Sin embargo, los machos no copulan de forma diferente cuando su compañera es una *swinger* o cuando es una hembra casera. Por esta razón, la teoría defiende que «los machos no pueden estar seguros de si sus compañeras son fieles o no».

No debemos olvidar que las cópulas ocurren a la vista de todos: tanto las aves como los observadores humanos pueden verlas. No puedo imaginar por qué los machos no van a estar siempre al tanto de cuál es el historial de copulaciones de sus compañeras.

Además, las cópulas recientes no garantizan la paternidad, puesto que las hembras pueden fertilizar los huevos con esperma que hayan previamente almacenado. Por último, un número importante de CEP ocurren entre individuos del mismo sexo, entre machos (ver p. 214).

Volvemos a tener una historia que no encaja, pues la teoría no explica por qué algunas hembras aceptan los apareamientos fuera de la pareja y otras no. Tampoco por qué a los machos debería importarles más defender el nido, en lugar de vigilar a la hembra, ni por qué parecen indiferentes al hecho de que su compañera sea casera o *swinger*. La pista que se ha pasado por alto es que los machos reemplazantes son de muy poca ayuda, incluso peligrosos. En un nido inalterado, los machos son los que realizan la mitad de los viajes para llevar comida a los polluelos, por lo que macho y hembra comparten a medias la carga. En los nidos en los que se retiró al macho original después de que solo se hubiera puesto un huevo, el macho reemplazante defendió el nido del propietario original, pero solo la mitad de los reemplazantes dieron comida a los polluelos, el resto ignoró completamente las necesidades de alimento de los pollos. En esos casos muchos murieron de hambre porque la hembra no pudo compensar del todo la falta de cooperación del macho.

Algo todavía más drástico fue que si el macho original se retiraba después de la puesta de dos o más huevos, el macho reemplazante mataba directamente a los polluelos. Por tanto, es algo seguro que un macho que se hace cargo de un nido indefenso cuando contiene unos cuantos huevos cometerá infanticidio. La observación del infanticidio en los machos no es nada nuevo. En un estudio pionero realizado hace veinticinco años, la primatóloga Sarah Hrdy demostró que los langures hembra (un mono de la India) reparten la paternidad para conseguir protección ante los machos infanticidas.[30] Sugiero que algunas golondrinas bicolores hembra también reparten deliberadamente la probabilidad de paternidad entre los machos con mayores probabilidades de hacerse cargo del

---

[30] S. Hrdy, *The Langurs of Abu: Male and Female Strategies of Reproduction*, Harvard University Press, 1977.

nido en caso de que el macho original desaparezca. Una hembra puede colocar toda la probabilidad de paternidad en el macho propietario del nido si percibe que este no se va a morir, que no es probable que sea desalojado y si quiere obtener la máxima ayuda parental posible de su parte.[31] O puede repartir la probabilidad de paternidad entre los machos que más probablemente se harán cargo del nido si el riesgo de perder a su compañero le parece elevado, garantizando así la seguridad de sus crías.

Ahora bien, el macho del nido puede incluso aceptar que «su» hembra reparta la probabilidad de paternidad a machos vecinos. Si es probable que sus vecinos sean padres de algunos huevos de su nido, serán menos propensos a desalojarle o a matar a los polluelos si él muere. No importa cuántas veces los biólogos digan que la única meta de un macho es fertilizar el máximo número posible de huevos: el macho también tiene interés en que el máximo número de polluelos salgan del cascarón. Los cuidados parentales de un macho no tienen por qué estar restringidos a proveer de alimento a los polluelos, sino que pueden extenderse a ceder cierto grado de paternidad para asegurar la supervivencia de los pollos a los que está ayudando a alimentar. El reparto de la paternidad que hace la hembra entre los machos podría consistir en un «incentivo pacificador» para conseguir protección para la nidada, un coste doméstico con el que el macho original está de acuerdo. Por supuesto, el macho intentará seguramente minimizar este coste copulando a menudo con la hembra cuando vuelve de sus excursiones, pero monitorizar el movimiento de efectivo es distinto a intentar cerrar una cuenta.

No es necesario pensar en las golondrinas bicolores hembra como si fueran chicas de un coro de iglesia que honran sus votos maritales o como mujeres libertinas que engañan a sus maridos. Simplemente pueden ser parte de un sistema social que intenta sacar adelante a las crías, en el que el apareamiento se distribuye

---

[31] No encuentro ninguna explicación a por qué una pareja «fiel» sigue siéndolo una vez que su compañero ha muerto. Se necesitarán futuras investigaciones para confirmar este informe y para averiguar durante cuánto tiempo siguió utilizando el esperma del compañero y si el cortejo con otros machos le supuso algún coste.

para conseguir equilibrar, por una parte, el peligro del poder de los machos y, por otra, el beneficio que supone su inversión parental, todo con la connivencia de los propios machos. De este modo, el sistema social desvincula la monogamia económica —un macho y una hembra trabajando juntos para alimentar a las crías en un nido— de la monogamia reproductiva (se puede comparar con el debate del capítulo 5 sobre esta desvinculación en la golondrina de los acantilados, estrechamente emparentada con la bicolor).

En términos más generales, lo que estoy sugiriendo es que las hembras eligen públicamente a sus compañeros de apareamiento como una forma de gestionar las relaciones genéticas de su prole. Las hembras garantizan a sus crías una cierta seguridad comprándoles un carné de socio en el club de los viejos genes y eligen a sus compañeros fuera de la pareja con el tácito consentimiento de su compañero. Las hembras no eligen machos que supuestamente tienen «genes estupendos», sino machos con genes bien conectados. En la jerga genética, lo que a las hembras les preocupa es la identidad genética por descendencia, no la identidad genética por estado. Cuando una hembra elige a un macho que tiene un color especial en la cola, no lo hace guiada por algún tipo de moda, sino que está dotando a sus descendientes con un marcador corporal que tiene un poder cultural heredado, como la nariz de los Tudor.

Por consiguiente, Darwin iba mal encaminado en lo que respecta a su conceptualización de la elección de pareja en las hembras. Los góbidos de arena y los acentores alpinos demuestran que los machos dominantes no tienen mejores genes que los subordinados, por lo menos según un sistema métrico conocido (como el peso y la vitalidad de los polluelos). Los góbidos de arena y los tordos demuestran que las hembras no eligen a los machos por sus genes, sino por la probabilidad de que vayan a proporcionar a la prole cuidados parentales: las hembras están intentando evitar a los padres negligentes. Los acentores alpinos y las golondrinas bicolores nos sugieren que las hembras pueden estar seleccionando machos con el fin de distribuir las probabilidades de paternidad, para así equilibrar el aliciente que tiene para un macho aportar cuidados parentales con el riesgo de que ella anide crías de otros machos.

Las libélulas nos revelan que las hembras pueden ajustar su apariencia de género para controlar el número de avances de los machos. Los estorninos carunculados hembra, la reinita encapuchada, los renos hembra y otras hembras con ornamentos sugieren que la utilización de símbolos asociados a la apariencia de género también se da entre vertebrados para regular la frecuencia de los avances de los machos.

Se ha demostrado que las lagartijas de costado manchado hembra pueden variar el tamaño de la familia modificando el tamaño de los huevos, lo que sugiere que el tamaño de la familia se establece para ajustar las expectativas a la baja de la hembra sobre la inversión parental del macho. El cortejo no tiene entonces que ver con que un macho promocione sus genes ante una hembra, sino con una negociación sobre el grado de cuidados parentales que proporcionará, así como con la valoración de la hembra sobre la credibilidad de la promesa del macho. Para llevar a cabo esta evaluación, es posible que la hembra requiera los servicios de un agente matrimonial que testifique en nombre del macho. Los morfos cooperadores del pez luna y de los combatientes son aparentemente géneros masculinos que evolucionaron para satisfacer esta necesidad de un intermediario, sugiriendo que ha sido la elección de la hembra la que ha contribuido a que evolucione una multiplicidad de géneros en los machos.

Esta sofisticada constelación de decisiones que toman las hembras acerca de los machos va mucho más allá de la conceptualización simplista que Darwin fomentó al decir que lo que las hembras buscan es un machote con buenos genes.

08

Sexualidad entre individuos del mismo sexo

La puntilla que termina por llevar a la tumba la teoría de la selección sexual de Darwin es el descubrimiento en la naturaleza de numerosos casos de sexualidad entre individuos del mismo sexo. Según Darwin, la homosexualidad es imposible porque el objetivo de aparearse es transferir esperma para producir descendencia, y un apareamiento homosexual no puede producirla. Por tanto, si se descubre un caso de homosexualidad y uno quiere preservar la teoría de la selección sexual, necesitará recurrir a diversas florituras. Lo primero que afirman los biólogos es que la homosexualidad es un error o, si no un error, algún tipo de artificio enrevesado e indeseable. Por otra parte, si las cópulas sirvieran tanto para gestionar las relaciones como para transferir esperma, no tendrían que limitarse a los encuentros entre individuos de sexos distintos. Es decir, el apareamiento no es lo mismo que la reproducción, y ambas actividades se encuentran a menudo desconectadas. Pero nos estamos adelantando... Repasemos primero la sexualidad entre vertebrados del mismo sexo y veamos después sus implicaciones.

La negación de los científicos

En el año 2000 un reconocido académico resumió toda su vida como profesional en un libro sobre la biología de los cíclidos de agua dulce. «Cuando los animales tienen acceso a miembros del sexo opuesto —escribió—, la homosexualidad es prácticamente inexistente en la naturaleza, con alguna excepción entre los primates».[1] No obstante, ya hemos visto muchos casos de peces, incluidos los cíclidos (ver capítulo 6), en los que se da el cortejo entre individuos del mismo sexo, con contacto genital. Además, un año antes, un joven investigador, que resultó ser gay, había publicado un libro de cinco centímetros de lomo y 751 páginas en el que revisaba el tema del cortejo entre individuos del mismo sexo, con contacto genital inclusive, en más de trescientas especies de vertebrados.[2] Todos los casos provenían de artículos científicos revisados por pares, con sus referencias detalladas.

¿Cómo puede ser que un científico afirme que la homosexualidad en los animales es casi inexistente y que otro demuestre que es tan común? Quizá esta diferencia de opinión respecto a los hechos refleje una simple diferencia en cuanto a experiencia. Algunas especies incorporan la homosexualidad en sus vidas sociales, otras no, y quizá las diferentes conclusiones reflejen una diferencia fundamental en las formas de estudiarla. Puede ser que los dos científicos, de forma inocente pero equivocada, estén generalizando en exceso. Aun así, el silencio científico que rodea la homosexualidad en animales funciona como una cortina de humo, deliberada o no.

¿Por qué iban a querer los científicos encubrir la homosexualidad en animales? Quizá algunos sean homófobos y se nieguen siquiera a aceptar su existencia, mientras que otros puede que se avergüencen o teman que alguien sospeche que son gais si hablan bien sobre la homosexualidad. Algunos puede que piensen que los comportamientos homosexuales son evolutivamente imposibles y que duden de lo que ven al observarlos. Una última posibilidad es que no estén de acuerdo con que la homosexualidad tenga una importancia teórica. «¿Vale la pena que publique un artículo sobre esto? ¿Me va a ayudar a conseguir ese puesto?». En realidad, la homosexualidad en animales tiene una importancia excepcional y supone un desafío para las premisas básicas de la biología evolutiva.

---

[1] G. Barlow, *The Cichlid Fishes*, Perseus, 2000, p. 145.

[2] B. Bagemihl, *Biological Exuberance: Animal Homosexuality and Natural Diversity*, St. Martin's Press, 1999. Bagemihl, desconocido en su mayor parte por los biólogos, se doctoró en Lingüística por la Universidad de Columbia Británica.

Para contrarrestar esta sospecha de encubrimiento, los científicos deben empezar a contar la verdad y las organizaciones que divulgan la naturaleza a la sociedad tienen que ofrecer un retrato veraz. Tienen la responsabilidad de refutar las afirmaciones de que la homosexualidad es antinatural. El abandono de esta responsabilidad ha causado importantes sufrimientos y persecuciones a las personas homosexuales, además de una baja autoestima y una devaluación de su dignidad personal. Ocultar la historia completa del género y la sexualidad niega a las personas diversas su derecho a sentirse en armonía con la naturaleza y relega la protección a un movimiento de nicho: la política de una identidad privilegiada.

¿Qué tipo de historias deberían exhibir los museos o los documentales sobre naturaleza para referirse al cortejo entre individuos del mismo sexo? Las historias podrían empezar con el cortejo que ya hemos visto entre miembros de géneros visiblemente distintos. Estos cortejos son homosexuales, pero entre distintos géneros. ¿Puede ocurrir también el cortejo, incluido el contacto genital, entre animales que pertenecen al mismo sexo *y* al mismo género? Puede que estos animales sean considerados como «gais», es decir, tanto homosexuales como homogénero. Veamos cómo es una de estas especies.

Lagartijas lesbianas

Recordemos una especie compuesta solo por hembras: las lagartijas cola de látigo del suroeste americano y de Hawái (capítulo 1). Podríamos pensar que una especie que se reproduzca por clonación no se molesta en cortejar. Después de todo, ¿qué es más fácil que poner un huevo que no necesita ser fertilizado? Nada de preocuparse de conseguir a un macho por su esperma, nada de angustias en la relación, ni tener que pelearse con alguien por el mando a distancia. Y sin embargo, las hembras de las lagartijas de esas especies, antes de poner los huevos, pasan por un elaborado cortejo que incluye el contacto genital.

En las especies comunes de lagartijas cola de látigo americanas, como la *Cnemidophorus inornatus*, el macho comienza el cortejo agarrando la pata trasera o la cola de la hembra con la boca. Si no es rechazado, cambia de sitio, le muerde la nuca, la monta y envuelve su cola alrededor de la de ella. Las lagartijas macho tienen el pene en forma de Y para que el animal pueda montar desde la derecha o la izquierda. El macho envuelve a la hembra con su cuerpo, adoptando una postura de rosquilla, y everte uno de sus hemipenes dentro de la cloaca de la hembra, tras lo cual tiene lugar la penetración.

El cortejo en una especie asexual es prácticamente igual.[3] Una de las dos hembras copia el papel del macho hasta el mínimo detalle. Una hembra que se encontraba montando a otra fue vista incluso evertiendo su región cloacal para que entrara en contacto con el área cloacal de la hembra a la que montaba. La actuación sexual entre lagartijas cola de látigo hembra no es una imitación chapucera del cortejo entre un macho y una hembra, un comportamiento reminiscente de algún ancestro, sino que se trata de un ritual sexual intrincado y finamente pulido.

Cuando dos hembras se encuentran en la misma jaula suelen terminar alternando rápidamente sus ciclos hormonales.[4] Cuando una entra en un ciclo de estradiol alto, sus huevos maduran y asume el papel de hembra en el cortejo. Al mismo tiempo, la otra entra en un ciclo alto de progesterona (no de testosterona) y adopta el papel de macho. Unas semanas más tarde, cambian los papeles al cambiar sus ciclos hormonales.

¿Por qué razón las hembras asexuales se molestan en realizar este ritual tan elaborado? Una sugerencia es que están evolutivamente atascadas en él. Se dice que una hembra «depende» de los machos para excitarse, por lo que, cuando no hay machos, alguna tiene que dar el paso y tomar las riendas. Las especies asexuales no han tenido tiempo de evolucionar hasta el punto de perder una

---

[3] D. Crews y K. Fitzgerald, «'Sexual' behavior in parthenogenetic lizards *(Cnemidophorus)*», *Proc. Nat. Acad. Sci. (USA)* 77, 1980, pp. 499-502; ver también las ilustraciones de cómo tiene lugar el cortejo en D. Crews, «Courtship in unisexual lizards: A model for brain evolution», *Scientific American* 257 (6), 1987, pp. 116-121.

[4] L. Young y D. Crews, «Comparative neuroendocrinology of steroid receptor gene expression and regulation: Relationship to physiology and behavior», *Trends in Endocrinology and Metabolism* 6, 1995, pp. 317-323.

indeseada dependencia.[5] Aun así, está claro que las hembras asexuales se benefician de copular entre sí. En la naturaleza ponen una media de 2,3 lotes de huevos cada estación. Si una hembra se encuentra sola en su instalación, pone solo 0,9 lotes. Si está con otra cuyo estado hormonal la lleva a comportarse como un macho, pone 2,6 lotes durante la época reproductora.

La copulación entre hembras asexuales fue observada en tres especies de lagartijas cola de látigo, la de Arizona (*Cnemidophorus inornatus*) y dos de Colorado (*Cnemidophorus velox* y *Cnemidophorus tesselatus*), aunque en la de Arizona hubo más noviazgos que en las de Colorado. El informe original recibió críticas porque «no existían pruebas de que tuvieran lugar regularmente actividades homosexuales».[6] Pero los críticos llegaron a confirmar que habían ocurrido montas entre individuos del mismo sexo en cuatro especies asexuales, y revelaron además que, en especies sexuales, las hembras montaban a otras hembras y los machos a otros machos. Otra crítica distinta mantenía que el cortejo entre individuos del mismo sexo había ocurrido solo en el laboratorio, no en situaciones de campo. Pero los datos demostraban que las hembras asexuales que vivían en su hábitat natural tenían marcas con forma de V en los lados idénticas a las que tienen las hembras sexuales, causadas por los mordiscos de los machos durante el cortejo.[7] Resulta obvio que las lagartijas asexuales también participan en apareamientos con el mismo sexo en su hábitat, al igual que las lagartijas que viven en laboratorio.

Así pues, parece que las lagartijas hembra asexuales disfrutan de este tipo de cortejo una con otra y se benefician de ello reproductivamente. ¿Expresa este beneficio una dependencia fisiológica a la que están atadas debido a la evolución? ¿Es su cortejo el equivalente conductual a la inutilidad de nuestro propio apéndice? Consideremos otra posibilidad...

---

[5] D. Crews, M. Grassman y J. Lindzey, «Behavioral facilitation of reproduction in sexual and unisexual whiptail lizards», *Proc. Nat. Acad. Sci.* (USA) 83, 1986, pp. 9547-9550.

[6] C. Cole y C. Townsend, «Sexual behaviour in unisexual lizards», *Anim. Behav.* 31, 1983, pp. 724-728.

[7] D. Crews y L. Young, «Pseudocopulation in nature in a unisexual whiptail lizard», *Anim. Behav.* 42, 1991, pp. 512-514.

Las lagartijas hembra asexuales muestran comportamientos sociales y viven en sistemas sociales, no son robots clonales que llevan vidas solitarias y ponen huevos en solitario. Quizá formen vínculos de pareja. Como poco, dos hembras que entran en ciclos hormonales de forma alternante tienen algo entre ellas. Distintos informes revelan que también tienen otras formas de cooperación.

Un grupo de investigadores recolectó lagartijas cola de látigo asexuales de Nuevo México y Colorado junto con lagartijas sexuales de Nuevo México y las criaron en instalaciones al aire libre en Oklahoma.[8] Durante la noche solían estar en las madrigueras y por el día salían a buscar comida. Las lagartijas cola de látigo no son territoriales, están en constante movimiento buscando comida, y se las denomina «buscadoras» para diferenciarlas de otro tipo de lagartijas que practican la estrategia de «sentarse y esperar», alimentándose solo dentro de los confines del territorio que defienden. Mientras exploraban en búsqueda de alimento durante el día, las lagartijas sexuales mostraron cuatro veces más agresividad hacia otros congéneres que las lagartijas asexuales. La especie sexual tuvo un mayor número de peleas y más persecuciones por intentar robarse unas a otras la comida. Asimismo, desarrollaron una jerarquía de dominancia más rígida.

Un interesante experimento dividió esta mayor agresividad de las especies sexuales en dos componentes. Las lagartijas asexuales están más estrechamente emparentadas entre sí que las sexuales debido a su reproducción clonal, por lo que se cree que cooperan más. Por otro lado, entre las lagartijas asexuales no existen machos. Es posible que la presencia de machos en las especies sexuales cause niveles de agresividad más elevados. Por tanto, ¿es su buena disposición a llevarse bien unas con otras el resultado de estar emparentadas (efecto parentesco) o de no tener machos alrededor creando problemas (efecto macho)? El estudio demostró que ambas razones son importantes.

---

[8] B. Leuck, «Comparative burrow use and activity patterns of parthenogenetic and bisexual whiptail lizards (*Cnemidophorus*: Teiidae)», *Copeia*, 1982, pp. 416-424; B. Leuck, «Comparative social behavior of bisexual and unisexual whiptail lizards (Cnemidophorus)», *J. Herpetology* 19, 1985, pp. 492-506.

Pero ¿son solo estas dos razones las que explican la vida pacífica de las lagartijas cola de látigo asexuales? ¿O la paz viene de que las hembras formen vínculos de pareja durante el cortejo? Una pista interesante de que los vínculos de pareja realmente existen proviene de la observación de que las hembras asexuales suelen compartir madriguera, duermen juntas en el mismo agujero bajo tierra. Esta cohabitación se observó solamente una vez en las lagartijas sexuales, y fue entre una pareja macho-hembra. Por tanto, las hembras asexuales puede que tengan una relación más cooperativa aún de la que podría explicarse por el parentesco y la ausencia de machos, un grado de cooperación extra que resulta de haber establecido vínculos de pareja durante el cortejo.[9]

Los abundantes estudios sobre cortejo entre individuos del mismo sexo en especies de lagartijas donde todas son hembras eclipsan los casos de cortejo entre individuos del mismo sexo en especies de lagartijas en las que hay dos sexos. Aunque se conoce mucho menos, se ha descrito la monta entre individuos del mismo sexo en la lagartija corredora común (*Ameiva chrysolaema*); en seis especies de lagartos anolis (*Anolis carolinensis*, *A. cybotes*, *A. garmani*, *A. inaguae*, *A. porcatus* y *A. sagrei*) de Cuba, República Dominicana y Jamaica; en la lagartija espinosa de pradera (*Sceloporus undulatus*); en la lagartija manchada norteña (*Uta stansburiana*); y en escíncidos, gecos y perritos de costa.[10]

---

[9] Las otras lagartijas asexuales mencionadas antes, los gecos de Hawái, también participan en apareamientos con individuos del mismo sexo. Aunque no se han estudiado en detalle, existen fotografías de cópulas entre individuos del mismo sexo. Y. Werner, «Apparent homosexual behavior in an all-female population of a lizard, *Lepidodactylus lugubris*, and its probable interpretation», *Z. Tierpsychol.* 54, 1980, pp. 144-150; M. J. McCoid y R. A. Hensley, «Pseudocopulation in *Lepidodactylus lugubris*», *Herpetological Review* 22, 1991, pp. 8-9.

[10] G. K. Noble y H. T. Bradley, «The mating behavior of lizards: Its bearing on the theory of sexual selection», *Annals of the New York Academy of Sciences* 35, 1933, pp. 25-100; R. L. Trivers, «Sexual selection and resource-accruing abilities in the *Anolis garmani*», *Evolution* 30, 1976, pp. 253-269; y Bagemihl, *Biological Exuberance*, 1999, pp. 657-658, con referencias.

Adornos en las aves

En Estados Unidos, el lugar de donde surge la mayor cantidad de investigaciones científicas del mundo, resulta difícil encontrar información sobre cortejo entre individuos del mismo sexo debido a la fría actitud que hay sobre el tema. El propio Congreso de Estados Unidos se ha inmiscuido. En 1992, un estudio sobre los hábitos sexuales de los norteamericanos para ayudar a prevenir la propagación del sida fue paralizado por el senador Jesse Helms, de Carolina del Norte, y el diputado William Dannemeyer, de California. Helms tildó el estudio como una agenda «gay oculta» e insistió en que el dinero debería utilizarse para promover la abstinencia sexual fuera del matrimonio. Al final, los científicos consiguieron sacar adelante las investigaciones con fondos privados.[11] La censura no llegó a tener éxito, pero, por supuesto, la información para detener la difusión del sida —tanto en parejas heterosexuales como gais— se retrasó. Los dos estudios sobre cortejo entre individuos del mismo sexo en aves que vamos a ver a continuación se realizaron en ambientes en los que la homosexualidad no está tan estigmatizada. La actitud distante que existe en América sobre este tema hace que los americanos sean los últimos en enterarse de lo que pasa.

Existe un ave magnífica de gran tamaño, conocida como calamón común (*Porphyrio porphyrio*) en Estados Unidos y como calamón takahe en Nueva Zelanda. De un profundo y casi iridiscente azul índigo, tiene un gran y robusto pico rojo escarlata y patas de un rojo anaranjado. En Estados Unidos habita en Luisiana, pero puede encontrarse también en el sur de Europa, en África, India, Australia y en Nueva Zelanda. En este país son muy abundantes y se piensa que fueron introducidos hace unos mil años. Se alimentan de la vegetación de marismas y carrizales, así como de insectos, ranas, pequeñas aves y huevos; son bastante omnívoros. Últimamente, cada vez es más común encontrarlos muertos en las cunetas, atropellados por coches mientras se alimentan.

El calamón takahe disfruta de noviazgos entre individuos del mismo sexo y de sexos distintos. Un estudio realizado al norte de

[11] J. Terry, «'Unnatural acts' in nature», *GLQ* 6, 2000, pp. 151-203, esp. 192, n. 59.

Auckland, Nueva Zelanda, documentó el contexto en el que ocurrían los cortejos del mismo sexo.[12] El apareamiento macho-hembra suele incluir tres pasos: (1) un macho se acerca muy recto a una hembra y emite una ruidosa llamada parecida a un zumbido agudo; (2) la hembra adopta una postura encorvada, permitiendo que el macho se suba a su espalda, y (3) levanta la cola cuando el macho acerca su cloaca a la suya para que tenga lugar la transferencia de esperma.[13] El apareamiento macho-macho o hembra-hembra es idéntico al que acabo de describir en los tres pasos, siendo la única diferencia el sexo de los individuos. Las observaciones realizadas en el transcurso de tres años revelaron 555 apareamientos entre individuos de sexos distintos, 29 apareamientos hembra-hembra y 12 apareamientos macho-macho.[14] Por tanto, un 10 por ciento de los apareamientos ocurren entre individuos del mismo sexo.

¿Cómo sucedieron los apareamientos hembra-hembra? Dentro de un grupo reproductivo de dos hembras y dos o tres machos, los dos sexos mantienen jerarquías de dominancia separadas. En diecisiete ocasiones una hembra alfa se acercó a una beta estando las dos solas y se aparearon. En nueve ocasiones, la hembra alfa se acercó a una beta que estaba siendo cortejada por machos en ese momento; la hembra alfa se adelantó corriendo a los machos y montó a la beta antes que ellos. Tres veces, siempre con la misma hembra, esta evitó a los machos que la cortejaban y corrió hacia la otra hembra iniciando con ella el cortejo. Los machos, a continuación, prestaron más atención a esta hembra.

¿Y cómo transcurren los apareamientos macho-macho? Fueron machos dominantes los que iniciaron los doce casos, aunque solo en dos los machos se acercaron en una posición erguida al macho beta. En los restantes diez casos, el macho dominante corrió a colocarse delante del macho subordinado y adoptó una postura encorvada. En estos casos, el macho subordinado estaba cortejando a alguna hembra; paró y montó al macho dominante.

---

[12] I. Jamieson y J. Craig, «Male-male and female-female courtship and copulation behaviour in a communally breeding bird», *Anim. Behav.* 35, 1987, pp. 1251-1253.

[13] J. Craig, «The behavior of the pukeko», *New Zealand J. Zoology* 4, 1977, pp. 413-433.

[14] Jamieson y Craig, «Male-male and female-female courtship and copulation behaviour in a communally breeding bird», 1987.

Solo algunos individuos participaron en los apareamientos con el mismo sexo. Fueron los mismos tres machos alfa de un total de nueve los que iniciaron casi todos los apareamientos macho-macho, y tres hembras las que comenzaron los apareamientos hembra-hembra.

¿Qué significado tienen estos apareamientos entre individuos del mismo sexo? Consideremos la circunstancia de que un macho alfa se interponga en un apareamiento de un macho beta y una hembra y copule con el macho beta. Un defensor de la competición se apresuraría a concluir que el macho alfa está utilizando el apareamiento con el mismo sexo como táctica para impedir que el macho beta se aparee con una hembra, asegurándose así que su esperma será el elegido. Sin embargo, los investigadores están en contra de esta teoría porque advierten que a menudo los machos dominantes ignoran por completo los apareamientos de los subordinados y no intentan interrumpirlos. Además, la postura encorvada utilizada por el macho dominante para solicitar aparearse con el beta también se utiliza fuera del cortejo como señal para reducir la agresividad después de un conflicto territorial. Así pues, la conducta de solicitar aparearse podría tener un significado social al reducir la hostilidad y no tener nada que ver con la competición por quién fertiliza más.

Fijémonos ahora en los apareamientos hembra-hembra. Apenas se dan interacciones agresivas entre calamones takahe, y las hembras no atacan los huevos de otras, como sí hacen algunas aves que viven en colonias. Los investigadores han planteado la posibilidad de que la hembra alfa esté comunicando a la beta cuántos huevos poner, de forma que el número total de la puesta sea manejable dentro del grupo. Los apareamientos hembra-hembra tuvieron lugar solo cuando estaba a punto de suceder la puesta, mientras que los apareamientos macho-hembra ocurrieron casi dos meses antes. Por tanto, los apareamientos hembra-hembra ocurren cuando se está decidiendo el tamaño total de la nidada y cuando comunicarlo marcará la diferencia.

Por último, los investigadores señalaron la ausencia de agresividad entre las hembras y los machos que se encuentran en época reproductiva en un sistema tan social como el de los calamones takahe y el papel relevante que tienen los apareamientos entre individuos del mismo sexo.

El segundo estudio se centra en el ostrero euroasiático (*Haematopus ostralegus*), una llamativa ave marina costera, limícola, de cuerpo blanco y negro, con un largo pico naranja, patas rosadas y ojos rojos, que suele verse en las marismas. La mayoría de los ostreros cría en parejas macho-hembra económicamente monógamas, con cierto grado de paternidad repartida a causa de divorcios y copulaciones extrapareja. La hembra pone tantos huevos que los dos miembros de la pareja deben cuidar de los pequeños, pues, de no hacerlo, los polluelos sufren.[15]

Sin embargo, en un lugar de los Países Bajos donde los estudiaron intensamente desde 1983 hasta 1997, un 2,5 por ciento de los grupos reproductores estaban formados por un macho y dos hembras. En sí mismo este agrupamiento no llama especialmente la atención, pues la poliginia es, después de todo, uno de los sistemas de apareamiento más comunes en la naturaleza. Lo que resulta extraordinario es que estos tríos adopten distintas formas: una agresiva y otra cooperativa. En el trío agresivo las hembras compiten entre sí, defendiendo cada una su propio nido, mientras que el macho defiende un territorio que abarca a las dos hembras. En el trío cooperativo las dos hembras comparten un nido poniendo huevos juntas, defendiéndolo los tres y criando a los polluelos al unísono.[16]

Aproximadamente un 60 por ciento de los tríos son agresivos. Durante la temporada reproductora, las hembras muestran algún tipo de interacción agresiva con otras hembras cada dos minutos. Suelen poner los huevos con dos semanas de separación. El macho contribuye con el máximo de cuidados parentales en el nido

---

[15] M. P. Harris, «Territory limiting the size of the breeding population of the oystercatcher *(Haematopus ostralegus)*—a removal experiment», *J. Anim. Ecol.* 39, 1970, pp. 707-713; B. J. Ens, K. B. Briggs, U. N. Safriel y C. J. Smut, en J. D. Goss-Custard (ed.), *The Oystercatcher: From Individuals to Populations*, Oxford University Press, 1996, pp. 186-218.

[16] D. Heg y R. van Treuren, «Female-female cooperation in polygynous oystercatchers», *Nature* 391, 1998, pp. 687-691. Los estudios fueron realizados en la reserva Natuurmonumenten, en Schiermonnikoog.

de la hembra que puso los huevos en primer lugar. El resultado neto es una producción menor de polluelos. La atención del macho se encuentra dividida en dos nidos, por lo que uno permanece desprotegido largos periodos de tiempo y ninguno recibe suficiente tiempo de incubación para mantener la temperatura correcta para un desarrollo adecuado.

El restante 40 por ciento de los tríos son cooperativos. Las hembras se aparean entre sí una vez cada seis o siete horas y no muestran ningún tipo de conducta agresiva como las que suelen ocurrir en los tríos agresivos. La hembra alfa se aparea con el macho cada tres horas, y la beta cada cinco. Por tanto, las hembras se aparean entre sí ligeramente menos que con el macho. Las hembras alternan continuamente el papel de montar o ser montada, por lo que ninguna puede identificarse como detentora del «papel» de macho o hembra. También se sientan y acicalan las plumas juntas. Ponen los huevos con un día de separación, colocándolos en su nido común. Aunque los tríos cooperativos podrían parecer ventajosos, en general el arreglo dista mucho de ser perfecto. Las aves tampoco son tan grandes y solo pueden empollar cuatro huevos, por lo que no todos podrán desarrollarse al no contar con el suficiente calor. El resultado neto es que los tríos cooperativos producen más polluelos que los agresivos, pero menos que una pareja macho-hembra económicamente monógama.

La conclusión de los investigadores es que se forman los tríos porque las hembras se están posicionando para obtener un territorio el año siguiente. Debido a la elevada abundancia de ostreros, una propiedad es algo muy buscado. Una hembra que forme parte de un trío tendrá más posibilidades de cambiarse a una relación monógama al año siguiente que una hembra que no forme parte de ningún grupo reproductivo. Estar en un trío es mejor que no estar en ningún grupo. Una pareja monógama es la mejor de las opciones, y siempre resulta más efectivo estar en un trío cooperativo que en uno agresivo.

El papel de las cópulas entre individuos del mismo sexo hembra en los tríos cooperativos es promocionar la cooperación para ayudar a fortalecer y reforzar el vínculo. La copulación con el mismo sexo puede ser también el mecanismo que lleve a que las hembras pongan los huevos al mismo tiempo, no dos semanas después. Por tanto, la copulación con el mismo sexo forma parte del repertorio social normal de los ostreros, y aunque no se utilice con frecuencia, posee un valor incalculable.

Un sondeo sobre animales con apareamientos entre individuos del mismo sexo descubrió noventa y cuatro descripciones en aves.[17] Completemos lo visto hasta ahora con otros ejemplos. Los gansos comunes (*Anser anser*) son bien conocidos por ser el ejemplo en aves del ideal social humano de una unión para toda la vida. Suelen vivir veinte años y el vínculo de pareja dura más de una década. Las uniones entre ocas gais también son estables. Casi un 15 por ciento de las parejas están formadas por dos machos, y algunas pueden permanecer juntas hasta quince años. Se han registrado casos en los que un macho parecía estar «apenado» después de la muerte de su compañero; se mostraba abatido e indefenso, al igual que sucede entre compañeros de sexos distintos cuando uno de los dos fallece. Los gansos a veces forman tríos que son la cara opuesta de la de los ostreros: una hembra se une a una pareja de machos y el trío saca adelante a una familia.[18]

Los cisnes (*Cygnus atratus*) también forman parejas macho-macho estables que duran muchos años. A veces, los cisnes gais llegan incluso a criar polluelos juntos como pareja. Una hembra se asocia temporalmente con una pareja macho-macho, se aparea con ellos y deja los huevos a su cuidado. A continuación, los dos miembros de la pareja se convierten en progenitores de los huevos, y suelen tener más éxito que una pareja macho-hembra, pues tienen acceso a mejores lugares de nidificación y territorios, y comparten la carga de trabajo de forma más equitativa que las parejas heterosexuales. Un 80 por ciento de las parejas de cisnes gais consigue que sus polluelos echen las plumas, en comparación con el 30 por ciento de las parejas hetero.[19]

---

[17] Bagemihl, *Biological Exuberance*, 1999, pp. 479-655.

[18] R. Huber y M. Martys, «Male-male pairs in greylag geese *(Anser anser)*», *J. Ornithologie* 134, 1993, pp. 155-164.

[19] L. W. Braithwaite, «Ecological studies of the black swan: III. Behavior and social organization», *Australian Wildlife Research* 8, 1981, pp. 135-146.

El supuesto «misterio» que rodea el hecho de que los alcas comunes hembra (*Alca torda*) participen en cópulas extrapareja (CEP) ya se ha mencionado antes (ver capítulo 7). El «misterio» se hace más profundo porque los machos solicitan varias CEP a otros machos, no solo a las hembras. Del total de apareamientos fuera del vínculo de la pareja, un 41 por ciento son entre machos, lo que constituye un 18 por ciento de *todas* las montas, incluidos los apareamientos entre machos y hembras dentro de la misma pareja. Casi dos tercios del total de machos montan a otros machos (una media de cinco compañeros por vez, y un máximo de dieciséis), y más del 90 por ciento de los machos son objeto de montas por parte de otros machos. Por tanto, las CEP de los machos se reparten tanto entre machos como entre hembras.[20]

La garceta azul (*Egretta caerulea*) y la garza bueyera (*Bubulcus ibis*) también tienen cópulas extrapareja entre individuos del mismo sexo: aproximadamente un 5 por ciento de las CEP son apareamientos entre dos machos.[21]La gaviota de Delawere, la gaviota común, la gaviota occidental, la gaviota tridáctila, la gaviota plateada, la gaviota argéntea, la gaviota reidora, la gaviota reidora americana, la gaviota marfil, la pagaza piquirroja y el charrán rosado ofrecen una gran variedad de tipos de parejas mixtas entre individuos del mismo sexo y de sexos diferentes, todos facilitados por cópulas entre individuos del mismo sexo y de diferente sexo.[22] En algunas especies, hasta un 20 por ciento de todas las parejas están compuestas por dos machos. A veces se dan tríos con dos hembras emparejadas y un macho; la presencia del macho puede ser temporal, permitiendo a la pareja lesbiana criar a los polluelos por su cuenta. Por el contrario, en otras especies los tríos de dos machos emparejados con una hembra pueden terminar con la

---

[20] R. H. Wagner, «Male-male mountings by a sexually monomorphic bird: Mistaken identity or fighting tactic?», *J. Avian Biology* 27, 1996, pp. 209-214.

[21] M. Fujioka y S. Yamagishi, «Extramarital and pair copulations in the cattle egret», *Auk* 98, 1981, pp. 134-144; C. Ramo, «Extra-pair copulations of gray herons nesting at high densities», *Ardea* 81, 1993, pp. II5-20; D. F. Werschkul, «Nesting ecology of the little blue heron: Promiscuous behavior», *Condor* 84, 1982, pp. 381-384.

[22] Los respectivos nombres científicos de estos pájaros son: *Larus delawarensis, Larus canus, Larus occidentalis, Rissa tridactyla, Larus novaehollandiae, Larus argentatus, Larus ridibundus, Larus atricilla, Pagophila eburnea, Sterna caspia* y *Sterna dougallii.*

partida de esta última, permitiendo que la pareja gay críe a los polluelos sola.[23]

En relación con el «misterio» de por qué las hembras participan en cópulas extrapareja, nos hemos referido ya a la golondrina bicolor (*Tachycineta bicolor*) (ver capítulo 7). En esta especie, algunas CEP ocurren entre machos.[24] En el herrerillo común (*Parus caeruleus*), las parejas están formadas ocasionalmente por dos hembras. Ambas incuban los huevos que solo una de ellas ha puesto, y suelen ser huevos infértiles. En esta especie, las parejas del mismo sexo solo se dan esporádicamente.[25] En el perico de frente naranja (*Aratinga canicularis*), las parejas suelen estar formadas un 50 por ciento de las veces por individuos del mismo sexo, tanto hembras como machos.[26]

---

[23] M. R. Conover y G. L. Hunt Jr., «Female-female pairings and sex ratios in gulls: A historical perspective», *Wilson Bulletin* 68, 1984, pp. 232-238; M. R. Conover y G. L. Hunt Jr., «Experimental evidence that female-female pairs in gulls result from a shortage of males», *Condor* 86, 1984, pp. 472-476; M. R. Conover, D. E. Miller y G. L. Hunt Jr., «Female-female pairs and other unusual reproductive associations in ring-billed and California gulls», *Auk* 96, 1979, pp. 6-9; M. R. Conover, «Occurrence of supernormal clutches in the Laridae», *Wilson Bulletin* 96, 1984, pp. 249-267; G. L. Hunt Jr. y M. W. Hunt, «Female-female pairing in western gulls (*Larus occidentalis)* in Southern California», *Science* 196, 1977, pp. 1466-1467; I. Nisbet y W. Drury, «Supernormal clutches in herring gulls in New England», *Condor* 86, 1984, pp. 87-89; M. A. Fitch y G. W. Shugart, «Comparative biology and behavior of monogamous pairs and one male-two female trios of herring gulls», *Behav. Ecol. Sociobiol.* 14, 1983, pp. 1-7; G. W. Shugart, M. A. Fitch y G. A. Fox, «Female floaters and nonbreeding secondary females in herring gulls», *Condor* 89, 1987, pp. 902-906; J. van Rhijn, «Black-headed gull or black-headed girl? Advantage of concealing sex by gulls and other colonial birds», *Neth. J. Zool.* 35, 1985, pp. 87-102; J. van Rhijn y T. Groothuis, «Biparental care and the basis for alternative bond-types among gulls, with special reference to black-headed gulls», *Ardea* 73, 1985, pp. 159-174; J. Hatch, «Parental behavior of roseate terns: Comparisons of male-female and multi-female groups», *Colonial Waterbird Society Bulletin* 17, 1993, p. 43; I. Nisbet, «The roseate tern», en *Audubon Wildlife Report 1989/1990*, Academic Press, 1989, pp. 478-498; I. Nisbet, J. Spendelow, J. Hatfield, J. Zingo y G. Gough, «Variations in growth of roseate tern chicks: II. Early growth as an index of parental quality», *Condor* 100, 1998, pp. 305-315.

[24] M. Lombardo, R. Bosman, C. Faro, S. Houtteman y T. Kluisza, «Homosexual copulations by male tree swallows», *Wilson Bulletin* 106, 1994, pp. 555-557.

[25] J. Blakey, «Nest-sharing by female blue tits», *British Birds* 89, 1996, pp. 279-280.

[26] O. Buchanan, «Homosexual behavior in wild orange-fronted parakeets», *Condor* 68, 1966, pp. 399-400; P. C. Arrowood, «Duetting, pair bonding, and agonistic display in parakeet pairs», *Behavior* 106, 1988, pp. 129-157.

Nosotros, como ovejas

Hacia 1984 se habían descubierto casos de conductas homosexuales en machos de sesenta y tres especies de mamíferos.[27] Una revisión de 1999 presentaba una descripción detallada de conductas homosexuales en machos y hembras de más de cien especies de mamíferos.[28] De los muchos ejemplos disponibles he decidido elegir a las ovejas, porque tanto su comportamiento como su fisiología han sido estudiados en condiciones de campo y en el laboratorio.

El borrego cimarrón forma parte de la lista carismática de megafauna que la mayoría de la gente tiene en mente cuando piensa en especies prioritarias que conservar. Viven en los escabrosos riscos de las Montañas Rocosas y animan a los visitantes de los parques nacionales de Banff y Kootenay, en Canadá, y del National Bison Range, en Montana. Los machos (carneros) tienen cuernos robustos que se retuercen en espiral desde los ojos hasta detrás de las orejas y pueden llegar a pesar hasta 136 kilos. Su imagen se ha convertido en símbolo de muchos clubs deportivos. Las hembras viven separadas de los machos y se juntan con ellos solo durante la época de apareamiento, llamada la ronca, que va desde mediados de otoño hasta principios de invierno. Una hembra suele estar receptiva tres días, y no dejará que ningún macho la monte fuera de ese periodo.[29]

Los borregos cimarrones se han descrito como «sociedades homosexuales», pues casi todos los machos participan en cortejos y cópulas homosexuales. El cortejo entre machos se inicia cuando uno de ellos se acerca de forma reglada al otro y comienzan a lamerse mutuamente los genitales y a acariciarse con el hocico, lo que a menudo termina en un coito anal en el que uno de los machos, normalmente el más grande, se levanta sobre las patas

---

[27] A. I. Dagg, «Homosexual behaviour and female-male mounting in mammals—a first survey», *Mammal Rev.* 14, 1984, p. 155.

[28] Bagemihl, *Biological Exuberance*, 1999, pp. 269-476.

[29] V. Geist, *Mountain Sheep: A Study in Behavior and Evolution*, University of Chicago Press, 1971; J. T. Hogg, «Mating in bighorn sheep: Multiple creative male strategies», *Science* 225, 1984, pp. 526-529; J. T. Hogg, «Intrasexual competition in and mate choice in rocky mountain bighorn sheep», *Ethology* 75, 1987, pp. 119-144.

traseras y monta al otro. El macho montado arquea la espalda en una postura conocida como lordosis, idéntica a la forma que tiene la hembra de arquear la espalda durante el apareamiento heterosexual. El macho que ejecuta la monta tiene el pene erecto; tras llevar a cabo la penetración anal, realiza movimientos pélvicos que terminan en eyaculación.

Los pocos machos que no participan en esta actividad homosexual son tildados de machos «afeminados». Su aspecto físico es idéntico al de los otros machos, pero se comportan de modo bastante distinto.[30] Difieren de los «machos normales» en que viven con las hembras, en lugar de unirse a los grupos de machos. Estos machos no dominan a las hembras, en general se muestran menos agresivos, suelen agacharse para orinar como ellas y rechazan las montas de los otros machos. Estos machos no homosexuales son considerados «aberrantes», y se especula que la causa de su comportamiento afeminado es una deficiencia hormonal. A pesar de que, por su aspecto físico, incluidos su tamaño corporal y el desarrollo de los cuernos, son indistinguibles de otros machos, los científicos instan a realizar más investigación sobre su «perfil endocrinológico».

Lo cierto es que este caso parece poner patas arriba lo que conocemos como normal y aberrante. El macho «normal» es el que tiene sexo anal en toda regla con otros machos. El carnero «aberrante» es el que es hetero, y su falta de interés en la homosexualidad se considera patológica. ¿Por qué el hecho de ser hetero supone una patología y requiere un análisis hormonal? Según los investigadores, lo que resulta aberrante es que un muflón con apariencia de macho se comporte ¡de manera femenina! ¡Orina igual que una hembra, algo todavía peor que ser gay!

Esta mezcla de lo que es normal y lo que es patológico, que parece sacada de *Alicia en el país de las maravillas*, sigue presente en los estudios de laboratorio sobre homosexualidad realizados con ovejas domésticas. Han sido financiados por el Departamento de Agricultura de Estados Unidos y se realizaron en el Centro

---

[30] J. Berger, «Instances of female-like behaviour in a male ungulate», *Anim. Behav.* 33, 1985, pp. 333-335.

Experimental de Ovinos en Dubois, Idaho. El proyecto se libró de la censura del Congreso porque se camufló argumentando que el objetivo era buscar la mejora económica de los ganaderos.[31]

La conducta homosexual se ha documentado en la oveja doméstica desde la década de 1970.[32] Dos investigadores escribieron: «Está comúnmente aceptado que las montas entre machos prepuberales son importantes para el correcto desarrollo de la orientación trasera en las interacciones con monta», y citan un estudio sobre ganado homosexual.[33] Con el paso de los años, este argumento —la homosexualidad es necesaria durante la juventud para la vida heterosexual posterior— ha sido utilizado habitualmente para evitar enfrentarse a la realidad de los animales gais. Pero, vamos a ver, seamos honestos: las ovejas y el ganado homosexuales son realmente gais, no están jugando a fingir.

Los investigadores acuñaron el término «semental falso» para referirse a un carnero al que le atraen solo otros carneros. Aquí el tema es la preferencia, no la habilidad: «No importa cuántas balas haya en el cargador, lo importante es cuando comienza el fuego».[34] Ahora, pensemos que un carnero puede costar entre 350 y 4.000 dólares. Un criador de ovejas suele tener una proporción de un macho por cada 30 o 50 hembras, y un semental de «alta capacidad» da servicio a entre 100 y 125 hembras. Si el criador tiene un semental falso, sus beneficios se reducirán, pues deberá comprar

---

[31] A. Perkins y J. Fitzgerald, «Luteinizing hormone, testosterone, and behavioral response of male-oriented rams to estrous ewes and rams», *J. Anim. Sci.* 70, 1992, pp. 1787-1794.

[32] C. Hulet, G. Alexander y E. Hafez, «The behavior of sheep», en E. Hafez (ed.), *The Behaviour of Domestic Animals*, 3.ª ed., Bailliere-Tindall, 1975, pp. 246-294; J. Zenchak y G. Anderson, «Sexual performance levels of rams *(Ovis aries)* as affected by social experience», *J. Anim. Sci.* 50, 1980, p. 167; E. Price, L. Katz, S. Wallach y J. Zenchak, «The relationship of male-male mounting to sexual preferences of young rams», *Appl. Anim. Behav. Sci.* 21, 1988, p. 347; L. Katz, E. Price, S. Wallach y J. Zenchak, «Sexual performance of rams reared with or without females after weaning», *J. Anim. Sci.* 11, 1988, p. 1166.

[33] G. Silver y E. Price, «Effects of individual vs. group rearing on the sexual behavior of prepubertal bull beefs: Mount orientation and sexual responsiveness», *Appl. Anim. Behav. Sci.* 15, 1986, p. 287.

[34] A. Perkins y J. Fitsgerald, «Is your ram a dud or a stud? Knowing the difference pays off», *Sheep!*, julio de 1990, pp. 4-5.

un mayor número de sementales para conseguir producir cada borrego. Los investigadores desarrollaron diferentes pruebas para determinar si un carnero tenía balas en su cargador («prueba de servicio») y para saber si sabía dónde apuntar («test de preferencia»). El objetivo, a largo plazo, era determinar la base biológica y genética de la conducta homosexual, de forma que los sementales pudieran cribarse y aumentar así la rentabilidad en la cría de ovejas domésticas.[35]

Para separar las ovejas gais de las heteros, se presentaron ante los carneros durante distintos periodos de tiempo hembras receptivas. Si el carnero no las montaba, era candidato a ser considerado homosexual. A continuación, se ataba al candidato gay con unas cintas a un soporte, que consistía en un gran cajón con agujeros en ambos lados, para mantener a las ovejas inmóviles en una determinada posición. Al colocar a las ovejas de ambos sexos alrededor del cajón, se permitía al candidato gay responder a una gran variedad de hembras y machos. Dentro del cajón, el candidato gay podía preferir una hembra u otro macho.

No se le ofrecía un macho cualquiera, se elegía a machos previamente identificados como «receptores» en base a su disposición a ser montados por otros machos en el redil donde vivían. Si un macho candidato elegía a uno receptor para el cortejo en lugar de a una hembra, era clasificado como homosexual. Si un candidato no pasaba la prueba de preferencia gay, se le daba una segunda oportunidad. Si no montaba a uno de los machos receptores, pero sí a otro macho del redil, se le facilitaba ese macho. Un total de ocho de noventa y cuatro machos de las razas Rambouillet, Targhee, Colombia, Polypay y Finnish Landrace resultaron ser gais. Curiosamente, seis de ellos estuvieran dispuestos a montar a machos receptores, mientras que hubo dos que solo se montaban entre sí, sugiriendo que se habían establecido vínculos de pareja.

Después de toda esta preparación, se midió la respuesta hormonal de los machos gais. La hipótesis de los investigadores era que los carneros gais responderían hormonalmente ante los machos

[35] A. Perkins y J. Fitsgerald, «Sexual behavior of rams: Biological perspectives to flock management», *Sheep Research J.* 9, 1993, pp. 51-58.

receptores de la misma forma que los machos hetero responden ante hembras receptivas. Estaban equivocados. Los machos gais no creían que el otro macho fuera una hembra, y por tanto no respondieron como si lo fuera.

La homosexualidad es esperable en las ovejas domésticas, pues las ovejas salvajes son homosexuales. La estructura social en la que ser gay tiene sentido en la naturaleza está sin duda también presente hasta cierto punto en los rediles donde viven los animales. La eliminación de la homosexualidad de los carneros para aumentar los beneficios de los criadores produciría también un cambio en su sistema social dentro de los rediles. Me apuesto lo que sea a que cualquier ganancia económica que suponga dejar de criar machos se vería acompañada de una menor tasa de supervivencia de los sementales restantes en un sistema social doméstico cada vez más disfuncional.

Existen muchas otras criaturas con pelo en las que se ha documentado apareamiento entre individuos del mismo sexo.[36] El ciervo de cola blanca, el ciervo mulo, el ciervo común (también conocido como ciervo canadiense), el reno, el alce, la jirafa, el antílope americano, el antílope kob, el antílope acuático, el antílope indio, la gacela de Thomson, la gacela de Grant, el buey almizclero, la cabra blanca, el bisonte americano, la cebra de montaña, la cebra común, el facócero, el pecarí de collar, la vicuña (llama), el elefante africano y el elefante asiático son todas especies que aparecen en artículos científicos que describen algún tipo de apareamiento entre individuos del mismo sexo.[37] En algunas especies el apareamiento es esporádico, mientras que en otras es muy común y afecta a la mitad de las cópulas. En algunas, son los machos los que participan en la mayoría de los apareamientos homosexuales; en otras, son sobre todo las hembras; y las hay en las que ambos sexos

[36] Bagemihl, *Biological Exuberance*, 1999, pp. 269-476.

[37] Nombres científicos correspondientes: *Odocoileus virginianus*, *Odocoileus hemionus*, *Cervus elaphus*, *Rangifer tarandus*, *Alces alces*, *Giraffa camelopardalis*, *Antilocapra americana*, *Kobus kob*, *Kobus ellipsiprymnus*, *Antilope cervicapra*, *Gazella thomsoni*, *Gazella granti*, *Ovibos moschatus*, *Oreamnos americanus*, *Bison bison*, *Equus zebra*, *Equus quagga*, *Phacochoerus aethiopicus*, *Tayassu tajacu*, *Vicugna vicugna*, *Loxodonta africana* y *Elephas maximus*.

participan. El apareamiento con el mismo sexo es frecuente entre ciervos comunes hembra, jirafas macho, antílopes kob hembra, antílopes indio macho, cabras blancas macho y hembra, bisontes americanos macho y elefantes macho africanos y asiáticos.

Para continuar, leones, guepardos, zorros rojos, lobos, hienas moteadas, osos grizzly y osos negros participan en apareamientos con el mismo sexo, con una frecuencia que varía de nuevo de esporádica a frecuente, con implicación de uno o ambos sexos, dependiendo de la especie.[38] El canguro gris, el ualabí de cuello rojo, el ualabí de cola de látigo, el canguro rata, el canguro arborícola de Doria, el canguro arborícola de Matschie, el koala, el ratón marsupial pequeño de cola larga y el quol también disfrutan del apareamiento con individuos del mismo sexo, aunque con menor frecuencia.[39]

La ardilla roja, la ardilla gris, la ardilla rayada, la marmota olímpica, la marmota canosa, el cavy enano, el cavy de dientes amarillos, el cuis grande, el erizo orejudo, el zorro volador de cabeza gris, el murciélago frugívoro de Livingstone y el murciélago vampiro común muestran diversos grados de apareamiento con el mismo sexo.[40] Las ardillas rojas hembra, por ejemplo, establecen ocasionalmente vínculos en los que las actividades sexuales y afectivas pueden terminar en una paternidad compartida. Las ardillas hembra se turnan para montarse las unas a las otras, y crían una única camada. A pesar de que solo un miembro de la pareja es la madre, ambas dan de mamar a los pequeños. Son solo las hembras las que establecen este tipo de vínculos; no se dan entre machos y hembras. En las ardillas rojas macho, el 18 por ciento de las montas son homosexuales. En cuanto a los murciélagos vampiro, recordemos que las hembras establecen una amistad

---

[38] Nombres científicos correspondientes: *Panthera leo, Acinonyx jubatus, Vulpes vulpes, Canis lupus, Ursus arctos, Ursus americanus* y *Crocuta crocuta.*

[39] Nombres científicos correspondientes: *Macropus giganteus, Macropus rufogriseus, Macropus parryi, Aepyprymnus rufescens, Dendrolagus dorianus, Dendrolagus matschiei, Phascolarctos cinereus, Sminthopsis crassicaudata* y *Dasyurus hallucatus.*

[40] Nombres científicos correspondientes: *Tamiasciurus hudsonicus, Sciurus carolinensis, Tamias minimus, Marmota olympus, Marmota caligata, Microcavia australis, Galea musteloides, Cavia aperea, Hemiechinus auritus, Pteropus poliocephalus, Pteropus livingstonii* y *Desmodus rotundus.*

duradera especial, con gestos afectivos que incluyen el acicalamiento y los besos (ver capítulo 5), si bien no llega a producirse contacto genital; en el caso de los machos, se cuelgan con las barrigas tocándose y se lamen mutuamente, ambos con el pene erecto.

El delfín mular, el delfín tornillo, el delfín rosado del Amazonas, la orca, la ballena gris, la ballena boreal, la ballena franca, la foca gris, el elefante marino, la foca común, el león marino australiano, el león marino de Nueva Zelanda, el lobo marino del Ártico, la morsa y el manatí del Caribe son sumamente activos en lo que respecta a la conducta genital entre individuos del mismo sexo.[41] Casi todo el mundo se queda maravillado de la personalidad juguetona de los delfines, a menudo representados en películas infantiles con juegos y fiestas por todas partes. Los delfines mulares macho son los que más se han estudiado. Un macho introduce su pene erecto en la hendidura genital, la abertura nasal o el ano de otro. Suelen acariciarse mutuamente la hendidura con la nariz, y llegan a relacionarse sexualmente en tríos e incluso cuartetos. En los grupos mixtos, la actividad homosexual ocurre con igual o más frecuencia que la heterosexual. El cortejo con el mismo sexo es la forma en que los delfines macho de la misma edad establecen vínculos de pareja de por vida. Comienzan estableciendo un vínculo durante la adolescencia, convirtiéndose en compañeros constantes y viajando mucho juntos. A veces los machos emparejados se turnan para protegerse mientras el compañero descansa, y se defienden mutuamente de tiburones y otros depredadores. Al morir el compañero, el delfín viudo debe buscar un sustituto, que normalmente será otro viudo.

En ocasiones, el vínculo de por vida se da en un trío de delfines macho en lugar de en una pareja. Y para completar esta imagen de sexualidad desenvuelta, el apareamiento entre machos también ocurre ¡*entre* distintas especies de delfines! Los delfines mulares macho se aparean con otros machos de delfines moteados del Atlántico

---

[41] Nombres científicos correspondientes: *Inia geoffrensis*, *Tursiops truncatus*, *Stenella longirostris*, *Orcinus orca*, *Eschrichtius robustus*, *Balaena mysticetus*, *Balaena glacialis*, *Halichoerus grypus*, *Mirounga angustirostris*, *Phoca vitulina*, *Neophoca cinerea*, *Phocarctos hookeri*, *Callorhinus ursinus*, *Odobenus rosmarus* y *Trichechus manatus*.

(*Stenella frontalis*), y pueden llegar a unirse para cooperar entre las dos especies. No obstante, no todo es dulzura y armonía. Estas parejas forman parte de un sistema de «alianzas conectadas». A veces, grupos compuestos de parejas y tríos de delfín mular del océano Índico (*Tursiops aduncus*) se pelean entre sí cuando compiten por las hembras.[42] Parece claro que todavía queda mucho por descubrir acerca del apareamiento entre los mamíferos bajo el mar.

Nuestros parientes más cercanos

Llegamos por fin a nuestros parientes más cercanos del mundo animal: los primates. A estas alturas, usted ya debe de sospechar que los primates, como otros mamíferos, cuentan entre su repertorio con una abundancia de cortejo y apareamiento entre individuos del mismo sexo. No se sentirá decepcionado.

El macaco japonés (*Macaca fuscata*) es uno de los monos más estudiados del viejo mundo, y el más septentrional de todos los primates, sin contar los humanos. Ambos sexos muestran un pelaje grisáceo, una llamativa cara roja, genitales del mismo color y una cola pequeña. Su altura máxima es de sesenta centímetros y pueden llegar a pesar hasta cuarenta kilos. Son mayoritariamente vegetarianos; se alimentan de frutos, semillas, hojas, corteza, caracoles, cangrejos de río y huevos de aves. Se convierten en adultos al cumplir cinco años, y llegan a vivir hasta treinta. En 1972 se introdujo en Texas un grupo de macacos japoneses que vive en

---

[42] R. Connor, M. Heithaus y L. Barre, «Complex social structure, alliance stability and mating success in a bottlenose dolphin "super-alliance"», *Proc. R. Soc. Land.*, ser. B, 268, 2001, pp. 263-267; R. Connor, R. Wells, J. Mann y A. Read, «The bottlenose dolphin: Social relationships in a fission-fusion society», en J. Mann, R. Connor, P. Tyack y H. Whitehead (eds.), *Cetacean Societies: Field Studies of Whales and Dolphins*, University of Chicago Press, 2000, pp. 91-126; R. Connor, A. Richards, R. Smolker y J. Mann, «Patterns of female attractiveness in Indian Ocean bottlenose dolphins», *Behavior* 133, 1996, pp. 37-69; R. Connor y R. Smolker, «Seasonal changes in the stability of male-male bonds in Indian Ocean bottlenose dolphins (*Tursiops* sp.)», *Aquatic Mammals* 21, 1995, pp. 213-216; R. Connor, R. Smolker y A. Richards, «Dolphin alliances and coalitions», en A. Harcourt y F. de Waal (eds.), *Coalitions and Alliances in Humans and Other Animals*, Oxford University Press, 1992, pp. 415-443.

libertad (la tropa de Arashiyama Oeste) y que prosperó, llegando incluso a inventar una llamada de alarma especial para alertar sobre la presencia de serpientes de cascabel.

Su estructura social consiste en grupos mixtos de entre cincuenta y doscientas hembras y machos que viven en un área de entre cien y quinientas hectáreas. Las hembras se quedan en el grupo y tienen una organización social matrilineal, en la que todas son descendientes de una hembra anciana. La proporción de hembras y machos en un grupo suele ser de cuatro hembras por cada macho. Los machos migran entre grupos cada dos o cuatro años. El sistema social gira principalmente en torno a las hembras y sus interacciones.

Las hembras tienen una jerarquía de dominancia muy rígida: todas pueden ordenarse de forma vertical de arriba abajo. Veamos cómo funciona la jerarquía. Supongamos que hay tres hembras mayores con el rango A, B y C respectivamente, de arriba abajo. Todas las crías hembra heredan el rango de su madre, por lo que, si la hija de A es A_I, la de B es B_I y la de C es C_I, la jerarquía de dominancia resultante será: A, A_I, B, B_I, C, C_I. Y si A_I tiene una hija, A_{II}, y lo mismo pasa con B_I y C_I, y así sucesivamente, la jerarquía de dominancia que abarque las tres generaciones será A, A_I, A_{II}, B, B_I, B_{II}, C, C_I, C_{II}. Sin embargo, las cosas son un poco más fluidas de lo que pueda parecer en esta imagen. La jerarquía se mantiene porque las hembras de mayor edad defienden a sus hijas y nietas. Al nacer, A_{II} está subordinada a las hembras de la línea C, pero una vez que intervienen en su favor A_I y A, su estatus sube hasta colocarse al nivel de la línea A. La dominancia se pone a prueba constantemente. Nadie acepta su lugar sin más.

El apareamiento y la copulación entre individuos del mismo sexo también tienen lugar en este escenario. Las relaciones entre macacos del mismo sexo *no* ocurren entre individuos emparentados, sino entre parientes lejanos. Las cópulas con el mismo sexo generan lazos que van más allá de la línea recta de una jerarquía de dominancia, construyendo conexiones cruzadas y sugiriendo un sistema social basado en redes. El cortejo y la cópula entre individuos del mismo sexo tienen lugar a través de lo que se conoce como asociaciones hembra-hembra, relaciones a corto plazo

(RCP) que duran un mínimo de una hora y un máximo de cuatro días. Durante este tiempo, las dos hembras se montan la una a la otra con frecuencia y realizan frotamientos entre sus genitales. Cuando no están teniendo sexo juntas, se abrazan, duermen, buscan comida y se espulgan, y se defienden mutuamente de cualquier peligro. Durante el tiempo que dura su RCP, la pareja es monógama, pero al cabo de unos días forman una nueva RCP. Mientras están en este tipo de relación, las montas son bidireccionales y placenteras para ambas, sin atisbo de gestos de dominancia o sumisión en la relación.[43] De hecho, la presencia de agresividad en la relación suele destruir el humor reinante y pronostica la disolución de la relación a corto plazo.

Los machos no lo pasan muy bien mientras dura este amor lésbico. Cuando uno se acerca a una hembra para copular con ella, su compañera suele ahuyentarle.[44] Las hembras se apoyan unas a otras cuando están en una RCP. La hembra de menor rango aumenta su estatus social temporalmente gracias al apoyo de su compañera mientras dura la relación.[45] Este aumento temporal de rango se termina en cuanto la RCP se disuelve. A pesar de que un miembro de menor rango puede aumentar su rango temporalmente a través de este tipo de asociación, las hembras de bajo rango no suelen emparejarse más con hembras de alto rango, algo que sería de esperar si estuvieran solo interesadas en encontrar una aliada más poderosa. De hecho, ocurre lo contrario, es la hembra de mayor rango la que suele empezar la relación. El hecho de formar una asociación tampoco significa que las dos hembras vayan a compartir el cuidado parental: una no ayuda a las crías de la otra durante los conflictos, ni tampoco las acicala. Más bien suelen mostrarse agresivas hacia los hijos de las otras.

---

[43] P. Vasey, B. Chapais y C. Gauthier, «Mounting interactions between female Japanese macaques: Testing the influence of dominance and aggression», *Ethology* 104, 1998, pp. 387-398.

[44] P. Vasey, «Female choice and inter-sexual competition for female sexual partners in Japanese macaques», *Behavior* 135, 1998, pp. 579-597.

[45] P. Vasey, «Interventions and alliance formation between female Japanese macaques, *Macaca fuscata,* during homosexual consortships», *Anim. Behav.* 52, 1996, pp. 539-551.

Los investigadores realizaron el experimento de formar un subgrupo en el que las hembras superaban a los machos en una proporción de once a uno, para ver si las hembras competían más entre sí por los favores del macho o establecían más relaciones con las otras hembras. En lugar de competir más intensamente por el único macho disponible, lo que hicieron fue formar más relaciones hembra-hembra. No obstante, la mayoría de las hembras que rechazaron los avances sexuales del único chico suertudo a favor de una compañera de su mismo sexo formaron más tarde una asociación heterosexual con él, demostrando que lo consideraban un compañero aceptable.[46]

Como atestiguan estos estudios, la investigación sobre la homosexualidad en primates ha avanzado más allá de la fase del «¡Ostras!, ¿pero lo hacen de verdad?», típica en relación con otros grupos de vertebrados. La homosexualidad resulta tan evidente en los primates, está tan a flor de piel, que no puede ser ignorada, por lo que existe una amplia bibliografía que se remonta a la década de 1970.[47] Sin embargo, las razones de que exista esta abundante sexualidad entre individuos del mismo sexo todavía son objeto de debate. Los macacos no participan en relaciones homosexuales porque no tengan a mano compañeros heterosexuales, o para expresar su dominancia y sumisión, o para formar alianzas o buscar ayuda para criar a los jóvenes macacos. ¿Por qué entonces los macacos hembra pasan tanto tiempo dedicándose a cortejar y copular con otras hembras?

Al no encontrar ninguna explicación, los investigadores se han planteado «si su enfoque no estará equivocado».[48] ¿Tiene la homosexualidad realmente que favorecer la reproducción a lo largo de la vida, aunque sea indirectamente? Una visión alternativa —lo que yo llamo la posición neutralista— es que la homosexualidad es una consecuencia neutral de la evolución de otros rasgos.[49] La

[46] P. Vasey y C. Gauthier, «Skewed sex ratios and female homosexual activity in Japanese macaques: An experimental analysis», *Primates* 41, 2000, pp. 17-25.

[47] L. Fairbanks, M. McGuire y W. Kerber, «Sex and agression during rhesus monkey group formation», *Aggr. Behav.* 3, 1977, pp. 241-249.

[48] P. Vasey, «Intimate sexual relations in prehistory: Lessons from the Japanese macaques», *World Archaeology* 29, 1998, pp. 407-425.

[49] D. Futuyma y S. Risch, «Sexual orientation, sociobiology, and evolution», *J. Homosexuality* 9, 1984, pp. 157-168.

homosexualidad, se argumenta, no desaparece durante la evolución porque es inocua. Los macacos hembra tienen muchos descendientes y participan en apareamientos heterosexuales cada vez que necesitan esperma. La homosexualidad no interfiere en su reproducción, así que ¿por qué razón la selección natural iba a eliminar esta conducta inofensiva? Lo que se ha sugerido es que, por casualidad, en el curso de la evolución, la homosexualidad ha ido adquiriendo protagonismo en algunas especies, mientras seguía siendo casi inexistente en otras. O quizá en algunas especies el azar ha unido genéticamente la homosexualidad con genes importantes y ha llegado a ser prominente gracias a ellos. En cualquier caso, se afirma que este comportamiento no sirve a ningún propósito evolutivo.

Puesto que existen muchos rasgos que son neutrales, ¿hay algún mecanismo causal que determine cuál de ellos evolucionará? Una sugerencia es el placer. ¿Por qué los macacos, en su tiempo libre, participan en cópulas con el mismo sexo en lugar de, por ejemplo, hacer lo equivalente en monos a leer un libro de Kant? Suponemos que ninguna de las dos cosas aumenta el éxito reproductivo. Sin embargo, la estimulación sexual es placentera y leer a Kant no. Por eso, cuando no se están llevando a cabo actividades reproductivas importantes, lo que evoluciona es la actividad sexual y no leer a Kant. Aunque «el placer sexual fue seleccionado porque motiva a los individuos a participar en sexo fértil [...], el placer sexual no es específico del sexo reproductivo, sino que puede obtenerse por muchos otros fines sexuales no reproductivos».[50] Según este enfoque, la teoría evolucionista está incompleta, porque se aplica tan solo a rasgos que tienen que ver con la reproducción y la supervivencia. Este principio del placer amplía la teoría evolutiva para explicar cuáles de entre el conjunto de rasgos neutrales selectivos evolucionan y cuáles no. La homosexualidad es vista como algo que existe bajo la pantalla del radar de la selección natural, sujeta únicamente a la fuerza de la pasión.

---

[50] Vasey, «Intimate sexual relations in prehistory», 1998. Ver también P. Abramson y S. Pinkerton, *With Pleasure: Thoughts on the Nature of Human Sexuality*, Oxford University Press, 1995.

No me convence esta postura neutralista, al menos por el momento. Soy de otra escuela, la escuela adaptacionista, que mantiene que casi todas las conductas y los rasgos aportan algún beneficio a los organismos y que nuestra tarea es averiguar cómo lo hacen. Ese es mi punto de partida. Por mi experiencia, los animales no tienen mucho tiempo libre para pasar el rato. Las lagartijas que yo estudio se mantienen ocupadas todo el día. Cuando no están comiendo, copulando o haciendo alguna exhibición delante de otra lagartija, las vemos buscando atentamente comida o vigilando a sus vecinos. Es cierto que de vez en cuando duermen y que se quedan en la cama si hace frío (porque el frío las vuelve demasiado lentas para capturar a alguna presa). Pero dosifican el tiempo de manera sabia y no lo pierden. Siempre estamos subestimando a los animales. Hace mucho tiempo pensábamos que las lagartijas eran pequeños robots tontos. Ahora sabemos que a lo largo del día toman complejas decisiones similares a las que los altos ejecutivos encargan a caros consultores.[51] A partir de este trabajo de campo me volví recelosa de los que afirman que un determinado rasgo es inútil.

¿Y qué hay de los macacos? ¿Es cada día que pasa otro más en el paraíso, una fiesta sin fin repleta de juegos evolutivos sin sentido? ¿Por qué iban a ser tan suertudos los macacos, mientras el resto de los pobres mortales tenemos que trabajar para vivir? En mi opinión, las interacciones homosexuales ocupan demasiado tiempo en la vida de los macacos hembra como para no haber tenido una importancia evolutiva.

Tengo la impresión de que los sistemas sociales se han simplificado en exceso. Tradicionalmente, si A ataca a B y B retrocede, se dice que A es dominante sobre B. Se asume que A consigue lo que sea que quiere conseguir siempre que A siga siendo dominante. Sin embargo, esta asunción no siempre es cierta. He pasado horas sentada en una roca en el bosque observando a una joven lagartija de no más de tres centímetros robándole una porción de territorio a una lagartija macho cinco veces más grande que ella.

[51] S. Shafir y J. Roughgarden, «Testing predictions of foraging theory for a sit-and-wait forager, *Anolis gingivinus*», *Behav. Ecol.* 9, 1998, pp. 74-84.

Así es como ocurre. La joven lagartija se coloca al borde del territorio de la lagartija grande, que la descubre y se acerca veloz. La joven se escapa, ha perdido, por lo que la grande vuelve a colocarse en su posadero. La joven vuelve de puntillas, la grande vuelve a perseguirla corriendo y la echa. Vuelve a perder. Y así sucesivamente. Después de cinco persecuciones como estas, la lagartija grande se cansa y no se molesta en ahuyentar a la pequeña. Desde el punto de vista de la lagartija grande, la reducida franja de territorio que quiere la joven no vale la pena el esfuerzo de perseguirla.[52] Al final, la joven pierde cada interacción por pares, pero consigue ganar el trozo de territorio a la lagartija dominante. Pierde cada batalla, pero gana la guerra. Por tanto, decir que la lagartija grande es dominante sobre la joven únicamente porque esta siempre retrocede en las competiciones por pares no hace justicia a la auténtica relación de poder que hay entre ellas. Además, las interacciones por pares no son algo que tenga lugar en el vacío. Hay una lagartija en cada árbol y todas están observando, acordándose de cada interacción que ven, por lo que el significado de cualquier interacción va más allá de los dos individuos que participan en ella: se extiende a todas las lagartijas que la presencian. Un sistema social no es la suma de las disputas por pares aisladas.

En el caso de los macacos, el orden de rangos se elabora a partir del registro de infinidad de interacciones por pares, y se puede pasar por alto gran parte de la verdadera organización social. La pregunta se reduce a si las hembras participan en el sexo solo por diversión o también están estableciendo nexos sociales de los que beneficiarse en el futuro. Si la homosexualidad fuera solo por diversión, ¿por qué las relaciones a corto plazo no ocurren entre individuos estrechamente emparentados, sino solo entre líneas de la jerarquía matrilineal? En el apareamiento heterosexual, el tabú del incesto previene la endogamia. En el apareamiento homosexual, al no engendrarse progenie alguna, no hay motivos para evitar las relaciones a corto plazo entre parientes. En mi opinión, las relaciones a corto plazo entre individuos emparentados

[52] Agradezco a la profesora Judy Stamps, de la Universidad de California en Davis, por haber sido la primera en hacer esta sugerencia.

no tienen ningún valor estratégico porque los parientes ya comparten un vínculo: son de la misma familia. Por tanto, las RCP son necesarias para construir vínculos al margen de la relación de parentesco. Además, si la homosexualidad existiera solo para divertirse, ¿por qué las hembras de alto rango iban a buscar más activamente a las de bajo rango? ¿No debería el rango quedar al margen, de tal modo que las RCP se formaran únicamente sobre la base de quién es la mejor compañera sexual?

Mirémoslo de otra forma. Al definir esta estructura social como una jerarquía de dominancia puede que estemos exagerando el poder de las hembras de alto rango. ¿Es el consenso de los gobernados lo que da su estatus a las hembras de alto rango? ¿Tienen que pedir apoyos y votos para continuar siendo alfa? Quizá las hembras de alto rango necesitan el apoyo de las de bajo rango y el hecho de establecer con ellas relaciones a corto plazo les asegura ese apoyo. Si el sistema social está basado en una red de poder, en lugar de en una jerarquía de dominancia, la elección de compañeras homosexuales por parte de las hembras puede resultar adaptativa no como forma de escalar puestos en la jerarquía, sino para abrirse camino en una red política.

Así, se va perfilando una carrera de obstáculos. En el campo de la biología evolucionista, los que defienden el neutralismo se han puesto a menudo en guardia contra los adaptacionistas. Puede que la controversia se zanje pronto, puesto que la teoría evolucionista incluye una prueba de fuego para las teorías neutralistas y adaptacionistas.[53] Para que la homosexualidad fuese evolutivamente neutral, las hembras que participan en relaciones homosexuales a corto plazo deberían tener una media reproductiva idéntica a lo largo de su vida.

[53] Un rasgo es adaptativo si la fuerza de la selección natural, medida como el coeficiente de selección para el rasgo, supera el recíproco del tamaño de la población en un factor de 10 o más. Si el tamaño de la población es 50, el recíproco del tamaño de la población es 1/50, es decir, 0,02. Si el número medio de descendientes que deja una hembra homosexual a lo largo de su vida es de 2,5, y el número medio de crías que deja una hembra que no participa en relaciones a corto plazo es de 2,0, el coeficiente de selección es (2,5/2,0 – 2,0/2,0), es decir 0,25. Como 0,25 es mayor que 0,02 por un factor de 10 o más, este hipotético grado de ventaja calificaría a la homosexualidad como adaptativa.

Dudo que en el caso de los macacos japoneses la homosexualidad sea evolutivamente neutral. Sospecho que el destino de una hembra que no participa en RCP homosexuales es desolador, puesto que es probable que sea expulsada del grupo y la dejen morir. El hecho de que la echaran del grupo reduciría en gran medida su tasa de reproducción, pues no podría vivir lo suficiente para reproducirse, y si lo hiciera, sus descendientes no tendrían acceso a los recursos del grupo o su protección. Si participar en las RCP es un requisito para ser incluido en los grupos sociales de hembras, en esta especie la sexualidad de las hembras entre sí es lo que llamo un rasgo social de inclusión (ver capítulo 9). Para una hembra, no participar en las RCP con otras hembras que están unidas por el sexo resultaría letal.

Consideremos ahora otra especie de primate en la que se han documentado abundantes casos de sexualidad entre individuos del mismo sexo. El bonobo (*Pan paniscus*) no es un primate cualquiera. Los bonobos o chimpancés pigmeos son, junto a los chimpancés (*Pan troglodytes*), nuestros parientes más cercanos. El linaje *Pan* se separó del linaje humano hace unos ocho millones de años. El género *Pan* se bifurcó en chimpancés pigmeos y chimpancés comunes, mientras que el linaje *Homo* se dividió en varias formas de humanos tempranos. Puesto que el *Homo sapiens* es la única especie que ha permanecido del linaje humano, nuestros parientes vivos más cercanos son estas especies de chimpancés. Los chimpancés[54] se han hecho famosos por sus juegos de poder entre los machos, mientras que los bonobos ejemplifican las relaciones entre hembras y la utilización del sexo con fines sociales. Los bonobos son menos conocidos que los chimpancés, pero igual de relevantes o más para entender la forma de vivir de las personas.

Los bonobos, que habitan en los bosques tropicales de llanura de la República Democrática del Congo, en África Central, suelen medir entre sesenta centímetros y un metro de altura, pesan entre treinta y dos y treinta y ocho kilos, y tienen un pelaje negro. Suelen

[54] A partir de ahora utilizaré la palabra «chimpancé» para referirme al chimpancé común (a no ser que especifique lo contrario) y «bonobo» para designar al chimpancé pigmeo.

vivir hasta los cuarenta años y comienzan a reproducirse a partir de los trece o más. Se alimentan de fruta, insectos y pequeños mamíferos, acercándose más a ser casi completamente vegetarianos que los chimpancés. Estos, al contrario que los bonobos, cazan a menudo monos para comérselos. En cautividad, los bonobos utilizan herramientas de manera diestra, pero en estado salvaje muestran menos uso de instrumentos que los chimpancés. Los bonobos son, por tanto, tan inteligentes como los chimpancés y muestran una mayor sensibilidad. Durante los bombardeos de la Segunda Guerra Mundial sobre Alemania, los bonobos de un zoológico cercano a Hellabrunn fallecieron a causa del miedo que les provocó el ruido, mientras que a los chimpancés no pareció afectarles.

Los bonobos viven en grupos sexuales mixtos, compuestos por unos sesenta individuos de edades diferentes. Las hembras exhiben una hinchazón rosada alrededor de los genitales que señala su predisposición a aparearse y se muestran receptivas casi de manera continua, mientras que los chimpancés hembra son receptivos solo unos pocos días durante su ciclo sexual. Un tercio de los encuentros intersexuales entre bonobos ocurre cara a cara y dos tercios por detrás, con el macho montando a la hembra. Sin embargo, entre los chimpancés todas las cópulas intersexuales se dan por detrás, con el macho montando a la hembra.

Los encuentros sexuales entre bonobos hembra ocurren cara a cara: una se agarra con los brazos y las piernas a la otra, que la levanta en el aire. Se frotan lateralmente sus hinchazones genitales, lo que se ha llamado la cópula del frotamiento genito-genital (frotamientos GG), y exhiben una mueca en el momento de llegar al orgasmo, al mismo tiempo que emiten un chillido. Durante los encuentros sexuales entre bonobos macho, se frotan los cuartos traseros, se colocan espalda contra espalda y uno de los machos frota el escroto contra las nalgas del otro. Otra posición que utilizan es la llamada esgrima de penes, en la que dos machos colgados de una rama uno frente al otro se frotan mutuamente sus penes erectos. Los bonobos no realizan coitos anales, pero sí sexo oral de manera esporádica, masajes manuales de los genitales y muchos besos intensos con lengua. Además de toda esta variedad de actividades sexuales, han llegado a desarrollar ciertas señales manuales para comunicar a otros sus preferencias sexuales. Estos gestos se usan tanto en los encuentros intersexuales como en los que ocurren entre simios del mismo sexo.

La vida de los bonobos no es una orgía perpetua, como pudiera dar a entender este amplio menú de actividades sexuales. Su rutina diaria consiste en múltiples episodios sexuales breves dispersos durante la jornada. Cada hembra suele participar en frotamientos GG una vez cada dos horas aproximadamente. Un encuentro sexual dura como término medio entre diez y quince segundos, por lo que el sexo no suele llevarles mucho tiempo. Existen por lo menos seis situaciones distintas que les llevan a practicar sexo:

1. El sexo es un facilitador de la conducta de compartir. Cuando un cuidador se acerca a los bonobos con comida, los machos suelen exhibir erecciones. Justo antes de que les tiren la comida, los machos invitan a las hembras y las hembras invitan a los machos y a otras hembras a tener sexo. Después del sexo, se ponen a comer. En el bosque de Lomako, en la República Democrática del Congo, se ha observado a bonobos empezar a tener relaciones sexuales justo después de llegar a un árbol cargado de higos, o después de que un individuo haya conseguido capturar a una presa. Una vez que han tenido sexo durante cinco o diez minutos, se juntan todos a comer. Así, el sexo facilita la conducta de compartir no solo alimentos, sino cualquier cosa que esté disponible. Cuando en un zoo el cuidador deja una caja de cartón para que los bonobos jueguen, antes que nada copulan unos con otros y después comienzan a explorar la caja. En claro contraste, la mayoría de las especies de primates suelen pelearse y luchar por el objeto nuevo.
2. El sexo les sirve para reconciliarse después de una disputa, por ejemplo, por ver quién tiene derecho a pasar primero por una rama.
3. El sexo ayuda a que un nuevo miembro del grupo se integre. Cuando los bonobos hembra migran a una nueva comunidad, suelen establecer relaciones con las matriarcas más respetadas utilizando frotamientos GG frecuentes y espulgándolas.

4. El sexo ayuda a establecer coaliciones con otros individuos. En los bonobos, las hembras se alían por medio del frotamiento GG para conseguir formar coaliciones contra machos que, de otro modo, serían dominantes sobre ellas. Cuando se da comida a los chimpancés, los machos siempre se comen su parte antes de que las hembras puedan acceder al alimento, mientras que en los bonobos las hembras comen cuando les viene en gana, con independencia de si hay o no algún macho alrededor. Las hembras se juntan para ahuyentar a los machos abusones.
5. El sexo equivale a una golosina. A cambio de sexo con un macho, una hembra puede conseguir que le ceda un manojo de ramas u hojas, o un trozo de caña de azúcar.
6. Ah, y casi se me olvida, el sexo sirve también para reproducirse.[55]

¿Por qué ha evolucionado la homosexualidad entre los bonobos hembra? Las hembras mantienen estrechos lazos de amistad con otras hembras no emparentadas, controlan el acceso a la comida, comparten alimento entre ellas con más frecuencia que con los machos y forman alianzas para atacar cooperativamente a los machos, causándoles incluso lesiones. Al tener un mayor control sobre la comida y un menor riesgo de ataques por parte de los machos, las hembras pueden reproducirse a una edad más joven que los chimpancés hembra, que no forman estos vínculos de amistad. Una edad más temprana para reproducirse por primera vez implica un mayor éxito reproductivo a lo largo de la vida.[56] Una hembra que no participe en este sistema social que incluye el sexo con otras hembras no podrá beneficiarse de él. El hecho de no ser lesbiana supone un riesgo para la eficacia biológica de las hembras.

Por estas razones, la sexualidad entre hembras en los bonobos es lo que llamo un rasgo social de inclusión (ver capítulo 9). La

[55] F. de Waal, «Bonobo sex and society», *Scientific American*, marzo de 1995, pp. 82-88.

[56] A. Parish, «Female relationships in bonobos *(Pan paniscus):* Evidence for bonding, cooperation, and female dominance in a male-philopatric species», *Human Nature* 7, 1996, pp. 61-96.

evolución de la homosexualidad de las hembras está motivada por la necesidad de formar parte del grupo social que controla los recursos, y no pertenecer a él puede resultar casi mortal. La selección a favor de participar en esta sexualidad, dado que este tipo de vínculo ya existe, es extremadamente fuerte.

Los bonobos y los chimpancés ofrecen un contraste interesante en cuanto a su organización social. Físicamente son muy parecidos, siendo la diferencia principal que el chimpancé común tiene el pelo grisáceo bajo la barbilla y el bonobo no. Sin embargo, los chimpancés tienen una sociedad dominada por los machos, mientras que la de los bonobos es una sociedad que gira alrededor de las hembras y, como hemos visto, tienen una vida amorosa que ya querrían los chimpancés.

En caso de que usted se esté preguntando qué pasa con los otros primates, estos son algunos ejemplos en los que se ha documentado el cortejo y el apareamiento entre individuos del mismo sexo. Los lémures, como los sifakas blancos (*Propithecus verreauxi*) de Madagascar, practican el apareamiento entre machos (hasta el 14 por ciento de todas las montas en un estudio).[57] Los monos del nuevo mundo, como el mono ardilla (*Saimiri sciureus*) y el capuchino de cara blanca (*Cebus capucinus*), de Sudamérica, practican interacciones genitales con individuos del mismo sexo.[58] Los monos ardilla hembra forman relaciones sexuales a corto plazo y también tienen hembras amigas con las que viajan, descansan y, ocasionalmente, comparten la paternidad. Los machos también realizan exhibiciones genitales con otros machos. Las montas entre hembras ocurrieron una vez cada cuarenta minutos durante

---

57 A. Richard, «Aggressive competition between males, female-controlled polygyny, and sexual monomorphism in a Malagasy primate, *Propithecus verreauxi*», *J. Human Evolution* 22, 1992, pp. 395-406; A. Richard, «Patterns of mating in *Propithecus verreauxi verreauxi*», en R. Martin, G. Doyle y A. Walker (eds.), *Prosimian Biology*, Duckworth, 1974, pp. 49-74.

58 G. Talmage-Riggs y S. Anschel, «Homosexual behavior and dominance in a group of captive squirrel monkeys *Saimiri sciureus*», *Folia Primatologica* 19, 1973, pp. 61-72; S. Mendoza y W. Mason, «Breeding readiness in squirrel monkeys: Female-primed females are triggered by males», *Physiology & Behavior* 49, 1991, pp. 471-479; C. Mitchell, «Migration alliances and coalitions among adult male South American squirrel monkeys *Saimiri sciureus*», *Behavior* 130, 1994, pp. 169-190.

una semana de cada mes, y el 40 por ciento de las exhibiciones genitales eran con el mismo sexo, un cuarto de ellas entre hembras. En los capuchinos de cara blanca, más de la mitad de las cópulas eran con el mismo sexo, e incluían gestos y vocalizaciones de cortejo específicos.[59]

Los monos del viejo mundo tienen un extenso historial de encuentros sexuales entre individuos del mismo sexo. Además de los macacos japoneses ya vistos, los macacos *rhesus* (*Macaca mulatta*) y los macacos rabones (*Macaca arctoides*) practican la sexualidad con el mismo sexo de forma regular. En los *rhesus*, un tercio de todas las cópulas son entre individuos del mismo sexo, un 80 por ciento entre machos. Las hembras forman tanto relaciones entre ellas a corto y medio plazo, como parejas macho-hembra.[60] El contacto genital macho-macho en el macaco rabón incluye coito anal, con penetración y eyaculación, y sexo oral mutuo. La actividad homosexual ocupa entre el 25-40 por ciento de todos los encuentros sexuales.[61]

El papión amarillo (*Papio cynocephalus*), el papión hamadríade (*Papio hamadryas*) y el gelada (*Theropithecus gelada*), de África, tienen abundantes relaciones sexuales con el mismo sexo. Los machos de papión amarillo tienen numerosos contactos sexuales,

---

[59] J. Manson, S. Perry y A. Parish, «Nonconceptive sexual behavior in bonobos and capuchins», *Int. J. Primatology* 18, 1997, pp. 767-786; S. Perry, «Male-male social relationships in wild white-faced capuchins, *Cebus capucinus*», *Behavior* 135, 1998, pp. 139-172.

[60] J. Akers y C. Conaway, «Female homosexual behavior in *Macaca mulatta*», *Archives of Sexual Behavior* 8, 1979, pp. 63-80; J. Erwin y T. Maple, «Ambisexual behavior with male-male anal penetration in male rhesus monkeys», *Archives of Sexual Behavior* 5, 1976, pp. 9-14; V. Reinhardt, A. Reinhardt, F. Bercovitch y R. Goy, «Does intermale mounting function as a dominance demonstration in rhesus monkeys?», *Folia Primatologica* 47, 1986, pp. 55-60.

[61] S. Chevalier-Skolnikoff, «Male-female, female-female, and male-male sexual behavior in the stumptail monkey, with special attention to female orgasm», *Archives of Sexual Behavior* 3, 1974, pp. 95-116; S. Chevalier-Skolnikoff, «Homosexual behavior in a laboratory group of stumptail monkeys *(Macaca arctoides)*: Forms, contexts, and possible social functions», *Archives of Sexual Behavior* 5, 1976, pp. 511-527; D. Goldfoot, H. Westerborg-van Loon, W. Groeneveld y A. Slob, «Behavioral and physiological evidence of sexual climax in the female stump-tailed macaque *(Macaca arctoides)*», *Science* 208, 1980, pp. 1477-1479.

incluyendo «copular» unos con otros y acariciarse los genitales, lo que se ha llamado conductas «de saludo». Algunos machos forman coaliciones duraderas en las que intercambian favores sexuales. Los papiones amarillos se protegen y ayudan unos a otros, y sus asociaciones pueden durar muchos años, convirtiéndose en relaciones a largo plazo (RLP). Un 20 por ciento aproximadamente de las montas ocurren entre machos, y un 9 por ciento se dan entre hembras.

La vida de los papiones está rodeada de violencia. Los machos fuerzan a las hembras a aparearse con ellos, a menudo llegando a causarles heridas. Cuando un macho externo toma el poder de una tropa, ataca a veces a las hembras con crías, hiriendo a las madres, provocando abortos y matando a los pequeños. Los machos a menudo «secuestran» a las crías y lesionan a los individuos jóvenes. En este sistema social, el cortejo con individuos del mismo sexo se utiliza específicamente para establecer coaliciones. En los papiones, las coaliciones representan una amenaza para los individuos que detentan el poder y la dominancia.[62] Los intentos de los machos poderosos por romper las coaliciones entre subordinados se manifiestan como una especie de homofobia.

Los langures comunes (*Presbytis entellus*) son monos de tamaño medio de la India conocidos por su violencia excepcional hacia las crías e individuos jóvenes.[63] Los ataques de los machos adultos son responsables de la mitad de las muertes de crías de langur. El estrés que esta violencia causa en las hembras las hace abortar espontáneamente. A veces también se inducen el aborto aplastando sus barrigas contra el suelo o permitiendo que otras hembras salten encima de ellas. Tampoco se puede decir que las hembras sean madres perfectas. El maltrato maternal incluye abandonos, llevar

---

[62] R. Noe, «Alliance formation among male baboons: Shopping for profitable partners», en A. Harcourt y F. de Waal (eds.), *Coalitions and Alliances in Humans and Other Animals*, Oxford University Press, 1992, pp. 284-321.

[63] G. Agoramoorthy y S. Mohnot, «Infanticide and juvenilicide in Hanuman langurs *(Presbytis entellus)* around Jodhpur, India», *Human Evolution* 3, 1988, pp. 279-296; S. Mohnot, «Intergroup infant kidnapping in Hanuman langur», *Folia Primatologica* 34, 1980, pp. 259-277; S. Hrdy, «Allomaternal care and abuse of infants among Hanuman langurs», *Recent Advances in Primatology* 1, 1978, pp. 169-172.

al bebé colgando, dejarlo caer, arrastrarlo, empujarlo contra el suelo, morderlo, darle patadas y tirarlo desde lo alto de un árbol. Las hembras de un grupo a veces secuestran un bebé de un grupo vecino, quedándose con él tres días antes de permitir a su madre recuperarlo. La primera vez que se observó este comportamiento provocó una gran controversia.[64]

En los langures, la actividad sexual entre individuos del mismo sexo es bastante corriente. Todas las hembras se montan unas a otras. Resulta curioso que también las hembras emparentadas se monten (un 27 por ciento de las montas lésbicas eran entre langures medio hermanas) y no muestren ningún tabú ante el incesto en las relaciones homosexuales, mientras que sí lo evitan en las montas heterosexuales. Los machos también se montan unos a otros. El langur que recibe la monta inicia la conducta con una exhibición especial que consiste en mover la cabeza de arriba abajo. A veces los machos forman dúos que llegan a durar un mes. Los machos que han estrechado sus vínculos a través de las montas homosexuales pueden cooperar para lanzar ataques contra machos de grupos vecinos.

El gibón de manos blancas (*Hylobates lar*) de Tailandia y el siamang (*Hylobates syndactylus*), de la península malaya, son —para variar, y al contrario que los langures y los papiones— monógamos, aunque haya algunos divorcios entre ellos. En un estudio con once parejas de gibones que duró más de seis años, cinco de ellas se separaron y seis permanecieron juntas. La época de cría de las hembras dura de cuatro a cinco meses y ocurre cada dos o tres años, y la conducta sexual entre sexos diferentes se limita sobre todo al periodo de reproducción. Dentro de la familia es común la conducta sexual no violenta entre miembros del mismo sexo. Por ejemplo, el progenitor masculino y sus hijos tienen contacto sexual —sobre todo la conducta de esgrima de penes con orgasmo y eyaculación— con la misma frecuencia con la que se produce el apareamiento entre sexos distintos durante la época de reproducción. A pesar de que los gibones son monógamos, un 10 por ciento de

---

[64] S. Hrdy, *The Langurs of Abu: Male and Female Strategies of Reproduction*, Harvard University Press, 1977.

los apareamientos heterosexuales ocurre fuera de la pareja. Su sistema es bastante similar a la monogamia de las aves, con el añadido de la actividad sexual entre padres e hijos del mismo sexo.[65]

Los gorilas (*Gorilla gorilla*) viven en grupos de un macho con entre tres y seis hembras y su prole, aunque también existen grupos de machos solos. El contacto genital entre individuos del mismo sexo ocurre tanto entre hembras como entre machos. Las hembras tienen a sus compañeras favoritas en los grupos de sexos mezclados. La mayor parte de la conducta homosexual entre machos tiene lugar en los grupos solo de machos, y también ellos tienen sus compañeros predilectos; algunos interactúan solo con un compañero, otros con hasta cinco. Los machos pueden cometer infanticidio, llegando a causar en un estudio más del 40 por ciento de las muertes infantiles.[66]

En definitiva, entre los primates se da una gran cantidad de cortejo y apareamiento entre individuos del mismo sexo. Una mirada a su árbol genealógico sugiere ciertos patrones. Desde la base, el tronco se divide en primer lugar en prosimios y antropoides. La rama de los prosimios, incluidos los gálagos, lémures y tarseros, parece que solo tiene montas ocasionales entre individuos del mismo sexo en celo y no existen datos de que el cortejo juegue un papel social importante. La rama de los antropoides se divide en dos: los primates del nuevo mundo y los del viejo mundo. Los primeros, entre los que se incluye a los tities, los tamarinos y los monos de cola prensil, como los monos araña, muestran cierto grado de conducta homosexual. Pero es entre los primates del viejo mundo donde el comportamiento homosexual es más notorio. Los macacos,

[65] A. Edwards y J. Todd, «Homosexual behavior in wild white-handed gibbons *(Hylobates lar)*», *Primates* 32, 1991, pp. 231-236; R. Palombit, «Pair bonds in monogamous apes: A comparison of the siamang *Hylobates syndactylus* and the white-handed gibbon *Hylobates lar*», *Behavior* 133, 1996, pp. 321-356; U. Reichard, «Extra-pair copulation in a monogamous gibbon *(Hylobates lar)*», *Ethology* 100, 1995, pp. 99-112.

[66] R. Fischer y R. Nadler, «Affiliative, playful and homosexual interactions of adult female lowland gorillas», *Primates* 19, 1978, pp. 657-664; D. Fossey, «Infanticide in mountain gorillas *(Gorilla gorilla beringei)* with comparative notes on chimpanzees», en G. Hausfater y S. Hrdy (eds.), *Infanticide: Comparative and Evolutionary Perspectives*, Aldine, 1984, pp. 217-235; M. Robbins, «Male-male interactions in heterosexual and all-male wild mountain gorilla groups», *Ethology* 102, 1996, pp. 942-965.

los papiones, los gibones, los orangutanes, los gorilas, los chimpancés, los bonobos y los humanos son los que tienen las sociedades más sofisticadas de todos los primates. En ellas, los individuos forman relaciones complejas, relaciones fomentadas claramente por una sexualidad entre individuos del mismo y de distinto sexo.[67] En el árbol genealógico de los primates este patrón sugiere que la homosexualidad es una innovación evolutiva que apareció hace aproximadamente cincuenta millones de años, cuando los linajes principales de prosimios y antropoides empezaron a divergir.

Objetividad y homosexualidad

Mi recorrido por la homosexualidad en los animales será visto por algunos como una especie de prueba de fuego a la objetividad. ¿Pretendo simplemente argumentar que como la homosexualidad es común entre los animales, es algo legítimo en las personas? Quiero dejar clara mi postura sobre los dos temas: cómo de extendida está la homosexualidad y qué relevancia tiene este hecho para afianzar la homosexualidad humana.

Como ya mencioné antes, creo que la valoración moral sobre el comportamiento humano es independiente de lo que hagan los animales. El infanticidio por parte de los machos en los animales es algo común, y las hembras se ven obligadas a elegir a sus compañeros condicionadas por esta amenaza, pero está claro que la naturalidad de este comportamiento en los animales no justifica el infanticidio en humanos. El infanticidio en humanos no está bien y punto. En cambio, pienso que reafirmar la expresión homosexual en las personas está bien, no porque los animales sean homosexuales, sino porque respaldar la homosexualidad nos hace una sociedad más justa y productiva. En un capítulo posterior de este libro hablaré sobre los aspectos morales en torno a la homosexualidad, no lo voy a tratar ahora. El tema aquí es si la homosexualidad es realmente tan frecuente entre los animales.

---

[67] P. Vasey, «Homosexual behavior in primates: A review of evidence and theory», *Int. J. Primatology* 16, 1995, pp. 173-204.

Comencé este capítulo citando dos visiones un tanto discrepantes: un científico diciendo que la homosexualidad era algo muy poco común, casi inexistente, y el otro mostrando pruebas de su existencia en más de trescientas especies de vertebrados. Esta diferencia de opinión entre científicos es enorme. Los científicos que creen que la homosexualidad es casi inexistente pensarán que estoy buscando con pinzas dentro de los datos, inventándome una historia donde no hay nada que inventar. Los científicos que piensan que es algo frecuente se preguntarán por qué sus colegas se han mantenido tanto tiempo en silencio y sospecharán que han intentado encubrirla. Yo misma he ido cambiando mi posición de la primera postura a la segunda.

Antes de empezar a documentarme para escribir este libro, daba por sentado que la homosexualidad era algo excepcional. Personalmente, después de treinta años de trabajo con lagartijas, todavía no he observado un apareamiento entre dos lagartijas del que pueda decir con total seguridad que es homosexual. Puedo entender a los que piensan que la homosexualidad es poco común, a mí me ha pasado lo mismo con las lagartijas. Sin embargo, ahora sé que mi experiencia puede haberme llevado a engaño. Al principio, tuve noticia de un artículo publicado sobre un caso de copulación homosexual en una especie de lagartija sin partenogénesis, pero pensé que se trataba de una situación inusual, de un caso aislado. Como resultado, nunca lo comprobé. Durante mi trabajo de campo suelo ver cada pocos días a dos lagartijas apareándose. Algunas veces estoy segura del sexo de cada una, pero lo normal es que asuma que la más grande es un macho y la más pequeña una hembra. Si ambas fueran del mismo tamaño, también pensaría que una es macho y la otra hembra. De hecho, para comprobarlo tendría que capturarlas mientras se están apareando, separarlas e inspeccionar su sexo palpando y examinando su abertura cloacal. Esto resultaría muy invasivo, perturbador y probablemente dañino para los animales, y me llevaría un tiempo que no podría dedicar a los objetivos que realmente persigo en mi proyecto de investigación. Por estos motivos, no puedo saber realmente cuántos apareamientos homosexuales ocurren en la especie que he investigado durante años. Estoy segura de que a otros científicos les pasa lo mismo: no nos hemos puesto a mirar.

Me dejó pasmada la cantidad de casos registrados de homosexualidad que existen en la bibliografía. Los siete casos que he descrito antes —lagartija cola de látigo, calamón, ostrero, borrego cimarrón y oveja doméstica, macaco japonés y bonobo— han sido bien documentados a lo largo de muchos años por parte de múltiples investigadores. No hay ninguna duda de que existe la homosexualidad en ellos. De un total de aproximadamente 300 especies, 293 se quedaron en el camino y el resto fueron confirmadas. Hoy en día resulta muy difícil saber cómo de frecuente es la homosexualidad en los sistemas sociales naturales. No se han tomado datos, no se han comprobado los sexos y cuando existen datos disponibles a menudo no se publican. Mi conclusión general ahora es que cuanto más complejo y sofisticado es un sistema social, más probabilidades existen de que tenga casos de homosexualidad mezclados con heterosexualidad. Cualquier animal que viva en una sociedad compleja está obligado a gestionar tanto relaciones con individuos del sexo contrario como de su mismo sexo. Ambos tipos de relaciones ocurren por medio del contacto físico: abrazos, acicalamiento, contacto genital, así como vocalizaciones, gestos corporales y conductas como compartir comida o dar avisos de alarma.

¿Supone algún problema la sexualidad entre individuos del mismo sexo?

Supongamos, basándonos en la evidencia disponible, que la sexualidad entre individuos del mismo sexo fuera ahora algo natural y frecuente. ¿Supondría este descubrimiento algún problema? Estas son las preguntas que suelen plantearme.

¿Qué función cumple la homosexualidad? La sexualidad entre individuos del mismo sexo fomenta la amistad. Los genitales tienen neuronas sensitivas que proporcionan placer. Al activar mutuamente las neuronas genitales se envían mensajes amistosos y se estrechan las relaciones. La finalidad de la amistad depende del contexto y puede ser inocente o amenazante. La amistad de los murciélagos que se amontonan en una noche fría es inocente. La

amistad de los papiones que forman coaliciones para derrotar al macho alfa es amenazadora; el macho alfa intentará impedir esta amistad, lo que será considerado como homofobia.

¿Existe un gen gay? La pregunta no se refiere realmente al ADN, sino a si la homosexualidad puede heredarse. Está claro que en cierto sentido la homosexualidad en los animales es heredada, pero no existe un único gen gay. La homosexualidad es un comportamiento social complejo, y los rasgos complejos no están determinados por un único gen. Los informes sobre la existencia de un gen gay en humanos son erróneos, como veremos en un capítulo más adelante.

¿No es la homosexualidad contradictoria con la evolución? Esta pregunta normalmente mezcla la sexualidad entre individuos del mismo sexo con el hecho de no reproducirse. No reproducirse *es* un problema evolutivo; la sexualidad entre individuos del mismo sexo no. Las dos cosas no están necesariamente conectadas. Siempre hay algún individuo que no se reproduce, ya sea heterosexual u homosexual. En algunas especies son solo unos pocos individuos los que consiguen reproducirse, y el resto no lo hace, reflejando así el sesgo reproductivo de la población. Se supone que existen algunos animales homosexuales que no se reproducen simplemente a causa del sesgo reproductivo de la población, y el motivo que provoca ese sesgo se explicará. De hecho, el principal tema evolucionista es explicar de dónde viene el sesgo, no si existen contactos genitales entre individuos del mismo sexo.

A pesar de que algunos animales homosexuales no se reproducen, la mayoría sí lo hace. Los homosexuales que se reproducen pueden tener menor o mayor fertilidad que los heterosexuales, dependiendo de las circunstancias. Los animales homosexuales que se reproducen podrían tener una menor fertilidad que los heterosexuales porque existe un equilibrio entre fertilidad y supervivencia. La selección natural favorece aquellos rasgos que aumenten la producción media total de descendientes a lo largo de la vida, la cual depende tanto de la fertilidad como de la supervivencia. Una estrategia homosexual podría incrementar los apareamientos con el mismo sexo para conseguir una mayor supervivencia gracias a las amistades. Esta estrategia homosexual podría resultar en un descenso de la fecundidad por tener un menor número de apareamientos heterosexuales. Sin embargo, la estrategia homosexual podría cosechar una media mayor de descendientes a lo largo de la vida que una exclusivamente heterosexual gracias al aumento de la supervivencia.

Alternativamente, los animales homosexuales que se reproducen podrían tener una tasa de fertilidad incluso mayor que los heterosexuales porque gracias a las amistades creadas por vínculos homosexuales podrían acceder a más recursos que los animales exclusivamente heterosexuales, cosechando así una ventaja en fertilidad. De este modo, la homosexualidad puede comportar un rasgo social de inclusión. En esta situación, la homosexualidad podría aumentar tanto la fertilidad como la supervivencia, y ser por ello favorecida por la selección natural sin tomar en cuenta siquiera el mencionado compromiso entre fertilidad y supervivencia. Por tanto, la sexualidad entre individuos del mismo sexo no va en contra de la evolución, ni de manera general ni en ningún aspecto en particular.

Aunque la homosexualidad no contradice a la evolución, la homosexualidad generalizada entre animales abre nuevas perspectivas sobre cómo pensamos en nuestros cuerpos y en nuestras relaciones sociales. Pasemos ahora a algunas implicaciones del hecho de que la homosexualidad sea un ingrediente común en la vida social de nuestros parientes vertebrados. Una de ellas es que los rasgos que hasta ahora se habían interpretado solo en términos heterosexuales deben ser reexaminados.

Geometría genital

Las plumas coloridas y otros rasgos que hacen que un animal resulte atractivo se denominan caracteres sexuales secundarios y se supone que atraen a miembros del sexo opuesto. Puesto que en algunas especies la sexualidad entre individuos del mismo sexo puede ser tan importante como la sexualidad entre individuos de distintos sexos, los caracteres sexuales secundarios pueden atraer compañeros del mismo sexo y del sexo contrario. Un caso especial de carácter sexual secundario es el color y la geometría de los genitales externos. Muchas personas son demasiado escrupulosas como para hablar de cuál es el diseño óptimo de los genitales, centrándose en su lugar en caracteres más seguros, como el color de las plumas, del pelaje o de las escamas. No obstante, los genitales tienen mucha importancia simbólica y sirven no solo para transferir o recibir esperma, sino también para construir y mantener relaciones sociales entre individuos de distintos sexos y dentro del mismo sexo.

Desde hace tiempo ha sido un enigma por qué en los humanos el clítoris, con sus muchas neuronas sensibles, está ubicado a cierta distancia de la vagina. En los hombres el punto más sensible es la punta del pene, y de ahí la motivación a insertarlo en la vagina para llegar al orgasmo. Por el contrario, una mujer puede no experimentar un orgasmo durante la inserción del pene porque el clítoris no llegue a recibir estimulación. Es desconcertante por qué la geometría genital no está diseñada para garantizar la misma cantidad de placer a las mujeres que a los hombres durante las relaciones sexuales heterosexuales.

Como el apareamiento entre individuos del mismo sexo puede ser tan frecuente como el que se da entre sexos distintos, la geometría de los genitales puede haber sido diseñada para fomentar el contacto tanto entre individuos del mismo sexo como de sexos contrarios. En los bonobos, las hembras practican relaciones sexuales con otras cara a cara, frotando sus genitales frontalmente de lado a lado. En 1995, el famoso primatólogo Frans de Waal escribió: «La orientación frontal de la vulva y del clítoris de los bonobos sugiere que los genitales de las hembras están adaptados a esta posición [frontal]».[68] De manera más explícita, Marlene Zuk, destacada ecóloga del comportamiento, escribió en el año 2000 que el clítoris de los bonobos hembra «está localizado frontalmente quizá porque la selección ha favorecido una posición que maximice la estimulación durante el frotamiento genito-genital, común entre las hembras».[69] Los bonobos son atípicos, pues

---

[68] F. de Waal, «Bonobo sex and society», *Scientific American*, marzo de 1995, pp. 82-88.

[69] M. Zuk, *Sexual Selections: What We Can and Can't Learn about Sex from Animals,* University of California Press, 2002, p. 143.

sus relaciones sexuales entre individuos de distinto sexo a menudo tienen lugar cara a cara, en lugar de por detrás. Puede que la posición frontal sea la manera en que los bonobos macho se adaptan a la posición de los genitales de las hembras, una geometría genital que debe funcionar tanto para la sexualidad con el mismo sexo como entre sexos diferentes. Desde el punto de vista de la reproducción de la hembra, no se ganaría mucho al colocar las neuronas clitorianas cerca de la vagina para mejorar el apareamiento entre individuos de sexos diferentes si los machos ya estuvieran de todos modos lo suficientemente motivados para el coito. En cambio, las neuronas del placer han sido desplazadas a una posición que promueve el apareamiento entre individuos del mismo sexo y puede producir vínculos más eficaces entre ellos, aumentando así la eficacia global darwiniana sin coste reproductivo alguno. En el futuro, será interesante investigar el diseño genital en los vertebrados mediante un enfoque unificado que tenga en cuenta todas las funciones simbólicas y de otro tipo de los genitales, más allá del traspaso de esperma.

09

La teoría de la evolución

La diversidad en la expresión de género y en la sexualidad debilita la teoría de la selección sexual de Darwin, lo cual no quiere decir que *todos* los escritos de Darwin estén equivocados. De hecho, creo que no deberíamos perder de vista su enorme contribución, aunque piense que una de sus teorías tiene graves errores.

Tal vez el descubrimiento más importante de Darwin sea que todas las especies están emparentadas entre sí a través de un origen compartido de ancestros. Desde el más grande al más pequeño participan en la unidad de la vida. Darwin llegó a esta revelación de joven, durante uno de sus viajes como naturalista en un barco velero llamado *Beagle*. En su diario compara los animales del archipiélago de las islas Galápagos con los de Sudamérica, que había visitado con anterioridad.[1] Escribió: «Vemos que este archipiélago, aunque esté situado en el océano Pacífico, zoológicamente forma parte de América. Si este carácter se debiera únicamente a los inmigrantes procedentes de América, no habría nada destacable en él; pero vemos que la gran mayoría de todos los animales terrestres, y más de la mitad de las plantas con flores, son producciones aborígenes. Fue muy sorprendente estar rodeado de nuevas aves, nuevos reptiles, nuevas conchas, nuevos insectos, nuevas plantas y, sin embargo, por innumerables detalles insignificantes de estructura, e incluso por el tono de voz y el plumaje de las aves, tener ante mis ojos las llanuras templadas de la Patagonia, o

[1] C. Darwin, *The Voyage of the Beagle*, Anchor Books, 1962 (1860). Las citas de esta página y las siguientes provienen de las pp. 393, 394, 398 [trad. cast.: *El viaje del Beagle*, Editorial Labor, 1984].

los calurosos y secos desiertos del norte de Chile». Así, Darwin se dio cuenta de que especies únicas de Galápagos, a las que llamó «producciones aborígenes», estaban sin embargo emparentadas con las especies sudamericanas.

Darwin continuó comparando a los animales de las diferentes islas que componen las Galápagos: «Nunca imaginé que islas alejadas entre sí casi cincuenta o sesenta millas, a la vista unas de otras, compuestas de exactamente las mismas rocas, expuestas a climas tan similares, con altitudes casi idénticas, podrían haber alojado a unos inquilinos tan distintos [...]. Uno se maravilla ante el grado de fuerza creativa, si es que puede usarse esta expresión, desplegada en estas pequeñas, áridas y rocosas islas; y todavía más ante la acción diversa pero análoga en puntos tan cercanos entre sí». Aquí Darwin señala que las especies divergen incluso dentro del mismo grupo de islas, no solo entre el grupo y el continente.

Hoy en día nadie sería capaz de mejorar la formulación de Darwin. Expresó a la perfección la idea de la evolución a partir de una ascendencia común. Se centró en las *poblaciones* de plantas o animales y no en los individuos aislados. En sentido estricto, Darwin podría haber llegado solo a la conclusión de que las especies que vio personalmente estaban relacionadas entre sí por provenir de ancestros comunes. Aunque en la actualidad, tras considerar la enorme diversidad de organismos unicelulares, quizá no pueda descartarse la posibilidad de que la vida tenga más de un origen independiente, todos los organismos con los que la gente está familiarizada comparten una ascendencia a partir de ancestros comunes.[2]

---

[2] L. Margulis, «Archaeal-eubacterial mergers in the origin of Eukarya: Phylogenetic classification of life», *Proc. Nat. Acad. Sci. (USA)* 93, 1996, pp. 1071-1076; T. Cavalier-Smith, «A revised six-kingdom system of life», *Biol. Rev.* 73, 1998, pp. 203-266; L. Margulis y K. V. Schwartz, *Five Kingdoms: An Illustrated Guide to the Phyla of Life on Earth*, 2.ª ed., W.H. Freeman, 1988 [trad. cast.: *Cinco reinos*, Editorial Labor, 1985]; ver también «Charting the evolutionary history of life», número especial de *Science* 300, pp. 1691-1709.

La selección natural de Darwin

La siguiente tarea de Darwin fue entender qué «fuerza creativa» es la que produce la diversidad de las nuevas especies. Identificó una a la que llamó «selección natural», que es la responsable de que las especies cambien con el tiempo. La teoría de la selección natural de Darwin es fundamentalmente correcta, aunque nuestra comprensión actual del proceso difiere ligeramente de la forma en que Darwin lo describió.

Al haber vivido en un entorno agrícola, Darwin sabía mucho sobre la cría de animales y plantas: vacas, caballos y cultivos para la producción, y perros, gallinas y flores para las exhibiciones. Cada día se llevaba a cabo la cría de animales y plantas, por lo que podía cambiar obviamente las propiedades del *stock*. La cría de animales y plantas se basa en seleccionar determinados individuos para su reproducción y eliminar el resto, proceso al que ahora se llama «selección artificial» para señalar que es el ganadero y no el medio natural el que decide quién sobrevive y/o se reproduce.

Darwin sabía de la existencia de un contemporáneo suyo, Thomas Malthus, que estaba desarrollando posibles escenarios sobre las consecuencias del crecimiento de la población. Darwin escribió: «En base al principio de progresión geométrica [...] nacen más individuos de los que pueden llegar a sobrevivir, por lo que siempre debe haber una lucha por la supervivencia [...]. Es la doctrina de Malthus aplicada con fuerzas múltiples a todo el reino animal y vegetal».[3] Darwin se dio cuenta de que, si solo ciertos tipos de individuos consiguen sobrevivir en condiciones de aglomeración, la población resultante estará compuesta por los descendientes de esos supervivientes. Así es como nació la idea de la «selección natural», un proceso mediante el cual el medio natural determina quién consigue sobrevivir y/o reproducirse. La selección natural es el equivalente en la naturaleza a la selección artificial en la producción. Además, si la naturaleza selecciona diferentes tipos de individuos

[3] C. Darwin, *The Origin of Species by Means of Natural Selection or the Preservation of Favored Races in the Struggle for Life*, Atheneum, 1967 (1859), p. 63 [trad. cast.: *Origen de las especies*, Ediciones Akal, 1985].

en diferentes lugares, con el tiempo las poblaciones en esos sitios divergirán, acumulando eventualmente suficientes divergencias como para poder considerarse especies diferentes.

Una de las dificultades técnicas del relato original de Darwin tiene que ver con cómo se mantiene la diversidad. Darwin no había oído hablar de los genes mendelianos y no podía explicar por qué persiste la variación en una población natural en lugar simplemente de disolverse. Cincuenta años después, los genetistas de poblaciones Ronald Fisher y J. B. S. Haldane, en el Reino Unido, y Sewall Wright, en Estados Unidos, rescataron la teoría de la selección natural de Darwin utilizando ecuaciones matemáticas que incorporaban la herencia mendeliana. Hoy en día, todos los libros de texto sobre evolución enseñan triunfalmente que la primera teoría sobre genética de poblaciones proporcionó a la selección natural de Darwin una base matemática rigurosa.

A pesar de que los científicos quizá tengan razón al sentirse orgullosos de los primeros genetistas de poblaciones, rara vez se molestan en mencionar que esas ecuaciones también cambian fundamentalmente la interpretación de cómo funciona la selección natural. En el escenario malthusiano, la «lucha por la existencia» hace hincapié en la competencia por los recursos escasos, convirtiendo los enfrentamientos agresivos en el tema de la selección natural. Sin embargo, las ecuaciones de la selección natural no están relacionadas en absoluto con los recursos limitados. En su lugar, cada tipo genético se asocia a una medida de productividad reproductiva neta: la fecundidad multiplicada por la probabilidad de supervivencia, la denominada eficacia darwiniana. Actualmente, la mejor descripción de la selección natural es que consiste en la supervivencia de los más productivos en base a la mejora progresiva del rendimiento natural. La evolución por medio de la selección natural tiene lugar incluso en una población sin límites de recursos, porque algunos tipos genéticos son intrínsecamente más productivos que otros, con independencia de la escasez o abundancia de recursos. Un determinado tipo genético puede volverse más productivo siendo cooperativo, formando amistades, siendo frugal o innovador, o realizando cualquier otro tipo de estrategia que no tenga que ver con «la lucha». En mi opinión, los científicos no han conseguido difundir eficazmente la idea de que la ley del más fuerte fue descartada hace más de cincuenta años como metáfora central de la teoría de la selección natural matemática. Lo que realmente ocurre en la naturaleza es mucho más amable de lo que nos han hecho creer.

De este modo, el concepto de selección natural de Darwin ha sido modificado y adornado con nuevos significados, demostrando que iba por buen camino. Sin embargo, la evolución por selección natural sigue sin estar completamente asentada hoy en día. La cuestión fundamental sigue siendo de dónde procede la variación que vemos entre los individuos, una de las áreas más problemáticas de la biología evolutiva.

Durante la década de 1970, la eminente bióloga Lynn Margulis descubrió que todas las plantas y los animales por encima del nivel de las bacterias —los llamados organismos eucariotas— son asociaciones a nivel celular.[4] Recuerdo perfectamente cuando, siendo adolescente, en clase de Biología, pelé la piel de una cebolla, coloqué la fina lámina bajo el microscopio y vi las células por primera vez. Me enseñaron que las células son los bloques elementales de construcción de los organismos, y allí estaba yo, mirando los bloques de construcción de una cebolla. Pues bien, ahora está claro que, después de todo, la célula no es un bloque de construcción unitario, sino una asociación de muchas subunidades, algunas de las cuales vivieron por separado en algún momento del pasado. Dentro de una célula vegetal, los lugares en los que se encuentra la clorofila verde y se produce la fotosíntesis —los cloroplastos— fueron en su día bacterias que vivían solas. Y los lugares en los que se descompone nuestro alimento y se convierte en energía (las mitocondrias) también fueron una vez bacterias que existían de forma independiente. Los genes de las células de una cebolla, y también de nuestras células, se encuentran no solo en el núcleo, sino también en otros lugares que en su día fueron células de vida libre. Una célula es, por tanto, una asociación, y su genoma global no está contenido únicamente en el núcleo, sino que está distribuido entre todos los socios antes independientes.

---

[4] L. Margulis, *Symbiosis in Cell Evolution*, 2.ª ed., W. H. Freeman, 1993.

Los biólogos se han resistido a pensar en lo que implica esta asociación. Si cada una de nuestras células es una simbiosis entre elementos bacterianos que antes vivían libremente, nosotros mismos no somos más que grupos de bacterias. No solo descendemos de bacterias, sino que seguimos siendo bacterias; un pensamiento profundamente humilde. Y la función celular no es la simple historia de un núcleo cuyos genes imponen sus deseos al citoplasma. Por el contrario, para formar nuestras células fue necesaria alguna negociación subcelular, y es posible que esta todavía tenga lugar. Tal vez el núcleo y las mitocondrias mantengan una discusión bioquímica permanente, cuya ruptura se manifiesta en forma de enfermedad.

En realidad, la mayoría de los genes de nuestras células se encuentran en el núcleo, y los pocos que residen en las mitocondrias y otros lugares son excepcionales. Este hecho permite que el relato sobre el control genético nuclear persista sin ser cuestionado. Sin embargo, cabe preguntarse cuánto tiempo podrá mantenerse esta ficción biológica. La genética de poblaciones tradicional considera que la variación genética surge ciegamente a través de la mutación aleatoria de los genes nucleares y que la selección natural actúa sobre estos nuevos genes para crear adaptaciones innovadoras. Esta visión acepta implícitamente la historia del control genético nuclear.

Supongamos, en cambio, que los genes llegan por negociación con otros organismos: una célula le dice a otra: «Necesito algunos de tus genes», y la otra responde: «Claro, y yo necesito un hogar donde vivir». Pues bien, esta colaboración es exactamente lo que ocurre entre los corales. El coral es un animal invertebrado como una hidra, capaz de atrapar comida con diminutos tentáculos. Pero los corales también acogen en su cuerpo a unas algas unicelulares llamadas zooxantelas. En cualquier momento, los genes de una célula de coral pueden incluir los del núcleo del coral más los del núcleo del alga. Sin embargo, las zooxantelas de un coral son capaces de abandonar el coral y sobrevivir solas, a diferencia de los cloroplastos de las plantas terrestres. La relación entre el coral y las zooxantelas se rompe cuando hay poca luz, una condición en la que los corales dependen de lo que pueden atrapar con sus tentáculos. Nadie sabe qué hacen las zooxantelas cuando viven solas. Existen muchas cepas de zooxantelas, y la composición genética total dentro de una célula de coral varía a medida que las diferentes cepas de zooxantelas entran y salen. Por tanto, la variación genética de una célula de coral no depende de la mutación ciega de genes individuales, como prevé la teoría tradicional de la genética de poblaciones, sino que una célula puede negociar adaptativamente su genoma con otras.

La biología evolutiva está muy lejos de integrar las implicaciones que supone un genoma cuya composición se origina por negociación con otros genomas, en lugar de por una mutación ciega. Creo que el descubrimiento de una base asociacionista de las células es tan relevante como lo fue el descubrimiento del ADN. Pero para la gente ha sido relativamente fácil asimilar la historia sobre el ADN, un perfeccionamiento de la narración sobre el control genético que hemos estado oyendo desde la escuela primaria. La teoría de la asociación en la función celular es algo completamente inesperado, y los científicos no han sabido muy bien qué hacer con este descubrimiento. Es una situación análoga a lo que ocurre con el género y la sexualidad: nadie estaba preparado para lo que se ha descubierto al respecto, y también ahí se han subestimado las relaciones cooperativas.

Por tanto, está claro que la teoría de la selección natural de Darwin como fuerza creativa que moldea la biodiversidad parece que seguirá siendo el elemento principal de la teoría evolutiva, aunque se continúe debatiendo sobre el origen de la variación. Por el contrario, el tercer componente de la teoría de Darwin, la selección sexual, no debería, en mi opinión, resucitarse.

La teoría de la selección sexual de Darwin

Me doy perfecta cuenta de la gravedad que implica desacreditar el texto maestro de una disciplina, pero dudo que las dificultades fácticas presentes en la teoría de la selección sexual de Darwin puedan encubrirse fácilmente. También creo que esta teoría ha fomentado la injusticia social y que nos iría mejor, tanto científica como éticamente, si nos deshiciéramos de ella. No soy ni mucho menos la primera en pedir una revisión profunda de la teoría de la selección sexual. Me uno a la tradición iniciada por los valientes estudios de Sarah Hrdy sobre la elección de pareja en los langures de la India, que continúa hoy en los escritos y el trabajo experimental y de campo de Patricia Gowaty.[5] Confieso que soy más radical que ellas al pedir un abandono total de la teoría de la selección sexual.

La teoría de la selección sexual de Darwin constituye la primera teoría universal sobre género de la biología evolutiva.[6] Darwin defendió, basándose en sus estudios empíricos, que los machos y las hembras siguen unos determinados patrones universales. Escribió: «Los machos de casi todos los animales muestran emociones más fuertes que las hembras», y «la hembra [...], con pocas excepciones, es menos ansiosa que el macho [...], es reservada».

Darwin ofreció la selección sexual como explicación de por qué machos y hembras deberían seguir estos patrones universales. Mientras la cría artificial para la producción era el modelo de la selección natural, la cría artificial para la exhibición era el modelo de la selección sexual. Darwin proponía que las hembras, al igual que el agricultor, eligen a machos ostentosos y viriles. Las hembras eligen machos que son, según él, «vigorosos y mejor dotados [...]. Así como el hombre puede mejorar las razas de sus gallos de pelea

---

[5] Para Hrdy, ver S. Hrdy, «Male-male competition and infanticide among the langurs *(Presbytis entellus)* of Abu, Rajasthan», *Folia Primatologica* 22, 1974, pp. 19-58; S. Hrdy, «Infanticide among animals: A review, classification, and examination of the implications for the reproductive strategies of females», *Ethology and Sociobiology* 1, 1979, pp. 13-40; S. Hrdy, «Raising Darwin's consciousness: Female sexuality and the prehominid origins of patriarchy», *Human Nature* 8, 1997, pp. 1-49. Para Gowaty, ver P. Gowaty, «Power asymmetries between the sexes, mate preferences, and components of fitness», en C. Tarvis, *Evolution, Gender and Rape*, MIT Press, 2003, pp. 61-86; P. Gowaty, «Sex roles, contests for the control of reproduction, and sexual selection», en P. Kappeler y C. van Schaik (eds.), *Sexual Selection in Primates: New and Comparative Perspectives*, Cambridge University Press, 2004; P. Gowaty, «Sexual natures: How feminism changed evolutionary biology», *Signs* 28, 2003, pp. 901-922.

[6] C. Darwin, *The Descent of Man, and Selection in Relation to Sex*, Princeton University Press, 1871 (edición facsímil). Las citas de esta página y las siguientes provienen de las pp. 218-222, 228-235, 449, 498-499 [trad. cast.: *El origen del hombre y la selección en relación al sexo*, Los Libros de la Catarata, 2019].

seleccionando los que resultaron victoriosos en el reñidero, del mismo modo los machos más fuertes y más vigorosos, o los que se hallan dotados de las mejores armas, son los que han prevalecido, llevando al mejoramiento [...] de la especie». También la belleza podría jugar un papel. En especial: «Muchas progenitoras del pavo real deben [...], por la continua preferencia de los machos más hermosos, [haber] hecho del pavo real la más espléndida de las aves vivas». Así, Darwin imaginó que los machos llegan a ser como son universalmente porque son lo que las hembras universalmente quieren, y, como resultado, la especie se ve beneficiada.

También propuso un patrón universal para la vida social de los animales: «Es cierto que entre casi todos los animales existe una lucha entre los machos por la posesión de las hembras [...]. Los machos más fuertes y mejor dotados [...] se aparean con las hembras más fuertes y mejor alimentadas [...], que seguramente crían a un mayor número de descendientes que las hembras retrasadas, que estarán obligadas a aparearse con los machos vencidos y menos poderosos». En estos textos, Darwin consideraba de forma peyorativa la diversidad dentro de una misma especie como una jerarquía que comenzaba con individuos superiores para ir descendiendo hasta los «retrasados», una visión que reprime la diversidad y es elitista, enfatizando un filtrado de los débiles y los enfermos, y normalizando la dominación masculina sobre las hembras. No obstante, en sus escritos anteriores, Darwin veía más favorablemente la diversidad entre especies dentro de una comunidad ecológica, imaginando que cada especie ocupa un nicho especial en la naturaleza. Esta contradicción evidente entre la actitud de Darwin hacia la diversidad dentro de una misma especie y la diversidad entre especies invade hoy en día toda nuestra sociedad, desde la biología o la medicina hasta la política o la justicia.

Sin embargo, Darwin no ignoró por completo la diversidad. Junto a las afirmaciones universalistas existe el reconocimiento de las «excepciones» al patrón general. En algunas especies, los machos «obtienen» hembras derrotando a sus rivales. En otras, no pueden capturar a las hembras de manera autónoma, sino que deben permitir que ellas elijan. «En numerosos casos, los machos que vencen a sus rivales no obtienen la posesión de las hembras, independientemente de la elección de estas». En tales casos, «las hembras [...] prefieren emparejarse con los machos mejor adornados, con los que canten mejor o con los que hagan mejores numeritos [...], y al mismo tiempo prefieren a los machos más vigorosos y vivos». Y en otras especies los machos y las hembras son iguales, y la elección que el macho realiza de una hembra es tan importante como la elección del macho realizada por la hembra. Darwin escribió que «en los pocos casos en los que los machos seleccionan una hembra en particular [...], los que [...] hayan vencido a otros [...] seleccionarán hembras fuertes además de atractivas». Darwin era un naturalista experimentado que conocía la diversidad existente en las conductas de apareamiento, pero trataba esta diversidad anteponiendo el discurso del guerrero gallardo, relegando el resto a la categoría de excepciones. No hizo ningún intento por explicar por qué las excepciones ocurren o por qué las especies varían en cuanto a su forma de equilibrar el poder entre los sexos. Su categorización de esta diversidad como excepcional le ahorró la necesidad de explicación.

Darwin también admitió que muchos animales no encajan en un simple binario sexual. Aunque trabajó bastante con percebes, que son simultáneamente hermafroditas, nunca intentó encajarlos en su teoría. En su lugar, colocó a todas las especies similares a los percebes a un lado y afirmó que todas las especies restantes seguían el patrón universal de macho y hembra: «En general, no cabe duda de que en casi todos los animales en los que los sexos están separados existe una lucha recurrente entre los machos por la posesión de las hembras».

Igualmente, conocía la inversión de los roles sexuales, pero no ofreció ninguna explicación al respecto, al margen de decir que tales inversiones no abundan: «En las aves ha ocurrido algunas veces la transposición de los caracteres ordinarios propios de cada sexo; la hembra se muestra más vehemente en el cortejo, en tanto que el macho parece adoptar una actitud pasiva, aunque parece elegir a las hembras más atractivas [...]. Varias clases de gallináceas han llegado así a reunir en la hembra colores más brillantes y más adornos, así como más fuerza y coraje, que en el gallo». Tras repasar los casos de inversión de roles sexuales en el casuario, el emú, el agateador y el chotacabras, Darwin llegó a la siguiente conclusión: «Tomando como referencia las costumbres de la mayoría de las aves macho [...], las hembras se esfuerzan en ahuyentar a las hembras rivales para ganar la posesión del macho [...]. [Aquí] los machos probablemente se sentirían de lo más afortunados o excitados por las hembras más atractivas gracias a sus hermosos colores, sus adornos o su canto. A continuación, la selección sexual haría su trabajo, añadiendo continuamente atractivos a las hembras; los machos y los jóvenes no se quedarían relegados, solo ligeramente modificados». Incluso hoy en día, la inversión de los roles sexuales se «explica» como resultado de una inversión parental mayor de los machos que de las hembras en la cría de los pequeños. No obstante, todavía no se ha propuesto ninguna teoría que explique cuándo ocurre esta transposición del rol sexual binario.

Darwin no parece haber sido consciente de que existiera la sexualidad entre individuos del mismo sexo en la naturaleza, ni de la multiplicidad de géneros como estrategias vitales reproductivas alternativas dentro de cada sexo. Tampoco considera en ningún momento que el apareamiento pueda tener otra función que no esté ligada directamente a la reproducción. Sin embargo, sí se adelantó a la teoría de la inversión parental basada en el coste relativo del óvulo y el esperma: «La hembra tiene que hacer un gran gasto de materia orgánica en la formación de los óvulos, mientras que el macho desperdicia mucha energía en los duros combates que sostiene con sus rivales, en deambular en busca de la hembra, en ejercitar su voz. [...] en general, el gasto de materia y de fuerza es probablemente igual en los dos sexos, aunque efectuado de maneras diferentes y a ritmos distintos».

Debería ser reconocido también por haber diferenciado entre rasgos que contribuyen a la supervivencia en el medio físico y rasgos que contribuyen a la reproducción en el medio social; por haber reconocido muchas excepciones y por haberse anticipado a muchos de los conceptos que siguen utilizándose hoy en día. Debería también atribuírsele el mérito de haber dado un estatus evolutivo a las hembras, puesto que en aquella época se ponía incluso en duda la posibilidad de que las hembras fueran capaces de elegir. Aun así, Darwin escribió: «De aquí que la hembra pueda elegir a un macho entre varios, suponiendo que su capacidad mental sea apta para esa elección [...]. Indudablemente, esto implica buen gusto y aptitud para la elección por parte de las hembras, cosa que parece muy improbable que pudieran reunir; pero a través de los hechos [...] espero demostrar que las hembras poseen realmente tales cualidades».

¿Qué debemos hacer entonces con la teoría de la selección sexual de Darwin? La cuestión se reduce a si la metáfora subyacente es correcta. ¿Es la selección en un contexto social la contrapartida natural de la selección artificial para la exhibición? ¿Se limita la vida social de los animales a damiselas medianamente inteligentes que buscan guerreros cachondos, guapos y sanos? ¿Se limita la dinámica social entre los machos a la lucha por la posesión de las hembras? ¿Refleja la diversidad dentro de una especie una jerarquía de calidad genética?

¿Es la teoría de la selección sexual actual mejor que la de Darwin? No. La teoría actual empeora las cosas al añadir nuevos errores, transformando lo que Darwin escribió en una caricatura de la arrogancia masculina. Según la versión actual, se supone que los machos son más promiscuos que las hembras porque el esperma es barato y, por tanto, los machos vagan continuamente en busca de hembras a las que fecundar. A la inversa, se supone que las hembras son exigentes porque sus óvulos son caros y, por tanto, deben proteger su inversión para que no se diluya con los malos genes de un macho inferior. Naturalmente, un macho tiene derecho a superar la reticencia de una hembra para que no cese la reproducción y se extinga la especie. De hecho, los escritos de Darwin no avalan el principio del óvulo caro-esperma barato. La teoría actual de la selección sexual se basa en un error de contabilidad que Darwin no cometió: él pensaba que la energía total invertida por cada sexo en el esfuerzo reproductivo a lo largo de la vida era la misma.[7]

[7] Para ser justos, un trabajo reciente que modela el resultado de la negociación entre machos y hembras para saber si un macho debe «desertar» o permanecer en el nido para proporcionar cuidados parentales, es un decidido paso adelante. Ver M. Wade y S. Shuster, «The evolution of parental care in the context of sexual selection: A critical reassessment of parental investment theory», *Amer. Natur.* 160, 2002, pp. 285-292.

El segundo error actual es elevar el engaño a principio evolutivo. Darwin afirmó que la guerra para asegurar el control sobre las hembras es la dinámica social universal entre los machos. Por lo tanto, las relaciones de cooperación, especialmente las que se dan entre miembros del mismo sexo, parecen falsear el modelo social que Darwin afirma que es universal. La solución contemporánea consiste en postular el engaño. Los seleccionadores sexuales actuales han producido una proliferación de «mimetismos»: mimetismo sexual, mimetismo femenino, mimetismo de huevos, etc. Al postular estos tipos de mimetismo, se preserva el espíritu de la guerra y el conflicto, pero se lo lleva a la clandestinidad, convirtiéndolo en un combate de guerrillas. Sin embargo, en ningún caso se ha demostrado que los imitadores engañen a ningún otro animal, y las circunstancias sugieren que los animales son, de hecho, perfectamente conscientes de lo que ocurre. La imagen de la naturaleza que proporciona la teoría de la selección sexual no es bonita. Tampoco es correcta.

Darwin concibió su teoría en el seno de una sociedad que realzaba el ejército colonial y asignaba a perfectas esposas papeles obedientes y sexualmente pasivos. En los tiempos modernos, el deseo de publicitar las proezas sexuales, justificar una mirada lasciva y despreciar la perspectiva femenina ha impulsado a algunos científicos a seguir defendiendo la teoría de la selección sexual a pesar de las críticas sobre su exactitud.

La selección sexual falseada

La teoría contemporánea de la selección sexual predice que el resultado estándar de la evolución social son guerreros guapos, sensuales y sanos emparejados con damiselas medianamente perspicaces. Las desviaciones de esta norma deben explicarse entonces mediante algún argumento especial. Pero, para empezar, ¿es correcta la teoría de la que procede esta predicción? ¿Cuántas excepciones se necesitan para sospechar de la propia teoría de la selección sexual?

Ha llegado la hora de poner las cosas claras, de declarar que la teoría sexual es falsa y de dejar de meter con calzador una excepción tras otra en el marco de la selección sexual. Tenemos que afrontar el hecho de que la teoría de la selección sexual es inexacta e inadecuada. Hacer lo contrario sugiere que la teoría de la selección sexual no es falsable, que no se puede refutar.

Las afirmaciones universales de la teoría de la selección sexual son inexactas. Los machos no son universalmente apasionados, ni las hembras universalmente tímidas. La dinámica social entre los machos no es siempre combatir para controlar a las hembras. La diversidad entre los machos y entre las hembras no se ajusta siempre a una jerarquía de calidades genéticas. Las hembras no seleccionan siempre a los machos por su calidad genética. Además, la teoría de la selección sexual es inadecuada para abordar la diversidad de cuerpos, comportamientos y estrategias vitales que existen en la realidad. Darwin no se molestó en explicar las excepciones que descubrió, y a medida que se siguen acumulando datos sobre la diversidad de género y sexo, la teoría de la selección sexual, que además solo abordaba un subconjunto de los hechos, se vuelve cada vez más inadecuada.

Repasemos las numerosas formas que hemos visto en las que las especies se apartan de la norma de la selección sexual:

1. *Los cuerpos no se ajustan a un modelo binario*. El dimorfismo gamético no implica un binario de tipos de cuerpo. Los individuos de muchas especies no producen solo óvulos o solo esperma durante toda su vida. En la mayoría de las especies, los cuerpos «masculinos» y «femeninos» no están definidos o son inestables. La teoría de la selección sexual no es aplicable a muchas especies simplemente porque los individuos masculinos y femeninos, tal y como los concibe la teoría, no existen en esas especies, algo que Darwin admitió.
2. *Los géneros no se ajustan a un modelo binario*. El dimorfismo gamético tampoco implica un binario de roles de género. Los dos sexos, aunque estén situados en cuerpos separados, pueden conllevar más de dos géneros cada uno, definidos como morfologías, roles de comportamiento e historias de vida distintas en cuerpos sexuados. Se han descrito en detalle sociedades con uno, dos y tres géneros

masculinos, junto con uno o dos géneros femeninos. Sin embargo, la teoría de la selección sexual es una teoría de dos géneros.

3. *Los roles sexuales son reversibles.* Incluso cuando existen cuerpos masculinos y femeninos distintos con un género por sexo, los roles comportamentales que estos géneros adoptan pueden ser inversos a los que prevé la teoría de la selección sexual. Los espermatozoides de los peces trompeta y de las jacanas son diminutos y sus óvulos grandes, al igual que en otras especies de metazoos, pero la inversión parental global del macho supera a la de la hembra, lo que da lugar a una proporción operativa de sexos invertida que conduce a la competencia hembra-hembra por los machos y a que sean los machos los que eligen a las hembras. Ni las ampliaciones actuales de la teoría de la selección sexual ni el tratamiento original de Darwin ofrecen ninguna predicción sobre cuándo ocurre esto.
4. *Los espermatozoides no son baratos.* Según la conocida primatóloga Meredith Small, «los primates no humanos nos muestran lo que muchas mujeres solteras de Estados Unidos ya saben: conseguir una cita a veces es muy difícil. Las hembras de los monos *rhesus* y de los papiones se ofrecen a menudo a los machos, una clara señal de preferencia y elección, pero ellos habitualmente se niegan a responder. Las hembras de macaco de cola de león, especialmente las subadultas, sufren este rechazo. Inician casi el 70 por ciento de las cópulas, pero solo el 59 por ciento terminan en monta. Nadie sabe con certeza por qué estos machos se niegan a responder, ya que se supone que el esperma resulta muy barato, pero los machos suelen ignorar a las hembras en celo».[8] ¿Por qué iban los machos a rechazar una invitación a tener sexo si el esperma es supuestamente tan barato, tal y como lo exige la teoría de la selección sexual? Porque acostarse juntos es significativo en sí mismo. El sexo en los

[8] M. Small, *Female Choices: Sexual Behavior of Female Primates*, Cornell University Press, 1993, p. 106.

animales no es anónimo. El apareamiento es un símbolo público. Los «cotilleos» de los animales aseguran que todo el mundo sepa quién se acuesta con quién. Por lo tanto, la elección de pareja, incluida la del macho, gestiona y publicita las relaciones. Un macho puede no querer el compromiso que supone aceptar una nueva novia.

5. *Las hembras no eligen «los mejores genes».* Las hembras eligen a sus parejas por muchas razones, pero rara vez o nunca para llevarse los mejores genes que se supone que tiene un macho según la teoría de la selección sexual. Los machos de bajo rango tienen una descendencia tan válida como la de los machos de alto rango. Las hembras seleccionan a los machos que cumplen sus promesas de cuidados parentales y reparten la probabilidad de paternidad entre los machos para garantizar la seguridad de la descendencia. Las características físicas de un macho sirven para dotar a la descendencia de los marcadores corporales de un linaje poderoso, no para adquirir atractivo; las hembras están comprando a su descendencia la pertenencia al club de los genes ancianos.
6. *El tamaño de la familia se negocia.* La producción de óvulos y la producción de esperma no son necesariamente independientes, como prevé la teoría de la selección sexual. Los machos no tienen que ir de un lado a otro intentando fecundar un número concreto de óvulos. Los machos y las hembras pueden negociar para aumentar el número de huevos que produce una hembra más allá de los que produciría si tuviera que criar sola. Además, los machos tienen que asegurarse de que los huevos que fecundan son criados con éxito: no importa la cantidad de esperma que produzcan si la calidad de los cuidados parentales se ve comprometida.
7. *El engaño social no está demostrado.* El engaño requerido por la teoría de la selección sexual nunca se ha demostrado. A pesar de que los científicos han inventado muchas categorías de engaño social, como el mimetismo sexual y el mimetismo de los huevos, nunca se ha demostrado que

los rasgos miméticos no sean meros símbolos sociales. Tal vez los animales se mientan de vez en cuando, pero los biólogos aún no los han pillado in fraganti, por lo que es conveniente la presunción de honestidad.

8. *La sexualidad entre individuos del mismo sexo es frecuente.* La sexualidad entre personas del mismo sexo es contraria a la teoría de la selección sexual, por lo que la existencia de la homosexualidad debe justificarse bien como una aberración, bien como un engaño. En cambio, la amplia documentación existente sobre la sexualidad entre individuos del mismo sexo en los vertebrados descarta cualquier rechazo de la homosexualidad y contradice la teoría de la selección sexual.
9. *El apareamiento no tiene como objetivo principal la transferencia de esperma.* El propósito del apareamiento, tanto heterosexual como homosexual, es más crear y mantener relaciones que transferir esperma. La teoría de la selección sexual requiere que el apareamiento tenga como objetivo principal la transferencia de esperma, pero la cantidad de apareamientos que se producen son entre cien y mil veces más frecuentes que los necesarios para la concepción.
10. *Los caracteres sexuales secundarios no existen solo para el apareamiento heterosexual.* La teoría de la selección sexual limita el significado de los caracteres sexuales secundarios al apareamiento heterosexual. En las especies con apareamientos homosexuales frecuentes, los caracteres sexuales secundarios, incluida la geometría genital, se moldean para facilitar todo tipo de apareamientos, incluidos los homosexuales.

El gran número de agujeros de la teoría de la selección sexual impide tapar todas las goteras. Una fuga ocasional podría arreglarse, pero tantas hacen imposible su reparación. La teoría de la selección sexual hacía aguas mucho antes de que se encontraran pruebas de la homosexualidad generalizada, pero dichas pruebas son el torpedo final.

La aceptación acrítica de la teoría de la selección sexual ha llevado a subestimar el alcance de la cooperación entre los animales, obligando a los científicos a interpretar todas las interacciones como algo competitivo. Desde un punto de vista científico, la teoría de la selección sexual es inexacta en sus afirmaciones e incapaz de dar cuenta, siquiera por extensión, de la diversidad de cuerpos, géneros, sexualidades e historias vitales.

Lo más importante es que la teoría de la selección sexual reprime la diversidad, concibe la competencia entre machos como una forma de erradicar a los frágiles y enfermos, y a la elección de las hembras como una forma de acoger en la cama a los ganadores de la competencia entre machos para que sus hijos hereden los mejores genes. Esta postura elitista y regresiva considera erróneamente que la diversidad del acervo genético se compone principalmente de genes perjudiciales que los machos deben eliminar y las hembras evitar.

La selección sexual corrompida

La teoría de la selección sexual se ha utilizado desde hace mucho tiempo para prolongar estereotipos de género de dudosa ética que degradan a las mujeres y a cualquiera que no encaje en la normativa de género de un macho heterosexual. Al vacilar en declarar la teoría como científicamente falsa, lo que hacen los científicos es prolongar las injusticias que emanan de la misma, como ilustran algunos textos de distintos psicólogos evolucionistas.

La psicología evolucionista extrapola el principio del «esperma barato y el óvulo costoso» de la actual teoría de la selección sexual para «explicar» el deseo en los humanos. Un psicólogo escribe: «Como en nuestro pasado evolutivo las mujeres realizaban una gran inversión al tener sexo, la evolución favoreció a aquellas que eran muy selectivas al elegir pareja [...]. En la historia evolutiva humana, un hombre podía abandonarse a una cópula casual perdiendo simplemente unas horas de su tiempo [...]. Una mujer también podía participar en un encuentro casual, pero si se quedaba embarazada, cargaba con el coste de esa decisión durante meses, años e incluso décadas».[9] Esta visión insinúa que la maternidad es

---

[9] D. Buss, *The Evolution of Desire*, Basic Books, 1994, p. 20 [trad. cast.: *La evolución del deseo*, Alianza Editorial, 2015].

un castigo asociado al sexo, en lugar de un fin apetecible en sí mismo. Si las mujeres terminan teniendo que soportar consecuencias más duras que los hombres después de un encuentro casual, significa que existe una injusticia social en la división del cuidado de la prole, no una diferencia universal entre el tamaño de los óvulos y el esperma. Es un ejemplo de la forma en que los psicólogos intentan normalizar la desigualdad de género.

Otro psicólogo escribe: «Las diferencias en las estrategias reproductivas están en la mínima "inversión parental" necesaria para producir descendencia. En nuestra especie, la inversión parental requerida para producir hijos es mucho mayor en las mujeres (nueve meses para las mujeres frente algunos minutos para los hombres). Puesto que a lo largo de su vida las mujeres pueden producir un máximo de 20 vástagos, es poco probable que tenga alguna ventaja adaptativa tener sexo con un gran número de hombres. Es mucho mejor invertir más en cada hijo seleccionando cuidadosamente a un compañero con buenos genes que participará en sacar adelante la progenie. En el caso de los hombres, tener coitos con el mayor número de mujeres fértiles posible se correlacionaba posiblemente con el éxito reproductivo, puesto que en tiempos ancestrales no existían los medios anticonceptivos».[10] Además de reivindicar el derecho natural a la promiscuidad, esta cita también parece sugerir que el sexo sin procrear estaba esperando la invención de los condones. Ya los dibujos de las vasijas griegas demostraban la existencia de posiciones heterosexuales sin procreación, por no mencionar el comportamiento de nuestros parientes primates.

Estas citas ilustran cómo la teoría de Darwin, que de otro modo podría descartarse como simplemente incorrecta, se presta a la corrupción por parte de los psicólogos, dando lugar a una estimulante fantasía. Las afirmaciones de los psicólogos que hablan de la verdad biológica han llamado la atención de biólogos evolucionistas, que las han refutado con una vehemencia atípica. Jerry Coyne,

[10] N. Malamuth, «The confluence model of sexual aggression: Feminist and evolutionary perspectives», en D. Buss y N. Malamuth (eds.), *Sex, Power, Conflict: Evolutionary and Feminist Perspectives*, Oxford University Press, 1996, pp. 269-295.

consumado genetista poblacional experimental, escribe: «Los psicólogos evolucionistas suelen confundir teoría con mera especulación [...]. La psicología evolucionista carece completamente de una base científica sólida. Sus historias no pueden calificarse de ciencia y no merecen la aprobación, o siquiera el respeto, del público».[11]

¿Qué fue lo que provocó una declaración tan inusual? La publicación reciente de otra teoría más sobre el carácter natural de la violación basada en la biología evolutiva.[12] La idea subyacente es que los hombres que son incapaces de encontrar pareja de la «manera tradicional» puedan reproducirse mediante la violación. Después, los genes responsables de la violación aumentan, llevando a que el cerebro adquiera un «chip de la violación». Por tanto, todos los hombres serían violadores en potencia, aunque solo utilicen ese potencial en determinadas circunstancias externas. Coyne subraya que esta actitud de «no puedo ir en contra de la teoría de la evolución» se invalida por el hecho de que un tercio de todas las violaciones son a mujeres demasiado jóvenes o demasiado mayores para poder procrear; el 20 por ciento no incluyen penetración vaginal; el 50 por ciento no conllevan eyaculación en la vagina; el 22 por ciento incluyen una violencia que excede la necesaria para una cópula forzada; el 10 por ciento de las violaciones en tiempos de paz se producen en bandas, lo que diluye las posibilidades de reproducción de cada hombre; las violaciones en tiempos de guerra suelen culminar con el asesinato y la mutilación sexual de la víctima; algunos violadores son ricos, lo que les permite acceder a las mujeres sin coacción; y muchas violaciones son homosexuales. Son tantas las violaciones no reproductivas que no es plausible considerar la violación como un medio de transferencia de esperma para que los hombres desfavorecidos logren la reproducción. Al igual que otros actos de apareamiento, la violación tiene que ver con las relaciones, en este caso de dominación.

---

[11] J. Coyne, «Of vice and men: A case study in evolutionary psychology», en C. Travis (ed.), *Evolution, Gender, and Rape*, MIT Press, 2003, pp. 171-189. Las citas de esta página y las siguientes provienen de esta fuente.

[12] R. Thornhill y C. Palmer, *A Natural History of Rape: Biological Bases of Sexual Coercion*, MIT Press, 2000.

La afirmación de que todos los hombres son violadores en potencia es lo suficientemente ofensiva como para que los hombres se enfaden por el mal uso de la teoría de la selección sexual; el mismo enfado que han sentido durante años las mujeres y otras personas que no encajan en los moldes de la selección sexual. Coyne se ha visto impulsado a decir públicamente lo que muchos ya han observado: que la psicología evolucionista «no es ciencia, sino activismo», que los psicólogos evolucionistas «son culpables de indiferencia hacia los estándares científicos. Apoyan las afirmaciones fuertes con un razonamiento débil, datos débiles y estadísticas amañadas [...], eligiendo la ideología en lugar del conocimiento». Coyne señala que «los puntos de vista de Freud perdieron credibilidad cuando la gente se dio cuenta de que no estaban basados en la ciencia, sino que eran en realidad un edificio ideológico, un mito sobre la vida humana especialmente resistente a la refutación científica [...]. Los psicólogos evolucionistas están construyendo ahora un edificio similar. Ellos también tratan con dogmas más que con proposiciones científicas». Peor aún que ser sospechoso de ser un violador oculto, lo que más ofende a Coyne es el mal uso de la ciencia: «Para un científico, los errores científicos [...] son mucho más incendiarios que [...] sus implicaciones ideológicas».

Así pues, la teoría de la selección sexual de Darwin utiliza un modelo incorrecto de la vida social en los animales: cuando las discretas hembras no están ocupadas buscando comida o escapando de los depredadores, están seleccionando guerreros guapos y sensuales. Esta teoría de que la vida social se reduce a una selección de rasgos vistosos es inexacta en sus afirmaciones universalistas e inadecuada para abordar la diversidad de cuerpos y de expresiones de género y sexualidad que se da realmente en la naturaleza. Además, la teoría ha sido corrompida por los psicólogos evolucionistas y otros para convertir la injusticia en algo natural y negar la libertad de expresión.

Aun así, algunos pueden creer que negar la teoría de la selección sexual es demasiado drástico. Ante mi propuesta de descartar dicha teoría de la selección sexual, se han dicho cosas como que pretendo descartar «un bebé sanísimo que simplemente tiene el agua de la bañera un poco sucia».[13] ¿No podríamos sustituir las palabras de Darwin por otras nuevas —dar a la teoría de la selección sexual un nuevo significado— como hemos hecho con la teoría de la selección natural? Desde mi punto de vista, el quid de la cuestión es que el modelo subyacente de la selección sexual —la selección para el espectáculo— es incorrecto. Para mí, todo lo que flota en el agua de fregar de la teoría de la selección sexual es suciedad: no hay ningún bebé ahí, nunca lo hubo.

Le invito a que emita su propio juicio sobre conservar o no la teoría de la selección sexual como principio científico. He sido clara sobre mi punto de vista. Soy una mujer transexual; estoy legitimada, como dicen los abogados, para demandar por daños y perjuicios a esta teoría: me niega mi lugar en la naturaleza, me encasilla en un estereotipo con el que no puedo vivir; lo he intentado. Para mí, desacreditar la selección sexual no es un ejercicio académico. A estas alturas, casi todo el mundo puede afirmar que la teoría de la selección sexual le ha perjudicado. Hoy tenemos una llamada a la acción de la sociedad para auditar científicamente la teoría de la selección sexual. Yo he hecho esta auditoría y he encontrado que los datos estaban amañados. Si nos tomamos en serio que uno de los principios científicos es que los hechos son susceptibles de falsación, creo que estamos obligados a dictaminar que la teoría de la selección sexual ha sido desacreditada. Propongo una teoría diferente.

La selección social

Mi hipótesis es que las especies animales en las que los machos y las hembras interactúan socialmente para conseguir reproducirse, es decir, por medio del trueque u otras formas de intercambio, obtienen acceso a los recursos que les permiten la producción y supervivencia de la prole. Los animales no persiguen los genes de otros animales, sino tener acceso a los recursos que cada

---

[13] S. Shuster, citado en V. Gewin, «Joan Roughgarden profile: A plea for diversity», *Nature* 422, 2003, pp. 368-369.

uno controla. Cada animal tiene un tiempo limitado para distribuir entre las relaciones con individuos de sexos distintos e individuos del mismo sexo. Juntando ambos tipos de relación consiguen aumentar el número esperado de descendientes que podrán dejar a la siguiente generación.

Se puede pensar que las hembras comienzan con un control total de la reproducción y los machos con ninguno, porque un óvulo puede desarrollarse potencialmente sin ninguna contribución masculina (como en el caso de la partenogénesis). ¿Qué beneficio podrían ofrecer entonces los machos para que a las hembras les resulte ventajosa la reproducción sexual? Proporcionan un reequilibrio constante del material genético de la especie. Este beneficio debe de ser considerable porque, en lugar de producir un 100 por cien de hijas —cada una de las cuales pondría sus huevos—, las hembras reducen sus tasas de reproducción futura a la mitad, produciendo un 50 por ciento de hijos, que no ponen huevos, junto a un 50 por ciento de hijas que sí lo hacen. Sin embargo, al negociar la atención parental masculina a cambio de la aportación de los machos a la descendencia, una hembra puede aumentar, incluso duplicar, el número de crías que podría producir por sí misma, compensando así en parte la pérdida del 50 por ciento que supuso en un principio la invitación al sexo. Por tanto, el cortejo consiste en un intercambio de información sobre capacidad de pago, probabilidad de pago y traspaso de control. Por otra parte, la capacidad de pago, tanto para los machos como para las hembras, depende de las relaciones con individuos del mismo sexo en las que estén implicados. Los machos interactúan unos con otros para conseguir y defender los recursos que usan como moneda de cambio en los cuidados parentales, y las hembras interactúan entre sí para conseguir las condiciones en las que podrán criar con seguridad a los pequeños que estén bajo su control.

El paquete de funciones masculinas y femeninas en un único tipo de cuerpo —como hemos visto en las plantas, en muchos invertebrados y en los peces de los arrecifes coralinos— puede considerarse la condición inicial y más general. Confinar un sexo en un único cuerpo surge como especialización de la «entrega a domicilio» del semen. Las plantas polinizadas por el viento y los desovadores por diseminación, como los erizos marinos, sufren una considerable pérdida de esperma, lo que abre un nicho para los sistemas de suministro especializados. Los percebes pegados a las rocas en la zona intermareal, por ejemplo, siguen siendo simultáneamente hermafroditas, pero han desarrollado un pene muy largo, que suele ser tres o más veces el diámetro del cuerpo, para entregar el esperma a los percebes adyacentes sin que se pierda nada por el golpeteo del oleaje. Las plantas, que son sésiles y no pueden realizar la entrega a domicilio por sí mismas, contratan a insectos y aves para que entreguen su esperma a otras plantas. Los animales móviles tienen la opción de ubicar el esperma en un tipo de cuerpo separado para entregarlo a las hembras. Pero una vez que los machos existen como cuerpos separados, asumen una agenda propia. Los machos pueden ver favorecidos sus intereses ofreciendo cuidados parentales a las hembras para aumentar la paternidad con éxito. Dado que los machos deben negociar con las hembras y entre sí, la entrega de esperma puede asumir una función secundaria y casi incidental al acto de apareamiento. El apareamiento tiene entonces más que ver con el mantenimiento de las relaciones necesarias entre sexos y dentro del mismo sexo para proporcionar alimento y seguridad a las crías que con la transferencia de esperma como tal.

Si la vida social de los animales consiste sobre todo en conseguir y negociar oportunidades para reproducirse, las dinámicas de las sociedades animales son complejas, no lineales e impredecibles. Estoy sorprendida de la imprevisibilidad con la que la evolución social se ha desarrollado en especies estrechamente emparentadas. Tomemos, por ejemplo, nuestros dos parientes más cercanos, el bonobo y el chimpancé: presentan una ligera diferencia en el mechón de pelo de la barbilla y en el hábitat que ocupan. Y, sin embargo, uno es pacífico y el otro violento. Las hienas manchadas hembra tienen pene, pero su pariente más cercano no. La ardilla terrestre de Idaho custodia a la pareja, mientras que la de Belding no lo hace. Estas parejas de especies estrechamente emparentadas han desarrollado sociedades con relaciones de poder diametralmente opuestas. ¿Por qué? Tradicionalmente, se cree que la organización de una sociedad refleja las propiedades del medio, que una sociedad está de alguna forma construida para ser totalmente eficaz, que es una gran maquinaria organizada para funcionar colectivamente.[14] En cambio, lo que yo sugiero es que la evolución social es desordenada, que una sociedad animal es algo palpitante, vibrante y lleno de energía, y que la imprevisibilidad de las relaciones de poder que emergen en especies estrechamente emparentadas es la marca evolutiva de una dinámica social turbulenta. El resultado de la evolución social parece tan incierto como el lugar donde una corriente de aguas bravas deposita una hoja flotante.

Si la evolución social es el resultado de complejas dinámicas no lineales, fenómenos tales como la inversión de roles sexuales, que Darwin solo mencionó de pasada, no resultan tan anómalos. Una característica común de los sistemas no lineales es la presencia de estados de atracción alternativos y múltiples estables. Los ejes de la morfología de género y del comportamiento de género pueden tener cada uno dos estados evolutivos estables simultáneamente y dar lugar a muchas combinaciones de morfología y comportamiento evolutivamente estables. Algunas serían sexualmente monomórficas y otras serían dimórficas, algunas tendrían roles de género típicos y otras tendrían roles invertidos. Del mismo modo, pueden emerger varios tipos de organización familiar (monogamia, poliandria o poliginia) como resultados diversos de las negociaciones sociales sobre cómo controlar el acceso a los distintos tipos de recursos necesarios para la reproducción y la seguridad. Esta sugerencia es puramente especulativa por mi parte, pero creo que es la dirección en la que deberíamos empezar a pensar.

Cuando nos centramos en la vida social como un intercambio continuo del control de recursos para reproducirse, las sociedades

[14] J. Crook, «The adaptive significance of avian social organization», *Symp. Zool. Soc. Lond.* 14, 1965, pp. 181-218; J. Crook y J. Gartlan, «Evolution of primate societies», *Nature* 210, 1966, pp. 1200-1203; J. Crook, «Social organization and environment: Aspects of contemporary social ethology», *Anim. Behav.* 18, 1970, pp. 197-209; R. Wrangham, «Evolution of social structure», en B. Smuts, D. Cheney, R. Seyfarth, R. Wrangham y T. Struhsaker (eds.), *Primate Societies*, University of Chicago Press, 1987, pp. 282-296; T. H. Clutton-Brock, «Review lecture: Mammalian mating systems», *Proc. R. Soc. Land.*, ser. B, 236, 1989, pp. 339-372; N. Davies, «Mating systems», en J. R. Krebs y N. B. Davies (eds.), *Behavioral Ecology: An Evolutionary Approach*, Blackwell Scientific Publications, 1991, pp. 263-300.

complejas con múltiples géneros no resultan anómalas. Los géneros surgen como categorías ocupacionales, con un simbolismo de género para señalar los roles ocupacionales en el apareamiento, la crianza de las crías o el cuidado de los recursos, de forma similar a como lo hace el uniforme de un trabajador en la sociedad humana. El pago por los servicios prestados se realiza en términos de mayores oportunidades de reproducción. Mientras que algunos géneros llegan a un ajuste de sus necesidades basado en el mercado, otros perduran fuera de su economía política, aprovechando la oportunidad de reproducirse por la fuerza y la agresión. La violencia social no es el estado habitual de la naturaleza, sino un caso especial de no llegar a un acuerdo exitoso en el mercado de una sociedad animal para acceder a la posibilidad de reproducirse. A medida que se revelan las crecientes similitudes entre los animales y los humanos, ¿son las sociedades animales más relevantes para las sociedades humanas de lo que se creía? ¿Deben ampliarse las ciencias políticas y la sociología, materias básicas de las ciencias sociales humanas, para incluir investigaciones sobre el funcionamiento de las sociedades animales? Yo creo que sí. La comparación con los animales no degrada a las personas, sino que eleva a los animales.

Rasgos sociales de inclusión

Por último, nos queda el único tema sobre el que muchos piensan que la teoría de la selección sexual de Darwin estaba en lo cierto: la cola del pavo real, un ejemplo de las llamadas características sexuales secundarias. Otros hipotéticos ejemplos serían la larga nariz del elefante marino, las astas del ciervo y otros innumerables adornos de los machos. Tal y como Darwin escribió: «La preferencia del pavo real hembra por los machos hermosos ha hecho del pavo real la más espléndida de las aves vivas». ¿Es la preferencia de las hembras por las colas vistosas la razón de que los machos las tengan? Incluso admitiendo que la teoría de la selección sexual de Darwin es inexacta en sus pretensiones de universalidad e inadecuada para abordar la diversidad de cuerpos, expresiones de género y sexualidad existentes, quizá Darwin tenga razón respecto a los pavos reales. Tal vez la selección sexual se aplique únicamente a esas pocas especies en las que los machos, y solo ellos, están ampliamente dotados de ornamentos que exhiben ante la hembra durante el cortejo.

Si tuviera que llegar a un acuerdo fuera de los tribunales con el abogado de Darwin, cedería gustosamente los pavos reales para obtener un compromiso. Algún día, sin embargo, alguien también desafiará a Darwin sobre los pavos reales, y apuesto a que ganará. Este es el problema. Dejemos por un momento a los machos ornamentados y fijémonos en especies en las que las hembras son el sexo con estructuras inusuales. Algunas especies con ornamentos femeninos tienen los roles sexuales invertidos, como el pez trompeta y la jacana. Sin embargo, otras no los tienen. Por ejemplo, la hiena manchada, en la que todas las hembras tienen pene. Nadie sugiere que las hembras tengan estas estructuras porque las hienas macho prefieran a las hembras con un pene grande. El pene de las hienas se utiliza durante las interacciones sociales entre hembras y no tiene nada que ver con lo que quieren los machos. Este caso plantea la posibilidad de que algunas estructuras se utilicen como condición para ser incluidos en grupos sociales del mismo sexo que controlan los recursos necesarios para reproducirse. Si una hiena carece de pene, no tiene ninguna posibilidad de interactuar con otras hembras. Por tanto, quedaría excluida de los grupos femeninos que controlan los recursos en la sociedad de las hienas: no podría reproducirse, el equivalente evolutivo a la muerte.

Los candidatos a rasgos sociales de inclusión son los genitales masculinos de las hienas manchadas, la sexualidad de las hembras con otras hembras en los bonobos y los macacos japoneses, así como el cerebro humano (como veremos en el capítulo 12). Los rasgos sociales de inclusión evolucionan rápidamente porque, una vez que el rasgo se consolida, cualquiera que no lo tenga queda excluido del grupo, lo que supone una situación letal. Únicos para el grupo en el que existen, son una manifestación corporal del prejuicio en los animales. Los rasgos sociales de inclusión son para la selección social lo que los rasgos sexuales secundarios son para la selección sexual de Darwin, pero los primeros atañen a dinámicas sociales entre individuos del mismo sexo y de diferente sexo, y a relaciones distribuidas entre muchos individuos, no solo a las relaciones diádicas. La selección de rasgos sociales de inclusión parece explicar los rasgos que se encuentran únicamente en las hembras de las especies que no tienen los roles sexuales invertidos, los cuales carecen hoy en día de explicación. La idea de la selección social inclusiva llena así un vacío explicativo.

Los rasgos sociales de inclusión también proporcionan una explicación alternativa para muchos de los rasgos —si no todos— que se interpretan convencionalmente como caracteres sexuales secundarios en los machos, que, como la cola del pavo real, se supone que las hembras prefieren. La cuestión es que los rasgos de los machos con los que las hembras acaban apareándose pueden estar pensados más para llamar la atención de otros machos que para exhibirlos delante de las hembras. La cornamenta, por ejemplo, sirve como arma para golpear a otros machos, pero también puede ser un símbolo para otros machos de lo que buscan en compañeros y aliados. En resumen, estos rasgos pueden ser «medallas» valoradas por otros machos, más que adornos que las hembras aprecian. A una hembra no le importa necesariamente que un macho tenga en alta estima a otro macho, a menos que esa estima esté correlacionada con la cantidad y la fiabilidad de los cuidados parentales que le proporcione. Pero un macho que no sea apreciado por otros podría no tener nunca la oportunidad de cortejar a una hembra. Así surge la ilusión de que la hembra prefiere al macho que es victorioso, o al que otros machos tienen en alta consideración entre los machos, cuando en realidad es indiferente a esas características, excepto en la medida en que su propio éxito reproductivo directo se ve afectado. En este caso, es la dinámica social entre machos la que determina quién es un pretendiente elegible. Por lo tanto, la prueba de si el rasgo llamativo de un macho es un ornamento resultante de la selección sexual o una medalla resultante de la selección social inclusiva es si el rasgo es valorado por las hembras o por otros machos, y no si los machos que carecen del rasgo no se aparean. Por esta razón, no apostaría a que Darwin tiene razón sobre los pavos reales, porque no sabemos cómo los pavos reales macho valoran las colas de los demás, es decir, si exigen colas bonitas en otros machos como condición para participar en cualquier dinámica social que establezca la elegibilidad para convertirse en pretendiente.

Dentro de la especie, las medallas de inclusión social son el equivalente a lo que los biólogos evolucionistas llaman mecanismos de aislamiento precopulatorio. Los animales utilizan marcas de color y vocalizaciones para anunciar a qué especie pertenecen y evitar la hibridación con otras especies. Estos rasgos refuerzan la distinción entre especies. Los biólogos se preguntan desde hace tiempo cómo se diferencian las especies entre sí. La presión selectiva para reducir la hibridación desaparece gradualmente a medida que las especies se diferencian más unas de otras, lo que detiene la evolución antes de completarla y deja una tasa de hibridación residual. Si los rasgos que separan las especies también funcionan como medallas de inclusión social, la selección de la inclusión social aumenta la selección para reducir la hibridación e impulsa la distinción entre especies hasta completarla. Las especies son más distintas entre sí en los animales que en las plantas, en las que existe una abundante hibridación entre especies de muchos géneros. Si los mecanismos de aislamiento precopulatorio en los animales son también medallas de inclusión social, debería haber evolucionado en las especies animales una diferenciación entre especies más nítida que en las especies vegetales.

Esta revisión de la diversidad en la expresión de género y la sexualidad entre los vertebrados demuestra que la biología no tiene por qué contar una historia única, simple y aburrida. La biología no tiene por qué ser una proveedora de esencialismo, de universales rígidos. No tiene por qué limitar nuestro potencial. La naturaleza ofrece un abanico de posibles formas de vida y una lista interminable de soluciones para cada contexto, algunas de las cuales desearemos rechazar y otras adoptar o modificar.

La verdadera historia de la naturaleza empodera a las personas con expresiones de género y sexualidades minoritarias. Sin embargo, esta verdad ha sido suprimida por los biólogos, y los pocos informes que salen a la luz están sumidos en un lenguaje peyorativo. Para eliminar la podredumbre conceptual, hemos tenido que bucear profundamente en los cimientos de la teoría evolucionista, identificar el miembro que se está derrumbando —la teoría de la selección sexual de Darwin— y sustituirlo por nuevas ideas que puedan soportar mejor la carga a medida que se va revelando el futuro.

PARTE II

ARCOÍRIS HUMANOS

10

Un relato sobre embriones

Para producir la diversidad de cuerpos, expresiones de género y sexualidad que acabamos de ver en los animales deben existir multitud de mecanismos evolutivos. ¿En qué consisten estos mecanismos? ¿Cómo es posible que dos óvulos fertilizados que comienzan siendo tan parecidos terminen convirtiéndose en dos adultos tan diferentes como un león y una leona, o un hombre y una mujer? ¿Cómo se convierte un óvulo fertilizado en director ejecutivo y otro en *drag queen*? Esta parte del libro trata sobre los mecanismos evolutivos que hacen posible la diversidad.

La historia del desarrollo está narrada por la genética molecular, la biología celular, la embriología, la fisiología y la psicología evolutiva, áreas a las que en conjunto me referiré como biología del desarrollo. La biología del desarrollo ha caído en la misma trampa que la teoría de la selección sexual: asumir que existe un modelo maestro que es la norma y que cualquier variedad que surja es una desviación defectuosa de esa norma ideal. Aunque los primeros científicos podrían haberse acercado a la biología del desarrollo con una mente abierta, dispuestos a aceptar la diversidad de mecanismos moleculares que producen la diversidad de cuerpos y comportamientos, la tónica ha sido en cambio dar la alarma ante cualquier atisbo de diversidad etiquetándola como enfermedad y «curándola». Es cierto que a veces aparece la enfermedad y que se necesitan soluciones para algunas dolencias, pero el modelo de la diversidad como enfermedad lo que hace es tergiversar la naturaleza humana, infligiendo tratamientos innecesarios e incluso dañinos a las personas con la intención de «curarlos».

El error fundamental de la biología del desarrollo es privilegiar el relato de que existe un control maestro de los genes. Según la biología del desarrollo, los genes se reclinan en tronos cromosómicos en un palacio nuclear, desde donde dirigen a los secuaces subcelulares para lograr sus fines egoístas. Esta historia se sigue enseñando hoy en día en las clases de Biología y constituye la base intelectual de la medicina. ¿Es esta historia cierta? ¿Hasta qué punto los genes llevan el control, si es que lo llevan? En este capítulo y en los siguientes cuestionaré el relato del control maestro de los genes y sugeriré en su lugar una historia del desarrollo humano que haga hincapié en las relaciones entre los componentes orgánicos que conforman nuestro cuerpo. Creo que mi historia refleja con mayor precisión la naturaleza y que su adopción conducirá a una medicina más eficiente económicamente, a una biotecnología más rentable y a una sociedad más justa.

El modelo de la biología del desarrollo imagina que un gen maestro desencadena un gen subordinado, que se convierte en cascada en los genes subsiguientes a través de una jerarquía de control descendente. En esta imagen de partida de bolos, los cuerpos se desarrollan como si una bola se lanzara con gran precisión para golpear en el punto justo y hacer que todos los bolos genéticos de detrás cayeran en perfecto orden. Producir un bebé normal es jugar a los bolos con un golpe genético.

En cambio, imaginemos que los genes son como ratones soltados en la pista de bolos: se escurren, chocan con los bolos genéticos a su paso y acaban por derribar todos los bolos en un clamor variable pero direccional. En mi imagen de cómo funciona el desarrollo, la diversidad tiene un papel importante desde el principio.

Mi relato sobre el desarrollo hace hincapié en la interrelación de la función de los genes y evita exagerar el papel del control genético. Mi modelo de funcionamiento de un gen es el del «gen genial», un gen que coopera con otros, en contraste con el concepto tan popular de «gen egoísta».[1] En otras palabras, mi relato sobre el desarrollo resta importancia al individualismo. El óvulo fecun-

[1] R. Dawkins, *The Selfish Gene*, Oxford University Press, 1990 [trad. cast.: *El gen egoísta*, Editorial Bruño, 2019].

dado comienza como una asociación genética entre óvulo y espermatozoide, y la parte espermática del genoma no se expresa hasta después de unas cuantas divisiones celulares cigóticas. Al principio, solo el óvulo lleva la voz cantante, tanto genéticamente como dentro del citoplasma, y la célula cigótica es un equipo formado por partes de óvulo y esperma. Con el tiempo, el embrión se transforma en un individuo a partir de su asociación original óvulo-esperma. Además, la madre desempeña un papel activo en la formación de la unión óvulo-espermatozoide: examina la idoneidad química de un espermatozoide antes de permitirle fecundar uno de sus óvulos, y transporta los espermatozoides a la parte posterior de su oviducto, donde le esperan sus óvulos, en lugar de confiar en que los espermatozoides naden hasta allí. A medida que el embrión se desarrolla, los tejidos hablan entre sí y las células se mezclan para construir el cuerpo de un bebé. Así, un bebé recién nacido ya está socializado y tiene experiencia química, es el orgulloso graduado de una educación biológica impartida por muchos maestros orgánicos. Deberíamos pensar en nuestra educación biológica como una continuación de nuestra educación social, simplemente una escuela a la que asistimos antes de ir al jardín de infancia.

Se ha hablado mucho de los genes homosexuales, de los cerebros homosexuales y de los cerebros transexuales, como si tales diferencias orgánicas entre las personas, si existen, fueran de alguna manera anómalas. Por el contrario, todos nos diferenciamos de forma natural unos de otros. Algún día podremos incluso saber cómo cambia nuestro cerebro después de leer una novela, por ejemplo.

Ahora contaré la historia del desarrollo humano como si mis genes, mis células y mis tejidos pudieran hablar. Confío en que mis genes proporcionarán a mi cuerpo las partes que necesito. Coopero con mi cuerpo para llevar una buena vida. Creo que la capacidad de acción se extiende a todo mi ser y no veo motivos para separar mi funcionamiento bioquímico de mis acciones deliberadas. Esta narración revisada del desarrollo humano ofrece una nueva base para entender la variación orgánica como una alternativa saludable y alegre a la monotonía médica de la enfermedad.

Mi parte óvulo

Mi parte óvulo comenzó cuando mi madre tenía cuatro semanas y era diminuta, solo 0,2 milímetros de largo.[2] Ella misma era todavía un embrión, que se extendía por el saco vitelino que la alimentaba. Yo fui una de las primeras células que produjo mi madre, una célula germinal primordial. Empecé mi vida en el borde del saco vitelino, regordeta y redonda, sin estar aún dentro de su cuerpo en desarrollo. Para unirme a ella en el núcleo de su cuerpo, me desplacé asomando un trozo de mí por delante, luego flui hacia él y reabsorbí mis partes rezagadas, paso a paso. Me adentré en ella donde estaría su vientre, cerca del fondo, donde se formaría su colon. Subí hacia su cabeza y hacia adentro, donde estaría su columna vertebral. Sí, lo hice.

Cuando mi madre embrionaria tenía seis semanas, yo descansaba en las crestas a ambos lados de su columna vertebral, las llamadas crestas genitales. Este sería mi hogar mientras permaneciera dentro del cuerpo de mi madre. Cuando ella tenía doce semanas, había preparado su cresta genital como un ovario. Entonces comencé a transformarme en una forma llamada oogonio y viví dentro del ovario de mi madre, como si su ovario fuera mi guardería.

Me dividí muchas veces, haciendo oogonias hermanas. A las ocho semanas, éramos más de quinientas mil, y entre el segundo y el séptimo mes de vida de mi madre como embrión, mis hermanas oogonias y yo nos dividimos tan a menudo que superamos los siete millones. Éramos demasiadas y nos redujimos a dos millones cuando nació mi madre.

Algunos de mis genes estaban fuera de mi núcleo, en mi citoplasma, dentro de mi mitocondria, y el resto estaba en mi núcleo. Ahora tenía que eliminar la mitad de mis genes nucleares para hacer sitio a los genes que provendrían de mi parte espermática. Inicié el proceso de apartar la mitad de mis genes, convirtiéndome en un ovocito, y luego dejé el proceso en pausa, suspendido. Me senté en el banco, esperando su asentimiento para continuar. Mientras tanto, mi madre nació, y creció hasta convertirse en una mujer joven.

Al llegar mi madre a los doce años, nos hizo la primera llamada a la acción. A horas escalonadas, pedía a una de nosotras que se calentara. Los

---

[2] Narración basada en: S. Gilbert, *Developmental Biology*, 6.ª ed., Sinauer, 2000. Ver también M. Ginsberg, M. Snow y A. McLaren, «Primordial germ cells in the mouse embryo during gastrulation», *Development* 110, 1990, pp. 521-528; L. Pinsky, R. Erickson y N. Schimke, *Genetic Disorders of Human Sexual Development*, Oxford University Press, 1999, p. 4; y A. Byskov, «Differentiation of mammalian embryonic gonad», *Physiol. Rev.* 66, 1956, pp. 71-117.

ovocitos éramos quinientos mil al principio, un banquillo fuerte. Solo unas cuatrocientas tendríamos la oportunidad de jugar: una al mes durante unos cuarenta años, entre la pubertad de mi madre y su menopausia.[3]

Después de años de espera, cuando mi madre tenía más de veinte, la acción se aceleró de repente. Crecí rápidamente a lo largo de doce días hasta ser quinientas veces más grande. Hice una envoltura a mi alrededor, llamada zona pelúcida. Mi madre me ofreció una capa adicional de células fuera de mi vaina, llamadas células de la granulosa. Me estaba preparando para convertirme en un embrión. En mi citoplasma almacenaba materiales, enzimas, mensajes de mis genes y ribosomas para sintetizar proteínas. Me preparé lo suficiente para aguantar una semana por mi cuenta como embrión. Durante esa semana solo se expresarían mis genes, hasta que se pudieran utilizar los genes adicionales que obtuve de mi parte esperma.[4] Los biólogos llaman folículo a la combinación de mi ovocito con mi vaina y la capa circundante de células de la granulosa.

Mi madre había preparado el terreno de juego. Unas dos o tres semanas antes, había limpiado su útero desprendiéndose del antiguo revestimiento de tejido y vasos sanguíneos.[5] Mientras yo crecía dentro de mi folículo, añadió un revestimiento uterino fresco. La mucosidad de la parte posterior de la vagina de mi madre se diluyó para permitir a los espermatozoides pasar a su vía reproductiva, donde yo esperaba. Y así sucedió: los espermatozoides pasaron por los oviductos de mi madre en ese momento y esperaron a que yo apareciera.

Reanudé el proceso de apartar la mitad de mis genes, proceso que había suspendido durante muchos años. Entonces me transformé de ovocito en óvulo. Mi diámetro era ahora casi visible a simple vista, algo menos de una décima de milímetro (80 micrómetros).

Estaba lista. Atravesé la capa de la granulosa y salí del folículo hacia el oviducto que va del ovario al útero. No me dejaron sola, me acompañaron las células de mi madre, llamadas cúmulos por las nubes algodonosas del

---

[3] La ovulación se produce cada 29,5 días de media; Gilbert, *Developmental Biology*, 2000, p. 610.

[4] E. Davidson, *Gene Activity in Early Development*, 3.ª ed., Academic Press, 1986. Los genes maternales se expresan durante las dos primeras divisiones celulares tras la fertilización. Ver *ibid.*, p. 356.

[5] M. Profet, «Menstruation as a defense against pathogens transported by sperm», *Q. Rev. Bio.* 68, 1993, pp. 335-385.

cielo. Al salir al oviducto, encontré muchos pretendientes. ¡Justo en ese momento me fusioné con mi parte espermática! Todavía estaba en el oviducto de mi madre, cerca de su ovario. Ahora era un cigoto que residía en el oviducto, preparado, calentado y ¡listo para vivir!

Mi parte esperma

Mi parte espermática comenzó cuando mi padre tenía solo unas semanas, un embrión de apenas 0,2 milímetros de longitud, extendido por su saco vitelino. Yo también era una célula germinal primordial. Yo también emigré a las crestas genitales a ambos lados de su columna vertebral.

Mi padre, trabajando con rapidez, hizo que sus crestas genitales se convirtieran en testículos cuando llevaba siete semanas en el útero. Los testículos serían mi guardería mientras maduraba. Me convertí en un espermatogonio, destinado a convertirse en un espermatozoide, ligeramente más pequeño de lo que parecía cuando era una célula germinal primordial.

Luego me quedé inactivo en los testículos de mi padre mientras sucedían muchas cosas a mi alrededor. A los cuatro meses, el conducto principal que algún día me llevaría al exterior, llamado conducto deferente, estaba terminado. En algún momento entre el sexto y el octavo mes de la edad embrionaria de mi padre, mi guardería comenzó a moverse. La testosterona de mi padre hizo que mi guardería descendiera a su escroto vacío en el exterior de su cuerpo. Mi padre empujó los testículos en los que yo vivía a través de su canal inguinal y de su pared abdominal con la presión de su respiración y un ocasional hipo.

Fue entonces cuando mi padre nació. Y llegó a la pubertad como un adolescente desgarbado; la testosterona recorría sus venas. Las células de mi guardería, los testículos de mi padre, se convirtieron ahora en un extenso conjunto de tuberías diminutas, llamadas túbulos seminíferos, que fluían como arroyos por la ladera de una montaña en afluentes, desembocando en los conductos deferentes. Era mi hora de volver a la vida.

Me multipliqué varias veces. Mis hermanos y yo nos mantuvimos cerca unos de otros. Aunque cada uno de nosotros tenía un núcleo separado, nuestros cuerpos celulares permanecieron conectados entre sí con puentes a través de los cuales intercambiamos moléculas (nuestra propia versión de cogerse de las manos al hacer un corro en el fútbol).

Dividí mis genes por la mitad, convirtiéndome en una espermátida. Me desnudé y me separé de mis hermanos. En un extremo desarrollé un gorro con sustancias químicas que me sirviera de etiqueta para identificarme ante mi prometida cuando nos encontráramos y así poder disolver su velo, la envoltura de la zona pelúcida que la rodea. En el otro extremo formé un flagelo para impulsarme a través del canal de parto hasta el lugar donde nos encontraríamos. Aplané mi núcleo y deseché cualquier resto de citoplasma. Estaba delgado y ¡listo para la acción!

En dos meses, pasé de ser un espermatogonio a un espermatozoide bien vestido. Cada día maduraban cien millones de espermatozoides hermanos, y mi padre nos liberaba en tandas de doscientos millones por vez. Durante la vida de mi padre, maduraron entre 10^{12} y 10^{13} (más de un millón de millones) espermatozoides hermanos. Es difícil no sentirse insignificante, pero por lo menos tengo la mitad de los genes nucleares de mi padre. A diferencia de mi madre, que nació con algo más de un millón de ovocitos, mi padre albergaría más de un millón de millones de espermatozoides, una proporción de espermatozoides por óvulos de aproximadamente un millón a uno.

Mi padre podría haberme utilizado de dos maneras: para unirme al núcleo de un óvulo o, mientras se apareaba, para formar relaciones con otros adultos, relaciones para promover su supervivencia o su fertilidad en algún momento posterior. Resultó que yo estaba destinado a unirme al núcleo de mi parte óvulo.

Nuestro noviazgo celular

Cuando mi parte esperma fue liberada en la vagina de mi madre, me sentí delgado y rápido, orgulloso de estar en buena forma y listo para correr al encuentro de mi parte óvulo. Me esperaba una gran sorpresa. No era yo el que llevaba la voz cantante. Treinta minutos después de mi liberación en la vagina de mi madre, me encontré en su oviducto, mucho más rápido que si hubiera nadado con mis propias fuerzas.[6] De hecho, mi madre me transportó a sus oviductos con los músculos de su útero. Una vez allí, era

[6] B. Storey, «Interactions between gametes leading to fertilization: The sperm's eye view», *Reprod. Fertil. Dev.* 7, 1995, pp. 927-942.

capaz de recorrer distancias cortas por mí mismo. De los 280 millones de espermatozoides hermanos que habían sido liberados conmigo, solo 200, más o menos uno de cada millón, llegaron al final del oviducto, donde me esperaba mi parte óvulo.

Necesité mucha ayuda química. Me di cuenta de que, en la forma en que estaba, era incapaz de unirme con mi parte óvulo. Mi madre modificó mi membrana celular, afeitó algunas moléculas antiestéticas que cubrían mi superficie, cambió mi actitud desviando algunos iones de sal y abriéndome a la posibilidad de aceptar algunos iones de calcio en su lugar, y aderezó algunas de mis proteínas con fósforo. Sin este aval químico, llamado capacitación, otros espermatozoides eran retenidos por las células del cúmulo que mi madre proporcionaba a modo de guardianes que rodeaban al óvulo.

Adquirí estos sellos químicos de aprobación en diferentes lugares a lo largo del tracto reproductivo de mi madre en mi camino desde su vagina hasta el final de su oviducto. Como ha aclarado un destacado biólogo del desarrollo, «el tracto reproductivo femenino, por tanto, no es un conducto pasivo por el que corren los espermatozoides, sino un conjunto altamente especializado de tejidos que regulan el momento de la capacitación de los espermatozoides y su acceso al óvulo».[7]

Al acercarme a mi parte óvulo, me sentí humilde. Era como la Tierra, enorme y colorida. Yo era diminuto, como su Luna. Nadé hasta él, aproximándome por la tangente. Acerqué mi hocico a su superficie aterciopelada, hasta que sus microvellosidades me atrajeron hacia él.

Abandoné mi club de solteros

Cuando yo (la parte óvulo) sentí que un espermatozoide tocaba mis microvellosidades, me pregunté si era el indicado para mí. Palpé las proteínas de la superficie de su cabeza y comprobé si había señales del aval de mi madre. Este era el elegido. Dejé que sus enzimas disolvieran un pequeño agujero en mi vaina, la zona pelúcida. En unos veinte minutos, lo acepté en mi cuerpo, restaurando el *quorum* genético en mi núcleo.

Ahora tenía que trabajar rápido. Unos 199 atractivos espermatozoides estaban cerca. Por desgracia, no quedaba espacio en mi núcleo para más

[7] S. Gilbert, *Developmental Biology*, 6.ª ed., Sinauer, 2000, p. 196.

genes, y tenía que transmitir el mensaje de que había tomado mi decisión y ya no estaba disponible. Justo debajo de mi membrana celular, había almacenado montones de diminutos gránulos que contenían enzimas que harían que mis microvellosidades no fueran atractivas para los espermatozoides e impedirían que cualquiera de ellos se adhiriera al exterior de mi vaina. Dejé que mis diminutos gránulos se fusionaran con mi membrana celular, volviéndose del revés para liberar las enzimas que contenían. Mis gránulos liberaron sus enzimas una a una en una ola a través de mi célula, empezando por donde había entrado mi esperma elegido. En un minuto, la ola se extendió por toda mi célula. Ahora mi superficie ya no era atractiva para el esperma, y cualquier espermatozoide que siguiera acurrucado en mis microvellosidades se alejaría flotando.

Así que allí estaba yo por fin, un óvulo fecundado, un cigoto, que pronto se convertiría en un bebé. Sentí que ya había vivido una larga vida. Mi parte óvulo ya había vivido entre diez y veinte años, y el clan del que procedía mi parte esperma también había vivido muchos años, pero una nueva fase estaba a punto de comenzar. El reloj de mi vida como embrión se había puesto en marcha.

Cuando mi parte esperma y yo comenzamos nuestra vida juntos, había mucho por hacer. Teníamos que encontrarnos el uno al otro dentro de mi enorme pared celular. Él desenvolvió su ADN y expandió su núcleo, mientras yo completaba la última etapa de apartar la mitad de mi genoma y me preparaba para incluir sus genes en su lugar. Luego nos buscamos mutuamente a través de la abarrotada célula. Ya en ese momento, mientras seguíamos viajando el uno hacia el otro dentro de nuestra célula común, empezamos a duplicar nuestros genes. Al encontrarnos, toda la preparación estaba hecha: fusionamos nuestros núcleos, combinamos nuestros cromosomas e inmediatamente nos dividimos. Nunca existimos como una sola célula con un solo núcleo diploide, sino que vivimos durante un día como una célula con dos núcleos y luego nos convertimos rápidamente en un embrión de dos células, cada una de las cuales llevaba una copia de nuestros genes combinados.

Para nuestra luna de miel, bajamos haciendo *rafting* por el oviducto de mi madre hasta su útero. A medida que avanzábamos, nos fuimos haciendo más multicelulares. Como aún vivíamos dentro de mi envoltura, la zona pelúcida, nuestro volumen total no se amplió, simplemente nos dividimos en células cada vez más pequeñas. Cuando llegamos a las dieciséis células, éramos lo suficientemente numerosas como para no tener que hacer todas lo mismo, y empezamos a especializarnos. Cuando nos dividimos en sesenta y cuatro células, nos habíamos segregado en dos grupos: una «masa celular interna» (MCI) de una docena de células que continuarían nuestro desarrollo embrionario y una capa circundante de células auxiliares que interactuarían con mi madre, obteniendo nutrientes y descargando productos de desecho. Como embrión de sesenta y cuatro células, éramos lo que se llama un «blastocisto», de una semana.

Nos estábamos haciendo demasiado grandes para nuestra balsa y, cuando dimos la vuelta para salir del oviducto de mi madre, dirigiéndonos a una gran bahía (su útero), decidimos que era el momento de saltar y nadar hacia la orilla. Disolvimos un pequeño agujero en nuestra vaina, la zona pelúcida, y nos escurrimos. Al acercarnos a la pared del útero de mi madre, llamada endometrio, encontramos un lugar propicio para varar, y nuestro anillo exterior de células auxiliares montó una tienda de campaña dentro de su revestimiento uterino. Cuando nos instalamos en el endometrio de mi madre, nuestras células ayudantes se convirtieron en nuestra contribución a la placenta, llamada corion. La contribución de mi madre se formó a partir de su revestimiento uterino, llamado decidua. Mi madre y yo compartimos la producción de la placenta.

En ese momento me sentía más cómodo pensando en mí como un solo individuo. Los genes de mi parte esperma y de mi parte óvulo trabajaban juntos.

La transformación en bebé

Nuestra luna de miel de dos semanas como óvulo-esperma recién casados había terminado. Ahora empezaba la emoción de convertirse en un bebé. Mi primera tarea fue orientarme. Me extendí y localicé dónde estaba arriba y abajo, delante y detrás, derecha e izquierda. Consulté a mi comité de genes para saber cómo orientarme, y coloqué a mis genes Hox a cargo de las secciones de mi cuerpo, empezando por donde estaría mi cabeza y bajando. Otros genes se encargaron de distinguir la izquierda de la derecha, de modo que mi corazón acabaría en el lado izquierdo y mi hígado e intestino grueso en el derecho. A los tres meses había pasado de ser una esfera de células, la MCI, a ser un embrión con tres ejes distintos.

Mientras determinaba mis principales ejes corporales, mis células iban tomando posiciones para el futuro. ¿Han oído alguna vez a la banda de música de Stanford? Después de que la banda toca un número, los trombonistas salen corriendo en una dirección, los tambores en otra y las flautas en una tercera, y todos se apresuran a tomar nuevas posiciones. Unos instantes después, una nueva formación se materializa, lista para tocar otro número. La orquesta de la Universidad del Sur de California, por el contrario, cambia de formación en formación moviéndose en majestuosas columnas. La televisión nacional rara vez muestra a la banda de Stanford, por temor a que su aspecto caótico asuste a los espectadores que anhelan un mundo ordenado. Pero yo pude disfrutar de ambos espectáculos. Cuando me convertí en un bebé, mis células llevaron a cabo tanto la desbandada de Stanford como la procesión de la USC. Las células se amontonaron en una línea irregular, donde se formaría mi cuerpo. Esta línea, llamada línea primitiva, tenía un surco que corría por el medio y que recibe el nombre de surco primitivo. Las células de mi línea primitiva cambiaban continuamente al sumergirse en el interior de mi cuerpo a lo largo del surco primitivo. Más tarde, otras células se movieron como una sábana.

Unas dos semanas después de montar la tienda en el útero de mi madre, yo había llegado a estar formado por tres capas celulares: el ectodermo en el exterior, el mesodermo en el centro y el endodermo en el interior. El ectodermo se convertiría en la piel, las uñas, el pelo, el cristalino, el revestimiento de las orejas, la boca, el ano, el esmalte de los dientes, la hipófisis, las glándulas mamarias y todo el sistema nervioso. El mesodermo se convertiría en los músculos, los huesos, el tejido linfático, el bazo, las células sanguíneas, el corazón, los pulmones y el aparato reproductor y excretor. El endodermo se convertiría en mi revestimiento pulmonar, la lengua, las amígdalas, la uretra, la vejiga y el tracto digestivo.

Estos tejidos hablaban entre sí mientras se desarrollaban. El mesodermo indujo al ectodermo a que desarrollara el sistema nervioso central, como si dijera: «Creo que me vendría bien un cerebro», y el ectodermo respondió: «De acuerdo, marchando». Tres semanas después de que se fusionaran mis partes óvulo y esperma, ya había empezado a funcionar mi sistema nervioso y había desarrollado algo de sangre, y solo medía entre 1 y 1,5 milímetros.

A las cuatro semanas, apenas después de que mi madre supiera que estaba embarazada, ya había crecido hasta los 5 milímetros de longitud.

Mi médula espinal se estaba desarrollando; mi cerebro se había ampliado y había empezado a diferenciarse en tres partes; mi corazón latía; mis ojos y mis oídos habían empezado a funcionar; y mis brazos y piernas empezaban a sobresalir de mi cuerpo. El momento culminante, a las cuatro semanas, fue la formación de mis propias células germinales primordiales. Al principio estaban fuera de mi cuerpo. Dos semanas más tarde, a las seis semanas de la fecundación, emigraron a mi cuerpo para vivir dentro de mis gónadas. Desde ese momento hasta mi nacimiento, mi madre encarnó tres generaciones a la vez: la suya, la mía y la de mi hijo. A pesar de haber vivido tanto tiempo como una célula germinal dentro del cuerpo de mi madre, ahora podía ver el otro lado: mis propias células germinales vivían dentro de mí y confiaban en mí para su futuro.

A lo largo de las dos semanas siguientes —ocho semanas después de la fecundación— empezaron a aparecer los primeros signos de actividad eléctrica en mi cerebro y mis músculos, y comencé a equipar mis gónadas para acoger a las células germinales recién llegadas. Me di cuenta de que tenía un cromosoma Y con un ruidoso gen llamado SRY que me ordenaba equipar mis gónadas como testículos. En dos semanas más, mis genitales externos empezaron a ser reconocibles. Al final del primer trimestre de mi vida en el cuerpo de mi madre, todos mis órganos estaban en su sitio, aunque todavía eran rudimentarios.

Al comenzar el segundo trimestre, la semana doce, dejé de llamarme embrión y pasé a llamarme feto. Tenía aspecto humano. Empecé a moverme por mi cuenta dentro del útero de mi madre. Mi tarea era crecer y madurar. A medida que crecía, la placenta que me rodeaba también lo hacía. A los cinco meses, mis testículos empezaron a descender al escroto, y mis piernas y brazos se aproximaron a sus proporciones definitivas en relación con el resto de mi cuerpo. Durante este trimestre, mi cuerpo adoptó la forma que determinaría si podría ser un luchador de sumo o un jinete de carreras. También en el quinto mes, empecé a reconocer sonidos, como la respiración, los latidos del corazón, la voz y la digestión de mi madre. A los seis meses, mis ojos respondían a la luz. Era un feto delgado, con cero grasa de bebé.

Al comenzar el tercer trimestre, mi cerebro se despertó, y a los siete meses mis ondas cerebrales, o EEG, habían alcanzado la forma que tendrían al nacer. Empecé a engordar, preparándome para el nacimiento. A los ocho meses, tenía entre un 2 y un 3 por ciento de grasa corporal; mi crecimiento corporal se ralentizó, pero mi cerebro siguió expandiéndose. Mis ojos estaban abiertos cuando estaba despierto y cerrados cuando dormía. Empecé a desarrollar mi sistema inmunitario. Durante este trimestre se desarrolló mi cerebro y empezó a formarse mi temperamento.

A los nueve meses, estaba casi listo para nacer. Mi grasa corporal representaba el 15 por ciento de mi peso, lo que me aislaba y elevaba mi temperatura corporal por encima de la de mi madre. Mi cráneo no estaba fusionado, sino que constaba de cinco placas óseas que permitirían que mi cabeza se alargara al pasar por el canal de parto de mi madre.

¡Estoy listo! ¡Siento que viene! Empiezo a bajar por el canal de parto de mi madre. Veo la luz al final del túnel. Siento a mi madre empujando, empujando. Espero no ser demasiado grande. Me siento mal por hacerle daño. Empujando, empujando. Salgo como disparado a las manos de un médico. Le miro a los ojos. Me da una palmada en la espalda, felicita a mi madre y me dice: «Pórtate como un hombre».

Este relato de la vida de un embrión es solo uno de los muchos posibles. La narración difiere para un niño o una niña; de hecho, difiere para todas y cada una de las personas, porque nuestra individualidad comienza en la concepción, si no antes. El relato de la vida, incluida la fase embrionaria, varía en cada persona que se convierte en jugador de baloncesto, defensa de fútbol americano, corredor de larga distancia, director ejecutivo, músico, modelo de alta costura, maestro de escuela primaria, padre con seis hijos, *drag queen* y todas las demás expresiones individuales de cualquier tipo de cuerpo, temperamento e inclinación.

11

Determinar el sexo

La mayor diferencia entre las personas es su sexo, relacionado de alguna manera con el tamaño de los gametos que producen. Sin embargo, la diferencia global entre varones y mujeres es moderada, en comparación con otros vertebrados. Los machos y las hembras de los ratones son casi idénticos, excepto por el tamaño de los gametos y sus conductos genitales asociados, mientras que los leones presentan marcadas diferencias entre los sexos. Aparte del tamaño de los gametos, nuestras diferencias sexuales estadísticamente válidas son escasas y menores, y nuestras distribuciones se solapan ampliamente. ¿Cómo se desarrollan estas diferencias entre machos y hembras?

La determinación del sexo

Las descripciones sobre cómo se desarrollan las diferencias masculinas y femeninas en los mamíferos suelen empezar por la diferenciación gonadal, es decir, los genes que determinan si las gónadas maduran como testículos u ovarios. Sin embargo, la gónada no es más que un vivero de células germinales. Las células germinales son un tejido diferente de la gónada en la que residen y descienden de las células germinales primordiales, que se diferenciaron en el embrión muy temprano, antes de que se diferenciara el tejido que da lugar a las gónadas. La gónada es el lugar donde se sintetizan hormonas como la testosterona y el estrógeno, y, una vez que se forman las gónadas, muchos otros aspectos del cuerpo desarrollan una morfología de género. La visión jerárquica de la diferenciación sexual que vimos en el capítulo anterior —que comparamos con hacer un pleno a los bolos— se basa en que un gen maestro pone en marcha la gónada y esta impulsa el resto del cuerpo hacia un modelo masculino o femenino. Sin embargo, este relato controlador no es exacto, aunque se haya aceptado ampliamente y sea el que suele enseñarse en la facultad.

El sexo de un embrión —si sus células germinales primordiales maduran como óvulos o como espermatozoides— se hace evidente antes de que las gónadas empiecen a transformarse en testículos u ovarios.[1] En los ratones, los embriones masculinos crecen más rápido que los femeninos, incluso antes de que las gónadas se diferencien en ovario o testículo.[2] En los marsupiales, tanto los genitales externos masculinos como los femeninos comienzan a desarrollarse antes de que se formen las gónadas.[3]

En los humanos, el cromosoma Y tiene una versión del gen de los ribosomas, el módulo de fabricación de proteínas de la célula, que no se encuentra en el cromosoma X. Por tanto, las células de los embriones XX y XY difieren en sus ribosomas, ya que mucho antes de que se desarrollen las gónadas las mujeres tienen un tipo de ribosoma y los hombres dos tipos.[4] Por lo tanto, la síntesis de proteínas tiene lugar de forma ligeramente diferente en los embriones masculinos y en los femeninos desde el momento en que la contribución del esperma al genoma del embrión se expresa por primera vez, unas pocas divisiones después de la fecundación. Esta diferencia se hace evidente incluso antes de que se diferencien las primeras células germinales primordiales y mucho antes de que se diferencien las gónadas.

---

[1] A. McLaren, «Germ cells and germ cell sex», *Phil. Trans. R. Soc. Lond.*, ser. B, 350, 1995, pp. 229-233; D. Whitworth, «XX germ cells: The difference between an ovary and a testis», *TEM* 9, 1998, pp. 2-6.

[2] P. Burgoyne, A. Thornhill, S. Bourdrean, S. Darling, C. Bishop y E. Evans, «The genetic basis of XX-XY differences present before gonadal sex differentiation in the mouse», *Proc. R. Soc. Lond.*, ser. B, 350, 1995, pp. 253-260.

[3] M. Renfree y R. Short, «Sex determination in marsupials: Evidence for a marsupial-eutherian dichotomy», *Phil. Trans. R. Soc. Lond.*, ser. B, 322, 1988, pp. 41-53.

[4] M. Watanabe, A. Zinn, D. Page y T. Nishimoto, «Functional equivalence of human X- and Y-encoded isoforms of ribosomal protein S4 consistent with a role in Turner syndrome», *Nature Genetics* 4, 1993, pp. 268-271.

Por tanto, la diferenciación gonadal, aunque es importante en el desarrollo del género, no es la etapa en la que se produce la diferenciación del sexo, porque las diferencias sexuales se manifiestan antes de que comience el desarrollo gonadal. Los genes que determinan la diferenciación gonadal sí influyen en la presentación final del cuerpo y en el comportamiento de un individuo. Llamaré a los genes clave que determinan la diferenciación gonadal genes determinantes del género, o «genes del género» para abreviar.

La determinación del género

Aunque una célula germinal primordial puede tener ya una idea, por así decirlo, de si va a madurar como espermatozoide u óvulo, al llegar a la gónada se ve influida por el hecho de que esta se convierta en testículo u ovario. El sexo (si las células germinales primordiales maduran como espermatozoides u óvulos) y el género corporal (empezando por si la gónada se diferencia como testículo u ovario) están sujetos a una negociación bioquímica.

En los mamíferos, un actor clave en esta negociación es un gen llamado SRY que se encuentra en el cromosoma Y. SRY redirige y acelera la diferenciación gonadal hacia un testículo; en su ausencia, la gónada se diferencia más lentamente en un ovario.[5] Los biólogos suelen describir el SRY como el gen maestro que controla la diferenciación sexual, la esencia de la masculinidad. Cuando está presente, se dice que el SRY toma el control de un embrión, ordenándole que se convierta en un macho; sin él, un embrión se desarrolla «por defecto» en una hembra.

Pero no vayamos tan rápido. Como hemos visto, las gónadas se desarrollan después de que algunas diferencias de sexo ya estén determinadas, por lo que el SRY no controla completamente la

---

[5] Ver, por ejemplo, C. Haqq y P. Donahoe, «Regulation of sexual dimorphism in mammals», *Physiol. Rev.* 78, 1998, pp. 1-33; E. Vilain y R. McCabe, «Mammalian sex determination: From gonads to brain», *Mol. Genet. Metab.* 65, 1998, pp. 74-84; J. Marshall Graves, «Evolution of the mammalian Y chromosome and sex-determining genes», *J. Exp. Zool.* 281, 1998, pp. 472-481; A. Swain y R. Lovell-Badge, «Mammalian sex determination: A molecular drama», *Genes and Development* 13, 1999, pp. 755-767.

diferenciación de sexo; solo puede influir en la presentación de género hasta cierto punto. Además, el SRY no actúa solo. Esto no quiere decir que el SRY no sea importante. El SRY produce una proteína que se une al ADN, provocando estrangulamientos que a su vez afectan a la posibilidad de que los genes de la zona estrechada del ADN puedan expresarse. El SRY censura al ADN, determinando qué genes consiguen publicar sus mensajes por la célula.

En un experimento, se introdujo un gen SRY en ratones XX.[6] Alrededor del 30 por ciento de estos ratones desarrollaron testículos, así como genitales externos masculinos y algunos comportamientos masculinos de apareamiento. Las células germinales de estos ratones XX macho, que de otro modo se habrían convertido en óvulos, empezaron a desarrollarse como espermatozoides, pero al carecer de los accesorios adecuados no pudieron terminar. Se necesitan instrucciones de vestuario clave por parte del cromosoma Y completo: el SRY no es suficiente. Sin embargo, el SRY es capaz de dirigir al menos algunos embriones femeninos para que desarrollen una presentación masculina, y puede convencer a los testículos de que algunas células germinales primordiales maduren como espermatozoides en lugar de como óvulos.

En otro experimento se suprimió un gen SRY del cromosoma Y de ratones XY. Estos ratones desarrollaron ovarios, así como otros rasgos femeninos. Las células germinales de muchos de estos ratones XY hembra, que de otro modo se habrían convertido en espermatozoides, se desarrollaron como óvulos, dando lugar incluso a algunas camadas.[7] Así pues, la ausencia del gen SRY lleva a los embriones masculinos a desarrollar una presentación femenina y puede convencer al ovario de que algunas células germinales primordiales maduren como óvulos en lugar de como espermatozoides.

---

[6] P. Koopman, J. Gubbay, N. Vivian, P. Goodfellow y R. Lovell-Badge, «Male development of chromosomally female mice transgenic for *Sry*», *Nature* 351, 1991, pp. 117-121.

[7] E. Eicher y L. Washburn, «Genetic control of primary sex determination in mice», *Ann. Rev. Genet.* 20, 1986, pp. 327-360; J. Gubbay, J. Collignon, P. Koopman *et al.*, «A gene mapping to the sex-determining region of the mouse Y chromosome is a member of a novel family of embryonically expressed genes», *Nature* 346, 1990, pp. 245-250. Ver también McLaren, «Germ cells and germ cell sex», 1995.

Por tanto, en los mamíferos el sexo gonadal está determinado en gran parte por la presencia o ausencia del gen SRY. Por esta razón, el SRY ha asumido su estatus legendario como gen determinante del sexo: si el cromosoma Y es el marcador de la masculinidad, su poder depende de que en él esté presente el SRY. Pero ¿está el SRY realmente en una posición de control unidireccional, en lo más alto de esa visión jerárquica de hacer un pleno jugando a los bolos? De hecho, las gónadas pueden desarrollarse, al menos parcialmente, en testículos por sí solas, incluso sin la coacción por parte del SRY. En los ualabíes hembra XX las crestas genitales se desarrollan parcialmente como testículos en ausencia de células germinales.[8] Por lo tanto, en ausencia de células germinales que se convertirían en óvulos dentro del ovario, la gónada se mueve por sí sola hacia la transformación en testículos, aunque no esté el gen SRY.

La historia del control jerárquico por parte de un gen maestro SRY es demasiado simple. El SRY es solo un actor en la negociación entre la célula germinal y la gónada, y tiene el papel, como grupo de presión genético, de persuadir a la gónada en una dirección masculina. El SRY no controla unilateralmente la determinación del sexo, porque el sexo ya está determinado antes de que se exprese el SRY.

Lo que se esconde detrás de la lucha por el poder

De acuerdo, el SRY tiene una voz potente, pero ¿realmente aporta información importante sobre cómo ser hombre? No. El SRY resulta ser muy influyente, pero pobre en lo esencial. He aquí cómo se ha colado el SRY en el comité genético que determina el género corporal.

Todo el mundo tiene los genes necesarios para producir tanto ovarios como testículos, pero la elección de uno de ellos depende

---

[8] D. Whitworth, G. Shaw y M. B. Renfree, «Gonadal sex reversal of the developing marsupial ovary *in vivo* and *in vitro*», *Development* 122, 1996, pp. 4057-4063; ver también M. Renfree, J. Harry y G. Shaw, «The marsupial male: A role model for sexual development», *Proc. Trans. R. Soc. Lond.*, ser. B, 350, 1995, pp. 243-251.

de una red de negociaciones entre genes. Un gen clave en la mesa de negociaciones es el SOX9, que se encuentra en un cromosoma no sexual: contiene la receta básica de los testículos para todos los vertebrados. El SOX9 se expresa en las gónadas en desarrollo de los mamíferos macho, las aves macho y los caimanes macho.[9] Otros genes presentes en la mesa de negociación, además del SOX9 y el SRY, son el WT1, el SF-1 y el DAX-1 (o DSS) en el cromosoma X.[10] La interacción se produce de la siguiente manera:

1. WT1 prepara la cresta genital y la zona renal adyacente. A continuación, SF-1 y WT1 instan conjuntamente a SOX9 a crear un testículo.
2. Pero DAX-1 interviene, impidiendo que SF-1 y WT1 activen a SOX9, por lo que en su lugar se forma un ovario.
3. En los machos, SRY inhibe a DAX-1, permitiendo que SF-1 junto a WT1 activen a SOX9, que a su vez produce un testículo.

Así, SRY detiene un gen, DAX-1, que a su vez estaba deteniendo el desarrollo de los testículos según la receta de SOX9. ¡Guau! Nada sencillo. Nótese que SRY y DAX-1 no contribuyen materialmente a la receta para producir un testículo. Están en la mesa de reuniones solo para discutir, como abogados genéticos.

Nada es universal en SRY o DAX-1; estos genes no aparecen en otros vertebrados, incluidos algunos mamíferos. Las especies sin SRY o DAX-1 tienen testículos y ovarios, lo que implica que otros tipos de negociación genética también pueden producir la diferenciación gonadal. El SOX9 es el único de estos genes con alguna pretensión de universalidad, al menos entre los vertebrados. Incluso en las especies cuya diferenciación gonadal surge del comité SRY-DAX-1-SOX9, existen múltiples formas alternativas, o alelos, de SRY, DAX-1 y SOX9, por lo que la historia genética que conduce

---

[9] S. Morais da Silva, A. Hacker, V. Harley, P. Goodfellow, A. Swain y R. Lovell-Badge, «SOX9 expression during gonadal development implies a conserved role for gene in testis differentiation in mammals and birds», *Nature Genetics* 14, 1996, pp. 2-68.

[10] K. McElreavey y M. Fellous, «Sex determination and the Y chromosome», *Amer. J. Med. Genet. (Semin. Med. Genet.)* 89, 1999, pp. 176-185.

a la diferenciación corporal en cada individuo difiere dependiendo de los alelos precisos que un individuo tiene en estos tres loci genéticos. Los genes de la reunión sobre la determinación de las gónadas aparecen también en otras reuniones, y su expresión se observa en muchos otros tejidos. Estos genes son una fuente fundamental de diversidad en los aspectos corporales del género.

SRY ha dado un golpe de estado en nuestro palacio genético, adquiriendo el poder de adelantarse a la diferenciación de la gónada en testículo. Pero SRY es un bandido bocazas que vive en un cromosoma insignificante, el Y, que a su vez ha degenerado recientemente durante la evolución a partir del cromosoma X.[11] La capacidad de construcción de los testículos reside en otros cromosomas, además del Y.

Por tanto, los genes, incluido el bullicioso SRY, trabajan juntos durante el desarrollo del organismo. El gen egoísta es más un eslogan que algo científico. Los genes ocupan un cuerpo común, su bote salvavidas. Más vale que un gen egoísta sepa nadar. La supervivencia de un gen supone ser genial: el gen genial. Los genes no solo trabajan juntos para construir entre todos una ruta de pasos consecutivos en las vías bioquímicas, sino que también colaboran en la síntesis de enzimas individuales. Algunas enzimas tienen múltiples subunidades que proceden de genes distintos. Además, una enzima llamada citocromo *c* oxidasa tiene incluso algunas subunidades codificadas por genes del núcleo y otras por genes de la mitocondria, de modo que la fabricación de esta enzima implica la cooperación de genes nucleares y mitocondriales.[12]

Se está produciendo un cambio filosófico subversivo en la forma en que los biólogos piensan en los genes. Cuando era estudiante, me enseñaron que los genes son lo primero y el fenotipo lo segundo. Vivimos nuestras vidas con los rasgos que nos marcan

---

[11] J. Marshall Graves, «The origin and function of the mammalian Y chromosome and Y-borne genes-an evolving understanding», *Bioessays* 17, 1995, pp. 311-321; J. Marshall Graves, «The evolution of mammalian sex chromosomes and the origin of sex determining genes», *Phil. Trans. R. Soc. Land.*, ser. B, 350, 1995, pp. 305-312.

[12] S. Edmands y R. Burton, «Cytochrome *c* oxidase activity in interpopulational hybrids of a marine copepod: A test for nuclear-nuclear or nuclear-cytoplasmic coadaptation», *Evolution* 53, 1999, pp. 1972-1978.

nuestros genes. Un nuevo punto de vista, procedente de la biología evolutiva del desarrollo (cariñosamente conocida como evo-devo),[13] afirma que los rasgos son lo primero. La necesidad de un rasgo aparece en el mundo, como la capacidad de fabricar un testículo para contener células germinales que maduren hasta convertirse en esperma. Entonces, los genes, como SRY y DAX-1, compiten para proporcionar ese rasgo durante el desarrollo. Un artista de la toma del poder como SRY, sin información propia, puede evolucionar prometiendo entregar el rasgo más rápidamente. La ecología redacta el pliego de condiciones y hace un pedido de un rasgo. Los genes compiten por entregar el rasgo; se trata de una relación cliente-servidor en la que la ecología es el consumidor y la genética el productor. Esta nueva visión potencia el contexto en el que el fenotipo tiene importancia.

Cuando la Y no equivale a masculino

El poder del gen SRY, como hemos visto, está lejos de ser absoluto: debe negociar con otros miembros del comité de genes de género para efectuar la diferenciación de una gónada en un testículo. A veces el SRY es totalmente prescindible, como en el caso del *Ellobius lutescens*, un ratón topo. Este mamífero cavador mide entre diez y quince centímetros de largo, tiene un pelaje aterciopelado de color canela y vive en zonas semidesérticas del Cáucaso, el este de Turquía, Irak e Irán, donde se alimenta de plantas subterráneas. Los machos no tienen el cromosoma Y ni ningún gen SRY en ninguna parte. Sin embargo, siguen siendo verdaderos machos: producen esperma en los testículos.[14] Los machos de otro

---

[13] Informalmente *evo-devo*, del inglés *evolutionary developmental biology*. *(N. de la T.)*.

[14] Tanto los machos como las hembras tienen la misma composición cromosómica con un X no apareado, llamado XO. Ver W. Just, W. Rau, W. Vogel, M. Akhverdian, K. Fredga, J. Marshall Graves y E. Lyapunova, «Absence of Sry in species of the vole Ellobius», *Nature Genetics* 11, 1995, pp. 117-118; A. Baumstark, M. Akhverdyan, A. Schulze, I. Reisert, W. Vogel y W. Just, «Exclusion of SOX9 as the testis determining factor in Ellobius lutescens: Evidence for another testis determining gene besides SRY and SOX9», *Mol. Genet. Metab.* 72 (I), 2001, pp. 61-66.

ratón topo, el *Ellobius tancrei*, que se encuentran desde Uzbekistán a Sinkiang, China, tampoco tienen cromosomas Y.[15]

En otros casos, el SRY y el cromosoma Y pueden estar presentes pero encontrarse completamente anulados por otros genes, que los superan en el comité de genes de género. En cuatro especies de ratones campestres sudamericanos del género *Akodon*, entre el 15 y el 40 por ciento de las hembras tienen tanto el SRY como el cromosoma Y, pero siguen siendo hembras y producen óvulos. Evidentemente, estas hembras poseen genes que silencian al ruidoso SRY.[16]

El hecho de que el SRY pueda ser completamente superado presagia el debate posterior de si los genes del cromosoma X en los humanos controlan el efecto de la testosterona en el desarrollo de los tejidos. Por lo tanto, incluso si el SRY logra obtener el permiso para producir un testículo, lo que resulta en la síntesis de testosterona, la burocracia genética tiene algo que decir en cuanto a la aplicación de la legislación. La burocracia genética puede aplicar parcialmente la legislación asegurando que la testosterona tenga solo un pequeño efecto, o puede no aplicarla en absoluto, como en el caso de la insensibilidad completa a los andrógenos.

Por tanto, entre los mamíferos, un cromosoma Y y un gen SRY no son necesarios ni suficientes para determinar la identidad sexual masculina. Es cierto que, en algunas especies, incluida la humana, el SRY es un actor importante en el comité de genes de género. Sin embargo, incluso en las especies en las que el SRY está facultado para provocar el desarrollo de los testículos, el SRY no controla el efecto de las hormonas secretadas por los testículos en la morfología del cuerpo adulto.

Así pues, el desarrollo de una diferencia tan básica como la que existe entre machos y hembras no sigue un modelo estándar entre las especies. La visión del desarrollo como el despliegue de una jerarquía de decisiones sucesivas por mandato genético

---

[15] Just *et al.*, «Absence of *Sry* in species of the vole *Ellobius*», 1995.

[16] N. Bianchi, M. Bianchi, G. Bailliet y A. Chapelle, «Characterization and sequencing of the sex determining region Y gene *(Sry)* in *Akodon* (Cricetidae) species with sex reversed females», *Chromosoma* 102, 1993, pp. 389-395.

simplemente no tiene lugar. Por el contrario, cada individuo tiene su propio relato, único e igualmente valioso, de cómo el comité de genes del género creó el arreglo que se materializó en el género y la sexualidad de ese individuo.

Cuando los ovarios y los testículos se combinan

Todos los aspectos del cuerpo están sobre la mesa para que el comité de género del gen negocie, incluso la estructura de las propias gónadas. La mayoría de los comités, con o sin la presencia de SRY, aprueban una resolución para crear o bien testículos en los machos, o bien un ovario en las hembras. Sin embargo, en algunas especies, incluso este aspecto tan básico del género corporal ha recibido una configuración diferente.

En el *Talpa occidentalis* —otro mamífero cavador, un topo del viejo mundo de la península ibérica— todas las hembras tienen ovotestis, gónadas que contienen tanto tejido ovárico como testicular.[17] Los ovotestis se encuentran en el lugar del cuerpo donde se sitúan los ovarios simples en otras especies. Los individuos *Talpa* XX tienen ovotestis y fabrican óvulos en su parte ovárica. No producen esperma, pero tienen conductos relacionados con el esperma y con los óvulos. La parte testicular de estos ovotestis segrega testosterona. Los individuos XY solo tienen testículos y fabrican espermatozoides.

Actualmente se conocen cuatro especies de topos del viejo mundo cuyas hembras tienen ovotestis en lugar de ovarios.[18] Sin embargo, cuando un humano nace con ovotestis, suenan campanas y silbatos en el hospital como si una ley de la naturaleza acabara de ser amenazada. Los topos del viejo mundo verían la medicina moderna como un error primitivo. Ni siquiera la estructura gonadal sigue un modelo estándar en todos los mamíferos.

---

[17] R. Jiménez, M. Burgos, A. Sánchez, A. Sinclair, F. Alarcón, J. Marín, E. Ortega y R. D. de la Guardia, «Fertile females of the mole *Talpa occidentalis* are phynotypic intersexes with ovotestes», *Development* 118, 1993, pp. 1303-1311.

[18] A. Sánchez, M. Mullejos, M. Burgos *et al.*, «Females of four mole species of genus *Talpa* (Insectivora, Mammalia) are true hermaphrodites with ovotestes», *Mol. Reprod. Dev.* 44, 1996, pp. 289-294.

Qué ocurre con la X «extra»

En las especies de mamíferos en las que las hembras son XX y los machos XY, las hembras tienen una gran riqueza: dos cromosomas X donde uno es suficiente. Expresar ambos cromosomas X proporcionaría presumiblemente una sobredosis de las enzimas afinadas para funcionar a las concentraciones más bajas producidas por un solo cromosoma X (como ocurre en los machos). La solución para las hembras es hacer que uno de los cromosomas X esté inactivo. Uno de los X se retuerce, deja de estar disponible para la transcripción en proteínas y aparece bajo el microscopio como una mancha en el núcleo llamada corpúsculo de Barr o cromatina sexual X.[19]

Cuál de los dos cromosomas X se inactiva en una célula es pura casualidad, como tirar una moneda al aire. Así, una célula puede utilizar el cromosoma X heredado de papá, mientras que la célula de al lado utiliza el cromosoma X heredado de mamá.[20] Sin embargo, si un cromosoma X contiene un gen que funciona mal, las hembras tienen una alternativa. Las células con ese cromosoma pueden ser eliminadas y sustituidas por células que expresen el otro cromosoma X. La ventaja de la diploidía se mantiene en todas las células, y no entre los genes de una misma célula.

Cuando la temperatura determina el sexo

Aunque los testículos y los ovarios son muy parecidos en todos los vertebrados,[21] las negociaciones que conducen a que una gónada

[19] H. Willard, «The sex chromosomes and X chromosome inactivation», en C. Scriver, A. Beaudet, W. Sly, D. Valle, B. Childs y B. Vogelstein (eds.), *The Metabolic and Molecular Bases of Inherited Disease*, 8.ª ed., McGraw Hill, 2000, citado en T. Wizemann y M. L. Pardue (eds.), *Exploring the Biological Contributions to Human Health: Does Sex Matter?*, National Academy Press, 2001, pp. 29-32.

[20] L. Carrel, A. Cottle, K. Goglin y H. Willard, «A first-generation X-inactivation profile of the human genome», *Proc. Nat. Acad. Sci. (USA)* 96, 1999, pp. 14440-14444.

[21] A. Arnold, «Genetically triggered sexual differentiation of brain and behavior», *Hormones and Behavior* 30, 1996, pp. 495-505. Ver también C. Smith y J. Joss, «Sertoli cell differentiation and gonadogenesis in *Alligator mississippiensis*», *J. Exp. Zool.* 270, 1994, pp. 57-70; M. Thorne y B. Sheldon, «Triploid intersex and chimeric chickens:

sea amueblada como testículo o como ovario difieren entre las clases de vertebrados. Entre los reptiles, concretamente en las tortugas, los cocodrilos y algunos lagartos, la identidad gonadal viene determinada por la temperatura a la que se desarrollan los huevos, no por los cromosomas.[22] Los huevos suelen depositarse en el suelo y se cubren con arena o tierra húmeda de la que absorben agua, aumentando de tamaño a medida que maduran. Los embriones de los reptiles comienzan a desarrollarse dentro del huevo y, al cabo de un tiempo, se forman las células germinales primordiales. Cuando esas células se trasladan a las crestas genitales de sus progenitores, tanto las células germinales como el embrión parental experimentan presumiblemente la misma temperatura ambiental. Por tanto, tanto las células germinales como el progenitor reciben el mismo mensaje sobre el sexo en el que deben desarrollarse, y sus agendas coinciden automáticamente.[23] Pero ¿podría haber una diferencia de opinión bioquímica? ¿Podría ocurrir un fenotipo intersexual si cambiara la temperatura entre el momento en que las células germinales primordiales se diferencian por primera vez y el momento

---

Useful models for studies of avian sex determination», en K. Reed y J. Marshall Graves, *Sex Chromosomes and Sex Determining Genes*, Harwood Academic, 1993, pp. 201-208; I. Lagomarsino y D. Conover, «Variation in environmental and genotypic sex-determining mechanisms across a latitudinal gradient in the fish, *Menidia menidia*», *Evolution* 47, 1993, pp. 487-494.

[22] Sobre reptiles en general, ver D. Deeming y M. Ferguson, «Environmental regulation of sex determination in reptiles», *Phil. Trans. R. Soc. Land.*, ser. B, 322, 1988, pp. 19-39; V. Lance, «Introduction: Environmental sex determination in reptiles: Patterns and processes», *J. Exp. Zool.* 270, 1994, pp. 1-2; J. Spotila, L. Spotila y N. Kaufer, «Molecular mechanisms of TSD in reptiles: A search for the magic bullet», *J. Exp. Zool.* 270, 1994, pp. 117-127; T. Wibbels, J. Bull y D. Crews, «Temperature-dependent sex determination: A mechanistic approach», *J. Exp. Zool.* 270, 1994, pp. 71-78. Más específicamente, sobre tortugas: M. Ewert, D. Jackson y C. Nelson, «Patterns of temperature-dependent sex determination in turtles», *J. Exp. Zool.* 270, 1994, pp. 3-15. Sobre cocodrilos: J. W. Lang y H. Andrews, «Temperature-dependent sex determination in crocodilians», *J. Exp. Zool.* 270, 1994, pp. 28-44; C. Smith y J. Joss, «Gonadal sex differentiation in *Alligator mississippiensis,* a species with temperature dependent sex determination», *Cell Tissue Res.* 273, 1993, pp. 149-162. Sobre lagartijas: B. Viets, M. Ewert, L. Talent y C. Nelson, «Sex-determining mechanisms in squamate reptiles», *J. Exp. Zool.* 270, 1994, pp. 45-56.

[23] C. Johnston, M. Barnett y P. Sharpe, «The molecular biology of temperature-dependent sex determination», *Phil. Trans. R. Soc. Lond.*, ser. B, 350, 1995, pp. 297-304; Wibbles, Bull y Crews, «Temperature-dependent sex determination», 1994.

en que la gónada se diferencia en un testículo o un ovario? No parece que se hayan realizado todavía experimentos de este tipo.

La determinación del sexo dependiente de la temperatura no está disponible para los animales de sangre caliente, como las aves y los mamíferos, que viven a una sola temperatura. En su lugar, las aves y los mamíferos inventan esquemas genéticos para determinar la identidad sexual. Ya hemos visto los esquemas de los mamíferos, que suelen implicar a los cromosomas X e Y. La historia se invierte en las aves.

Machos ZZ y hembras Z

En las aves y las serpientes, los cromosomas sexuales se llaman Z y W, en lugar de X e Y. Los machos tienen cromosomas ZZ y las hembras son ZW, lo contrario que en los mamíferos, donde las hembras tienen dos cromosomas sexuales idénticos y los machos dos diferentes.

En aves, algo en el cromosoma W convence a la gónada de convertirse en un solo ovario en el lado izquierdo del ave. Algo distinto en este cromosoma W le dice a la cresta gonadal que empiece a sintetizar estrógeno, lo que hace que la cresta siga su camino de convertirse en un ovario. En ausencia de estrógenos, la cresta genital se convierte «por defecto» en dos testículos, uno a la derecha y otro a la izquierda.[24]

La negociación aviar es, por tanto, una copia exacta de la de los mamíferos. En los mamíferos con machos XY, la cresta genital se convierte en un ovario, a menos que el ruidoso SRY se pronuncie a favor de los testículos. En las aves, la cresta genital se prepara para convertirse en testículos, a menos que un militante homólogo del SRY en el cromosoma W insista en que sea un ovario.

¿Hizo el azar que las aves y los mamíferos tuvieran esquemas idénticos para determinar la identidad gonadal? ¿O los esquemas opuestos son de alguna manera adaptativos? Las aves y los

---

[24] B. Schlinger, «Sexual differentiation of avian brain and behavior: Hormone-dependent and independent mechanisms», *Ann. Rev. Physiol.* 60, 1998, pp. 407-429.

mamíferos tienen una vida social fundamentalmente diferente. En los mamíferos, las hembras transportan y controlan a las crías, mientras que en las aves tanto los machos como las hembras controlan a las crías que residen en un nido común. ¿Podrían estas diferencias haberse trasladado al genoma, determinando cómo la selección natural moldea las reglas de la identidad sexual gonadal? No lo sé. Mi hipótesis es que las aves y los mamíferos difieren en si sus sistemas sociales requieren que el macho o la hembra desarrollen primero una presentación de género. En el caso de los mamíferos, la competencia intrasexual por el acceso a las oportunidades de reproducirse puede ser mayor en los machos que en las hembras, y en las aves al revés. Si es así, el sexo que experimente una mayor competencia intrasexual podría desarrollar de forma acelerada una presentación de género.

Los costes de la mitología genética

El desarrollo comienza y termina con el óvulo y el espermatozoide, un gameto grande y otro pequeño. Aunque este punto general de inicio y final puede ser el mismo en muchas especies, no vemos modelos estándar de cómo se lleva a cabo el desarrollo femenino y masculino. La forma en que se decide el sexo de un animal —si va a producir óvulos o esperma— varía entre las especies. La decisión es genética en algunas especies y fisiológica en otras, e incluso cuando es genética se aplican diversos criterios genéticos dependiendo de la especie. El desarrollo del individuo no es más ordenado ni predecible que el resultado de un día de debate parlamentario. La diversidad de las personas surge de una cacofonía de historias de desarrollo. No existen una o dos narraciones distintas del desarrollo que puedan considerarse estándar y predominar para juzgar al resto.

¿Por qué la metáfora del pleno en la partida de bolos —la cascada de sucesivas decisiones genéticas que culminan en el nacimiento— es tan persistente en la biología del desarrollo, a pesar de tantas pruebas en su contra? Sugiero que su persistencia se debe al deseo de poseer y controlar el desarrollo. Si un gen maestro produce un determinado rasgo, cualquiera que posea la patente de ese gen controla el rasgo. Pero si los rasgos surgen de un comité de genes, entonces no hay nada que poseer. ¿Comprar todo el comité? Se puede patentar un gen, pero no una relación entre genes. Si el cuerpo surge más bien de relaciones entre genes que de los propios genes individuales, el control del desarrollo va más allá de la propiedad humana.

La consecuencia material de intentar poseer el desarrollo humano se hace evidente en el dinero perdido por la biotecnología en su esfuerzo por patentar el genoma humano. En su mayor parte, la patente de un gen carece de valor, porque ningún gen funciona solo. Mi énfasis en la cooperación genética no es una oda a la armonía natural. Más bien, sostengo que el actual énfasis en el individualismo por parte de la ciencia —del gen egoísta al organismo egoísta— es empíricamente engañoso, y uno de los resultados es que los inversores en ingeniería genética están desperdiciando dinero real.

12

Diferencias de sexo

Supongamos que ya se ha determinado el sexo del bebé: el comité encargado de los genes se ha reunido durante el desarrollo temprano de la criatura y, de algún modo, ha logrado tomar una decisión. ¿Y ahora qué? ¿Cómo continúa el proceso? ¿Se graduarán todos los varones de la escuela uterina con el mismo abrigo y corbata, y todas las mujeres con el mismo vestido? Es evidente que no. ¿Hasta qué punto un hombre es diferente de otro biológicamente? ¿Y una mujer de otra? ¿Son diferentes biológicamente hombres y mujeres?

Lo que me ha motivado a escribir este capítulo es que cada vez se detectan más diferencias genéticas y anatómicas entre gais y heterosexuales, entre personas transgénero y no transgénero, y entre intersexuales y no intersexuales. Estas diferencias se publicitan como desviaciones anómalas de la supuesta norma establecida por los hombres y las mujeres heterosexuales. Pero las diferencias entre gais y heterosexuales, o entre dos grupos cualesquiera, deben evaluarse en relación con las diferencias dentro de los propios grupos. Si los hombres heterosexuales, por ejemplo, muestran una gran variación biológica entre sí, la diferencia entre un hombre heterosexual y un hombre gay puede no ser más relevante que la que existe entre los varones heterosexuales, no siendo, por tanto, biológicamente relevante.

Del mismo modo, en la educación se asume tácitamente que las personas son, en su mayor parte, biológicamente iguales, y que con una adecuada formación todos pueden adquirir las mismas habilidades y conocimientos. Por supuesto, todo el mundo sabe que las personas difieren genéticamente unas de otras, pero se supone que las personas «normales» son más o menos iguales biológicamente, de modo que se puede aplicar un enfoque educativo único, excepto para los casos «especiales». ¿Pero qué ocurre si nos damos cuenta de que las personas, en realidad, son diferentes tanto biológica como culturalmente?

Diferencias genéticas

La investigación sobre el genoma humano está empezando a desvelar hasta qué punto las personas son genéticamente distintas entre sí. Estas diferencias pueden dividirse entre las que surgen de los cromosomas no sexuales y las que provienen de los cromosomas sexuales. Además, los varones tienen sus propias formas de diferenciarse de otros varones, y las mujeres de otras mujeres. Cada uno de nosotros tiene unos veinte mil genes en total. Calculo que cada uno se diferencia de otra persona en unos sesenta genes, sin incluir los genes de los cromosomas sexuales, X e Y. Por lo tanto, en este sentido, todos somos muy parecidos: solo nos diferenciamos en sesenta de veinte mil genes, es decir, el 0,2 por ciento. Sin embargo, esta diferencia es suficiente para que haya mucha variación bioquímica entre nosotros debido al efecto dominó de la interacción de estos genes. Además, dos personas cualesquiera se diferencian entre sí por un conjunto particular de sesenta genes que son diferentes del conjunto que diferencia a cualesquiera otras personas. Por lo tanto, las personas se diferencian entre sí de distintas maneras.[1]

[1] Según estudios recientes del genoma humano, el ADN de un ser humano contiene unos 3.000 millones de pares de bases (3×10^9). Este ADN incluye unos 20.000 genes (2×10^4), es decir, segmentos de ADN que codifican una proteína. Por tanto, unas 150.000 ($1{,}5 \times 10^5$) posiciones contienen un gen ($3 \times 10^9 / 2 \times 10^4 = 1{,}5 \times 10^5$). La secuencia exacta que codifica la proteína es mucho más corta, pero la diferencia corresponde al ADN inactivo, los intrones y las regiones intergénicas. Los genomas de los individuos difieren en los cromosomas no sexuales en entre 4 y 6 millones de bases (de 4 a 6×10^6), que corresponden a 60 genes ($6 \times 10^6 / 1 \times 10^5$). Ver T. Wizemann y M. L. Pardue (eds.), *Exploring the Biological Contributions to Human Health: Does Sex Matter?*, National Academy Press, 2001, p. 25. [Información actualizada y revisada por la autora. *(N. de la T.)*].

Variedad a partir del cromosoma X

Un cromosoma X tiene unos 1.500 genes, y dos personas se diferencian entre sí en unos 3 de ellos. Las personas XX solo expresan uno de sus cromosomas, y las XY solo tienen uno. Por lo tanto, las personas difieren genéticamente entre sí, por término medio, en 60 genes de los cromosomas no sexuales, más 3 de los genes de cualquier cromosoma X que se exprese.[2]

Los humanos con cromosomas XX suelen ser mujeres, y la mayoría de las diferencias entre las mujeres provienen de los sesenta genes que no tienen nada que ver con el sexo. Sin embargo, los tres genes adicionales del cromosoma X pueden dar lugar a otras diferencias que son exclusivas de las mujeres. Los hombres también tienen un cromosoma X, por lo que los tres genes de diferencia procedentes de dicho cromosoma podrían aplicarse tanto a hombres como a mujeres. Sin embargo, el fenómeno de la inactivación del cromosoma X es exclusivo de las personas XX y proporciona a las mujeres una forma de diferenciarse genéticamente entre sí que no está disponible en los hombres.

Dos mujeres pueden diferir en su expresión genética porque los distintos cromosomas X permanecen activos en diferentes células. Una mujer puede tener los cromosomas X de su padre activos en sus células renales, mientras que su hermana tiene los cromosomas X de su madre activos. Esta variabilidad en la forma en que se expresan los genes se suma a la variabilidad subyacente en los propios genes. Si uno de los tres genes que difieren entre los dos X resulta ser perjudicial, el organismo puede eliminar algunas de las células que expresan el X malo y utilizar en su lugar células con el X bueno. Los varones portadores del X malo sufren la enfermedad más grave, mientras que las mujeres portadoras del X malo solo sufren en aquellas células que

---

[2] El cromosoma X tiene unos 160 millones de pares de bases de ADN (160×10^6). Utilizando la cifra de un gen de media por cada 10^5 pares de bases, tenemos 1.600 genes, que podemos redondear a 1.500 genes. Asumiendo que las personas difieren en un 0,2 por ciento de sus genes, dos personas cualesquiera se diferencian en 3 genes de sus cromosomas X.

no han sido podadas.[3] Además, las mujeres pueden diferir entre sí en cuanto a la gravedad de la enfermedad, dependiendo de cuántas de las células con el X malo fueron eliminadas con éxito.

La incidencia de las enfermedades autoinmunes es mayor en las mujeres que en los hombres.[4] Sospecho que la susceptibilidad a las enfermedades autoinmunes es un efecto secundario de la inactivación del cromosoma X y la capacidad de eliminar las células que expresan genes dañinos. El sistema inmunitario se enfrenta al reto de detectar qué células son propias y cuáles son extrañas, y eliminar las extrañas. En los cuerpos XX, hay dos tipos de células propias, dependiendo del cromosoma X que esté activo. El hecho de tener dos tipos de células propias puede dificultar la discriminación de las células extrañas, lo que provoca una mayor respuesta autoinmune en las personas XX que en las XY.

Las mujeres también pueden diferenciarse entre sí en función de los genes específicos del cromosoma X que permanecen activos y los que se vuelven inactivos. La visión general de la inactivación del cromosoma X es que un cromosoma X está completamente activo mientras que el otro está hecho una bola. En realidad, solo el 80 por ciento de los genes del cromosoma inactivo están realmente desactivados, mientras que el 15 por ciento se sigue expresando. Se dice que este 15 por ciento escapa a la inactivación. El 5 por ciento restante es especialmente interesante: se expresan desde el cromosoma inactivo en algunas mujeres, pero no en otras. Y, por último, se conoce un gen que se expresa solo desde el cromosoma inactivo y no desde el activo, lo que supone la inversión del patrón típico.[5]

---

[3] J. Belmont, «Genetic control of X inactivation and processes leading to X-inactivation skewing», *Amer. J. Hum. Genet.* 58, 1996, pp. 1101-1108; K. Wareham, M. Lyon, P. Glenister y E. Williams, «Age related reactivation of an X-linked gene», *Nature* 327, 1987, pp. 725-727; H. Willard, «The sex chromosomes and X chromosome inactivation», en C. Scriver, A. Beaudet, W. Sly, D. Valle, B. Childs y B. Vogelstein (eds.), *The Metabolic and Molecular Bases of Inherited Disease*, 8.ª ed., McGraw-Hill, 2000; citado en *ibid.*, pp. 30-31.

[4] Ver Wizemann y Pardue (eds.), *Exploring the Biological Contributions to Human Health*, 2001, p. 118.

[5] Expresión de XIST; ver L. Carrel y H. Willard, «Heterogeneous gene expression from the inactive X chromosome: An X-linked gene that escapes X inactivation in

Así, la distinción entre activo e inactivo no se aplica a todo el cromosoma X, sino selectivamente a varias partes de ambos cromosomas X. Como resultado, las células del cuerpo de una persona XX pueden ser bastante heterogéneas, y mujeres cuyos genes son similares pueden diferir mucho biológicamente debido a que los genes están activos o inactivos.[6] Todas estas formas en las que los cuerpos XX se diferencian entre sí garantizan que las mujeres se diferencien de maneras no disponibles para los hombres.

Variedad a partir del cromosoma Y

Según las estadísticas de los demás cromosomas, un cromosoma Y tiene potencialmente unos quinientos genes y es un tercio del tamaño del cromosoma X. Se espera que dos personas con cromosomas Y se diferencien entre sí en aproximadamente uno de estos genes.[7] Sin embargo, hasta ahora solo se han identificado unas dos docenas de genes en el Y, muy por debajo de los quinientos estimados, lo que ha llevado a algunos biólogos a describir el cromosoma Y como un «páramo genético», una «reliquia disminuida».[8] Estas dos docenas de genes se dividen en dos grupos funcionales. Uno de ellos contiene genes para las versiones masculinas de la bioquímica celular, como el gen de la forma masculina del ribosoma mencionado en el capítulo 10. El otro grupo consiste en genes que se expresan solo en los testículos; afectan al desarrollo de los espermatozoides y su ausencia conduce a la esterilidad masculina.

---

some human cell lines but is inactivated in others», *Proc. Nat. Acad. Sci. (USA)* 96, 1999, pp. 7364-7669.

[6] L. Carrel, A. Cottle, K. Goglin y H. Willard, «A first-generation X-inactivation profile of the human X chromosome», *Proc. Nat. Acad. Sci. (USA)* 96, 1999, pp. 14440-14444.

[7] El cromosoma Y tiene una longitud de 60 × 106 pares de bases. Un gen por cada 105 pares de bases conduce a una estimación de 600 genes, que podemos redondear a 500. Si las personas difieren de media en un 0,2 por ciento de sus genes, 0,002 × 500 = 1 gen es la diferencia esperada entre dos personas XY debido únicamente a sus cromosomas Y.

[8] M. Delbridge y J. Marshall Graves, «Mammalian Y chromosome evolution and the male-specific functions of Y chromosome-borne genes», *Rev. Reprod.* 4, 1999, pp. 101-109. La secuencia del cromosoma Y humano está ahora disponible; ver H. Skaletsky *et al.*, «The male-specific region of the human Y chromosome is a mosaic of discrete sequence classes», *Nature* 423, 2003, pp. 825-837.

Los humanos con cromosomas XY suelen ser hombres. La mayoría de las diferencias genéticas entre los hombres provienen de los sesenta genes que no tienen nada que ver con el sexo, más los tres del único cromosoma X que tienen los hombres. Es posible que las personas XY también se diferencien por un gen adicional de sus cromosomas Y. Si estas diferencias existen, proporcionarían formas únicas en las que los hombres se diferencian que no están disponibles para las mujeres.

Sin embargo, en comparación con la de otros cromosomas, la variación del cromosoma Y es escasa. La mayoría de los genes del cromosoma Y están agrupados en una gran unidad denominada grupo de ligamiento. Excepto en pequeños puntos en ambos extremos del cromosoma, los genes del Y no se emparejan para recombinarse con los genes de ningún otro cromosoma (el Y va solo; es haploide). Por lo tanto, los genes de Y, excepto los pocos que se encuentran en los extremos, se mantienen o se eliminan todos juntos.

En un momento dado, una única versión del cromosoma Y es temporalmente la mejor, y todas las demás se eliminan rápidamente dentro de cualquier población local bien mezclada. Pero cuando los tiempos cambian, lo que antes era una mala hierba vuelve a aparecer, desplazando al mejor Y anterior. En un momento concreto, el Y no tiene mucha variación dentro de una especie, pero puede variar entre especies y a lo largo del tiempo. Alguna variación en Y siempre está esperando, lista para montar un regreso triunfal, pero la variación es menor que en otros cromosomas. Una posible implicación es que los cuerpos XY son más uniformes que los XX.

Aquí entra en juego el SRY, el importante gen que afecta a la masculinidad en ratones y hombres, uno de los genes de género. Si los machos difieren en el SRY, difieren en un gen que influye en la forma de encarnar el género masculino, y además el SRY es uno de los genes que más rápido evolucionan de todos los conocidos. Este referente de la masculinidad difiere enormemente entre las especies.[9] El SRY también varía entre las poblaciones de una misma

[9] L. Whitfield, R. Lovell-Badge y P. Goodfellow, «Rapid sequence evolution of the mammalian sex-determining gene SRY», *Nature* 364, 1993, pp. 713-715; R. Tucker

especie, por lo que la expresión de la masculinidad tampoco es constante de un lugar a otro dentro de una misma especie.[10] Los primates han experimentado un cambio evolutivo especialmente rápido en el SRY, lo que implica que la manifestación de la masculinidad no es estática, sino que cambia rápidamente a lo largo del tiempo evolutivo. Esta evolución está claramente causada por la selección natural, no por la deriva genética aleatoria, ya que las nuevas moléculas de ADN sustituyen a las antiguas más rápidamente en los sitios donde la diferencia afecta a la proteína del SRY que en aquellos donde la sustitución no cambia la proteína.[11]

La proteína fabricada por el SRY consta de una porción central llamada HMG-box. Las porciones a la izquierda y a la derecha, las regiones en los flancos, se denominan extremo N-terminal y extremo C-terminal. La parte central de la HMG-box no cambia mucho: esta parte se une al ADN y permite que la proteína SRY afecte a cómo se traduce el ADN. La acción evolutiva está en los flancos, en particular en el extremo C-terminal.

La variación en el SRY provoca variaciones a lo largo de un continuo corporal masculino-femenino. Los ratones de laboratorio tienen tres tipos de genes SRY, que causan diferentes tipos de cuerpo. En un tipo, los cuerpos XY son masculinos; en otro, los cuerpos XY son intersexo como embriones y masculinos como adultos; y en un tercero, los cuerpos XY son femeninos o intersexo como adultos. Las diferencias entre estos genes SRY resultan ser

---

y B. Lundrigan, «Rapid evolution of the sex determining locus in Old World mice and rats», *Nature* 364, 1993, pp. 715-717; E. Payten y C. Cotinot, «Sequence evolution of SRY gene within *Bovidae* family», *Mammalian Genome* 5, 1994, pp. 723-725; P. Tucker y B. Lundrigan, «The nature of gene evolution on the mammalian Y chromosome: Lessons from Sry», *Phil. Trans. R. Soc. Lond.*, ser. B, 350, 1995, pp. 221-227.

[10] C. Nagamine, Y. Nishioka, K. Moriwaki, P. Boursot, F. Bonhomme y Y. F. Lau, «The musculus-type Y chromosome of the laboratory mouse is of Asian origin», *Mammalian Genome* 3, 1992, pp. 84-91; P. Tucker, B. Lee, B. Lundrigan y E. Eicher, «Geographic origin of the Y chromosome in "old" inbred strains of mice», *Mammalian Genome* 3, 1992, pp. 254-261; C. Nagamine, «The testis-determining gene, SRY, exists in multiple copies in Old World rodents», *Genet. Res. Camb.* 64, 1994, pp. 151-159; K. Miller, B. Lundrigan y P. Tucker, «Length variation of CAG repeats in Sry across populations of *Mus domesticus*», *Mammalian Genome* 6, 1995, pp. 206-208.

[11] P. Pamilo y R. Waugh O'Neill, «Evolution of the Sry genes», *Mol. Biol. Evol.* 14, 1997, pp. 49-55.

simplemente once, doce o trece repeticiones de una determinada secuencia (CAG) en el extremo C-terminal del ADN.[12] Así, los cambios evolutivos en el SRY fuera de la HMG-box afectan al cuerpo generizado.

Además, el SRY puede influir directamente en muchas partes del cuerpo, además de en las gónadas y la vía reproductiva. Influye indirectamente en todo el cuerpo porque los testículos, cuya diferenciación ayuda a iniciar, secretan una hormona antimülleriana (AMH) que afecta a las células que se encuentran próximas, así como la testosterona, que afecta a las células distantes. Probablemente, el SRY influye en muchos tejidos directamente, sin molestarse en utilizar hormonas como intermediarias. Dependiendo de la especie, el gen SRY se expresa en tejidos que van desde el hueso hasta el cerebro.[13] Muy posiblemente influye en el crecimiento óseo y en el desarrollo del cerebro en función del género.

El impacto del SRY en la manifestación del género es quizá la razón por la que está evolucionando tan rápidamente. Si el SRY fuese un gen para el género masculino, evolucionaría en respuesta a los turbulentos vientos del cambio social, dotando a los varones del último estilo corporal y de las mejores técnicas para conseguir ligar en el «mercado».

---

[12] P. Coward, K. Nagai, D. Chen, H. Thomas, C. Nagamine y Y. F. Lau, «Polymorphism of a CAG trinucleotide repeat within Sry correlates with B6YDom sex reversal», *Nature Genetics* 6, 1994, pp. 245-250; K. Miller, B. Lundrigan y P. Tucker, «Length variation of CAG repeats in Sry across populations of *Mus domesticus*», *Mammalian Genome* 6, 1995, pp. 206-208.

[13] C. Clepet, A. Schafer, A. Sinclair, M. Palmer, R. Lovell-Badge y P. Goodfellow, «The human SRY transcript», *Hum. Mol. Genet.* 2, 1993, pp. 2007-2012; J. Harry, P. Koopman, F. Brannan, J. Graves y M. Renfree, «Widespread expression of the testis-determining SRY in a marsupial», *Nature Genetics* 11, 1995, pp. 347-349; G. Lahr, S. Maxson, A. Mayer, W. Just, C. Pilgrim e I. Reisert, «Transcription of the Y chromosomal gene, Sry, in adult mouse brain», *Mol. Brain Res.* 33, 1995, pp. 179-182; E. Payen, E. Pailhous, R. About Merhi, L. Gianquinto, M. Kirszenbaum, A. Locatelli y C. Cotinot, «Characterization of ovine SRY transcript and developmental expression of genes involved in sexual differentiation», *Int. J. Devel. Biol.* 40, 1996, pp. 567-575.

Como ya he mencionado, las personas difieren entre sí por término medio en sesenta genes de los cromosomas no sexuales. También difieren en los genes aportados por los cromosomas sexuales. Comparemos estas fuentes de variación genética entre los individuos. Debido al cromosoma Y, las personas XY tienen una docena de genes que no tienen las personas XX. Por tener 2 cromosomas X, las personas XX tienen unos 225 genes (el 15 por ciento de los genes del cromosoma X silenciado que escapa a la inactivación) que se expresan en una dosis doble en relación con el cromosoma X único de las personas XY. Teniendo en cuenta tanto la presencia o ausencia de Y como la presencia o ausencia de los genes de X que escapan a la inactivación, una persona XX y una persona XY difieren en unos 250 genes de sus cromosomas sexuales, es decir, unas cuatro veces más que la diferencia de 60 genes de los cromosomas no sexuales. Por lo tanto, un hombre y una mujer difieren entre sí, por término medio, unas cuatro veces más que dos hombres o dos mujeres entre sí.[14] Estos datos sugieren una clara distinción genética binaria entre hombres y mujeres. Sin embargo, este sistema genético también permite que haya muchas similitudes a nivel global.

En general, se cree que el sistema XX-XY de determinación del sexo define una base biológica para el binario de género. Sin embargo, este sistema permite tanto un binario de género marcado como una gran similitud entre los cuerpos XX y XY, así como el cruce de géneros. Los detalles de lo que hay realmente en los cromosomas X e Y, así como qué tejidos responden a los productos de estos genes, determinan el grado de diferencia entre el hombre y la mujer a nivel del organismo, además de permitir los cuerpos transgénero.

---

[14] De hecho, este cálculo puede incluso subestimar el potencial de las diferencias genéticas entre las personas con cuerpo XX y XY. David Page, del Instituto Whitehead de Cambridge (Massachusetts), ha afirmado que «los hombres y las mujeres difieren en un 1 o 2 por ciento de sus genomas, lo que es más o menos lo mismo que la diferencia entre un hombre y un chimpancé macho o entre una mujer y un chimpancé hembra. [...] La realidad es que la diferencia genética entre hombres y mujeres empequeñece por completo todas las demás diferencias del genoma humano». Ver también N. Wade, «Y chromosome depends on itself to survive», *New York Times*, 19 de junio de 2003.

Los cuerpos de los machos y las hembras en los mamíferos pueden ser en general muy similares, aunque difieran en el tamaño de los gametos y los conductos genitales asociados, o pueden también ser muy diferentes. Comparemos los conejillos de Indias, en los que las hembras y los machos no pueden distinguirse si no se observan sus genitales bajo una lupa, con los leones y las leonas, que personifican la distinción entre masculinidad y feminidad en el imaginario popular. Está claro que la determinación del sexo XX-XY no dicta el grado de diferencia entre el macho y la hembra de una especie dada.

¿Cómo es posible que los cuerpos XX y los cuerpos XY puedan ser casi idénticos en algunas especies y tan dimórficos en otras? En primer lugar, centrémonos en el cromosoma Y. La selección natural puede ajustar la duración y el número de tejidos en los que se expresan genes de género como el SRY. Si el SRY se expresa solo durante unas horas en la gónada, como en los ratones, su impacto es limitado. Si se expresa durante meses y en muchos tejidos, como en algunos marsupiales, el dimorfismo se extiende por todo el cuerpo. La selección natural también puede ajustar el grado de similitud entre los genes que rigen la bioquímica celular en el Y y sus homólogos ancestrales en el X. El gen del Y que determina el ribosoma masculino podría ser reemplazado por otros alelos más o menos similares a su ancestro en el X, afectando así a cómo se fabrican las proteínas según el género. De este modo, la evolución en el cromosoma Y puede afectar a la media de las diferencias entre machos y hembras.

A continuación, centrémonos en el X. El grado de inactivación del X controla cuántos genes en los cuerpos XX se expresan en dosis diferentes que en los cuerpos XY. Si la inactivación del X es del 100 por cien, los organismos masculinos y femeninos verán solo un cromosoma X, minimizando el dimorfismo. En el otro extremo, si no hay inactivación del X, los cuerpos XX verán expresados todos los mil quinientos genes en una dosis doble en comparación con los cuerpos XY, lo que puede dar lugar a enormes diferencias corporales entre los sexos. La selección natural puede modificar el porcentaje de genes que escapan a la inactivación del X, como demuestra el 5 por ciento de los genes del X que están silenciados en algunas personas y activos en otras. Esto representa una variación genética en el grado de inactivación del X, variación sobre la que puede actuar la selección natural. La selección natural también puede ajustar el grado de similitud entre la docena de genes del cromosoma X y sus homólogos del cromosoma Y que participan en la bioquímica celular. El gen del cromosoma X que controla el ribosoma femenino podría ser sustituido por otros alelos más o menos similares a su descendiente en el cromosoma Y, lo que afectaría a la diferencia basada en el género en la fabricación de proteínas. Así, la evolución en el cromosoma X puede afectar a la diferencia media de las hembras con respecto a los machos.

Juntas, la evolución en el cromosoma X y la evolución en el cromosoma Y controlan el grado general de dimorfismo sexual, es decir, la suma de las diferencias determinadas por el cromosoma X entre las mujeres y los hombres, y las diferencias determinadas por el cromosoma Y entre los hombres y las mujeres.[15] Además, la variación en X puede producir una expresión transgénero. Para obtener machos femeninos y hembras masculinas, los cromosomas X e Y deben tener primero genes que mantengan una diferencia corporal media suficiente entre los sexos para que lo femenino y lo masculino estén estadísticamente definidos con claridad. Luego, como el X se produce de forma diferencial en machos y hembras, la variación alélica en el X en los loci que escapan a la inactivación del X puede hipotéticamente hacer que algunos machos se parezcan a las hembras, y viceversa.

Imaginemos que, para obtener machos femeninos, cinco unidades de pigmento producen el rosa y diez unidades el rojo. Las cantidades de pigmento superiores a diez son también rojas porque diez unidades son suficientes para saturar el color. Supongamos que X tiene un locus para el pigmento que escapa a la inactivación

---

[15] Sobre la alternativa del gen egoísta, ver L. Hurst, «Embryonic growth and the evolution of the mammalian Y chromosome: I. The Y as an attractor for selfish genes», *Heredity* 73, 1994, pp. 223-232; L. Hurst, «Embryonic growth and the evolution of the mammalian Y chromosome: II. Suppression of selfish Y-linked growth factors may explain escape from X-inactivation and rapid evolution of Sry», *Heredity* 73, 1994, pp. 233-243. Investigaciones posteriores falsearon esta hipótesis. Ver Pamila y Waugh O'Neill, «Evolution of the Sry genes», 1997.

de X con dos alelos. Un alelo produce solo cinco unidades de pigmento y aparece en el 99 por ciento del acervo genético; otro alelo produce diez unidades de pigmento, pero es raro, solo aparece en el 1 por ciento. Por tanto, todas las hembras son rojas porque, con cualquiera de los alelos de dos X, producen diez, quince o veinte unidades de pigmento, que aparecen simplemente como rojo. Entre los varones, el 99 por ciento son rosas, porque solo tienen el alelo de cinco unidades, y el 1 por ciento acaban siendo rojos con el alelo de diez unidades. Este 1 por ciento de machos se manifiesta como machos femeninos con respecto al rasgo rojo. Para obtener hembras masculinas, imaginemos ahora que veinte unidades de azul se producen automáticamente tanto en los machos como en las hembras, y que X tiene un locus de degradación del pigmento que escapa a la inactivación. El pigmento se satura en azul marino con diez unidades. Supongamos que un alelo no degrada nada del pigmento, pero solo se da en el 1 por ciento del acervo genético, mientras que el otro degrada el 50 por ciento del pigmento y es común en el 99 por ciento. Todos los machos son entonces de color azul marino, pues tienen veinte o diez unidades de pigmento. Entre las hembras, el 99 por ciento son azul claro, ya que solo tienen cinco unidades de pigmento: uno de sus alelos degrada la mitad de las veinte unidades originales y el otro las diez restantes. El 1 por ciento restante es azul marino porque tiene diez o veinte unidades de pigmento. Este 1 por ciento de hembras se manifiesta como hembras masculinas con respecto al rasgo azul.

Aunque la genética de la expresión transgénero es desconocida y, al menos en los seres humanos, puede ser reemplazada por la experiencia del desarrollo embrionario tardío y del desarrollo posnatal temprano, los cuerpos transgénero son totalmente coherentes con un sistema XY de determinación del sexo. De hecho, los varones femeninos podrían ser lo suficientemente femeninos y las mujeres masculinas lo suficientemente masculinas como para tener un papel social e identificarse como mujeres y hombres, respectivamente, aunque posean cuerpos XY y XX.

Por tanto, la genética no dicta un binario de género. Aunque el sistema mamífero de cromosomas sexuales produce un binario basado en el tamaño de los gametos, los cuerpos generizados que producen esos óvulos y espermatozoides no están limitados por una determinación genética del sexo; son libres de adaptarse evolutivamente al contexto local. De hecho, la investigación sobre el genoma humano está revelando que todas las personas son genéticamente diferentes. La individualidad no está a flor de piel, sino que se extiende hasta lo más profundo de nuestro ADN. Al comparar dos personas cualesquiera siempre encontraremos diferencias genéticas. Y si las personas se clasifican en categorías sociales que reflejan inclinaciones innatas, también se encontrarán diferencias genéticas entre las personas de esas categorías. Las personas «normales» no son un mar homogéneo de genotipos, cuerpos y cerebros. Las personas «normales» son tan diversas genéticamente como los copos de nieve.

Diferencias hormonales entre los sexos

Una de las principales fuentes de diversidad en el desarrollo de cada persona es su diferente experiencia hormonal. Sin embargo, la historia de las hormonas no comienza con la diversidad, sino con los intentos fallidos de definir un binario «masculino» y «femenino» en términos de sustancias químicas. Un resumen bien documentado en 1939 afirmaba: «Al igual que hay dos conjuntos de caracteres sexuales, hay dos hormonas sexuales, la masculina [...] y la femenina».[16] Pero ¿era esto algo más que una esperanza? En 1927 se extrajo la hormona femenina de la orina de las mujeres embarazadas, y en 1931 la hormona masculina de la orina de los hombres. Sin embargo, ya en 1928, los informes sobre la existencia de hormonas femeninas en los hombres suscitaron reacciones científicas como: «desconcertante», «anómalo» y «algo inquietante». En 1935, un apreciado símbolo de la virilidad masculina, el

[16] F. Lillie, *Sex and Internal Secretions*, National Research Council, 1939; citado en A. Fausto-Sterling, *Sexing the Body: Gender Politics and the Construction of Sexuality*, Basic Books, 2000, p. 178 [trad. cast.: *Cuerpos sexuados. Políticas de género y la construcción de la sexualidad*, Melusina, 2006].

caballo semental, resultó tener grandes cantidades de hormona femenina en su orina, lo que suscitó comentarios como «sorprendente», «curioso», «inesperado» y «paradójico». A la inversa, se demostró que la hormona masculina actúa sobre el tejido femenino. Los testículos trasplantados a conejas a las que se les habían extirpado los ovarios indujeron el crecimiento del útero. En la década de 1930 se demostró que la hormona masculina aumentaba las glándulas mamarias, agrandaba el útero y el clítoris y prolongaba el celo en las ratas hembra.[17] Así que ambos sexos poseían y respondían a las hormonas «masculinas» y «femeninas».

De hecho, todo el mundo posee testosterona, estrógeno y todas las demás hormonas «sexuales». Las hormonas sexuales son instrumentos de la orquesta química del cuerpo. La partitura del cuerpo requiere todos estos instrumentos en distintos momentos, y juntos ayudan a crear la música del cuerpo.

Una vez aisladas, las hormonas sexuales resultaron ser químicamente similares entre sí, tan cercanas como, por ejemplo, los azúcares de la miel y la caña de azúcar. Los seres humanos, tanto hombres como mujeres, pueden sintetizar todas las hormonas sexuales a partir del colesterol. La receta pasa por dos pasos hasta llegar a la progesterona, y luego por tres más hasta llegar a la testosterona, la hormona que indica a un embrión que debe fabricar los conductos masculinos internos, además de los caracteres sexuales secundarios masculinos en la pubertad. Un paso adicional conduce a la dihidrotestosterona, la hormona que da forma a los genitales externos masculinos. Un paso diferente convierte la testosterona en estradiol, el cual es transformado en estrógeno para producir las características sexuales secundarias femeninas en la pubertad, el crecimiento óseo y la anatomía cerebral masculina.[18] Estas hormonas, denominadas hormonas esteroides, están muy extendidas entre los vertebrados. Cada persona tiene diferentes cantidades de cada hormona, formando parte de nuestra individualidad bioquímica, pero todos tenemos al menos algo de cada tipo de hormona sexual.

---

[17] Fausto-Sterling, *Sexing the Body*, 2000, p. 182.

[18] Ver, por ejemplo, C. Migeon y A. Wisniewski, «Sexual differentiation: From genes to gender», *Hormone Research* 50, 1998, pp. 245-251.

Fabricar hormonas es la mitad de la historia; la otra mitad es si las células tienen receptores para ellas. Ninguna hormona tendrá ningún efecto a menos que las células contengan ciertas sustancias que se unan químicamente a ella. El impacto global de una hormona depende tanto de la cantidad que se haya fabricado como de la cantidad de receptores presentes para responder. Así, el comité de genes que compone la sinfonía de hormonas sexuales del cuerpo incluye genes de género como el SRY, genes para los receptores de hormonas sexuales y genes para las numerosas enzimas que catalizan la síntesis e interconversión de las hormonas sexuales. Un comité bastante amplio.

Entorno uterino

Al nacer, un bebé tiene experiencia química. Estando en el útero, el embrión fabrica hormonas tanto en las gónadas como en las glándulas suprarrenales. La placenta, una estructura elaborada conjuntamente por el bebé y la madre, también es un lugar de síntesis hormonal, y la madre aporta algunas hormonas propias. Todas estas hormonas influyen de forma irreversible en los comportamientos posteriores.

En las especies que dan a luz en camadas —produciendo un grupo de «gemelos» fraternales—, los hermanos y las hermanas se influyen mutuamente en su desarrollo debido al efecto compartido de sus hormonas.[19] Se han medido en el laboratorio ciertas predisposiciones conductuales de los roedores, como los ratones y las ratas, por ejemplo. Se ofreció a un ratón macho la posibilidad de elegir entre dos hembras, una que había vivido en el útero junto a dos hermanas (una hembra de dos hermanas) y otra que había vivido junto a dos hermanos (una hembra de dos hermanos). El macho se apareó dos veces más con la hembra de dos hermanas que con la de dos hermanos. Las ratas macho que se desarrollaron junto a dos hermanas en el útero (un macho de dos hermanas) tuvieron un mayor apetito sexual que las ratas macho que se desarrollaron

---

[19] F. S. vom Saal, «Sexual differentiation in litter-bearing mammals: Influence of sex of adjacent fetuses in utero», *J. Anim. Sci.* 67, 1989, pp. 1824-1840.

junto a dos hermanos (un macho de dos hermanos). Cuando se emparejaban con una hembra receptiva, los machos de dos hermanas se apareaban y llegaban al clímax con más frecuencia que los machos de dos hermanos. En los ratones, los machos de dos hermanas también tenían un mayor apetito por los apareamientos con individuos del mismo sexo. Cuando los machos de dos hermanos y los machos de dos hermanas fueron emparejados con un macho de referencia, el macho de referencia se apareó más con los machos de dos hermanas que con los machos de dos hermanos. Muchas de las diferencias que pueden detectarse en ratones y ratas apuntan a que existe un efecto de su entorno hormonal embrionario sobre el temperamento futuro en la vida.

Los datos sobre los humanos son más escasos, en parte porque suelen dar a luz a un solo bebé y no tener camadas. Sin embargo, se ha estudiado un rasgo de comportamiento, un rasgo peculiar llamado chasquido o clic del oído interno. Por muy increíble que parezca, los chasquidos se generan dentro del oído. Estos sonidos salen del oído (en lugar de entrar en él, como la mayoría de los sonidos) y pueden grabarse con un micrófono. La gente no oye los sonidos que se producen en sus propios oídos: se acostumbra a ellos. Estos chasquidos son más frecuentes en las mujeres que en los hombres. Sin embargo, una mujer con un hermano gemelo no produce estos sonidos. Al parecer, las hormonas del hermano masculinizan el desarrollo del oído de su hermana, como indica la ausencia de producción de chasquidos.[20] Las mujeres lesbianas y bisexuales también producen menos chasquidos que las mujeres heterosexuales (ver capítulo 14).

Otro indicio de que las hormonas de los gemelos influyen en el desarrollo posterior de ambos proviene de las asimetrías en los dientes. Los dientes suelen ser más asimétricos en los hombres (la mandíbula derecha tiene dientes más grandes que la izquierda) que en las mujeres. Una mujer con un hermano gemelo tiene una mandíbula más asimétrica que las otras mujeres.[21]

---

[20] D. McFadden, «A masculinizing effect on the auditory systems of human females having male co-twins», *Proc. Nat. Acad. Sci. (USA)* 90, 1993, pp. 11900-11904.

[21] Ver Wizemann y Pardue (eds.), *Exploring the Biological Contributions to Human Health*, 2001, p. 39.

Desde hace tiempo se sabe que las hormonas tienen un gran efecto en la morfología, tanto durante el crecimiento embrionario como en la pubertad. En los varones, los cambios corporales externos comienzan cuando la persona aún es embrionaria. A los tres meses, un pene típico puede tener una longitud de 0,3 centímetros, creciendo 0,7 centímetros por semana hasta el nacimiento, cuando alcanza los 3,5 centímetros. El crecimiento del pene se debe a la dihidrotestosterona, transformada a partir de la testosterona que circula en la sangre. Mientras el pene crece, la bolsa vaginal se reabsorbe, aunque algunos hombres siguen conservando una pequeña bolsa llamada utrículo prostático.[22] La pubertad comienza con el crecimiento de los testículos, aproximadamente a los once años, solo unos meses después de los primeros signos de pubertad en las mujeres.

En las mujeres, la edad media a la que empiezan a crecer los senos es de 10,6 años para las niñas de ascendencia europea y de 9,5 años para las niñas de ascendencia africana, con un rango de 6 a 13 años. La primera menstruación comienza unos dos o tres años más tarde, a los 12,9 años en las mujeres de ascendencia europea y a los 12,2 años en las mujeres de ascendencia africana.[23] El estrógeno segregado por los ovarios provoca el crecimiento de las mamas. Al mismo tiempo, la testosterona segregada por las glándulas suprarrenales y los ovarios provoca el crecimiento del vello púbico.

Antes de la pubertad, los niños y las niñas crecen aproximadamente al mismo ritmo. En la pubertad, los chicos tardan dos años más que las chicas en dar el estirón, y acaban siendo por término medio unos 12,5 centímetros más altos que ellas. Su mayor estatura se debe a que empiezan el estirón a una mayor altura y a que su velocidad máxima de crecimiento es mayor durante el estirón. El estirón, tanto en las chicas como en los chicos, se debe al

---

[22] *Ibid.*, p. 49.

[23] M. Herman-Giddens, E. Slora, R. Wasserman, C. Bourdony, M. Bhapkar, G. Koch y C. Hasemeier, «Secondary sexual characteristics and menses in young girls seen in office practice: A study from the Pediatric Research in Office Settings Network», *Pediatrics* 99, 1997, pp. 505-512.

estradiol, una de las hormonas sexuales «femeninas». En los chicos, la testosterona procedente de los testículos se convierte en estradiol en los huesos, donde se produce el crecimiento. De hecho, la testosterona suele tener su efecto solo después de su conversión en estrógeno y/o estradiol en los tejidos locales.[24]

Lo que las hormonas nos hacen sentir

En 1889, el fisiólogo Charles-Édouard Brown-Séquard se inyectó extractos triturados de testículos de animales y afirmó tener un vigor renovado y una mayor claridad mental. Una década más tarde, admitió que los efectos eran efímeros y que no podía descartar que se hubiera equivocado desde el principio.[25]

En lo que supuse que era una broma, alrededor del Día de los Inocentes del año 2000, el suplemento dominical del *New York Times* publicó un artículo homenaje a la testosterona.[26] El autor, un hombre que toma testosterona como parte de la terapia contra el VIH, ofrece esta descripción: «Tiene un tono ligeramente dorado, suspendido en una sustancia aceitosa, y se inyecta a través de una aguja de la mitad del grosor de un cable de teléfono [...]. Introduzco la aguja [...] y al sacarla [...] una extraña mezcla de aceite y sangre negruzca empieza a recorrer mi cadera». «En pocas horas —declara— mi ingenio se vuelve más rápido, mi mente más veloz, pero mi juicio es más impulsivo». Un transexual al que el autor entrevistó añade: «Mi deseo sexual se disparó. Sentía que, si no tenía relaciones sexuales una vez al día, me moriría»,[27] y un ejecutivo

---

[24] J. Bilezikian, A. Morishima, J. Bell y M. Grumbach, «Increased bone mass as a result of estrogen therapy in a man with aromatase deficiency», *New England J. Medicine* 339, 1998, pp. 599-603.

[25] Fausto-Sterling, *Sexing the Body*, 2000, p. 149.

[26] A. Sullivan, «The He hormone», *New York Times Magazine*, 2 de abril de 2000, pp. 46 y sigs. Las citas de esta página y las siguientes provienen de esta fuente.

[27] Sullivan se refiere intencionadamente a Drew Seidman por su nombre femenino anterior, Susan, y utiliza pronombres femeninos, ejemplificando la estudiada obstinación de los comentaristas gais conservadores en negarse a reconocer la realidad de las personas trans. Lo mismo ocurre con la columnista lesbiana conservadora Norah Vincent, cuyo artículo de 1999 sobre Drew en el *Village Voice* se titula «A la chica le crece pelo en el pecho», y concluye describiendo a Drew como «un poco

de cuarenta años que toma testosterona para aumentar su masa muscular afirma: «Ahora entro en una reunión de negocios y exudo confianza en mí mismo». El autor atribuye a la gran T el haber aumentado su peso de 75 a 85 kilos, la circunferencia de su cuello de 38 a 44 centímetros y la de su pecho de 100 a 112 centímetros.

El artículo continúa: «Los hombres y las mujeres se diferencian biológicamente sobre todo porque los hombres producen de 10 a 20 veces más testosterona que la mayoría de las mujeres, y esta sustancia química, nadie lo discute, afecta profundamente al físico, al comportamiento, al estado de ánimo y a la comprensión de uno mismo [...]. Ayuda a explicar [...] por qué las desigualdades entre hombres y mujeres siguen siendo tan frustrantemente resistentes en la vida pública y privada». Esta afirmación puede inducir a error. La testosterona no se sostiene por sí sola; por sí sola la testosterona no hace nada: necesita receptores para tener algún efecto.

El autor declara que la discriminación positiva para las mujeres es imposible, y que «no deberíamos escandalizarnos si la desigualdad de género perdura» debido a las diferencias hormonales entre hombres y mujeres. En cambio, la «opción médica» es dar a las «mujeres acceso a la testosterona para mejorar su apetito sexual, su agresividad y gusto por el riesgo, y ayudar a corregir sus desventajas». Así que, para curar a las mujeres de su feminidad, hay que administrarles testosterona, aunque «su uso debe ser cuidadosamente supervisado porque puede tener efectos secundarios [...], pero para eso están los médicos». Rectificar la injusticia social dando a las mujeres testosterona para convertirlas en hombres es, como poco, desacertado.

¿Por qué alguien escribiría un artículo tan irresponsable? La respuesta se sugiere en la frase final: «No me parece una falta de respeto a la feminidad decir que estoy completamente feliz de ser un hombre, de sentir cosas que ninguna mujer sentirá jamás [...], de experimentar el mundo de una manera que ninguna mujer ha experimentado jamás. Y de hacerlo sin disculparme ni avergonzarme». Postureo entre hombres.

---

demasiado guapa». Qué engreída. Sin embargo, hay que reconocer que Vincent por lo menos utiliza pronombres masculinos con Drew.

El artículo describe una visión estereotipada de cómo la testosterona afecta al comportamiento: «Siento una profunda oleada de energía. Provoca menos nerviosismo que un expreso doble, pero es igual de potente. Mi capacidad de atención se acorta [...]. Me cuesta más concentrarme en la escritura y siento la necesidad de hacer más ejercicio [...]. La lujuria es una sustancia química. Viene y se va. Crece y decrece. No estás indefenso ante ella, pero ciertamente no la controlas del todo. Luego está la ira [...], apenas unas horas después de una inyección de T [...] estuve a punto de meterme en la primera pelea de mi vida». El autor parece apenas consciente de que subvierte el valor de la hombría, incluso defendiendo la hombría. Los hombres son retratados como criaturas irracionales que dan tumbos de un error impetuoso a otro mientras la testosterona alimenta su búsqueda de sexo. Durante mucho tiempo, las mujeres han tenido que soportar que se las criticara por ser criaturas irracionales, víctimas de un ciclo hormonal mensual, monstruos en los «días hormonales malos». Al parecer, los hombres tienen malos días hormonales todos los días de su vida y sufren calambres mentales, no menstruales.

Las personas transgénero tienen mucho que aportar sobre lo que nos hacen «sentir» las hormonas. Las personas trans hablan de una gran variabilidad en la sensación hormonal, que probablemente refleja tanto las diferencias en los receptores hormonales como en la producción de hormonas. Quizá lo más interesante sea la afirmación aparentemente unánime de los hombres trans de que la testosterona les calma. El artículo del suplemento del *New York Times* solo ofrece una imagen parcial, puesto que utiliza la cita de un único hombre trans diciendo que la testosterona le proporcionó un aumento de la libido. En realidad, ese hombre, Drew Seidman, también declaró que es un «mito» que la testosterona sea una causa de agresividad excesiva, que la testosterona tiene un «efecto calmante» en él y que «se siente mucho mejor» con ella.

Del mismo modo, Patrick Califia, un destacado escritor transgénero que hizo su transición recientemente, dijo en una entrevista: «Me he sentido mucho más cómodo con la T. Me siento un ser humano más tranquilo y razonable. Se supone que los hombres están más enfadados, pero yo me siento más tranquilo, cariñoso y dulce, y creo que es porque soy más feliz. Este equilibrio químico simplemente me va bien».[28] El distinguido líder trans Jamison Green escribe: «El efecto inicial de la testosterona fue que me permitió sentirme "normal" por primera vez en la vida. Me permitió sentirme tranquilo, equilibrado, centrado, la antítesis absoluta de los tópicos sobre [...] intoxicación por testosterona. Y una vez que me sentí cómodo con esa sensación [...] llegó la libido».[29] He hablado con otros hombres trans sobre la testosterona. Todos ellos confirman los informes de Seidman, Califia y Green de que la testosterona ha sido calmante. Todos confirman también un gran aumento de la libido y hablan de cómo han integrado esta nueva y feliz sensación en sus vidas.

Lo que dicen las mujeres trans sobre la testosterona difiere notablemente de lo que dicen los hombres. En lo que respecta a la libido masculina, las mujeres trans hablan de liberarse del ardor en la entrepierna, de la insufrible necesidad de alivio; hablan de paseos románticos, en lugar del «aquí te pillo aquí te mato». Para mí, la testosterona fue como una dosis de triple expreso, arrasador, molesto, me nublaba el pensamiento y me llevaba donde no quería ir. Cuando la sustituí por el estradiol, ya el primer día sentí una profunda calma y felicidad.

Las personas trans hablan de las hormonas como el paso más importante en el cambio de género, inclinando la balanza de los signos sutiles que conducen a la identidad de género de hombre o mujer. Las personas trans cuentan también que perdieron a su pareja o cónyuge poco después de empezar a tomar hormonas, porque las relaciones íntimas se vieron muy afectadas.

Una de las principales razones de la individualidad, de la aparición de la diversidad corporal y de temperamento, es el efecto de las hormonas y sus receptores. Al principio de la vida, las hormonas causan efectos irreversibles en el temperamento futuro, y más adelante pueden afectar de forma reversible al estado de ánimo y la actividad.

---

[28] Shoshanna Scholar, «An interview with Pat Califia», *The Channel* TGSF, septiembre de 2000, sacado de *nerve.com*.

[29] J. Green, *Becoming a Visible Man*, Vanderbilt University Press, 2004.

Diferencias mentales entre los sexos

En nuestra búsqueda de los orígenes evolutivos de la diversidad humana llegamos al cerebro, el más misterioso de nuestros órganos. En él se encuentran los circuitos que activan el impulso sexual, el hambre y el temperamento. En él también residen el espíritu creativo, el libre albedrío, el amor y el humor. De alguna manera, nuestro ser emerge de la sustancia de nuestro cerebro. Las pistas sobre el tipo de personas que somos se hallan en el tamaño y la forma de nuestro cerebro, en su pauta de descargas eléctricas.

El cerebro y el comportamiento trabajan juntos en un ir y venir. Al igual que el levantamiento de pesas fortalece los bíceps, y unos bíceps grandes permiten levantar más peso, algunas partes del cerebro se encogen y se expanden con el uso, sobre todo al principio de la vida. Los bíceps de las personas son de diferentes tamaños antes de levantar pesas. Igualmente, los cerebros difieren al nacer, reflejando una disposición inherente a adoptar diferentes comportamientos. Entonces, ¿cómo interviene nuestro cerebro en nuestra vida sexual, en la disposición que tenemos para expresar el género y la sexualidad?

El cerebro está al tanto de las imágenes y los sonidos del exterior, así como de la melodía de las hormonas dentro del organismo. El cerebro también segrega hormonas, formando parte de la orquesta hormonal; escucha como un intérprete en el foso de la orquesta, no como un espectador entre el público. «Escucha» las hormonas del cuerpo mediante receptores situados en la zona preóptica del hipotálamo, que va desde la parte posterior del cerebro, cerca de la médula espinal, a lo largo de su parte inferior, hasta la parte delantera, cerca de los ojos. También escucha directamente a los genes, como los de género, como el SRY en el hombre, sin necesitar un intermediario como las hormonas.[30]

---

[30] El SRY se expresa en el hipotálamo y el cerebro medio del ratón adulto, donde el transcrito es lineal (no circular como en los testículos) y se traduce presumiblemente. Ver Lahr *et al.*, «Transcription of the Y chromosome gene, Sry, in adult mouse brain», 1995. El SRY también se expresa tanto en el cerebro fetal como en el adulto del ualabí de Tammar, un marsupial. Ver Harry *et al.*, «Widespread expression of the testis-determining gene SRY in a marsupial», 1995 (ver nota 13, p. 316).

Anatomía del cerebro de las aves

Los biólogos que investigan la anatomía del cerebro están acostumbrados a buscar detalles sutiles, diferencias entre unas pocas células aquí y allá. En 1976, los anatomistas del cerebro se sorprendieron de lo que encontraron. Se sabía que mientras los canarios y diamantes cebra macho tienen cantos, los canarios hembra cantan poco y los diamantes cebra hembra no cantan. También se sabía que en ambas especies los machos aprenden su canto escuchando a otros machos.[31] La sorpresa fue que los cerebros de los machos y las hembras de estas especies eran tan diferentes que se podían distinguir a simple vista.[32] Si se colocan los cerebros de un diamante cebra macho y el de una hembra uno al lado del otro, con la práctica podremos distinguir su sexo con solo mirarlos. Un ave macho tiene en la parte superior de su cerebro células nerviosas que se encuentran agrupadas y contienen receptores hormonales adicionales (además de los que se encuentran en la base del cerebro).[33] Estas células nerviosas de la parte superior del cerebro son las que facilitan el canto del macho. Aunque la neurobiología de los cerebros de las aves no es directamente comparable a la de los cerebros de los mamíferos, sientan valiosos precedentes biológicos.[34] He aquí una lista:

1. Los cerebros de los machos y las hembras pueden diferir sustancialmente, como en los canarios y los diamantes cebra.

---

[31] R. Zann, «Song and call learning in wild zebra finches in south-east Australia», *Anim. Behav.* 40, 1990, pp. 811-828.

[32] F. Nottebohm y A. Arnold, «Sexual dimorphism in vocal control areas of the songbird brain», *Science* 194, 1976, pp. 211-213; E. Adkins-Regan y J. Watson, «Sexual dimorphism in the avian brain is not limited to the song system of songbirds: A morphometric analysis of the brain of the quail (*Corurnix japoonica*)», *Brain Res.* 514, 1990, pp. 320-326.

[33] G. Panzica, N. Aste, C. Viglietti-Panzica y M. Ottinger, «Structural sex differences in the brain: Influence of gonadal steroids and behavioral correlates», *J. Endocrinol. Invest.* 18, 1995, pp. 232-252, esp. fig. 4.

[34] B. Schlinger, «Sexual differentiation of avian brain and behavior: Current views on gonadal hormone-dependent and independent mechanisms», *Ann. Rev. Physiol.* 60, 1998, pp. 407-429; A. Arnold, «Genetically triggered sexual differentiation of brain and behavior», *Hormones and Behavior* 30, 1996, pp. 495-505.

2. El grado de diferencia entre los cerebros de los machos y las hembras se correlaciona con el grado de diferencia en su comportamiento. En las especies en las que los machos cantan y las hembras no, la diferencia en el tamaño de los grupos de células nerviosas responsables de aprender y producir el canto de los pájaros es más marcada. En las especies que realizan cantos a dúo, en las que los machos y las hembras se cantan mutuamente durante el cortejo con canciones entrelazadas, los grupos de células nerviosas que controlan el canto son del mismo tamaño en ambos sexos.[35] Un estudio de veinte especies de aves cantoras que abarcan seis familias muestra que el grado de dimorfismo en la anatomía del cerebro se correlaciona con el grado de dimorfismo en la variedad y en la cantidad del canto.[36]
3. La testosterona coordina el cerebro de los polluelos macho recién salidos del cascarón para que desarrollen grupos de células nerviosas que controlen el canto. Estos agrupamientos no se desarrollan en ausencia de testosterona, y se puede estimular su formación en las hembras si se les administra la hormona.[37]
4. Las hormonas activan acúmulos de células nerviosas en los adultos, ampliando y reduciendo su tamaño para coincidir con la época reproductiva.[38]
5. El cerebro está masculinizado por el estrógeno que la enzima aromatasa genera a partir de la testosterona. Dado que algunos

---

[35] Ver los estudios sobre el chochín, que canta en su mayoría a dúo, excepto el cucarachero de Carolina, en el que solo canta el macho: P. Nealen y D. Perkel, «Sexual dimorphism in the song system of the Carolina Wren *Thryothorus ludovicianus*», *J. Comp. Neurology* 418, 2000, pp. 346-360.

[36] S. MacDougall-Shackleton y G. Ball, «Comparative studies of sex differences in the song-control system of songbirds», *TINS* 22, 1999, pp. 432-436.

[37] La testosterona puede inducir el canto en los canarios hembra, pero no en los diamantes cebra hembra. Ver F. Nottebohm y A. Arnold, «Sexual dimorphism in vocal control areas of the songbird brain», *Science* 194, 1976, pp. 211-213.

[38] F. Nottebohm, «A brain for all seasons: Cyclical anatomical changes in song control nuclei of the canary brain», *Science* 214, 1981, p. 1368; J. Balthazard, O. Tlemcani y G. Ball, «Do sex differences in the brain explain sex differences in hormonal induction of reproductive behavior? What twenty-five years of research on the Japanese Quail tells us», *Hormones and Behavior* 30, 1996, pp. 627-661.

aspectos del cuerpo de los hombres están masculinizados directamente por la testosterona, otras partes por el estrógeno y otras por la expresión directa de los genes sin ninguna participación de las hormonas, la reconstrucción de las vías de desarrollo de la diferenciación sexual es complicada.[39]

6. Las diferencias de personalidad pueden deberse a diferencias en el cerebro. La agresividad de los machos de codorniz japonesa reproductivamente activos puede aumentar en catorce puntos. Esta variación está relacionada con la cantidad de aromatasa en el hipotálamo de sus cerebros: cuanta más aromatasa, más agresividad.[40]
7. Las hembras influyen en el temperamento de sus polluelos introduciendo estradiol o testosterona en la yema. Las aves que reciben más testosterona son más agresivas. Las hembras depositan cada vez más testosterona en los huevos a medida que avanza la temporada de puesta, por lo que los pájaros nacidos en último lugar en el nido son los más agresivos, presumiblemente para defenderse de sus hermanos mayores. Este efecto es comparable al papel de las hormonas maternas en el desarrollo del feto de los mamíferos.[41]
8. Tras la administración de estradiol a los polluelos de diamantes cebra, las hembras adultas pasan de elegir pareja entre individuos del sexo contrario a elegir a otras hembras como compañeras. El estradiol masculiniza el cerebro y cambia la dirección de la preferencia sexual.[42]

---

[39] B. Schlinger y A. Arnold, «Estrogen synthesis and secretion by the songbird brain», en P. Micevych y R. Hammer Jr. (eds.), *Neurobiological Effects of Sex Steroid Hormones*, Cambridge University Press, 1995, pp. 297-323.

[40] B. Schlinger y G. Callard, «Aromatase in quail brain: Correlations with aggressiveness», *Endocrinology* 124, 1989, pp. 437-443.

[41] E. Adkins-Regan, M. Ottinger y J. Park, «Maternal transfer of estradiol to egg yolks alters sexual differentiation of avian offspring», *J. Exp. Zool.* 271, 1995, pp. 466-470; H. Schwabl, «Yolk is a source of maternal testosterone for developing birds», *Proc. Nat. Acad. Sci. (USA)* 90, 1993, pp. 11446-11450.

[42] E. Adkins-Regan y M. Ascenzi, «Social and sexual behavior of male and female zebra finches treated with oestradiol during the nestling period», *Anim. Behav.* 35, 1987, pp. 1100-1112; V. Mansukhani, E. Adkins-Regan y S. Yang, «Sexual partner preference in female zebra finches: The role of early hormones and social environment», *Hormones and Behavior* 30, 1996, pp. 506-513.

9. En el gorrión de garganta blanca existe un morfo de rayas blancas asociado con la territorialidad y otro, con rayas oscuras, que se expresa en ambos sexos y que aparece cuando están cuidando del nido (véase el capítulo 6). Esta expresión transgénero recíproca en el color del cuerpo y el comportamiento se extiende también al cerebro. Dentro de un mismo sexo, los grupos de neuronas que controlan el canto son más grandes en la variante territorial que en la variante que atiende al nido. Entre los sexos, un macho que atiende a los nidos tiene grupos neuronales de control del canto más grandes que una hembra territorial, aunque ambos cantan más o menos con la misma frecuencia.[43]

Al parecer, no se ha investigado la identidad de género transgénero. En aves como los canarios, los machos aprenden su canto de «tutores» masculinos, que suelen ser sus padres. ¿Cómo sabe un polluelo macho que debe escuchar a su padre en lugar de a su madre? Las hembras de canario cantan una canción diferente a la de los machos. Me pregunto si de vez en cuando un polluelo macho aprende el canto de su madre y un polluelo hembra aprende el canto de su padre.

Las aves tienen una determinación cromosómica del sexo inversa a la de los mamíferos (ver p. 305). En las aves, el estrógeno de los ovarios feminiza un cuerpo que de otro modo sería masculino, mientras que en los mamíferos la testosterona de los testículos masculiniza un cuerpo que de otro modo sería femenino. Aunque las hormonas actúan de forma algo diferente en las aves que en los mamíferos, provocan el mismo resultado en cuanto a género y sexualidad.

La conexión entre la estructura del cerebro y el comportamiento puede ser más directa en las aves que en los mamíferos, como si las primeras se basaran más en el instinto y menos en el conocimiento que los mamíferos. Sin embargo, me llama la atención

---

[43] T. DeVoogd, A. Houtman y J. Falls, «White-throated sparrow morphs that differ in song production rate also differ in the anatomy of some song related brain areas», *Neurobiology* 28, 1995, pp. 202-213.

lo precisos que son los datos que relacionan las diferencias en la estructura cerebral de las aves con las diferencias en la presentación del género, la personalidad, la orientación sexual y la expresión transgénero. Me pregunto hasta qué punto ocurre algo parecido en los mamíferos.

Anatomía del cerebro de los roedores

Al igual que las aves, los mamíferos presentan cierto dimorfismo sexual en la anatomía del cerebro. He aquí una lista de dimorfismos cerebrales en los roedores:

1. Los roedores macho, incluidos los jerbos, cobayas, hurones y ratas, tienen una agrupación mayor de células en el área preóptica del cerebro, a lo largo de su base y hacia la parte delantera. Estos acúmulos celulares son unas cinco veces más grandes en los machos que en las hembras, y la diferencia se aprecia a simple vista.[44] Esta diferencia se produce poco antes del nacimiento por la testosterona, convertida en estrógeno en el cerebro. La testosterona administrada en un momento posterior no hace que se formen estos grupos de células.[45] Nadie sabe qué efecto tiene este acúmulo de células en el macho. Si se extirpan quirúrgicamente, se

---

[44] S. Torbet e I. Hanna, «Ontogeny of sex differences in the mammalian hypothalamus and preoptic area», *Cellular and Molecular Neurobiology* 17, 1997, pp. 565-601; S. M. Breedlove, «Sexual differentiation of the human nervous system», *Ann. Rev. Psychol.* 45, 1994, pp. 389-418; S. Torbet, D. Sahniser y M. Baum, «Differentiation in male ferrets of a sexually dimorphic nucleus of the preoptic/anterior hypothalamic area requires prenatal estrogen», *Neuroendocrinology* 44, 1986, pp. 299-308; R. Gorski, «Hormone-induced sex differences in hypothalamic structure», *Bull. TMIN* 16, 1988, pp. 67-90; D. Commins y P. Yahr, «Acetylcholinesterase activity in the sexually dimorphic area of the gerbil brain: Sex differences and influence of adult gonadal steroids», *J. Comp. Neural.* 224, 1984, pp. 123-131; M. Hines, F. Davis, A. Coquelin, R. Goy y R. Gorski, «Sexually dimorphic regions in the medial preoptic area and the bed nucleus of the stria terminalis of the guinea pig brain: A description and an investigation of their relationship to gonadal steroids in adulthood», *J. Neurosci.* 5, 1985, pp. 40-47.

[45] K. Dohler, J. Haneke, S. Srivastava, C. Hofmann, J. Shryne y R. Gorski, «Participation of estrogens in female sexual differentiation of the brain: Neuroanatomical, neuroendocrine and behavioral evidence», *Prog. Brain Res.* 61, 1984, pp. 99-117; E. Davis,

notan pocos efectos en el comportamiento. Sin embargo, si se extirpa la zona preóptica al completo, la cópula masculina se ve afectada, por lo que la agrupación de células puede tener algo que ver con el apareamiento masculino.[46]

2. Un acúmulo de células cercano, llamado núcleo del lecho de la estría terminal, también muestra un dimorfismo sexual que está controlado por la testosterona en el momento del nacimiento.[47] Este agrupamiento es de interés, porque los trabajos recientes sobre la identidad transgénero en los humanos se han centrado en el equivalente humano de esta estructura.
3. El acúmulo de células nerviosas en la médula espinal, en la parte baja de la espalda, también difiere entre machos y hembras. En los machos, estas células nerviosas controlan los músculos de la base del pene. Estas células y músculos están presentes en los recién nacidos de ambos sexos. En los machos, la testosterona impide que este músculo y las células nerviosas que lo controlan se reduzcan, mientras que en las hembras la testosterona hace que los músculos y las células nerviosas se reduzcan. La testosterona produce este efecto directamente, sin necesidad de ser convertida en estrógeno.[48]

Cuando se estresa a las ratas preñadas en el laboratorio iluminándolas con luces brillantes todo el día, los embriones macho de la camada producen menos testosterona durante su periodo fetal y acaban teniendo agrupamientos más pequeños de células nerviosas

---

P. Popper y R. Gorski, «The role of apoptosis in sexual differentiation of the rat sexually dimorphic nucleus of the preoptic area», *Brain Res.* 734, 1996, pp. 10-18.

[46] F. De Jonge, A. Louwerse, M. Ooms, P. Evers, E. Endert y N. van de Poll, «Lesions of the SDN-POA inhibit sexual behavior of male Wistar rats», *Brain Res. Bull.* 23, 1989, pp. 483-492.

[47] A. del Abril, S. Segovia y A. Guillamón, «The bed nucleus of the stria terminalis in the rat: Regional sex differences controlled by gonadal steroids early after birth», *Brain Res.* 429, 1987, pp. 295-300; A. Guillamón, S. Segovia y A. del Abril, «Early effects of gonadal steroids on the neuron number in the medial posterior region and the lateral division of the bed nucleus of the stria terminalis in the rat», *Brain Res. Dev.* 44, 1988, pp. 281-290.

[48] N. Forger, L. Hodges, S. Roberts y S. Breedlove, «Regulation of motoneuron death in the spinal nucleus of the bulbocavernosus», *J. Neurobiol.* 23, 1992, pp. 1192-1203; N. Forger, S. Roberts, V. Wong y S. Breedlove, «Ciliary neurotrophic factor maintains motoneurons and their target muscles in developing rats», *J. Neurosci.* 13, 1993.

en la zona preóptica y menos células nerviosas en la médula espinal para el control del músculo del pene.[49]

El olor de la testosterona en una cría macho induce a su madre a acicalar su región genital con más frecuencia que la región genital de una cría hembra. Si la madre no es capaz de oler, no acicala mucho a ninguno de los dos sexos. Un joven macho al que su madre no acicala acaba teniendo menos células nerviosas que controlen los músculos del pene en su médula espinal y tarda más en copular que un macho acicalado.[50]

Por tanto, también en los mamíferos, la anatomía del cerebro y la médula espinal puede diferir entre los sexos, y estas diferencias reflejan en parte el entorno hormonal y social en el que se desarrollan los animales. De nuevo, el temperamento y la predisposición se originan cerca del momento del nacimiento.

Anatomía del cerebro humano

Los cerebros humanos muestran pocas diferencias de sexo en comparación con otras especies. Se han realizado muchas investigaciones para mostrar las diferencias cerebrales entre hombres y mujeres, y se han encontrado muchas pequeñas divergencias. Sin embargo, en general, la anatomía del cerebro humano masculino y femenino es muy similar; lo que hay que destacar aquí es la semejanza entre los sexos, no su diferencia. Imagine dos curvas en forma de campana colocadas una encima de la otra. A continuación, empuje *suavemente* una hacia la derecha y la otra hacia la izquierda, de modo que las curvas estén ligeramente ladeadas. Así de parecida es la anatomía cerebral de los dos sexos.[51] He aquí un resumen de las pequeñas divergencias que se han encontrado:

---

[49] D. Anderson, R. Rhees y D. Fleming, «Effects of prenatal stress on differentiation of the sexually dimorphic nucleus of the preoptic area SDN-POA of the rat brain», *Brain Res.* 332, 1985, pp. 113-118; W. Grisham, M. Kerchner e I. Ward, «Prenatal stress alters sexually dimorphic nuclei in the spinal cord of male rats», *Brain Res.* 551, 1991, pp. 126-131.

[50] C. Moore, H. Dou y J. Juraska, «Maternal stimulation affects the number of motoneurons in a sexually dimorphic nucleus of the lumbar spinal cord», *Brain Res.* 572, 1992, pp. 52-56.

[51] Los datos recientes provienen de imágenes por resonancia magnética (IRM). Ver N. Lange, J. Giedd, F. Castellanos, A. Vaituzis y J. Rapoport, «Variability of human

1. Los machos tienen un tamaño total del cerebro algo mayor, de 120 a 160 gramos en los adultos. La diferencia es casi inexistente al nacer, y se hace más pronunciada durante la pubertad, reflejando en parte el diferencial de tamaño general a esa edad. Sin embargo, incluso al nacer, un grupo de recién nacidos que pesaban lo mismo mostró una diferencia del 5 por ciento en el peso del cerebro según el sexo.[52] Este 5 por ciento, aunque estadísticamente válido, es minúsculo comparado con la variación general del tamaño del cerebro.[53]
2. Tanto los hombres como las mujeres tienen el equivalente al músculo controlador del pene de los ratones. En los varones, el músculo rodea la base del pene para ayudar a la eyaculación del semen. En las mujeres, el músculo rodea la abertura de la vagina y puede constreñir su entrada. El músculo es algo mayor en los hombres, aunque la diferencia entre hombres y mujeres no es tan grande como en los ratones. Los hombres tienen un 25 por ciento más de células nerviosas para controlar este músculo que las hembras. Al igual que en los ratones, las células se encuentran en la médula espinal. Al igual que en los ratones, las mujeres y los hombres tienen el mismo tamaño de músculo y la misma cantidad de neuronas de control al nacer, pero la testosterona provoca directamente que el músculo y las neuronas de las mujeres se reduzcan y mueran.[54]
3. En los seres humanos, el área preóptica del hipotálamo presenta un grupo de células llamado SDN-POA (núcleo sexualmente dimórfico del área preóptica), que es homólogo al

---

brain structure size: Ages four-twenty years», *Psychiatry Research: Neuroimaging Section* 74, 1997, pp. 1-12, esp. fig. 2, p. 8.

[52] A. Dekaban y D. Sadawsky, «Changes in brain weights during the span of human life: Relation of brain weights to body heights and body weights», *Ann. Neural.* 44, 1978, pp. 345-356.

[53] La diferencia solo representa el 25 por ciento de la desviación estándar del peso del cerebro en ambos sexos. En comparación, la diferencia entre la altura media de los hombres y las mujeres es del 200 por ciento de la desviación estándar de la altura entre ambos.

[54] N. Forger y S. Breedlove, «Sexual dimorphism in human and canine spinal cord: Role of early androgen», *Proc. Nat. Acad. Sci. (USA)* 83, 1986, pp. 7527-7531.

de los ratones. Tanto los varones como las féminas nacen con unas 5.000 células en este grupo; en ambos aumentan hasta unas 50.000 a los cuatro años, y luego se desarrolla un dimorfismo, a medida que el número de células en este grupo disminuye en las hembras hasta unas 25.000 a los veinte años. Esta proporción en el número de células persiste hasta la edad adulta. La función del SDN-POA sigue siendo desconocida, aunque se supone que influye de alguna manera en el comportamiento de apareamiento. El SDN-POA es diminuto, un agrupamiento de células nerviosas del tamaño de un grano de arroz en un cerebro de un volumen de algo más de un litro.[55]

4. Otro diminuto grupo de células nerviosas que se ha dado a conocer en relación con el género y la sexualidad se encuentra ligeramente por encima del SDN-POA. Se llama BSTc (la subdivisión central del núcleo del lecho de la estría terminal). Al igual que en los roedores, los hombres tienen un BSTc más grande que las mujeres, unos 2,5 milímetros cúbicos con 35.000 células en los hombres, y 1,75 milímetros cúbicos con 20.000 células en las mujeres.[56] (Véase también el capítulo 13, relativo a la identidad de género transgénero). El BSTc forma parte de una región llamada *septum*, que está implicada en la función sexual. Durante el orgasmo, se producen descargas eléctricas en esta parte del cerebro; y su estimulación eléctrica provoca

---

[55] D. Swaab, «Development of the human hypothalamus», *Neurochemical Research* 20, 1995, pp. 509-519, esp. fig. 5, p. 513; D. Swaab y E. Fliers, «A sexually dimorphic nucleus in the human brain», *Science* 228, 1985, pp. 1112-1115; D. Swaab y M. Hofman, «Sexual differentiation of the human hypothalamus: Ontogeny of the sexually dimorphic nucleus of the preoptic area», *Dev. Brain Res.* 44, 1988, pp. 314-318; M. Hofman y D. Swaab, «The sexually dimorphic nucleus of the preoptic area in the human brain: A comparative morphometric study», *J. Anat.* 164, 1989, pp. 55-72.

[56] L. Allen y R. Gorski, «Sex difference in the bed nucleus of the stria terminalis of the human brain», *J. Comp. Neural.* 302, 1990, pp. 697-706; J.-N. Zhau, M. Hofman, L. Gooren y D. Swaab, «A sex difference in the human brain and its relation to transsexuality», *Nature* 378, 1997, pp. 68-70; F. Kruijver, J.-N. Zhou, C. Pool, M. Hofman, L. Gooren y D. Swaab, «Male-to-female transsexuals have female neuron numbers in a limbic nucleus», *J. Clin. Endocrin. Metab.* 85, 2000, pp. 2034-2041.

el orgasmo.[57] Las alteraciones del comportamiento sexual, como la hipersexualidad, el cambio de orientación sexual y el fetichismo, son consecuencia de daños en el *septum*,[58] lo que sugiere que la variación natural de la sexualidad puede estar asociada a variaciones en determinadas zonas del cerebro. Además, la hipersexualidad plantea la posibilidad de que la sexualidad humana típica no sea tan intensa como es biológicamente posible, es decir, que a través de la evolución nuestra sexualidad se haya fijado en algún nivel intermedio óptimo. El *septum* proporciona un velo natural de pudor que cubre un aumento potencial de la sexualidad.

5. Ligeramente por debajo del SDN-POA hay un tercer grano de arroz aún más pequeño de células nerviosas, un grupo de 0,25 milímetros cúbicos llamado VIP-SCN (parte del núcleo supraquiasmático en el cual las neuronas contienen el polipéptido intestinal vasoactivo). A los diez años de edad, se puede detectar un dimorfismo sexual: los varones tienen unas 2.500 células en este cúmulo, y las mujeres unas 1.000. (Véase también el capítulo 14, relativo a la orientación sexual).[59] Pero ¿qué importancia puede tener una diferencia en un minúsculo acúmulo de neuronas? Todavía no lo sabemos. Parece demasiado pequeño para explicar muchas de las diferencias de comportamiento en el género y la sexualidad, pero incluso la pequeña picadura de una araña viuda negra o de una avispa amarilla puede producir un gran impacto. Mantengamos la mente abierta (por así decirlo).

---

[57] R. Heath (ed.), *The Role of Pleasure in Behavior*, Harper and Row, 1964; C. Sem-Jacobsen, *Depth-Electrographic Stimulation of the Human Brain and Behavior*, Charles C. Thomas, 1968.

[58] B. Miller, J. Cummings, H. McIntyre, G. Ebers y M. Grode, «Hypersexuality or altered sexual preference following brain injury», *J. Neurology, Neurosurgery, and Psychiatry* 49, 1986, pp. 867-873; D. Gorman y J. Cummings, «Hypersexuality following septal injury», *Arch. Neural.* 49, 1992, pp. 308-310.

[59] D. Swaab, J.-N. Zhou, T. Ehlhart y M. Hofman, «Development of vasoactive intestinal polypeptide neurons in the human suprachiasmatic nucleus in relation to birth and sex», *Dev. Brain Res.* 79, 1994, pp. 249-259; D. Swaab y M. Hofman, «An enlarged suprachiasmatic nucleus in homosexual men», *Brain Res.* 537, 1990, pp. 141-148.

6. El cerebro humano muestra cierta especialización de derecha a izquierda, especialmente en los varones diestros. Los hombres procesan la información verbal más rápidamente y con mayor precisión en el lado izquierdo, y la información espacial en el lado derecho.[60] Las mujeres no muestran una asimetría tan pronunciada. Los accidentes cerebrovasculares también revelan una diferencia entre hombres y mujeres: las mujeres se recuperan mejor en general, mientras que el impacto para los hombres puede predecirse sabiendo en qué lado del cerebro se produce el accidente cerebrovascular.[61] Las diferencias en la simetría del cerebro tienen una ligera base anatómica.[62] El cuerpo calloso es un haz de células nerviosas que conecta los dos lados del cerebro. Los hombres y las mujeres difieren ligeramente en la forma, pero no en el tamaño ni en el número de neuronas de su cuerpo calloso. El cuerpo calloso puede estar situado ligeramente más hacia atrás en las mujeres que en los hombres.[63]
7. Ascendamos ahora desde la base del cerebro hasta la corteza cerebral, en la parte superior del cerebro. Las disecciones de cerebros de seis hombres y cinco mujeres muestran que los hombres tienen más células nerviosas con menos conexiones entre ellas, mientras que las mujeres tienen menos células, pero con más conexiones. Tanto los varones como las mujeres tienen la misma cantidad total de material cerebral. Los hombres tienen unas 115.000 ± 30.000 neuronas por milímetro cúbico, mientras que las mujeres tienen unas 100.000 ± 25.000 neuronas por milímetro cúbico. Además,

---

[60] J. McGlone, «Sex differences in human brain asymmetry: A critical survey», *Behav. Brain Sci.* 3, 1980, pp. 215-263.

[61] J. Levy y W. Heller, «Gender differences in human neuropsychological function», en A. Gerall, H. Moltz e I. Ward (eds.), *Handbook of Behavioral Neurobiology: Sexual Differentiation*, Plenum, 1992, pp. 245-273.

[62] J. Wada, R. Clarke y A. Hamm, «Cerebral hemisphere asymmetry in humans: Cortical speech zones in one hundred adult and one hundred infant brains», *Arch. Neural.* 32, 1975, p. 239; M. de Lacoste, D. Horvath y D. Woodward, «Possible sex differences in the developing human fetal brain», *J. Clin. Exp. Neuropsychol*, 1991.

[63] L. Allen, M. Richey, Y. Chai y R. Gorski, «Sex differences in the corpus callosum of the living human being», *J. Neurosci.* 11, 1991, pp. 933-942.

los varones son más asimétricos entre los lados derecho e izquierdo del cerebro. Los hombres tienen una media de 1,18 veces más neuronas por milímetro cúbico en el lado derecho que en el izquierdo, y las mujeres tienen una media de 1,13 veces más neuronas por milímetro cúbico en el derecho que en el izquierdo.[64] Estas diferencias entre los cerebros de hombres y mujeres siguen un guion conocido: pequeñas diferencias estadísticamente válidas en las medias, con un gran solapamiento.

Cuando se forma el cerebro, se fabrican más células nerviosas de las necesarias. Las células se eliminan mediante un proceso de muerte celular programada, llamado apoptosis. La testosterona ralentiza la eliminación. Al final de este proceso, que se produce durante las últimas diez semanas antes del nacimiento, las mujeres acaban teniendo menos neuronas, pero sujetas a una mayor selección que los hombres.[65]

Aunque algunas funciones mentales pueden ser atribuidas a puntos específicos del cerebro, los procesos cognitivos de orden más general surgen de la actividad colectiva de muchas neuronas distribuidas por todo el cerebro.[66] ¿Difieren también los hombres y las mujeres en estas capacidades mentales generales?

El pensamiento de los hombres y las mujeres

Los hombres y las mujeres difieren en sus capacidades y aptitudes cognitivas, por mucho que pueda sonar escandaloso decirlo. La

---

[64] G. de Courten-Myers, «The human cerebral cortex: Gender differences in structure and function», *J. Neuropath. and Exp. Neural.* 58, 1999, pp. 217-226.

[65] E. Davis, P. Popper y R. Gorski, «The role of apoptosis in sexual differentiation of the rat sexually dimorphic nucleus of the preoptic area», *Brain Res.* 734, 1996, pp. 10-18; T. Rabinowicz, G. de Courten-Myers, J. Petetot *et al.*, «Human cortex development: Estimates of neuronal numbers indicate major loss late during gestation», *J. Neuropath. and Exp. Neurol.* 55, 1996, pp. 320-328.

[66] M. Laubach, J. Wessberg y M. Nicolelis, «Cortical ensemble activity increasingly predicts behaviour outcomes during learning of a motor task», *Nature* 405, 2000, pp. 567-571; J. Sanes y J. Donoghue, «Plasticity and primary motor cortex», *Ann. Rev. Neuroscience* 23, 2000, pp. 393-415.

inteligencia general, sea cual sea, no difiere entre hombres y mujeres, independientemente de lo que cada género diga sobre el otro en momentos de incomprensión mutua, pero algunas habilidades mentales específicas sí son distintas. Al igual que con la anatomía del cerebro, las diferencias son pequeñas pero estadísticamente detectables, y muestran un gran solapamiento.

Por término medio, las mujeres obtienen mejores resultados que los hombres en fluidez verbal, articulación y memoria. La fluidez se mide en pruebas como intentar pensar en todas las palabras que empiezan por una letra específica (por ejemplo, todas las palabras que empiezan por *t*, o las palabras que riman con «mente», o todas las palabras que pertenecen a algún tema o categoría, como «helado»). Las mujeres suelen ser capaces de decir un trabalenguas —como «Si Sansón no sazona su salsa con sal le sale sosa»— más rápido que los hombres. Las mujeres también pueden registrar más rápidamente una serie de símbolos o figuras y recordar cuál de ellos coincide con un símbolo o figura anterior. Esta ventaja de la memoria se aplica tanto a la información visual y espacial como a las letras y las palabras.[67]

La mayor aptitud de las mujeres para la fluidez verbal puede deberse en parte a los estrógenos. Una pista la tenemos en la gorila Koko, que fue entrenada para comunicarse en el lenguaje de signos americano. Tanto el número de signos diferentes como el número total de signos que utilizaba aumentaron durante la parte de su ciclo menstrual en la que su nivel de estrógenos era más elevado. Este efecto de los estrógenos es temporal y no afecta a la estructura del cerebro.[68] También en los seres humanos el rendimiento en las pruebas de habilidad articulatoria mejora y el rendimiento de la habilidad espacial disminuye en la fase preovulatoria, el momento de mayor nivel de estrógenos, en comparación

---

[67] J. Hyde y M. Linn, «Gender differences in verbal ability: A meta-analysis», *Psychological Bull.* 104, 1988, pp. 53-69; E. Hampson y D. Kimura, «Sex differences and hormonal influences on cognitive function in humans», en J. Becker, S. Breedlove y D. Crews (eds.), *Behavioral Endocrinology,* MIT Press, 1992, pp. 357-398.

[68] F. Patterson, C. Holts y L. Saphire, «Cyclic changes in hormonal, physical, behavioral, and linguistic measures in a female lowland gorilla», *Amer. J. Primatology* 24, 1991, pp. 181-194.

con el momento de menor nivel de estrógenos.[69] Las mujeres posmenopáusicas que reciben terapia de reemplazo hormonal con estrógenos muestran beneficios cognitivos.[70] Las mujeres jóvenes también pueden recibir beneficios cognitivos de los estrógenos. Originalmente se pensaba que la dislexia, una discapacidad lectora, reflejaba una dificultad visual. Sin embargo, la dislexia es el resultado de no discernir correctamente los componentes de las palabras. Aproximadamente el mismo número de niños y niñas nacen con dislexia. De los que desarrollan la capacidad de compensar, el 72 por ciento son niñas, lo que hace que haya más varones que mujeres adultas con la discapacidad. Al parecer, el estrógeno del que disponen las niñas en la pubertad hace que desarrollen capacidades verbales que les permiten compensar la dislexia.[71]

Por término medio, los hombres obtienen mejores resultados que las mujeres a la hora de visualizar cómo girar una forma u objeto en un espacio bidimensional o tridimensional.[72] Esta capacidad de

---

[69] E. Hampson, «Variations in sex-related cognitive abilities across the menstrual cycle», *Brain and Cognition* 14, 1990, pp. 26-43; E. Hampson, «Estrogen-related variations in human spatial and articulatory-motor skills», *Psychoneuroendocrinology* 15, 1990, pp. 97-111; M. Moody, «Changes in scores on the Mental Rotations Test during the menstrual cycle», *Perception and Motor Skills* 84, 1997, pp. 955-961; K. Phillips e I. Silverman, «Differences in the relationship of menstrual cycle phase to spatial performance on two- and three-dimensional tasks», *Hormones and Behavior* 32, 1997, pp. 167-175; M. McCourt, V. Mark, K. Radonovich, S. Willison y P. Freeman, «The effects of gender, menstrual phase, and practice on the perceived location of the midsagittal plane», *Neuropsychologia* 35, 1997, pp. 717-724.

[70] B. Sherwin, «Estrogen effects on cognition in menopausal women», *Neurology* 48, 1997, pp. S21-S26; K. Yaffe, D. Grady, A. Pressman y S. Cummings, «Serum estrogen levels, cognitive performance, and risk of cognitive decline in older community women», *J. Amer. Geriatric Soc.* 46, 1998, pp. 816-821; S. Shaywitz, B. Shaywitz, K. Pugh, R. Fulbright, P. Skudlarski, W. Mencl, R. Constable, F. Naftolin, S. Palter, K. Marchione, L. Katz, D. Shankweiler, J. Fletcher, C. Lacadie, M. Keltz y J. Gore, «Effect of estrogen on brain activation patterns in postmenopausal women during working memory tasks», *J. Amer. Med. Assoc.* 281, 1999, pp. 1197-1202; B. McEwen y S. Alves, «Estrogen actions in the central nervous system», *Endocrine Reviews* 20, 1999, pp. 279-307.

[71] S. Shaywitz, «Dyslexia», *Scientific American*, noviembre de 1996, pp. 98-103; S. Shaywitz, B. Shaywitz, K. Puch, R. Fulbright, R. Constable, W. Mencl, D. Shankweiler, A. Liberman, P. Skudlarski, J. Fletcher, L. Katz, K. Marchione, C. Lacadie, C. Gatenby y J. Gore, «Functional disruption in the organization of the brain for reading in dyslexia», *Proc. Nat. Acad. Sci. (USA)* 95, 1998, pp. 2636-2641.

[72] M. Linn y A. Petersen, «Emergence and characterization of sex differences in spatial ability: A meta-analysis», *Child Devel.* 56, 1985, pp. 1479-1498; C. Benbow,

visualizar las relaciones espaciales aparece sobre todo en las pruebas de aptitud cuantitativa, como la selectividad. La brecha de género en esta prueba se amplía progresivamente hacia el extremo superior. Los chicos superan a las chicas en una proporción 2:1 en las puntuaciones de 500 o más, en 5:1 en las de 600 o más y en 17:1 en las de 700 o más. Las puntuaciones altas en esta prueba son especialmente sensibles al rendimiento en las relaciones espaciales.

Más allá de estos detalles, si alguna vez has pensado que los hombres y las mujeres simplemente *piensan* de forma diferente, hay algunas pruebas contundentes que respaldan tu sensación. La resonancia magnética funcional (RMf) permite tomar una imagen en tiempo real del cerebro mientras este piensa. La imagen ilumina los lugares del cerebro en los que se está pensando. En un estudio se sometió a un grupo de hombres y mujeres a la misma tarea verbal: se les dio una lista escrita de palabras sin sentido, como «lete» y «jete», y se les pidió que las dijeran en voz alta, haciéndoles decidir si las palabras rimaban. Mientras pensaban en cómo pronunciar estas palabras, se fotografiaron sus cerebros mediante resonancia magnética. Los resultados fueron sorprendentes. Para la misma tarea, los hombres y las mujeres utilizaron sus cerebros de forma diferente. Los hombres solo utilizaron una parte de su cerebro (la circunvolución frontal inferior izquierda), mientras que las mujeres utilizaron dos partes de su cerebro (tanto la circunvolución frontal inferior izquierda como la derecha). Esto demuestra que los cerebros femeninos funcionan de forma más simétrica que los masculinos, aunque esta afirmación ha sido difícil de demostrar anatómicamente. Las imágenes de este estudio son impactantes: muestran diferentes partes del cerebro iluminándose.[73] Estas diferencias no afectan a pequeños grupos de células

---

«Sex differences in mathematical reasoning ability in intellectually talented preadolescents: Their nature, effects, and possible causes», *Behav. Brain Sci.* 11, 1988, pp. 169-232; H. Stumpf y J. Stanley, «Standardized tests: Still gender based?», *Current Directions in Psychological Sci.* 7, 1998, pp. 192-196; A. Gallagher, R. De Lisi, P. Holst, A. McGillicuddy-DeLisi, M. Morely y C. Cahalan, «Gender differences in advanced mathematical problem solving», *J. Exp. Child Psychol.* 75, 2000, pp. 165-190; D. Halpern, *Sex Differences in Cognitive Abilities*, 3.ª ed., Lawrence Erlbaum, 2000.

[73] B. Shaywitz, S. Shaywitz, K. Pugh, R. Constable, P. Skudlarski, R. Fulbright, R. Bronen, J. Fletcher, D. Shankweiler, L. Katz y J. Gore, «Sex differences in the functional

nerviosas, sino a grandes regiones del cerebro. Aún no se ha descubierto una base anatómica para estas diferencias funcionales entre la forma de pensar de hombres y mujeres.

Los hombres y las mujeres también piensan sobre tareas espaciales de forma diferente. Se pidió a un grupo de hombres y mujeres que salieran de un laberinto tridimensional de realidad virtual. Para atravesar el laberinto, los hombres utilizaron una parte de su cerebro (el hipocampo izquierdo) y las mujeres dos partes (la corteza parietal derecha y la corteza prefrontal derecha). Esta diferencia en el lugar donde se desarrolla el pensamiento puede estar relacionada con la observación de que las mujeres se basan en señales de referencia más que en la geometría para la navegación.[74]

¿Qué debemos pensar sobre estas diferencias mentales entre hombres y mujeres? Estas diferencias pueden verse amplificadas por las convenciones sociales. Si la proporción de hombres y mujeres que son excelentes en una ocupación que requiere habilidades de rotación espacial es de 60:40, esa ocupación puede adquirir un carácter masculino que desanime a las mujeres a incorporarse. Si la proporción entre hombres y mujeres que son excelentes en una ocupación que requiere fluidez verbal es de 40:60, la ocupación puede adquirir un carácter femenino que disuada a los hombres de incorporarse. El carácter social que adquiere una ocupación puede llevar a la creencia de que una ocupación es un «trabajo de hombres o de mujeres», superando con creces las diferencias en la habilidad natural.

Cada uno de nosotros puede compararse con las medias de los hombres o las mujeres y descubrir que no coincidimos del todo. Casi todo el mundo parece sobrepasar las normas estadísticas de su sexo de un modo u otro. Los valores medios de los sexos no tienen mucho significado para nosotros como personas individuales:

---

organization of the brain for language», *Nature* 373, 1995, pp. 607-609, en especial la foto en color de la p. 608.

[74] G. Gron, A. Wunderlich, M. Spitzer, R. Tomczak y M. Riepe, «Brain activation during human navigation: Gender-different neural networks as substrate of performance», *Nature Neuroscience* 3, 2000, pp. 404-408; N. Sandstrom, J. Kaurman y S. Huettel, «Males and females use different distal cues in a virtual environment navigation task», *Brain Res.: Cognitive Brain Res.* 6, 1998, pp. 351-360.

es como decir que el estadounidense medio vive en Kansas, lo cual no es cierto para la mayoría de nosotros.

La combinación de diferencias entre los valores medios y un gran solapamiento en las características mentales prepara el terreno para muchos tipos de expresión transgénero. La realidad de las diferencias entre las medias masculinas y las medias femeninas significa que la afirmación de que *A* es un rasgo masculino y *B* es un rasgo femenino es estadísticamente válida. Pero el gran solapamiento también significa que muchos hombres tendrán *B* y muchas mujeres tendrán *A*. Las presentaciones transgénero se producen necesariamente en todo tipo de dimensiones, simplemente porque, aunque las medias difieran, el solapamiento también es enorme. Lo mismo puede decirse de la identidad de género.

¿Por qué los hombres deberían tener más habilidad en las relaciones espaciales que las mujeres, y las mujeres más fluidez verbal? Las habilidades de rotación espacial podrían ayudar a lanzar una lanza o a evadir a un atacante, como lo demuestra la historia de vida tan arriesgada de los hombres. Las habilidades espaciales también son necesarias para construir estructuras que contengan a las mujeres, permitiendo la vigilancia de la pareja, y también se utilizan en la construcción de armas. A la inversa, la capacidad verbal es fundamental para enseñar a los niños, para alimentar la mente. El mayor grado de interconexión entre las neuronas en el cerebro de las mujeres puede permitir que realicen más actividades a la vez. Estas conjeturas plantean el principal problema de la evolución humana —por qué tenemos el cerebro que tenemos—, puesto que el cerebro humano es quizá el único rasgo que define a nuestra especie.

La evolución del cerebro humano

El tamaño de nuestro cerebro se ha multiplicado por tres en los últimos 2,5 millones de años, un ritmo rápido. ¿Por qué? Los psicólogos evolucionistas han desarrollado una complicada teoría basada en la selección sexual para explicar la evolución del cerebro. Sus tramas teóricas ilustran hasta qué punto se han vuelto intelectualmente adictos a la teoría de la selección sexual. No podemos empezar a explicar algo tan básico como la evolución del cerebro humano hasta que «digamos no» a la selección sexual.

La explicación tradicional es que nuestros cerebros evolucionaron a medida que desarrollábamos la tecnología para resolver problemas cada vez más complejos, lo que nos permitió convertirnos en animales que utilizaban herramientas. Este punto de vista se ve seriamente cuestionado por el hecho de que la innovación tecnológica sufrió un parón durante la expansión evolutiva de nuestro cerebro.[75] Solo después de que terminara la acción evolutiva, surgió una tradición acumulativa de progreso tecnológico. Solo entonces se produjo una migración global desde los trópicos hacia climas más fríos, o algún repunte demográfico. La selección natural no puede mirar hacia delante millones de años y producir un cerebro con la esperanza de que sea valioso en el futuro. ¿Cómo impulsó la selección natural la evolución del cerebro si solo estaba pensado para un uso futuro?

En su lugar, el psicólogo evolutivo Geoffrey Miller sugiere que nuestro cerebro sirve para crear «los aspectos más ornamentales y divertidos de la cultura humana: el arte, la música, los deportes, el teatro, la comedia y los ideales políticos».[76] Su teoría afirma que los productos culturales promueven de algún modo la búsqueda de pareja, mientras que el uso de herramientas promueve sobre todo la supervivencia. Quizá el cerebro evolucionó principalmente para ayudar a la reproducción más que a la supervivencia. Como explica Miller, «la mente humana y la cola del pavo real pueden cumplir funciones biológicas similares [...]. La cola del pavo real evolucionó porque los pavos reales hembra preferían colas más grandes y coloridas [...]. La cola del pavo real evolucionó para atraer a las hembras de pavo real [...]. Las habilidades más impresionantes de la mente son como la cola del pavo real: herramientas de cortejo que han evolucionado para atraer y entretener a las parejas sexuales [...]. La mente evolucionó a la luz de la luna [...] como un sistema de entretenimiento para atraer a las parejas

---

[75] G. Miller, *The Mating Mind: How Sexual Choice Shaped the Evolution of Human Nature*, Random House, 2000.

[76] *Ibid.*, p. 2. Las siguientes citas son de las pp. 3, 4, 7, 29, 103, 104, 92, 98.

sexuales». Según esta teoría, la inteligencia es señal de los «buenos genes» que supuestamente tienen los hombres y que parecen buscar las mujeres.

Pero... un momento. La teoría de la selección sexual solo funciona si el rasgo atrayente es un ornamento masculino del que carecen las mujeres, y que en realidad debe ser preferido por ellas durante el cortejo heterosexual. Esta teoría que equipara el cerebro a la cola del pavo real es incorrecta porque los hombres y las mujeres tienen cerebros casi idénticos. En los pavos reales, solo el macho tiene grandes plumas en la cola; las hembras no. Si el cerebro humano fuera una pluma de cola en el hombre, las mujeres no se molestarían en desarrollar un cerebro similar.

Por ello, Miller ha sugerido varias modificaciones a la teoría de la selección sexual para explicar la evolución del cerebro. Una de las modificaciones postula que tanto los hombres como las mujeres utilizan su cerebro para anunciar que no tienen malos genes, no que tengan buenos genes: «Cualquier desviación de la norma genética es una desviación de lo óptimo». Según esta teoría, si eres inteligente e ingenioso, también estás sano. «Las capacidades más peculiares de la mente humana evolucionaron por medio de la selección sexual como indicadores de eficacia biológica [...]. La teoría del cerebro sano sugiere que nuestros cerebros son diferentes de los de otros simios porque [...] cuanto más complicado es el cerebro, más fácil es estropearlo. La gran complejidad del cerebro humano lo hace vulnerable a deficiencias causadas por mutaciones, y su gran tamaño lo hace fisiológicamente costoso [...]. Nuestra inteligencia creativa podría haber evolucionado [...] para revelar nuestras mutaciones».

Esta modificación es completamente errónea desde el principio debido a que presupone una inferioridad de la variación de la norma. La reproducción sexual existe para mantener la variación genética. Esta teoría de la evolución del cerebro se contradice a sí misma al postular que el propósito de la elección de pareja es eliminar la misma variación que promueve la propia reproducción sexual. Esta teoría errónea reprime la diversidad.

Otra modificación señala: «Se necesita sentido del humor para reconocer el sentido del humor. Sin inteligencia, es difícil apreciar la inteligencia de otra persona». Según este punto de vista, las mujeres tienen cerebro para así poder admirar el cerebro de los hombres. Pero, como reconoce finalmente Miller, «no creo que la inteligencia creativa femenina [...] surgiera simplemente como una forma de evaluar las exhibiciones de cortejo masculinas».

Así que volvemos al punto de partida. La razón por la que evolucionaron nuestros cerebros sigue siendo hoy un tema tan misterioso como en el pasado. Para avanzar, analicemos en qué se ha equivocado la psicología evolucionista:

1. La psicología evolucionista hace demasiado hincapié en la cantidad de producción cultural que está dirigida directamente a la elección de pareja. Se cree que un pavo real muestra las plumas de su cola a una hembra durante el cortejo, por eso la teoría de Darwin parece plausible, aunque no esté demostrada para el caso especial de las colas de los pavos reales. Salvo algún que otro poema de amor, pocas expresiones culturales parecen destinadas a un cortejo heterosexual de la forma en que se afirma que lo hace el pavo real.
2. La psicología evolucionista acepta la teoría de la selección sexual biológica de forma demasiado entusiasta y acrítica. La teoría de la selección sexual es un relato heterosexista de la élite masculina proyectada sobre los animales. Basar una teoría del comportamiento humano en la teoría de la selección sexual naturaliza este relato y lo traslada a las personas, como si fuera una teoría de la naturaleza humana.
3. La psicología evolucionista necesita una conceptualización más profunda de la perspectiva femenina. Las mujeres son vistas como lo que los hombres piensan que deben ser.
4. La psicología evolucionista niega la sexualidad entre individuos del mismo sexo. Miller afirma que «el comportamiento homosexual no es muy relevante en la evolución [...]. Su existencia en el 1 o 2 por ciento de los humanos modernos representa un auténtico enigma evolutivo».[77] La homosexualidad es un color válido en el arcoíris del género-sexualidad

[77] *Ibid.*, pp. 217-218.

> humanos. Hay que explicarla, no descartarla. Imagínese que la teoría de la luz hubiera ignorado algunos de los colores del arcoíris: no tendríamos monitores de color RGB ni fotografías en color CMYK.

Sugiero que el cerebro humano es un rasgo social de inclusión para pertenecer a la comunidad de los humanos. Las personas necesitan los modos de interacción que el cerebro humano procesa para ser incluidas en la sociedad humana y tener acceso a la posibilidad de reproducirse y sobrevivir como seres humanos. Esta función del cerebro puede explicar su rápida evolución en los humanos y su carácter único para las personas. Jugar a ser humano implica encontrar pareja, criar a los hijos y sobrevivir, todo ello en un contexto social. Funcionar como humano requiere establecer relaciones, tanto con individuos del mismo sexo como de sexos diferentes, abrirse camino por las redes de poder social y enseñar a los jóvenes a formar parte de la sociedad. La complejidad de nuestra sociedad refleja nuestro complejo cerebro, que a su vez selecciona socialmente un cerebro cada vez más complejo para que sea eficaz en una sociedad cada vez más competitiva, lo que lleva a una evolución galopante del tamaño y la complejidad del cerebro. Los cerebros de los hombres y de las mujeres parecen ser en su mayor parte iguales, porque ambos participan en la misma sociedad.

Diferencias en las estrategias vitales entre sexos

¿Existe algún patrón en todas las pequeñas diferencias de sexo que acabamos de enumerar? Hemos visto en otros animales que cada género tiene un enfoque característico no solo para el apareamiento, sino para su vida entera. Los tres géneros masculinos del pez luna, por ejemplo, difieren no solo en su comportamiento social y en su forma de aparearse, sino también en el tamaño del cuerpo y la duración de su vida. Los rasgos que presentan estos peces constituyen un conjunto de tácticas para recorrer una determinada estrategia vital. Tal vez los hombres y las mujeres también tengan estrategias vitales ligeramente diferentes que unen sus diferencias.

Una característica básica de cada estrategia vital es la duración de la vida. Antes de 1940, los hombres y las mujeres tenían aproximadamente la misma duración de vida. Sin embargo, durante los últimos sesenta años, las mujeres han vivido más tiempo que antes, y más que los hombres. En 1998, la esperanza de vida de una niña era de 79,5 años, mientras que la de un niño era de 73,8 años, unos 5 años menos. Se esperaba que una mujer de 75 años viviría 12,2 años más, y un hombre 10 años más. En general, la mejora de la atención sanitaria está revelando una tendencia inherente a que las mujeres vivan más tiempo que los hombres.[78]

La causa inmediata de la mayor mortalidad de los hombres de más edad son las enfermedades cardíacas y el cáncer, pero en todas las edades los varones tienen una mayor tasa de mortalidad debido a las lesiones y las enfermedades. En lugar de considerar lo que los hombres podrían aprender de las mujeres sobre cómo vivir más tiempo, algunos han intentado disminuir la calidad de vida de las mujeres: «La ventaja de la longevidad femenina, sin embargo, lleva un coste asociado. Aunque las mujeres vivan más tiempo, experimentan más problemas incapacitantes que los hombres». Si se ajusta a la «calidad de vida [...], la ventaja de 5,38 años para las mujeres se reduce a 1,3 años».[79] El significado de estas estadísticas es discutible. Al fin y al cabo, las mujeres sobreviven, mientras que los hombres ya han fallecido. Si calculamos el promedio considerando que los varones fallecidos tenían una discapacidad grave, podría dar que la calidad de vida masculina es menor que la de las mujeres. También se piensa que los hombres consultan menos frecuentemente sobre sus problemas de salud que las mujeres. Además, los profesionales de la salud en general han puesto más énfasis en la atención a los hombres que a las mujeres, por lo que las discapacidades más comunes entre las mujeres, como las enfermedades autoinmunes, se conocen peor que las de los hombres, y el tratamiento es menos eficaz.

---

78 National Center for Health Statistics, *Health, United States, 2000, with Health and Aging Chartbook* (PHS-2000-1232), 2000, citado en Wizemann y Pardue (eds.), *Exploring the Biological Contributions to Human Health*, 2001, p. 60.

79 R. Kaplan y P. Erickson, «Gender differences in quality-adjusted survival using a Health-Utilities Index», *Amer. J. Preventive Med.* 18, 2000, pp. 77-82; citado en *ibid.*, p. 61.

Las mujeres viven entre cinco y diez años más en todos los grupos étnicos y culturales. Esta diferencia en la duración de la vida es sustancial: un 5 por ciento. Utilizando las categorías de nativos americanos, nativos hawaianos, samoanos, guameños, hispanos, puertorriqueños, negros, negros de las Islas Vírgenes de Estados Unidos, chinos, japoneses, filipinos y blancos, los investigadores descubrieron que las mujeres vivían más que los hombres dentro de cada categoría. La duración media de la vida variaba desde un mínimo de 65 y 74 años para los hombres y las mujeres de color, hasta un máximo de 80 y 86 años para los chinos y las chinas.[80] Es innegable que las mujeres viven más que los hombres.

¿A qué se debe esto? Una perspectiva ecológica ofrece una posible respuesta. En la ecología se utiliza el concepto de «estrategia vital» para el calendario biológicamente programado de los acontecimientos importantes a lo largo de la vida. Los acontecimientos clave son el momento en que comienza la reproducción, cuántas crías se producen al mismo tiempo, cuánto puede durar la reproducción y cuándo es probable que se produzca la muerte. Los ecologistas observan que los rasgos relacionados con la estrategia vital suelen venir agrupados en paquetes distintos. En entornos peligrosos, los animales desarrollan una edad de maduración temprana, tienen un gran número de crías a la vez y envejecen pronto (el conjunto de factores asociados con una alta mortalidad). En entornos más seguros, los animales posponen el inicio de la reproducción a una edad relativamente tardía, tienen menos crías a la vez y viven más tiempo (conjunto de factores asociados con una baja mortalidad).[81]

Si reflexionamos sobre el ciclo vital completo de muchos machos y hembras de mamíferos, incluidos los humanos, surge el dimorfismo sexual en las estrategias vitales. El dimorfismo muestra que los machos, por término medio, pueden tener más rasgos

[80] Wizeman y Pardue, *Exploring the Biological Contributions to Human Health*, 2001, p. 60.

[81] Para los aspectos numéricos sobre la forma en que la selección natural influye en la evolución del ciclo vital, ver J. Roughgarden, *Primer of Ecological Theory*, Prentice Hall, 1998, pp. 203-216; y J. Roughgarden, *Theory of Population Genetics and Evolutionary Ecology: An Introduction*, Prentice Hall, 1996 (1979), pp. 347-370.

de una estrategia de alta mortalidad, y las hembras más rasgos de baja mortalidad. En concreto, los espermatozoides son más numerosos y senescentes que los óvulos. Los embriones masculinos crecen más rápido desde la concepción que los femeninos. El SRY se apodera del control temprano de la cresta gonadal para acelerar la diferenciación del cuerpo masculino. En la pubertad, los machos tienen su primera relación sexual aproximadamente un año antes que las hembras,[82] y el estirón masculino está programado para producir un tamaño corporal mayor. El sesgo reproductivo es más pronunciado en los varones que en las mujeres, ya que el 14 por ciento de los hombres puede no tener ninguna relación sexual en un año, mientras que en las mujeres es el 10 por ciento.[83] La edad adulta termina con una senescencia masculina más rápida y una vida más corta. Así pues, en comparación con las mujeres, los varones presentan, de media, un conjunto de rasgos que corresponden a una estrategia vital de alta mortalidad. Los hombres no solo se enfrentan a un mayor peligro que las mujeres, como demuestra su mayor tasa de mortalidad en la población, sino que, a través de la evolución, su estrategia vital se ha adaptado a este mayor peligro.

---

[82] R. Michael, J. Gagnon, E. Laumann y G. Kolata, *Sex in America: A Definitive Survey*, Warner Books, 1995, fig. 6, p. 90.

[83] *Ibid.*, tabla 8, p. 116.

13

Identidad de género

¿Difieren los cerebros de los políticos de los de los poetas? ¿Podemos encontrar un área del tamaño de un grano de arroz en el cerebro de Beethoven que compartan todos los compositores y una diferente en el cerebro de Picasso común a todos los pintores (marcadores anatómicos de la habilidad en las artes escénicas y gráficas)? Tal vez. Nadie lo ha buscado. Pero se sabe que la parte del cerebro que controla los dedos de la mano izquierda es más grande en los músicos de cuerda que en cualquier otra persona.[1]

Como hemos visto entre nuestros parientes vertebrados, los dos géneros masculinos de los peces guardiamarinas tienen cerebros diferentes, y en las lagartijas arborícolas los tres géneros masculinos desarrollan perfiles hormonales diversos. Existen abundantes precedentes biológicos que apoyan la hipótesis de que distintas características conductuales en los humanos, incluida la expresión de género, podrían deberse a diferencias en la organización del cerebro. ¿Es posible detectar, por ejemplo, diferencias entre los cerebros de personas transgénero y de las que no lo son?

Cerebros transgénero

En el cerebro, hay tres áreas del tamaño de un grano de arroz dentro y alrededor del hipotálamo que son sexualmente dimórficas

[1] T. Elbert, C. Pantev, C. Wienbruch, B. Rockstroh y E. Taub, «Increased cortical representation of the fingers of the left hand in string players», *Science* 270, 1995, pp. 305-306.

en hombres y mujeres: SDN-POA, BSTc y VIP-SCN. De ellas, solo el BSTc difiere entre las personas transgénero y las no transgénero; este grano de arroz del cerebro es quizá un locus de identidad de género. Los datos que apoyan esta afirmación pueden ser escasos, pero deben tenerse en cuenta.

Dos estudios han analizado un total de treinta y cuatro cerebros conservados en formaldehído en una colección de referencia del Banco de Cerebros de los Países Bajos.[2] La colección incluye cerebros de personas identificadas como hombres heterosexuales no transgénero, hombres homosexuales no transgénero, mujeres heterosexuales no transgénero y mujeres transgénero con orientaciones sexuales variadas. Esto es lo que descubrieron:

1. Entre los heterosexuales no transgénero, el BSTc de los varones era aproximadamente un 150 por ciento del tamaño (2,5 milímetros cúbicos y 33.000 neuronas) del de las mujeres (1,75 milímetros cúbicos y 19.000 neuronas): los varones heterosexuales tenían un BSTc más grande que el de las mujeres heterosexuales.
2. En los varones homosexuales no transgénero, el BSTc era el mismo que en los varones heterosexuales no transgénero: varones homosexuales iguales que los varones heterosexuales.
3. Entre las seis mujeres transgénero, el BSTc coincidía con el de las mujeres no transgénero, no con el de los hombres no transgénero: mujeres transgénero igual que las mujeres no transgénero.
4. En el caso del único hombre transgénero examinado, el tamaño de su BSTc y el recuento de neuronas se situaban en el rango masculino y fuera del rango femenino: hombre transgénero igual que hombre no transgénero.

---

[2] J.-N. Zhau, M. Hofman, L. Gooren y D. Swaab, «A sex difference in the human brain and its relation to transsexuality», *Nature* 378, 1997, pp. 68-70; F. Kruijver, J.-N. Zhou, C. Pool, M. Hofman, L. Gooren y D. Swaab, «Male-to-female transsexuals have female neuron numbers in a limbic nucleus», *J. Clin. Endocrin. Metab.* 85, 2000, pp. 2034-2041.

Los estudios incluían fotografías de los puntos concretos del cerebro donde se localiza el BSTc, por lo que las comparaciones son fácilmente visibles, y complementan los gráficos y las tablas de datos. Otro hallazgo fue que el tamaño y el recuento de neuronas de las mujeres transgénero no guardaban relación con la edad a la que hicieron la transición. El número de neuronas en el BSTc de las mujeres transgénero está «relacionado con la identidad de género *per se* y no con la edad a la que se hizo evidente». Los investigadores sugieren que las diferencias neuronales entre las personas transgénero y las no transgénero «probablemente se hayan establecido [...] durante el desarrollo temprano del cerebro»,[3] al igual que la testosterona organiza el dimorfismo del BST en los roedores poco después del nacimiento.[4]

Los resultados se anuncian como si el binario de género tradicional se hubiera ratificado, como si los transgénero se hubieran revelado por fin como una forma rara de intersexualidad: «Los presentes hallazgos [...] apoyan claramente el paradigma de que en los transexuales la diferenciación sexual del cerebro y de los genitales puede ir en direcciones opuestas, y apuntan a una base neurobiológica del trastorno de identidad de género».[5] Del mismo modo, un trabajo anterior del mismo laboratorio afirma: «El transexualismo se conceptualiza biológicamente como una forma de pseudohermafroditismo limitada al sistema nervioso central, como sustrato biológico de la identidad de género».[6]

En realidad, estos estudios subvierten el binario de género, en lugar de apoyarlo. Los tres grupos neuronales sexualmente

---

[3] Kruijver *et al.*, «Male-to-female transsexuals have female neuron numbers in a limbic nucleus», 2000, pp. 2037, 2039.

[4] A. del Abril, S. Segovia y A. Guillamón, «The bed nucleus of the stria terminalis in the rat: Regional sex differences controlled by gonadal steroids early after birth», *Brain Res.* 429, 1987, pp. 295-300; A. Guillamón, S. Segovia y A. del Abril, «Early effects of gonadal steroids on the neuron number in the medial posterior region and the lateral division of the bed nucleus of the stria terminalis in the rat», *Brain Res. Dev. Brain Res.* 44, 1988, pp. 281-290.

[5] Kruijver *et al.*, «Male-to-female transsexuals have female neuron numbers in a limbic nucleus», 2000, p. 2034.

[6] L. Gooren, «The endocrinology of transsexualism: A review and commentary», *Psychoneuroendocrinology* 15, 1990, pp. 3-14, esp. p. 4.

dimórficos varían independientemente unos de otros, lo que da lugar a ocho tipos de cerebro, no a dos. Por ejemplo, imaginemos que *P* representa un SDN-POA grande y *p* uno pequeño, *B* un BSTc grande y *b* uno pequeño, *S* un VIP-SCN grande y *s* uno pequeño. *P* podría correlacionar con una composición cromosómica XY, *p* con una composición cromosómica XX, *B* con una identidad de género masculina, *b* con una identidad de género femenina, *S* con una orientación sexual del mismo sexo y *s* con una orientación sexual entre sexos (véase el próximo capítulo). Podemos ver que se dan ocho configuraciones cerebrales: *PBS*, *pBS*, *PbS*, *pbS*, *PBs*, *pBs*, *Pbs* y *pbs*. Estas podrían corresponder a diversas disposiciones de cromosomas, identidades de género y orientaciones sexuales. Por supuesto, se pueden encontrar muchas más variedades cerebrales si se tienen en cuenta otros tamaños y más secciones del cerebro. Pero incluso si la variación del cerebro solo se contabiliza en tamaños binarios, grande y pequeño, y solo en tres sitios independientes, el resultado son ocho tipos de cerebro, no dos. Ninguna razón científica respalda que se seleccionen dos de estos ocho como normales mientras los demás se describan como anormales. Además, estos ocho tipos de cerebros pueden asignarse a cuerpos con al menos dos configuraciones genitales: los que tienen pene (*C*) y los que tienen clítoris (*c*). Ocho tipos de cerebro y dos tipos de cuerpo dan lugar a dieciséis tipos de personas: *PBSC*, *pBSC*, *PbSC*, *pbSC*, *PBsC*, *pBsC*, *PbsC*, *pbsC*, *PBSc*, *pBSc*, *PbSc*, *pbSc*, *PBsc*, *pBsc*, *Pbsc* y *pbsc*. Ya se puede hacer usted una idea: las combinaciones cerebro-cuerpo son ilimitadas.

El descubrimiento de otras características cerebrales variables completará el arcoíris de la morfología cerebral, anulando cualquier creencia en un cerebro binario, al igual que la investigación sobre las hormonas eliminó la creencia en una bioquímica binaria. No obstante, los investigadores médicos imaginan actualmente que van a desvelar una abundancia de «enfermedades y trastornos neurobiológicos», la «punta del iceberg [...] de muchas áreas cerebrales sexualmente dimórficas [...] y trastornos clínicos relacionados».[7]

---

[7] Kruijver *et al.*, «Male-to-female transsexuals have female neuron numbers in a limbic nucleus», 2000, p. 2041.

No hay que preocuparse: no ocurrirá. Nuestra tarea como lectores informados de temas científicos es extraer los datos lo mejor que podamos de las capas de prejuicios médicos en las que están incrustados.

En lo que supone un valioso hallazgo, los estudios sobre cerebros transgénero han revelado la correspondencia orgánica de algunas de las variaciones sobre identidad de género. Las personas transgénero queremos decir: «Ya os lo dijimos». Salir del armario como transgénero significa darnos cuenta de algo profundo sobre nosotros mismos. ¿Por qué algunas personas nos encuentran más creíbles solo después de que la conexión orgánica sea evidente? ¿No podrían haber creído en nuestra palabra sin tener que diseccionar seis cerebros empapados de formol?

La formación de la identidad de género

¿En qué momento del desarrollo se forma la identidad de género? ¿Cuándo y cómo se desarrollan estas regiones del BSTc? La identidad de género, al igual que otros aspectos del temperamento, presumiblemente espera al tercer trimestre del embarazo, cuando el cerebro en su conjunto está creciendo. En los varones, hay tres periodos de la vida en los que los niveles de testosterona son inusualmente altos. Uno es en el segundo trimestre del embarazo, cuando los genitales se están desarrollando; el segundo es alrededor del nacimiento; y el tercero es en la pubertad. La época en torno al nacimiento puede ser el momento en que se esté organizando la identidad de género en el cerebro: lentes cognitivas que distinguirán instintivamente a quién se emulará y quién será meramente observado.

Para determinar cuándo se desarrolla la identidad de género, una buena estrategia consiste en encontrar un límite temprano y un límite tardío, y trabajar a partir de estos dos puntos. Un indicio de que la identidad de género no puede formarse mucho antes del tercer trimestre del embarazo es la ausencia de receptores de hormonas sexuales en el cerebro de embriones durante el segundo trimestre. Ha quedado claro que los genitales externos se diferencian antes que el cerebro.[8] El desarrollo del pene, por ejemplo, depende de la concentración de testosterona y sus productos durante el segundo trimestre. En los casos de hipospadias —una forma común de intersexualidad en la que el orificio urinario no se encuentra en la punta del pene, sino en algún lugar de su parte inferior—, los niños tienen una identidad masculina típica, así como formas de juego y presentación típicas del género masculino.[9] La morfología del pene no está relacionada con la identificación masculina. Las hormonas masculinas que afectan a la morfología gonadal, que actúan en el segundo trimestre, no parecen afectar a la posterior adquisición por parte del cerebro de los circuitos de identidad de género.

Del mismo modo, los niños cuyos genitales son ambiguos al nacer (güevedoces) maduran en la pubertad hasta convertirse en hombres y afirmar una identidad masculina. Estudiados originalmente en la República Dominicana, ahora se han investigado más ejemplos en Papúa Nueva Guinea, México, Brasil y Oriente Medio.[10] Los güevedoces también demuestran que el periodo en el que se forman los genitales precede al de la formación de la identidad de género. Un nivel bajo de testosterona cuando se están formando los genitales afecta a la morfología genital, pero un nivel presumiblemente alto de testosterona más tarde conduce a una identidad de género típica masculina.

Algunas personas XY se convierten en intersexuales porque tienen receptores que no se unen lo suficiente a la testosterona. Este rasgo, llamado síndrome de insensibilidad a los andrógenos (SIA), está ligado al cromosoma X. La morfología genital en el SIA es variable, pero a diferencia de las personas que sufren el defecto de hipospadias y los güevedoces, muchas personas con SIA se

---

[8] D. Abramowich, I. Davidson, A. Longstaff y C. Pearson, «Sexual differentiation of the human mid trimester brain», *Eur. J. Obst. Gyn. Reprod. Biol.* 25, 1987, pp. 7-14.

[9] D. Sandberg, H. Meyer-Bahlburg, G. Aranoff, J. Sconzo y T. Hensle, «Boys with hypospadias: A survey of behavioral difficulties», *J. Pediat Psychol.* 14, 1989, pp. 491-514; D. Sandberg, H. Meyer-Bahlburg, T. Yager, T. Hensle, S. Levitt, S. Kogan y E. Reda, «Gender development in boys born with hypospadias», *Psychoneuroendocrinology* 20, 1995, pp. 693-709.

[10] K. Zucker, 1999, «Intersexuality and gender identity differentiation», *Ann. Rev. Sex Res.* 10, pp.1-69, esp. referencias de la p. 20.

identifican como mujeres. Presumiblemente, la falta de respuesta parcial del cuerpo a la testosterona no se limita al momento de la formación de los genitales, sino que dura todo el crecimiento embrionario, lo que permite que algunas personas con SIA desarrollen una identidad de género femenina y otras masculina.[11]

En la hiperplasia suprarrenal congénita (HSC), la glándula suprarrenal produce una cantidad de andrógenos superior a la habitual. En las niñas, estas hormonas masculinizan los genitales, dando lugar a un clítoris grande y a veces a unos labios fusionados en un escroto parcial. Las niñas con HSC casi siempre maduran identificándose como mujeres. El nivel de andrógenos producidos por la glándula suprarrenal, aunque es más elevado que el típico en las niñas, parece ser menor que el producido por los testículos de los niños. De ahí que se desarrolle una identidad de género femenina, aunque resulte evidente cierto impacto en la morfología genital.[12]

Del mismo modo, en otros primates, la masculinización genital y conductual tienen lugar en momentos diferentes.[13] En conjunto, estos resultados implican que la identidad de género se desarrolla en algún momento después del segundo trimestre del embarazo, cuando la morfología genital está tomando forma. Por consiguiente, la identidad de género se forma como muy pronto unos tres meses antes del nacimiento, al término del segundo trimestre y comienzo del tercero.

En el último tramo del rango temporal, las anécdotas y los estudios de casos revelan que la identidad de género debe estar ya determinada varios meses después del nacimiento. Los intentos de cambiar la identidad de género de una persona criando al niño de una u otra manera han terminado a menudo en un trágico fracaso. Los libros de texto de medicina afirmaron en su día que el género de un niño podía ser «asignado» dependiendo de cómo se hubiera criado. Sin embargo, en 1997 estalló una bomba en el

---

11 *Ibid.*, pp. 28-29.

12 *Ibid.*, pp. 14-15; L. Pinsky, R. Erickson y R. Schimke, *Genetic Disorders of Human Sexual Development*, Oxford University Press, 1999, pp. 233-238.

13 R. Goy, F. Bercovitch y M. McBrair, «Behavioral masculinization is independent of genital masculinization in prenatally androgenized female rhesus macaques», *Hormones and Behavior* 22, 1988, pp. 552-571.

campo de la psiquiatría infantil: se demostró que los libros de texto se basaban en información fraudulenta.

Los libros afirmaban que «(1) los individuos son psicosexualmente neutros al nacer, y (2) el desarrollo psicosexual saludable depende del aspecto de los genitales».[14] La piedra angular de esta creencia provenía del caso de un bebé cuyo pene fue dañado irremediablemente durante una circuncisión a los siete meses y cuyo sexo fue reasignado a los diecisiete meses para que viviera como una mujer. El nombre del niño fue cambiado por el de una niña (de Bruce a Brenda, citado inicialmente como de John a Joan), y fue criado como una niña. Se le extirparon los testículos y, a los veintidós meses, se le construyeron quirúrgicamente unos genitales femeninos. Se le recetaron hormonas femeninas para que empezara a tomarlas en la pubertad. Como el niño tenía un gemelo idéntico cuyo pene no fue dañado durante la circuncisión y que fue criado como un niño, fue posible compararlos. El médico responsable, John Money, un famoso y poderoso profesor de la Universidad Johns Hopkins, informó en 1972 de que el niño cuyo sexo fue reasignado para vivir como niña se estaba convirtiendo en una chica perfectamente normal, interesada en «muñecas, una casa y un cochecito de bebés», en contraste con el interés de su hermano por «los coches, las gasolineras y las herramientas».[15] Los libros de texto se basaron en este texto para enseñar que la identidad de género está determinada por la forma en que se cría al bebé.

Teniendo en cuenta lo que se sabe sobre las hormonas sexuales y el desarrollo, la idea procedente de la psicología de que los bebés son psicosexualmente neutros parece muy poco probable, y la teoría de que cuando somos bebés descubrimos cuál es nuestro género mirando nuestros genitales en el espejo parece descabellada. Sin embargo, durante veinticinco años este dogma no fue cuestionado por la medicina, hasta que valientes investigadores, junto con el valiente niño (ahora un hombre), dijeron lo que

---

[14] M. Diamond y H. Sigmundson, «Sex reassignment at birth, long-term review and clinical implications», *Arch. Pediatr. Adolesc. Med.* 151, 1997, pp. 298-304.

[15] J. Money, citado en J. Colapinto, «The true story of John/Joan», *Rolling Stone*, 11 de diciembre de 1997, pp. 55 y sigs.

pensaban.[16] De hecho, «Brenda» nunca aceptó la identidad que se le impuso y a los catorce años pasó a vivir como un varón adolescente, cambiando su nombre a David. Los informes médicos sobre su supuesta evolución exitosa como mujer no eran ciertos. Ahora está casado y su nueva familia lo ha aceptado como padre.

Uno de los autores del informe admitió estar «cagado de miedo» al dar a conocer la verdad, y el hombre cuyo sexo fue reasignado ha sido aclamado como un «verdadero héroe» por aceptar compartir con los investigadores un largo y doloroso periodo de su vida. Las dimensiones humanas y científicas del caso, junto con las pruebas de encubrimiento y aparente fraude, han sido muy bien documentadas en el reportaje de investigación de John Colapinto.[17]

Como refutación, los psiquiatras infantiles presentaron un informe muy breve sobre un contraejemplo. Un bebé XY cuyo pene fue irremediablemente dañado durante una circuncisión a los dos meses de edad fue reasignado para vivir como mujer a los siete meses. La niña fue entrevistada a los dieciséis y a los veintiséis años y vivía socialmente como una mujer. Se sometió a cirugía para construir genitales femeninos y se identifica completamente como mujer.[18]

Tomados al pie de la letra, estos casos de reasignación de género implican que el límite tardío para el desarrollo de la identidad de género se encuentra en algún momento entre los siete meses (cuando la asignación funcionó) y los diecisiete meses (cuando la asignación no funcionó). Tomaré doce meses como cifra de partida. Combinando los datos de los límites tempranos y tardíos, la identidad de género parece formarse en algún momento entre los tres meses antes del nacimiento y los doce meses después del mismo.

Imagino la identidad de género como una lente cognitiva. Cuando un bebé abre los ojos después de nacer y mira a su alrededor, ¿a

---

[16] M. Diamond y H. Sigmundson, «Sex reassignment at birth, long-term review and clinical implications», *Arch. Pediatr. Adolesc. Med.* 151, 1997, pp. 298-304.

[17] J. Colapinto, *As Nature Made Him: The Boy Who Was Raised As a Girl*, Harper, 2001.

[18] S. Bradley, G. Oliver, A. Chernick y K. Zucker, «Experiment of nurture: Ablatio penis at two months, sex reassignment at seven months and a psychosexual follow up in young adulthood», *Pediatrics* 102, 1998, p. e9 (resumen).

quién emulará y a quién simplemente observará de lejos? Tal vez un bebé varón emule a su padre o a otros hombres, o tal vez no, y un bebé mujer a su madre o a otras mujeres, o no. Imagino que una lente en el cerebro controla en quién centrarse como «tutor». La identidad transgénero es entonces la aceptación de un tutor del sexo opuesto. Los grados de identidad transgénero, y de variación de género en general, reflejan diferentes grados de resolución al elegir el género del tutor. El desarrollo de la identidad de género depende tanto del estado cerebral como de la experiencia posnatal temprana, ya que el estado cerebral indica cuál es la lente, y la experiencia ambiental suministra la imagen que debe fotografiarse a través de esa lente, que, en última instancia, se desarrolla en los circuitos cerebrales. Una vez fijada la identidad de género, al igual que otros aspectos básicos del carácter, la vida continúa.

14

Orientación sexual

Si el comportamiento externo coincide con la morfología interior, los gais y las lesbianas puede que tengan cuerpos únicos. Si los músicos de cuerda han desarrollado partes del cerebro especiales para la digitación con la mano izquierda, y los jinetes de carreras genes especiales de talla baja, quizá las personas con una sexualidad orientada hacia individuos de su mismo sexo tengan también partes del cerebro y/o genes especiales responsables de esa sexualidad. La búsqueda de un fundamento biológico de la orientación sexual suele confundir sexualidad con expresión transgénero.

Cerebros gais

¿Recuerda los tres granos de arroz de las células nerviosas en el área preóptica-hipotálamo en la base del cerebro? Estos granos, llamados SDN-POA, BSTc y VIP-SCN, presentan un dimorfismo sexual en los seres humanos. El tamaño del VIP-SCN parece ajustarse a la orientación sexual en los hombres. Apuesto a que está pensando que los varones gais tienen un VIP-SCN de tamaño femenino. No. Los hombres gais tienen un VIP-SCN aún mayor que los heterosexuales, que a su vez es mayor que el de las mujeres. ¡Dejemos de pensar de una vez que los gais tienen un cerebro femenino![1] En concreto, los hombres heterosexuales tienen unas

[1] D. Swaab y M. Hofman, «Sexual differentiation of the human hypothalamus in relation to gender and sexual orientation», *Trends in Neuroscience* 18, 1995, pp. 264-270;

2.500 células y las mujeres unas 1.000 en una agrupación de aproximadamente 0,25 milímetros cúbicos.[2] Los hombres gais tienen un VIP-SCN de un volumen 1,7 veces mayor, y con 2,1 veces más células que el de los hombres heterosexuales.[3]

Otra posible diferencia entre los hombres gais y los heterosexuales proviene de un estudio no confirmado sobre la existencia de un cuarto y raramente mencionado grano de arroz, el más pequeño de todos: una agrupación de células en el hipotálamo llamado INAH3. En los hombres heterosexuales este grano mide 0,1 milímetros cúbicos; en las mujeres heterosexuales, 0,05 milímetros cúbicos; y en los hombres gais, también 0,05. Se ha señalado que esta diminuta particularidad de los cerebros de los gais coincide con el de las mujeres.[4] Por tanto, los hombres gais están más cerca de las mujeres en cuanto a esta área (INAH3), pero más lejos en cuanto al VIP-SCN.

Los cerebros de las mujeres lesbianas parecen diferir de los de las mujeres heterosexuales. Recordemos que los hombres producen menos chasquidos o clics en sus oídos internos que las mujeres (véase el capítulo 12). Las mujeres lesbianas y bisexuales producen menos clics en sus oídos que las mujeres heterosexuales, pero más que los hombres.[5] Por lo tanto, las mujeres lesbianas y bisexuales se encuentran en un punto intermedio entre las heterosexuales y los hombres en este aspecto. De hecho, el chasquido

---

D. Swaab, L. Gooren y M. Hofman, «Brain research, gender, and sexual orientation, *J. Homosexuality* 28, 1995, pp. 283-301; D. Swaab y M. Hofman, «An enlarged suprachiasmatic nucleus in homosexual men», *Brain Res.* 537, 1990, pp. 141-148.

[2] Esta diferencia resulta evidente entre los diez y treinta años de edad. Ver D. Swaab, «Development of the human hypothalamus», *Neurochemical Research* 5, 1995, pp. 509-519, fig. 4.

[3] Resultados basados en una comparación de los cerebros de dieciocho varones homosexuales de entre veintidós y setenta y cuatro años de edad que murieron de sida con los de diez varones heterosexuales de entre veinticinco y cuarenta y tres años de edad que también murieron de sida. Ver Swaab, Gooren y Hofman, «Brain research, gender, and sexual orientation», 1995, fig. 3.

[4] S. LeVay, «A difference in hypothalamic structure between heterosexual and homosexual men», *Science* 253, 1991, pp. 1034-1037, fig. 2.

[5] D. McFadden y E. Pasanen, «Comparison of the auditory systems of heterosexuals and homosexuals: Click-evoked otoacoustic emissions», *Proc. Nat. Acad. Sci. (USA)* 95, 1998, pp. 2709-2713.

en los oídos puede cambiar en un adulto si toma hormonas. Una mujer trans que empezó a tomar estrógenos antes de su cirugía de reasignación de sexo desarrolló el chasquido de oídos. Así, los chasquidos no nos indican necesariamente nada sobre cómo está estructurado el cerebro.[6]

Con todo, la variación en las múltiples áreas de células nerviosas muestra que los cerebros difieren según el sexo, la identidad de género y la orientación sexual. Un análisis más profundo de los estados cerebrales podría revelar tantas diferencias entre los cerebros de las personas como entre sus rostros.

Familias gais

¿Pescaba su padre? ¿Y usted pesca? ¿Su mamá hacía galletas? ¿Hace usted galletas? Hay muchos rasgos que se transmiten en las familias, como las aficiones, la forma de preparar la comida, el color del pelo y de los ojos. Las aficiones y el modo de cocinar reflejan un entorno compartido; el color del pelo y de los ojos, unos genes compartidos. Ser gay o lesbiana también es cosa de familia. ¿Es la orientación sexual compartida por distintos miembros de una misma familia un indicio de haber compartido el mismo entorno o los mismos genes, o ambas cosas? La respuesta no está clara. He aquí algunas pistas.

Si un hombre es heterosexual, hay un 4 por ciento de probabilidades de que su hermano sea gay, el mismo porcentaje que en la población general. Si un hombre es gay, la probabilidad se quintuplica, hasta el 22 por ciento. Que un hombre sea heterosexual o gay no tiene ningún efecto estadístico sobre si su hermana será heterosexual o lesbiana.[7] Estas cifras muestran una agregación familiar entre los hombres gais, pero no dicen si se debe a los genes compartidos o a un entorno compartido. Del mismo modo,

---

[6] D. McFadden, E. Pasanen y N. Callaway, «Changes in otoacoustic emissions in a transsexual male during treatment with estrogen», *J. Acoust. Soc. Am.* 104, 1998, pp. 1555-1558.

[7] R. Pillard y J. Weinrich, «Evidence of familial nature of male homosexuality», *Arch. Gen. Psychiatry* 43, 1986, pp. 808-812.

si una mujer es lesbiana, su hermana tiene aproximadamente el doble de probabilidades de serlo, pero el hecho de que una mujer sea lesbiana tiene un efecto estadístico muy pequeño o indetectable sobre si su hermano es gay o heterosexual.[8] Los hombres gais y las mujeres lesbianas se agrupan de forma independiente.

La comparación entre gemelos idénticos y gemelos fraternos[9] sugiere cierto componente genético. En un estudio de 1991, el 52 por ciento de los gemelos idénticos varones eran ambos gais, mientras que solo el 22 por ciento de los mellizos lo eran.[10] En un estudio de 1993, el 65 por ciento de los gemelos idénticos varones eran ambos gais, y solo el 29 por ciento de los mellizos lo eran.[11] Del mismo modo, un estudio de 1993 indicaba que el 48 por ciento de las gemelas idénticas eran lesbianas, frente a solo el 6 por ciento de las mellizas.[12]

Los estudios que acabo de citar proceden de Estados Unidos. Un estudio británico de 1992, que analizó a hombres y mujeres juntos, descubrió que el 25 por ciento de los gemelos eran ambos homosexuales, pero solo el 2,5 por ciento de los mellizos lo eran.[13] Un estudio australiano de 1995 utilizó un método diferente.[14] En lugar de invitar a los gemelos a participar colocando anuncios en revistas y otras fuentes que era probable que fuesen vistos por lectores gais, el estudio utilizó una lista preexistente de gemelos. Basándose en

---

[8] J. Bailey y D. Benishay, «Familial aggregation of female sexual orientation», *Am. J. Psychiatry* 150, 1993, pp. 272-277; J. Bailey y A. Bell, «Familiality of female and male homosexuality, *Behav. Genetics* 23, 1993, pp. 313-322; M. Pattatucci y D. Hamer, «Development and familiality of sexual orientation in females», *Behav. Genetics* 25, 1995, pp. 407-420.

[9] Gemelos fraternos o dicigóticos, en adelante mellizos. *(N. de la T.).*

[10] J. Bailey y R. Pillard, «A genetic study of male sexual orientation», *Arch. Gen. Psychiatry* 48, 1991, pp. 1089-1096.

[11] F. Whitam, M. Diamond y J. Martin, «Homosexual orientation in twins: A report on sixty-one pairs and three triplet sets», *Arch. Sexual Behavior* 22, 1993, pp. 187-206.

[12] J. Bailey, R. Pillard, M. Neale y Y. Agyei, «Heritable factors influence sexual orientation in women», *Arch. Gen. Psychiatry* 50, 1993, pp. 217-223.

[13] M. King y E. McDonald, «Homosexuals who are twins: A study of forty-six probands», *Brit. J. Psychiatry* 160, 1992, pp. 407-409.

[14] J. Bailey y N. Martin, «A twin registry study of sexual orientation, paper presented at the annual meeting of the International Academy of Sex Research», Provincetown (Massachusetts), 1995.

una definición estricta para determinar si ambos gemelos podían ser calificados como gais, los investigadores descubrieron que el 20 por ciento de los gemelos varones eran gais, el 0 por ciento de los mellizos eran gais, el 24 por ciento de las gemelas eran lesbianas y el 2 por ciento de las mellizas eran lesbianas.

Los estudios muestran repetidamente que los gemelos tienen al menos el doble de probabilidades de ser ambos homosexuales que los mellizos. La probabilidad de que los gemelos sean ambos gais oscila entre el 25 y el 50 por ciento, dependiendo del estudio, y es decididamente inferior al 100 por cien. Por lo tanto, aunque haya un componente genético, otros factores, presumiblemente ambientales, explican entre el 50 y el 75 por ciento de la historia.

Aunque las comparaciones entre gemelos y mellizos sugieren un componente genético en la homosexualidad, sigue existiendo la posibilidad de que los gemelos se críen de forma más parecida que los mellizos, que tengan una asociación más estrecha y se encuentren con experiencias más similares mientras crecen. Las investigaciones futuras sobre un posible componente genético deberían analizar los datos de gemelos criados por separado, ya que mostrarán los efectos de los genes compartidos en ausencia de un entorno común.

Un estudio de 1986 localizó seis parejas de gemelos idénticos que se criaron separados y que tenían al menos un miembro gay o lesbiana. En los cuatro casos femeninos, un miembro era lesbiana y el otro heterosexual. En uno de los casos masculinos, ambos miembros eran gais; de hecho, no supieron de la existencia del otro hasta que se encontraron en un bar gay donde la gente los había confundido. En el otro caso de gemelos varones criados por separado, uno de los miembros fue bisexual hasta los diecinueve años y luego se volvió exclusivamente gay, mientras que el otro fue homosexual entre los quince y los dieciocho años, y luego se casó y se consideraba heterosexual. Ambos miembros mostraban, al menos parcialmente, una orientación sexual hacia individuos del mismo sexo.[15] Por tanto, los datos sobre la orientación sexual

---

[15] E. Eckert, T. Bouchard, J. Bohlen y L. Heston, «Homosexuality in monozygotic twins reared apart», *Brit. J. Psychiatry* 148, 1986, pp. 421-425.

en gemelos criados por separado quizá sugieran un posible componente genético para la sexualidad masculina gay, pero mucho menos para la sexualidad lésbica.

No obstante, hay un importante hecho en contra. El estudio de 1991 mencionado anteriormente también demostró que el hermano adoptivo de un hombre gay tiene el doble de probabilidades de ser gay (11 por ciento) que el hermano adoptivo de un hombre heterosexual (5 por ciento). Por lo tanto, a menos que los padres adoptivos seleccionen de algún modo a los bebés con mayor probabilidad de convertirse en gais, hay algo en el entorno en el que se encuentra el niño adoptado que está influyendo en la orientación sexual en la misma medida que los genes.[16]

Hay pruebas sustanciales que apuntan a componentes tanto genéticos como ambientales en el desarrollo de la sexualidad entre personas del mismo sexo. Nadie que insista en un factor excluyendo el otro puede tener razón.

El estudio Hamer-Pattatucci y la cuestión de un gen gay

En 1993 tuvo lugar un hito en el análisis genético de la homosexualidad en los varones con la publicación de un artículo en la respetada revista *Science* por parte de un equipo que incluía al científico sénior Dean Hamer y a la joven científica Angela Pattatucci, que acababan de revelar su orientación gay y lesbiana.[17] Este trabajo (en lo sucesivo HP) ha estado rodeado desde entonces de polémica y debe tomarse con cautela.

El artículo confirmó una vez más la tendencia de los hombres gais a la agregación familiar. El hermano de un hombre gay tenía

---

[16] Bailey y Pillard, «A genetic study of male sexual orientation», 1991.

[17] D. Hamer, S. Hu, V. Magnuson, N. Hu y A. Pattatucci, «A linkage between DNA markers on the X chromosome and male sexual orientation», *Science* 261, 1993, pp. 321-327. Para ver información biográfica sobre Hamer: D. Hamer y P. Copeland, *The Science of Desire*, Simon and Schuster, 1994; C. Burr, *A Separate Creation*, Hyperion, 1996. Para ver información biográfica sobre Pattatucci: K. Brandt, «Doctor Angela Pattatucci: Not your typical government scientist», *Deneuve*, diciembre de 1993, pp. 44-46; S. Levay y E. Nanas, *City of Friends: A Portrait of the Gay and Lesbian Community in America*, MIT Press, 1995, pp. 194-195.

un 13,5 por ciento de probabilidades de serlo, mientras que el hermano de un hombre heterosexual solo tenía una probabilidad estándar de ser gay, que en este estudio se estimó en aproximadamente un 2 por ciento.

La distribución de los hombres que hicieron los investigadores en heteros y gais fue categórica; los bisexuales estaban casi completamente ausentes. HP concluyó que «era apropiado tratar la orientación sexual como un rasgo dimórfico y no como una variable continua». Aunque algunos otros estudios también informan de esta distribución bimodal (por ejemplo, los estudios de 1986 y 1991 mencionados anteriormente), esta afirmación ha sido seriamente cuestionada.[18] En la mayoría de las culturas, la sexualidad entre personas del mismo sexo se entremezcla con la sexualidad entre personas de distinto sexo. Un estudio antropológico tabuló las prácticas sexuales entre homosexuales de veintiuna culturas, y en quince de ellas la práctica homosexual se daba en concurrencia con la heterosexual.[19]

La clasificación en distintas categorías es en parte un artefacto surgido de las presiones sociales actuales dentro de las comunidades gay y heterosexual. Los sujetos de HP eran hombres homosexuales reconocidos que fueron reclutados a través de clínicas de VIH para pacientes ambulatorios en el área de Washington D. C., y a través de organizaciones homófilas locales. Los participantes eran en un 92 por ciento blancos no hispanos, en un 4 por ciento afroamericanos y en un 1 por ciento asiáticos, con un nivel educativo medio de 3,5 años de estudios después del instituto y una edad media de treinta y nueve años. Entre los gais, el 90 por ciento dijo ser casi exclusivamente homosexual, y el 90 por ciento de los heterosexuales dijo ser casi exclusivamente heterosexual, dando la impresión de una clara distribución bimodal. Sin embargo, este carácter bimodal surge en esta muestra como resultado de la presión social y no es necesariamente representativa de la población

[18] W. Byne y B. Parsons, «Human sexual orientation: The biologic theories reappraised», *Arch. Gen. Psychiatry* 50, 1993, pp. 228-239; W. Byne, «The biological evidence challenged», *Scientific American*, mayo de 1994, pp. 50-55.

[19] R. Kirkpatrick, «The evolution of human homosexual behavior», *Current Anthropology* 41, 2000, pp. 385-413.

humana. Un hombre gay contemporáneo no puede admitir que está interesado sexualmente en una mujer, al igual que un hombre heterosexual no puede admitir que se siente atraído sexualmente por un hombre. Las organizaciones y revistas que ofrecen un espacio seguro para quienes insisten en una identidad bisexual no fueron incluidas en la investigación.

La respuesta de los investigadores a estas críticas ha sido evasiva. Hamer afirma: «No les dije a estos hombres que respondieran de 0 a 6 [en una escala entre heterosexual y homosexual], pero casi todos lo hicieron. ¿Debo fingir que el rasgo es continuo?». Y sigue: «Bueno, ¿cuántos hombres verdaderamente bisexuales has conocido? No tengo ningún argumento en contra de la bisexualidad. Es solo que, antes de empezar a investigar, nunca había conocido a ninguno. La mayoría de los hombres que hemos entrevistado se identifica como gay o heterosexual. Un puñado se identificó como bisexual, y no los incluimos [...] para simplificar. Pero entre los pocos que dijeron —e incluso insistieron en ello— que eran bisexuales, argumentando que también se acostaban con mujeres, quedó claro después, tras un par de preguntas casuales, que en realidad la mayoría de ellos solo se sentían atraídos por los hombres y estaban en proceso de salir del armario [...]. Además, para ser franco, como genetista, me importa un bledo la etiqueta que use cada uno, o incluso lo que haga o con quién. Me importa lo que sienta por dentro».[20]

También Pattatucci es escéptica respecto a la existencia de los bisexuales: «La experiencia más esclarecedora para mí ha sido descubrir que la forma en que formulamos las preguntas revela lo que es realmente la orientación sexual [...]. A menudo, antes de enunciar la pregunta central, les decía: "Quiero saber qué hay en tu interior [...]. ¿Sientes que lo que eres ahora, tu orientación homosexual, siempre ha sido parte de ti, parte de tu ser [...] aunque tu comportamiento sexual haya sido con miembros del sexo opuesto?" [...]. En realidad es bastante raro, incluso cuando hablo con personas que se identifican como bisexuales, que digan que su orientación sexual interior y verdadera ha cambiado. Su

[20] Burr, *A Separate Creation*, 1996, pp. 179-180.

comportamiento puede haber cambiado, pero su núcleo homosexual siempre ha estado ahí. Eso es lo importante. El comportamiento es irrelevante comparado con el núcleo».[21]

Estas citas muestran que la homosexualidad se definió en el estudio como una forma de identidad propia, independientemente de la práctica sexual. Cabe preguntarse, sin embargo, si un hipotético gen de la homosexualidad pertenecería más a la identidad percibida que a la práctica. La práctica homosexual ha existido a lo largo de la historia evolutiva de nuestra especie, mientras que la afirmación de la homosexualidad como identidad se sitúa en nuestra cultura. La caracterización errónea del fenotipo puede hacer que el análisis genético posterior carezca de sentido.

Pattatucci se muestra selectiva sobre quiénes cuentan como lesbianas: «Un número relativamente pequeño de mujeres decía en la entrevista: "No soy lesbiana, solo me enamoré de esta mujer en concreto", y es evidente que sus sentimientos son [...] básicamente heterosexuales. Se perciben a sí mismas como si su experiencia hubiera sido una serendipia. Se enamoraron y se comprometieron con esa mujer en particular, y el sexo se convirtió en parte de la relación». Pattatucci excluye a estas mujeres del estudio porque «es mejor reducir el campo lo más posible. Lo mejor es fijarse en las personas que muestran la mayor cantidad de expresión». Otro grupo que Pattatucci excluye son «las mujeres que se identifican como lesbianas por razones políticas e ideológicas, con poca o ninguna evidencia de sentir una atracción romántica o sexual hacia las mujeres [...]. ¿Simpatizo con esos objetivos a nivel puramente político? Por supuesto que sí. Soy una mujer y soy lesbiana. Pero [...] investigo una cuestión científica, no política».[22]

Esta forma de seleccionar a los sujetos fuerza una bimodalidad entre lesbianas y heterosexuales al desechar los datos de personas que obtendrían una puntuación intermedia. Desde el punto de vista científico, seleccionar los datos de esta forma es alarmante. Desde el punto de vista político, esta criba de la categoría social del lesbianismo en busca de las lesbianas más auténticas conduce

[21] *Ibid.*, pp. 235-236.
[22] *Ibid.*, pp. 173-174.

a un camino resbaladizo que culmina en una jerarquía de base biológica.[23] Por estas razones, la afirmación del estudio HP de que los gais y los heterosexuales se clasifican con precisión en una dicotomía resulta dudosa.

HP proporciona valiosos datos demográficos sobre la historia vital de los hombres gais, mostrando las edades en las que experimentaron por primera vez atracción sexual hacia individuos del mismo sexo y el momento en que reconocieron su orientación sexual ante sí mismos y públicamente (salieron del armario). La edad media de la primera atracción homosexual fue de diez años, dos años antes de la edad media de la pubertad, a los doce. La edad media del autorreconocimiento fue a los quince años, y la edad media de la salida del armario fue a los veintiuno.[24]

HP afirma que el hecho de ser gay en los varones se hereda por vía materna y está vinculado al cromosoma X. El artículo reveló que los tíos maternos y los primos hermanos por parte de madre de un hombre gay tenían un 7,5 por ciento de probabilidades de ser gais, más que la probabilidad estándar, que estaba en el 2 por ciento. Es decir, de cada cien tíos y primos hermanos maternos, solo unos siete tienen alguna probabilidad de ser gais. Aunque siete son más que los dos que tienen alguna probabilidad de ser gais por el lado paterno, el número sigue siendo bastante pequeño. La hipótesis más robusta de los defensores de la existencia de una base genética de la homosexualidad muestra solo un leve efecto.

Partiendo de la premisa de que el componente genético de la homosexualidad se heredaba por vía materna, HP buscó un punto en el cromosoma X que pudiera estar estadísticamente correlacionado con la homosexualidad. Dicho punto podría denominarse «gen gay». HP informó de que una banda del cromosoma X en el extremo de su brazo largo, una sección llamada Xq28, estaba estadísticamente relacionada con la homosexualidad. Este hallazgo atrajo una enorme atención.

---

[23] C. Golden, «What's in a name? Sexual self-identification among women», en R. Savin-Williams y K. Cohen (eds.), *The Lives of Lesbians, Gays, and Bisexuals*, Harcourt Brace, 1966, pp. 229-247.

[24] Hamer *et al.*, «A linkage between DNA markers on the X chromosome and male sexual orientation», 1993, fig. 2, p. 322.

HP localizó cuarenta familias en las que dos hermanos eran gais, el padre era heterosexual y solo una de las hermanas era lesbiana. Al investigar familias en las que la homosexualidad se expresaba mayoritariamente en los varones, consideraron que habían conseguido una muestra «enriquecida» para un hipotético gen de la homosexualidad que se heredaba por vía materna. De nuevo, la muestra había sido deliberadamente seleccionada.

HP ideó una prueba genética para detectar un gen gay en el cromosoma X. La pregunta es: ¿comparten los hermanos gais el mismo cromosoma X el 100 por cien de las veces o lo comparten al azar (el 50 por ciento de las veces)? Un resultado del 100 por cien significaría que el cromosoma X es necesario para que los hermanos sean gais —contiene un gen gay—, mientras que el 50 por ciento significaría que el cromosoma X es irrelevante para que los hermanos sean gais y que no hay ningún gen gay en el cromosoma X.

Pues bien, de 40 parejas de hermanos, 33 compartían la sección Xq28 del cromosoma X y 7 no. Este resultado es intermedio. Si algo en Xq28 fuera absolutamente necesario para ser gay, los 40 hermanos compartirían este trozo de ADN, mientras que si solo 20 hermanos compartieran el marcador genético Xq28, entonces sería irrelevante para la homosexualidad. La cifra 33 de 40 es estadísticamente significativa, por lo que se concluyó que algún gen de Xq28 tiende a producir la homosexualidad en los varones. Obsérvese lo modesta que es esta afirmación. Un gen en la banda Xq28 del cromosoma X no es necesario ni suficiente para la homosexualidad en los hombres. Dado que los gemelos idénticos no siempre son ambos gais, los genes por sí solos no garantizan la homosexualidad. Por el contrario, un varón puede ser gay sin el gen, ya que 7 de las 40 parejas eran gais pero no tenían este gen. No obstante, este gen formaría parte de alguna vía bioquímica ocasionalmente implicada en el desarrollo de la homosexualidad en los varones.

A continuación, realizaron un seguimiento de su propio estudio que confirmó su trabajo anterior. En este caso, 22 de las 32 parejas de varones gais compartían la sección Xq28 del cromosoma X. De nuevo, el resultado es intermedio. Si el Xq28 fuera irrelevante para la homosexualidad, 16 de las parejas de hermanos gais compartirían esta sección del X, y si el Xq28 fuera necesario para la homosexualidad, las 32 parejas compartirían la banda cromosómica. La cifra de 22 no está muy lejos de 16; en general, es un resultado más débil que el del estudio original.[25] ¿Puede ser correcta esta limitada afirmación de la base genética de la homosexualidad en los hombres?

El estudio de Hamer-Pattatucci no ha recibido más confirmación, e incluso ha sido directamente refutado por trabajos posteriores de otros investigadores. Un estudio posterior no detectó ninguna evidencia de herencia materna para la homosexualidad, afirmando que «ninguna de las muestras evidenciaba una proporción significativamente mayor de tíos gais maternos que de tíos paternos o de primos hermanos maternos gais».[26] Este estudio de seguimiento sí confirmó (una vez más) que la homosexualidad opera en las familias: el hermano de un hombre gay tiene aproximadamente un 10 por ciento de probabilidades de ser también gay, unas dos o tres veces la probabilidad estándar de ser gay en ese estudio. La hermana de un hombre gay tiene un 4 por ciento de probabilidades de ser lesbiana, también entre dos y tres veces la probabilidad estándar de ser lesbiana en ese estudio. Por tanto, se confirmó la agregación familiar, pero no la afirmación de la herencia materna. Un equipo canadiense repitió el intento de detectar un gen gay en el cromosoma X, utilizando el mismo diseño general que HP.[27] Se publicaron anuncios en las revistas canadienses de noticias gay *Xtra* y *Fugue* dirigidos a familias en las que hubiera al menos dos hermanos gais. Se estudiaron 46 familias con dos hermanos gais y 2 familias con tres hermanos gais. Se confirmó la orientación sexual de cada sujeto mediante preguntas directas realizadas por un «entrevistador gay»; cada sujeto leía

---

[25] S. Hu, A. Pattatucci, C. Patterson, L. Li, D. Fulker, S. Cherny, L. Kruglyak y D. Hamer, «Linkage between sexual orientation and chromosome Xq28 in males but not in females», *Nature Genetics* 11, 1995, pp. 248-256.

[26] J. Bailey, R. Pillard, K. Dawood, M. Miller, L. Farrer, S. Trivedi y R. Murphy, «A family history study of male sexual orientation using three independent samples», *Behav. Genetics* 29, 1999, pp. 79-86.

[27] G. Rice, C. Anderson, N. Risch y G. Ebers, «Male homosexuality: Absence of linkage to microsatellite markers at Xq28», *Science* 284, 1999, pp. 665-667. Los datos y citas provienen de esta fuente.

revistas gais y declaraba voluntariamente que era gay; su autoinforme se corroboraba entrevistando al hermano gay.

De las 46 parejas de hermanos, se esperaría que 23 compartieran la banda Xq28 si esta fuera irrelevante para la homosexualidad, mientras que los 46 compartirían Xq28 si fuera necesaria. Solo 20 de las parejas compartían el marcador Xq28, lo que sugiere que es irrelevante para que un varón se convierta en gay o no. Los resultados demuestran que no existe un gen gay en Xq28. Los investigadores canadienses concluyen: «No está claro por qué nuestros resultados son tan discrepantes con el estudio original de Hamer [...]. No obstante, nuestros datos no apoyan la presencia de un gen que influya en la orientación sexual en la posición Xq28 [...], aunque estos resultados no excluyen la posibilidad de efectos genéticos detectables en otras partes del genoma».

El fracaso del estudio Hamer-Pattatucci exige una autopsia. ¿Qué fue lo que falló? ¿Por qué un informe ampliamente publicitado de un laboratorio fiable del Instituto Nacional de Salud fue directamente contradicho por una investigación posterior? La diferencia más llamativa entre estos estudios es la forma en que se identificó a las personas como gais. Al parecer, el equipo canadiense no exigía que una persona gay afirmara la orientación sexual como su identidad personal, como lo hizo el estudio de HP; la práctica sexual puede haber sido suficiente para calificar a la persona como gay. Pattatucci ya había mencionado la existencia de esta sensibilidad en la forma de definir la homosexualidad: «La gente te oye decir que "la forma en que se formula la pregunta determinará la respuesta" y piensa que esto significa que el resultado no cuenta. Lo único que significa es que hay que hacer las preguntas correctas». Cuando lo haces «y los datos empiezan a llegar, te emocionas porque te das cuenta de que has dado en el clavo, estás en el camino correcto [...] y simplemente te emocionas».[28]

Entonces, ¿quién hizo la pregunta equivocada? ¿Fue HP, con su exigencia de que las personas definieran su homosexualidad como una identidad básica antes de ser catalogadas como gais? ¿Fabricó HP un rasgo que no existe biológicamente, y seleccionó

---

[28] Burr, *A Separate Creation*, 1996, p. 236.

a los sujetos de tal manera que fabricaron un resultado artificioso? ¿O el equipo canadiense, con sus criterios de entrevista aparentemente más laxos para la homosexualidad, agrupó diferentes tipos de homosexualidad en uno solo, ocultando el verdadero patrón subyacente? ¿Pasó por alto el equipo canadiense un hallazgo genuino al no ser lo suficientemente riguroso en su selección de sujetos? El jurado aún está deliberando.

Me sumo a la opinión generalizada que desconfía de cualquier resultado que dependa de cómo se plantee la pregunta. En mi experiencia, un resultado fuerte y robusto no es extremadamente sensible a los detalles metodológicos: diferentes personas, tanto amigos como enemigos, obtienen más o menos la misma respuesta, les guste o no, incluso con enfoques algo diferentes. Creo que si un gen gay fuera un fenómeno importante no sería tan difícil detectarlo.

¿Por qué preocuparse por un gen gay?

Cabe preguntarse por qué la ciencia ha invertido tanto esfuerzo en buscar un gen gay. ¿A quién le importa que exista un gen gay? En este punto existe una gran desconexión entre los científicos y el público en general, y los científicos gais están atrapados en medio. Desde el punto de vista científico, la orientación sexual es un rasgo fundamental de la conducta de apareamiento, y una de las tareas de la investigación básica es comprender cómo se forma este rasgo, cuáles son las contribuciones relativas de los productos directos de los genes y cómo entran en escena las experiencias hormonales tempranas y la infancia. Desde el punto de vista político, la cuestión es diferente: se centra en si la homosexualidad es una cuestión de elección, en si se aprende y, por tanto, puede desaprenderse.

Las entrevistas que los medios de comunicación hicieron a Hamer ilustran esta desconexión. El 6 de julio de 1993, Hamer fue entrevistado por las principales cadenas de televisión. El programa *Today* anunció: «Existen nuevas pruebas de que en algunos casos la homosexualidad puede ser heredada y no una cuestión de elección». Tom Brokaw abrió con: «Hay nuevas pruebas médicas de que la homosexualidad es un comportamiento genético, no adquirido». En *Nightline*, Ted Koppel afirmó: «Esta noche: el vínculo genético con la homosexualidad masculina. Con más autoridad que nunca, un estudio científico sugiere que las tendencias homosexuales de un hombre pueden no ser una cuestión de elección [...]. Piensen en la implicación legal [...], no es constitucional ilegalizar una condición como la raza. Si se confirman los resultados de este estudio, no se elevará la homosexualidad al mismo nivel legal que la raza, pero se acercará mucho».[29]

Koppel preguntó directamente a Hamer: «Doctor Hamer, si se confirman las conclusiones del estudio, ¿será correcto decir que la homosexualidad no es un comportamiento que se pueda elegir?». Hamer respondió varias veces a una pregunta diferente, diciendo que su trabajo apunta a un gen en una región concreta del cromosoma X, pero subrayó que también están implicados otros genes. Tras una consulta durante la pausa publicitaria, Hamer afirmó finalmente: «Creo que todos los científicos que han estudiado la orientación sexual están de acuerdo en que hay muy poco margen de elección en ser gay u homosexual. La cuestión es si hay un componente genético definido en la homosexualidad». Para Hamer, la cuestión es técnica. Según otras hipótesis alternativas, la orientación sexual podría quedar fijada de por vida debido a las hormonas u otros factores ambientales que influyen en el desarrollo de los circuitos cerebrales, sin que la base sea necesariamente genética. Hamer da por sentada la ausencia de elección en la orientación sexual y se pregunta únicamente cómo podrían estar implicados los genes.

El acuerdo sobre la imposibilidad de elegir la orientación sexual no está tan extendido como indica Hamer. Muchas historias de lesbianas muestran transiciones de ida y vuelta entre vidas heterosexuales y gais, mientras que otras lesbianas permanecen en el mismo espacio sexual durante toda su vida.[30] Las historias de hombres gais de las que Hamer parece hablar principalmente están menos

---

[29] Las referencias de aquí y siguientes están citadas en *ibid.*, pp. 200-205.

[30] L. Peplau, L. Spalding, T. Conley y R. Veniegas, «The development of sexual orientation in women», *Ann. Rev. Sex Res.* 10, 1999, pp. 70-99; ver también M. Dickemann, «Reproductive strategies and gender construction: An evolutionary view of homosexualities», *J. Homosexuality* 24, 1993, pp. 55-71.

sujetas a cambios, al menos en la cultura actual. Las historias trans también muestran variabilidad en cuanto a la orientación sexual. Un estudio reciente señala que alrededor del 3 por ciento de las mujeres transgénero cambiaron su orientación sexual después de hacer la transición.[31]

La entusiasta acogida de las primeras pruebas que indicaban la existencia de un gen gay ha dado lugar a toda una serie de proféticas predicciones genéticas, tanto por parte de los científicos como por parte de periodistas especializados en divulgación de la ciencia. Un genetista afirma: «Es de esperar que la orientación sexual se reduzca a uno o dos genes. La orientación sexual es un rasgo sencillo. Todo el mundo dice que es compleja, pero no lo es en absoluto».[32] Otro científico especula sobre el número de genes que determinan la orientación sexual: «Imagino que se acercará más a uno. Especularía con que la orientación sexual está vinculada a un acontecimiento muy temprano en la embriogénesis y, por lo tanto, posiblemente podría implicar solo unos pocos genes importantes que desencadenan el comienzo del proceso. Me sorprendería mucho, por ejemplo, si descubriéramos que el gen se activa en una fase tardía del desarrollo fetal».[33] Otro científico, «uno de los colegas de Hamer, que no quiso ser identificado, fue mucho más franco: "Mira, nunca conseguirás que lo diga públicamente, pero creo que está claro que se trata de un rasgo bastante simple [...]; si observas hacia dónde van los datos, no hay ninguna duda"».[34]

Por desgracia, esta bravata molecular debe enfrentarse a datos contrarios. Los periodistas científicos parecen confundidos. Un reportero compara la herencia de la homosexualidad en los hombres con la herencia de la baja estatura en los pigmeos, un rasgo provocado por un único gen del receptor de la hormona del crecimiento: «Si un pigmeo tiene un hijo con un africano de estatura media, todos los hijos son de estatura media o de estatura pigmea.

---

[31] C. Daskalos, «Changes in the sexual orientation of six heterosexual male-to-female transsexuals», *Arch. Sex. Behav.* 27, 1998, pp. 605-614.

[32] Cassandra Smith, de la Universidad de Boston, citada en Burr, *A Separate Creation*, 1996, p. 243.

[33] Philip Reilly, Shriver Center for Mental Retardation, citado en *ibid.*, p. 244.

[34] *Ibid.*, p. 245.

El rasgo es uno u otro, un caso claro, y esto se explica porque el rasgo está controlado por un solo gen».[35] Este patrón *no* es precisamente cómo se hereda la orientación sexual, como han demostrado los numerosos estudios sobre la homosexualidad en las familias; está claro que la homosexualidad no se hereda como un único gen principal.

Igualmente, otro periodista compara la homosexualidad con dos enfermedades genéticas muy raras, el albinismo ocular y la enfermedad de Menkes, que se dan en el cromosoma X cerca de Xq28. Estas enfermedades *no* son comparables con la orientación sexual. La orientación sexual gay es mucho más común que una enfermedad genética, y no está asociada a ninguna discapacidad física (ver p. 419).

Creo que la orientación sexual se desarrolla de forma análoga al acento en el habla, cosa que ocurre también durante la infancia. Algunas personas no se desvían ni un poco del acento que aprendieron de niños, aunque un acento ruso marcado no es genético. Otras adquieren fácilmente un nuevo acento: yo puedo cambiar el mío en cuestión de horas. La orientación sexual de algunas personas es inmutable, mientras que la de otras es cambiante. No es solo la orientación sexual la que forma parte de nuestro temperamento, sino también su grado de flexibilidad, como ocurre con la capacidad de modificar el acento.

¿Cuándo se desarrolla la orientación sexual?

Al igual que hicimos con la identidad de género, busquemos un límite temprano y un límite tardío para el desarrollo de la orientación sexual para trabajar desde ahí. Un límite temprano podría ser un año después del nacimiento. Por dos razones. En primer lugar, la orientación sexual parece requerir las lentes mentales que distinguen el género y, por lo tanto, se desarrollaría solo después de que se desarrolle la identidad de género. Dado que la identidad de género parece estar fijada en torno al primer año después del

---

[35] *Ibid.*

nacimiento, la orientación sexual podría empezar a formarse entonces. En segundo lugar, los niños adoptados con un hermano gay tienen más probabilidades de ser gais que los niños adoptados con un hermano heterosexual. Esta línea de pensamiento también sugiere un límite temprano cerca de un año después del nacimiento, que es cuando las adopciones suelen tener lugar.

El límite tardío lo indica la edad media de la primera vez que se tuvo conciencia de la excitación sexual provocada por alguien del mismo sexo, que es a los diez años, dos años antes de la pubertad. Por tanto, la ventana para el desarrollo de la orientación sexual de una persona parece ir desde la infancia hasta la primera niñez, digamos una ventana de nueve años desde el primero hasta el décimo año de vida, como primera conjetura. La ventana es probablemente mucho más estrecha, y un estudio más profundo sobre cuándo se desarrolla la homosexualidad en los niños adoptados podría ser muy revelador.

La homosexualidad y la teoría evolutiva

Si existe algún componente genético en la homosexualidad, podemos preguntarnos cómo encaja la homosexualidad en las ideas sobre la evolución humana. Hasta hace poco, los científicos daban por sentado que la homosexualidad era un rasgo deletéreo en el marco de la eficacia biológica darwiniana y buscaban teorías descabelladas para explicar cómo un «gen nocivo» podía llegar a ser común. Pero ¿quién dice que la homosexualidad sea deletérea?

En el caso de las mujeres lesbianas, una encuesta realizada en 1988 en Estados Unidos indicaba que la media de hijos nacidos de mujeres con experiencia homosexual era de 1,2, frente a 2,2 en el caso de las mujeres sin experiencia homosexual.[36] Una encuesta de 1994 informó de que el 67 por ciento de las mujeres lesbianas

---

[36] S. Essock-Vitale y M. McGuire, «What seventy million years hath wrought: Sexual histories and reproductive success of a random sample of American women», en M. Betzig, B. Mulder y P. Turke (eds.), *Human Reproductive Behavior: A Darwinian Perspective*, Cambridge University Press, 1988, pp. 221-235.

eran madres, en comparación con el 72 por ciento de las mujeres heterosexuales,[37] y un estudio de 1995 sobre mujeres británicas demostró que las mujeres bisexuales tienen una mayor fecundidad hasta los veinticinco años y ninguna diferencia significativa en la fecundidad de por vida en comparación con las mujeres heterosexuales.[38] A partir de estos estudios, se desprende que las lesbianas y las mujeres bisexuales tienen aparentemente entre la misma y la mitad de la tasa de reproducción que las mujeres heterosexuales.

En el caso de los hombres gais, el estudio de 1994 mostró que el 27 por ciento eran padres, en comparación con el 60 por ciento de los hombres heterosexuales.[39] Por otra parte, de 655 hombres homosexuales y bisexuales en el Japón actual, el 83 por ciento tenía descendencia.[40] Por tanto, los hombres homosexuales y bisexuales también tienen aparentemente entre la misma y la mitad de la tasa de reproducción que los hombres heterosexuales.

Estas referencias parecen apurar los restos. Se podría pensar que si la homosexualidad fuera perjudicial las pruebas serían abundantes y fáciles de encontrar. Además, la fertilidad es solo uno de los componentes de la eficacia biológica darwiniana, y debe multiplicarse por la probabilidad de vivir lo suficiente para reproducirse cuando se calcula la eficacia global relevante para la selección natural. Una desventaja en fertilidad podría compensarse con una mayor tasa de supervivencia. No se dispone de datos sobre este «compromiso» entre supervivencia y reproducción en el caso de la homosexualidad en los seres humanos. La sociedad actual no parece sentirse muy responsable de la supervivencia y salud de los gais y las lesbianas, pero la cuestión puede haber sido totalmente diferente en otros momentos de la historia evolutiva humana.[41]

---

37 *A Yankelovich MONITOR Perspective on Gays and Lesbians*, Yankelovich, 1994.

38 R. Baker y M. Bellis, *Human Sperm Competition: Copulation, Masturbation, and Infidelity*, Chapman and Hall, 1995.

39 *A Yankelovich MONITOR Perspective on Gays and Lesbians*, 1994.

40 S. Isomura y M. Mizogami, «The low rate of HN infection in Japanese homosexual and bisexual men: An analysis of HN seroprevalence and behavioral risk factors», *AIDS* 6, 1992, p. 501.

41 L. Dean, I. Meyer, K. Robinson, R. Sell, R. Sember, V. Silenzio, D. Bowen, J. Bradford, E. Rothblum, M. Scout, J. White, P. Dunn, A. Lawrence, D. Wolfe y J. Xavier,

Con todo, los datos no apoyan la aceptación acrítica de la homosexualidad como algo perjudicial.

Una de las primeras teorías postulaba que los gais y las lesbianas eran como los ayudantes de los nidos en las aves, personas que permanecían con su familia nuclear para ayudar a criar a sus hermanos, hermanas y primos, que luego pasarían a reproducirse. Esta teoría, que valora positivamente las contribuciones a la familia y a la sociedad que pueden hacer los gais y las lesbianas, significó un paso adelante en el hecho de dejar de tratar la homosexualidad como una patología.[42] Sin embargo, como señala un científico gay, «la homosexualidad no es simplemente el abandono del sexo en favor de un comportamiento altruista hacia los familiares; más bien implica la adopción de una sexualidad diferente, que puede ser bastante costosa en términos de tiempo y recursos».[43] Tampoco la ayuda en el nido explica por qué esos ayudantes serían específicamente gais o lesbianas. Por muy importante que sea esta sugerencia, la ayuda en el nido no parece ser la respuesta a por qué la homosexualidad ha evolucionado en los humanos.[44]

Circula una teoría más retorcida que se basa en la premisa de que un gen gay en el cromosoma X, por ejemplo en la banda Xq28, causa la homosexualidad en los hombres y no en las mujeres. Si el gen gay escapa a la inactivación del cromosoma X (ver p. 311), las mujeres expresan dos copias del gen y los varones solo una. Si las mujeres se beneficiaran de este gen de una manera hasta ahora desconocida, los hombres podrían ser portadores del gen gay como un efecto secundario de la doble dosis de beneficio del

---

«Lesbian, gay, bisexual, and transgender health: Findings and concerns», *J. Gay Lesbian Med. Assoc.* 4, 2000, pp. 101-151.

[42] E. O. Wilson, *Sociobiology: The New Synthesis,* Harvard University Press, 1975, para una discusión sobre homosexualidad, ver especialmente p. 555 [trad. cast.: *Sociobiología. La nueva síntesis*, Omega, 1980]; y E. Wilson, «Gay as normal: Homosexuality and human nature: A sociobiological view», *Advocate*, 3 de mayo de 1979, pp. 15, 18.

[43] S. Le Vay, *Queer Science: The Use and Abuse of Research into Homosexuality*, MIT Press, 1996, p. 193.

[44] J. Weinrich, «Biological research on sexual orientation: Acritique of the critics», *J. Homosexuality* 28, 1995, pp. 197-213.

gen para las mujeres.[45] Esta idea, denominada homosexualidad pleiotrópica antagonista del sexo, es teóricamente descabellada, no tiene pruebas que la respalden y se basa en la falsa suposición de que un gen gay se encuentra en la banda Xq28. Un periodista científico entrevistó a un biólogo molecular que incluso especulaba: «La homosexualidad puede ser un tipo de infección bacteriana [...] que quizá podamos erradicar con un antibiótico».[46]

Las diversas teorías propuestas, algunas de ellas absurdas, adolecen de una aceptación acrítica de la homosexualidad como deletérea y, por tanto, deben concebir vías evolutivas por las que un gen deletéreo puede llegar a ser tan común como lo es la homosexualidad. Por el contrario, si la homosexualidad es una adaptación, su carácter común no sería un problema. De hecho, la cuestión es por qué no todo el mundo es homosexual, como en los bonobos. En general, una teoría evolutiva de la homosexualidad humana tiene que explicar el polimorfismo de la orientación sexual entre los humanos. ¿Por qué, por ejemplo, el 90 por ciento de los hombres son heterosexuales y el 10 por ciento homosexuales? ¿Y por qué el 95 por ciento de las mujeres son heterosexuales y el 5 por ciento lesbianas? Y, al menos hoy, ¿por qué las mujeres lesbianas tienen más probabilidades de ser bisexuales que los hombres gais? Por último, ¿por qué existe la homofobia? No se ha propuesto ninguna teoría evolutiva para los humanos que aborde este conjunto de cuestiones, aunque creo que recientemente se han dado algunos primeros pasos prometedores.

Un estudio ofrece una ampliación —que hace tiempo que debería haberse realizado— de la psicología evolucionista para incluir la homosexualidad en los seres humanos.[47] Esta investigación sostiene que «la larga historia de la homosexualidad institucionalizada entre hombres de estatus superior y de estatus inferior», normalmente con cinco años o más de diferencia, produce «relaciones [que] tienden a socializar a los jóvenes en el papel de varón adulto, educan

---

[45] Hamer y Copeland, *The Science of Desire*, 1994, especialmente cap. 11.

[46] Burr, *A Separate Creation*, 1996, pp. 257-259.

[47] F. Muscarella, «The evolution of homoerotic behavior in humans», *J. Homosexuality* 40, 2000, pp. 51-77.

y protegen a los jóvenes y proporcionan la base para amistades de por vida, alianzas sociales y estatus social [...]. El estatus social, un reflejo de la fuerza política y las alianzas, parece haber desempeñado un papel importante en la historia evolutiva del éxito reproductivo masculino». El estudio continúa sugiriendo que la homosexualidad en las mujeres proporciona lazos de amistad que conducen a la asistencia mutua en la crianza de los hijos, asumiendo que la asistencia paterna está ausente en las sociedades primitivas. También en este caso se plantea la hipótesis de que la homosexualidad proporciona un mayor éxito reproductivo. Estas conjeturas sobre cómo evolucionó la homosexualidad facilitan la determinación del tipo de entorno en el que se desarrolla la homosexualidad durante la infancia: «El comportamiento homoerótico puede ser evocado como una respuesta normal a un entorno que se asemeja mucho a aquel en el que evolucionó y fue adaptativo en el pasado evolutivo». En concreto, el comportamiento homoerótico en grupos de un solo sexo reflejaría no una ausencia de parejas, sino el desarrollo adaptativo de vínculos y alianzas entre personas del mismo sexo en las condiciones en que resultarían más útiles, lo que podría asemejarse a la estructura social de los primeros homínidos.

Otro estudio presenta una perspectiva antropológica centrada en cómo la homosexualidad da lugar a diversos tipos de alianzas entre varones.[48] Como ya se ha señalado, la práctica heterosexual y la homosexual se dieron juntas en quince de las veintiuna culturas estudiadas. El comportamiento homosexual también se ha dado con más frecuencia en las sociedades agrícolas que en las cazadoras-recolectoras, y con más frecuencia en los grupos sociales más grandes.[49] El comportamiento homosexual puede ser más frecuente cuando potencia las redes políticas en lugar de individuos aislados, y puede expresarse más en las naciones industriales después de que hayan realizado una transición demográfica, pasando de una alta reproducción a una alta supervivencia.[50] Sin

---

48 R. Kirkpatrick, «The evolution of human homosexual behavior», *Current Anthropology* 41, 2000, pp. 385-413. (Las citas siguientes vienen de esta fuente).

49 N. Barber, «Ecological and psychosocial correlates of male homosexuality: A cross-cultural investigation», *J. Cross-Cultural Psychology* 29, 1998, pp. 387-401.

50 Dickemann, «Reproductive strategies and gender construction», 1993.

embargo, una dificultad a la que se enfrenta una teoría de la homosexualidad como forma de construcción de alianzas es que las alianzas entre hombres pueden construirse sin utilizar la sexualidad. Se necesitan datos que demuestren que las alianzas establecidas mediante el comportamiento homosexual son, en cierto sentido, más fuertes, mejores o más duraderas que los vínculos que carecen de este ingrediente.

Estas nuevas teorías sobre la evolución de la homosexualidad humana parecen ir por buen camino, pero quizá sean demasiado específicas. La atracción homoerótica puede tener múltiples funciones, dependiendo del contexto. La homosexualidad no tiene por qué ser diádica, como una alianza entre dos personas. Sospecho que puede ser también un rasgo social de inclusión, un billete de entrada a un colectivo.

¿Qué explica el polimorfismo de la orientación sexual (la *proporción* de homosexuales y heterosexuales)? Conjeturo que un polimorfismo en la orientación sexual puede indicar estrategias alternativas de relaciones entre personas del mismo sexo que son igualmente eficaces para lograr el acceso a una oportunidad reproductiva neta. Estas estrategias son la contrapartida de las estrategias alternativas de apareamiento entre distintos sexos, como ocurría con los morfos controlador y cooperador. De forma abstracta, los miembros del morfo heterosexual pueden establecer vínculos mediante el intercambio de poder, mientras que los miembros del morfo gay pueden crear alianzas mediante el intercambio de placer. Es probable que se produzcan conflictos entre los morfos alternativos de los individuos que tienen relaciones con otros del mismo sexo porque juegan con reglas diferentes. De este conflicto puede surgir la homofobia. Las transacciones basadas en el intercambio de placer pueden ser vistas como una subversión de la jerarquía de poder, y ser aplastadas por los que tienen el control. A partir de ahí, puede surgir un equilibrio. En un extremo, si todos están en continuo conflicto, un cooperador puede beneficiarse evitando los peligros derivados del conflicto. Desde este punto de vista, la homosexualidad surge como una compleja adaptación social, un producto de la evolución positiva.

15

Perspectivas psicológicas

Mi enfoque respecto a la variación en la expresión de género y la sexualidad es biológico y conductual, no psicológico. Sin embargo, desde Freud, el género y la sexualidad se han discutido a menudo en términos psicológicos. Soy escéptica en lo que concierne a la psicología y, como mujer transgénero, considero peligrosos a los psicólogos, al igual que debieron pensar antes que yo los gais y las lesbianas. Los psicólogos operan con un modelo médico que trata la diversidad como una patología. Estos aspirantes a médicos llevan mucho tiempo persiguiendo y maltratando desde su posición de autoridad a las personas de género y sexualidad variantes.[1] No obstante, algunos revisores de este libro pensaron que una explicación puramente biológica sobre género y sexualidad quedaría incompleta y que debía completarse con una perspectiva psicológica. Consideraron que el transexualismo, en particular, necesitaba más discusión.

Bueno, está bien. Sin embargo, en mi opinión, las fuentes de las que se nutre este capítulo son académicamente incompletas, puesto que, en lugar de investigaciones científicas, nos encontramos con unas pocas anécdotas que hay que ir ensamblando para conseguir una imagen completa. Además, no estoy segura de que mucha gente quiera escuchar con detalle las fantasías y prácticas sexuales que ocurren a puerta cerrada. Este capítulo invita a la invasión de la privacidad. Además, corre el riesgo de estar desequilibrado al ofrecer una cobertura de las fantasías de las personas

[1] J. Myerowitz, *How Sex Changed: A History of Transsexuality in the United States*, Harvard University Press, 2002.

transgénero, sin presentar una revisión equivalente de las personas que no lo son. Aunque los relatos de algunas personas trans puedan parecer chocantes, ¿cuántas personas no transexuales se ajustan a modelos estándar? Es difícil evaluar la diversidad de las prácticas transgénero en relación con la diversidad de las prácticas sexuales de la población general.

Aun así, no incluiría este capítulo si no sintiera que el material tiene algún valor. El escritor trans Patrick Califia ha trazado la progresión literaria de las autobiografías, señalando cómo las primeras narraciones de mujeres transgénero negaban cualquier ingrediente sexual, centrándose únicamente en el descubrimiento de su identidad de género.[2] Al eliminar el sexo de la transexualidad, las narraciones se «higienizaron» para ser aceptadas en sectores de la sociedad en los que el sexo es una palabra sucia. Solo recientemente las mujeres trans han vuelto a colocar el sexo en la transexualidad. Sin embargo, asumir que la expresión transgénero es únicamente sexual es el error inverso: elimina el género de lo transgénero. A diferencia de los relatos autobiográficos de las mujeres transgénero, los de los hombres trans nunca han tenido remilgos respecto a la sexualidad. Este capítulo repasa algunas narraciones sobre la experiencia transgénero, logrando un equilibrio entre las motivaciones basadas en la identificación de género y en la sexualidad, respetando tanto el sexo en la transexualidad como el género en la transgeneridad.

Información sobre la experiencia transgénero

Los relatos de personas transgénero proceden principalmente de dos fuentes: informes de terapeutas y autobiografías publicadas como libros o testimonios en la web. Los testimonios directos de personas trans son los más valiosos, porque solo tienen el sesgo del propio hablante. Los compendios de los terapeutas son los más cuestionables, porque una perspectiva teórica a menudo errónea se superpone al sesgo ya presente en el informe originario.

[2] P. Califia, *Sex Changes: The Politics of Transgenderism*, Cleis Press, 1997.

Además, los terapeutas trabajan con un conflicto de intereses, ya que se benefician económicamente de su papel de guardianes que autorizan el acceso a tecnologías médicas, como las cirugías y las hormonas. En el mejor de los casos, los terapeutas recogen información sobre un colectivo diverso mientras ofrecen consuelo y orientación. En el peor, torturan psicológicamente a sus clientes con técnicas de modificación de conducta parecidas a las utilizadas con prisioneros de guerra, los mutilan físicamente con fármacos y tratamientos de *electroshock*, y disminuyen su confianza en sí mismos.

La forma en la que los terapeutas obtienen las muestras es excesivamente desigual. Contactan con las personas transgénero que acuden a ellos como clientes, pero muchas de las personas transexuales nunca buscan a un terapeuta. Los que lo hacen, suelen ser más propensos a estar angustiados, a identificarse como transexuales y a tener dinero suficiente como para permitirse una terapia. Lo más importante es que los terapeutas se encuentran con personas transgénero en un momento concreto de sus vidas. Escuchan de primera mano las dificultades que conlleva la transición y los recuerdos de la vida antes de la transición, pero rara vez realizan entrevistas de seguimiento después de la misma.

Las autobiografías ofrecen una perspectiva de toda una vida, pero también deben leerse con cuidado. Las personas trans tienen que defenderse y explicarse continuamente, y escriben mirando por encima del hombro. En general, sin embargo, emergen algunos fragmentos de lo que viven las personas transgénero cuando descubren su «verdadero yo» a distintas edades. La expresión «verdaderos yoes» procede del título de un libro de Mildred Brown y Chloe Rounsley, que ofrece el relato más fiable que he encontrado de narrativas transgénero recogidas por terapeutas.[3]

---

[3] M. Brown y C. Rounsley, *True Selves: Understanding Transsexualism for Families, Friends, Coworkers, and Helping Professionals*, Jossey-Bass, 1996.

Relatos de infancia: identidad

La experiencia transgénero comienza con los primeros momentos de toma de conciencia. Brown informa de que el 85 por ciento de sus clientes reconocieron una grave discrepancia entre la forma de su cuerpo y su identidad de género antes de la escuela primaria, muchos años antes de la pubertad. Una mujer trans recuerda: «Mi madre sabía que era transgénero desde los cuatro años, y estaba decidida a aplastar eso y hacer de mí un varón». Del mismo modo, un hombre transgénero recuerda que su madre le reprendió: «Por el amor de Dios, Lisa, caminas como John Wayne».[4]

En respuesta a la presión por la conformidad de género, los niños trans invierten mucha energía en tratar de ajustarse a las expectativas, en ser el buen hijo o la hija perfecta, a menudo creyendo que finalmente lo conseguirán. Una mujer trans recuerda: «Aprendí a convertirme en un camaleón, a fabricar pequeños yoes masculinos que no tenían nada que ver conmigo pero que podía presentar ante el mundo». Sin embargo, no todo el mundo es capaz de cambiar de color. Otra mujer cuenta: «No me querían por lo que era. Salía a la calle y me expresaba de la única manera que sabía, con una inocencia muy infantil. El mero hecho de existir parecía ser suficiente para atraer las burlas».[5]

Todos los niños se prueban la ropa de sus padres: un niño ve cómo le quedan los pies en los zapatos grandes de papá y una niña se envuelve en el pañuelo de mamá. Los niños trans suelen probarse la ropa del progenitor con cuyo género se identifican. Una mujer trans recuerda: «Solía probarme la ropa de mi madre cuando tenía unos seis años, poniéndome debajo de la percha de sus vestidos en el armario. La sensación era de tranquilidad e integración». Por el contrario, los chicos trans a menudo se niegan rotundamente a ponerse un vestido o tienen una rabieta cuando se les pide que lo hagan. Un hombre trans cuenta que siempre llegaba a casa con un vestido «accidentalmente» rasgado o manchado.[6]

---

[4] *Ibid.*, pp. 30, 31, 42.
[5] *Ibid.*, pp. 46, 36.
[6] *Ibid.*, pp. 47, 37.

Los niños trans denuncian actos violentos por parte de otros niños. Una mujer trans recuerda: «Durante todos mis años de escuela primaria, los otros niños se metían conmigo y me llamaban "flojo", "hada" o "pequeño lord". Aunque era brillante y tenía un alto coeficiente intelectual, no sabía qué significaban esas palabras, y mucho menos por qué me llamaban así».[7]

Los terapeutas han acumulado miles de relatos como estos, guardados en sus registros de clientes. La expresión transgénero surge en la infancia temprana, junto con otros indicadores de personalidad, temperamento e inclinación. Estos relatos demuestran que el transexualismo comienza con la identidad de género, no con el impulso sexual. La expresión transgénero aparece antes de la pubertad y mucho antes de cualquier impulso sexual consciente. Todos los relatos revelan una fuerte sensación de no encajar, pero también muestran variaciones en la toma de conciencia de la identidad de género, lo que sugiere que no todo el mundo se da cuenta de lo que está pasando. Algunos niños están completamente convencidos de que su género no coincide con su cuerpo, mientras que otros siguen intentando ajustarse, sin saber de dónde vienen sus dificultades. La encantadora película *Mi vida en rosa*, que retrata a un niño que juega con muñecas y desea ser una novia, parece un caso inusual de un niño pequeño que ya ha tomado plena conciencia de su identidad de género.

Las narraciones citadas por los terapeutas hacen hincapié en los niños afeminados que sufren acoso físico. Los terapeutas reconocen que, aunque no todos «parecen afeminados o se comportan de forma afeminada, algunos sí».[8] Incluso con este calificativo, las citas dan la impresión de que los niños trans son seres indefensos. No obstante, conozco a muchas mujeres trans que se defendieron con eficacia de los acosadores mientras vivían como varones.

---

[7] *Ibid.*, p. 43.
[8] *Ibid.*, p. 44.

Relatos de adolescentes: cuerpo

El tipo de narración cambia de marcha con la llegada de la pubertad. La testosterona y los estrógenos hacen que se desarrollen los caracteres sexuales secundarios. En ese momento, muchos niños trans se sienten muy insatisfechos con sus cuerpos, unos cuerpos que hasta entonces no habían tenido un género visible en ninguna dirección. Un hombre recuerda: «Sencillamente, no podía conciliar la imagen física con la imagen mental de mí mismo [...]. Rápidamente aprendí a desligar mi mente de mi cuerpo para poder seguir adelante». Por el contrario, una mujer señala: «Llegó la pubertad y me asusté y me entró ansiedad. ¿Iba a ponerme grande, peludo y feo como todos los demás chicos?».[9]

Algunos jóvenes trans reaccionan con especial intensidad ante su cuerpo. Brown cuenta que los transexuales adolescentes a veces «se pegan o se dan golpes en la zona del pecho hasta que se cubren de marcas negras y azules o, en algunos casos, se cortan los pechos». Y una mujer trans recuerda que, cuando era adolescente, «me llevé las tijeras a los genitales con toda la intención de cortármelos. Pero en el último momento no pude hacerlo. Supongo que esperaba que mi acción hiciera ver a mis padres la gravedad de mi angustia».[10]

Los terapeutas reconocen que «mientras algunos experimentan sentimientos de asco por su pene, otros se muestran simplemente indiferentes a él».[11] A pesar de esta aclaración, hay una tendencia a poner el énfasis en las citas extremas. De las muchas personas transgénero que conozco, ninguna ha dicho nunca abiertamente en una conversación o en respuesta a una pregunta que se haya mutilado los genitales o que haya intentado hacerlo. Estoy segura de que algunos lo han hecho, pero el relato de que los trans odian su cuerpo de forma autodestructiva ha sido muy exagerado por los terapeutas.

El objetivo teórico de los terapeutas es construir una imagen del «verdadero transexual» como un referente estándar de individuo

---

[9] *Ibid.*, pp. 51, 52.
[10] *Ibid.*, p. 73.
[11] *Ibid.*, p. 53.

enfermo que necesita atención médica en todos los aspectos de su vida. Las demás personas transgénero pueden situarse en un continuo que va desde la normalidad, pasando por la inadaptación «leve» de los travestis ocasionales, hasta la patología profunda del verdadero transexual. Sin embargo, las personas trans que conozco ven su cuerpo de maneras muy distintas. Muchos ven sus genitales no como una fuente de orgullo, sino como una pieza anatómica neutra, como el lóbulo de la oreja. Sus diversas actitudes hacia el cuerpo se reflejan en sus diferentes actitudes hacia la cirugía de reasignación de sexo. Aproximadamente un tercio de las mujeres trans, por ejemplo, se ha sometido a una cirugía de reasignación de sexo (posoperadas), otro tercio tiene previsto hacerlo (preoperadas) y otro tercio más la rechaza (no quirúrgicas). Las mujeres trans *pre-op* pueden posponer la cirugía durante muchos años después de la transición, a menudo diciendo que no tienen los medios económicos necesarios. Me pareció interesante que, después de que la ciudad de San Francisco aprobara una ley que autorizaba la cobertura del seguro para las intervenciones de reasignación de sexo, algunas mujeres *pre-op* que pasaron a estar cubiertas decidieran finalmente no operarse. Aunque se había eliminado el obstáculo financiero, no estaban interesadas en la operación.

Otras, en cambio, disfrutan activa y abiertamente de una forma de cuerpo dual. Muchas de estas personas trabajan en el comercio sexual como *shemales* o su contraparte masculina transgénero, *heshes*. En la pornografía, un *shemale* es representado con un pene orgulloso y erecto, grandes pechos y pelo suelto, una imagen con mucha carga sexual. No creo que se haya entrevistado a suficientes personas con cuerpo dual para determinar si moldearon sus cuerpos después de entrar en el mundo del trabajo sexual para satisfacer la demanda comercial, o si primero moldearon sus cuerpos y luego entraron en el trabajo sexual porque era el mejor empleo disponible. Los relatos reunidos por los terapeutas rara vez mencionan a estas personas porque su aspecto llamativamente sexual queda fuera del molde de los «verdaderos» transexuales, a quienes se supone que solo les preocupa la identidad de género y no la sexualidad. Las propias personas trans pueden no sentirse seguras al relacionarse con personas de cuerpo dual, o puede causarles rechazo el hecho de que tengan vínculos con la industria del sexo.

En general, el valor de la cirugía de reasignación de sexo depende de lo que uno sienta por su cuerpo, de cómo piense utilizarlo y de la importancia social de la cirugía. Los hombres trans eligen entre varios procedimientos en función del coste, la apariencia y la funcionalidad: genitales masculinos con o sin función urinaria, regiones escrotales grandes o pequeñas, etc., según ofrezca la tecnología disponible. Recientemente, un hombre transgénero que acababa de hacer la transición expresó su opinión sobre la cuestión de manera sucinta en el suplemento del *New York Times*, diciendo de la cirugía de cincuenta mil dólares: «Tenemos que pagar la matrícula de la universidad [...]. No me interesa *tanto* un pene».[12] Esta forma de pensar en los costes y los beneficios que conlleva esculpir el cuerpo descarta cualquier motivación obsesiva.

Relatos de adultos: sexualidad de hombre a mujer

En la pubertad, cuando las voces se vuelven graves y los pechos aumentan, se despierta el impulso sexual. Para las personas transgénero pospúberes, la experiencia implica una compleja mezcla de identidad de género y sexualidad. Los escritos de algunos terapeutas enfatizan la identidad de género y suprimen la sexualidad, mientras que otros enfatizan la sexualidad y suprimen la identidad de género. Los relatos reales cuentan una historia más variada. Después de la pubertad, las vidas de los hombres y las mujeres trans dejan de ser imágenes más o menos especulares. En la edad adulta, los hombres y las mujeres trans experimentan entornos hormonales y sociales cada vez más diferentes.

En la pubertad y en la edad adulta, el travestismo de las mujeres trans se hace más frecuente y deliberado. Una de ellas afirma: «Tenía dieciséis años cuando empecé a travestirme. Acababa de alcanzar a mamá en altura, que entonces tenía un par de pelucas.

[12] S. Corbett, «When Debbie met Christina, who then became Chris», *New York Times Magazine*, 14 de octubre de 2001, pp. 84-87.

Así que esperaba a que todo el mundo se fuera —buscaba una excusa para quedarme sola en casa— y entonces me disfrazaba y me ponía una peluca [...]. Me inundaba una sensación abrumadora de que todo iba bien. Recuerdo que me mareaba de entusiasmo. De hecho, siempre me sentía feliz cuando me disfrazaba».[13] Esta narración se ajusta al modelo estándar del travestismo transexual como expresión de identidad de género femenina. Y sospecho que esta narración, de hecho, refleja la motivación más común para el travestismo, que a veces conduce a la transición. Sin embargo, la coincidencia del aumento del travestismo con la pubertad parece más que una mera casualidad. De hecho, muchos aspectos sexuales complejos entran en escena cuando los transgénero se convierten en adultos.

La explicación más sencilla de la sexualidad de las personas transgénero es que son simplemente gais. Los relatos de muchas mujeres trans refutan esta creencia. Por ejemplo, una mujer trans recuerda: «Llegué a la creencia común pero equivocada de que sentirme como una mujer significaba que era gay. Así que en mi primer semestre de universidad me propuse comprobarlo. Aunque me ponía en situaciones en las que podría haber tenido fácilmente relaciones sexuales con un hombre que me pareciera atractivo, nunca me sentí cómoda con la idea de estar en la situación de un hombre gay y siempre me echaba para atrás».[14] Los hombres gais tampoco consideran a una mujer trans como un hombre gay, y rara vez les hacen proposiciones. Por el contrario, las *drag queens*, un componente de la comunidad gay, proyectan señales masculinas suficientes como para mantener su credibilidad como hombres. Su voz masculina y su imitación de la vestimenta femenina no dejan lugar a dudas sobre su identidad de género, y a menudo mantienen relaciones románticas con otros hombres gais. Por otro lado, las mujeres trans, antes de su transición, suelen intentar salir con otras mujeres durante un tiempo, tratando de vivir el guion de un hombre heterosexual convencional. Pero, como recuerda una persona: «Al final tuve que dejar de salir [con

[13] Brown y Rounsley, *True Selves*, 1996, p. 61.
[14] *Ibid.*, p. 71.

mujeres] porque me parecía muy poco natural [...]. No quería salir con mujeres, quería *ser* como ellas».[15]

Algunas mujeres trans conocen a hombres maravillosos, se enamoran y forman juntos una familia. Otras mantienen una carrera y comparten su vida con un novio estable. Yo lo sé. He conocido a personas como estas. Mi estimación es que la mayoría de las mujeres trans, tal vez el 60 por ciento más o menos, se sienten sexualmente atraídas hacia los hombres y sus aspiraciones en la vida no son muy diferentes a las de muchas mujeres heterosexuales. Es posible que no vayan a terapia con regularidad, por lo que no figuran en los relatos recopilados por los terapeutas. Tampoco escriben autobiografías. A menudo viven en «secreto», evitando todo rastro de su anterior vida masculina. Y aunque no vivan en la clandestinidad, la atención que supondría una autobiografía podría suponer un motivo de incomodidad, tanto para ellas como para sus familiares.

En cambio, la mayoría de las mujeres trans que han escrito sobre su sexualidad son aquellas cuya existencia es negada a causa de la lealtad de los terapeutas al modelo de género único. Estas mujeres sienten una profunda necesidad de hablar. Para ellas, la sexualidad ha tenido tanta o más importancia que la identidad de género, y emplean su presentación generizada para conseguir su plenitud sexual.

Mutación corporal fetichista

En el sadomasoquismo (SM) con consentimiento, una persona inflige dolor a otra para proporcionarle placer erótico. En el *bondage* y disciplina (BD), una persona humilla a otra con su consentimiento con azotes, abusos verbales o reprimendas para proporcionarle placer erótico. Así, el SM erotiza el dolor, y el BD la humillación. La persona sumisa, el inferior, suele ser un hombre, y la persona dominante, el superior, es una mujer.[16]

A veces, el SM-BD se practica con un hombre sumiso que se disfraza de criada o enfermera. Esta erotización de un papel femenino

---

[15] *Ibid.*, p. 88.

[16] S. Ramet, «Introduction», *Gender Reversals and Gender Cultures*, Routledge, 1996.

subordinado parecería desvalorizar a las mujeres. Sin embargo, la realidad es más compleja. «El Ama ayuda al travesti a construir una buena imagen positiva de sí mismo como mujer [...] y hace un gran esfuerzo para tratar al transexual y al travesti en todos los aspectos como una mujer, para inculcarle que ser mujer es bueno».[17] ¿Por qué una amante, o *dominatrix*, que es ella misma mujer, iba a participar en la devaluación de las mujeres? Aparentemente no lo hace. La *dominatrix* entrena al hombre sumiso para que sea una mujer. El hombre sumiso puede así escenificar que se convierte en una mujer porque está coaccionado a hacerlo. De este modo, el sumiso crea su propio camino para cambiar de género con una excusa para convertirse en mujer.

La activista transgénero e historiadora Susan Stryker, directora de la GLBT Historical Society de San Francisco, describe cómo asumió una identidad transexual: «En 1990 [...] no era ni lesbiana, ni gay, ni transexual. [...] Mi deseo sexual de estar con mujeres estaba anclado por [...] la identificación con la morfología femenina a través de la fantasía lésbica», aunque Stryker funcionaba durante el día como un hombre heterosexual en una sociedad heterosexual. En lugar de identificarse como transexual, «encontré otro conjunto de técnicas [...] para representar mi sentido del yo: calvario y guantelete en lugar de bisturí y jeringa. En mazmorras y bares de *drags* descubrí tanto el espacio [...] como un público». Más tarde, sin embargo, Stryker decidió que «la tecnología transexual sería mi vehículo para dar el salto impulsivo a lo real [...]. Llamarme a mí misma transexual era solo [...] un paso útil». Stryker decidió entonces contar la historia personal de «mi inscripción corporal de una forma políticamente productiva».[18] Su relato no se parece a la ya clásica historia de una mujer heterosexual atrapada en el cuerpo de un hombre. La razón por la que Stryker se identificó como transexual y se sometió a una cirugía de reasignación de sexo fue adquirir un cuerpo que le sirviera tanto para su identidad sexual como para su identidad de género.

---

[17] T. Sellers, *The Correct Sadist: The Memoirs of Angel Stern*, Temple Press, 1992, p. 98, citado en *ibid.*, p. 13.

[18] S. Stryker, «The transgender issue: An introduction», *GLQ* 4, 1998, pp. 145-158, esp. 150.

Una descripción diferente de la sexualidad transgénero se refiere al travestismo: «Para muchas de nosotras, el deseo sexual es el origen y el núcleo de nuestro impulso transexual», escribe Anne Lawrence, una mujer trans y doctora en Medicina que tuvo una consulta en Seattle. En 1996, en una conferencia de mujeres transexuales posoperadas en la isla de Ocracoke (Carolina del Norte), Lawrence preguntó si se habían sentido sexualmente excitadas antes de someterse a la cirugía de reasignación de sexo. Muchas dijeron que sí. Al parecer, una cuarta parte de las muchas personas que asistieron a esta reunión se sometieron a la cirugía de reasignación de sexo en parte para satisfacer un deseo sexual autoerótico. En un seguimiento realizado en 1998, Lawrence descubrió que la mitad de casi una docena de participantes confirmaron que antes de la cirugía su «fantasía erótica favorita era que tenían, o estaban adquiriendo, algunos rasgos del cuerpo de una mujer». Otro investigador también descubrió que más de una cuarta parte de las mujeres trans posoperadas se excitaban sexualmente ante la perspectiva de la cirugía.[19] He preguntado a amigas transgénero sobre esto. Algunas están de acuerdo en que la perspectiva de tener genitales femeninos es sexualmente estimulante en sí misma, independientemente de la posibilidad de mantener relaciones sexuales posteriores con una pareja masculina. Para algunos transexuales, la cirugía genital es en parte fetichista.

Someterse a cirugía genital para satisfacer el deseo sexual autoerótico plantea dificultades. Después de que la excitación sexual haya desaparecido, ¿qué pasa? La persona reside ahora en un cuerpo femenino, pero la vida continúa. Lawrence escribe: «Las cualidades que necesitamos cultivar para vivir con éxito en roles femeninos pueden ser muy gratificantes en sí mismas. Aprender a encarnar rasgos femeninos como la dulzura, la empatía, la crianza y la elegancia mejora la calidad de nuestras vidas, y simplemente nos hace mejores seres humanos». Para Lawrence, la transición satisface primero un deseo sexual autoerótico, al que le siguen los esfuerzos por convertirse en mujer.

---

[19] M. Schroder, «New women: Sexological outcomes of gender reassignment surgery», tesis doctoral, Institute for Advanced Study of Human Sexuality, San Francisco, 1995.

Antes, la expresión transgénero fetichista se consideraba como algo exclusivo de los travestis. He conocido a hombres que han comprado cien pares de zapatos de mujer, cien sujetadores o, si pueden permitírselo, cien modelitos completos. Los travestis fetichistas son hombres heterosexuales que se estimulan eróticamente vistiendo ropa de mujer. Pueden preguntar a una novia o esposa si pueden hacer el amor estando travestidos. En un típico momento «*made in* San Francisco», una vez me presentaron a una pareja en la que a la mujer le encantaba vestir a su hombre con ropa femenina y al hombre le encantaba que ella lo vistiera. A ella le costaba que le duraran los novios, y a él las novias, hasta que se conocieron y ¡*voilà*!

El deseo fetichista debe gestionarse, como el alcohol. El clásico film *Días de vino y rosas* describe un romance que comienza compartiendo vino y otras bebidas, pero en el que finalmente el alcohol se vuelve más importante que la relación. También en el caso de los fetichistas la atención puede centrarse en el objeto fetiche y dejar de lado las relaciones humanas. Lawrence reconoce que la fantasía de adquirir genitales femeninos «a menudo parece competir con la excitación hacia otras personas». La «pareja es casi superflua, o simplemente actúa como una especie de atrezo». Al igual que una persona propensa al alcoholismo necesita ir con mucho cuidado, lo mismo les ocurre a las personas fetichistas.

No todos los travestis son necesariamente fetichistas. Algunos disfrutan de una identidad femenina a tiempo parcial, como una oportunidad para alejarse de un entorno de trabajo hipermasculino, para vestirse con un toque de color o por otras razones. Creo que el relato de Lawrence pone de manifiesto una distinción útil entre la expresión transgénero motivada por la identidad de género y la motivada por el fetichismo. Los transexuales pueden estar influidos por cualquiera de las dos cosas, al igual que los travestis. En el espectro que va de la identidad de género a la motivación fetichista, los transexuales se inclinan más por la primera y los travestis por la segunda. Cada persona trans probablemente tenga su propia mezcla personal de estas motivaciones.

Aunque la historia de Lawrence demuestra que puede existir un componente autoerótico en el transexualismo de hombre a mujer, no estoy convencida de que muchas personas coincidan con este perfil. La propia Lawrence es ciertamente atípica. Lleva mucho tiempo interesada en la transformación del cuerpo, y ha publicado en la red fotos en las que utilizaba Photoshop para colocar una imagen de su propio rostro en obras de arte famosas, como la *Mona Lisa*.

Sin embargo, Lawrence afirma que puede generalizar a partir de su propia experiencia y que desea eliminar el género de lo transgénero. Solicitó relatos para descubrir a otras personas que se identificaran con el autoerotismo transgénero, publicando veintiocho respuestas en la web. Tal y como yo las entiendo, ninguna de las respuestas afirma que el impulso sexual autoerótico fuera la razón principal para la transición y la búsqueda de la cirugía de reasignación de sexo, aunque muchas de ellas reconocen que la sensación autoerótica forma parte de su experiencia general. De hecho, algunas de las narraciones contradicen directamente el predominio del autoerotismo. Y eso que los relatos que Lawrence publicó son probablemente los que más apoyan su visión. Lawrence no escogía narrativas contrarias: «Por favor, tenga en cuenta que no me interesan las declaraciones de personas que nunca han tenido esos sentimientos, o que se oponen a la idea de que otras personas puedan tenerlos. Ya tengo muchas declaraciones en este sentido».

Inclusión

Por lo que yo sé, la gran mayoría de las narraciones que se cuentan las personas trans unas a otras, y las registradas por los etnógrafos que investigan distintas culturas a lo largo de la historia, demuestran que hacer realidad la identidad de género —no el impulso sexual— es la principal motivación para la expresión transgénero. Los relatos también muestran que las prácticas de transformación del cuerpo, como la reasignación de sexo y la cirugía facial, se realizan principalmente para promover las relaciones, haciendo a las personas más atractivas para sus parejas sexuales o permitiéndoles unirse a los grupos sociales o a las ocupaciones que deseen. A muchos transexuales les horroriza la idea de la motivación autoerótica y recuerdan la etapa previa a su cirugía de reasignación de sexo como una época de terror: que la cirugía pueda ser sexualmente excitante les parece absurdo e insultante.

Sin embargo, incluso un solo caso de transexualismo autoerótico plantea la cuestión de la inclusión. Aquí se pone a prueba si nosotras mismas somos realmente inclusivas. ¿Creemos realmente en la diversidad o nos subimos a su carro? Después de todo, no debería importar el motivo por el que una hermana se convierte en hermana. La querré y la apoyaré de todos modos. Al mismo tiempo, la sensacionalista publicidad del transexualismo autoerótico supone una amenaza para el futuro de las personas transgénero. Hoy en día, las personas trans podemos disfrutar del mejor porvenir que hemos tenido desde los tiempos de Jesús para entrar en la sociedad occidental mayoritaria y vivir vidas productivas y normales. No queremos que este futuro se vea socavado por sexualidades extrañas. No queremos dar munición a los que desean patologizarnos, y respaldar el transexualismo autoerótico parece hacer precisamente eso.

El transexualismo autoerótico es, como mucho, una minoría dentro de una minoría. Su inclusión dentro de la comunidad transgénero nos recuerda el dilema al que se enfrentan las organizaciones de gais y lesbianas a la hora de decidir si incluyen a los trans. Los que lucharon durante treinta años por los derechos de gais y lesbianas no querrían ver todo ese trabajo peligrar por admitir a un número relativamente pequeño de personas transgénero. Del mismo modo, las personas trans no quieren poner en peligro su trabajo para garantizar los derechos y el reconocimiento a causa de una minoría sexual. Sin embargo, los gais y las lesbianas *han incluido* a las personas transgénero. Creo que debemos incluir a los transexuales que estén motivados más por el impulso autoerótico que por la identidad de género, por muy pocos que sean. Hacer lo contrario supone perder en el terreno moral.

Desde el punto de vista biológico, el componente autoerótico de la expresión femenina transgénero adulta no es ninguna sorpresa. Una persona femenina en un cuerpo masculino debe sobrevivir a la testosterona. Esta sustancia química induce la libido masculina, que se completa con el autoerotismo. Alrededor del 41 por ciento de los hombres estadounidenses, pero solo el 16 por ciento de las mujeres estadounidenses, compran cada mes accesorios autoeróticos —como películas clasificadas X, libros, revistas o juguetes sexuales—, visitan un club de estriptis o llaman para tener sexo por teléfono.[20] Por tanto, alrededor del 40 por ciento de todas las personas con cuerpo de hombre se gastan dinero en sus deseos autoeróticos cada mes, y muchos más actúan de formas que no implican una transacción financiera. El travestismo autoerótico es una de las muchas actividades autoeróticas que las personas con cuerpo de hombre realizan de forma habitual. Inevitablemente, algunas mujeres transgénero adultas combinan la actividad autoerótica con la identificación femenina.

Relatos de adultos: sexualidad de mujer a mujer

Muchos hombres transgénero desarrollan un interés romántico por las mujeres e intentan durante algún tiempo vivir como lesbianas. Los terapeutas recogen afirmaciones tales como: «Tuve encuentros lésbicos ocasionales en el instituto y la universidad, pero nunca me sentí lesbiana. Me sentía hombre y, al mezclarme con grupos de lesbianas, sus problemas me parecían muy lejanos a los míos. Era un lugar más al que no pertenecía».[21] En 1977, en la primera autobiografía de un hombre trans, Mario Martino afirmó: «Yo era un chico. Me sentía y me vestía como tal y luchaba como ellos. Más tarde iba a amar como un chico».[22] Incluso antes de la transición, Martino disfrutaba de la excitación que le producían las «revistas para chicas» en la habitación de su prima. Pat Califia comenta: «El sexo es fundamental en estas historias [...]. Tener relaciones sexuales con una mujer heterosexual y darle placer es incluso más importante para la identidad de género de Martino que la posesión de un físico viril».[23] Drew Seidman, cuya

[20] R. Michael, J. Gagnon, E. Laumann y G. Kolata, *Sex in America: A Definitive Survey*, Warner Books, 1995, tabla 14, p. 157.

[21] Brown y Rounsley, *True Selves*, 1996, p. 71.

[22] M. Martino, *Emergence: A Transsexual Autobiography*, Crown Publishers, 1977, citado en Califia, *Sex Changes*, 1997, p. 38.

[23] Califia, *Sex Changes*, 1997, p. 39.

reacción a la testosterona he señalado anteriormente, dijo en una entrevista posterior a la transición y a tomar testosterona: «De chica me gustaba el porno, pero ahora me gusta mucho más. Realmente me ayuda a comprender a los hombres».[24]

Un testimonio apasionante sobre la sexualidad es el del conocido escritor activista transgénero Jamison Green. Después de la transición, empezó a ir más allá de las «páginas de revistas pornográficas que guardaba al lado de mi cama, en el coche. [...] Poco a poco, empecé a ver que las mujeres de verdad se fijaban en mí, [...] me veían por fin como un hombre, no como un chico, no como una lesbiana, no como un andrógino, sino como un hombre barbudo, hirsuto y de físico sólido que tenía algo que ofrecerles. La primera vez que una mujer me chupó la polla me quedé asombrado por la sensación, por el puro gozo que me proporcionó mientras giraba su lengua alrededor del capullo, mientras deslizaba sus labios a lo largo de su eje, mientras me miraba, satisfecha de sí misma [...]. Ella disfrutaba de cada centímetro de su cuerpo mientras yo la acariciaba».[25]

Cada vez más, los relatos adultos de hombres y mujeres transgénero reconocen la sexualidad y devuelven el sexo a la transexualidad. Aun así, no para todos la sexualidad es una parte importante de la experiencia transgénero. Aunque ignorarla no está bien, exagerar su papel también es un error. Conozco a personas transgénero que simplemente no están muy interesadas en el sexo. Tal vez una cuarta parte no tenga relaciones ni sea sexualmente activa, pero sus historias son breves y quedan fácilmente eclipsadas por las de quienes tienen fantasías y prácticas más elaboradas. Hay que tener en cuenta que, entre las personas no transgénero, el 10 por ciento de las mujeres y el 14 por ciento de los hombres pueden no ser sexualmente activos con su pareja en todo un año.[26] Estos porcentajes parecen coincidir también para las personas transgénero.

---

[24] N. Vincent, «A real man: Brooklyn girl grows hair on chest», *Village Voice*, noviembre de 1999, pp. 17-23.

[25] J. Green, *Becoming a Visible Man*, Vanderbilt University Press, 2004.

[26] R. Michael, J. Gagnon, E. Laumann y G. Kolata, *Sex in America: A Definitive Survey*, Warner Books, 1995, tabla 8, p. 116.

Seguir adelante de todos modos

A pesar de estas turbulentas corrientes internas de género y sexualidad, las personas transgénero suelen intentar vivir en el sexo que se les asignó al nacer. Como informan Brown y Rounsley, «se visten como lo exige el papel, desarrollan su cuerpo, se unen a grupos, se sumergen en sus profesiones, salen con el sexo opuesto, se casan, tienen hijos».[27] Muchas mujeres trans buscan, antes de la transición, la profesión o el trabajo masculino más rudo y estereotipado que puedan encontrar: policía, mecánico de coches o aviones, conductor de grandes camiones o trabajador en acerías, en fábricas de automóviles o en la construcción pesada. El servicio militar también es un camino popular. Brown y Rounsley afirman que más de la mitad de sus clientes sirvieron en el Ejército, a menudo en las misiones más severas o peligrosas que pudieron encontrar. He conocido personalmente a dos expilotos de caza, así como a exmarines, que ahora son mujeres trans. Además, antes de la transición, las mujeres trans pueden hacer ejercicio, dejarse barba o bigote y dar una imagen hipermasculina a través del corte de pelo, la ropa y la conducta. Es posible que más tarde haya que deshacer todo eso, ya que el aumento de volumen por el levantamiento de pesas interfiere en una presentación femenina.

Los terapeutas informan de que muchas personas trans hacen frente a la situación mediante técnicas de reducción del estrés, como la visualización, la imaginación guiada y la meditación. La inmersión excesiva en el trabajo y la carrera es otra táctica de supervivencia. Como recuerda una mujer trans: «Yo era un personaje de primera línea en el mundo de la computación, y en cinco años pasé de ganar veintidós mil dólares a ganar cien mil. Descubrí que podía hacerlo comportándome de esa forma típicamente macho que parecían esperar de mí. Me volqué totalmente en mi trabajo. Volaba por todo el mundo, hablaba con la gente sobre nuestros productos y hacía nuevos contactos, pero no estaba de verdad allí. Realmente me afectó. [...] Sentí que me apagaba poco a poco».[28]

---

[27] Brown y Rounsley, *True Selves*, 1996, p. 79.
[28] *Ibid.*, p. 81.

La mayoría de los clientes transgénero adultos sufren en silencio y aislamiento durante mucho tiempo antes de dejar que *alguien*, incluso un terapeuta, conozca los conflictos con su género.[29] Una de las razones del silencio es no saber qué decir. Los terapeutas clasifican a sus clientes adultos en «conocedores» y «confusos». Los primeros saben con certeza que son transexuales y necesitan consejo sobre cómo proceder y cómo tratar los problemas personales acumulados. Son personas que es probable que ya hayan participado en actividades de la comunidad transgénero. Los confusos no están seguros de lo que es un transexual: «No tenía una forma real de definirme. Sabía qué *no era*, pero no tenía ni idea de quién *era*. Me llamaba a mí mismo transexual sin entender realmente lo que significaba ser transexual, sin haber conocido nunca a gente que se considerara transexual para poder comprobar si estábamos hablando de lo mismo».[30] Estas personas suelen acudir directamente a un terapeuta sin haberse sumergido antes en la cultura trans. Su primer punto de contacto con otras personas trans puede ser la reunión del grupo de apoyo que el terapeuta organiza para que sus clientes se conozcan. La concepción de lo que significa ser trans está condicionada por el hecho de que el primer encuentro sea con un terapeuta o con la comunidad trans. La vía de la terapia es más estigmatizante, ya que presenta la expresión transgénero como una enfermedad que necesita una cura.

Transición transgénero

Para las personas transgénero, la salida del armario es «hacer la transición». Es el momento en que pasan de vivir con el género que se les asignó al nacer a vivir con el género con el que se sienten identificados. En Estados Unidos, el protocolo para la transición bajo supervisión médica, llamado *Standards of Care* (Tratamientos de referencia), exige trabajar con un terapeuta conductual durante al menos tres meses. A continuación, por recomendación del

[29] *Ibid.*, p. 82.
[30] *Ibid.*, p. 100.

terapeuta, un médico prescribe hormonas. Se puede seguir tomando hormonas antes de la transición hasta que los efectos físicos sean inconfundibles.[31] La «aprobación» —es decir, ser reconocido como perteneciente al género de nuestra identidad— preocupa a todos en este momento, pues es necesaria para sobrevivir. Sin ella, uno es cuestionado en los baños públicos y se le quedan mirando fijamente en la calle y en los restaurantes. Es posible que ni siquiera pueda ir a hacer la compra. Pueden atacarnos o ridiculizarnos. Lo contrario de la aprobación es cuando te «calan».

Las personas que no son trans suelen sorprenderse de las medidas que toman los transgénero para ofrecer una presentación típica de su género. Los pasos incluyen la eliminación del vello facial en el caso de las mujeres trans, y la eliminación de los pechos, los procedimientos faciales cosméticos y el culturismo en el caso de los hombres trans. Para sentirse seguro es imprescindible no solo la aprobación en sí, sino que tu aspecto «funcione». Pero sentir un cierto grado de aprobación de los otros es imprescindible para llevar una vida productiva en la sociedad actual. Las personas cuya identidad no se ajusta a las normas de género aceptadas soportan una carga adicional.

Vivir a tiempo completo en el género en el que uno se siente identificado durante un periodo de prueba de un año se llama «prueba de la vida real». Después de este año, se puede optar por la cirugía de reasignación de sexo, realizada por un cirujano previa derivación de dos terapeutas conductuales. La transición conlleva inseguridad e incógnitas, además de ganancias y pérdidas. Un hombre transgénero comenta: «A veces me pregunto si mis pérdidas serán demasiadas y demasiado duras como para recuperarme de ellas, sobre todo cuando me enfrento constantemente a un mundo inculto e insolidario, y me pregunto incesantemente si el tiempo y las hormonas me permitirán alguna vez escapar de su escrutinio y sus juicios». Igualmente, una mujer trans dice: «Lo que realmente me llama la atención es que todos los transexuales

---

[31] Una guía completa sobre hacer la transición aparece en G. Isreal y D. Trarver II, *Transgender Care: Recommended Guidelines, Practical Information and Personal Accounts*, Temple University Press, 1997.

pierden algo una vez que salen del armario. La pregunta que me hago es: "¿Cuánto voy a perder?". He apostado todo lo que he conseguido en la vida —trabajo, relación, familia, salud, futuro—, y parece que el destino decidirá lo que se me permita conservar, si es que hay algo. Es como volver a empezar a vivir».[32] Para la mayoría, la transición es un momento mucho más importante que la cirugía de reasignación de sexo, que, si se produce, a menudo se considera simplemente «la guinda del pastel».[33] La transición es dar dos pasos hacia atrás para dar cuatro hacia delante. Si uno está cerca del borde al empezar, dos pasos son suficientes para caer.

Los principales problemas prácticos durante la transición son encontrar una red social de la que formar parte, salir del armario ante la familia y salir del armario en el trabajo. La literatura terapéutica incluye ejemplos de cartas redactadas para los jefes, cartas a los familiares, etc. Entre las cuestiones que se plantean está la de cambiar de trabajo o permanecer en el mismo puesto. En décadas pasadas, la transición se basaba en el programa de testigos protegidos. Una persona transgénero reaparecía en una nueva ciudad con un nuevo nombre, una nueva carrera y un pasado inventado, es decir, en última instancia, en secreto. Hoy en día, las personas trans hacen la transición de una forma cada vez más pública, en el trabajo, reconociendo la existencia de una vida pasada y sacando partido de sus habilidades.

La táctica más utilizada hoy en día para informar al jefe es la tarjeta médica. Un hombre trans recuerda: «Concerté una cita y me reuní con mi jefe. Le expliqué que me habían diagnosticado disforia de género (término médico para referirse a la transexualidad) y le expuse brevemente los tratamientos de referencia que seguía mi médico en mi transición de mujer a hombre».[34] La entrevista fue bien y este hombre conservó su puesto de trabajo. Casi todas las personas que conozco han hecho la transición utilizando una variante de esta historia. Funciona. No es momento de preocuparse por si la disforia de género es una enfermedad inventada.

---

[32] Brown y Rounsley, *True Selves*, 1996, p. 126.
[33] *Ibid.*, p. 127.
[34] *Ibid.*, p. 154.

Los sentimientos son ciertamente genuinos; la cuestión es si estos sentimientos constituyen una «enfermedad».

A pesar de todos estos traumas y obstáculos aparentemente interminables, la transición es maravillosa. Las personas trans suelen sentirse eufóricas después de la transición: bailan por su apartamento, enamoradas del mundo. Yo descubrí una gran bondad en los demás cuando hice la transición. Sentí que podía abrirme a la gente y empatizar con ellos mejor que nunca.

Comparación de las narrativas gay y trans

En vista de la gran variedad que existe en torno a la experiencia trans, cabe preguntarse si hay alguna diferencia entre la experiencia transgénero y la experiencia gay y lesbiana. Muchas personas en su juventud no están conformes con su género. Muchas chicas disfrutan practicando deportes y subiendo a los árboles como marimachos. A muchos chicos les gustan las actividades que no requieren una actitud agresiva. La mayoría de los niños que no están conformes con su género maduran como adultos heterosexuales cisgénero, algunos como gais o lesbianas, y una fracción aún más pequeña como transgénero. Además, muchas personas gais y lesbianas no mostraron diferencias de género cuando eran niños.

Los relatos de niños no conformes con su género que maduran como gais o lesbianas son perceptiblemente diferentes de los de los niños trans, principalmente por su énfasis en la sexualidad más que en la identidad de género. Para los niños gais y lesbianas no conformes con su género, el género suele ser un instrumento para la sexualidad, más que un fin en sí mismo. Una reciente recopilación de ensayos y relatos sobre la no conformidad de género en la infancia por parte de gais y lesbianas sugiere cuáles son las diferencias.[35] Michael Lassell, un hombre gay adulto, recuerda por ejemplo: «¿Quería literalmente ser una chica cuando era niño? Sí. Pero solo porque si hubiera sido chica podría haber

[35] M. Rottnek (ed.), *Sissies and Tomboys: Gender Nonconformity and Homosexual Childhood*, New York University Press, 1999.

hecho todas las cosas que me gustaban [...]. Desde luego, sabía que mis sentimientos por Georgie Bowen en la clase de Gimnasia tenían algo que ver con... su pene de adulto».[36] Del mismo modo, Kim Chemin, una lesbiana, escribe: «Yo era un chico. Sentía el deseo de mirar, de perseguirlas [a las mujeres], de poseerlas, de llevarlas hacia mí, estaba en mi derecho, ¿comprendes? Sentir que se tiene derecho al cuerpo de una mujer: eso es lo que entiendo por ser un chico».[37]

Al menos a partir de estos ejemplos, parece que cuando los niños gais y lesbianas muestran diferencias de género, la excitación sexual y la sexualidad ocupan un lugar más destacado en sus relatos que en las historias transgénero. Tanto los niños que crecen y se identifican como gais como los que llegan a identificarse como trans suelen tener aversión a la asignatura de Gimnasia. En el caso de los gais, la incomodidad parece estar más relacionada con el impulso sexual que sienten en el vestuario, y en el caso de los trans con el hecho de que sienten que están en el vestuario equivocado. Aun así, las aristas de la subcultura *drag queen* entre los gais y el hecho de ser *butch* [marimacho] entre las lesbianas se funden perfectamente con la experiencia transgénero.

---

[36] M. Lassell, «Boys don't do that», 1999, pp. 245-262 en *ibid.*

[37] K. Chemin, «My life as a boy», 1999, pp. 199-208 en *ibid.*

16

Enfermedad frente a diversidad

Clasificar erróneamente la diversidad humana como enfermedad supone una de las principales amenazas para el arcoíris humano. Las técnicas convencionales, desde la cirugía hasta el lavado de cerebro, se aplican a personas diversas, llegando a menudo a desfigurarlas. Incluso los que se libran de las lesiones manifiestas viven estigmatizados, creyendo que les pasa algo malo. ¿Cómo pueden producirse estos abusos en el mundo actual?

La patologización de la diversidad por parte de la medicina surge de la ausencia de una definición científica de enfermedad. En los diccionarios médicos aparecen definiciones como: «La enfermedad es una alteración del estado normal del cuerpo que interrumpe su función, causa dolor y tiene características identificables». El problema de esta definición radica en los conceptos de normalidad y función, ambos referidos a datos que van más allá del paciente individual.

La medicina no define lo normal. ¿Cómo de común tiene que ser un rasgo para ser considerado normal? La medicina no dice nada sobre el umbral de la normalidad. ¿Y qué es, en cualquier caso, lo normal?[1] ¿Estaba Einstein enfermo? La medicina tampoco define la función. El funcionamiento de las personas, o de ciertos aspectos de su comportamiento, se pone de manifiesto al observarlas en su entorno, no en la consulta de un especialista. ¿Y qué

[1] G. Maranto, «On the fringes of the bell curve: The evolving quest for normality», *New York Times*, 26 de mayo de 1998, p. B13; A. Dreger, «When medicine goes too far in pursuit of normality», *New York Times*, 28 de julio de 1998. Ver también J. Terry y J. Urla, *Deviant Bodies*, Indiana University Press, 1995, que examina las cambiantes definiciones de la normalidad en la historia a través de su reverso, la desviación.

funciones son las que cuentan? ¿Sufre una enfermedad una mano demasiado pequeña para sostener una pelota de baloncesto? La ausencia de definiciones científicas de normalidad y función abre la puerta a que sean las normas sociales las que se impongan, permitiendo que los valores sociales se hagan pasar por científicos.

Otra parte de la definición de enfermedad se refiere a cómo se siente el individuo. Si un individuo siente dolor y los síntomas se ajustan a un patrón conocido, se espera que el médico prescriba algún tratamiento. Este criterio parece la parte más útil de la definición. La normalidad por sí sola, sin tener en cuenta el dolor, no debería utilizarse como el único criterio para determinar si alguien está enfermo, como si uno debiera sentir dolor aunque no lo sienta.

Los criterios de un defecto genético

A diferencia de la medicina, la biología tiene criterios claros para definir lo que es un «defecto genético» y no utiliza la expresión «enfermedad genética». Cualquier rasgo genético es una inversión que puede dar dividendos en la descendencia en algún momento y lugar. Pero en cualquier momento y lugar, un gen puede tener mala suerte. Solo un rasgo heredado deletéreo en *todas* las condiciones puede considerarse un defecto genético. Además, un rasgo deletéreo en todas las condiciones es necesariamente raro (porque la selección natural se opone a él continuamente). Por lo tanto, para que sea un defecto genético, deben cumplirse dos criterios científicos: el rasgo debe ser extremadamente raro *y* no puede ser ventajoso bajo ninguna condición. Si no se cumple uno de estos criterios, el rasgo no puede considerarse un defecto genético.

No son lo suficientemente raros

Los defectos genéticos se eliminan automáticamente con el tiempo gracias a la selección natural. La única manera de que reaparezcan es mediante la mutación de genes adaptativos en formas deletéreas. El grado de rareza de un defecto genético se establece mediante un equilibrio entre dos tasas: la tasa de formación por mutación y la tasa de eliminación por selección natural. Este nivel de rareza se denomina equilibrio mutación-selección.[2]

---

[2] En el equilibrio mutación-selección, la frecuencia de un gen mutante dominante en la población (p) es v/s, y la frecuencia de un gen mutante recesivo es $\sqrt{v/s}$; donde v es la tasa de mutación recurrente agregada de los alelos restantes al alelo mutante (normalmente, digamos, 10^{-6}), y s es el coeficiente de selección que mide lo perjudicial que es el alelo mutante en relación con los no mutantes. En concreto, si la eficacia darwiniana de los genotipos no mutantes se estandariza a 1, la eficacia darwiniana de un genotipo mutante se expresa como $1 - s$. Así, s por 100 puede considerarse como el porcentaje en el que la eficacia darwiniana del mutante es menor que la del no mutante, y s varía desde 1 (para una mutación letal) hasta 0 (para una mutación que no es deletérea en absoluto).

En el peor de los casos, cuando el gen mutante es letal, la frecuencia del gen (p) varía entre 10^{-6} si es dominante y 10^{-3} si es recesivo. La frecuencia de nacimientos de individuos con el genotipo mutante es aproximadamente $2p$ si el gen mutante es dominante, porque el gen mutante se expresa principalmente en los heterocigotos, y aproximadamente p^2 si es recesivo, porque el gen mutante se expresa solo en los homocigotos. Estas frecuencias de nacimiento son entonces $2v/s$ para un dominante y v/s para un recesivo. En ambos casos, así como en los intermedios, la frecuencia de nacimiento b se resume en un factor de dos, mediante la fórmula aproximada $b \approx v/s$. Para un gen letal dominante con $s = 1$ y $v = 10^{-6}$, esta fórmula resulta ser de aproximadamente un nacimiento por millón. Los defectos genéticos letales son, por tanto, muy raros, tomando como referencia la cifra de uno por cada millón de nacimientos.

Si un rasgo es más común que uno entre un millón, entonces ocurre algo más: el gen no es tan deletéreo o solo lo es cuando se combina con otros genes o cuando se expresa en un entorno concreto, o bien está mejorado de alguna otra manera. Podemos tomar una cifra de 1 entre 50.000 como criterio aproximado para que los rasgos menos graves que los letales puedan calificarse de enfermedades genéticas. Más concretamente, si reordenamos la fórmula resumen de $b \approx v/s$ como $s \approx v/b$, vemos que una b de 1 entre 50.000 corresponde a un coeficiente de selección de 0,05. Un coeficiente de selección de 0,05 significa que por cada 100 descendientes netos producidos por individuos que no portan el genotipo mutante, solo 95 son producidos por aquellos que sí portan el genotipo mutante, un déficit del 5 por ciento en la eficacia darwiniana. Un déficit del 5 por ciento en la eficacia representa una selección natural lo suficientemente fuerte como para destacar frente al ruido evolutivo de la deriva genética en una población de 200 o más. Un déficit del 5 por ciento en la eficacia puede no parecer mucho, pero si se mantiene en todos los entornos en todo momento, conducirá a una frecuencia de nacimiento de solo 1 entre 50.000.

Si la frecuencia de nacimientos es superior a 1 de cada 50.000, el déficit de eficacia no es tan alto como el 5 por ciento. Por lo tanto, los rasgos cuya frecuencia de nacimiento es tan común como 1 de cada 1.000 a 1 de cada 100 —el rango de la mayoría de los rasgos LGTBI— son inconsistentes con cualquier selección opuesta que no sea la más débil, una selección tan débil que se pierde en el ruido evolutivo de la deriva genética para la mayoría de los tamaños de población efectiva humana.

Una sencilla tabla muestra la relación entre el grado en que un rasgo es defectuoso y su rareza:

Relación entre rareza y severidad de una enfermedad

Nacimientos	Reducción en eficacia biológica darwiniana
1 entre 10	0,001 %
1 entre 100	0,01 %
1 entre 1.000	0,1 %
1 entre 10.000	1 %
1 entre 50.000	5 %
1 entre 100.000	10 %
1 entre 1.000.000	100 %

Si un rasgo es letal, solo se produce con la frecuencia de la tasa de mutación, que es de una entre un millón, como se indica en la fila inferior de la tabla. Si la reducción en eficacia biológica darwiniana (la probabilidad de sobrevivir a la reproducción multiplicada por el número de descendientes producidos) es del 10 por ciento, la frecuencia del rasgo se eleva a 1 entre 100.000. Si la reducción de la eficacia biológica es solo del 5 por ciento, el rasgo tiene una frecuencia de 1 entre 50.000. Tomaré esta cifra como la definición del umbral de rareza en el que un rasgo puede considerarse un defecto. Incluso si un rasgo no fuera particularmente dañino, y una pérdida de eficacia biológica del 5 por ciento no fuera tan fácil de detectar, este grado de desventaja, si se mantuviese a través de todas las generaciones en todas partes, eventualmente llevaría al rasgo a ser tan raro como de 1 entre 50.000.

Las fórmulas para el equilibrio mutación-selección pueden encontrarse en cualquier libro de texto sobre genética de poblaciones. Ver, por ejemplo, J. Crow y M. Kimura, *An Introduction to Population Genetics Theory*, Harper and Row, 1970, pp. 259-260; y J. Roughgarden, *Theory of Population Genetics and Evolutionary Ecology*, Prentice Hall, 1996, p. 47. La conversión de frecuencias génicas a frecuencias de nacimiento utiliza las relaciones Hardy-Weinberg.

En cambio, los rasgos relativamente comunes, digamos los que están en el rango de 1 entre 10 a 1 entre 1.000, solo pueden ser consistentes con una pérdida de eficacia biológica diminuta e indetectable. Un rasgo que cause una pérdida de eficacia biológica de, digamos, entre el 0,1 y el 0,001 por ciento no puede considerarse una «enfermedad» en ningún sentido, porque las personas con o sin el rasgo no son detectables, y las diferencias tan mínimas se enmascaran fácilmente por las diferencias aleatorias que se dan en las sucesivas generaciones. Este punto es fundamental. La expresión «enfermedad genética común» es una contradicción terminológica.

En resumen, según la biología, un rasgo relativamente común no puede clasificarse como defecto genético, independientemente de la opinión médica. Si el rasgo es, digamos, diez veces más común que el umbral (1 de cada 50.000) y se ha considerado tradicionalmente una «enfermedad», o bien se ha sobrestimado la desventaja general del rasgo, o bien el rasgo tiene algunas ventajas posiblemente desconocidas además de las desventajas conocidas. Y cuando los genes tienen tanto ventajas como desventajas, los efectos pueden percibirse en los mismos o en diferentes individuos.

A veces son adaptativos

Como se ha indicado, un rasgo genético tampoco puede llamarse defecto genético si es adaptativo en algunas circunstancias. Para demostrar que un rasgo es un defecto genético hay que demostrar que no puede ser adaptativo en ninguna condición. Mostrar una condición en la que el rasgo es adaptativo invalida la afirmación de que es un defecto genético.

Para comprobar si un rasgo genético es un defecto, se puede esperar descubrir las circunstancias precisas en las que resulta beneficioso. Desgraciadamente, los usos de rasgos relacionados con el género y la sexualidad suelen desconocerse porque las profundidades de la historia humana son oscuras. Aun así, mostrar una función natural es la forma más clara de desmentir la afirmación de que un rasgo es un defecto genético.

Clasificación errónea de las enfermedades tradicionales

No es fácil saber si un rasgo genético es un defecto. De hecho, muchas de las enfermedades genéticas «tradicionales» pueden estar en parte mal clasificadas. Una tabla publicada en el *Time* resumía la frecuencia de las «enfermedades comúnmente heredadas»,[3] pero ¿cuántas de ellas son realmente defectos genéticos (que, como hemos visto, deben ser extremadamente raros)? La enfermedad de Huntington, con entre 4 y 7 casos por cada 100.000 nacimientos, es un probable defecto genético, al igual que la hemofilia A ligada al sexo, con 1 nacimiento por cada 8.500 hombres. Pero otros de la tabla son bastante comunes, de 1 por cada 1.500 a 1 por cada 3.600 para la fibrosis quística, la distrofia muscular, el síndrome del cromosoma X frágil, la poliquistosis renal y la enfermedad de Tay-Sachs en los judíos asquenazíes. La anemia falciforme se da en aproximadamente 1 de cada 500 nacimientos en personas de raza negra. Llamar a muchas de estas condiciones defectos genéticos es prematuro, cuando no hemos tenido en cuenta la discrepancia entre su aparente efecto deletéreo y su relativa frecuencia.

Es importante preguntarse por qué algunas de estas afecciones son tan comunes; si se eliminaran los genes, cualquier cosa buena que hicieran se perdería junto con sus efectos nocivos. La anemia falciforme está causada por un gen que en una sola copia es bueno porque protege contra la malaria, pero que es malo cuando se combina con una copia de sí mismo. Para alguien que sufre anemia falciforme, el rasgo se califica ciertamente como una enfermedad genética, y curar los síntomas es un desafío médico importante. Sin embargo, eliminar el gen falciforme de la población en lugar de reducir el número de personas que padecen anemia significaría que habría más personas expuestas al riesgo de contraer malaria, porque hay más individuos con una copia del gen falciforme que con dos copias. Por lo tanto, la eliminación del gen falciforme perjudicaría a más personas de las que ayudaría en las regiones donde la malaria es predominante.

---

[3] *Time*, 11 de enero de 1999, pp. 57-58.

En el caso de otros trastornos genéticos, la redistribución del patrimonio genético también presenta ventajas y desventajas éticas complejas. Puede que sea mejor tratar la expresión de estos genes en las personas afectadas que eliminar los genes del acervo genético (en caso de que esto fuera posible).[4]

¿Cómo de comunes son la homosexualidad y la transexualidad?

En cuanto a los rasgos LGTBI, ¿podrían ser defectos genéticos? La proporción de personas que son gais o lesbianas oscila entre 1 de cada 10 y 1 de cada 100, dependiendo de cómo se defina la categoría. Utilizando los datos más recientes de Estados Unidos, el 6 por ciento de los hombres se sienten atraídos sexualmente por otros hombres, de los cuales el 2,8 por ciento se identifica como gay; y el 4 por ciento de las mujeres se sienten atraídas sexualmente por otras mujeres, de las cuales el 1,4 por ciento se identifican como lesbianas.[5] Tomemos el 5 por ciento como cifra de partida. Cinco de cada 100 es 2.500 veces mayor que 1 de cada 50.000, por lo que los gais y las lesbianas son 2.500 veces más comunes que las personas con un defecto genético. El criterio de extrema rareza se viola en más de tres órdenes de magnitud, y la afirmación de que la homosexualidad es un defecto genético es falsa ya solo por este motivo.

---

[4] Ver también R. Nesse y G. Williams (un médico y un biólogo evolutivo), *Why We Get Sick: The New Science of Darwinian Medicine*, Vintage Books, 1996. En especial el capítulo 7, «Genes and Disease», que incluye una tabla de los beneficios de los genes considerados enfermedades [trad. cast.: *¿Por qué enfermamos?*, Grijalbo, 2000]. El trabajo de J. Diamond, médico y ecólogo, está en B. Spyropoulos y J. Diamond, *Nature* 331, 1989, p. 666; *Discover*, noviembre de 1989, pp. 72-78; *Natural History*, junio de 1988, pp. 10-13, y febrero de 1990, pp. 26-30. Ver también G. Kolata, *New York Times*, 16 de noviembre de 1993, pp. C1 y C3, sobre fibrosis quística; y N. Angier, *New York Times*, 1 de junio de 1994, p. B9, sobre los aspectos evolutivos de las enfermedades genéticas.

[5] La prevalencia de hombres gais y de lesbianas está entre el 10 y el 1 por ciento, según los datos de Alfred Kinsey y de las encuestas posteriores. Los números varían según cómo se defina gay. En cualquier estudio concreto, la prevalencia de los hombres gais parece ser hasta el doble de la de las mujeres lesbianas. Ver R. Michael, J. Gagnon, E. Laumann y G. Kolata, *Sex in America: A Definitive Survey*, Warner Books, 1994, pp. 169-183; S. LeVay, *Queer Science*, MIT Press, 1996, pp. 47-49 y 60-64.

Como se detalla en este libro, la homosexualidad no es una disfunción; ha sido a menudo adaptativa en otras culturas y otros periodos históricos, así como en otras especies de vertebrados. Además, ser homosexual no es incapacitante ni doloroso en sí mismo. La homosexualidad no está determinada por la genética. No hay duda: la homosexualidad no es un defecto ni una enfermedad genética.

¿Y las personas transgénero? El número de trans es incierto. Hasta hace poco, las cifras que se barajaban, basadas en datos de Holanda, eran de 1 entre 10.000, para los transexuales de hombre a mujer, y de 1 entre 30.000, para los transexuales de mujer a hombre.[6] Estas cifras son mayores que la cifra de 1 entre 50.000 existente en las referencias más antiguas, pero siguen siendo lo suficientemente pequeñas como para que el transexualismo pueda ser considerado un defecto genético límite. Además, nadie ha sugerido nunca que ser transgénero sea algo adaptativo.

Aunque ser transgénero no es en sí mismo doloroso ni incapacitante, para muchos la agonía que precede a la transición es debilitante. Por eso, la mayoría de las personas trans, entre las que me incluyo, han aceptado que ser transexual significa ser portador de un rasgo desventajoso, presumiblemente determinado biológicamente; un defecto genético de algún tipo. Las personas trans se proponen vivir su vida lo mejor posible con «su condición», como lo haría cualquier otra persona con alguna enfermedad genética.

Sin embargo, los nuevos datos que se van conociendo van debilitando la interpretación del transexualismo como un defecto genético. Lynn Conway, una ingeniera trans, dio la voz de alarma por primera vez al cuantificar las cirugías de reasignación de sexo (CRS) realizadas por los principales cirujanos, que resultaron ser muy numerosas.[7] Según Conway, el cirujano Stanley Biber ha realizado más de 4.500 CRS desde que empezó en 1969; durante muchos

---

[6] El documento *Standards of Care for Gender Identity Disorders*, de la Harry Benjamin International Gender Dysphoria Association, 5.º borrador, 29 de enero de 1997, afirma que en Holanda 1 de cada 11.900 personas son transexuales de hombre a mujer y 1 de cada 30.400 personas son transexuales de mujer a hombre. La asociación se creó gracias a los esfuerzos de un hombre transgénero, Reed Erickson.

[7] Ver http://www.lynnconway.com/

años, Biber hizo dos reasignaciones de sexo al día, tres días a la semana. Otros dos cirujanos destacados, Eugene Schrang y Toby Meltzer, mantienen un ritmo similar, realizando actualmente un total de 400 a 500 operaciones de CRS al año. Si se incluyen las operaciones de otros cirujanos, se calcula que al año se realizan en Estados Unidos entre 800 y 1.000.

A razón de 1.000 operaciones al año, en cuarenta años habría en Estados Unidos un total de 40.000 personas transexuales de hombre a mujer posoperadas. Dividiendo estos 40.000 entre los aproximadamente 80 millones de hombres en la franja de edad de 18 a 60 años, en la que se producen las operaciones, se obtiene como resultado 1 de cada 2.000. La discrepancia entre 1 de cada 2.000 y 1 de cada 50.000 marca toda la diferencia. La cifra de 1 entre 2.000 es 50 veces mayor que el nivel que define un defecto genético. Además, la cifra de 1 entre 2.000 se refiere a los transexuales posoperados. Hay muchos que no se han contado en esta estadística: transexuales preoperados y transexuales no operados. Conway sugiere que al tener en cuenta a estas personas adicionales llegamos a una tasa de transexualismo de hombre a mujer superior a 1 de cada 500, lo que implica que el tan citado consenso médico está «equivocado en más de dos órdenes de magnitud».[8]

Estadísticas similares para el Reino Unido refuerzan esta afirmación. En 1997-1998, los servicios gubernamentales realizaron 44 operaciones de cambio de sexo masculino a femenino, y el sector privado 104 cirugías de reasignación de sexo, lo que supone un total de unas 150 al año. Si hacemos cuentas, 150 al año multiplicado por 40 años da como resultado unas 6.000 personas.[9] Con unos 18 millones de varones de entre 18 y 60 años, la proporción de transexuales posoperados en el Reino Unido es de aproximadamente 1 entre 3.000.[10]

Además, la principal clínica gubernamental donde se realizan cirugías de reasignación de sexo, la Clínica de Identidad de Género

---

[8] https://ai.eecs.umich.edu/people/conway/TS/TS-II.html.

[9] Ver la cifra de 5.000 utilizada por Press for Change, http://www.pfc.org.uk/index.html.

[10] D. Kelly, «Estimating of the prevalence of transsexualism in the United Kingdom», 2001, http://ai.eecs.umich.edu/people/conway/TS/UK-TSprevalence.html.

del Hospital de Charing Cross, atendió 470 nuevos casos y, de ellos, realizó 44 operaciones de hombre a mujer, lo que sugiere que de 10 personas que se autoidentifican como transexuales, solo 1 cumple los requisitos para la operación. Por lo tanto, el número de personas que se identifican como transexuales puede ser 10 veces mayor que el número de transexuales posoperados, lo que situaría el número de transexuales en el Reino Unido en aproximadamente 1 de cada 300, en concordancia con los cálculos de Conway para Estados Unidos.

Tanto las estimaciones de Estados Unidos como las del Reino Unido son cálculos a grandes rasgos y seguramente se perfeccionarán en el futuro. Aun así, las estimaciones son sólidas. Consideremos la alternativa. Si la proporción de transexuales fuera de 1 entre 50.000, como exige el criterio del defecto genético, la población estadounidense de 80 millones de hombres contaría con solo 1.600 transexuales. Si estas 1.600 personas se convirtieran en posoperadas durante los cuarenta años que van de los 20 a los 60 años, el número de operaciones de CRS ascendería a solo 40 por año. Sin embargo, sabemos que solo tres de los muchos cirujanos que realizan el procedimiento llevan a cabo al menos 400 operaciones de CRS al año. Por lo tanto, la afirmación de que la transexualidad es un defecto genético queda directamente falsada por los datos que demuestran que cada año se realizan diez veces más operaciones de CRS que las previstas por la hipótesis del defecto genético.

Además, el porcentaje estimado de transexuales en Estados Unidos y el Reino Unido se sitúa en el mismo nivel que el porcentaje de *hijras* en la India. El número de *hijras* es de más de un millón de personas en una población de mil millones, lo que equivale a alrededor de 1 por 1.000 (ver p. 494). Por otra parte, en la India hay otras categorías de personas trans además de la *hijra*, por lo que el número de transexuales es mayor que 1 por cada 1.000, aunque quizá no tan alto como 1 por cada 500.

La estimación exacta de la proporción transgénero en la población está pendiente de un estudio estadístico y demográfico detallado. Mientras tanto, aceptaré 1 por cada 1.000 como cifra de trabajo para el segmento de la población con identidad trans.

Esta proporción replantea el debate, sacando el transexualismo del ámbito de los defectos genéticos para ponerlo en el de la variación humana natural y normal, aunque poco común. La proporción 1 por cada 1.000 está en el percentil 99,9, una puntuación deseable para los exámenes de acceso a la universidad, correspondiéndose con un coeficiente intelectual (CI) de 130. Ser transexual es tener un coeficiente de identidad transgénero de 130.

Si el transexualismo ya no es científicamente sostenible como defecto genético, surge la siguiente pregunta: ¿qué es lo que puede tener de adaptativo ser transexual? En la antigüedad occidental, y en las culturas no occidentales, las personas hombre-mujer disfrutan de ocupaciones especiales en las que es apropiado y útil que un individuo de cuerpo masculino viva en espacios femeninos y privados. La tercera parte de este libro estudia estas situaciones. Además, en otras especies de vertebrados, como los peces luna, los machos femeninos tienen roles sociales diferenciados. Del mismo modo, en otros vertebrados, la masculinidad es utilizada por las hembras para regular el grado de interés sexual de los machos y para controlar la frecuencia con la que son solicitadas. No sé si la función de estas expresiones transgénero en otros vertebrados es relevante para los humanos. Hasta ahora, nadie ha considerado seriamente la posibilidad de que ser transgénero sea adaptativo.

Todo el mundo, incluidas las propias personas trans, se ha sentido seguro creyendo que el transexualismo es una anomalía médica de algún tipo. Por ello, se espera que los relatos sobre personas transgénero exitosas transmitan cómo han logrado llevar una vida productiva a pesar de su «discapacidad». Estas historias pueden ser apropiadas para las personas trans de éxito que sobreviven en la sociedad occidental actual, pero podrían ser inexactas en otras épocas y lugares, en los que ser trans era valioso en sí mismo. A medida que las investigaciones futuras analicen la expresión trans desde una perspectiva positiva, seguramente surgirán más posibilidades de explicar por qué ser trans puede ser adaptativo en sí mismo.

¿Qué hay de una posible base genética del transexualismo? Se sabe poco al respecto, aunque las contribuciones genéticas y hormonales son probablemente mayores que en el caso de la homosexualidad, ya que la identidad de género se forma probablemente en una fase más temprana del desarrollo, cuando los genes y las hormonas desempeñan un papel más importante que la orientación sexual.

Si juntamos todos estos puntos, la transexualidad parece demasiado común para estar en un equilibrio mutación-selección; los escenarios especulativos de la antropología comparativa, la historia y el comportamiento animal sugieren que la expresión transgénero puede ser adaptativa en situaciones especiales; y ser trans no es en sí mismo doloroso ni incapacitante. Así pues, ¿es la transexualidad un defecto o una enfermedad genética? Probablemente, ninguna de las dos cosas.

¿Es la intersexualidad un defecto genético?

Para empezar, el criterio sobre qué es la intersexualidad no está bien definido. Básicamente, si un médico no puede asignar de manera inequívoca a un bebé la categoría de hombre o mujer al nacer, el bebé es intersexual. A partir de entonces, el bebé se somete a una lista de comprobación para ver cuál es su «verdadero» sexo, y como resultado se le «asigna» a uno de los dos. En función de la asignación, los genitales se suelen esculpir con un bisturí para que coincidan con alguna norma esperada para los genitales. Este procedimiento presupone que la distinción binaria entre masculino y femenino se aplica a todo el cuerpo, lo cual, como hemos visto, no es necesariamente cierto.

Veamos si la intersexualidad puede considerarse un defecto o una enfermedad genética. La mayoría de los médicos considerarían la respuesta evidente y se molestarían por la pregunta. Sin embargo, la intersexualidad no pasa ni siquiera el criterio inicial de tener «características identificables». Ser intersexual se define por la ausencia de características, no por su presencia. Como resultado, la categoría de intersexualidad incluye cientos de estados genéticos, bioquímicos y anatómicos diferentes, algunos de los cuales son posiblemente defectos genéticos, y otros no.

Hipospadias

De los muchos estados corporales agrupados bajo el término de *intersexualidad*, el más común es el hipospadias, consistente en que la abertura uretral en el pene se encuentra por debajo de su punta. Aunque se supone que el orificio normal está en la punta, un estudio de 500 hombres reveló que solo el 55 por ciento tenía el orificio uretral ahí, mientras que el 45 por ciento lo tenía en algún lugar por debajo de la punta.[11] Si el orificio se encuentra en algún lugar del extremo bulboso del pene (el glande), el hipospadias se considera mínimo. Uno de cada dos niños parece tener un hipospadias leve de este tipo, aunque el criterio de detección varíe entre los pediatras. Si la abertura se encuentra a lo largo del tronco o por debajo, en la pared, se denomina medio o grave, y la frecuencia desciende a 1 de cada 1.725.[12]

Evidentemente, el hipospadias leve no debería considerarse un defecto porque no es doloroso ni aparentemente deletéreo en ningún sentido, y resulta mucho más común de lo que se esperaría en un equilibrio mutación-selección. Los investigadores médicos están empezando a sugerir que esta variación en la ubicación del orificio uretral es, después de todo, «normal».[13]

Hiperplasia suprarrenal congénita

El siguiente estado corporal más común agrupado bajo la etiqueta de intersexualidad se llama hiperplasia suprarrenal congénita (HSC). Hay una docena o más de subvariedades de HSC. Un gen denominado CYP21, situado en un autosoma (cromosoma distinto

---

[11] J. Fichtner, D. Filipas, A. Mottrie, G. Voges y R. Hohenfellner, «Analysis of meatal location in 500 men: Wide variation questions need for meatal advancement in all pediatric anterior hypospadias cases», *J. Urology* 154, 1995, pp. 833-834, citado en A. Fausto-Sterling, *Sexing the Body: Gender, Politics, and the Construction of Sexuality*, Basic Books, 2000, pp. 57-58 [trad. cast.: *Cuerpos sexuados. Políticas de género y la construcción de la sexualidad*, Melusina, 2006].

[12] Una frecuencia de 0,5797/1.000 personas se recoge en M. Blackless, A. Charuvastra, A. Derryck, A. Fausto-Sterling, K. Lauzanne y E. Lee, «How sexually dimorphic are we? Review and synthesis», *Amer. J. Human Biol.* 12, 2000, pp. 151-166.

[13] Fichtner *et al.*, «Analysis of meatal location in 500 men», 1995.

del X o el Y), produce una proteína que cataliza la conversión de la progesterona en cortisol, una hormona del estrés, en las glándulas suprarrenales situadas junto a los riñones. Si este gen está ausente o bloqueado, se acumula progesterona, que es androgénica en sí misma y también se convierte en otros andrógenos, como la testosterona, fuera de las glándulas suprarrenales. En las mujeres, la actividad de la proteína de este gen influye en el equilibrio corporal masculino-femenino. Cuanto menor sea la actividad del producto del CYP21, más masculino será el cuerpo, y cuanto mayor sea la actividad, más femenino.

La llamada HSC no clásica o de inicio tardío es la más común, y surge en cualquier momento después de los primeros cinco años de vida. La atención médica aparece cuando una niña tiene una pubertad precoz, un vello grueso con un patrón corporal masculino, una posible calvicie de patrón masculino y una irregularidad menstrual. El rasgo varía de muy común a raro: 1 de cada 27 para los judíos asquenazíes, 1 de cada 52 para los hispanos, 1 de cada 62 para los yugoslavos, 1 de cada 333 para los italianos y 1 de cada 100.000 para una población caucásica mixta. Una media de toda la especie tiene un significado incierto dada esta enorme variación geográfica, pero una revisión sitúa la frecuencia general entre los humanos en un 1,5 por ciento (o 1 de cada 66 personas).[14] En muchas chicas, la HSC simplemente produce un clítoris grande, y en muchas personas con cuerpo XY no tiene ningún efecto.

Por el contrario, la HSC clásica se observa en las mujeres en el nacimiento, en forma de genitales ambiguos que pueden incluir no solo un clítoris grande, sino también unos labios fusionados que comprenden un escroto parcial y una uretra contenida en el clítoris, como un micropene, junto con un útero.[15] En los varones, los genitales ofrecen pocas pistas. Dos tercios de las personas con HSC clásica también pierden o «desperdician» sal, pues las glándulas suprarrenales no producen una hormona adicional necesaria

[14] Blackless *et al.*, «How sexually dimorphic are we?», 2000. Ver también Fausto-Sterling, *Sexing the Body*, 2000, tabla 3.2, p. 53; L. Pinsky, R. Erickson y R. N. Schimke, *Genetic Disorders of Human Sexual Development*, Oxford University Press, 1999, p. 236.

[15] Pinsky *et al.*, *Disorders of Human Sexual Development*, 1999, p. 234.

para metabolizarla. Esta versión (HSC-PS o HSC-DS) se contrapone a la del tercio restante de las personas con HSC clásica, llamada virilizante simple (HSC-VS), que no afecta al metabolismo funcional de la sal. Si no se les administra cortisol y otras hormonas producidas por las glándulas suprarrenales, las personas con HSC-PS probablemente morirán de pequeñas. Mueren más varones de HSC-PS, debido a que sus genitales no sugieren un diagnóstico de riesgo del metabolismo de la sal; en las mujeres, los genitales intersexuales hacen que sea más probable que se diagnostique dicho riesgo.

La HSC clásica es menos común que la de inicio tardío, pero también muestra una enorme variación geográfica, que va desde 1 de cada 300 en los yupiks de Alaska, 1 de cada 800 en otros nativos de Alaska, 1 de cada 3.000 en la isla de La Reunión, 1 de cada 5.000 en Suiza, 1 de cada 7.000 en Brasil, 1 de cada 8.000 en la población árabe de Israel o 1 de cada 9.000 en Austria, hasta 1 de cada 40.000 en Estados Unidos. Un estudio sitúa la media mundial en 1 de cada 17.000.[16]

La HSC revela el microcosmos de problemas que plantea la intersexualidad. Una categoría heterogénea de personas se agrupa en torno a un discurso patologizante que utiliza palabras poderosas como *mutación* y *bloqueo*. Un extremo de la distribución de las personas con HSC podría decirse que padece una enfermedad genética: la HSC con pérdida de sal es genética, dolorosa, potencialmente mortal, deletérea en cualquier circunstancia, y podría decirse que es lo suficientemente rara como para representar un equilibrio mutación-selección en el acervo genético. Sin embargo, las personas que se encuentran en el otro extremo están condenadas por asociación. Etiquetar a las personas como HSC es estigmatizante. Un clítoris grande no tiene nada de malo. El lado no patológico de la HSC no puede calificarse como defecto genético, porque es demasiado común —miles de veces más frecuente que una condición mantenida en un equilibrio mutación-selección— y no es deletéreo en todas las condiciones. Un clítoris grande puede haber sido adaptativo durante nuestra historia evolutiva, ya que el

[16] Blackless *et al.*, «How sexually dimorphic are we?», 2000.

clítoris de muchos de nuestros parientes primates es grande y colgante. Sabemos poco de los hábitos de apareamiento de los primeros humanos y no podemos descartar que un clítoris grande tuviera alguna función positiva en el pasado, o incluso en la actualidad.

Síndrome de insensibilidad a los andrógenos

Una forma de intersexualidad denominada síndrome de insensibilidad a los andrógenos (SIA) corresponde a personas cuyos cromosomas sexuales son XY. El cromosoma Y, con su gen SRY, ayuda a las gónadas a diferenciarse como testículos y a producir testosterona, mientras que el cromosoma X contiene un gen que produce receptores para la testosterona. Este gen, llamado Xq11-12, posee muchos alelos (ciento cincuenta hasta la fecha),[17] que determinan el efecto que la testosterona puede tener en el cuerpo. Así pues, el grado de masculinidad corporal expresado por SRY en el cromosoma Y depende del resultado de su negociación con Xq11-12 en el cromosoma X. El SIA se caracteriza por un cuerpo muy femenino en un individuo XY, como resultado de los receptores que no se ligan fuertemente a la testosterona, de modo que esta tiene poco efecto en la apariencia corporal.

El SIA puede ser de tres tipos. En el SIA completo, la persona tiene una apariencia femenina totalmente típica en cuanto a los genitales externos, los pechos, la distribución del pelo y la voz; se cría como una niña y es una niña en cuanto a su identidad de género. El SIA parcial implica una mezcla de rasgos feminizados y masculinos, lo que lleva a una clasificación sexual ambigua al nacer. En el SIA leve la persona es clasificada como varón al nacer, pero más tarde muestra algunos rasgos femeninos, como el vello corporal distribuido en un patrón femenino y posiblemente una espermatogénesis alterada.[18]

La frecuencia del SIA completo en los nacimientos clasificados originalmente como masculinos se sitúa entre 1 de cada 20.000 y

---

[17] B. Gottlieb, H. Lehvaslaiho, K. Beitel, M. Trifiro, R. Lumbrosos y L. Pinsky, «The androgen receptor gene mutations database», *Nucleic Acids Res.* 26, 1998, pp. 234-238.

[18] Pinsky *et al.*, *Disorders of Human Sexual Development*, 1999, pp. 242-252.

1 de cada 60.000. En los nacimientos originalmente clasificados como femeninos, el SIA completo se produce en 1 de cada 8.000 nacimientos (detectado como el 1 o el 2 por ciento de las mujeres que presentan una hernia inguinal). Si se combinan los casos de SIA registrados en los nacimientos clasificados como masculinos con los clasificados como femeninos, se obtiene la estadística de que 1 de cada 13.000 personas nace con SIA completo. Las formas parciales y leves son una décima parte más comunes que el completo, pero esto puede ser una información incompleta, porque el diagnóstico se basaría en indicios menos distintivos. El SIA completo es tan común como la HSC clásica, y en cierto sentido es lo contrario de ella, ya que el SIA completo conduce a la feminización de un cuerpo cuyas gónadas son masculinas, mientras que la HSC clásica conduce a la masculinización de un cuerpo cuyas gónadas son femeninas.

Podría decirse que el SIA completo es una enfermedad genética. Aunque no es necesariamente doloroso, es deletéreo para la fertilidad y lo suficientemente raro como para representar un equilibrio mutación-selección. El SIA parcial, sin embargo, podría transformarse gradualmente en varios tipos corporales no diagnosticables que son relativamente andróginos y se calificarían como normales. Con ciento cincuenta alelos ya conocidos en el locus Xq11-12 para el receptor de andrógenos, probablemente bastantes son benignos, e incluso pueden ser beneficiosos en circunstancias en las que estilos menos extremos de tipos corporales masculinos son adaptativos. De hecho, este locus podría ayudar a modular el grado de dimorfismo sexual en nuestra especie. Al igual que ocurre con la HSC leve, el SIA leve no es una enfermedad y no debería condenarse por asociación con casos que sí suponen riesgos para la salud o la fertilidad.

Variación cromosómica

Otra vía de la intersexualidad proviene de las configuraciones cromosómicas sexuales distintas de XX y XY. Estas personas pueden denominarse cromosómicamente intersexuales, y algunas también tienen genitales externos ambiguos. Las más comunes son

XXY, con 1 caso entre 1.000; XYY, con 1 caso entre 1.100; XXX, con 1 caso entre 2.000; una sola X, con 1 caso entre 2.700; XXYY, con 1 caso entre 6.500; y varones XX, con 1 caso entre 20.000. Las personas con cromosomas XXY muestran una variación geográfica que va de 1 entre 500 en Alemania a 1 entre 7.400 en Winnipeg, y las personas con un solo cromosoma X varían de 1 entre 600 en Moscú a 1 entre 9.500 en Edimburgo. Aunque algunas personas con recuentos cromosómicos inusuales sufren riesgos para la salud o una baja o nula fertilidad, para muchas no es el caso: «Muchas chicas con el síndrome triple X desarrollan características sexuales secundarias en la pubertad, y a veces son fértiles».[19] Del mismo modo, «muchos varones 47,XXY y 47,XYY no se diagnostican porque no presentan síntomas que inciten a un análisis cromosómico».[20] Está claro que las configuraciones cromosómicas sexuales distintas de XX y XY son bastante comunes y, en general, no pueden denominarse enfermedades genéticas, salvo en casos graves.

Hermafroditismo

El estado corporal más raro catalogado como intersexualidad es poseer simultáneamente tejidos testiculares y ováricos. Como media de toda nuestra especie, aproximadamente 1 de cada 85.000 personas tiene este rasgo. Sin embargo, como ocurre con otros rasgos de intersexualidad, existe una gran variación geográfica. En el sur de África, un estudio demostró que la mitad de los bebés nacidos con genitales ambiguos eran hermafroditas, lo que sitúa al hermafroditismo al mismo nivel que formas más comunes, como la HSC clásica o el SIA.[21] Una de las vías de desarrollo del

---

[19] K. Buckton, «Incidence and some consequences of X-chromosome abnormalities in liveborn infants: Cytogenetics of the mammalian X chromosome», en Alan R. Liss (ed.), *Part B: X Chromosome Abnormalities and Their Clinical Manifestations*, 1983, pp. 7-22, citado en Blackless *et al.*, «How sexually dimorphic are we?», 2000, p. 152.

[20] L. Abramsky y J. Chapple, «47,XXY (Klinefelter syndrome) and 47,XYY: Estimated rates of and indication for postnatal diagnosis for prenatal counseling», *Prenat. Diagn.* 17, 1997, pp. 363-368, citado en Blackless *et al.*, «How sexually dimorphic are we?», 2000, p. 152.

[21] Blackless *et al.*, «How sexually dimorphic are we?», 2000; ver también A. Danso y F. Nkrumah, «The challenges of ambiguous genitalia», *Centr. Afr. J. Med.* 38, 1992,

hermafroditismo es la fusión de dos embriones en uno poco después de la concepción, al revés de como se producen los gemelos.

Al igual que ocurre con otras vías de intersexualidad, la forma en que se expresa el hermafroditismo también es muy variable. Una encuesta realizada a 367 personas hermafroditas reveló que el 30 por ciento tenía un ovario en un lado y un testículo en el otro, el 30 por ciento tenía un ovotestículo (gónada con tejido ovárico y testicular) en un lado y un ovario en el otro, el 21 por ciento tenía un ovotestículo en ambos lados, el 11 por ciento tenía un ovotestículo en un lado y un testículo en el otro, y el 8 por ciento restante tenía estructuras sin clasificar.[22] La estructura de los tubos genitales internos y los genitales externos es igualmente variable.

El consenso médico estigmatiza el hermafroditismo como un defecto genético debido a los riesgos de cáncer y a la menor fertilidad. Además, la rareza de este rasgo es consecuente con un equilibrio mutación-selección. Sin embargo, hay que recordar que en algunos mamíferos los ovotestis son la norma (véase el capítulo 3). Los hermafroditas no deben ser patologizados como si violaran alguna ley de la naturaleza. Poseen un rasgo que es raro en nuestra especie, pero común en otras.

En resumen, las descripciones de los aspectos genéticos y hormonales de la intersexualidad son más extensas que las de la identidad de género y la orientación sexual porque los estados corporales intersexuales se conforman antes en el desarrollo que la orientación sexual y la identidad de género. Algunas formas de intersexualidad son demasiado comunes como para representar un equilibrio mutación-selección; en otras especies se dan equivalentes de la intersexualidad

---

pp. 367-371; G. Krob, A. Braun y U. Kuhnle, «True hermaphroditism: Geographical distribution, clinical findings, chromosomes and gonadal histories», *Eur. J. Pediatr.* 152, 1994, pp. 2-10; U. Kuhnle, H. Schwarz, U. Lohrs, S. Stengel-Ruthkowski, H. Cleve y A. Braun, «Familial true hermaphroditism: Paternal and maternal transmission of true hermaphroditism (46,XX) and XX maleness in the absence of the Y-chromosome sequences», *Hum. Genet.* 92, 1993, pp. 571-576; S. Slaney, I. Chalmers, N. Affara y L. Chitty, «An autosomal or X-linked mutation results in true hermaphrodites and 46,XX males in the same family», *J. Med. Genet.* 35, 1998, pp. 17-22.

[22] W. van Niekerk, «True hermaphroditism: An analytic review with a report of three new cases», *Am. J. Obst. Gyn.* 126, 1976, pp. 890-907.

humana que parecen ser adaptativos; y muchas formas de intersexualidad no son dolorosas ni incapacitantes. Las formas más comunes de intersexualidad solo se diferencian superficialmente de las no intersexuales; solo las formas más raras son dolorosas o perjudiciales. Así pues, ¿la intersexualidad es una enfermedad o un defecto genético? Por lo general, ninguna de las dos cosas.

¿Quién necesita una cura?

Los gais y las lesbianas no

Aunque no existe ninguna base científica para generalizar diciendo que las personas LGTBI están enfermas, durante muchas décadas la medicina convencional ha intentado transformar a estas personas para que encajaran en la norma social de un binario de género heterosexista. Utilizando cualquier técnica disponible o de moda, el estamento médico ha pretendido «curar» enfermedades que no existen, violando así el juramento hipocrático y abusando de los derechos humanos de las personas diferentes.

En concreto, los terapeutas han torturado a gais y lesbianas con las llamadas terapias de aversión.[23] Llevaban a un individuo, digamos un hombre gay, a una clínica, le enseñaban fotografías eróticas de hombres desnudos y luego le castigaban cada vez que mostraba cualquier señal de excitación. En teoría, se supone que el hombre asocia la fotografía erótica con el dolor y aprende de algún modo a no excitarse, de forma parecida a como se entrena a un ratón con recompensas o castigos en el condicionamiento operante. Los castigos utilizados solo pueden describirse como diabólicos. En la década de 1960 se administraba apomorfina para inducir el vómito (o se podía utilizar la hipnosis para provocar náuseas incontrolables); en la década de 1970 se añadió la terapia de descargas eléctricas, con sesiones que a veces duraban treinta minutos y se repetían veinte o más veces a lo largo de varios meses. Las personas no solo quedaban traumatizadas, sino que llegaban a sufrir quemaduras.

---

[23] Los ejemplos descritos se han escogido de LeVay, *Queer Science*, 1996, pp. 91-97.

Peor aún, la terapia electroconvulsiva (TEC), administrada mediante descargas en la cabeza o con el fármaco metrazol, inducía ataques epilépticos con efectos secundarios de deterioro de la memoria y depresión que podían durar años.

Sin embargo, tras años de estudio, los científicos del comportamiento no han conseguido dar con una teoría o una cura para la homosexualidad; de hecho, han ido tirando la toalla. En 1973, la Asociación Americana de Psiquiatría eliminó la homosexualidad de su lista de trastornos mentales, pero los psicoanalistas siguieron describiéndola como una perversión hasta bien entrada la década de 1990. Finalmente, en diciembre de 1998, la Asociación Psicoanalítica Americana, en su reunión anual de Manhattan, reconoció su «propia homofobia en el pasado», en parte debido a la salida del armario de un destacado psicoanalista de Atlanta.[24]

Los científicos que estudian el comportamiento también han demostrado que las terapias que intentan convertir a los gais, las lesbianas y los bisexuales en heterosexuales no funcionan y hacen más daño que bien.[25] En 1998, en Denver, la junta de la Asociación Americana de Psiquiatría votó unánimemente a favor de rechazar las terapias destinadas a convertir a los gais en heterosexuales. La Asociación Americana de Psicología había tomado una decisión similar el año anterior.

Pero ¿significa esto que el fantasma de la «cura» ha desaparecido? No. Su último disfraz puede ser la promesa del aborto selectivo de bebés homosexuales. Una cita en el *Time* ilustra cómo las afirmaciones de las virtudes médicas pueden esconder una agenda social: «Los padres pueden utilizar el diagnóstico genético de preimplantación para evitar tener hijos con trastorno de déficit de atención, por ejemplo, o hijos predestinados a ser bajitos o torpes, o hijos predispuestos a la homosexualidad».[26] Nótese la inteligente —y peligrosa— yuxtaposición de la homosexualidad con la torpeza y el déficit de atención. También Hollywood ha

---

[24] E. Goode, «On gay issue, psychoanalysis treats itself», *New York Times*, 12 de diciembre de 1998, p. A29.

[25] R. Weller, «Board nixes gay conversion therapy», Associated Press, 11 de diciembre de 1998.

[26] M. Lemonick, «Designer babies», *Time*, 11 de enero de 1999, p. 66.

abordado la cuestión del aborto de un bebé supuestamente gay en la popular película *La fuerza del amor*, protagonizada por Faye Dunaway. La selección de bebés para que se ajusten a las especificaciones políticas podría disparar la competencia entre varios grupos biológicos, cada uno con su propia agenda genética. Si los grupos antigais eliminan la homosexualidad de los bebés, los grupos progais podrían volver a introducirla, conservando así, o incluso ampliando, su presencia en la reserva genética humana. ¡Menos mal que no existe un gen gay!

Seamos claros: no se puede curar la homosexualidad porque no hay ninguna enfermedad que curar. Pero no sé si confiarme, puesto que la concesión a nuestros hermanos y hermanas homosexuales de la categoría de personas normales se ha visto siempre obstaculizada por los votos de los psicólogos. Lo que se puede ganar con un voto se puede perder con otro. El valor y el carácter natural de la homosexualidad deben quedar tan científicamente claros como el hecho de que la tierra es redonda. Solo así la aceptación de la homosexualidad no se desmoronará en cuanto el péndulo político vuelva a oscilar.

Las personas trans tampoco necesitan una cura

Mientras la homosexualidad se regodea ahora bajo el destello de la normalidad, la transexualidad avanza a duras penas en la sombra de la patología estigmatizante. Tras renunciar a la homosexualidad como patología, los terapeutas del comportamiento se centraron en la variación de género como la nueva enfermedad que curar. En la actualidad,[27] los psiquiatras incluyen a los transexuales en su *Manual diagnóstico y estadístico de los trastornos mentales* (*DSM*-5) como poseedores de una enfermedad mental denominada trastorno de la identidad de género, que les hace sufrir «disforia de género».[28]

---

[27] A día de hoy ya no se incluye en el *DSM*-5 como enfermedad mental, sino como dolencia. Ver https://elpais.com/sociedad/2012/12/04/actualidad/1354628518_847308.html. *(N. de la T.).*

[28] The Harry Benjamin International Gender Dysphoria Association, *Standards of Care for Gender Identity Disorders*, 5.º borrador, 29 de enero de 1997.

Se han probado varias intervenciones para animar a los niños a asumir un comportamiento típico de género. En la década de 1970, por ejemplo, los terapeutas que pretendían «extinguir el comportamiento femenino y desarrollar el masculino» en los niños utilizaban el llamado refuerzo social, en el que un adulto en la sala de juegos observaba, sonreía y elogiaba el comportamiento típico del género del niño, pero miraba hacia otro lado o fingía leer cuando se producía un comportamiento de género distinto.[29] Los niños simplemente volvían al comportamiento de género cruzado en ausencia del adulto o en casa. Además, no generalizaron los comportamientos que no se presentaban ante el adulto. Otro tratamiento utilizado fue el de la «autorregulación», en el que se indicaba a un niño, a través de un dispositivo de «micrófono en la oreja», que pulsara un contador si estaba jugando con juguetes de niño. Esta técnica de «gran hermano que lo ve todo» resultó ser más eficaz a corto plazo que el refuerzo social por sí solo. En ocasiones, el tratamiento de autorregulación ha llegado a convertirse en un encarcelamiento en toda regla junto a la terapia de aversión, aunque en los últimos diez años no ha sido así. Sin embargo, el condicionamiento aversivo y la vergüenza se siguen utilizando con los travestis. Hoy en día, la atención se centra en los fármacos que alteran la mente e influyen en la captación de serotonina en el sistema nervioso, como la fluoxetina (Prozac) y la clomipramina (Anafranil).

¿Funcionan realmente algunas de estas torturas? «La información sistemática [...] es escasa», y «la mayoría de los autores no creen que la psicoterapia resulte eficaz».[30] Los críticos se preguntan por qué seguir entonces. Parece que a los terapeutas no les interesan las críticas. Según un grupo de médicos, «la mayoría de los críticos [...] no son clínicos. Los críticos que son clínicos parecen no haber tenido experiencia en el área [...]. En nuestra experiencia clínica, no hemos encontrado ninguna razón de

---

[29] G. Rekers y O. Lovaas, «Behavioral treatment of deviant sex-role behaviors in the male child», *J. Applied Behav. Analysis* 7, 1974, pp. 173-190; citado en K. Zucker y S. Bradley, *Gender Identity Disorder and Psychosexual Problems in Children and Adolescents*, Guilford Press, 1995, p. 271.

[30] Zucker y Bradley, *Gender Identity Disorder*, 1995, pp. 281, 315.

peso para no ofrecer tratamiento a un niño con trastorno de identidad de género».[31]

¿En qué planeta viven estos terapeutas? Hable con las personas trans que salieron del armario en las décadas de 1970 y 1980 y escuchará un sinfín de historias terroríficas. Recuerdo haber visto a una mujer que no estaba del todo bien en una reunión de personas trans en el sur de California en 1999. El organizador vio mi vacilación y me dijo después: «Ten paciencia, le dieron *electroshock* cuando era pequeña». Estoy agradecida por haber escapado de semejante castración por parte de las clínicas de identidad de género.

En los últimos años, la terapia de género ha dejado de intentar enderezar a las personas no conformes con su género, a medida que aumentan las pruebas que «ponen en duda la opinión de que el transexualismo es un trastorno mental grave».[32] De hecho, en un estudio escandinavo que comparaba explícitamente a personas transexuales con otros grupos, los transexuales eran estadísticamente indistinguibles de un grupo de referencia de adultos sanos, pero diferían significativamente de un grupo de referencia de personas con trastornos mentales. Por el contrario, la terapia de género ha pasado a significar una ayuda para que las personas se acepten a sí mismas y para ofrecerles el apoyo necesario en la transición física y social de pasar de vivir en el género que se les asignó al nacer a vivir en el género con el que se identifican. El objetivo de la terapia no es curar la transexualidad, sino ayudar a las personas a vivir tal como son.

En la práctica actual, los terapeutas «diagnostican» a la persona transgénero como a un individuo que tiene un trastorno de identidad de género (TIG), preparando así el terreno para que el médico y el cirujano «curen» el trastorno recetando hormonas y cirugía. El estado de ser transgénero no se cambia ni desaparece, sino que los distintos profesionales de la salud facilitan la transición de un género asignado al nacer basado en los genitales al género con el

[31] *Ibid.*, p. 281.

[32] I. Haraldsen y A. Dahl, «Symptom profiles of gender dysphoric patients of transsexual type compared to patients with personality disorders and healthy adults», *Acta Psychiatr. Scand.* 102, 2000, pp. 276-281.

que la persona realmente se identifica. En cierto sentido, este sistema funciona. Al aceptar que se le diagnostique un trastorno, la persona transgénero tiene acceso a las tecnologías médicas necesarias. Las personas transgénero suelen aceptar este marco. Adoptar una «explicación» médica les ayuda a aceptarse a sí mismas, aunque sientan que su condición se ve como una patología.

Los terapeutas actúan como una especie de «guardianes» para quienes están a punto de realizar la transición de un género a otro. He oído a terapeutas hablar del conflicto de intereses que sienten al estar atrapados entre juzgar y ayudar. Algunos necesitan que los clientes les cuenten una historia estereotipada antes de recomendarles hormonas y cirugía. El activista trans Patrick Califia comentó recientemente: «Ninguno de los científicos de género parece darse cuenta de que ellos son los responsables de crear una situación en la que las personas transexuales deben describir un conjunto fijo de síntomas y recitar una historia que ha sido editada para conseguir que un médico apruebe lo que debería ser un derecho inalienable».[33] Para otras personas trans, sus terapeutas han sido de gran ayuda. Al comenzar su transición, los trans pueden descubrir que el terapeuta es su único amigo. Los terapeutas suelen convocar reuniones de grupos de apoyo que las personas trans encuentran tranquilizadoras y les resultan útiles. Por desgracia, estas reuniones pueden generar una subcultura de dependencia. En general, la interacción entre las personas trans y la comunidad terapéutica de género es variopinta.

Puesto que el sistema actual tiene algunas características buenas y las cosas están mucho mejor que hace veinte años, ¿por qué no dejar todo como está? Porque el sistema es una mentira: simplemente no hay ninguna enfermedad que curar. Si no fuera por el estigma, ¿cuántos transexuales desearían ser heterosexuales? Cuando se les preguntaba esto a los gais hace años, a menudo deseaban «curarse», pero hoy lo dicen mucho menos. Cuando reflexiono sobre mi propio pasado, no siento que quiera ser diferente de lo que soy. Estoy viviendo una vida rica y llena de amor.

Muchos han reconocido que la situación médica actual de los transexuales es insostenible. Además, las injusticias financieras

---

[33] P. Califia, *Sex Changes: The Politics of Trans-genderism*, Cleis Press, 1997.

del acuerdo actual provocan costes sociales innecesarios. Las personas trans que necesitan tratamientos hormonales y quirúrgicos deben encontrar la forma de pagarlos por sí solos. En las grandes ciudades se puede ver a trans trabajando en las calles, prostituyéndose para conseguir dinero para las hormonas, a menudo en el mercado negro, y sin recursos para permitirse los procedimientos más caros.

La representación de las personas trans por parte de la comunidad de salud es descuidada y poco profesional. La redacción de los criterios de diagnóstico del TIG es «ambigua, conflictiva, sexista y excesivamente inclusiva, y no reconoce a las personas transexuales felices y bien adaptadas», según la psicóloga Kate Wilson, que ha estudiado detenidamente este asunto. Otro grupo de psicólogos, entre los que se encuentra el primatólogo Paul Vasey, considera que el *DSM-5* es contradictorio en su tratamiento del TIG, y afirma que no cumple sus propios criterios de trastorno mental».[34]

La patologización de las personas trans margina indirectamente a los pocos profesionales de la salud que trabajan con este grupo. Suelen ser personas con gran dedicación que trabajan de forma aislada con muy poca compensación y poco respeto por parte de otros profesionales. A menudo son autodidactas, investigan por su cuenta e idean sus propios procedimientos en el trabajo. Gran parte de la mejor práctica transgénero se ha desarrollado de este modo, y aún no se ha sintetizado en un plan de estudios disponible para los estudiantes de Medicina. La tendencia de algunos profesionales de la salud a hablar de los transexuales utilizando una jerga clínica exagerada puede reflejar su miedo a ser marginados por asociarse con un grupo estigmatizado. Al igual que un médico puede contraer una enfermedad infecciosa por parte de un paciente, un terapeuta puede contraer un estigma infeccioso de un cliente. Tanto el interés propio de los terapeutas como el bienestar de las personas transgénero estarían mejor servidos si las organizaciones de salud mental reformaran sus prácticas.

---

[34] N. Bartlett, P. Vasey y W. Bukowski, «Is gender identity disorder in children a mental disorder?», *Sex Roles* 43, 2000, pp. 753-785.

Ser transgénero en la sociedad actual requiere tecnología médica. Una analogía cercana es estar embarazada. Una mujer embarazada no tiene una enfermedad, pero a menudo necesita un servicio médico. Creo que ser trans, al igual que el embarazo, es una condición humana normal cuya expresión debe verse favorecida por los servicios médicos. En términos prácticos, las rutinas existentes para las personas trans de periodos de espera, periodos de prueba, etc., antes de embarcarse en los aspectos médicos de la transición, parecen apropiadas. No estoy a favor de las hormonas a demanda. Creo que hay que sopesar los peligros y la importancia de las hormonas y los procedimientos quirúrgicos, y respetar la responsabilidad de los profesionales sanitarios que trabajan con personas transgénero. El problema es, más bien, la patologización de la diversidad. Los procedimientos transgénero deben considerarse un servicio médico necesario para el crecimiento personal, no una terapia para curar una enfermedad. Al igual que deberíamos hablar de «descubrir» que una mujer está embarazada, y no de «diagnosticarla», también deberíamos hablar de descubrir la identidad de género trans. Descubrirla es un hecho, no un diagnóstico.

Descubrir la identidad transgénero debería ser un motivo de alegría y felicidad para todos, al igual que el nacimiento de un hijo esperado. Algún día, me encantaría ver a la gente celebrar la salida del armario de alguien como transgénero con una ceremonia de bautizo, como ocurría con las personas llamadas «dos espíritus» en algunas tribus nativas americanas (véase el capítulo 18).

Ni las personas intersexuales

Al dejar la homosexualidad de ser una patología, y con la perspectiva de dejar de serlo también el transexualismo, la medicina está haciendo un último esfuerzo en torno a la intersexualidad. Mientras que la homosexualidad y el transexualismo han pertenecido a los profesionales de la salud mental, la intersexualidad pertenece a la cirugía, la endocrinología y la genética. Aunque se trata de asociaciones profesionales diferentes, la mentalidad es la misma: la naturaleza tiende a un binario heterosexual, y la variación equivale a un defecto. Debido a esta premisa errónea, se hace daño a niños indefensos horas o semanas después de su nacimiento.

El nacimiento de un niño intersexual hace saltar las alarmas. Aquí hay algunas descripciones representativas: «La evaluación de la ambigüedad genital en el recién nacido es una emergencia psicosocial [...], toda la terapia quirúrgica, hormonal y psicológica debe ser concertada y adecuada a la decisión, y se requerirá un refuerzo temprano y generalmente repetido de la decisión».[35] «Las anomalías de los genitales ambiguos se consideran una "emergencia social", y se recurre a un equipo diagnóstico y terapéutico bien disciplinado para abordar el problema rápidamente [...]. Hacemos hincapié en la necesidad de atención en un centro especializado y multidisciplinar donde cirujanos, urólogos, endocrinólogos, radiólogos, genetistas, neonatólogos y anestesistas pediátricos puedan aportar su experiencia acumulada».[36] Este ejército de médicos es intimidante, y los padres no pueden escapar fácilmente a la creencia de que a su hijo le ocurre algo realmente malo. La elección de los padres queda anulada por esta horda de expertos.

Los médicos prefieren asignar inmediatamente al recién nacido la categoría de hombre o mujer y mantenerse firmes durante la infancia y más allá. El criterio es el tamaño del pene. En un recién nacido, «el tamaño del falo se mide durante una erección simulada [...]. Un falo inferior a 1,5 ± 0,7 cm es motivo de gran preocupación y llevaría a recomendar la crianza como mujer».[37] Los aspectos masculinos de los genitales se recortan en ese momento, y los femeninos se esculpen durante la adolescencia. «Si, por el contrario, el falo tiene un tamaño razonable y puede responder a la testosterona, el niño puede ser criado como varón». Así, el tamaño del pene al nacer es el principal criterio para forzar la asignación de un género al bebé, que luego pone en marcha la forma de criarlo y le obliga a pasar por una interminable secuencia de visitas

---

[35] Pinsky *et al.*, *Disorders of Human Sexual Development*, 1999, p. 51.

[36] P. Donahoe y J. Schnitzer, «Evaluation of the infant who has ambiguous genitalia, and principles of operative management», *Seminars Pediatr. Surg.* 5, 1996, pp. 30-40.

[37] D. Federman y P. Donahoe, «Ambiguous genitalia-etiology, diagnosis, and therapy», *Adv. Endocrin. and Metab.* 6, 1995, pp. 91-116; estas citas y las siguientes proceden de las pp. 103, 108.

para realizar más y más cirugías durante la infancia y la adolescencia. Mientras tanto, los padres se encuentran en la posición casi imposible de tener que fingir que no pasa nada, a pesar de que el nacimiento de su hijo fue recibido por una tropa de médicos en una actividad frenética.

La Sociedad Intersexual de Norteamérica (ISNA) ideó una regla denominada «falómetro».[38] La longitud del pene al nacer en los varones típicos oscila entre 2,5 y 4,5 centímetros, y la longitud del clítoris oscila entre 0,20 y 0,85 centímetros.[39] Según la regla del falómetro, si la medida es de 0,20 a 0,85 centímetros, se anota que el sexo es femenino, y si va de 2,5 a 4,5 es masculino: sostenga el falómetro junto al falo del recién nacido y lea el sexo del niño. Un niño XY con una longitud de pene de 1,5 —inferior por tanto al rango masculino convencional— será asignado irreversiblemente como hembra en ese momento. Es sencillo. Demasiado sencillo.

Hoy en día, los médicos parecen centrarse no en replantear su enfoque sobre las personas intersexuales, sino en cómo mejorar la técnica. Puede que las cirugías estén mejorando, aunque no estoy tan segura. Para el hipospadias se han propuesto más de trescientos «tratamientos» quirúrgicos, que pueden implicar suturas y trasplantes de piel en hasta tres operaciones durante los dos primeros años de vida, además de varias más antes de la pubertad. Como resumió un experto sobre el tema: «No se ha llegado a un consenso sobre qué técnica produce sistemáticamente las tasas de complicaciones más bajas [...]. Cada año aparecen docenas de nuevos artículos que describen [...] cirugías diseñadas para reparar cirugías previamente fallidas».[40] La preocupación por la idoneidad técnica de la reconstrucción del pene oscurece la cuestión más fundamental de si los médicos deben realizar estos procedimientos y cuándo.[41]

---

38 Fausto-Sterling, *Sexing the Body*, 2000, esquema de la p. 59.

39 Sobre la longitud del pene, ver E. Flatau, Z. Josefsberg, S. Reisner, O. Bialik y Z. Laron, «Penile size in the newborn infant», *J. Pediatr.* 87, 1975, pp. 663-664. Sobre la longitud del clítoris, ver S. Oberfield, A. Mondok, F. Shahrivr, J. Klein y L. Leving, «Clitoral size in full-term infants», *Amer. J. Perinat.* 6, 1989, pp. 453-454.

40 Fausto-Sterling, *Sexing the Body*, 2000, pp. 62-63.

41 Para obtener información específica, consultar http://www.the-penis.com/hypospadias.html, que tiene tanto enlaces con más información como testimonios personales; y un grupo de apoyo a personas con hipospadias en: http://www.hypospadias.co.uk/

En el caso de la HSC, se utiliza una intervención sorprendente. Dado que los genitales externos comienzan a formarse en una fase temprana del desarrollo, las madres que tienen un hijo con riesgo de HSC toman dexametasona cuatro semanas después de la concepción, aunque el estado del feto no puede determinarse hasta la novena semana. Debido a la forma en que se hereda la HSC, solo uno de cada ocho fetos está afectado, por lo que el tratamiento se interrumpe después de la décima semana para siete de los ocho fetos. Por un único niño que tiene HSC, siete madres y siete fetos sufren los efectos secundarios del fármaco y las pruebas de ADN. Como alternativa, puede recomendarse para las familias con antecedentes de HSC la fecundación *in vitro* con «selección preimplantacional» de embriones sin HSC.[42]

Tras el nacimiento de un niño con HSC, comienza la terapia posnatal. Después de la terapia para cualquier consecuencia metabólica de un cortisol bajo, los médicos proceden a la llamada reducción del clítoris, que acorta el clítoris cortando un trozo en el centro y cosiendo la punta de nuevo, y/o a la recesión, que lo oculta bajo una capucha labial.[43] No hace mucho tiempo, el clítoris se extirpaba por completo en la creencia errónea de que el orgasmo femenino tenía lugar en la vagina y no en el clítoris. Según los clínicos, dicha «corrección quirúrgica [...] debe iniciarse en los bebés de entre dos y cuatro meses, y continuar por etapas a partir de entonces».[44]

Para los pacientes con síndrome de insensibilidad a los andrógenos (SIA), el riesgo inmediato para la salud es mínimo. No obstante, se extirpan los testículos de los bebés con SIA porque «pueden volverse cancerosos», aunque el riesgo de cáncer no aparece hasta después de la pubertad.[45] Las personas con SIA parcial son sometidas a cirugías para esculpir sus genitales y se les asigna el sexo femenino. Como escribe un médico, «la justificación es que, con vistas a las relaciones sexuales, es más fácil crear una vagina

---

index2.htm. Ver también la página de inicio de la Sociedad Intersexual de Norteamérica, un grupo de apoyo a los intersexuales, en http://isna.org.

42 Federman y Donahoe, «Ambiguous genitalia», 1995, p. 104.

43 Ver gráficos en Fausto-Sterling, *Sexing the Body*, 2000, pp. 61-63.

44 Pinsky *et al.*, *Genetic Disorders of Human Sexual Development*, 1999, p. 235.

45 Fausto-Sterling, *Sexing the Body*, 2000, p. 65.

que un pene».[46] Muchas personas con SIA parcial se identifican como mujeres, pero no todas, y se cometen errores en la asignación del sexo, con los consiguientes problemas. Los médicos están empezando a reconocer «la frecuencia y la vehemencia de las quejas registradas en el boletín del Grupo de Apoyo al SIA».

Uno de los argumentos de los defensores de la intersexualidad es que los genitales de un niño deben dejarse en paz para que pueda elegir más tarde la cirugía plástica que él o ella considere necesaria. Un segundo argumento es que al niño se le debe decir la verdad. Abundan las historias de personas a las que obligaron a acudir al hospital durante las vacaciones de verano para someterse a procedimientos quirúrgicos que no se explicaron; a menudo se les mintió directamente. De adultos, algunos han recurrido a medidas legales para acceder a sus historiales médicos y averiguar qué estaba pasando. Por último, los defensores de la intersexualidad subrayan que cualquier procedimiento debe beneficiar al niño, no complacer a los padres.

La postura de los médicos es que la imposibilidad de decir a los padres al nacer si su bebé «es un niño o una niña podría tener profundos efectos negativos en ellos».[47] Se supone que una asignación temprana del sexo ayuda al niño, tranquilizando a los padres de que todo se ha arreglado y permitiéndoles criar al niño de una manera típica en cuanto al sexo. Pero el encuentro con un ejército de médicos especialistas en el momento del nacimiento impide cualquier atisbo de normalidad. He visto entrevistas con padres que simplemente querían que se les dijera la verdad y que querían a sus hijos tal y como eran. He conocido personalmente a intersexuales que se libraron de las intervenciones médicas en la infancia porque vivían en el extranjero y ahora son perfectamente felices. En cambio, las personas que fueron mutiladas de niños suelen tener graves problemas con los médicos.

Este énfasis en tratar al niño para complacer a los padres es típico de la forma en que la comunidad médica trata a las personas

---

[46] Pinsky *et al.*, *Genetic Disorders of Human Sexual Development*, 1999, p. 252.

[47] Donahoe y Schnitzer, «Evaluation of the infant who has ambiguous genitalia», 1996, p. 30.

LGTBI. Cuando los niños salen del armario como gais, lesbianas o transgénero, algunos padres se preguntan: «¿Cómo pueden hacerme esto?», y envían al niño a un terapeuta para que lo cure. Si los padres de un niño intersexual recién nacido no pueden enfrentarse a sus amigos y decirles que su bebé es intersexual, y exigen en cambio que el médico arregle a su hijo, la responsabilidad de la medicina es decir que no. Los niños de una zona de la República Dominicana en la que es habitual cierta forma de intersexualidad crecen en un ambiente de contención social hasta que declaran su identidad sexual. Estoy segura de que nuestra sociedad también es lo suficientemente fuerte como para manejar esta situación. El nacimiento de un niño intersexual es una gran alegría, como el nacimiento de cualquier otro niño.

Curar la obsesión por curar

Uno podría suponer con facilidad que la obsesión de la medicina por acabar con cualquier desviación del binario heterosexista solo afecta a las personas LGTBI. Pero no, la obsesión de la medicina por curar las no enfermedades nos perjudica a todos y cada uno de nosotros. La profesión médica tiene un largo historial de acuñar palabras que empiezan por «dis-» (o «his-») y terminan con «-ia». Si se siente excluido por no haber sido etiquetado aún con alguna dis-ia o his-ia, no desespere, probablemente ya le habrán puesto alguna etiqueta.

Ser mujer en 1860 equivalía a tener una condición médica. Las mujeres con un clítoris sensible podían despertarse y encontrarse con que algún médico se lo había mutilado para curar la «histeria».[48] En un enfoque más benigno, los médicos compraban vibradores para inducir el orgasmo en sus pacientes, calificando este método como una bendición en comparación con masajear a las pacientes «con sus propios dedos». Un investigador señala: «Seguro que las mujeres se sentían mucho mejor después, dormían mejor, sonreían

---

[48] S. Jahoda, «Theatres of madness», en Terry y Urla, *Deviant Bodies*, 1995, pp. 251-276.

más. Además, la histeria se consideraba una enfermedad incurable. La paciente tenía que ir al médico regularmente, no se moría. Era la gallina de los huevos de oro».[49]

El temor en el siglo XIX era que las mujeres se volvieran «hipersexuadas». Hoy en día, no desear sexo todo el tiempo se ha convertido en una enfermedad. Un estudio sobre la «disfunción» sexual informó de que un tercio de las mujeres encuestadas no querían tener sexo con regularidad, y el 23 por ciento informó de que el sexo no era placentero. Además, un tercio de los hombres dijo que llegaba al clímax demasiado pronto, y el 8 por ciento dijo que no siempre obtenía placer del sexo. En general, el 43 por ciento de las mujeres y el 32 por ciento de los hombres declararon tener uno o más problemas recurrentes con el sexo.[50] Para curar la «enfermedad» de la disfunción sexual, ahora podemos comprar Viagra para los hombres y Muse (una crema de alprostadil) para las mujeres.[51] Sin embargo, lo normal es que no exista ninguna enfermedad. Estos medicamentos son afrodisíacos.

Si usted es hombre, no crea que está a salvo. También tiene una condición médica congénita: su pene. En la década de 1960, el 95 por ciento de los niños nacidos en Estados Unidos estaban circuncidados. Luego, en la década de 1970, la Academia Americana de Pediatría, compuesta por 55.000 miembros, declaró que no había «indicación médica» para la circuncisión. Pero en 1989 revirtió su decisión, informando de «potenciales beneficios médicos». En 1999 concluyó que los beneficios «no son suficientemente significativos».[52] Imagínese una especie en la que todos los varones tengan un pene que requiera una reparación quirúrgica. Ridículo.

---

[49] R. Maines, *The Technology of Orgasm: «Hysteria», the Vibrator, and Women's Sexual Satisfaction*, Johns Hopkins University Press, 1999; revisado por N. Angier, *New York Times*, 13 de febrero de 1999 [trad. cast.: *La tecnología del orgasmo. La* histeria, *los vibradores y la satisfacción sexual de las mujeres*, Editorial Milrazones, 2010].

[50] «Study finds dysfunction in sex lives is widespread», *New York Times*, 10 de febrero de 1999, p. A14.

[51] T. Abate, «Vivus patents sex cream for women», *San Francisco Chronicle*, 9 de marzo de 1999, pp. E1, E4.

[52] D. Stead, «Circumcision's pain and benefits re-examined», *New York Times*, 2 de marzo de 1999, p. D6.

A estas alturas, todo el mundo ha sido etiquetado con alguna enfermedad que suena horrible. Incluso ser tímido es una enfermedad. Diecinueve millones de estadounidenses padecen «fobia social», el 7 por ciento de la población.[53] En 1998, las ventas de medicamentos para tratar la depresión ascendieron a: Prozac, de Eli Lilly, 2.270 millones de dólares; Zoloft, de Pfizer, 1.480 millones de dólares; y Paxil, de SmithKline Beecham, 1.160 millones de dólares. Con cifras como estas, las compañías farmacéuticas tienen un incentivo asombrosamente grande para convencer a todos de que están enfermos. Las personas LGTBI no son las únicas que necesitan ser «curadas». Todo el mundo necesita «curarse» de algo relacionado con su sexo o su personalidad.

Un reciente informe del director general de Salud Pública de Estados Unidos, que aboga por un mayor papel de la terapia psiquiátrica y psicológica en la atención sanitaria general,[54] afirma que uno de cada cinco estadounidenses sufre un trastorno mental en cualquier año, y que la mitad de todos los estadounidenses padecen un trastorno mental en algún momento de su vida. ¿Quién podría oponerse a que existan más terapeutas para las personas con ocupaciones estresantes?[55] Uno se pregunta, sin embargo, sobre el control de calidad en un programa nacional de tratamiento para casos de comportamientos mal definidos. También resulta difícil pasar por alto el historial de clasificar a las personas como enfermas mentales con fines políticos. En la década de 1850, la «drapetomanía» se definía como la «enfermedad que hace huir a los esclavos».[56] Llamar enfermos mentales a los disidentes políticos se ha utilizado para justificar su envío a campos de concentración.

A veces se piensa que el actual abanico de drogas que alteran la personalidad legitima las enfermedades mentales al dar a entender

---

[53] A. Raghunathan, «A bold rush to sell drugs to the shy», *New York Times*, 18 de mayo de 1999, pp. C1, C6.

[54] R. Pear, «Few seek to treat mental disorders, a U.S. study says», *New York Times*, 13 de diciembre de 1999.

[55] C. Goldberg, «Mental health of students gets new push at Harvard», *New York Times*, 14 de diciembre de 1999.

[56] E. Eakin, «Bigotry as mental illness, or just another norm», *New York Times*, 15 de enero de 2000, p. A21.

que existe una base biológica. Sin embargo, si se reflexiona sobre ello, el hecho de que un comportamiento pueda modificarse con una sustancia química es irrelevante. La conducta siempre es susceptible de modificarse con sustancias químicas; basta con pensar en el consumo de alcohol. Lo importante es cómo se llega a clasificar una determinada conducta como enfermedad. Nuestra sociedad está medicalizada en exceso.[57] Demasiadas condiciones, tanto mentales como físicas, se califican como enfermedades sin una investigación contextual suficiente. Entonces, ¿cómo debemos atender a las personas con dolor? Parte de la respuesta es que cada uno de nosotros, como miembros de una comunidad humana, asuma más responsabilidad sobre los demás. Debemos conocer a nuestros semejantes, valorarlos y amarlos, y no derivar el problema a los profesionales de la salud.

Ha llegado el momento de tomar partido, de afirmar que nosotros, en cualquiera de nuestras formas y tamaños, en todas nuestras expresiones de género, orientaciones sexuales y partes del cuerpo, estamos sanos. Somos, todos nosotros, descendientes de aquellos que cabalgaron juntos en la enorme arca, una nave lo suficientemente grande como para contener toda la diversidad de la humanidad más toda la diversidad de la creación. Tenemos derecho a la presunción de salud mientras no se demuestre lo contrario. Este derecho inalienable era nuestro mucho antes de que la Carta de Derechos nos diera la presunción de inocencia en los asuntos judiciales.

Apelando al imaginario de los nativos americanos, la novelista Paula Gunn Allen ha escrito: «Una sociedad que crea que el cuerpo está de algún modo enfermo, que es algo doloroso, pecaminoso o erróneo, va a crear instituciones sociales que causarán la destrucción del núcleo de la propia tierra».[58] Respetándonos a nosotros mismos, a nuestra salud natural, viviremos mejor, conservaremos el arcoíris humano y protegeremos nuestra tierra.

---

[57] G. Kolata, «More may not mean better in health care, studies find», *New York Times*, 21 de julio de 2002, pp. A1, A20.

[58] P. G. Allen, «The woman I love is a planet», en I. Diamond y G. Ornstein (eds.), *Reweaving the World: The Emergence of Ecofeminism*, Sierra Club Books, 1990, pp. 52-57.

17

Ingeniería genética frente a diversidad

Las especies necesitan los arcoíris para sobrevivir, y hoy la ingeniería genética amenaza tanto nuestro arcoíris como los de otras especies. La medicina amenaza a los individuos, pero la ingeniería genética amenaza a toda nuestra especie, a nuestra posteridad. Los daños de la medicina son inmediatos, ya que se trata de un daño que se inflige diariamente a personas clasificadas erróneamente con enfermedades ficticias, pero los daños de la ingeniería genética repercutirán en el futuro.

La amenaza de la ingeniería genética surge de la creencia arrogante de que debemos manipular nuestro acervo genético. Algunas veces propone redecorar todo el arcoíris, otras se dirige a colores específicos, como los de las expresiones inusuales de género y sexualidad. Todas estas amenazas comienzan al aceptar el discurso de que los genes defectuosos causan «enfermedades genéticas». El fracaso empírico de este discurso, combinado con la necesidad de mostrar un retorno rentable de las inversiones, está impulsando a la ingeniería genética a alejarse de la promesa poco realista de ofrecer curas, enfocándola hacia el objetivo más alcanzable de suministrar armas genéticas. Todos los problemas de la ingeniería genética se remontan a una falta de comprensión y apreciación de la diversidad y de la naturaleza intrínsecamente relacional de la vida.

La amenaza fundamental para el futuro de nuestra especie es creer que todo nuestro arcoíris está de alguna manera enturbiado por colores sucios que deben depurarse. Si Hitler hubiera depurado a los humanos hasta llegar a una «superraza», en realidad habría producido una especie homogénea muy vulnerable a la extinción por una epidemia. La mayor parte de las críticas al nazismo se han centrado en su crueldad con las personas, pero también es importante darse cuenta de lo desastrosa que habría sido la equivocada premisa científica del nazismo desde una perspectiva poblacional. La medicina nazi diagnosticó que los judíos eran portadores de enfermedades genéticas y prescribió purificar la raza alemana eliminando a judíos, enfermos mentales, discapacitados y homosexuales. La medicina alemana proporcionó una base intelectual para las atrocidades nazis. Los asesinatos a menudo tenían lugar en un entorno similar al de una clínica. Una lección de la Alemania nazi es que el consenso médico puede ser científicamente incorrecto, moralmente erróneo y extremadamente peligroso. Esta lección exige que lo cuestionemos constantemente.[1]

Clonación de organismos completos

La clonación de organismos completos, es decir, la posibilidad de fabricar un niño con genes nucleares idénticos a los de uno de sus progenitores, supone una amenaza potencial para nuestro arcoíris. Para llevar a cabo esta técnica, se inactiva el núcleo de un óvulo mediante irradiación, por ejemplo. A continuación, se fusiona una célula de un adulto con el óvulo, aportando un núcleo que sustituye al dañado. El nuevo núcleo toma el relevo y comienza a crecer hasta convertirse en un embrión. Suena bastante sencillo. Los científicos escoceses clonaron una oveja llamada Dolly en febrero de 1997, tras 276 intentos.[2] Unos meses más tarde se clonaron ratones en Hawái, y un año después, científicos japoneses clonaron ocho copias idénticas de una vaca.[3]

---

[1] R. Proctor, «The destruction of "Lives Not Worth Living"», en J. Terry y J. Urla, 1995, *Deviant Bodies*, Indiana University Press, 1995, pp. 170-196.

[2] I. Wilmut, A. Schnieke, J. McWhir, A. Kind y K. Campbell, «Viable offspring from fetal and adult mammalian cells», *Nature* 385, 1997, pp. 810-814.

[3] G. Kolata, «Japanese scientists clone a cow, making eight copies», *New York Times*, 8 de diciembre de 1998, p. 1. Entre los libros sobre clonación, hay una introducción escéptica de G. Kolata, *Clone: The Road to Dolly, and the Path Ahead*, William Morrow, 1998; y un informe positivo de G. Pence, *Who's Afraid of Human Cloning?*, Rowman & Littlefield, 1998.

Hoy en día la clonación se está promoviendo mucho. Uno de los supuestos beneficios es mejorar la producción agrícola haciendo «copias exactas de animales que son excelentes productores de carne o leche».[4] Sin embargo, se podría fabricar ganado genéticamente idéntico de forma más segura y barata simplemente tomando embriones muy jóvenes y separando sus células en grupos, más o menos como ocurre naturalmente cuando se desarrollan gemelos. Este «hermanamiento artificial» no requeriría la fusión de una célula adulta con un óvulo cuyo núcleo ha sido inactivado.

Otro hipotético beneficio es salvar especies en peligro de extinción: «El 8 de enero de 2001, los científicos del Advanced Cell Technology, Inc. anunciaron el nacimiento del primer clon de un animal en peligro de extinción, un toro gaur bebé —un gran buey salvaje de la India y el sureste asiático— llamado Noah. Aunque Noah murió de una infección que no tenía relación alguna con el procedimiento, el experimento demostró que es posible salvar especies en peligro de extinción mediante la clonación».[5] Reconstruir un espécimen no salva una especie. Se necesitan cientos de individuos para llegar a tener una población viable, y los especímenes deben ser diferentes entre sí para reconstituir el arcoíris genético de la especie.

Otra supuesta ventaja de la clonación es la posibilidad de sustituir a mascotas moribundas o que han fallecido. Los investigadores de Texas A&M clonaron un gato doméstico, produciendo un gatito llamado Cc a partir de ochenta y siete embriones. Los experimentos de clonación fueron financiados por un inversor de ochenta y un años que quería cobrar a los propietarios ricos de mascotas por clonar sus animales. Dijo que también le gustaría clonar animales socialmente útiles, como perros de rescate. (Al mismo tiempo, un miembro del equipo de clonación tenía pensado inocular el sida a los gatitos clonados, argumentando: «Los gatos tienen un sida felino que es un buen modelo para estudiar el sida humano»).[6]

---

[4] Dr. Y. Tsunoda, de la Universidad de Kinki en Nara, Japón, en Kolata, «Japanese scientists clone a cow», 1998, p. 1.

[5] Ver el publirreportaje del Gobierno de Estados Unidos sobre clonación en http://www.howstuffworks.com/cloning.htm.

[6] http://news.bbc.co.uk/hi/english/sci/tech/newsid_1820000/1820749.stm.

Clonar animales es una cosa, pero clonar humanos… ¿Sucederá realmente? Algunos científicos tienen la clara intención de hacerlo «más pronto que tarde».[7] Ya ha habido informes sin verificar de embriones humanos clonados, primero en Corea del Sur y más tarde de una empresa privada estadounidense, Advanced Cell Technology.[8] En mayo de 2002, un antiguo miembro de la facultad de la Universidad de Kentucky, ahora emprendedor en tratamientos de infertilidad, declaró ante un subcomité de la Cámara de Representantes de Estados Unidos que había reunido un equipo para producir un embarazo humano en un año. Contaba con doce parejas procedentes de diferentes partes del mundo que querían concebir por clonación, y afirmó que «el genio ya está fuera de la botella».[9] Lo que sugiere es que la clonación acabará uniéndose a los demás servicios ofrecidos por las clínicas de fertilidad.

La clonación extensiva pondrá en peligro a la vaca como especie, al igual que ahora la endogamia extensiva pone en peligro los cultivos agrícolas. Quizá se encontrarían sustitutos para el ganado, el maíz u otras poblaciones si se vieran afectadas por una epidemia, pero ¿para nosotros? ¿Cómo podemos encontrar sustitutos para los humanos?

Por qué la clonación no funciona

No hay que asustarse. En general, la clonación no funciona para ninguna especie, ni siquiera para la humana. En enero de 2002, los creadores de Dolly, que entonces tenía cinco años y medio, revelaron que tenía artritis en la pata trasera izquierda, la cadera y la rodilla. Dolly no solo había desarrollado la enfermedad a una edad inusualmente temprana, sino que esta había afectado a dos articulaciones que normalmente no se ven afectadas. Además, se

---

[7] Citado en Kolata, «Japanese scientists clone a cow», 1998, p. 1. Ver L. Silver, *Remaking Eden: Cloning and Beyond in a Brave New World*, Avon Books, 1998.

[8] Sobre el resultado de Corea del Sur, ver S. WuDunn, «South Korean scientists say they cloned a human cell», *New York Times*, 17 de diciembre de 1998; también G. Kolata, «Speed of cloning advances surprises US ethics panel», *New York Times*, 8 de diciembre de 1998.

[9] «Researcher promises human clone by next year, team plans delivery outside of the US», *San Francisco Chronicle*, 16 de mayo de 2002.

observó que las células del cuerpo de Dolly habían empezado a mostrar los signos de desgaste típicos de un animal de mayor edad. Según una de las hipótesis, su constitución genética se estaba «desgastando», como si la cinta de una máquina de escribir se hubiera quedado sin tinta. Dolly murió a los seis años, en febrero de 2003, tras desarrollar una infección pulmonar.[10]

Como indica un periodista científico, en los intentos de clonación «el fracaso supera con creces el éxito».[11] Un investigador que realizó trescientos intentos de clonar un mono a lo largo de tres años sin éxito dijo: «Nunca conseguimos un solo embarazo». La mayoría de las veces, el proceso dio como resultado «embriones grotescamente anormales que contenían células sin cromosomas [...] o células con tres o cuatro núcleos, y una vez incluso con nueve; o células que parecían más bien cancerosas».[12] El científico que clonó a Dolly señaló que los equipos que habían tenido éxito con algunas especies fracasaron con otras y que algunas especies aún no habían sido clonadas, como los conejos, las ratas, los perros y los monos, a pesar de los numerosos y bien financiados esfuerzos. Y en los casos en que la clonación ha funcionado, solo entre el 1 y el 4 por ciento de los intentos han tenido éxito; el resto han dado lugar a graves anomalías.

¿Cuándo funciona la clonación? Cuando se dispone de muchos óvulos: «Los investigadores obtienen miles de óvulos de vaca de los mataderos [...], lo que hace que sea mucho más fácil intentar la clonación con suficiente frecuencia, con ligeras variaciones en la técnica, para que finalmente funcione». En cambio, con los primates, «nunca será factible. Se necesitaría toda una colonia de primates con miles de animales [...]. Si quieres convertirlo en algo que tenga valor comercial [...], el proceso tiene que ser repetible. Su éxito no puede ser del 1 o 2 por ciento. Un 2 por ciento de éxito no es un éxito; es un accidente biológico».[13]

---

[10] G. Kolata, «First mammal clone dies: Dolly made science history», *New York Times*, 15 de febrero de 2003.

[11] G. Kolata, «In cloning, failure far exceeds success», *New York Times*, 11 de diciembre de 2001.

[12] Simerly *et al.*, «Molecular correlates of primate nuclear transfer failures», *Science* 300, 2003, pp. 297-298.

[13] Kolata, «In cloning, failure far exceeds success», 2001.

No obstante, las empresas de ingeniería genética siguen intentando vender la clonación de animales completos a los tecnófilos. Advanced Cell Technology ha acumulado veinticuatro vacas de entre uno y cuatro años, resultado de treinta embarazos. Su tasa de «éxito» del 80 por ciento se anuncia como cercana al 84-87 por ciento de los criadores convencionales. Pero esta cifra es engañosa, porque la empresa no informa de cuántos embriones fueron necesarios para generar los treinta embarazos, omitiendo así la etapa en la que la clonación encuentra más problemas. Además, el científico que clonó a Dolly señala: «Estos resultados no erradican en absoluto el historial anterior de muertes inusuales en animales clonados esencialmente por el mismo procedimiento». Aun así, Advanced Cell Technology atribuye la «alta tasa de éxito del equipo a seis años de práctica en clonación y a sus métodos. Por ejemplo, utilizan células de la piel que se dividen activamente, a diferencia de las células que no se dividen, a partir de las cuales se clonó a Dolly. El cuidado de la ternera recién nacida en sus primeros días también supone una gran diferencia». Tales alardes no convencen a los científicos. Uno de ellos dice: «Los años de experiencia parecen marcar la diferencia, pero eso solo afecta al porcentaje que sobrevive, no a si son normales o no. Nadie sabe realmente por qué la clonación tiene unos resultados tan dispares».

Una pista sobre lo que está fallando en la clonación la proporciona la aclaración de que en realidad Dolly «no es del todo un clon». Dolly contiene genes nucleares del donante que proporcionó el núcleo y genes mitocondriales del óvulo que lo recibió, por lo que sus genes provienen de *dos* fuentes. Para ser un verdadero clon, tanto la célula donante como el óvulo tendrían que proceder del mismo individuo, lo que no fue el caso con Dolly. Además, un óvulo de mamífero es enorme, ya que contiene quizá cien mil mitocondrias. La célula adulta utilizada para Dolly, que procedía de una glándula mamaria, era mucho más pequeña y solo contenía entre dos mil y cinco mil mitocondrias, o entre el 2 y el 5 por ciento del número procedente del óvulo. Por tanto, aunque los científicos esperaban que entre el 2 y el 5 por ciento de las mitocondrias de Dolly procedieran de la célula donante y el resto del óvulo, en realidad el 100 por cien procedía del óvulo. Evidentemente, el citoplasma del óvulo destruyó del 2 al 5 por ciento de mitocondrias extrañas. Esto sugiere que existe una dinámica genética en el citoplasma que va más allá del alcance del núcleo.

Los biólogos moleculares están empezando a darse cuenta de que el concepto básico de la clonación es erróneo. El núcleo no «controla» unilateralmente la célula. El núcleo negocia con el citoplasma y si este no está de acuerdo el proyecto se cancela. El núcleo y el citoplasma son socios en la vida.[14] Está surgiendo una nueva jerga para describir esta realidad: «Se cree que las dificultades en la "reprogramación del desarrollo" son la causa de los problemas de supervivencia y salud de los clones. Cuando los núcleos se transfieren de una célula a un óvulo desprovisto de su núcleo, deben borrar los patrones anteriores de actividad genética y poner en marcha otros nuevos que impulsen el crecimiento del embrión». Esta jerga tecnológica plantea la idea subversiva de que el estado del citoplasma es tan importante como los genes.

Los expertos en computación utilizan la expresión «entorno de ejecución» para describir el estado de un ordenador cuando se ejecuta un programa. Un programa informático lógicamente correcto puede no ejecutarse, dependiendo de cómo esté equipado el ordenador y de qué otros programas se estén ejecutando al mismo tiempo. El citoplasma proporciona el entorno de ejecución de los genes. Todo informático sabe que centrarse solo en el código e ignorar el entorno de ejecución es un error. Los biólogos de la clonación están cometiendo este error.[15]

Clonación de «partes»

La clonación parcial de personas abarca un popurrí de tecnologías que se centran en tejidos y genes específicos, en lugar de en personas enteras. Imagine, por ejemplo, que sus padres le concibieron en una clínica de fertilidad y que no pasó sus primeras

---

[14] T. Maniatis y R. Reed, «An extensive network of coupling among gene expression machines», *Nature* 416, 2002, pp. 499-506.

[15] http://www.humancloning.org/; http://www.clonaid.com/.

horas en el oviducto de su madre de camino a su útero, sino en una placa de Petri en el laboratorio. Imagine que sus padres dieron instrucciones a los técnicos para que le separaran en dos grupos cuando su tamaño era tan solo de unas pocas células. Los técnicos implantaron entonces una mitad de usted en el útero de su madre y mantuvieron la otra mitad en el laboratorio. A continuación, se desarrolló en el útero, nació y se convirtió en un adulto. Todo ese tiempo se han tenido almacenadas algunas células que originalmente eran suyas. Como estas células —llamadas células madre— proceden de una época anterior a la formación de sus tejidos especializados, pueden convertirse en células de cualquier tipo de tejido: hueso, nervio, riñón, hígado, gónada, etc. ¿Qué le parece?

Estas células que se encuentran en algún lugar de un laboratorio podrían haberse implantado en el útero de su madre al mismo tiempo que implantaron la mitad de la que usted procede. Si lo hubieran hecho, habría tenido una hermana o hermano gemelo con el que crecer. En lugar de eso, están cultivando a su hermano o hermana para suministrarle piezas de repuesto. Si su riñón empezara a fallar, podría recibir algunas células madre almacenadas para regenerarlo. Esta clonación parcial de personas se denomina «clonación terapéutica» para enmascarar la realidad de que un individuo en potencia está siendo cultivado para proporcionar partes del cuerpo a otro.

El hermanamiento artificial es una forma de obtener células madre para la regeneración de tejidos. Que yo sepa, nadie lo está haciendo. En cambio, se está desarrollando el trasplante nuclear, en el que el adulto que necesita el reemplazo renal suministra la célula que se va a clonar. Al igual que en la clonación de personas completas, una célula donante de la persona adulta se fusiona con el óvulo de una mujer al que se le ha extraído el núcleo. El nuevo núcleo de la célula donante de la persona adulta ordenará entonces al citoplasma que queda en el óvulo que se convierta en un embrión. Pero en lugar de implantar el embrión en un útero, como en la clonación de personas completas, el embrión se almacena para obtener piezas de repuesto. Este tipo de clonación parcial de personas se llevó a cabo en la Universidad de California en San

Francisco de 1999 a 2001, hasta que la falta de financiación y la salida del director del proyecto pusieron fin al programa.[16]

La calidad de los órganos procedentes de la clonación parcial de personas debería sufrir los mismos problemas que afectan a los órganos de los clones de personas completas, pero la relación coste-beneficio es diferente. Alguien cuyo riñón está fallando podría aceptar de buen grado un reemplazo ligeramente defectuoso que para un recién nacido no sería aceptable. La cuestión de clonar embriones para obtener piezas de repuesto se complica aún más por las promesas de «mejorar» las células embrionarias con nuevos genes. Las células que se encuentran en un laboratorio de fertilidad pueden ser manipuladas. Tal vez se puedan intercambiar algunos genes e insertar otros en su lugar. El nuevo riñón promete entonces ser mejor que el que tenía al principio, como resultado de la «ingeniería de tejidos». Si su propio cuerpo no puede producir insulina, cortar y empalmar el gen que sí puede hacerlo suena como una forma estupenda de curar la diabetes.

Las razones que se ofrecen para regenerar tejidos no siempre están relacionadas con la salud. Para los atletas, la regeneración podría ser el «potenciador perfecto del rendimiento». Aumenta la masa muscular y la fuerza incluso sin ejercicio, y no es detectable en la sangre.[17] Las pruebas de drogas ilegales que se realizan a los atletas olímpicos no revelarían esta terapia genética. La regeneración de tejidos se imagina como una especie de inmortalidad que permite sustituir los tejidos defectuosos por otros nuevos que nunca envejecen. Se ha estudiado un gen llamado telomerasa que permite a las células de los tejidos dividirse más de cincuenta veces en cultivos de laboratorio. Cuando este gen se combine con células madre embrionarias indiferenciadas y con células madre de tejidos, será posible —según los investigadores— cultivar nuevas partes del cuerpo. Un periodista científico del *New York Times* concluye: «La célula es un mecanismo y, a no ser que lo impida la furia

---

[16] C. Hall, «UCSF admits human clone research», *San Francisco Chronicle*, 25 de mayo de 2002.

[17] Dr. H. Sweeney, del Centro Médico de la Universidad de Pensilvania, citado en P. Recer, «New genes may restore old muscles, study finds», *Santa Barbara News Press*, 15 de diciembre de 1988, p. A1.

de los dioses, algún día se podrá hacer que funcione de modo más cercano a nuestros deseos que al diseño indiferente de la evolución».[18] Tal entusiasmo, en mi opinión, roza la arrogancia.

Un centro comercial de proyectos genéticos

En teoría, los genes podrían introducirse en un organismo adulto mediante un «virus amistoso» —un virus previamente peligroso al que convertimos en inofensivo por la supresión de sus genes dañinos— o inyectando directamente el llamado ADN desnudo.[19] Sin embargo, con las técnicas actuales, el cuerpo tiende a rechazar el virus, como si pensara que sigue siendo hostil.[20] Un joven de dieciocho años murió a causa de una grave reacción inmunitaria a una sopa de genes que se le administró como parte de un experimento de terapia génica. Como resultado, el programa de terapia génica en humanos de la Universidad de Pensilvania fue clausurado.[21]

La ingeniería genética también puede utilizarse para crear lo que el suplemento *Time* llama «bebés de diseño».[22] Los fármacos que estimulan la maduración y liberación de óvulos, como los que dieron lugar al nacimiento de octillizos en diciembre de 1998, podrían utilizarse para crear una población de embriones diminutos.[23] El perfil genético de estos embriones podría entonces escanearse «tan rápidamente como lo hace un escáner de supermercado al controlar los precios de los alimentos», y solo se implantarían los

[18] Dr. W. Haseltine, presidente de Human Genome Sciences, Rockville (Maryland), citado en N. Wade, «Immortality of a sort beckons to biologists», *New York Times*, 17 de noviembre de 1998, p. D1.

[19] ADN desprovisto de cubierta proteínica o lipídica. Para la transferencia de genes, suele estar constituido por un plásmido bacteriano que contiene el gen que transferir. Se inyecta directamente en el tejido diana, donde se expresa generalmente sin integrarse en el genoma de las células huésped. *(N. de la T.).*

[20] L. Jaroff, «Fixing the genes», *Time*, 11 de enero de 1999, pp. 68-70.

[21] S. Stolberg, «Gene therapy ordered halted at university», *New York Times*, 22 de enero de 2000, p. A1.

[22] M. D. Lemonick, «Designer babies», *Time*, 11 de enero de 1999, pp. 64-66.

[23] L. Morrow, «Is this right? Who has the right to say? A mother of octuplets, one already gone, says God has blessed her», *Time*, 11 de enero de 1999, p. 41.

embriones que pasaran la prueba. En otras palabras, se conservarían los embriones deseados y se descartaría el resto. «En lugar de abortar un feto, se descarta un montón de embriones de dieciséis células, lo que para mucha gente supone un problema mucho menor».[24]

Un enfoque menos intrusivo para «diseñar» un bebé consiste simplemente en ser muy quisquilloso sobre quién es la donante de óvulos. En 1999 se ofreció una suma de 50.000 dólares por una donante de óvulos que midiera al menos 1,70 metros, tuviera una puntuación mínima de 1.400 en la prueba SAT combinada y no presentara problemas médicos familiares importantes. Más de 200 mujeres respondieron al anuncio.[25]

Las manipulaciones genéticas entre especies distintas se utilizan ampliamente en la ingeniería genética agrícola, y ahora se han sugerido también para los animales, aunque a veces de forma un tanto frívola. Por ejemplo, en una reunión de Ars Electronica, un grupo internacional que lleva veinte años explorando la intersección entre la ciencia y la estética, un artista propuso crear un perro con pelaje fluorescente. La técnica consistiría en extraer el gen de una proteína de las medusas e insertarlo en el genoma del perro, produciendo un animal transgénico cuyo pelaje brillaría cuando se le iluminara con luz verde. Esta técnica se utiliza actualmente en la investigación sobre el cáncer, donde se hace que los tumores sean fluorescentes. El artista explicó: «La sociedad en su conjunto ni siquiera ha tomado conciencia del vocabulario de esta nueva ola de investigación y técnica. No podemos dejar este vocabulario en manos de unos pocos, los políticos, la gente del mundo empresarial, los científicos». El artista afirmó además estar «aumentando la biodiversidad mundial al inventar nuevas formas de vida». Un asistente a la conferencia criticó la propuesta, diciendo: «Al principio, me fascinaron sus ideas, pero tuve una creciente sensación de malestar ante la arrogancia de la misma. Una cosa es que

---

[24] Dr. J. Botkin, profesor de Pediatría de la Universidad de Utah, citado en F. Golden, «Good eggs, bad eggs», *Time*, 11 de enero de 1999, pp. 56-59.

[25] G. Kolata, «$50,000 offered to tall, smart egg donor», *New York Times*, 3 de marzo de 1999, p. A10.

un artista experimente sobre un lienzo, y otra muy distinta es experimentar con una criatura viva».[26]

De hecho, en 1999 se fabricó un conejo verde fluorescente, un conejo albino al que se le habían insertado genes pigmentarios de medusas. El creador (por así decirlo) escribió: «Cuando el [animal] transgénico está sentado en tu regazo, mirándote a los ojos [...], experimentas un tipo diferente de alteridad [...]. De hecho, los rasgos raciales no son nada comparados con los seres transgénicos».[27] Aunque los perros y conejos verdes puedan parecer una tontería, otras creaciones con las que se ha experimentado utilizando distintas especies plantean serias cuestiones éticas.

Ciertos tipos de crueldad con los animales están prohibidos porque los animales pueden sentir dolor, pueden sufrir. ¿Pero qué pasaría si los animales pudieran ser diseñados para no sentir dolor, por ejemplo para utilizarlos en peleas de perros y gallos? Si se creara un animal que no sintiera dolor, ¿sería aceptable ser cruel con él? ¿Qué significaría ser cruel si el animal ya no pudiera sufrir? ¿Cuál sería el estatus ético de las formas de vida sintetizadas en comparación con las formas de vida naturales? ¿Son las formas de vida sintetizadas individuos de segunda clase en la tierra y ante los ojos de Dios?

A la inversa, ¿qué pasaría si se transfirieran genes humanos a animales, por ejemplo para cultivar en sus cuerpos un órgano antes de trasplantarlo a una persona? ¿Un cerdo con un riñón humano es más que un cerdo? El *Wall Street Journal* ha informado sobre terneros que han sido clonados para que sean portadores de los genes humanos de inmunoglobulina, una sustancia sanguínea que participa en el sistema de defensa del cuerpo humano: «Los científicos ya han introducido docenas de genes humanos diferentes en vacas, ovejas, cabras, conejos y ratones con la esperanza de obtener una u otra proteína humana para utilizarla en el tratamiento de enfermedades. Cada uno de estos animales

[26] T. Abate, «Artist proposes using jellyfish genes to create glow-in-the-dark dogs», *San Francisco Chronicle*, 18 de octubre de 1999, p. B1.

[27] S. Madoff, «The wonders of genetics breed a new art», *New York Times*, 26 de mayo de 2002.

"transgénicos" solo produce la única proteína codificada por el gen en cuestión. Pero los genes de inmunoglobulina de los terneros clonados pueden fabricar anticuerpos para combatir una enorme variedad de dolencias, lo que convierte a los animales en una potencial fábrica de fármacos viviente».[28] ¿Cuántos genes humanos necesita tener un animal para que le otorguemos derechos humanos?

¿Qué pasa con la protección de las reservas genéticas de otras especies? ¿Tenemos derecho a moldearlas según nuestros deseos, como hemos hecho desde que los humanos domesticaron a los animales de granja? La ingeniería genética implica más riesgos que la cría convencional de animales, y el potencial daño a nuestras poblaciones domesticadas es mayor.

A la inversa, ¿tenemos la obligación de dotar a otras especies de cualidades humanas? ¿Deberíamos algún día inculcar a otros animales la capacidad de lenguaje y razonamiento moral, para poder hablar con ellos y entablar un diálogo moral? ¿No sería eso útil? Los animales podrían emplearse como agentes inteligentes que patrullaran los servicios ecosistémicos, matando serpientes venenosas por nosotros, mientras protegen las especies en peligro de extinción. ¿Y no querría una secta evangélica convertir a todas estas nuevas criaturas inteligentes? Evidentemente, nuestras responsabilidades con otras especies son complejas, y los aficionados a la ingeniería genética no invitan a un debate público sobre estas cuestiones.

Los científicos intentan crear vida. Ahora que se conoce el genoma completo de algunos organismos, los que tienen los genomas más pequeños, como las bacterias llamadas micoplasma, podrían sintetizarse desde cero. Estos «organismos de genoma mínimo» podrían fabricarse sintetizando su ADN y añadiendo algunas moléculas de grasa y ribosomas sintetizados artificialmente. Quizá sea sorprendente que un grupo de expertos en ética procedentes de las confesiones católica, judía y protestante haya concluido que «no hay nada en el programa de investigación para crear

[28] S. Begley, «Cloned calves may offer cure for many ills», *Wall Street Journal*, 12 de agosto de 2002.

un genoma mínimo que esté prohibido por consideraciones religiosas legítimas».[29]

Desde mi punto de vista, esta nueva ciencia que sintetiza la vida se equivoca por completo. Los duplicados de una cadena de ADN conforman una población de un solo color; no es un arcoíris, no es vida, es simplemente un producto químico. Estar vivo significa tener parientes, ser miembro de una comunidad, ser el producto de un proceso evolutivo y pertenecer a un arcoíris multicromático. Un virus informático tiene más derecho a la vida que un genoma mínimo. Los virus informáticos se replican, mutan y evolucionan, dando lugar a un árbol genealógico. Se podría objetar que un virus informático no es autosuficiente porque depende de las personas para mantener en funcionamiento el huésped donde vive (los ordenadores). Sin embargo, algún día los virus informáticos podrán domesticar a las personas para quc les sirvan, ofreciéndoles sexo virtual como hacen las orquídeas con las abejas, a cambio de que las alimenten y las cuiden. En ese momento, los virus informáticos serán tan autosuficientes como cualquier otra especie en relación con su ecosistema.

Se propone la ingeniería genética para todo tipo de proyectos de manera irresponsable, cuando la mayoría no tienen nada que ver con la salud, y muchos resultan peligrosos y crueles.

Algunas señales de alarma

La clonación de organismos completos puede suponer una amenaza lejana para nuestro acervo genético y plantea algunas cuestiones éticas inmediatas, pero la ingeniería genética también es peligrosa y problemática. ¿Deberíamos redecorar nuestro arcoíris, color a color? Como muchos otros, me he beneficiado de la tecnología médica y espero seguir haciéndolo en el futuro. Pero tenemos que hablar. Necesitamos plantearnos por adelantado hacia dónde puede llevarnos esto. Los desarrolladores de tecnología biomédica destilan arrogancia, y parecen niños jugando con fuego.

---

[29] N. Wade, «Life is pared to basics: Complex issues arise», *New York Times*, 14 de diciembre de 1999.

James Watson, que ganó el Premio Nobel junto a Francis Crick por su descubrimiento en 1953 de la estructura de doble hélice del ADN, escribe en un ensayo para *Time:* «En 1948, la biología estaba [...] casi abajo del todo del pedestal de la ciencia, con la física en la cima». A continuación, Watson afirma con aprobación que hoy en día los biólogos moleculares son tan venerados como temidos, al igual que lo eran los físicos nucleares en la década de 1940. Se pregunta: «¿Nos atrevemos a mejorar los resultados de varios millones de años de selección natural darwiniana?», y responde: «Nunca hay que aplazar la realización de algo útil por temor a un mal que quizá nunca llegue [...]. Avanzar no es para los débiles de corazón».[30]

Pero antes de seguir adelante, echemos un vistazo a la ética que hay detrás de la escena. Una ceguera ética espectacular se puso de manifiesto en abril de 2002, cuando Craig Venter, líder de Celera, uno de los dos proyectos para secuenciar el genoma humano, admitió que su proyecto había estado secuenciando su propio genoma.[31] Se apropió de lo que se suponía que era un proceso anónimo para seleccionar a los individuos que iban a ser secuenciados y, en su lugar, secuenció sus propias células. Los millones de dólares invertidos en averiguar lo que es el «genoma humano» en realidad solo descubrieron lo que es el «genoma de Venter».

Cabría esperar que otros genetistas moleculares se indignaran. Pero no fue así. Watson dijo: «Eso no me sorprende; suena a Craig». Los chicos son así. El líder del proyecto rival, Proyecto Genoma Humano, financiado con fondos públicos, restó importancia al suceso y se limitó a manifestar: «No tiene mayor trascendencia». No obstante, uno de los asesores científicos de Celera expresó sus reservas, afirmando: «Cualquier genoma que pretenda ser un hito debe mantenerse en el anonimato. Debe ser un mapa de todos nosotros, no de uno, y me decepciona que esté vinculado a un individuo». La utilidad técnica de todo el proyecto

---

[30] James Watson, «All for the good», *Time*, 11 de enero de 1999, p. 91.

[31] N. Wade, «Scientist reveals secret of genome: It's his», *New York Times*, 27 de abril de 2002, p. A1. (Las citas y discusión posteriores proceden de esta fuente).

se vio gravemente comprometida al vincularla a una sola persona. Y lo que es más importante, se destruyó la integridad del proyecto, ya que la selección claramente no fue aleatoria. Además, Venter hizo uso de la información para su propio provecho. Descubrió que era portador de un gen, el ApoE4, que le hacía correr el riesgo de padecer un metabolismo anormal de las grasas y alzhéimer. Empezó a tomar medicamentos para reducir la grasa, demostrando, supongo, que al menos creía en su propio trabajo.

Genentech, una de las empresas fundadoras de la industria biotecnológica, pagó doscientos millones de dólares en 1999 para resolver una demanda por infracción de patentes porque uno de sus científicos «se coló en su antiguo laboratorio de la Universidad de California y sacó a escondidas muestras de ADN». También en 1999, pagó cincuenta millones de dólares para zanjar las acusaciones penales por haber comercializado una hormona para usos no autorizados. En 2002 fue multada con trescientos millones de dólares en concepto de daños compensatorios por retener indebidamente los pagos por derechos de autor al Centro Médico City of Hope, y se enfrenta a cargos punitivos adicionales de doscientos millones de dólares porque se consideró que la empresa había actuado con malicia o fraude.[32] En un caso diferente, el antiguo director ejecutivo de otra empresa de biotecnología, ImClone Systems, fue detenido en junio de 2002 por perjurio y cargos de uso de información privilegiada, después de avisar a sus familiares para que vendieran acciones de la empresa cuando un medicamento desarrollado por la misma que estaba pendiente de aprobación no fue respaldado por suficientes datos ni siquiera para justificar una audiencia.[33]

Incluso la información que se nos da puede ser sospechosa. La secuencia del Proyecto Genoma Humano resulta tener un centenar de errores a gran escala que no se revelaron cuando se publicaron inicialmente. Aun así, en un exceso de autocomplacencia, la comunidad científica del genoma humano conmemoró

---

[32] A. Pollack, «A jury orders Genentech to pay $ 300 million in royalties», *New York Times*, 11 de junio de 2002.

[33] A. Pollack y D. Johnson, «Former chief of ImClone Systems is charged with insider trading», *New York Times*, 13 de junio de 2002.

el quincuagésimo aniversario del artículo de Watson-Crick sobre la estructura química del ADN declarando que el genoma estaba completo desde 2003. Sin embargo, el antiguo presidente de la Sociedad Americana de Genética Humana se mostró reticente, diciendo que «llamarlo completo [...] para hacerlo coincidir con el 50.º aniversario del artículo de Watson-Crick es un poco una farsa».[34]

Lo que los chips de ADN nos dicen

Una prueba de que las perspectivas de «mejorar los resultados de varios millones de años de selección natural darwiniana» son más un bombo publicitario que una realidad proviene de una nueva e importante tecnología llamada «chips de genes» o «micromatrices de ADN». Esta tecnología examina la expresión de todos los genes de un organismo al mismo tiempo.

La tecnología se desarrolló originalmente en la levadura.[35] Basta con coger un vaso de vino o cerveza y un trozo de pan para ver el resultado de los dos estados diferentes de la levadura: metabolizar en ausencia de aire produce el alcohol del vino y la cerveza, y metabolizar en presencia de aire, produce CO_2 y hace que el pan suba, haciendo que la masa sea ligera y esponjosa. ¿Qué ocurre dentro de una célula de levadura cuando pasa de producir alcohol a producir CO_2? Las imágenes y los gráficos procedentes de los chips de ADN muestran de forma espectacular series enteras de genes que se apagan y otras que se encienden. Una célula de levadura tiene unos 6.400 genes, algunas de cuyas funciones son conocidas y otras desconocidas. Durante la transición alcohol-CO_2, aproximadamente 710 genes duplican su expresión, mientras que 1.030 genes la reducen a la mitad. En total, alrededor del 27 por ciento del genoma total está implicado en la transición. Y los grandes protagonistas son aproximadamente el 6 por ciento del genoma: 183 genes cuya actividad se cuadriplica y 203 genes cuya actividad se divide por

---

[34] N. Wade, «Human genome sequence has errors, scientists say», *New York Times*, 11 de junio de 2002.

[35] J. DeRisi, V. Iyer y P. Brown, «Exploring the Metabolic and Genetic Control of Gene Expression on a Genomic Scale», *Science* 278, 1997, pp. 680-686. G. Sherlock *et al.*, «The Stanford Microarray Database», *Nucleic Acids Res.* 29, 2001, pp. 152-155.

cuatro. La mitad de los genes que responden durante la transición alcohol-CO_2 no tienen ninguna función conocida y ni siquiera tienen nombre. Cuatrocientos de estos misteriosos genes no muestran similitud alguna con *ningún* gen conocido anteriormente.

Los principales pasos bioquímicos para sintetizar el alcohol y el CO_2 se descubrieron hace más de cincuenta años, gracias a algunos de los trabajos más inspiradores de la bioquímica pionera. Probablemente ningún sistema bioquímico en biología se conozca mejor que la fermentación y la respiración de las levaduras. Los genes clásicos de los pasos de estas vías metabólicas aumentaron y disminuyeron como se esperaba durante la transición alcohol-CO_2. Sin embargo, es evidente que, incluso en uno de los sistemas mejor estudiados de la bioquímica moderna, solo se ha descubierto la mitad de la historia genética. Imaginemos la enorme parte que sigue sin conocerse en la mayoría de los rasgos humanos.

Ningún gen por sí solo es responsable de la producción de alcohol ni de la producción de CO_2, sino que se requieren muchos pasos para sintetizar el alcohol o el CO_2 a partir del azúcar. Si falta un gen para cualquiera de estos pasos, se destruye la capacidad de producir alcohol o CO_2. Cada uno de ellos podría llamarse gen «para» el alcohol o el CO_2, porque si se elimina, la capacidad de fabricar alcohol o CO_2 desaparece. Por lo tanto, no podemos introducir un gen para la producción de alcohol en los granos de café para obtener una planta de licor de café. Tendríamos que introducir cientos de genes para cada paso bioquímico *conocido* para obtener el rasgo de la producción de alcohol. Pero eso tampoco funcionaría, porque también habría que activar los cientos de genes misteriosos sobre los que se desconoce su función. Un tercio de todo el genoma está implicado de alguna manera. Para conseguir insertar una característica cualitativamente nueva en un organismo, hay que rediseñar la mayor parte de su genoma, no solo unos pocos genes. Seamos realistas.

Esta tecnología es sutilmente subversiva, ya que destruye la mentalidad de un solo gen-una sola función y defiende la interdependencia genética.[36] Al igual que con la clonación, la ingeniería

[36] D. Lockhart y E. Winzeler, «Genomics, gene expression and DNA arrays», *Nature* 405, 2000, pp. 827-836.

genética está vendiendo promesas que no puede cumplir, al menos en un futuro inmediato. La ingeniería genética no dotará a los organismos de capacidades cualitativamente nuevas que no tengan ya.

¿Qué puede conseguir entonces? En un futuro cercano, tapará agujeros en vías metabólicas que, para empezar, están casi intactas. Si falta un solo gen en las vías de, por ejemplo, la coagulación de la sangre o la producción de insulina, se podría insertar, restaurando la función perdida. Del mismo modo, se podría insertar un gen que altere un rasgo existente. Parece más realista llamarlo «remiendo genético» que ingeniería genética, y podría ser beneficioso, aunque creo que su daño potencial supera con creces los beneficios.

Contaminar nuestro acervo genético

La empresa Monsanto ha manipulado genéticamente el maíz para hacerlo resistente al herbicida Roundup: «El herbicida Roundup de Monsanto se utiliza ampliamente en todo el mundo [...]. Proporciona un control eficaz de las malas hierbas [...]. Monsanto ha desarrollado el gen "Roundup Ready" para que las plantas de cultivo valiosas toleren el Roundup. Esto hace posible que los agricultores apliquen Roundup alrededor y por encima de los cultivos, matando eficazmente las malas hierbas sin afectar a los cultivos [...]. En África, donde la mayor parte de la escarda la realizan manualmente las mujeres y los niños, el uso juicioso de cultivos tolerantes a los herbicidas puede liberar a millones de personas de esta tarea para que se dediquen a otras actividades productivas». Además de en el maíz, el gen Roundup Ready se ha colocado en el genoma del algodón y la soja. El gen se añadió en estas especies utilizando un virus vegetal, el virus del mosaico de la coliflor (CaMV), que había sido atenuado.

En 2001 se descubrió que el acervo genético de los parientes silvestres del maíz domesticado estaba contaminado con la firma del CaMV, lo que indica que se había producido alguna transferencia de genes.[37] Aproximadamente entre el 1 y el 5 por ciento de

---

[37] D. Quist e I. Chapela, «Transgenic DNA introgressed into traditional maize landraces in Oaxaca, Mexico», *Nature* 414, 2001, pp. 541-543.

los granos de una mazorca de maíz silvestre tenían signos del gen de Monsanto. No estaba claro cómo el gen de Monsanto había conseguido entrar en las reservas genéticas de los parientes silvestres del maíz domesticado. Se sugirió que el virus amistoso atenuado se había desbocado y se había extendido por el genoma de los parientes silvestres del maíz domesticado. Los estudios posteriores afirmaron, en cambio, que el simple cruce entre el maíz domesticado y sus parientes silvestres había introducido el gen en el acervo genético silvestre. En cualquier caso, las reservas genéticas de los ancestros silvestres del maíz domesticado están ahora contaminadas con genes de Monsanto.

Para los que se preocupan por los alimentos modificados genéticamente, los llamados «alimentos Frankenstein», esta noticia es ya suficientemente mala. Pero ¿podría nuestro propio acervo genético contaminarse también por la manipulación genética? En enero de 2002 saltó la alarma. La empresa de biotecnología Avigen llevó a cabo un ensayo de terapia génica en el que intentó insertar un gen ausente en el hígado para curar la hemofilia B, la más rara de las dos clases de hemofilia, que afecta a unas ciento cincuenta personas al año. El gen que falta es el correspondiente al factor IX, una de las proteínas necesarias para la coagulación de la sangre. En primer lugar, se insertó un gen del factor IX en un virus amistoso atenuado, originalmente relacionado con un virus del resfriado común. También se dotó al virus de un gen que debía hacer que el gen del factor IX se activara solo en las células del hígado, y no en las de otros tejidos que el virus pudiera infectar. Sin embargo, si el virus entraba en el tejido de las células germinales, el gen del factor IX se transmitiría a las generaciones futuras, entrando así en el acervo genético humano. De hecho, el virus se detectó en el fluido seminal del paciente, lo que implica que el virus se expresaba en tejidos ajenos al hígado, aunque no se detectó en el esperma. No obstante, al paciente «se le exigió el uso de preservativos para evitar cualquier posibilidad de engendrar un hijo genéticamente alterado».[38]

---

[38] N. Wade, «After scare, a gene therapy trial proceeds», *New York Times*, 8 de enero de 2002.

Añadir el gen del factor IX a nuestro acervo genético podría resultar deseable, ya que podría curar al paciente y a sus descendientes de una forma rara de hemofilia. Sin embargo, la técnica consiste en añadir no solo el gen del factor IX, sino el virus completo utilizado para transportar el gen, incluido el gen que se supone que hace que el virus funcione solo en las células del hígado. Si el virus amistoso no se comporta como está previsto, podría insertarse en múltiples puntos del genoma, posiblemente alterando genes en otros lugares y convirtiéndose en una fuente de enfermedad genética. Es probable que el virus amigo no pueda saltar a otra persona por sí solo, aunque dudo que esta posibilidad pueda descartarse por completo para cualquier virus relacionado con el resfriado común. Sin embargo, los genes podrían pasar al acervo genético como resultado de que alguien no utilice un preservativo. Esta tecnología de emplear virus amigos para transportar genes supuestamente deseables al genoma me recuerda al control biológico. A pesar de que los científicos agrícolas nos ofrezcan las mejores garantías, las especies introducidas tienen una agenda propia y no siempre se comportan como se supone que deberían hacerlo.

Restaurar el factor IX en pacientes hemofílicos es el mejor escenario para la terapia génica: el gen deseado es innegablemente bueno, el gen en el paciente es innegablemente deletéreo, y los efectos secundarios del virus amigo quizá no sean significativos comparados con la gravedad de la enfermedad genética que se trata. Sin embargo, en otros casos menos claros, la manipulación genética podría causar inadvertidamente una enfermedad genética, en lugar de curar la enfermedad preexistente. El gen deseado puede no ser tan bueno como se anuncia, el gen del paciente puede no ser tan malo como se dice, y el virus amigo puede no ser tan amigo.

Si una parte de la contaminación de nuestro acervo genético puede provenir de un intento de corregir lo que se ha desviado, como en el casi error del factor IX, otras formas de contaminación genética podrían ser más deliberadas. Para proteger su producto, las empresas de ingeniería genética incluirán sin duda el ADN de una marca comercial con cualquier gen sintetizado por humanos que se añada a nuestro genoma. Los clientes y sus hijos quedarán entonces «estampados» con esta marca para toda la posteridad. También es de esperar que la gente quiera marcas genéticas personales, como escudos genéticos, para que las lleven sus descendientes.

Si la tecnología de inserción de genes tiene éxito, probablemente le seguirá la piratería genética. Alguien encontrará muy divertido introducir genes que se manifiesten como cambios de color en la piel o el pelo. Una tecnología de inserción de genes amenaza con convertir nuestro acervo genético en un medio público, un tablón de anuncios para la posteridad. La gente podría publicar mensajes como imágenes codificadas en formato *jpeg* en regiones no transcritas de nuestro genoma, su «código muerto», para todo tipo de propósitos: el discurso de Gettysburg, una foto pornográfica, una cápsula del tiempo personificada. Lo que empezó como una tecnología para mejorar la productividad agrícola puede convertirse en una tecnología que cambie fundamentalmente la esencia de la humanidad.

Puede que usted piense que no hay motivos para asustarse. Ninguno de estos hackeos genéticos va a ocurrir mañana. Mientras la ingeniería genética no funcione, no obtendremos sus anunciados beneficios ni sufriremos sus tácitos peligros. Pero, al igual que la clonación, algún día funcionará, sobre todo cuando entre en juego una visión más sofisticada de la interacción gen-citoplasma. Tenemos que adelantarnos a ese riesgo, porque la contaminación del patrimonio genético es irreversible.

Balas genéticas

El Proyecto Genoma Humano y las empresas privadas pretenden crear bases de datos de genes de personas de diversas razas: personas de África, Asia, Europa y la América precolombina.[39] Los especialistas en ingeniería genética creen que los perfiles genéticos

---

[39] N. Wade, «Ten drug makers join to find genetic roots of diseases», *New York Times*, 15 de abril de 1999. El doctor F. Collins, director del Proyecto Genoma Humano en los Institutos Nacionales de Salud, aparece citado diciendo: «Si hablamos de construir un mapa del genoma, debería ser un catálogo real de la variación humana y no solo de los noreuropeos». También, Wade («The genome's combative entrepreneur», *New York Times*, 18 de mayo de 1999, pp. D1, D2) cita que el doctor Venter, de Celera, intentaba secuenciar genomas de «cinco individuos que serían seleccionados de los principales grupos étnicos, incluyendo tres hombres y dos mujeres».

permitirán a los fabricantes de medicamentos adaptarlos a la composición genética de cada individuo, un enfoque denominado «farmacogenética».[40] La medicina personalizada es un nuevo campo de la ingeniería genética con un importante potencial económico.[41] Suena maravilloso, pero los perfiles genéticos de las personas también podrían utilizarse para fabricar venenos dirigidos genéticamente, balas genéticas. El potencial de matar a través de la ingeniería genética es más fácil de ejecutar que el potencial de curar.

Los perfiles genéticos concebidos por los ingenieros tergiversan la variación genética natural. Las razas son categorías inventadas socialmente con poca distinción genética entre sí y mucha heterogeneidad genética dentro de ellas. Sin embargo, existen algunas diferencias genéticas entre personas de distintos lugares de origen. Las especies suelen mostrar una «variación geográfica», es decir, genes específicos de cada lugar. Estos genes permiten a los genetistas rastrear las primeras rutas de la migración humana, como se informa regularmente en la prensa.[42] Los genes se mezclan a medida que continúan las migraciones, y en su lugar se forman continuamente nuevas constelaciones locales de genes, de modo que en cualquier momento suelen poder identificarse algunos marcadores genéticos específicos de cada lugar. Así que, mientras que el perfil genético de las razas tiene una validez biológica limitada, un perfil genético temporal del lugar de origen resulta más plausible.

Los conflictos armados se dirigen a menudo contra gentes de diferentes lugares, y la elaboración de perfiles geográficos de las personas amenaza con ayudar a este tipo de guerras. Recordemos el virus amistoso fabricado para operar solo en las células del hígado: el virus detecta alguna proteína o gen fabricado solo en el hígado. En cambio, si se deja que el virus detecte una proteína

---

[40] N. Wade, «Tailoring drugs to fit the genes», *New York Times*, 20 de abril de 1999. Wade informa de que las diez empresas farmacéuticas que se unieron para crear mapas genómicos de las distintas razas planean desarrollar medicamentos a medida.

[41] G. Kolata, «Using gene testing to decide a patient's treatment», *New York Times*, 20 de diciembre de 1999, p. 1; Andrew Pollack, «In the works: Drugs tailored to individual patients», *New York Times*, 20 de diciembre de 1999, p. C8.

[42] Ver, por ejemplo, N. Wade, «Genes help identify oldest human population», *New York Times*, 8 de enero de 2002.

o gen fabricado por personas de un lugar determinado, al detectarlo, entrará en acción y desactivará alguna enzima crítica, causando discapacidad o muerte. Estas balas genéticas podrían apuntar a todo un ejército de cualquier lugar.

Las personas de distintas nacionalidades difieren obviamente en algunos genes. Ya solo la estatura distingue a los ejércitos de unos países de los de otros. Una ráfaga de balas genéticas disparadas por un ejército de gente alta contra un ejército de gente baja cometería accidentalmente algunos errores. Algunas de las personas más bajas del ejército atacante se perderían (fuego amigo, daños colaterales). Y algunas de las personas más altas del ejército atacado no se eliminarían. La infantería se encargaría de hacer limpieza. Las balas genéticas no serían menos precisas que las tecnologías de los conflictos armados actuales, y el primer país en utilizarlas ganaría.

Alternativamente, siguiendo el ejemplo del gen Roundup Ready de Monsanto, se podría inyectar a los soldados de un ejército un virus amigo que dotara de resistencia a un veneno cualquiera. Entonces, el veneno podría extenderse por el campo de batalla, eliminando al enemigo de cuevas y fortificaciones. Los soldados se ofrecerían como voluntarios para tales misiones. Cualquier ejército que pueda reclutar terroristas suicidas podría, sin duda, reclutar también soldados que aceptaran modificar su composición genética para incluir un gen que los protegiera del pesticida letal utilizado para aniquilar a sus oponentes.

La antigua Unión Soviética ya intentó utilizar la biología molecular para hacer la guerra. Kanatjan Alibekov, un desertor de alto rango del programa soviético de guerra bacteriológica, reveló que Moscú dominaba el arte de reordenar los genes para hacer que los microbios dañinos fueran aún más potentes y difíciles de contrarrestar. El ántrax fue alterado genéticamente para resistir cinco tipos de antibióticos.[43] Y en la actualidad, en Estados Unidos, los investigadores siguen trabajando en el ántrax. Uno de ellos es Craig Venter, cuya empresa, The Institute for Genomic Research (TIGR) —dirigido ahora por su esposa y dotado de una plantilla

[43] W. Broad y J. Miller, «Defector discloses germ weapons», *New York Times*, 5 de abril de 1999.

de trescientas personas y cuarenta millones de dólares al año en subvenciones para investigación—, tiene financiación para secuenciar el ADN del ántrax. Venter reconoce: «Existe una fuerte presión sobre mí por parte de la gente que pone el dinero».[44]

Las balas genéticas son más fáciles de construir que las curas genéticas. La clonación no funciona, la regeneración de tejidos no funciona, la terapia genética no funciona. Pero es posible hacer que el ántrax sea más letal. La defensa nacional (y la ofensiva nacional) acapara el dinero. Los capitalistas emprendedores que han respaldado la ingeniería genética en nombre de la salud se enfrentan a problemas de ingresos,[45] por lo que parece lógico que algún día exijan un retorno de sus dólares. La producción de armas es quizá el único sector en el que la ingeniería genética podría ser rentable en un futuro próximo.

De hecho, si se mantienen las tendencias actuales, la ingeniería genética parece destinada a convertirse básicamente en una industria armamentística y no en una industria sanitaria. Ya se ha señalado el deseo de los biólogos moleculares de tener el poder que poseían los físicos nucleares durante la Segunda Guerra Mundial. Uno de los principales patrocinadores gubernamentales del Proyecto Genoma Humano es el Departamento de Energía, la agencia estadounidense responsable de la gestión de la energía nuclear. Gran parte de la investigación sobre genómica se está llevando a cabo en los Laboratorios Nacionales de Estados Unidos, que se dedicaban al desarrollo de armas nucleares y que tuvieron que buscar nuevas tareas tras la firma de los tratados de desarme nuclear. Los atentados terroristas de septiembre de 2001 y la miniepidemia de ántrax que les siguió proporcionan ahora la excusa perfecta para ampliar el papel de la ingeniería genética como tecnología armamentística.

Un ejemplo de la extraordinaria presión personal que se ejerce sobre los biotecnólogos para que se conviertan en productores de

---

[44] N. Wade, «Thrown aside, genome pioneer plots a rebound», *New York Times*, 30 de abril de 2002.

[45] T. Abate, «Depressing times for biotech as key index hits three-year low», *San Francisco Chronicle*, 13 de mayo de 2002; A. Pollack, «Biotechnology seeks end to slump», *New York Times*, 19 de mayo de 2002.

armas se recoge en las citas de Sidney Drell, cofundador del Center for International Security and Cooperation (CISAC) de la Universidad de Stanford, subdirector emérito del Stanford Linear Accelerator Center (SLAC), miembro principal de la conservadora Institución Hoover de Stanford y ganador de la Medalla al Servicio Distinguido de la Inteligencia Nacional de Estados Unidos. En febrero de 2002, Drell declaró: «Si alguien pensaba que la Guerra Fría había terminado y que el mundo se estaba relajando, que había menos necesidad de que los científicos se involucraran, debería pensárselo dos veces [...]. Para el terrorismo biológico todo lo que se necesita es un pequeño grupo de mentes enfermas que sean inteligentes, entrenadas con los últimos conocimientos médicos y con una instalación parecida a la de una cervecería artesanal». Drell continúa diciendo que «la comunidad científica tiene la obligación ante la sociedad» de prevenir el terrorismo biológico, al igual que atribuye a la ciencia la estabilización de la amenaza de la guerra nuclear con la mejora de la tecnología de reconocimiento aéreo.

La ingeniería genética parece dispuesta a entrar en una nueva carrera armamentística. Los ingenieros genéticos no solo tienen ahora una forma de satisfacer su fantasía de ser temidos y venerados, como los físicos nucleares durante la Segunda Guerra Mundial, y una forma de convertir su industria, hasta ahora decepcionante desde el punto de vista financiero, en generadora de grandes beneficios, sino también la obligación moral de proteger a nuestra sociedad de los ataques de terroristas enfermos. ¿Queremos un nuevo complejo militar-industrial?

Un futuro diferente

Podemos elegir lo que hacemos con el conocimiento que hemos adquirido. Como ha demostrado esta parte de mi libro, la diversidad, tan evidente en el exterior de las personas, se encuentra también en su interior, extendiéndose por todas las capas de nuestro cuerpo. Nuestra especie no está dividida en dos clases, normales y diferentes. Nuestra especie es un arcoíris de normalidades en todos los detalles corporales. La distinción entre hombre y mujer, definida por el tamaño de los gametos, no se extiende con similar claridad a los genotipos, los cromosomas, la bioquímica, las hormonas, la morfología, el cerebro, las capacidades mentales, las identidades de género o las orientaciones sexuales. Aparte del tamaño de los gametos y los conductos asociados, casi todos los rasgos masculinos los posee naturalmente alguna mujer, y casi todos los rasgos femeninos los posee naturalmente algún hombre. Las afirmaciones de un binario de género en los seres humanos, basadas en pequeñas diferencias estadísticas en un contexto de gran superposición, son meros mitos sociales.

Cada persona tiene una historia única de desarrollo que comienza con los gametos a partir de los cuales se fusionó y que continúa con la vida embrionaria, la infancia, la niñez, la edad adulta; y todo ello a través de una historia de vida que incluye la forma en que su identidad de género y su sexualidad han llegado a expresarse. Esta diversidad humana inherente se manifiesta a través de las categorías sociales que proporciona la sociedad local. Sin embargo, la diversidad biológica humana se pasa por alto en las descripciones de la naturaleza humana que los biólogos se cuentan entre sí, así como también en las descripciones que proponen en sus clases y que relatan al público. Los biólogos enseñan que las personas pueden dividirse en todo tipo de binarios: hombres y mujeres, homosexuales y heterosexuales, normales y mutantes, sanos y enfermos, cada uno con su patrón definitorio. Los biólogos enseñan que las desviaciones de estos patrones pueden corregirse aislando los genes que controlan el desarrollo o gestionando el entorno en el que crecen los niños. Estas enseñanzas biológicas que convierten en patológico lo que es una diversidad natural son inexactas y peligrosas. Anuncian una fantasía de control imposible. Se inmiscuyen en los derechos humanos de los individuos y amenazan el futuro de nuestra especie. En lugar de temer la diversidad, busquemos en otras épocas de la historia y en otras culturas para ver cómo ha surgido en ellas el arcoíris humano. Podríamos encontrar algunas claves útiles sobre cómo acomodar mejor la diversidad, puesto que las instituciones de una sociedad justa deberían promover formas de que los pueblos biológicamente diversos puedan vivir y prosperar juntos.

PARTE III

ARCOÍRIS CULTURALES

18

Dos espíritus, mahus e *hijras*

Si observamos la forma en la que los arcoíris humanos universales de género y sexualidad encajan en las categorías sociales de otras comunidades alrededor del mundo y en otros momentos de la historia, podemos extraer algunas ideas sobre cómo podrían funcionar mejor nuestras instituciones. Quizá podamos evitar la pérdida de tiempo y el coste innecesario que supone suprimir las diferencias biológicas. Al igual que ocurre con la diversidad animal, la diversidad cultural en materia de género y sexualidad es inesperada y atractiva. Sin embargo, al igual que las ciencias naturales, las ciencias sociales como la antropología, la sociología, la historia y la teología desechan esa misma diversidad que sus minuciosas investigaciones y sus textos primarios documentan con tanta claridad. Muchos se sorprenden al conocer lo extendidas que están la expresión transgénero y la homosexualidad entre los pueblos del mundo y a lo largo de la historia. Nunca nos lo han contado.

Esta parte de mi libro, «Arcoíris culturales», ofrece un estudio histórico de cómo se manifiestan a través del mundo las variaciones de género y sexualidad en la sociedad humana. Experimenté con diferentes formas de organizar esta historia. ¿Debemos simplemente dar la vuelta al mundo (es martes, así que esto debe ser Tahití)? ¿O empezar por los lugares en los que el género es más un reflejo de la profesión de cada uno y del espacio social que del tipo de cuerpo, y señalar cómo en dichas culturas algunas personas con cuerpo masculino son *de facto* mujeres, y viceversa? ¿Y qué tal si hiciera hincapié en las culturas que ilustran un choque entre las categorías sociales antiguas y tradicionales y las categorías modernas y occidentales, entre considerar a las personas con variaciones de género y sexualidad como algo sagrado y los relatos que atribuyen una patología médica a los homosexuales y transexuales? ¿Por qué no pasar de las culturas con categorías sociales que hacen hincapié en el género a las culturas que hacen hincapié en la orientación sexual? O tal vez deberíamos contrastar las sociedades que imaginan una forma de reasignación de sexo basada en la transformación del cuerpo con aquellas que no lo hacen. O podríamos destacar el papel de la religión en la construcción de las categorías de género y las costumbres sexuales. El número de ángulos interesantes es ilimitado. La organización que ofrezco es un tanto arbitraria, pero, por favor, no pierda de vista todas estas facetas.

Como mujer transgénero, he elegido historias que me llaman la atención. Al escribir sobre ecología y evolución, lo hice como una nativa que escribe sobre su ciudad natal. Cuando traté la biología del desarrollo, escribí sobre la ciudad de al lado. Aquí escribo como una turista en tierras académicas extranjeras, la última etapa de mi viaje de descubrimiento por el mundo académico. Pido disculpas por mi posible falta de sensibilidad ante las tradiciones académicas extranjeras, pero no me arrepiento de mis críticas. Los científicos sociales suelen denunciar la pretensión de objetividad de los científicos. Yo considero a los científicos sociales igual de imperfectos. Ellos también deniegan la dignidad humana a las personas de género variante.

Las personas «dos espíritus»[1] en las Américas

Desde que me instalé en San Francisco, he encontrado, distribuidas en diferentes etnias, muchas expresiones de género y sexualidad que no sabía que existían. La gente es como es: encantadora, anónima y sin palabras sobre sí misma. Estamos empezando a descubrirnos. A veces creo que sabemos más sobre la diversidad en las profundidades del mar que sobre nosotros. Sin embargo, mucho antes de que se fundara San Francisco como ciudad occidental, las naciones nativas de América ofrecían un rico entorno social para las personas

[1] También designados como «berdache» o «badea». *(N. de la T.).*

que hoy llamamos transexuales, gais y lesbianas. Las personas de género variante en la América nativa suelen denominarse «biespirituales», aunque los detalles varían de una tribu a otra.[2]

Algunas tribus han tenido a las personas dos espíritus en una muy alta estima, en parte por su papel religioso en las ceremonias y por sus convicciones sobre la creación. Entre los zuñis, por ejemplo, la leyenda relata una batalla entre espíritus agrícolas y cazadores en la que una deidad dos espíritus trajo la paz a las partes enfrentadas. Los zuñis recreaban este acontecimiento ceremonialmente cada cuatro años, con una persona dos espíritus desempeñando el papel de la deidad dos espíritus.[3] Del mismo modo, entre los navajos se creía que la supervivencia de la humanidad dependía de la inventiva de las deidades dos espíritus. El hecho de que las deidades dos espíritus estuvieran en la base de la religión dotaba a las personas dos espíritus de dignidad y significado.

Osh-Tisch

El antropólogo Will Roscoe relata cómo Hugh Scott, un general retirado del Ejército, se entrevistó en 1919 con una famosa mujer dos espíritus llamada Osh-Tisch, de la tribu cuervo.[4] En su primer encuentro con Osh-Tisch, el general Scott «entró en la enorme cabaña de piel de búfalo de Toro de Hierro, jefe del pueblo cuervo». La cabaña de Toro de Hierro había sido creada por Osh-Tisch, que también era artista, curandera y chamana de gran prestigio. Scott le preguntó por qué llevaba ropa de mujer, si físicamente era

[2] W. Williams, *The Spirit and the Flesh: Sexual Diversity in American Indian Culture*, Beacon Press, 1992; W. Roscoe, *Changing Ones: Third and Fourth Genders in Native North America*, St. Martin's Press, 1998; W. Roscoe, *Living the Spirit: A Gay American Indian Anthology*, St. Martin's Press, 1988; S. Long, «There is more than just women and men», en S. Ramet (ed.), *Gender Reversals and Gender Cultures: Anthropological and Historical Perspectives*, Routledge, 1996, pp. 183-196; S. Lang, *Men As Women, Women As Men*, University of Texas Press, 1998; S. E. Jacobs, W. Thomas y S. Lang, *Two-Spirit People: Native American Gender Identity, Sexuality, and Spirituality*, University of Illinois Press, 1997.

[3] Williams, *The Spirit and the Flesh*, 1992, p. 19.

[4] Roscoe, *Changing Ones*, 1998, p. 31. Todas las citas relacionadas con Osh-Tisch provienen de esta fuente.

masculina. «Es mi camino», respondió ella. ¿Desde cuándo había sido así? Ella contestó que, desde que nació, «se había inclinado hacia ser mujer, nunca hombre». ¿Qué tipo de trabajo hacía? «Cualquier trabajo de mujer». Luego, con gran orgullo, mostró un vestido de mujer azul oscuro con adornos de concha de abulón y un vestido de piel de gamo con finas cuentas, con cinturón y polainas de mujer. Las fotografías de Osh-Tisch muestran a una mujer majestuosa. Desde el punto de vista romántico, se orientaba hacia los hombres.

Las personas de dos espíritus no «pasan» físicamente como miembros del género con el que se identifican: su estado corporal es conocido por todos. Sin embargo, una mujer dos espíritus es aceptada como mujer, aunque generalmente es más grande que una mujer de un solo espíritu y no puede amamantar. Una mujer dos espíritus participa en las actividades domésticas y económicas de las mujeres, y cuida de los niños y las niñas más mayores. También realiza actividades en las que saca partido de su altura y fuerza, e incluso, si es necesario, lucha en las batallas. De hecho, Osh-Tisch se distinguió por su valor, y también ayudó a cuidar a los guerreros heridos. Aunque luchar como guerrera era «trabajo de hombres», Osh-Tisch era considerada por las demás mujeres como una más.

Una joven llamada Escudo Bonito narró los logros de Osh-Tisch a un periodista: «¿Alguna vez los hombres le dijeron algo sobre una mujer que luchaba?». «No». «Ah, no les gusta hablar de ello, pero yo se lo contaré… Parecía un hombre, y sin embargo llevaba ropa de mujer y tenía corazón de mujer. Además, realizaba labores femeninas. No era tan fuerte como un hombre, y sin embargo era más sabia que una mujer. A usted los hombres no le han contado esto, pero yo sí. Me sentía orgullosa […] porque ella era valiente».

En la década de 1890, un agente de la Oficina de Asuntos Indígenas trató de encarrilar a Osh-Tisch —así como a otras personas dos espíritus— cortándole el pelo y obligándola a llevar ropa de hombre y a realizar trabajos de hombre. El pueblo cuervo estaba tan molesto por ello que el jefe le dijo al agente que se largase. Esta intervención del jefe de la nación cuervo en nombre de las personas dos espíritus representa un profundo apoyo político.

Hastiin Klah

El antropólogo Will Roscoe también describe a Hastiin Klah, un famoso navajo dos espíritus que era gay pero no de género variante.[5] Nacido en 1867, pronto mostró interés por la religión; aprendió su primera ceremonia a los diez años y estudió el poder curativo de las plantas nativas. En su adolescencia temprana descubrió una cueva en el saliente de un cañón donde un curandero había dejado un fardo ceremonial. Las paredes estaban pintadas con imágenes de dioses navajos y Klah decidió convertirse en curandero. Se le consideró como una persona dos espíritus. «Se vestía con ropas de hombre y no había nada femenino en él, a no ser que se califique así su dulzura indescriptible», pero los navajos lo consideraban dos espíritus porque tejía mantas y se interesaba románticamente por los hombres en vez de por las mujeres. Como persona dos espíritus, se esperaba de Klah que ayudara a su madre y a su hermana a tejer. Tejer formaba parte del ciclo vital de las mujeres, ofreciendo un medio para expresar el autocontrol y la autoestima, la creatividad y la belleza. El tejido reflejaba un equilibrio entre el mundo de los animales y las plantas —representado por las fibras animales y los tintes vegetales— y el mundo de los humanos, aquellos que llevan puesta la tela. El estilo artístico de Klah era muy especial, ya que utilizaba fondos de lana sin teñir de ovejas pardas y diseños creados con tintes de plantas locales, y estableció un nuevo estándar de excelencia para el tejido navajo. Fue pionero en la presentación de imágenes pintadas con arena en los tapices. Previamente, las imágenes pintadas con arena solo se grababan en el suelo.

Cuando cumplió veinticinco años, Klah ya era reconocido por su labor de tejedor. En 1893, la Exposición Universal de Chicago buscó a un tejedor nativo para que demostrara su habilidad ante el público. Querían traer a un hombre, pero no se dieron cuenta de que un tejedor masculino era necesariamente dos espíritus. Klah pasó el verano en Chicago trabajando ante una multitud de visitantes. En la exposición, Klah conoció a una bostoniana adinerada, Mary Cabot Wheelwright, que escribió de él: «Llegué a

[5] *Ibid.*, p. 47. Todas las citas sobre Klah proceden de esta fuente.

respetarlo y amarlo por su verdadera bondad, generosidad y santidad, pues no hay otras palabras para describirlo. Nunca se casó. Ayudó al menos a ocho de sus sobrinas y sobrinos con dinero y bienes. [...] Nunca se quedaba nada para sí mismo. Era duro verle casi en harapos en sus ceremonias, pero lo que le daban rara vez lo guardaba, se lo entregaba a alguien que lo necesitara». En la década de 1930, Mary Wheelwright comenzó a pensar qué hacer con su patrimonio y colaboró con Klah en la fundación de un museo que ahora se conoce como el Museo Wheelwright del Indio Americano, en Santa Fe. Klah murió a la edad de setenta años, apenas unos meses antes de que el museo fuera inaugurado oficialmente en 1937.

Mujeres guerreras

Según Roscoe, había otras personas que tenían cuerpo femenino y participaban en actividades masculinas. Osh-Tisch, por ejemplo, compartía sus días de guerrera con otra mujer de la tribu cuervo. Según Escudo Bonito, «la otra mujer era una salvaje que no tenía ningún hombre propio. Era mala y valiente a la vez. Se llamaba Otra Urraca y era muy guapa». No se dice que Otra Urraca tuviera dos espíritus, pero su historia sugiere que su apariencia de mujer cuervo era lo suficientemente flexible como para abarcar el comportamiento masculino tradicional. Juntas, Osh-Tisch y Otra Urraca salvaron al guerrero Serpiente Toro, que había sido herido por un lakota y se había caído del caballo. Osh-Tisch «se precipitó hacia él, descendió de su caballo y se colocó encima del guerrero, disparando al lakota, recargando su arma y volviéndole a disparar». Mientras tanto, Otra Urraca cabalgaba agitando un palo y desviando la atención hacia ella con una canción de guerra. «Ese día, aquellas dos mujeres estaban dispuestas a morir. [...] Me sentí orgullosa de las dos», recordó Escudo Bonito.

Otras guerreras eran evidentemente transgénero. Entre los cheyenes, las mujeres dos espíritus «eran a menudo grandes guerreras que se sentaban incluso en el Consejo de los Jefes y se hacían oír». Un artista cheyene representó a una mujer con los pechos desnudos disparando un rifle; iba vestida como los miembros masculinos de un colectivo especial que luchaban llevando solo taparrabos. Las mujeres dos espíritus eran conocidas por establecer relaciones románticas entre sí. Una fotografía de 1890 muestra a una mujer dos espíritus de la tribu de los yumas. Lleva un taparrabos y brazaletes de arquero masculinos en las muñecas, y aparece de pie con una mano en la cadera, en una pose característicamente masculina. Se dice que estaba casada con una mujer.[6] Un estudio reciente incluye mapas que indican la ubicación de las tribus en las que había individuos hombre-mujer, mujer-hombre o ambos géneros, junto con una tabla sobre las combinaciones que eran socialmente reconocidas y aprobadas.[7]

Ser dos espíritus significa principalmente ser de un espíritu diferente, marchar al son de otro tambor, pero no necesariamente ser de género variante. Como muestran las crónicas, la categoría de dos espíritus abarca a personas que en la sociedad occidental probablemente se identificarían como lesbianas, gais o transgénero.

Ceremonias de transición

El antropólogo Walter Williams relata una ceremonia de salida del armario entre los navajos que brindó a la comunidad la oportunidad de respaldar y bendecir a un joven dos espíritus.[8] El día de la ceremonia, el joven fue conducido a un círculo. Según un chamán navajo, «si el chico se mostraba dispuesto a permanecer de pie en el círculo, expuesto a la mirada del público, era casi seguro que consumaría la ceremonia. El cantante, fuera de la vista de la multitud, comenzó a cantar. En cuanto el sonido llegó al muchacho, este comenzó a bailar como lo hacen las mujeres». Un joven que no tuviera dos espíritus se negaría a bailar, pero en el caso de este joven «la canción le llega al corazón y bailará con mucha intensidad. No puede evitarlo. Después de la cuarta canción,

---

[6] *Ibid.*, p. 145.

[7] S. Lang, «Lesbians, men-women and two-spirits: Homosexuality and gender in Native American cultures», en E. Blackwood y S. Wieringa (eds.), *Female Desires, Same-Sex Relations and Transgender Practices across Cultures*, Columbia University Press, 1999, pp. 91-116.

[8] Williams, *The Spirit and the Flesh*, 1992, p. 24. Las citas que siguen provienen de esta fuente.

es consagrado». Bañaron al joven y recibió una falda de mujer. Se le condujo de nuevo al terreno de danza, se le vistió con ropa femenina y se anunció a la muchedumbre su nuevo nombre femenino. A partir de entonces, ella se sentía molesta si la llamaban por su antiguo nombre masculino.

Los pápagos tenían una ceremonia de transición similar. Se construía un recinto con maleza y se colocaba dentro un arco, una flecha y un cesto. Se llevaba a un individuo joven al recinto mientras los adultos observaban desde fuera. Se le pedía que entrara y se le prendía fuego a la maleza. El joven podía agarrar o bien el arco y la flecha, o bien la cesta, y luego escapar del fuego. Si un joven masculino cogía la cesta, era aceptado como dos espíritus femenina; en caso contrario, seguía siendo un chico.

No hay una tradición de que los dos espíritus cambien su morfología para parecerse al otro sexo. Los hombres no modifican sus genitales para que se parezcan a los femeninos, ni las mujeres se atan los pechos para ocultarlos. Sin embargo, las personas dos espíritus no se sienten necesariamente cómodas con sus cuerpos. Se describió que una mujer mojave dos espíritus se sentía avergonzada al hacer el amor porque «el pene sobresale entre las fibras sueltas de la falda hecha de corteza de árbol».[9] Otra mujer dos espíritus era sensible a las burlas sobre su pene, y prefería que lo llamaran clítoris. Las burlas sexualmente explícitas eran corrientes, pero como relató el amante de una mujer dos espíritus: «Nunca me atreví a tocar su pene en erección, excepto durante el coito. De lo contrario, cortejabas a la muerte, porque se ponían violentos si jugabas demasiado con su pene erecto». Aunque las personas dos espíritus se sintieran insatisfechas con sus cuerpos, la transformación genital no era una condición para la aceptación social, ni tampoco algo que reclamaran sus parejas sexuales.

La mentalidad conquistadora

Los conquistadores españoles del siglo XVI fueron brutales con las personas dos espíritus. En 1530, Nuño de Guzmán contó que la

[9] Roscoe, *Changing Ones*, 1998, p. 150.

última persona que había capturado en batalla y que «había luchado con gran valor, fue un hombre con hábito de mujer, por lo que hice que lo quemaran». Durante su estancia en Panamá, Vasco Núñez de Balboa vio a hombres vestidos de mujer y los arrojó a sus perros para que se los comieran vivos. Calancha, un funcionario español en Lima, elogió más tarde a Balboa por la «buena acción de un español honorable y católico».

La justificación de la conquista española de América giró en torno a si los nativos eran «racionales», es decir, si poseían una combinación de razón, inteligencia y moralidad, según la definición de la Iglesia católica. Si los nativos eran racionales, la conquista no era justa. Si los nativos eran irracionales, entonces conquistar y cristianizarlos era justo, similar a la domesticación de animales. El sexo entre hombres era una prueba irrefutable de irracionalidad. Así pues, los exploradores españoles tenían un gran interés en establecer que las personas de género variante practicaban relaciones homosexuales, pues así se justificaría su conquista. Sin embargo, su conducta durante la conquista fue más allá de la domesticación, ya que ninguna oposición moral limitaba la crueldad contra los animales.

La represión europea no aniquiló a las personas dos espíritus de América. La tradición de los dos espíritus es antigua. Los antropólogos han encontrado imágenes de dos espíritus de hace mil quinientos años en las pinturas murales de una *kiva* (una sala ceremonial redonda) en Nuevo México.[10] La tradición sigue viva hoy en día, ya que los grupos de nativos americanos de todo Estados Unidos han recuperado esta herencia.

Sin embargo, los antropólogos se han centrado más en las diferencias entre los transgénero actuales y los nativos americanos dos espíritus que en sus similitudes, utilizando a menudo un lenguaje lleno de prejuicios. Los antropólogos utilizan pronombres de género para personas dos espíritus como Osh-Tisch sobre la base de sus genitales, en lugar de utilizar los pronombres adecuados a su expresión de género, que era lo que hacían los propios nativos. La utilización de los pronombres de género borra el éxito

---

[10] *Ibid.*, p. 202.

del cruce de géneros de las personas dos espíritus. De este modo, un antropólogo puede referirse a los transexuales actuales como «productos de nuestra cultura» que pagan el «alto precio» de la «mutilación corporal» por «la ideología del determinismo biológico» y acaban sintiéndose «no más cómodos como mujer que como hombre», aunque esta afirmación no está respaldada por datos. Este mismo antropólogo continúa diciendo que una «identidad gay está más cerca» del papel de los dos espíritus que de una identidad transgénero.[11] Convertir el evidente aspecto transgénero de las personas dos espíritus en una identidad gay supone apropiarse de la experiencia transgénero.

Otros antropólogos asignan a las personas dos espíritus a un tercer género, ni hombre ni mujer, negando que algunas pertenezcan realmente a su género de identificación y no a una tercera zona intermedia. Todas las mujeres varían en altura, fuerza, aptitud y capacidad de amamantamiento y de reproducción. ¿Eran las mujeres dos espíritus simplemente otro tipo de mujer, aunque más altas y fuertes que las demás y sin capacidad de amamantar? ¿O se utilizaron las diferencias físicas para encasillarlas en una categoría diferente? Los relatos sugieren que algunas personas dos espíritus se integraban en los dos géneros principales de hombre y mujer sin formar un género distinto.

En general, las personas dos espíritus en las sociedades nativas americanas son un grupo diverso, que abarca todos los arcoíris de género y sexualidad que los occidentales encasillamos en los diferentes colores sociales de gais, lesbianas y trans. La Polinesia, que examinaremos a continuación, muestra una expresión de género y sexualidad bastante comparable a la de los nativos americanos. Fue colonizada mucho más tarde que las Américas, y las instituciones nativas no fueron diezmadas en la misma medida. Sin embargo, las representaciones nativas del género y la sexualidad chocan ahora con ideas occidentales importadas, dando lugar a un conflicto entre lo tradicional y lo moderno.

---

[11] Williams, *The Spirit and the Flesh*, 1992, pp. 80, 219.

Los mahus en la Polinesia

El antropólogo Niko Besnier ha relatado cómo el explorador francés Louis Antoine de Bougainville tropezó con las islas de Tahití durante un viaje por el Pacífico Sur entre 1766 y 1769. Cuando su barco se acercó a la isla, salieron a su encuentro canoas nativas que estaban «llenas de mujeres; que, por sus agradables rasgos, no son inferiores a la mayoría de las mujeres europeas [...]. Los hombres [...] nos presionaron para que eligiéramos a una mujer y nos acercáramos a la orilla con ella; y sus gestos [...] denotaban de qué manera debíamos relacionarnos con ella. Era muy difícil, en medio de semejante espectáculo, mantener en su puesto a cuatrocientos jóvenes marineros franceses que no habían visto mujer alguna en seis meses [...] y jamás un cabestrante se había hecho girar con tal celeridad».[12]

Esta celeridad pronto dio paso a la condena. La Sociedad Misionera de Londres, que estableció un puesto de avanzada en Tahití, llegó a la conclusión de que la isla era «la sucia Sodoma de los Mares del Sur: en estas islas las personas no piensan más que en el adulterio y la fornicación. Los niños apenas llegan a los siete años antes de ser desflorados. Niños con niños, a menudo chicos con chicos [...] revolcándose todo el día en la perversidad».[13] Los misioneros se sintieron especialmente molestos con lo que el capitán británico William Bligh describió como «una clase de gente llamada *mahoo*: estos [...] son seleccionados de pequeños y los mantienen con las mujeres únicamente para las caricias de los hombres [...]. Las mujeres los tratan como a uno de su propio sexo y ellos cumplen las mismas restricciones que ellas, y son igualmente respetados y estimados».[14] El capitán Bligh se encontró con la versión tahitiana de las personas dos espíritus, llamada *mahu*, que significa

---

[12] N. Besnier, «Polynesian gender liminality through time and space», en G. Herdt (ed.), *Third Sex, Third Gender: Beyond Sexual Dimorphism in Culture and History*, Zone Books, 1994, pp. 285-328. La cita procede de la p. 289.

[13] *Ibid.*, p. 290.

[14] D. Elliston, «Negotiating transnational sexual economies: Female mahu and same-sex sexuality in "Tahiti and Her Islands"», en Blackwood y Wieringa (eds.), *Female Desires, Same-Sex Relations and Transgender Practices across Cultures*, 1999, pp. 232-252.

«mitad hombre, mitad mujer». En todas las islas de la Polinesia hay mahus, aunque portan nombres diferentes en Samoa y en Tonga. En Hawái, al igual que en Tahití, se llaman también así.

El capitán Bligh afirma que los mahus eran incluidos entre las mujeres. Otros informes sugieren que los marineros los veían como mujeres, lo que provocaba encuentros sorprendentes. En 1789, un marinero escribió: «A uno de los caballeros que me acompañaban a tierra se le metió en la cabeza prendarse de una bailarina, según creía, [...] y después de haberse esforzado en persuadirla de que subiera con él a bordo de nuestro barco, descubrió que esta supuesta damisela, una vez despojada de su parafernalia teatral, era un elegante muchacho».[15] Los nativos, por su parte, siguieron en la playa riendo y disfrutando de la comedia. Este pasaje demuestra que, aunque los ingleses no fueran capaces de distinguir a las mujeres mahus de las que no lo eran, los tahitianos sí podían hacerlo, lo que plantea la cuestión de si los mahus constituían un tercer género o estaban fusionados con el género femenino.

Los estudios realizados recientemente por Besnier muestran a los mahus trabajando en ocupaciones femeninas: cocinando, limpiando la casa, recogiendo leña, lavando la ropa, tejiendo esteras y haciendo telas. En los entornos urbanos, los mahus son solicitados como secretarias y empleadas domésticas. Socialmente, los mahus viven en el espacio de las mujeres, «caminando del brazo, [...] cotilleando y yendo de visita con ellas» hasta la vejez. En cuanto a su apariencia, los mahus suelen incluir algunas características femeninas y en ocasiones se visten como mujeres.[16] Los mahus, se dice, adoptan un «andar agitado» y se caracterizan por un «ritmo rápido, la verborrea y el rostro animado, que contrasta con el comportamiento generalmente lacónico e impasible de los hombres». Están «coquetamente preocupados por su aspecto físico», y llevan «flores, guirnaldas y perfume, y en contextos urbanos, mucho maquillaje». La imagen de los mahus es femenina, quizá afeminada, pero sin llegar a una presentación femenina total, pese a que socializan y trabajan en el espacio de las mujeres.

---

[15] Besnier, «Polynesian gender liminality through time and space», 1994, p. 291.
[16] *Ibid.*, pp. 296-298.

A los mahus se los identifica por su inclinación de género cuando son niños, antes del «despertar de cualquier tipo de deseo sexual».[17] A partir de ese momento, es probable que se relacionen sexualmente con hombres, pero una orientación sexual hacia los varones no es «un criterio necesario ni suficiente» para el estatus de mahu. No se relacionan sexualmente con otros mahus. Además, un mahu puede renunciar a este estatus y convertirse en un hombre casándose y engendrando un hijo. Los mahus son percibidos como siempre disponibles para la conquista sexual de los hombres, y pueden lanzar a estos pullas de carácter sexual en una especie de caricatura del coqueteo. Suelen ser objeto de acoso y violencia física por parte de los hombres, especialmente cuando estos han bebido demasiado.

A diferencia de los dos espíritus, los mahus no tienen acceso al poder político ni al prestigio masculino. También se diferencian por tener un estatus relativamente bajo en la sociedad. No pueden aspirar a las funciones de liderazgo que tenían algunos dos espíritus como Osh-Tisch. En ninguna parte de la Polinesia se asocia a los mahus con la vida religiosa,[18] y no existe ninguna ceremonia pública de salida del armario.

Sin embargo, al ser mitad hombre, mitad mujer, comparten con los dos espíritus nativos americanos la característica de combinar elementos de ambos sexos. Al igual que ellos, los mahus son aceptados hasta cierto punto en el espacio de las mujeres tal y como son, sin más autentificación corporal. Por lo tanto, difieren, como veremos, de las *hijras* indias, los eunucos del mundo antiguo y los transexuales contemporáneos, todos los cuales se someten a una transformación corporal de reasignación de sexo. No se considera que no sean ni hombre ni mujer, ni tampoco que carezcan de algo, como en el caso de las *hijras*, los eunucos y los transexuales. Por el contrario, son la mitad de cada uno, como los dos espíritus de los nativos americanos.

Aunque la sociedad polinesia se ha visto influenciada por la cultura colonial y misionera francesa, permanece en gran medida intacta, en contraste con las culturas nativas americanas. La sociedad

---

[17] *Ibid.*, p. 300.
[18] *Ibid.*, p. 298.

polinesia, aunque decididamente no occidental, no es tan diferente como para que la brecha cultural sea insuperable. Por ello, la Polinesia es un lugar excelente para seguir estudiando antropológicamente el género y la sexualidad.

La antropóloga Deborah Elliston ha demostrado recientemente que los mahus incluyen a mujeres masculinas, además de a los hombres femeninos que atrajeron la atención de los primeros exploradores. Una mujer explicó que una persona con cuerpo de mujer también podía ser un mahu diciendo: «Mahu puede ser un hombre o una mujer, porque eso es lo que significa: alguien que es ambas cosas».[19] Elliston informó de las dificultades iniciales para discernir los «códigos, señales, signos y actuaciones de los mahus con cuerpo de mujer». Sin embargo, se hizo evidente que ocupaciones como la conducción de camiones y la agricultura de subsistencia estaban codificadas como masculinas, así como ciertos gestos, la ropa y el uso de pelo corto en una sociedad en la que la mayoría de las mujeres se dejan el pelo muy largo.

Los polinesios de hoy en día, en general, aceptan al mahu principalmente porque lo ven como algo natural, «es así». Los mahus se dan a conocer cuando aún son niños demostrando estilos de apariencia transgénero o una preferencia por un tipo de trabajo trans. Los niños con inclinaciones femeninas y las niñas marimachos (en francés, *garçon manqué*) son probablemente mahus. La identidad de género es más importante para la condición de mahu que la orientación sexual. De hecho, la sexualidad de los mahus varía. Un estudio indica que los mahus con cuerpo de hombre suelen tener relaciones sexuales con hombres, especialmente con jóvenes, pero que otros también han tenido relaciones duraderas con mujeres y han sido padres, y otros son célibes. Los mahus con cuerpo de mujer solían tener amantes mujeres, pero muchos habían tenido amantes hombres en algún momento, y otros eran célibes.[20] Este énfasis en el género más que en la sexualidad se asemeja a lo que ocurre con las personas trans estadounidenses contemporáneas, que expresan todo tipo de orientación sexual, incluido el celibato.

---

[19] Elliston, «Negotiating transnational sexual economies», 1999, p. 234.

[20] *Ibid.*, p. 237.

Sin embargo, las personas trans estadounidenses también pueden mantener relaciones entre sí, mientras que los mahus solo mantienen relaciones con hombres o mujeres, pero no con otros mahus.

Los polinesios conceptualizan a las personas como «mezclas» de ingredientes masculinos y femeninos.[21] Las personas se diferencian entre sí por tener una esencia masculina y femenina en distinta proporción. La mezcla de un mahu con cuerpo masculino consiste en más feminidad que masculinidad en un cuerpo masculino, y viceversa para un mahu con cuerpo femenino. Un mahu de cuerpo masculino que se siente atraído por los hombres representa la atracción de los ingredientes femeninos del mahu por un hombre. Así, se afirma un dualismo sexual elemental, pero se permite que los cuerpos expresen diferentes combinaciones.

Según Elliston, un hecho reciente particularmente interesante en Tahití —sobre todo en la capital, Papeete— es la aparición de un estilo transgénero occidental llamado *raerae*, o *travesti* en francés. En la actualidad, se trata exclusivamente de personas trans masculinas a femeninas que emulan una «forma específicamente eurocéntrica de feminidad blanca».[22] En público, la mayoría de los travestis llevan atuendos reveladores al estilo de una mujer europea: minifaldas, pantalones cortos diminutos, camisetas sin mangas, tacones altos (el tipo de feminidad blanca idealizada en los medios de comunicación de toda la Polinesia Francesa). La mayoría trabajan, al menos a tiempo parcial, como trabajadores sexuales para clientes masculinos. Sorprendentemente, los travestis dicen que han «elegido» ser como son, lo que significa aparentemente que eligen expresar su naturaleza trans por esta vía y no como mahu. Su trayectoria comienza como varones que mantienen relaciones sexuales con otros varones, aunque sin identificarse como mahus. Más tarde hacen la transición a travestis. La mayoría toma hormonas y muchos se han sometido a una cirugía de reasignación de sexo. Antes de la transición, algunos han tenido hijos.

Los tahitianos desprecian a los travestis porque su vestimenta es «exagerada», su estilo es extranjero y se piensa que no son auténticos,

---

[21] *Ibid.*

[22] *Ibid.*, p. 241.

en contraste con los mahus, que «siempre han sido así». Aquí asistimos a un choque entre dos manifestaciones culturales transgénero diferentes. La forma en que se produzca esta colisión dará lugar a una fascinante antropología en tiempo real. Del mismo modo, han llegado a Tahití nuevas categorías de *homosexuel* y *lesbienne*, que representan las identidades europeas de gais y lesbianas que tampoco se ajustan a la categoría *mahu*. Seguiremos informando.

Las *hijras* de la India

El tamaño de la India garantiza que el número total de personas transgénero sea enorme, aunque la proporción de la población que se identifica como trans sea pequeña. Con una población de más de mil millones de personas, la India cuenta con más de un millón de personas transgénero (una de cada mil) pertenecientes a un grupo llamado *hijras*, una mezcla de secta religiosa y de casta.[23] Las *hijras*, personas trans de hombre a mujer, son en su mayoría miembros de las castas inferiores y de los intocables.

La religiosidad de la vida *hijra* gira en torno a la devoción a la Diosa Madre Bahuchara Mata, o Mata para abreviar. El principal templo *hijra* se encuentra cerca de Ahmedabad, en Gujarat, al norte de Bombay, en el noreste de la India. La religión es principalmente hinduista, con algunos elementos del islam.

Las *hijras* ofician la celebración del nacimiento de un hijo varón, y en las bodas ofrecen las bendiciones a Mata. Con la occidentalización de la India, la demanda de estas ceremonias está disminuyendo y las *hijras* se dedican cada vez más a la mendicidad y a

[23] Esta explicación sobre las *hijras* está sacada fundamentalmente de la investigación de la antropóloga Serena Nanda y la lingüista Kira Hall. Ver S. Nanda, *Neither Man nor Woman: The Hijras of India*, 2.ª ed., Wadsworth, 1999; L. Cohen, «The pleasures of castration: The postoperative status of hijras, jankhas, and academics», en P. R. Abramsan y S. D. Pinkerton (eds.), *Sexual Nature, Sexual Culture*, University of Chicago Press, 1995, pp. 276-304; K. Hall, *Hijra/bijrin: Language and Gender Identity*, tesis doctoral, Departamento de Lingüística, Universidad de California en Berkeley, 1995; K. Hall, «"Go suck your husband's sugarcane!": Hijras and the use of sexual insult», en A. Livia y K. Hall (eds.), *Queerly Phrased: Language, Gender and Sexuality*, Oxford University Press, 1997, pp. 430-460; y K. Hall, comunicación personal, 2001.

la prostitución. Están actualmente intentando salir de esta espiral descendente y algunas han sido elegidas para ocupar cargos públicos. En enero de 2001, el nuevo alcalde *hijra* de Katni, una ciudad dedicada a la extracción de piedra caliza, con un cuarto de millón de habitantes, apareció en el *New York Times*, junto con cinco *hijras* elegidas para otros cargos en distintos lugares de la India.[24] Tres años antes, el *Wall Street Journal* había cubierto la historia de otro líder político *hijra*.[25]

Según la antropóloga Serena Nanda, las *hijras* se organizan a nivel nacional en lo que denominan las «siete casas». Un anciano de cada casa, llamado *naik*, tiene jurisdicción sobre una zona geográfica, que puede ser una ciudad de tamaño medio o un distrito de una gran ciudad como Bombay. Los *naiks* se reúnen colectivamente en un *jamat*, o asamblea de ancianos, y actúan como una junta directiva para la región. El jamat aprueba formalmente la admisión de una candidata a *hijra*. Una candidata se denomina *chela*, o discípulo, y es apadrinada e instruida por un gurú o maestro, que la conduce al jamat para su iniciación. La chela entrega al gurú sus ingresos y se somete a su autoridad, y este es responsable del bienestar de su chela y de las cuotas por la iniciación que paga al jamat. Un gurú suele vivir con sus chelas en una pequeña comuna, compuesta normalmente por cinco personas. En ocasiones, una *hijra* se casa y se va a vivir con su marido.

La apariencia de la *hijra* va desde pasar por una mujer no *hijra* hasta tener una apariencia mixta, con ropas llamativas y una voz profunda y sonora. Las *hijras* suelen llevar ropa de mujer, incluido el sujetador y las joyas, y tienen el pelo largo al estilo femenino. Se depilan el vello facial para conseguir un rostro suave. Caminan, se sientan y se ponen de pie como las mujeres, y llevan ollas en la cadera, cosa que los hombres no hacen. Las *hijras* adoptan nombres de mujer y utilizan un lenguaje femenino, incluyendo las expresiones y la entonación. Solicitan sentarse con las mujeres

---

[24] B. Bearnak, «A pox on politicians: A eunuch you can trust», *New York Times*, 19 de enero de 2001.

[25] J. Karp, «And she's a eunuch: Ms. Nehru goes far in Indian politics: Lower than the untouchables, "hijras" begin to change some popular prejudices», *Wall Street Journal*, 24 de septiembre de 1998.

en establecimientos públicos y a veces exigen que se las inscriba como mujeres en el censo nacional.[26] En ocasiones llegan a exagerar la vestimenta y la gestualidad femeninas hasta caricaturizarlas, utilizando expresiones y gestos groseros y abusivos poco femeninos, y fumando cigarrillos, que normalmente es un «privilegio» masculino.

Las *hijras* están marginadas en la sociedad india y no son aceptadas como mujeres por aquellas que no son *hijras*. Se ven obligadas a funcionar fuera de los dos géneros tradicionales, formando un tercer género. Aunque los indios reconocen la variación de género, no la aceptan socialmente: «No hagas como si estuviéramos a punto de invitarlas a tomar una taza de té».[27] La actitud de la sociedad hindú hacia las *hijras* es ambigua. Sus bendiciones en una boda equivalen a prosperidad y fertilidad, pero sus maldiciones pueden ocasionar distintas desgracias. Una *hijra* puede insultar a una familia que no satisfaga sus exigencias de dinero y regalos, empezando por un leve abuso verbal y una burla, pasando por insultos más fuertes y culminando con lo más temido: levantarse el vestido para mostrar sus genitales.[28] La contribución espiritual de las *hijras* se ve matizada por este elemento de extorsión. Las *hijras* son, al mismo tiempo, seres sagrados singulares y objetos de miedo, abuso, burla y, a veces, compasión.

Historias contemporáneas

El abanico de estilos personales entre las *hijras* puede observarse en las personas que conviven en el tipo de comuna descrita por Serena Nanda.[29] La encargada medía más de un metro ochenta, sus rasgos indios tenían una belleza clásica y su espeso pelo negro azabache colgaba por debajo de su cintura. Llevaba saris de raso y pendientes de diamantes, así como cadenas de oro y brazaletes en las muñecas. Otra *hijra*, que regentaba una casa de baños, era

---

[26] S. Nanda, *Neither Man nor Woman*, p. 17.

[27] *Ibid.*, p. 166.

[28] *Ibid.*, p. 6.

[29] *Ibid.*, p. 56.

enormemente gorda y de aspecto masculino, con brazos peludos y un tatuaje en la muñeca. No llevaba joyas y se la describía como un «Buda gigantesco». Otra era joven, guapa y femenina, y vivía con su marido.

Entre las *hijras* entrevistadas por Nanda estaba Kamladevi, de treinta y cinco años, que hablaba con fluidez inglés, hindi y tamil, ya que había sido alumna de un instituto regentado por religiosos cristianos hasta el undécimo curso. De niña, Kamladevi se negaba a llevar pantalones y se vestía solo con *lungui*, una tela tradicional parecida a una falda de seda o algodón de colores vivos. Iba a la escuela con las cejas y los labios pintados, que limpiaba antes de volver a casa. A los once años, tuvo su primera experiencia sexual con un chico y más tarde tuvo encuentros con varios profesores de la escuela. Sus padres trataron de impedir su afán por feminizarse. Su padre, subinspector de policía en la división de investigación criminal, llegó a asignarle un ordenanza para que la vigilara. Sin embargo, las *hijras* se fijaron en Kamladevi y la invitaron a unirse a ellas. Ella lo hizo y se fue a Bombay, donde se convirtió en trabajadora sexual. Tuvo un destino sombrío y murió poco después de ser entrevistada.

Otra de las entrevistadas por Nanda, Meera, era una gurú *hijra* de cuarenta y dos años que ya gozaba de éxito. Meticulosa en el vestir y conservadora en el comportamiento, como un «ama de casa de clase media», tenía un rostro masculino, pero una identidad de género femenina excepcionalmente intensa. A los cuatro o cinco años, fingía ser una niña y caminaba contoneándose. Sus padres le permitieron ponerse un *bindi* (el punto de color que las mujeres indias se colocan en la frente) y vestirse con ropa de niña. De adulta, empezó a tomar hormonas femeninas para aumentar de peso: «Ahora estoy bien y gorda, como una mujer».[30]

Meera tenía un marido de nombre Ahmed. «Si me siento abatida y tengo lágrimas en los ojos, Ahmed me pregunta: "¿Por qué estás tan deprimida? ¿Qué quieres? ¿Qué te ha pasado?". Y si Ahmed no se encuentra bien, aunque solo le duela la cabeza, me siento a su lado toda la noche para atenderle, masajearle la cabeza,

---

[30] Citas de Meera provienen de *ibid.*, pp. 81, 78-79, 82.

el cuerpo. […] Me protege muy bien. Si alguien se burla de mí o me molesta, se enfada mucho […]. Cuando no está, la policía y los vagabundos me molestan, pero cuando está presente todo el mundo se calla […]. Si alguien me molesta, Ahmed lo golpea y lo echa. Dios y él son uno solo para mí […]. Si Ahmed [se fuera] con otra señora u otra *hijra*, me afeitaría la cabeza y me quemaría como una viuda que comete el *satí*». En una entrevista posterior, Meera mostró un pequeño bebé que había adoptado y del que se ocupaba. Tras años de hormonas, sus pechos se habían desarrollado completamente. «Ahora lo único que deseo es esto, que mi marido esté bien, que mis chelas estén bien, que Dios nos dé suficiente dinero para mantenernos. Dios es grande».

Sin embargo, el camino de Meera hasta alcanzar esta situación no fue fácil. Anteriormente se había casado con una mujer y habían engendrado una hija, a la que luego le concertó un matrimonio. Se mostró evasiva cuando se le preguntó por esta parte de su vida. Sabía, como dijo Kamladevi, que «para ser una *hijra*, no debes tener ninguna relación con una mujer».[31]

Sushila, que tenía treinta y cinco años cuando fue entrevistada, nació en una familia tamil en Malasia. «Desde mis primeros días de escuela, solo me sentaba con chicas», recuerda.[32] Empezó a tener relaciones sexuales a los trece años con un pescador que estaba casado y vivía con su mujer, su madre y su hermana. Cuando Sushila se fue a vivir con ellos, sus padres no fueron a recuperarla porque llevaba un *bindi* y *kajal* (maquillaje femenino). «A mi familia no le gustaba eso», explicó; les parecía «vergonzoso». Después de algún tiempo, volvió a casa por iniciativa propia y un día conoció a una *hijra* en el cine. La *hijra* la invitó a unirse a ellas, diciendo: «Con nosotras siempre podrás llevar un sari y vivir». Sushila se unió a las *hijras* porque «odiaba mucho mi casa». Esto inició un tira y afloja con su familia. «Ven a casa», le decían. «Vendré solo así [vestida de mujer]». «No, somos una familia grande y honorable, ¿cómo vamos a dejar que vengas así?». «Entonces, no iré». Aun así, cuando su hermana cayó enferma diez días después,

---

[31] *Ibid.*, p. 63.
[32] Citas de Sushila provienen de *ibid.*, pp. 87, 95-96.

regresó. «Mi padre y mi hermano me pidieron que entrara en una de las habitaciones y que me cambiara el vestido por un *lungui* y una camisa antes de que la gente me viera. Le dije a mi padre: "Si tanto os avergonzáis de mí porque llevo un sari, no quiero avergonzaros más. Permitidme que me vaya aquí y ahora"». Al cabo de dos días, regresó definitivamente a las *hijras* y ejerció ocasionalmente como trabajadora sexual.

Sushila se casó con un brahmán que era chófer en una gran empresa. Hablaba con cariño de su marido y le preocupaba no poder darle un hijo, algo que consideraba necesario para que él pudiera tener «una vida familiar normal». En una entrevista posterior, reveló que había conseguido salirse con la suya. Había adoptado a su exmarido como hijo (¡!) y había concertado su matrimonio con la hermana de un vecino, que era pobre pero respetable y bastante guapa. Los recién casados tuvieron un hijo, con lo que Sushila se convirtió legalmente en abuela.

Mientras tanto, Sushila había encontrado otro marido. «Lo que me atrae de mi hombre es cómo [...] le gusta verme bien vestida, arreglada, con flores en el pelo, con un *bindi*, llevando ropa nueva, manteniendo la casa limpia y sin decir palabrotas [...]. Tengo la comida de mi marido lista cuando llega a casa. Me ocupo de él. [...] Ya ves cuánta gente viene a sentarse aquí conmigo para charlar [...]. Ahora que soy respetable y hablo con educación con la gente, vienen y se sientan conmigo». Aunque había sido una trabajadora sexual, podía decir: «Ahora tengo a mi marido y para mí es el único hombre [...]. Ahora llevo la vida de una mujer respetable con un marido, un hijo adoptivo, una nuera y un nieto, y puedo llevar una casa».

Las tres *hijras* de las que he hablado hasta ahora nacieron y se criaron como hombres, pero deseaban vivir como mujeres. A Kamladevi y Sushila se les impidió vestirse como mujeres en casa, a Meera se le permitió, y las tres se unieron a las *hijras* para vivir, hasta cierto punto, como mujeres. En cambio, Salima nació intersexual. Fue entrevistada mientras vivía en la calle, durmiendo en Bombay en un saco hecho jirones. En ese momento ni siquiera era una trabajadora sexual («no tengo clientes») debido a su desaliño, con barba de tres días y las manos, los pies y la ropa sucios.[33] Recordó: «A mis padres les entristeció mi nacimiento [...]. Mi madre intentó llevarme a médicos [...]. Mi padre hizo oblaciones en distintos lugares, pero todo fue inútil [...]. Mi órgano era muy pequeño [...]. Los médicos dijeron: "No, no crecerá, tu hijo no es hombre ni mujer". [...] Si hubiera sido una niña, me habrían criado y me habrían conseguido un buen matrimonio; si hubiera sido un niño, me habrían dado una buena educación [...]. Pero no les he servido de nada». Salima continuó explicando: «Desde el principio, me vestía y me comportaba como una niña [...]. Nunca pensé en mí misma como un chico [...]. Mis padres me habían puesto un nombre de chico [...]. Yo les daba [a los profesores] un nombre de chica». En la escuela, los profesores no permitían que Salima se sentara con las otras niñas. «Por eso dejé de ir a la escuela».

Cuando Salima conoció a las *hijras*, su madre dijo: «Ya que naciste así, haz lo que quieras hacer, ve a donde quieras, haz lo que te haga feliz». Así que Salima se unió a las *hijras* y «el dolor en mi corazón disminuyó». Salima fue tratada bien entre ellas mientras estuvo protegida por su gurú. Sin embargo, tras su muerte, fue condenada al ostracismo. Encontró marido por un tiempo, pero finalmente murió en la calle.

Como puede verse en estas historias, las *hijras* no proponen una concepción nueva y distinta del género. Son un tercer género por defecto, no por diseño. Si se les niega la entrada en el género con el que se identifican, terminan como un tercer género. Muchas, quizá la mayoría, desean claramente llevar una vida como la de una mujer convencional no *hijra*.

Nirvan: cirugía genital

La palabra *hijra* a menudo se traduce como «no hombre, no mujer». Las *hijras* tienen una forma de cirugía de reasignación de sexo conocida como *nirvan*, o «la operación», que modifica la región genital a un estado intermedio entre los genitales masculinos y femeninos. *Hijra* también se traduce como «eunuco». De

[33] Citas de Salima provienen de *ibid.*, pp. 98-100.

las cuatro personas entrevistadas, Kamladevi y Meera se sometieron a la operación, Sushila la estaba planeando y Salima no la «necesitaba».

El nirvan es una ceremonia compleja en la que una persona se separa de su forma masculina; mientras convalece reside en un estado liminal, y finalmente renace como una «verdadera» *hijra*, empoderada como una discípula de Mata. La operación la realiza una *dai ma* o partera. Meera, que estaba calificada para realizar un nirvan, lo hizo muchas veces. Concretamente, los testículos y el pene se extirpan con «dos rápidos cortes diagonales opuestos».[34] La mera mención de esta acción altamente simbólica hace sentir incómodo a cualquiera.

¿Por qué iba una *hijra* a consentir que le hicieran un nirvan? ¿No solo consentir, sino pagar mucho dinero? Kamladevi le pagó a Meera «mucho [...], 27 saris, 20 enaguas, 27 blusas, 2 vestidos de baile, 1 caja grande de hojalata, 9 aros de piedra para la nariz, 200 rupias», revelando una fuerte motivación por una práctica que «ningún Gobierno, ni el británico ni el indio, ha sido capaz de suprimir».[35]

La comprensión del nirvan se ve obstaculizada por las descripciones peyorativas de los antropólogos. Lo han calificado como «ritual de castración» llevado a cabo como «parte de una obligación religiosa». Un hombre, se dice, ofrece las joyas de su familia a una diosa exigente que devora, decapita y castra a su consorte. Supuestamente, «la identificación con la Diosa a través del sacrificio de sus genitales garantiza [a las *hijras*] su presencia vivificante, protegiéndose de la muerte». Sin embargo, según los informes, en lugar de evitar la muerte, el patético resultado son tan solo unos «genitales mutilados».[36] Nirvan se interpreta como la superstición irracional de un pueblo primitivo.

Según sus propios relatos, las *hijras* no ofrecen en realidad sus genitales en sacrificio. Los genitales no se colocan en un altar a Mata, sino que se retiran discretamente y se entierran en una olla

---

34 *Ibid.*, p. 28.

35 *Ibid.*, pp. 66, 35.

36 Los comentarios peyorativos fueron citados por Nanda en *ibid.*; ver pp. 35-37.

al pie de un árbol. Si el nirvan fuera un sacrificio, ¿por qué se extirparían tanto el pene como los testículos? Únicamente bastarían los testículos, si se le entregara la virilidad a Mata, pues eso es lo que significa la castración. Concebir la práctica de las *hijras* como una devoción irracional a una extraña deidad primitiva niega su dignidad y capacidad de acción, menospreciando la diversidad humana que representan.

Entonces, ¿por qué las *hijras* se someten al nirvan? Quizá sean más racionales de lo que parecen. Veamos si el nirvan resiste el análisis de coste-beneficio, el punto de referencia del análisis racional. Los costes son bajos. Una *hijra* no se desprende de mucho al ceder sus genitales masculinos a Mata. Para una *hijra*, nacida varón pero que se identifica como mujer, los genitales masculinos no representan las «joyas de la corona». Kamladevi se refirió a su órgano masculino como débil e inútil, «no sirve para nada». De manera similar, al describir cómo estaba antes de la operación, Lakshmi, una hermosa joven bailarina *hijra*, dijo: «Nací hombre, pero no un hombre perfecto». Y Neelam, que estaba esperando la operación, comentó: «Nací hombre, pero mi órgano masculino no funcionaba correctamente». Las *hijras* preoperadas no ven sus genitales como activos, por lo que renunciar a ellos no representa ningún coste en absoluto. La operación en sí es el mayor costo, tanto la suma pagada a la *dai ma*, como el proceso de recuperación durante seis semanas. El procedimiento en sí no es doloroso, solo «un pequeño pellizco» o «picadura de hormiga».[37]

Los beneficios son numerosos:

1. *Un cuerpo femenino*. La operación impulsa la feminización ya iniciada con la vestimenta femenina, incluidos sujetadores con relleno, un cabello largo de estilo femenino, un rostro terso depilado, un lenguaje femenino y el cambio de nombre. Meera explicó: «Después de la operación, nos volvemos como mujeres». La extracción de los testículos elimina las principales glándulas productoras de testosterona, lo que permite que se desarrolle un contorno corporal más

[37] Todas las citas provienen de *ibid.*, ver pp. 67, 15-16, 28.

femenino, y la extracción del pene permite que la *hijra* orine como lo hace una mujer. Las *hijras* consideran que el resultado de la operación es hermoso, no una mutilación. Meera mencionó que había estado enferma en un hospital, donde la examinaron. «Los médicos estaban asombrados de los excelentes resultados de la operación por la que me habían "convertido en mujer". Solo comprobándolo con sus propios ojos, se convencieron del poder de las *hijras* para transformarse de hombres en mujeres». En un aparte con la persona que la entrevistó, añadió: «Tienes que hacer una foto de mi área operada para que la gente de tu país también conozca el poder y la habilidad de las *hijras*».[38]

2. *Las expectativas de los maridos*. Meera contó que su esposo Ahmed le dijo: «Tú eres un hombre y yo soy un hombre», y le pidió que se sometiera a la operación. «Así que fui a que me operasen». Igualmente, Sushila dijo: «Mi esposo quiere que me opere para que así me vea saludable y de buen ver, como las otras».[39]
3. *Autenticidad*. El nirvan constituye la prueba de que una persona es una verdadera *hijra*, en lugar de un simple impostor travestido. La presión del grupo también influye. Kamladevi admitió: «Habiendo vivido tantos años, si no me hubiera operado, sería una gran "deshonra" para mí».[40]
4. *Poder*. El nirvan dota a una *hijra* con el poder de Mata. La operación la inviste con la autoridad espiritual para bendecir en nombre de Mata. Un hombre travestido carece de este poder espiritual. Si baila en una ceremonia para bendecir a un nuevo bebé o una boda y es descubierto, no puede exigir que le paguen y es despedido abochornado.[41] Por otra parte, tras el nirvan, la amenaza de una *hijra* de exponer su área genital se vuelve creíble, mientras que antes del nirvan, tal amenaza no sería más que un farol arriesgado.

---

[38] Citas de Meera provienen de *ibid*., pp. 81, 156.
[39] Citas de Meera provienen de *ibid*., p. 81; las de Sushila, *ibid*., p. 94.
[40] *Ibid*., p. 67.
[41] *Ibid*., p. 11.

No es de extrañar, pues, que ningún Gobierno, ni el británico ni el indio, haya conseguido abolir el nirvan de las *hijras*. La práctica es racional en el contexto local, tanto ahora como en el pasado.

¿Remordimientos? Sin duda, pero no por la operación en sí. Tras la operación, una *hijra* se reposiciona en la estructura de poder de la sociedad, donde las bendiciones de Mata no impresionan a nadie. Ya no es un hombre y no tiene por tanto acceso al poder masculino. Ya no puede cambiar «al modo tío» para salir de un aprieto. Kamladevi dijo: «Antes de la operación, incluso cuando salíamos de noche, nunca teníamos miedo. Pero ahora, cuando vemos a un borracho o un alborotador, nos asustamos [...]. Los camorristas locales y los matones llegan de noche, llaman a la puerta, nos despiertan y nos violentan. Pero, aun así, debemos seguir adelante».[42] Bienvenido al mundo de las mujeres. Meera no se arrepintió; tenía a Ahmed para «protegerla».

Así pues, el nirvan practicado por las *hijras* puede ser una elección racional para que una persona con identidad de género cruzada pueda acceder a una vida mejor en sus circunstancias concretas. Aunque el nirvan se describe como una obligación religiosa, esta acción de apelar a la religión puede no ser más que una tapadera que oculta las verdaderas razones. Las personas que no son transgénero rara vez son capaces de comprender las motivaciones de los trans, y estos acaban dependiendo de una ficción impuesta por la sociedad. En Occidente, el transexualismo se expresa en términos de ficción médica; en la India parece ser que predomina la ficción religiosa.

Una comparación entre *hijras* y dos espíritus

Para los nativos americanos dos espíritus, la relación coste-beneficio de la mesa de operación no era la misma que para las *hijras*. Los costes eran más altos, ya que la tecnología no estaba disponible y el dolor, el sufrimiento y el peligro eran probablemente mucho mayores que para las *hijras*, que han perfeccionado el nirvan durante cientos de años. Los beneficios también eran mucho menores. Las personas dos espíritus solo tenían el beneficio de adquirir un cuerpo

---

[42] *Ibid.*, p. 69.

más femenino. Una mujer dos espíritus no tenía un marido que la atosigase para que se hiciese operar. Los nativos americanos eran liberales con la sexualidad entre personas del mismo sexo, y la pareja de una mujer dos espíritus sabía a qué atenerse. Tampoco era necesario ningún símbolo corporal para la autenticación; una persona dos espíritus se veía avalada por su ceremonia de transición. Finalmente, ningún cuerpo era *correcto* desde el punto de vista religioso. Una persona dos espíritus era admirada por su espíritu, no por su cuerpo. Por estas razones, la cirugía no era una opción racional para los nativos americanos y no se realizaba.

Existían también otras diferencias. La ceremonia de transición dos espíritus era oficiada por toda la tribu y simbolizaba la presentación de una persona ante la sociedad. El nirvan de una *hijra* se lleva a cabo en el seno de la comunidad de *hijras* y su promoción como miembro integral no es pública, reconocida ni respaldada por la sociedad en general. Las personas dos espíritus miran hacia afuera, hacia toda la tribu, donde pueden cumplir un papel que beneficia al bien común y pueden aspirar a tener éxito en el mundo en general. Por el contrario, una *hijra* debe enfocarse hacia adentro, y su existencia depende de lo que pueda extraer de la comunidad.

El concepto de dos espíritus es inclusivo: una combinación (unión de hombre y mujer), en vez de solo uno u otro. El concepto de *hijra* es excluyente, ni hombre ni mujer, tan solo las sobras, la intersección entre ambos, y menos que cualquiera solo. La persona dos espíritus está posicionada para tender puentes, para sanar, construir, crear. La *hijra* está posicionada para amenazar, anunciar la pérdida, demostrar incapacidad. La India no prospera con sus *hijras* como lo hizo la América nativa con sus gentes dos espíritus.

La categoría dos espíritus es mucho más amplia que la *hijra*. Las *hijras* se limitan a hombres e intersexuales que se identifican como mujeres, pero la sociedad india incluye muchas otras expresiones de diferencias de género, mal descritas e incomprendidas.

Otras personas trans en la India

En el sur de la India, las *jogappas* se parecen a las *hijras* en que tienen un cuerpo masculino, usan ropa femenina, adoptan nombres femeninos, llevan el pelo largo al estilo de una mujer, se dedican a hacer bromas obscenas y a coquetear con hombres en público para pedir limosna, y actúan en bodas y en las celebraciones por el nacimiento de hijos varones.[43] Siguen a la diosa Yellamma, considerada hermana de la diosa Bahucharaji, a la que veneran las *hijras*. Sin embargo, a diferencia de estas, las *jogappas* no practican el nirvan y nunca se las designa como eunucos.

En el norte de la India, las *hijras* coexisten con grupos denominados *jankhas*, *kothis* o *zenanas*.[44] Las *jankhas* tienen cuerpo masculino y parecen identificarse como hombres, pero se visten como mujeres con regularidad. El grupo es heterogéneo. Algunos parecen estar esperando el momento oportuno para convertirse en *hijras*. Otros compiten con ellas por el dinero que se gana tocando en festejos. Otro grupo, el de los *kothis*, es más complejo, ya que sus miembros tienen esposa e hijos, además de un amante masculino.

El reino de las mujeres masculinas está en gran parte inexplorado, aunque recientemente ha aparecido un estudio histórico de la expresión lésbica desde los textos sánscritos hasta el presente.[45] Me han hablado de personas llamadas *mardana aurato*, o mujeres varoniles, que tienen parejas femeninas.[46]

Ahora, con la occidentalización, las personas de clase alta de habla inglesa están comenzando a identificarse como lesbianas, gais y transexuales. Se dice que a las *hijras* les incomoda que Occidente se apropie de su historia y esta sea incorporada a categorías occidentales, al igual que los mahus de la Polinesia se sienten en desacuerdo con la introducción de categorías occidentales de género y sexualidad.

---

[43] *Ibid.*, p. 160.

[44] L. Cohen, «The pleasures of castration: The postoperative status of hijras, jankhas, and academics», en P. R. Abramsan y S. D. Pinkerton (eds.), *Sexual Nature, Sexual Culture*, University of Chicago Press, 1995, pp. 276-304; K. Hall, comunicación personal, 2001; S. Nanda, *Neither Man nor Woman*, 1999, p. 11.

[45] G. Thadani, «The politics of identities and languages: Lesbian desire in ancient and modern India», en Blackwood y Wieringa (eds.), *Female Desires, Same-Sex Relations and Transgender Practices across Cultures*, 1999, pp. 67-90.

[46] J. Jones, comunicación personal, 2001.

19

Transgénero en la Europa del pasado y en Oriente Medio

La variación de género fue generalmente reconocida por los escritores antiguos en sus descripciones de los eunucos, personas parecidas a las *hijras*. Podemos encontrar descripciones de eunucos en los escritos del Imperio romano tardío, desde el año 100 hasta el 400 d. C., así como en la Biblia y en los textos islámicos.

Eunucos en el Imperio romano

Tal como relata el historiador Mathew Kuefler, los antiguos romanos definían a los eunucos como varones que carecían de genitales funcionales.[1] El abogado romano Ulpiano escribió: «La palabra *eunuco* es genérica», y enumeró tres tipos. Los eunucos «por naturaleza» eran aquellos cuyos genitales no continuaban desarrollándose en la pubertad. Estos individuos habrían tenido al nacer unos genitales de un tamaño lo suficientemente grande como para ser clasificados como hombres. (En el Imperio romano temprano, los bebés nacidos con genitales demasiado ambiguos para ser clasificados como masculinos o femeninos eran asesinados). El segundo grupo de eunucos lo formaban individuos que habían sido castrados mediante un procedimiento no quirúrgico: atar el escroto de modo que los testículos se atrofiaran o aplastar

---

[1] Para esta sección me he basado sobre todo en el trabajo del historiador Mathew Kuefler: M. Kuefler, *The Manly Eunuch: Masculinity, Gender Ambiguity, and Christian Ideology in Late Antiquity*, University of Chicago Press, 2001. Para las citas de este párrafo, ver pp. 32-34.

los testículos, lo que daba lugar a genitales que seguían pareciendo masculinos pero que no producían ni esperma ni testosterona. Finalmente, existían eunucos cuyos genitales habían sido extirpados quirúrgicamente, resultando en un área genital sin apariencia masculina. La castración era ilegal en el Imperio romano (pero no fuera, «al otro lado de la frontera»), y hacia el siglo III castrar a un hombre contra su voluntad se había convertido en un crimen merecedor de la pena capital. Aun así, un romano podía ganarse la vida realizando estas operaciones: Plauciano, un funcionario del Gobierno, castraba no solo a «niños y jóvenes», sino también a «hombres adultos, algunos de los cuales tenían esposas».

El aspecto de los eunucos dependía de si la castración se producía antes o después de la pubertad. La mayoría de ellos eran castrados antes de la pubertad y sus cuerpos adoptaban características femeninas. Conservaban la voz aguda y el cuerpo lampiño de su juventud y a menudo les crecían los senos, que, según el escritor Sidonio Apolinar, «penden como las mamas de una madre».[2] La grasa también tendía a depositarse en las nalgas. Sin embargo, la falta tanto de testosterona como de estrógeno provocaba extremidades más largas, curvatura de la columna vertebral, osteoporosis y piel cetrina con tendencia a la aparición de arrugas prematuras. El emperador Severo Alejandro (222-235 d. C.) se refirió a los eunucos como un «tercer sexo».

Muchos fueron comercializados en el mercado de esclavos después de haber sido vendidos inicialmente por sus padres. La demanda de eunucos excedió la oferta. El emperador Aureliano (270-275 d. C.) «limitó la posesión de eunucos a los ciudadanos que tenían rango de senador, porque habían alcanzado precios desorbitantes».[3] Se suponía que la reducción de la demanda, al estar autorizados a adquirir eunucos solo los senadores, lograría hacer bajar los precios. Con el fin de aumentar la oferta, se fomentaron las políticas de libre comercio. La ley de Constantino contra la castración solo prohibía la producción de eunucos «dentro del

---

[2] *Ibid.*, p. 34; ver también J. Long, *Claudian's In Eutropium: Or, How, When, and Why to Slander a Eunuch*, University of North Carolina Press, 1996.

[3] Kuefler, *The Manly Eunuch*, 2001, p. 62.

Imperio romano», permitiendo castrarlos en otros lugares. Aunque el emperador de Oriente León I se refirió al horror de «los hombres de la raza romana, que han sido convertidos en eunucos en un país bárbaro», él mismo concedió permiso «a todos los comerciantes para comprar o vender, donde les plazca, eunucos de naciones bárbaras que hayan sido producidos fuera de los límites de nuestro Imperio».[4]

¿Por qué eran tan valiosos los eunucos? Como sirvientes domésticos servían de guardianes para las mujeres y los niños. Los esclavos eunucos de una mujer noble proporcionaban transporte, actuando como porteadores y cargándola en sillas de mano cuando viajaba en público, lo que le permitía moverse sin parientes varones. Según el escritor Jerónimo, una mujer noble incluso llevó a sus eunucos con ella a la Basílica de San Pedro. Por otra parte, los eunucos habían servido durante mucho tiempo en las administraciones reales de los antiguos reinos griegos del Mediterráneo oriental, trabajando como mediadores entre hombres y mujeres, y entre sirvientes y amos, tanto dentro como fuera de la casa. El último Imperio romano contó con un gran número de eunucos, hasta el punto de que los escritores a menudo se referían a ellos con frases como «una multitud de eunucos, jóvenes y viejos», «multitudes de eunucos», «ejércitos de eunucos» y «tropas de eunucos».[5]

Variación entre los eunucos

Los eunucos incluían tanto a personas que se identificaban fuertemente con las mujeres como a otros que adoptaban roles masculinos. En el lado femenino, Fírmico Materno documentó (un tanto despectivamente) que «feminizaban sus rostros, se frotaban la piel para suavizarla y deshonraban su hombría vistiendo ropa de mujer [...]. Cuidaban sus cabellos y los adornaban a la manera de las mujeres; vestían ropas suaves; apenas podían sostener la cabeza erguida sobre sus lánguidos cuellos. Luego, despojados de esta manera de la masculinidad, se embriagaban con

[4] *Ibid.*
[5] *Ibid.*, p. 61.

la música de las flautas».[6] Apuleyo dijo que esos eunucos renunciaban a sus identidades masculinas anteriores y que en privado se llamaban unos a otros «chicas».

Evidentemente, algunos eunucos se casaban como mujeres, lo que provocó una sentencia para prohibir esta práctica. En el año 342 d. C., los emperadores cristianos Constancio II y Constante impusieron la pena de muerte «al hombre que se casa como si fuera una mujer, a la manera en que las mujeres se ofrecen a los hombres, donde el sexo ha perdido su lugar y donde más vale no conocer la ofensa, donde Venus cambia de forma, donde se busca el amor pero no se ve».[7] Presumiblemente, esas parejas que deseaban casarse no veían la relación de esa manera.

Otros eunucos más jóvenes buscaban relaciones homosexuales con hombres mayores. Los hombres romanos a veces castraban a un esclavo masculino para prolongar su belleza juvenil. Tal práctica se desaprobaba por razones económicas y morales. El jurista Paulo escribió: «Deprecia el valor de un esclavo [...] quien corrompa su moral o su cuerpo», poniendo énfasis tanto en «el daño causado a la cualidad esencial» de un esclavo utilizado para el sexo como en «la corrupción de todo el hogar».[8]

A pesar de todo, algunos eunucos tuvieron éxito en el universo masculino. Casi todos los emperadores de los siglos IV y V se asociaron con poderosos ministros que eran eunucos. El cargo de gran chambelán (algo así como el mayordomo principal de la corte imperial) estaba reservado a los eunucos. A este cargo se le otorgó rango senatorial, con un estatus que aumentó con los años (de *clarissimus* a *illustris*, y de ahí a *eminentissimus*). El eunuco Eutropio recibió un consulado, en parte como recompensa por liderar una exitosa campaña militar contra los hunos en el año 398 d. C. Sin embargo, la política imperial era letal y Eutropio sería ejecutado un año después. Los no eunucos se resintieron del poder de los eunucos y elogiaron al emperador Severo Alejandro por excluirlos temporalmente de la corte, excepto a aquellos que se

---

6 *Ibid.*, p. 252.

7 *Ibid.*, p. 101.

8 *Ibid.*, pp. 85, 64.

ocupaban de los baños de mujeres, que quedarían confinados al ámbito privado de estas, lejos del espacio público de los hombres. Sin embargo, continuaron siendo nombrados para altos cargos civiles y militares, en parte porque al no tener familia no representaban una amenaza para la sucesión imperial.

Las sacerdotisas de Cibeles

Una de las ocupaciones más reputadas para un eunuco era la de sacerdotisa de la diosa Cibeles, llamada la Madre de los Dioses. Los escritores romanos la relacionaron con Isis (Egipto), Asarte (Siria), Istar (Babilonia), Tannit (o Caelestis, de Cartago), así como con las diosas griegas Rea, Deméter, Afrodita y Hera, y con las diosas romanas Ceres, Venus y Juno. Se creía que Cibeles controlaba la fertilidad, tanto la agrícola como la humana, y sus pasiones subyacentes. Su propia abundante fecundidad dio lugar al nacimiento de muchos dioses (de ahí el nombre de Madre de los Dioses).

Cibeles tenía un consorte masculino, Atis, que estaba relacionado con Osiris (Egipto), Tamuz (Siria) y Dumuzi (Babilonia), así como con los dioses griegos Adonis y Dionisio y con el dios romano Baco. (Quizá la narración transgénero más antigua sea el relato del poeta romano Catulo de la leyenda de Atis).[9] El dios consorte rechaza el amor de la diosa madre en favor de otra. Ella, enfadada, lo castra y el consorte muere a causa de la herida. Pero como la diosa madre lo ama todavía, le devuelve la vida sin los genitales.

Cibeles también podría estar relacionada con el antiguo Israel. En el momento en que se estaba escribiendo la Biblia hebrea, la diosa madre hebrea se llamaba Asera y su consorte era Tamuz. Estas deidades fueron posteriormente descartadas, ya que la adoración se consolidó alrededor del dios Yahvé y el monoteísmo reemplazó al politeísmo. Asera era atendida por sacerdotisas eunucas, al igual que las otras variantes regionales de la diosa madre. El escritor romano Jerónimo tradujo las palabras hebreas para

---

[9] Catulo, en Roma considerado el equivalente a Shakespeare; ver poema 63, traducido por C. Sisson, *The Poetry of Catullus*, Orion, 1967 [trad. cast.: Catulo, *Poesías*, ed. de J. C. Fernández Corte y J. A. González Iglesias, Cátedra, 2006].

Ashreah, Tamuz y las sacerdotisas a las palabras correspondientes de su propia cultura romana de unos pocos cientos de años más tarde, lo que sugiere que esta tradición religiosa tuvo una duración de hasta mil años.[10]

Las sacerdotisas de Cibeles eran un grupo transgénero estable y duradero. Recientemente, los arqueólogos han demostrado que un cadáver con cuerpo masculino en Yorkshire, Inglaterra, que había sido enterrado con ropa y joyas femeninas, era una sacerdotisa de Cibeles del siglo IV d. C. Esta religión estaba bien establecida en el norte de Inglaterra: el Muro de Adriano en Corbridge contiene un altar dedicado a Cibeles.

La primavera era la época del año para los ritos que lamentaban la muerte, a los que seguían ritos que celebraban la restauración de la vida.[11] Durante estos ritos, el 24 de marzo, los discípulos de Cibeles también efectuaban su cirugía de reasignación de sexo. Con una hoz, las futuras sacerdotisas cortaban sus genitales en «un frenesí extático». En la ceremonia se utilizaban abrazaderas ornamentadas, una de las cuales se halló en el río Támesis, cerca del Puente de Londres, y ahora se encuentra en el Museo Británico. Después de la operación, una sacerdotisa de Cibeles vestía ropa de mujer, lo que incluía un velo y joyas, y se dejaba el pelo largo. Particularmente interesante es que la sacerdotisa colocaba sus genitales amputados en el umbral de una casa y las mujeres de esa casa le daban algo de ropa para su vestuario.

Toda la operación estaba inmersa en capas de simbolismo. A nivel mitológico, la operación recrea la castración de Atis a manos de Cibeles. Además, la hoz que se usaba para cortar los genitales es la misma herramienta que se usa en la agricultura para cortar el trigo, que son tallos de hierba que contienen semillas. También se cortaba un pino, presumiblemente de forma cónica. La acción de las sacerdotisas se presentaba como un sacrificio de la fertilidad individual con el fin de mejorar la fertilidad de la comunidad. Sin embargo, al poeta Prudencio le llamó la atención el entusiasmo de las sacerdotisas de Cibeles por la operación y se

---

[10] Kuefler, 2001, *The Manly Eunuch*, pp. 255-56.

[11] *Ibid.*, p. 248.

preguntó si realmente podían considerarse mártires, puesto que los mártires son víctimas involuntarias de penurias que escapan a su control.[12]

Comparar a las sacerdotisas con las *hijras*

El mito de Cibeles es similar a la forma en que la diosa india Mata castra a su amante, tal como se rememora en el nirvan. Sin embargo, como hemos visto, las descripciones de las *hijras* no sugieren que el nirvan de la vida real tenga nada que ver con la mitología: se refieren más bien al significado de feminización y autentificación de la operación. La mitología detrás de la castración de las sacerdotisas de Cibeles también puede haber sido un subterfugio religioso para la transición de género, a juzgar por el entusiasmo de las sacerdotisas por el rito. Sin embargo, la castración de la sacerdotisa Cibeles difiere del nirvan indio en varios aspectos. La intervención romana se celebraba en público y era el equivalente de una ceremonia de transición de género, como la de los dos espíritus nativos americanos. El nirvan indio, por el contrario, es una ceremonia privada a la que solo otras *hijras* pueden acceder, impidiendo la participación de mujeres que no lo sean. La operación de los romanos adjudicaba un rol a mujeres no eunucas, que avalaban el cambio de género de la sacerdotisa dándole prendas de vestir. Esta aceptación social de la transición de género quizá reflejaba el éxito de las sacerdotisas de Cibeles al vincular su cambio de género con el bien común: permitir que la temporada agrícola comenzase y que culminase en una buena cosecha. Debido a que las sacerdotisas de Cibeles no colocaban sus genitales extirpados sobre un altar a Cibeles, sino que se los ofrecían a mujeres no eunucas, parece ser que estas eran necesarias para validar la transición de género.

Tanto las sacerdotisas eunucas de Cibeles como las no eunucas han sido denominadas «prostitutas de culto» o «prostitutas sagradas». Supuestamente, ambas mantenían relaciones sexuales con los devotos como parte de las ceremonias religiosas para promover la

[12] *Ibid.*, p. 250.

fertilidad y, a cambio, recibían óbolos para sus templos.[13] Las sacerdotisas de Cibeles tenían mucha visibilidad cuando paseaban por la calle, lo que llevó a Agustín de Hipona a quejarse de su influencia corruptora, aunque confesó que de joven había «disfrutado plenamente de los espectáculos más degradantes».[14] Esto sugiere una similitud con las *hijras*, que también viajan a veces en grupos y de las que se habla a veces con desaprobación.

Podríamos pensar que los primeros cristianos fueron hostiles hacia las sacerdotisas de Cibeles; después de todo, la de Cibeles era una religión rival del cristianismo. De hecho, el primer escritor cristiano, Lactancio, describió las ceremonias públicas como «locura» y usó el lenguaje transfóbico actual para condenar la «mutilación» por derivar en algo que «no es ni hombre ni mujer». Agustín de Hipona ridiculizó esta «amputación de la virilidad», por la que «la víctima no se transformaba en mujer ni se le permitía seguir siendo hombre».[15] Sin embargo, la propia Biblia adopta un enfoque muy diferente, tal como veremos a continuación.

El transgénero en la Biblia

Tanto el Antiguo Testamento (hebreo) como el Nuevo Testamento (cristiano) se escribieron en tiempos en los que las muchas variedades de eunucos eran algo evidente en la vida, una expresión de la humanidad que no encajaba en el binarismo de género. ¿Ataca y desmoraliza la Biblia a los eunucos y, por extensión, a las personas transgénero de nuestros días? Todo lo contrario. La Biblia ve con buenos ojos a los eunucos.[16]

El Testamento hebreo comienza con un pasaje que advierte a las sacerdotisas de Cibeles que no pongan un pie en el Templo: «Aquel cuyos testículos estén aplastados o cuyo miembro masculino haya

---

[13] *Ibid.*, pp. 250-251.

[14] *Ibid.*, p. 254.

[15] *Ibid.*, p. 249.

[16] Doy las gracias a Bible Gateway, de la Gospel Communications Network Online Christian Resources. Su sitio web ofrece varias ediciones de la Biblia: http://bible.gospelcom.net/cgi-bin/bible.

sido amputado, no entrará en la asamblea del SEÑOR» (Deut. 23, 1, RSV).[17] Más adelante, sin embargo, el profeta Isaías aclara que los eunucos son bienvenidos en el Templo si honran el *sabbat*. «Porque así dice el SEÑOR: "A los eunucos que guardan mis *sabbats*, que escogen aquello que me agrada y mantienen mi pacto, les daré en mi casa y dentro de mis muros un monumento y un nombre mejor que hijos e hijas; les daré un nombre eterno que no será borrado"». (Isaías 56, 3-5, RSV). En algunas ediciones, el SEÑOR se traduce como Yahvé, o Jehová, el Señor monoteísta que emergió del panteón de dioses disponible para los primeros hebreos. Así, Yahvé promete a los eunucos que podrán tener descendencia a través de la casa de Dios.

En el Testamento cristiano, el mismo Jesús habla de los eunucos. De camino a Jerusalén, Jesús pasó por Judea, donde los fariseos le interrogaron sobre sus puntos de vista sobre el matrimonio y el divorcio. Durante el intercambio de argumentos, Jesús habló de la situación de los eunucos que no podían casarse: «No todos pueden aceptar este precepto, solo aquellos a quienes les ha sido dado. Porque hay eunucos que nacieron así, hay eunucos que fueron hechos eunucos por los hombres, y también los hay que se hicieron a sí mismos eunucos por el reino de los cielos. El que pueda aceptar esto, que lo acepte». (Mateo 19, 11-12, RSV). Jesús reconoce así los múltiples tipos de eunucos: los que son intersexuales (cuyos genitales no se desarrollan en la pubertad); los castrados para puestos administrativos o domésticos, como los esclavos de las cortes imperiales; y los que se castran a sí mismos, estos últimos «por el reino de los cielos». Este tercer tipo de eunuco incluiría a personas que en otras circunstancias se habrían convertido en sacerdotisas de Cibeles. El reino de los cielos está claramente abierto a todos los eunucos, incluso a aquellos que han deseado su propia castración. Las frases iniciales y finales, «no todos los hombres pueden recibir este precepto» y «el que pueda aceptar esto, que lo acepte», reflejan lo difícil que resulta comprender el tema. Sin embargo, Jesús insta a la gente a que, a pesar de ello, intente abrazar sus enseñanzas.

---

[17] RSV: Revised Standard Version of the Bible es una revisión autorizada en inglés de la American Standard Version, publicada en 1901. https://www.biblegateway.com/versions/Revised-Standard-Version-RSV-Bible/. *(N. de la T.)*.

Felipe y el eunuco etíope

El apóstol Felipe puso en práctica la enseñanza de Jesús: un eunuco fue bautizado y acogido en la Iglesia de Cristo. Felipe había ido a la ciudad de Samaría a predicar. Pero «un ángel del Señor habló a Felipe diciéndole: "Levántate y marcha hacia el mediodía por el camino que baja de Jerusalén a Gaza". Es un camino en el desierto. Se levantó y partió. Y he aquí que un etíope eunuco, alto funcionario de Candace, reina de los etíopes, que estaba a cargo de todos sus tesoros y había venido a adorar al Señor en Jerusalén, regresaba sentado en su carro, leyendo al profeta Isaías. El Espíritu le dijo a Felipe: "Acércate y ponte junto a ese carro". Felipe corrió hasta él y le oyó leer al profeta Isaías; y le dijo: "¿Entiendes lo que estás leyendo?". Él contestó: "¿Cómo puedo entenderlo si nadie me hace de guía?". Y rogó a Felipe que subiese y se sentase con él». (Hechos 8, 26-31, RSV).

Felipe y el eunuco cabalgaron juntos mientras el primero explicaba el libro de Isaías. El pasaje en concreto que el eunuco iba leyendo era este: «Fue llevado como una oveja al matadero; y como cordero, mudo delante del que lo trasquila, él no abre la boca. En su humillación le fue negada la justicia». (Hechos 8, 32-33, que corresponde a Isaías 53, 7-8). Este pasaje insta a las personas a hablar y no sufrir humillaciones, un llamamiento notable al activismo frente a la injusticia. Y más adelante, en este mismo libro de Isaías, se encuentra el pasaje específico citado anteriormente (Isaías 56, 3-5, RSV), que abre las puertas y los muros del Señor a los eunucos. Así, Felipe y el eunuco hablaron de pasajes específicos de Isaías que afirman que hay un lugar para los eunucos en la Iglesia. Además, el mensaje era no sufrir humillaciones en silencio. De esta manera, «Felipe habló y, comenzando por esta escritura, le comunicó las buenas nuevas de Jesús». (Hechos 8, 35, RSV).

«Y mientras iban por el camino, llegaron a un poco de agua y el eunuco dijo: "¡Mira, aquí hay agua! ¿Qué me impide ser bautizado?". Y mandó que el carro se detuviera. Bajaron ambos al agua y Felipe lo bautizó». (Hechos 8, 36-40, RSV). Este bautismo da la bienvenida a la Iglesia no solo a un eunuco, sino también a un extranjero de piel negra. Este acto definitivo de inclusión puso un listón muy alto, que la iglesia cristiana ha tenido dificultades en alcanzar.

En conjunto, los pasajes de Isaías, Mateo y Hechos informan sobre las enseñanzas explícitas de los profetas Isaías y Jesús, y transmiten una asombrosa afirmación de diversidad e inclusión. Estos pasajes no son ambiguas frases de una sola línea que inviten a una apropiación indebida. Al contrario, son claros, directos y extensos. Tanto el Testamento hebreo como el cristiano aleccionan sobre la inclusión total de personas de género variante en las comunidades de culto.

Transgresión de género en la Iglesia

El claro respaldo de la Biblia a los eunucos llevó a los primeros cristianos a preguntarse si ellos también deberían ser eunucos. Puesto que convertirse en eunuco para gloria de Dios parecía ser un billete al Cielo, se desarrolló un debate sobre cuán lejos uno tenía que llegar para ser considerado eunuco. Estaría bien si el listón pudiera colocarse lo suficientemente bajo como para que el celibato bastase para ser calificado como eunuco y así ir al cielo.

Pero el celibato planteaba sus propios problemas. El autor cristiano Ambrosio promovió el celibato diciendo que un obispo célibe se estaba reservando para ser una «esposa de Cristo». El celibato sería recompensado con la consumación sexual en la otra vida. Ambrosio continuó: «Cristo, al contemplar su Iglesia [...] dice: "He aquí, eres hermosa. Mi amor, he aquí que eres hermosa, como de una paloma son tus ojos"». Ambrosio afirmó: «Besamos a Cristo [...] con el beso de la comunión». «Ábrete a mí», Ambrosio le hace decir a Cristo a su esposa, la Iglesia, «y te llenaré».[18] El obispo Cipriano añadió que ser miembro de la Iglesia implicaba la sumisión a su obispo, al igual que una esposa se somete a su esposo. Esta transgresión de género sacerdotal subordina a las mujeres y prepara el escenario para el abuso sexual. A medida que uno desciende en el escalafón, de Dios al obispo, al sacerdote, al confesor, cada uno se somete al anterior en un intercambio alterno

[18] Kuefler, *The Manly Eunuch*, 2001, pp. 137-39.

de identidad sexual. El abuso homosexual puede disfrazarse de sumisión heterosexual.

Algunos de los primeros cristianos lo llevaron hasta el extremo. Orígenes de Alejandría y un grupo de hombres cristianos llamados valesianos practicaban la autocastración. Orígenes fue criticado por decir: «Hay eunucos que se han hecho eunucos por el reino de los cielos en un sentido demasiado literal y extremo, pensando obedecer así las palabras del Salvador, que, aunque joven en años, discutía sobre temas divinos tanto con mujeres como con hombres para evitar toda sospecha de calumnia vergonzosa en las mentes de los no creyentes».[19] Orígenes fue también uno de los primeros en utilizar ampliamente la metáfora de la esposa de Cristo. Me pregunto si de hecho no se identificó a Orígenes con una mujer, ya que se ha señalado su asociación con mujeres. En cualquier caso, se ganó un cierto reconocimiento con la autocastración, y Jerónimo mezcló elogios a regañadientes con críticas.

La categoría de eunuco en el cristianismo también estaba poblada de mujeres masculinas. El cristianismo más antiguo cuenta con numerosas historias de mujeres santas que se vestían y vivían como hombres, los llamados «santos travestidos». La más antigua, y quizá la más conocida, es la de Tecla, compañera de Pablo. Tecla escuchó la predicación de Pablo, se convirtió al cristianismo y juró permanecer virgen. Se vistió como un hombre, viajó con Pablo y fue bautizada por él, vestida asimismo como un hombre. Del mismo modo, Eugenia explicó por qué se vistió de hombre: «Por la confianza que tengo en Cristo, no he querido ser mujer [...]. He actuado varonilmente como lo hacen los hombres, abrazando con valentía la virginidad que hay en Cristo».[20]

Se han estudiado muchas leyendas de este tipo y en cada una de ellas se establece un vínculo entre la búsqueda de la santidad y

---

[19] *Ibid.*, p. 261.

[20] *Ibid.*, pp. 223, 231. Ver también J. Welch, «Cross-dressing and cross-purposes: Gender possibilities in the Acts of Thecla», en S. Ramet (ed.), *Gender Reversals and Gender Cultures*, Routledge, 1996, pp. 66-78; K. Torjesen, «Martyrs, ascetics, and gnostics», en S. Ramet (ed.), *Gender Reversals and Gender Cultures*, Routledge, 1996, pp. 79-91.

la renuncia a la identidad femenina, llamada «vestirse de Cristo». Muchas de las mujeres que se vestían como hombres se presentaban como eunucos, posiblemente para justificar la voz aguda, el rostro imberbe y su forma corporal femenina.[21] Sin embargo, Jerónimo vituperó a las mujeres llamándolas *eunuchettes*. Curiosamente, se dice que algunos eunucos y *eunuchettes* viajaban juntos, un precursor temprano de la actual pareja trans recíproca.

No obstante, hubo críticos que ni siquiera daban tregua a los verdaderos eunucos. Como resume un historiador, «las fuentes eclesiásticas sugieren a menudo que en la lucha por la virtud ascética los eunucos habían hecho "trampas" y eran incapaces de alcanzar plenamente el ideal del celibato. Es decir, que el celibato les resultaba demasiado fácil porque no tenían que luchar para alcanzarlo».[22]

El principio del fin de los verdaderos eunucos vino de la mano de quienes estaban decididos a sustituir la castración por el celibato. El monje Juan Casiano, escribió: «El bendito Apóstol no nos obliga con un mandato cruel a cortarnos las manos, los pies o los genitales. Desea, más bien, que el cuerpo del pecado, que ciertamente consiste en miembros, sea destruido lo más rápidamente posible por el celo de la santidad perfecta». Casiano llegó a fundar una orden de monjes particularmente mezquina.[23] Y Jerónimo

---

[21] Kuefler, *The Manly Eunuch*, 2001, pp. 261-262.

[22] K. Ringrose, «Living in the shadows: Eunuchs and gender in Byzantium», pp. 85-109, en G. Herdt (ed.), *Third Sex: Beyond Sexual Dimorphism in Culture and History*, Zone Books, 1994, p. 99.

[23] Kuefler, *The Manly Eunuch*, 2001, pp. 269, 280. Casiano habló con admiración de un caso de lo que llamaríamos abuso religioso, que implicaba a un padre que entró en una comunidad de monjes egipcios con su hijo de ocho años. Para enseñar al padre una lección sobre la renuncia a la familia, el abad hizo que los otros monjes maltrataran persistentemente al niño en su presencia, exponiendo al hijo a los «golpes y bofetadas de muchos, de modo que el padre nunca lo vio sin sus mejillas marcadas con las sucias huellas de las lágrimas». El padre soportó en silencio el sufrimiento que le causaron los malos tratos a su hijo, e incluso intentó ahogar al niño cuando se lo ordenó el abad, antes de que se lo impidieran, según estaba planeado. Cuando el abad murió, el padre le sucedió. La cuestión era clara: al ignorar las responsabilidades de su paternidad biológica, el hombre se hizo digno de ser padre de toda la comunidad de monjes. No es una tradición a la que confiar la protección de los valores familiares.

afirmó: «Ve pues y vive así en tu monasterio, libre de toda mancha de contaminación, para que puedas salir al altar de Cristo como una virgen que sale de su alero».[24]

A principios del siglo v, la vida monástica se había convertido en el nuevo ideal masculino cristiano. De este modo, la Iglesia cristiana, varios siglos después de Cristo, se apropió totalmente del concepto de verdadero eunuco de género variante, como el que Jesús y los profetas acogieron explícitamente en el reino de Dios. El genuino eunuco callejero fue sustituido por el monje masculino, un eunuco imaginario. Esta pérdida de la categoría de eunuco para las personas de género variante obligó a la variación de género a pasar a la clandestinidad. A lo largo de la Edad Media y hasta los tiempos modernos, aparecieron de vez en cuando en Europa personas de género variante famosas, pero solo ahora, tras un milenio de represión, está resurgiendo de forma extensa en la sociedad occidental la variación natural de género.

Mujannathun en el islam primitivo

Al igual que en otras culturas antiguas, los escritos de los primeros tiempos del islam documentan una cultura transgénero. Las personas conocidas como *mujannathun* vivían en La Meca y Medina (en la actual Arabia Saudí). Los *mujannathun* eran «un grupo identificable de hombres que lucían públicamente ornamentos femeninos [...] en sus ropas y joyas». Se describen en los hadices, que según el historiador Everett Rowson son tradiciones proféticas aceptadas.[25]

Hit fue un *mujannath* que vivió en la época del profeta Mahoma, alrededor del año 630 d. C. según el calendario occidental. Dado que las mujeres solo podían ir acompañadas de sus hijos, de esclavas y de *mujannathun*, estos últimos estaban bien posicionados para proporcionar información privilegiada a los ansiosos

---

[24] *Ibid.*, p. 274.

[25] E. Rowson, «The effeminates of early Medina», *J. Amer. Oriental Soc.* 111, 1991, pp. 671-693. Todas las citas de esta sección provienen de esta fuente.

pretendientes sobre las posibles novias. Sin embargo, al describir los encantos de una chica a un posible pretendiente, el *mujannath* tenía que ser discreto, y Hit se ganó la condena por ser demasiado explícito, incluso burdo, en este sentido.

Según una de las esposas del Profeta, Hit le dijo al Profeta que, si salía victorioso en la toma de una determinada ciudad, debería «ir tras la hija de Ghaylan; porque ella se presenta con cuatro y se va con ocho». La referencia era a las cuatro lorzas del vientre que envolvían los flancos de su cuerpo, de modo que se veían ocho por la espalda, una imagen sensual para la época. El Profeta se indignó y dijo: «No admitáis a estos en vuestra presencia». Según los eruditos asiáticos, «las palabras del Profeta implican que el hecho de que el *mujannath* fuera consciente de lo que los hombres encontraban atractivo en las mujeres era una prueba de su propio interés sexual por ellas, y que por esta razón él y otros como él debían ser excluidos de las habitaciones de las mujeres». Fue así como Hit fue condenado no por «expresar su propio aprecio por el cuerpo de una mujer, sino [por] describirlo en beneficio de otro hombre». Conceder una «licencia para estar con las mujeres» solo era apropiado para «alguien cuyos miembros son lánguidos y cuya lengua tiene ceceo por una suave constitución natural, y que no tiene deseo por las mujeres y no está [...] por actos malvados». A pesar de la transgresión de Hit, los *mujannathun* siguieron desempeñando un papel importante como casamenteros de solteros elegibles que, por lo general, tenían pocas oportunidades de conocer a mujeres casaderas.

Tuways fue un *mujannath* que nació en el año 632 d. C. y murió en el 711 d. C. a la edad de ochenta y dos años. Se distinguió como músico que cantaba «música artística» utilizando versos rimados. Fue un innovador musical y formó a la siguiente generación de músicos, apoyándose en una especie de pandereta llamada *duff*. Estaba casado y tenía hijos. Tuways era «líder de un grupo de músicos profesionales masculinos que adoptaban públicamente la moda femenina y eran apreciados por su ingenio y encanto, así como por su música, pero eran desaprobados por otros que [...] veían su música y su estilo frívolo como inmoral y antirreligioso». No eran casamenteros como Hit.

Al-Dalal también era un *mujannath*, menos culto que Tuways y, como Hit, más dado a meterse en problemas. Aunque era físicamente bello y encantador, su ingenio era burdo y gravemente irreligioso. Según una historia, «se tiraba pedos durante las oraciones y decía: "Os alabo a vos por delante y por detrás"». También era un celestino que organizaba citas, y se le describe como alguien que fomentaba la falta de recato y la inmoralidad en las mujeres. Al-Dalal era un allegado de dos mujeres de vidas escandalosas en Medina, de las que se decía que participaban en «carreras de caballos y que, mientras cabalgaban, mostraban sus pulseras de tobillo». Las mujeres fueron asesinadas, y cuando Al-Dalal huyó a La Meca, las mujeres de allí lo vieron como una amenaza: «Después de matar a las mujeres de Medina, has venido a matarnos a nosotras».

Al-Dalal se orientaba sexualmente hacia los hombres. «Adoraba a las mujeres y le gustaba estar con ellas; pero cualquier demanda [de ellas por sus favores sexuales] era en vano». Cierta historia contaba que un comandante sirio escuchó su canto y le invitó a visitarle. Al-Dalal se negó a cantar si no le vendían un hermoso sirviente. El comandante, por su parte, deseaba una esclava de una descripción particular y muy voluptuosa, que Al-Dalal le agenció. Otra historia cuenta que «después de concertar un matrimonio, Al-Dalal convencía a la novia de que su excitación sexual, ante la perspectiva de la noche de bodas, era excesiva y que solo serviría para disgustar a su marido, tras lo cual se ofrecía a calmarla siendo el primero en tener relaciones sexuales con ella. A continuación, se dirigía al novio, presentaba los mismos argumentos y se ofrecía, de forma pasiva, a calmarle los ardores». El indignado y «celoso» gobernante Suleimán ordenó castrar a *todos* los *mujannathun*: «Se les permite que estén con las mujeres de los coraichitas y las corrompen». Resulta interesante que, a pesar del testimonio explícito sobre la homosexualidad de Al-Dalal, condenada en el Corán, fuera la corrupción de las mujeres el motivo esgrimido para justificar el castigo, y no el afeminamiento o la homosexualidad.[26]

---

[26] No obstante, según Rowson, tanto el Corán como los hadices condenan con dureza las actividades homosexuales. En el Corán, ver 7, 80f., 26, 165f., 27, 54f., 29, 27f., 54, 37.

Aunque la castración de los *mujannathun* como castigo da inicio a un periodo de represión de las personas de género variante en La Meca y Medina, las supuestas víctimas mostraron reacciones curiosas:

Tuways: «Esto es simplemente una circuncisión a la que debemos someternos de nuevo».
Al-Dalal: «¡O más bien la Gran Circuncisión!».
Nasim al-Sahar: «Con la castración me he convertido en un *mujannath* verdadero».
Nawmat al-Duha: «¡O más bien nos hemos convertido en mujeres de verdad!».
Bard al-Fuad: «Nos hemos ahorrado la molestia de llevar un caño para orinar».
Zill al-Shajar: «¿Qué haríamos de todos modos con un arma inutilizada?».

Cien años más tarde, en el año 813, vuelven a aparecer documentos sobre artistas de género variante, que utilizaban de nuevo la pandereta *duff*, junto con un peculiar tambor y un laúd de cuello largo llamado *tunbar*. El ingenio, más que la música, definía ahora el espectáculo, descrito como «burla salvaje, parodia extravagante y humor sexual soez».

Juana de Arco, un icono medieval

La cultura popular ha contribuido a borrar la realidad de las personas de género variante. Juana de Arco, la famosa heroína de las películas, los especiales de televisión y los libros, suele ser representada como un modelo para las jóvenes, un icono de los derechos de la mujer y del feminismo militante. Pero ¿podría Juana de Arco, a la que se llamaba «Joan» en la Francia medieval, servir como heroína para las personas transgénero? La activista y escritora trans Leslie Feinberg sostiene que Juana de Arco fue una persona trans que se identificaba como hombre y que fue asesinada precisamente por su expresión de identidad de género. Feinberg y otros investigadores revelan que detrás de la historia de Juana hay mucho más que lo que nos han contado.[27]

Juana de Arco nació en la provincia de Lorena, en Francia, alrededor de 1412. Cincuenta años antes, la peste bubónica había matado a un tercio de la población europea. Para colmo, Francia estaba en guerra con Inglaterra. Los ejércitos ingleses merodeaban para saquear a los campesinos de Francia y los nobles franceses eran incapaces de expulsarlos. Juana de Arco, una campesina, se convirtió en la única líder militar capaz de derrotar a los ingleses.

A los diecisiete años, Juana de Arco, vestida con ropa de hombre y con un grupo de seguidores, se acercó al heredero del trono francés, el príncipe Carlos, y le ofreció forjar un ejército de campesinos para expulsar a los ingleses. Carlos aceptó y autorizó a Juana a comandar un ejército de diez mil campesinos. Ese mismo año, en 1429, Juana de Arco derrotó en Orleans a los ingleses, dirigidos por el duque de Bedford. Juana continuó liberando ciudades ocupadas por las tropas inglesas, lo que permitió la coronación de Carlos. Cuando este fue coronado, Juana de Arco estaba a su lado con un estandarte de combate.

Un año después, Juana fue capturada por los borgoñones, aliados de Inglaterra, que la apodaban la *hommasse*, un insulto que significaba «mujer hombre», o mujer masculina. El rey de Inglaterra, Enrique VI, escribió a Pierre Cauchon, obispo de Beauvés y jefe de la Inquisición católica: «Es suficientemente notorio y conocido que, durante algún tiempo, una mujer que se hacía llamar Juana la Pucela [la doncella], dejando de lado el vestido y la ropa del sexo femenino, cosa contraria a la ley divina y abominable ante Dios, y prohibida por todas las leyes, vestía ropas y armaduras como las que llevan los hombres».[28] Juana fue vendida a los ingleses por los

---

[27] L. Feinberg, *Transgender Warriors: Making History from Joan of Arc to RuPaul*, Beacon Press, 1996, pp. 31-37. En la actualidad existe una amplia bibliografía académica que incluye largas transcripciones de los procedimientos judiciales, así como dramatizaciones populares sobre Juana, a las que se puede acceder a través de la web http://www.stjoan-center.com; y http://jean-claude.colrat.pagesperso-orange.fr/. Ver especialmente B. Wheeler y C. T. Wood (eds.), *Fresh Verdicts on Joan of Arc*, Garland, 1996; y S. Crane, «Clothing and gender definition: Joan of Arc», *J. Medieval and Early Modern Studies* 28 (2), 1996, pp. 297-320.

[28] Feinberg, *Transgender Warriors*, 1996, p. 34.

borgoñones y luego entregada a la Inquisición francesa, que la acusó de travestirse.

Siguiendo la tradición de los santos travestidos, que renunciaban a la sexualidad (de ahí lo de doncella) y afirmaban la masculinidad, Juana afirmaba que vestirse de hombre era un deber religioso al que se veía obligada por voces que oía en sus visiones. El proceso judicial dice textualmente: «Has dicho que, por orden de Dios, has llevado continuamente un vestido de hombre [...], el pelo corto cortado en rondón sobre las orejas, sin dejar nada que muestre que eres una mujer; y que en muchas ocasiones has recibido el Cuerpo de Nuestro Señor [la Sagrada Comunión] vestida de esta manera [...] y has dicho que por nada del mundo jurarías no llevar este atuendo». Por lo tanto, el tribunal concluyó que «te condenas a ti misma al no querer llevar la ropa que corresponde a tu sexo».[29] Así, Juana de Arco fue condenada a morir.

Fue quemada viva en la hoguera de Ruan el 30 de mayo de 1431, a los diecinueve años. Después de que la ropa se quemara y se la diera por muerta, los inquisidores rastrillaron las brasas para mostrar el cuerpo desnudo, revelando «todos los secretos [...] propios de una mujer, para aplacar cualquier duda en las mentes de la gente».[30] Juana de Arco debió de ser convincentemente masculina para que fuera necesario adoptar medidas tan extraordinarias.

Leslie Feinberg escribe: «Juana de Arco prefirió sufrir el insoportable dolor de ser quemada viva a renunciar a su identidad. Conozco el tipo de odio que provocó su asesinato, lo he afrontado. Pero ojalá me hubieran enseñado la verdad sobre su vida y su valor cuando era una joven trans asustada y confundida. Qué modelo tan inspirador: una brillante adolescente campesina transgénero que lidera un ejército de trabajadores en la batalla».

---

[29] *Ibid.*, p. 35.
[30] *Ibid.*, p. 36.

20

Las relaciones sexuales en la Antigüedad

Las relaciones sexuales entre personas del mismo sexo eran algo corriente en la Antigüedad, aunque no como una categoría de identidad personal. El hecho de tener o no una actividad sexual con personas del mismo sexo no definía lo que una persona era o cómo se veía a sí misma, por lo menos no más que el hecho de preferir comer patatas fritas en lugar de patatas de bolsa, por decir algo. Sin embargo, los que comen patatas fritas deberían evitar salpicar la mesa con kétchup. Del mismo modo, el apetito por la sexualidad del mismo sexo requería ciertos modales. La convención social no se centraba en la elección de la pareja sexual, sino en cómo se llevaba a cabo dicha práctica sexual.

La Grecia antigua

Platón, el antiguo filósofo griego (428-347 a. C.), trató ampliamente el amor entre hombres del mismo sexo en *El banquete* y en *Fedro*. La homosexualidad estaba muy extendida en la antigua Grecia del siglo VI a. C. Las obras de Platón, junto con un escrito legal del político ateniense Timarco y el arte explícito en muchas piezas de cerámica, dejan entrever la visión del amor y el sexo en la Antigüedad, principalmente desde la perspectiva masculina.[1]

---

[1] Esta sección se basa en las investigaciones de K. J. Dover. K. Dover, *Greek Homosexuality*, Harvard University Press, 1989 (1978). Ver especialmente pp. 98, 101, 102, 106 [trad. cast.: *Homosexualidad griega*, El Cobre Ediciones, 2008].

En la antigua Grecia consideraban que había una forma correcta y otra incorrecta de mantener relaciones sexuales entre hombres. Las relaciones homosexuales masculinas tenían lugar mayoritariamente en parejas en las que uno era mayor que el otro. Un joven que ya había superado la pubertad y había finalizado su fase de crecimiento asumía el papel pasivo, mientras que el hombre de más edad adoptaba el rol activo. Los jóvenes prepuberales no participaban. El encuentro sexual se iniciaba cuando el individuo activo cosquilleaba con una mano el pene del individuo pasivo mientras acariciaba su mejilla con la otra. El pene del individuo activo se mantenía en erección, mientras que el del individuo pasivo permanecía flácido. Si el individuo pasivo aceptaba los avances del otro, la pareja se ponía cara a cara y el activo abrazaba al pasivo por el tórax, apoyaba su cabeza sobre o por debajo del hombro del sujeto pasivo, doblaba las rodillas e introducía su pene entre sus muslos, justo por debajo del escroto. Esta posición se denominaba intercrural, y se diferenciaba del sexo oral o del sexo anal en que el empuje entre los muslos del otro no se consideraba penetración. Podría decirse que era la posición del misionero en el sexo masculino gay de la antigua Grecia.

El código de conducta sobre cómo un joven formal debía tener sexo como pareja pasiva de un hombre mayor dictaba que nunca aceptara un pago, que rechazara a cualquier persona indigna como pareja, que evitara disfrutar con el acto, que insistiera en mantener la posición vertical, que no cruzara la vista con la del individuo activo cuando este llegara al orgasmo y que evitara las posiciones con penetración. Se consideraba que el individuo pasivo le estaba haciendo un favor a su compañero activo.

¿Y el sexo entre mujeres? A menudo se representa a las mujeres con un vetusto consolador, un pene artificial hecho de cuero llamado *olisbo*. Se muestra a las mujeres utilizándolo en grupo y en pareja, introduciéndoselo en la boca, la vagina o el ano. El uso del olisbo en el coito anal entre mujeres sugiere la obtención de placer, y no es necesariamente un gesto de subordinación en una relación de dominación.

Las posiciones en los encuentros heterosexuales eran distintas a las de las relaciones entre personas del mismo sexo. El hombre comenzaba acariciando los genitales de la mujer con una mano y su mejilla con la otra. A continuación, la mujer podía inclinarse, apoyando las manos en el suelo, para permitir el coito anal. Esta posición se representaba a menudo en los decorados de los jarrones, una posición que un historiador conjetura que se prefería porque eliminaba el riesgo de una concepción no deseada. Como alternativa, en una posición frontal, la mujer levantaba las piernas y las apoyaba sobre los hombros del hombre. Y en la posición de «amazona», la mujer descendía sobre el pene erecto del hombre que se mantenía sentado sobre una silla. La penetración estaba reservada por lo tanto a la pareja femenina en los encuentros heterosexuales.

«Limpio» frente a «impuro»

La posición intercrural para el sexo gay masculino estaba socialmente aceptada y se consideraba «limpia». Las posiciones alternativas con penetración eran «impuras». Esta distinción también aparece en los escritos hebreos de la misma época. ¿Qué sucedía cuando un hombre violaba el código de conducta, convirtiéndose en «impuro»? Que no era digno de ser «ciudadano» de Atenas y se esperaba de él que se mantuviera apartado de las actividades reservadas a los ciudadanos, como hablar en la Asamblea u ocupar un cargo gubernamental. El castigo para una persona indigna que siguiera ejerciendo sus derechos como ciudadano era la pena de muerte. Los antiguos griegos se tomaban muy en serio su código de honor.

Recibir dinero a cambio de sexo era perfectamente legal, pero no para un verdadero ciudadano ateniense. La mayoría de los chicos y hombres que se ganaban la vida con la prostitución homosexual no eran atenienses, sino esclavos. Por lo tanto, a los atenienses no se les «negaba la posibilidad de dar satisfacción a sus inclinaciones».[2] Los antiguos griegos tenían sin embargo un fuerte sentido de la moral. La soberbia es un comportamiento en el que uno trata a otras personas como le place, con la altanera confianza de que no se le castigará por haber violado sus derechos.

---

[2] *Ibid.*, p. 31.

La violación, ya fuera homosexual o heterosexual, especialmente de huéspedes, era ilegal y se perseguía como un delito de soberbia.[3]

En la actualidad pensamos en lo limpio y lo impuro en términos de higiene. El sentido de las relaciones homosexuales impuras en la antigua Grecia no tenía nada que ver con la higiene, sino que reglamentaba el dualismo de género. Los hombres podían, e incluso debían, mantener relaciones sexuales entre sí, pero ¡por Dios!, debían adoptar con otros hombres posturas diferentes a las que practicaban con las mujeres. Al restringir las posiciones lícitas, las relaciones homosexuales entre hombres en la antigua Grecia mantuvieron un carácter masculino.

La Biblia

En vista de la creencia secular de que la Biblia condena la homosexualidad, uno esperaría encontrar en ella extensas y claras declaraciones de que la homosexualidad está mal vista. En realidad, solo unos pocos pasajes bíblicos hacen referencia a la homosexualidad, y ninguno la condena de manera clara e inequívoca. Las listas de pecados que incluyen el adulterio, el robo y la mentira omiten cualquier mención a la homosexualidad. Tampoco habló Jesús jamás sobre la homosexualidad. Parece que la homosexualidad apenas estaba en el candelero cuando se escribió la Biblia. ¿Por qué la Biblia es tan explícita afirmando la diversidad de género, como se ve en su aprobación de los eunucos, y guarda ese gran silencio sobre las relaciones entre personas del mismo sexo?[4]

---

[3] *Ibid.*, p. 36.

[4] Esta sección se basa en las investigaciones de Tom Horner y Daniel Helminiak: T. Horner, *Jonathan Loved David*, Westminster Press, 1978; D. Helminiak, *What the Bible Really Says about Homosexuality*, edición del milenio, con prólogo de J. Spong, Alamo Square Press, 2000 [trad. cast.: *Lo que la Biblia realmente dice sobre la homosexualidad*, Editorial Egales, 2003]. Otros estudios académicos: J. Boswell, *Christianity, Social Tolerance and Homosexuality: Gay People in Western Europe from the Beginning of the Christian Era to the Fourteenth Century*, University of Chicago Press, 1980; W. Countryman, *Dirt, Greed and Sex: Sexual Ethics in the New Testament and Their Implications for Today*, Fortress Press, 1988; B. Brooten, *Love Between Women: Early Christian Responses to Female Homoeroticism*, University of Chicago Press, 1996;

Rut y Noemí

Uno de los pasajes más tiernos de la Biblia se refiere a la relación entre dos mujeres, Rut y Noemí. Noemí se fue con su marido y sus dos hijos a vivir a la tierra de Moab. Allí murió su marido. Los dos hijos se establecieron en el país y se casaron con mujeres moabitas, Orfa y Rut. Diez años más tarde, los dos hijos murieron sin dejar descendencia. Noemí instó a sus dos nueras a que volvieran con sus familias en lugar de quedarse a cuidarla. Orfa aceptó y volvió con su familia, pero Rut se negó a abandonar a Noemí y compuso una de las mayores promesas de amor de un ser humano a otro:

> No me ruegues que te deje
> y me aparte de ti;
> porque a dondequiera que tú fueres, iré yo,
> y dondequiera que tú vivieres, viviré.
> Tu pueblo será mi pueblo,
> y tu Dios mi Dios.
> Donde tú murieres, moriré yo,
> y allí seré sepultada.
> Así me haga Jehová, y aun me añada,
> que solo la muerte hará separación entre nosotras dos.[5]
> (Rut 1, 16-17).

En esta declaración, Rut no solo dice que dejará a su pueblo para irse con Noemí, sino también que se unirá a su fe. Para un beduino, la familia y la fe son los valores más elevados, y Rut se ofrece a renunciar a ambas para seguir a Noemí. Como Noemí es mayor que ella, Rut supone que Noemí morirá primero y desea ser enterrada junto a ella tras su muerte. Noemí y Rut partieron hacia Belén, el lugar de origen de Noemí. Una vez allí, Noemí encontró un marido para Rut. Al igual que Rut cuidó de Noemí, ella a su vez necesitará

R. Truluck, *Steps to Recovery from Bible Abuse*, Chi Rho Press, 2000, disponible en línea en http://www.chirhopress.com/products/gayandchristian.html

[5] He utilizado para este pasaje y el siguiente la traducción de la Biblia al español de Reina-Valera, 1960. *(N. de la T.)*.

un hijo que la cuide en su vejez. Rut concibió un hijo con su nuevo marido y las mujeres de Belén dijeron a Noemí: «Loado sea Jehová [...] el cual será restaurador de tu alma y sustentará tu vejez; pues tu nuera, que te ama, lo ha dado a luz; y ella es de más valor para ti que siete hijos» (Rut 4, 14-15). Esta relación entre dos mujeres sigue siendo un precioso modelo de relación amorosa incluso en nuestros días.

Jonatán y David

Otra relación amorosa se refiere a dos hombres, Jonatán y David. David, hijo de Isaí, era un músico, «rubicundo y de hermoso rostro, y de buen aspecto» (1 Samuel 16, 12), que llegó a la corte del rey Saúl de los israelitas, donde conoció a Jonatán, hijo del rey, que ya se había distinguido como héroe en una gran batalla contra sus enemigos, los filisteos. A partir de entonces «el alma de Jonatán quedó ligada con la de David, y lo amó como a sí mismo [...]. E hicieron un pacto, Jonatán y David, porque él lo amaba como a sí mismo. Y Jonatán se quitó el manto que llevaba, y se lo dio a David, junto a otras ropas suyas, hasta su espada, su arco y su talabarte» (1 Samuel 18, 1-4).

Tras una intriga política, Saúl decidió expulsar a David. En una rabieta que condujo al rechazo de David, Saúl insultó a su propio hijo, Jonatán, despreciando su relación con David: «¿Acaso no sé yo que tú has elegido al hijo de Isaí para tu vergüenza?» (1 Samuel 20, 30). En griego antiguo, el pasaje es: «¿Acaso no sé yo que eres compañero íntimo del hijo de Isaí?». El insulto de Saúl pretendía romper una relación homosexual que le resultaba amenazante.

En su despedida, «David [...] se inclinó tres veces postrándose hasta tocar la tierra; y besándose el uno al otro, lloraron juntos; y David lloró el que más. Y Jonatán dijo a David: "Vete en paz, porque ambos hemos jurado en nombre de Jehová, diciendo: Jehová esté entre tú y yo, entre tu descendencia y mi descendencia, para siempre". Y él se levantó y se fue, y Jonatán entró en la ciudad» (1 Samuel 20, 41-42). Jonatán se quedó con su esposa y su padre, y finalmente murió en la batalla. En un panegírico, David se lamentó: «Jonatán, muerto en tus alturas. Angustia tengo por ti, hermano mío Jonatán: que me fuiste tan dulce. Más maravilloso me fue tu amor que el amor de las mujeres» (2 Samuel 1, 26).

Así pues, dos de los más bellos pasajes bíblicos sobre el amor se refieren a relaciones entre personas del mismo sexo. En cambio, otros tres pasajes bíblicos constituyen la principal artillería dirigida contra los gais y las lesbianas.

Sodoma y Gabaa

La historia de Sodoma comienza con Lot, un beduino que acaba de inmigrar. Dos ángeles se acercaron a Sodoma disfrazados y, al estilo beduino, Lot les ofreció su hospitalidad invitándolos a pasar la noche en su casa. Ellos aceptaron. Pero mientras Lot les preparaba la comida, la noticia de su llegada se extendió por toda la ciudad. Antes de que Lot y sus invitados pudieran retirarse para pasar la noche, «los hombres de la ciudad [...] llamaron a Lot y le dijeron: "¿Dónde están los varones que han entrado en tu casa esta noche? Sácalos para que los conozcamos". Y Lot salió con ellos a la puerta, la cerró tras de sí y dijo: "Os ruego, hermanos míos, que no hagáis tal maldad. He aquí ahora que tengo dos hijas que no han conocido varón; os las sacaré fuera, y haced con ellas lo que os pareciere; solamente que a estos varones no hagáis nada, pues que vinieron a la sombra de mi tejado". Y ellos respondieron: "¡Apártate!"» (Génesis 19, 4-9a). Entonces comenzaron a romper la puerta. En ese momento, los dos ángeles hicieron entrar a Lot y cerraron la puerta con pestillo, pero no antes de haber cegado a todos los que estaban fuera. A continuación, indicaron a Lot y a su familia que abandonaran la ciudad inmediatamente, pues en cualquier momento sería totalmente destruida; un terremoto vino a engullir Sodoma.

Los hombres de Sodoma pretendían violar homosexualmente a los dos huéspedes, sin saber que eran ángeles. ¿Dónde está el mal?, ¿en la homosexualidad, en la violación o en la violación de dos visitantes? ¿En todo o solo en alguna parte? ¿Cuál de estos posibles errores fue la causa de la destrucción de Sodoma? El pecado está en la violación de los visitantes. La homosexualidad es irrelevante. Eso queda claro en otro episodio bíblico.

Consideremos la destrucción similar de otra ciudad, Gabaa (Jueces 19, 22-30). Un levita que viajaba con su siervo y su concubina llegaron a la ciudad de Gabaa. Nadie les ofreció hospitalidad, excepto un extranjero que vivía allí. Cuando estuvieron dentro, los hombres del pueblo asaltaron la casa y quisieron violar al visitante. Al igual que Lot, el dueño de la casa ofreció a su hija en su lugar, pero el levita empujó a su concubina fuera, salvando a la hija del anfitrión de la violación. La concubina fue violada durante la noche y fue encontrada muerta por la mañana. El levita cortó el cuerpo de su concubina en doce pedazos y envió un pedazo a cada tribu de Israel, para que recibieran el mensaje de lo que había sucedido. Las tribus de Israel reunieron entonces un ejército y destruyeron Gabaa.

En este caso, se consumó la violación heterosexual y se evitó la homosexual, pero igualmente se destruyó Gabaa. Así, el hecho de que la sexualidad sea heterosexual u homosexual queda eclipsado por el mal mayor de la violación y la transgresión de la hospitalidad brindada a un visitante. El pecado de Sodoma no tiene nada que ver con la homosexualidad como tal; citar este pasaje de la Biblia como parte de una agenda antigay es simplemente un error.

Levítico

Hay una famosa frase en el Levítico dirigida a los hombres llamada «Código de Santidad»: «No te acostarás con un varón como con una mujer; es una abominación» (Levítico 18, 22). La palabra «abominación» significa hacer un acto «impuro». Este pasaje condena específicamente el sexo masculino en el que uno de los miembros de la pareja penetra al otro, especialmente el sexo anal. No se dice nada sobre otras posiciones homosexuales masculinas, ni nada en absoluto sobre la homosexualidad femenina. El pasaje no dice nada en contra de las relaciones homosexuales (el amor, la confianza y la vida compartida de una pareja homosexual comprometida). Este pasaje prohíbe una posición sexual particular, no la homosexualidad. Los hombres pueden cumplir con este mandato absteniéndose de la penetración sexual, por ejemplo utilizando la «posición del misionero gay» intercrural de la antigua Grecia.

Los israelitas tenían una larga lista de lo que se consideraba limpio y lo que se consideraba impuro. Los cerdos, los camellos, las langostas y las gambas eran impuros y no debían comerse. Sembrar un campo con dos tipos diferentes de semillas al mismo tiempo, o tejer una tela con dos tipos de hilo, era impuro. La menstruación en la mujer, la emisión seminal en el hombre, asistir a un entierro y dar a luz hacían que fueras impuro durante un tiempo determinado. Desde la época del Antiguo Testamento, muchas ramas de cristianos y judíos han actualizado la lista de lo que es limpio e impuro. Jesús, por ejemplo, trató de llevar a la gente más allá de una lista de lo que se debe y no se debe hacer. «Escuchen y entiendan», dijo. «Del corazón salen las malas intenciones, el asesinato, el adulterio, la fornicación, el robo, el falso testimonio, la calumnia. Esto es lo que contamina a una persona, pero comer con las manos sin lavar no contamina» (Mateo 15, 10, 18-20). No se menciona la sexualidad entre personas del mismo sexo.

Carta de Pablo a los romanos

El tercer pasaje de la Biblia que se cita contra los gais y las lesbianas es del Testamento cristiano (o Nuevo). El pasaje pertenece al primer capítulo de la carta de Pablo a los romanos. Pablo comienza criticando a las personas que adoran a las deidades con forma humana o animal, como las deidades del antiguo arte egipcio: «Y cambiaron la gloria del Dios inmortal por imágenes que eran réplicas del hombre mortal, de las aves, de los cuadrúpedos y de los reptiles» (Romanos 1, 23). Continuando, Pablo dice: «Por lo tanto, Dios los entregó a pasiones vergonzosas. En efecto, las mujeres cambiaron las relaciones naturales por las que van contra la naturaleza. Asimismo, los hombres dejaron las relaciones naturales con las mujeres y se encendieron en pasiones lujuriosas los unos con los otros. Hombres con hombres cometieron actos indecentes, y en sí mismos recibieron el castigo que merecía su perversión» (Romanos 1, 26-27).

Al igual que en el Levítico, Pablo se centra en los actos homosexuales, no en las relaciones homosexuales. Este pasaje implica que la sexualidad entre personas del mismo sexo es antinatural, que la sexualidad femenina entre personas del mismo sexo es equivalente a la sexualidad masculina entre personas del mismo sexo, y que las personas que participan en esta sexualidad recibirán el justo castigo. Veamos, uno por uno, qué significan estos puntos.

¿Es la sexualidad entre personas del mismo sexo antinatural? Esta afirmación se ha interpretado de dos maneras. Los seguidores de los estoicos, el equivalente de los científicos en la Antigüedad, afirman que la naturaleza funciona según «leyes» que la razón humana puede discernir, y la virtud consiste en vivir siguiendo lo que dicta la razón, no las emociones o los sentimientos. Desde el punto de vista moral, hay que discernir las leyes de la naturaleza y seguirlas. Con respecto a la sexualidad, los estoicos afirmaban además que el propósito «natural» del sexo era procrear y que, por lo tanto, el sexo no procreativo, la sexualidad entre personas del mismo sexo y el sexo durante la menstruación, eran innaturales.[6] La dificultad con la interpretación estoica de «natural» es que la Biblia queda abierta a la falsación a medida que la ciencia avanza y se descubren funciones del sexo no procreativas, pero a pesar de ello naturales.

Alternativamente, lo innatural se ha interpretado como algo que está «fuera de lugar».[7] Alguien con un apetito saludable que deja de comer está actuando «innaturalmente», sugiriendo que algo está mal. El sentido de la carta de Pablo es que si alguien ha estado adorando a Dios y lo abandona para seguir a otras deidades, su comportamiento se volverá innatural; su comportamiento empezará a ser atípico y perderá su sentido moral. Uno podría incluso despertarse en medio de una orgía homosexual. Para alguien que es gay, lo contrario es lo innatural. Para las personas que son gais, forzar el sexo heterosexual puede parecer innatural para sí mismas y también injusto para sus parejas. Alguien que ha perdido la fe en el amor de Dios podría despertar en las garras de personas que quieren cambiar su orientación sexual. Según esta interpretación, que yo prefiero, la Biblia está haciendo una declaración moral en lugar de una declaración científica.

---

[6] Helminiak, *What the Bible Really Says about Homosexuality*, 2000, p. 83.

[7] *Ibid.*, p. 79.

El pasaje también muestra que en la época de la antigua Roma la homosexualidad femenina había adquirido el mismo estatus que la homosexualidad masculina.[8] Los hebreos no se tomaron la molestia de mencionar la homosexualidad femenina en el Levítico porque el «roce» entre mujeres no tenía por qué implicar penetración y, por lo tanto, no era «sexo».[9] Al meter en el mismo saco el sexo entre mujeres y el sexo entre hombres, la carta de Pablo va más allá de la preocupación por quién «penetra» a quién, centrándose en cambio en el contexto y la motivación de la sexualidad.

Por último, la carta de Pablo a los romanos habla de un castigo «recibido en carne propia» por la promiscuidad en el comportamiento sexual. Sin duda, las enfermedades de transmisión sexual se contraían durante las orgías. Esta aflicción no se debe específicamente a la sexualidad entre personas del mismo sexo, sino a que la práctica del sexo en las orgías implica hábitos insalubres.

Resumiendo, la Biblia contiene dos extensos pasajes que retratan el amor entre parejas del mismo sexo, Noemí y Rut y Jonatán y David. Luego, en las historias de Sodoma y Gabaa, se condena la violación y la falta de hospitalidad con los visitantes. En el Levítico, la sexualidad masculina entre personas del mismo sexo con penetración se exige que sea socialmente limpia. Y en la carta de Pablo a los romanos se condenan los excesos sexuales fuera de lugar como una indicación de la pérdida de la brújula moral, se equiparan los actos homosexuales femeninos con los masculinos (desalentando así cualquier enfoque sobre quién penetra a quién), y se advierte a todos de las consecuencias negativas de la promiscuidad en el sexo. Los pasajes instan a un enfoque responsable de la expresión sexual tanto para las personas homosexuales como para las heterosexuales. Algo rígido, sin duda, pero totalmente coherente con la ratificación de una plena participación de gais y lesbianas en todos los aspectos de la vida religiosa cristiana.

La comprensión de que los pasajes bíblicos no pueden justificar la exclusión de gais y lesbianas no es nueva. Como escribe

---

[8] Brooten, *Love Between Women*, 1996.

[9] Helminiak, *What the Bible Really Says about Homosexuality*, 2000, pp. 85-86.

Nancy Wilson, miembro del clero, «la gran mayoría de los cristianos [...] siguen creyendo en interpretaciones de la Biblia que son anticuadas, erróneas y homófobas. Los dirigentes de la Iglesia se niegan a enseñar lo que saben. La violencia y el odio perpetuados contra los gais y las lesbianas en nuestra cultura están silenciosamente —y a veces no tan silenciosamente— refrendados por la Iglesia. La dirección de la Iglesia sabe que enseñar la verdad sobre la homosexualidad y la Biblia será controvertido, difícil y, al principio, costoso. El miedo a la controversia, a la pérdida de dinero y a las críticas de la derecha radical oculta la verdad».[10]

Más allá de la cuestión de la inclusión en la religión de los gais y las lesbianas, está la cuestión de por qué la Biblia trata la variación de género de forma explícita, pero la sexualidad entre individuos del mismo sexo solo de paso. Sugiero que la respuesta es que las categorías sociales de identidad para la variación de género y la orientación sexual no se definieron en la misma época. Cuando se escribió la Biblia, y tal vez en lo más profundo de nuestro pasado prehistórico, los eunucos eran reconocidos como una categoría distinta. La homosexualidad, en cambio, no se consideraba una categoría. La homosexualidad como categoría social de identidad surgió por primera vez en Alemania a finales del siglo XIX, lo que la convierte en una categoría social bastante reciente.[11] La Biblia reconoce explícitamente la inclusión de los eunucos en la religión, mientras que mantiene un relativo silencio sobre los homosexuales porque, como todos los demás, están incluidos en el dictado moral general de «ama a tu prójimo como a ti mismo».

---

[10] N. Wilson, *Our Tribe, Queer Folks, God, Jesus and the Bible*, edición del milenio, Alamo Square Press, 2000, p. 100.

[11] D. Halperin, «Sex before sexuality: Pederasty, politics, and power in classical Athens», en M. Duberman, M. Vicinus y G. Chauncey Jr., *Hidden from History: Reclaiming the Gay and Lesbian Past*, Meridian, 1989, pp. 37-53.

21

Tombois, vestidas y güevedoces

Este capítulo deja atrás la Edad Media para ocuparse de tres ejemplos de cómo se acomodan en las sociedades contemporáneas las variaciones humanas de la sexualidad, la expresión de género y los cuerpos.

La expresión de género en Indonesia

A los diez años vivía en la ciudad de Bogor, en las colinas de Java, Indonesia. Recuerdo la vida silvestre, las bandadas de murciélagos frugívoros que bajaban a los árboles al atardecer, los chubascos, el vapor que emanaba de la carretera, los deliciosos pasteles de arroz, las hermosas telas batik, las hormigas rojas, las flores... Sí, el trópico en su más bella manifestación. No recuerdo nada sobre la sexualidad en Indonesia. Sin embargo, en ese ámbito también ocurrían muchas cosas. Los antropólogos que investigan tanto en Sumatra como en Java cuentan las sorpresas con las que se han encontrado al aplicar los conceptos occidentales de lesbiana y gay a las expresiones locales de género y sexualidad.

Una antropóloga estadounidense, Evelyn Blackwood, escribe: «El término *tomboi* se utiliza para designar a una mujer que actúa a la manera de los hombres. Gracias a mi relación con un *tomboi* en Sumatra Occidental, me di cuenta de que mi concepto de lesbiana no era el mismo que el de mi compañera, a pesar de que las dos éramos, en mi opinión, mujeres amantes de las mujeres». Blackwood entabló una relación romántica con Dayan, una mujer de unos veinte años que parecía un chico, con camiseta, pantalones y pelo corto, que por lo demás no era especialmente masculina ni fuerte. Dayan, sin embargo, se consideraba un hombre. «Finalmente tuve que dar mi brazo a torcer —cuenta Blackwood— y aceptar que los *tombois* no eran la versión indonesia de los marimachos. Eran hombres».[1]

Los *tombois* se enorgullecen de hacer cosas como un hombre: juegan al *koa* (un juego de cartas parecido al póquer), fuman, salen solos por la noche, conducen motos con su pareja detrás y entran y salen de la casa de su pareja como les place. Sus parejas son mujeres que no se diferencian de las demás, y a veces se separan de ellos para juntarse con un hombre que no es *tomboi.*

Una antropóloga holandesa, Saskia Wieringa, estudió las comunidades de mujeres de Java, donde descubrió una cultura *butch-femme* [marimacho-mujer] (b-f) muy desarrollada, que ella consideraba obsoleta tras haberse «codeado con el movimiento femenino neerlandés, en el que se menospreciaba la antigua cultura b-f por ser algo propio de lesbianas "viejas". [...] Las *butches* intentaron enseñarme a ser como ellas y las mujeres me dejaron bien claro lo que esperaban de mí en cuanto a caballerosidad y relaciones amorosas [...]. Las *butches* de Yakarta expresaron su asombro ante mi preferencia por la reciprocidad. ¿No te resulta desconcertante?».[2] Se esperaba que las *butches* tuvieran un trabajo decente no solo para sobrevivir, sino para poder mantener a sus novias. Estaban sujetas a un código de vestimenta —pantalones, camisas y ropa interior comprados en tiendas de ropa para hombres, vendas para aplanar los pechos y una cierta pose—, y mostraban un ligero contoneo, la cabeza levantada desafiante y un cigarrillo en la mano, además de un lenguaje generizado. Las *femmes* se asemejaban a mujeres normales, aunque a menudo se

[1] E. Blackwood, «*Tombois* in west Sumatra: Constructing masculinity and erotic desire», en E. Blackwood y S. Wieringa (eds.), *Same-Sex Relations and Female Desires: Transgender Practices across Cultures*, Columbia University Press, 1999, pp. 182-205. Esta cita y las siguientes proceden de la p. 186.

[2] S. Wieringa, «Desiring bodies or defiant cultures: Butch-femme lesbians in Jakarta and Lima», en Blackwood y Wieringa (eds.), *Same-Sex Relations and Female Desires*, 1999, pp. 206-232. Toda la información sobre Java se basa en esta fuente. Las citas provienen de las pp. 206, 209, 218, 217, 222.

vestían de forma exagerada, con lazos, volantes, mucho maquillaje y tacones altos. Solían trabajar como secretarias, y algunas ejercían también el trabajo sexual.

«Me sentía realmente confundida [...] —confiesa Wieringa—. Nunca había dudado que la androginia fuera la principal característica de las lesbianas de "nuevo estilo" [...]. Éramos feministas [...]. Proclamábamos que los roles provenían del heteropatriarcado. Estábamos orgullosas de habernos liberado». Cuando se preguntaba a las *butches* de Java por qué no estaban orgullosas de sus cuerpos de mujer, respondían que sus cuerpos no tenían una gran importancia. Querían amar a las mujeres y se habían dado cuenta de que las personas con cuerpo de hombre tenían muchos menos problemas para encontrar pareja femenina. Sin embargo, por mucho que se ajustaran al comportamiento masculino, no se definían a sí mismas como hombres; a veces se definían como un tercer sexo. Las *butches* hablaron de un amigo que se había sometido a una operación de cambio de sexo. Consideraron esta opción, pero decidieron no adoptarla. Cuando se les preguntó por qué, todas mencionaron los riesgos para la salud y los costes. «Ninguna dijo que prefiriera su propio cuerpo».

Así, la expresión de género en estas dos comunidades de lesbianas de Indonesia no parece aglutinarse en torno a un único modelo andrógino, sino que se manifiesta entre dos polos, el de hombres trans y *femmes* en Sumatra, y el de *butches* y *femmes* en Java. ¿Por qué?

Las mujeres de las culturas *butch-femme* de las principales ciudades de Europa y Estados Unidos durante las décadas de 1940, 1950 y 1960 consideraban que estaban expresando sus deseos innatos.[3] Las feministas las criticaron por ser imitadoras de la masculinidad y la feminidad convencionales, por no ser fieles a sí mismas, por perpetuar un orden social opresivo y por no ser suficientemente radicales o valientes. Ahora las opiniones empiezan a cambiar. Las lesbianas hombrunas y los hombres trans se ven expuestos a enormes prejuicios por parte de otras mujeres y del mundo heterosexual en general. Muchos sienten cada vez más que

[3] Un estudio decisivo sobre la comunidad *butch-femme* en Búfalo (Nueva York): E. Kennedy y M. Davis, *Boots of Leather, Slippers of Gold*, Penguin Books, 1993.

esta vía requiere más valor que la de fundirse en un término medio poco llamativo. La integridad de la identidad masculina en las mujeres se considera cada vez más como su propia forma de «autodeterminación», como concluyó recientemente Wieringa.[4]

Las «vestidas» de Ciudad de México

Aunque hoy en día no es probable que las personas trans sean quemadas en la hoguera como Juana de Arco, las opciones de integración en la sociedad para los transexuales en muchas partes del mundo no son mucho mejores. Consideremos la situación actual en Ciudad de México, donde la expresión transgénero más visible es la reina de la calle, un trabajador sexual travestido, o «vestida».

La casa de la Mema

Neza (Ciudad Nezahualcóyotl) es un suburbio de la Ciudad de México con mala reputación: sucio, peligroso y pobre, es un lugar donde los ciudadanos de clase media y alta no se aventuran. Como relata la socióloga noruega Annick Prieur, la casa de la Mema es un lugar de encuentro para los jóvenes de Neza.[5] La Mema es trabajadora sexual, peluquera, cocinera, vendedora y educadora sobre el sida, y presentó un proyecto educativo sobre personas trans. Por lo general, entre diez y veinte personas pasan por allí todos los días, sobre todo por la noche, para comer en familia. La casa de la Mema es un santuario. Las personas que se alojan allí son jóvenes que han sido expulsados de sus hogares por ser femeninos y gais. Su feminidad hace difícil mantener su sexualidad en privado, por lo que las familias les acosan hasta obligarles a huir.

Tras las palizas de su padrastro y después de que le hicieran dormir en el patio bajo el lavadero como si fuera un perro, Pancha

---

[4] Wieringa, «Desiring bodies or defiant cultures», 1999, p. 226.

[5] Esta sección se basa principalmente en el trabajo de Annick Prieur: A. Prieur, *Mema's House, Mexico City: On Transvestites, Queens, and Machos*, University of Chicago Press, 1998.

se escapó de casa a los ocho años, vivió primero en la calle y luego con Mema. Pancha cuenta que, a los diez años, su madre «me preguntó si era hombre o mujer». Lamenta que su madre «no acepte que vaya maquillada en casa [...]. No le gustaba que llevara pantalones ajustados y blusas de mujer, y que tuviera el pelo largo y me lo tiñera. Siempre me lo cortaban. Pero ahora me permiten que me crezca, igual que las uñas».[6] Esta aceptación se debe en buena medida a que Pancha aporta a la casa parte de sus ingresos procedentes del trabajo sexual. El salario del trabajo sexual suele conducir a la reintegración en la familia.

Marta, otra mujer transgénero, recuerda: «Me gustaban las muñecas, las adoraba. Los Reyes Magos me traían un coche o un camión y yo jugaba un rato con ellos. Pero me interesaban más las muñecas de mi hermana pequeña. Le pedía que me las prestara y me iba a jugar con las niñas del vecindario».[7] Continúa: «Me fascinaban los hombres adultos en el cuarto de baño [...]. Y no me arrepiento, me sigue gustando [...]. Tenía seis años. Un vecino me habló, me sedujo con un helado [...] y yo estaba encantada [...]. Me llevó a su cama y comenzó a desnudarse [...]. Me sentía tentada, así que me acerqué por curiosidad a tocar. [...] Y luego eso siguió, él continuó dándome helados [...] y yo seguí siendo su amante hasta los nueve años [...]. Para el sexo estaba muy despierta desde muy pequeña». ¿Cómo llegó a esto? «Creo que nací así. [...] Se lo dije al médico que me trató, el que me inyectó hormonas masculinas [...]. Desde que tenía cinco o seis años me atraían los hombres. Y eso no es algo que haces si no te gusta». El tratamiento del médico hizo que las piernas de Marta se volvieran peludas. Marta fue objeto de burlas en la escuela por tener las pestañas largas y fue expulsada a los doce años a pesar de tener buenas notas. Luego recibió varias palizas de sus padres y la expulsaron de casa.

En esa época Marta conoció a otras vestidas. «Pensé que eran mujeres, pero alguien me dijo que no, que eran hombres vestidos de mujer. No me lo creí, pero me dije que si eran hombres podía unirme a ellos, que quería ser así. Quiero parecer una mujer. Así

---

6 *Ibid.*, pp. 49-50.

7 Todas las citas de Marta proceden de *ibid.*, pp. 104-108, 178.

que me relacioné con ellos y me apoyaron. Mema me ayudó, gracias a Dios me ayudó. Y me compró zapatos y ropa. Empecé a maquillarme como una mujer en su peluquería. Me maquillé las pestañas, me pinté las uñas. Me las dejé crecer». A los catorce años le explicaron cómo ganar dinero con el sexo, porque hasta entonces no había cobrado. «Llega un momento en que tienes que decidir por ti misma. Y yo me sentía encorsetada por la ropa de hombre; llegó un momento en que dije: "Fuera, fuera toda la ropa de hombre. Ya no la quiero". Y me puse ropa de mujer. Me sentí como Cenicienta, me despojé de la ropa vieja y me puse la nueva. Lo que quería ser».

Marta quiere realizarse una operación de cambio de sexo. «Cuando hago pis, digo: "¡Ay!, este pene no es mío…", y me gustaría cortarlo». Aun así, afirma: «Tengo mucho orgullo. Soy homosexual. Soy homosexual, pero casi me he convertido en mujer. Quiero decir físicamente, con todo, con mi cara y mi cuerpo. Soy una mujer, ¿no es así? Eso no significa que para ser una mujer deje de ser un homosexual […], dentro de mí estoy orgulloso de que como homosexual haya conseguido parecer una mujer. Y que la gente pueda ver que un homosexual puede llegar a donde quiera. Porque he oído que muchos homosexuales han sido personas importantes a lo largo de la historia, ¿no es cierto? Como escritores, pintores, muchas cosas, y en todo el mundo. Así que uno puede sentirse orgulloso». Un relato notable que combina elementos transgénero con el orgullo gay situándose en un mundo homosexual.

La homosexualidad y la feminidad están completamente entrelazadas en este grupo, hasta el punto de que la imagen femenina —al estilo de las que hacen la calle— y la homosexualidad son casi sinónimos. Las vestidas se visten y actúan de forma provocativa, hablan y bromean continuamente sobre sexo y le dedican mucho tiempo y energía. De adolescentes, carecen de modelos positivos y son excluidas de la educación. A menudo los profesores se dan cuenta de sus inclinaciones femeninas e inician ellos mismos las relaciones sexuales. Todas las vestidas entrevistadas por Prieur sufrieron acoso en la escuela, y la mayoría dejó de asistir poco después de haber completado la escuela primaria, aunque algunas esperaban poder terminar el instituto, y una incluso deseaba ser profesora. En general, las vestidas no hablaban mucho del futuro. Aparte de la peluquería, la principal ocupación de las vestidas es el trabajo sexual. En la calle se mantienen en zonas donde se sabe que las trabajadoras del sexo son travestis, y los clientes saben lo que están comprando. Las vestidas suelen ser detenidas por la policía, a la que tienen que sobornar para ser liberadas. Su vida en el lado más extremo puede incluir fiestas, bebida, drogas, robos, peleas, detenciones y violencia. A menudo roban a sus clientes. Asumen riesgos en su comportamiento y vestimenta, y parecen atraer los problemas. Pero, al no creer en el futuro, ¿acaso tienen algo que perder? Este estilo de vida probablemente también describe el de las trabajadores sexuales adolescentes no transexuales que se encuentran en la misma situación económica.

Negarse a escuchar

Con frecuencia los sociólogos traicionan a sus fuentes primarias. Por ejemplo, Marta dice que «nació así», pero parece que esta es una premisa prohibida para la sociología. Prieur escribe: «Algunos lectores podrían pensar que Marta es transexual. Esto va [...] en contra de mi enfoque constructivista». Llega al extremo de afirmar que Marta fue «obligada a meterse en un rol homosexual mucho antes de haber tomado conciencia de sus propios deseos sexuales».[8] No, Marta declara directamente que su interés sexual por los hombres fue anterior a sus primeros encuentros homosexuales e insiste en que a partir de ahí dio su consentimiento.

En realidad, ¿podemos siquiera creer la historia que nos cuenta Marta? Según Prieur, los relatos de Marta y otros «están condicionados por el paso del tiempo, por las interpretaciones comunes de la homosexualidad y el afeminamiento que han aprendido más adelante, y podemos suponer que también por sus propios deseos de presentar historias relativamente coherentes sobre sí mismos. Y creo que todos estos factores llevan a los *jotos* [término peyorativo para referirse a un homosexual afeminado] a enfatizar la determinación temprana de la homosexualidad y el afeminamiento en

[8] *Ibid.*, p. 108.

sus relatos. Estos hombres se han convertido en lo que creían que estaban destinados a convertirse».[9] Una y otra vez, los sociólogos se sienten con derecho a ignorar los relatos originarios de los individuos que estudian y a sustituirlos por sus propias opiniones. Pero quizá las vestidas se puedan permitir al menos tener sus propias opiniones sobre si se sienten hermosas o no. Pues no. Según Prieur, «la dominación masculina ha estructurado sus modos de percepción y apreciación de forma que consideren su elección como algo positivo».[10]

A Prieur tampoco le gusta el aspecto de las vestidas y sugiere que su «atuendo indica su disposición a ser folladas». Bajo las faldas cortas y los tejidos ceñidos, Prieur señala que «el pene y los testículos deben mantenerse ocultos entre las piernas con calzoncillos ajustados o incluso con cinta adhesiva».[11] Ella cuenta que sus propias reacciones a estas «transformaciones corporales» la llevaron a analizar sus propias actitudes, y señala cómo los escandinavos «se sienten provocados [...] por las transformaciones que los hombres homosexuales mexicanos se ven obligados a acometer bajo la presión de la sociedad machista que los rodea», especialmente por la forma en que estos hombres se vuelven «afeminados, en lugar de ser intrínsecamente masculinos».[12]

Las vestidas no están de acuerdo. Cuando Prieur cuestionó a Gata sobre su feminidad, esta le respondió que de adolescente se sentía muy dolida cuando los hombres la rechazaban. Pero «al ser más femenina, más como una mujer [...], las tornas cambiaron. Los hombres empezaron a pedirme sexo, me besaban, y a mí me gustaba». Gata desafió entonces a Prieur afirmando: «Mis tetas son más grandes que las tuyas». Prieur admite: «Me defendí diciendo que las mías, en todo caso, eran naturales. Gata replicó: "Eso no importa [...], es un logro [...], una cosa que consigues proporcionarte a ti misma. Como si quisieras una casa"». Prieur se ve así obligada a reconocer que, para las vestidas, «sus cuerpos

[9] *Ibid.*, p. 109.
[10] *Ibid.*, p. 129.
[11] *Ibid.*, pp. 145-146, 154.
[12] *Ibid.*, p. 156.

moldeados y esculpidos son símbolos de una posición social obtenidos mediante un trabajo duro y privaciones. Al mismo tiempo, el cuerpo es una inversión que puede asegurar sus ganancias como prostitutas». Resume: «La cuestión no es si la feminidad es auténtica o falsa, sino si funciona. Y de hecho lo hace».[13]

A Prieur tampoco le gusta la forma de actuar de las vestidas, ya que esperaba encontrar «un alma de mujer atrapada en un cuerpo masculino». En cambio, las vestidas tienen «una actitud más masculina que femenina». Aquí, Prieur aclara: «Según mis estándares de feminidad», una mujer de verdad «parece una mujer», «se parece emocionalmente a una mujer», es «cálida», «se preocupa por los demás», disfruta «ayudando a los demás», «complaciéndolos», y expresa abiertamente «sus sentimientos, tanto de alegría como de tristeza».[14] Evidentemente, este estereotipo de mujer no es el que suelen adoptar las vestidas. Pero ¿qué pasaría si la comparación se hubiera hecho con las bandas callejeras de chicas duras o con las trabajadoras sexuales callejeras que no son trans? ¿Cuántas de estas personas cumplirían el estándar de feminidad de un académico escandinavo de clase media?

A lo largo de su estudio de varios años, Prieur se refiere a las vestidas solo como hombres homosexuales afeminados, sugiriendo que son mujeres impostoras y negando su identidad de chicas y mujeres transexuales, que es lo que obviamente son. Las vestidas tienen pocas posibilidades de integrarse en la vida de las mujeres (aunque habría sido interesante entrevistar a las clientas de aquellas vestidas que trabajaban como peluqueras). Por esta razón, ni la vestimenta ni el comportamiento pueden desarrollarse de acuerdo con los valores locales de las mujeres. Una vestida no tiene una madre que la tutele como mujer. El glamur de los medios de comunicación populares viene a definir la apariencia femenina. Las vestidas que son trabajadoras del sexo adquieren el refuerzo positivo de sus clientes masculinos por transformarse en cuerpos fetichistas. Este destino también afecta a las trabajadoras del sexo no transexuales. Por último, las vestidas, para su edad cronológica,

---

[13] *Ibid.*, pp. 158-159.

[14] *Ibid.*, pp. 171, 174.

son socialmente jóvenes. Han alcanzado su feminidad social por lo menos diez años más tarde que las chicas no transexuales de la misma edad y su aspecto connota inmadurez. Por ello, la imagen imperfecta de las vestidas no desacredita necesariamente la autenticidad de su identidad femenina, tal como afirma Prieur.

Son demasiados los sociólogos que no aceptan la palabra de las personas trans, tal vez porque al hacerlo admitirían que hay algo de verdad en el relato biológico. En su lugar, se aferran a la creencia de que las vestidas y otros transexuales han «elegido» vivir como un sexo diferente. Prieur escribe: «Puede que los transexuales [...] sean las únicas personas del mundo que realmente han elegido su sexo, y, sin embargo, son los últimos en afirmar que el sexo puede elegirse».[15] Puede que las personas trans tengan razón. No eligen su sexo o su género ni más ni menos que las personas no trans.

La investigación prejuiciosa de los sociólogos sobre la expresión transgénero se une al análisis erróneo de la biología, la antropología y la teología. En mi opinión, aquellos que no pueden evitar ser tan moralizantes con los temas que estudian deberían buscarse otra ocupación. La negativa descarnada y contundente a reconocer, aceptar y afirmar a las personas transgénero es el equivalente académico a la quema de Juana de Arco en la hoguera: un intento de negar y borrar un aspecto válido de la humanidad.

Güevedoces en la República Dominicana

En tres pueblos rurales de la República Dominicana vivían suficientes personas intersexuales como para que floreciera allí una categoría social particular del tercer sexo, hasta que fue sofocada por recientes intervenciones médicas. Llamados *güevedoces*, o con pene a los doce años, estas personas intersexuales suelen ser criadas como niñas, pero fabrican esperma al madurar, por lo que se convierten biológicamente en hombres. Los güevedoces nacen con tejidos escrotales no fusionados, similares a los labios; un pene

[15] *Ibid.*, p. 173.

ausente o similar al clítoris; y testículos que no han descendido. Algunos güevedoces son identificados como tales al nacer, otros son clasificados como mujeres, pero en cualquier caso son criados como niñas hasta los doce años, más o menos. Entonces la voz se profundiza, los músculos se desarrollan, los testículos descienden y el falo crece; asimismo, tienen erecciones y producen semen con espermatozoides que se vierte por debajo del falo.

De los dieciocho sujetos sobre los que el antropólogo Gilbert Herdt recopiló datos, dos habían fallecido, uno vivía como ermitaño asexuado, uno seguía viviendo como mujer y estaba casado con un hombre, uno tenía una identidad de género ambigua —se vestía como mujer pero se consideraba hombre— y trece habían hecho la transición a hombre.[16] La mayoría de estos trece se casaron con mujeres y adoptaron ocupaciones masculinas como agricultores y leñadores, mientras que sus esposas eran amas de casa o jardineras. Por lo tanto, una gran parte, trece de dieciocho, pasaron de ser mujeres a ser hombres. Las transiciones se produjeron entre los catorce y los veinticuatro años, con una edad media de dieciséis (no doce, como indica el nombre *güevedoce*), algún tiempo después del derroche de testosterona de la pubertad.

No se dispone de información sobre cómo se sentían los niños güevedoce antes de su transición. ¿Creían la mayoría que eran niñas y se fueron despertando poco a poco para darse cuenta de que eran niños? ¿O se negaron a aceptar la idea de que eran niñas y se sintieron aliviados cuando sus genitales se desarrollaron para confirmar sus sentimientos? ¿O la mayoría se sentía como un tercer género, sin identificarse con el masculino o el femenino hasta que sus genitales en desarrollo les dieron una clara señal de identidad? ¿O no les importaba de qué género eran, sino que simplemente decidían que siendo hombres llevaban las de ganar? ¿Y qué pasa con la persona que sigue siendo mujer o la que se convierte en género ambiguo? Nadie lo sabe. Lo que está claro es

[16] Esta explicación se basa en el trabajo de Gilbert Herdt: G. Herdt, «Mistaken sex: Culture, biology and the third sex in New Guinea», en G. Herdt (ed.), *Third Sex, Third Gender: Beyond Sexual Dimorphism in Culture and History*, Zone Books, 1994, pp. 419-445.

que esta forma de intersexualidad se acomodaba de forma aceptable a la estructura social de estos pueblos.

Los científicos sociales se han interesado por saber si los güevedoces constituyen un caso de categoría social de tercer sexo. Tal vez estos pueblos muestran una sociedad en la que los tres *tipos de cuerpo* —masculino, femenino y güevedoce— se aceptan como iguales: tres tipos de cuerpos sexuados, no simplemente tres modelos de comportamiento. La categoría *güevedoce* es, sin embargo, un marcador de posición, una ubicación temporal para un niño mientras la anatomía se desarrolla para revelar el «verdadero» sexo de la persona. Los habitantes de estos pueblos ven en realidad tan solo dos sexos, más una tercera categoría correspondiente a aquellos que están en camino de alcanzar la madurez.

Esta situación no puede estudiarse más a fondo porque los médicos dijeron a los lugareños que los güevedoces eran varones y que no debían ser criados como niñas. Les proporcionaron la tecnología con la que distinguir a un güevedoce de una mujer tras el nacimiento, por lo que la categoría social de *güevedoce* se ha extinguido. Los güevedoces son simplemente criados como niños desde el principio. No se dispone de datos sobre si esta intervención médica ha merecido la pena.

Una tribu de Nueva Guinea ofrece otro ejemplo de personas intersexuales lo suficientemente comunes como para convertirse en una categoría social. Sin embargo, también en este caso la gente de la tribu discierne dos sexos reales más una tercera categoría para clasificar temporalmente a los niños que todavía están madurando físicamente. Por lo tanto, la antropología comparativa no ha encontrado ninguna sociedad que contenga tres sexos, en el sentido de tres categorías de tipos corporales iguales. Muchas sociedades reconocen una variación sustancial en los modelos de comportamiento, pero los tipos corporales siguen estando clasificados en solo dos categorías primarias, masculino y femenino.

Desde un punto de vista biológico, parece inevitable que alguna sociedad acepte algún día tres o más categorías de tipos corporales que no puedan clasificarse únicamente en el binario masculino y femenino. Los biólogos seguirán reconociendo los dos tamaños de gametos correspondientes a la función masculina y femenina. Pero la biología ha identificado muchos precedentes de múltiples tipos corporales con diferentes mezclas de función masculina y femenina. La biotecnología de la ingeniería de tejidos a partir de células madre permitirá probablemente que algún día las personas puedan elegir si fabrican espermatozoides u óvulos en el mismo o en diferentes periodos de la vida. Esta capacidad puede completar el potencial reproductivo de las personas nacidas intersexuales o puede satisfacer el anhelo de ser padre y madre en algún momento de la vida. Estas personas alcanzarían una capacidad ya bien desarrollada en otros vertebrados; serían verdaderamente transexuales y constituirían tipos corporales adicionales más allá de ser únicamente masculinos o femeninos durante toda una vida. Los que ahora se consideran transexuales han cambiado de género utilizando los genitales como marcadores corporales de la identidad de género. Cambiar la función gonadal de producir óvulos a producir espermatozoides, o viceversa, cambiaría realmente el sexo, algo que puede hacerse realidad en el futuro.

22

La política trans en Estados Unidos

Un estudio transcultural sobre la expresión de género y la sexualidad parecería incompleto si no incluyera a Estados Unidos. ¿Qué está ocurriendo a día de hoy aquí, desde donde escribo? Creo que lo interesante es que, a nuestro alrededor, están surgiendo nuevas categorías sociales para acoger a las personas que antes vivían invisibles en el armario. Este alumbramiento no está exento de dolor y deja estrías. El dolor proviene de la extraordinaria amenaza a la que se enfrentan las personas transgénero por el mero hecho de vivir su día a día. Las estrías provienen de los esfuerzos por acomodar las categorías existentes para que abarquen a personas cuya realidad se va reconociendo a regañadientes.

La violencia y las relaciones gais-transgénero

En 1969, las personas trans lanzaron el movimiento por los derechos de los homosexuales en Estados Unidos con los famosos disturbios de Stonewall en Greenwich Village. La policía neoyorquina había acosado a *drag queens* y a otros transgénero en un bar gay, hasta que estalló una violenta rebelión que se extendió a las calles.[1] Sin embargo, en las décadas siguientes se formaron grupos políticos de defensa de los gais que no incluían a las personas

---

[1] L. Feinberg, *Transgender Warriors: Making History from Joan of Arc to RuPaul*, Beacon Press, 1996, pp. 97-99; En esta época y en otras anteriores en San Francisco se desarrollaba un amplio activismo político gay, como se documenta en S. Stryker y J. Van Buskirk, *Gay by the Bay*, Chronicle Books, 1996.

trans en sus declaraciones de objetivos. En poco tiempo, un gran número de gais y lesbianas desplazó a los transgénero y sus problemas. Organizaciones como la Human Rights Campaign (HRC), un poderoso grupo de presión gay, patrocinaron una legislación que cubría la discriminación laboral y los delitos de odio y que solo mencionaba la orientación sexual pero no la identidad de género.[2] Una y otra vez, las organizaciones gais han ignorado a las personas trans o se han apropiado de su iniciativa y su experiencia. No obstante, la violencia contra los trans sigue demostrando que el futuro político de los homosexuales y los trans está estrechamente entrelazado.

Poco después del terrible asesinato del estudiante gay Matthew Shepard en Wyoming, una chica trans fue asesinada en Austin, Texas, en circunstancias similares.[3] Lauryn Paige, de dieciocho años, cuyo nombre al nacer había sido Donald Fuller, apareció asesinada en una zona boscosa del sureste de Austin. Lauryn iba vestida de mujer. El padre de Lauryn dijo: «Así ha sido él toda su vida. Siempre supimos que era un poco diferente y lo aceptamos, pero en casa no se lo permitimos. Simplemente sabíamos que no era feliz si no se travestía». Lauryn había sido vista a menudo caminando por la avenida South Congress, donde la policía realiza regularmente redadas contra la prostitución. El comandante de la policía Gary Olfers dijo: «Estamos tratando con asesinos sádicos. Había más de una herida [de arma blanca], y las lesiones fueron provocadas de una manera brutal». La autopsia reveló un corte en la garganta de Lauryn de veintitrés centímetros de largo y ocho de ancho.

«La descripción policial de este asesinato resulta desgarradoramente familiar», dijo la destacada activista transgénero Riki Anne Wilchins, de GenderPAC. «Homicidas sádicos, múltiples puñaladas, apaleamiento y/o varios disparos [...] es una letanía familiar de actos brutalmente violentos contra personas de género diferente:

---

[2] Ver http://www.hrc.org.

[3] *The Channel*, TGSF, febrero de 1999, 18 (2), p. 13; reimpreso de *QUILL*, Gender-Pac Media Advisory, 14 de enero de 1999. Todas las citas relativas al asesinato de Lauryn Paige proceden de esta fuente.

Chanelle Pickett, Brandon Teena, Christian Paige, Deborah Forte, Vianna Faye Williams, Jamaica Green, Jessy y Peggy Santiago, Tasha Dunn [...] y la lista continúa». Sin embargo, la prensa apenas se hizo eco del asesinato de Lauryn y ninguna organización gay siguió el caso, a pesar de que los hechos son similares al muy publicitado asesinato de Matthew Shepard.

La muerte de Lauryn no fue un incidente aislado. La activista y columnista transgénero Gwendolyn Smith mantiene activo un sitio web para un proyecto llamado «Recordando a nuestros muertos», que contiene los nombres de las personas transgénero asesinadas cada día. Cada año se celebra una emotiva ceremonia de recuerdo por ciudades de todo el mundo.

Otro ejemplo reciente es el trágico asesinato en el verano de 1999 de Barry Winchell, un soldado de veintiún años, en Fort Campbell, en la frontera entre Tennessee y Kentucky. La muerte de Winchell fue utilizada por los grupos de defensa de los homosexuales para obligar al Gobierno de Estados Unidos a reevaluar su política de «no preguntes, no digas nada» en el Ejército. Sin embargo, como informó la *New York Times Magazine* en un artículo de portada, «lo cierto es que Winchell, asesinado por ser gay, no era gay».[4] Era heterosexual. En el pasado solo había salido con mujeres, mujeres que no eran trans. En aquellos días estaba enamorado de una hermosa mujer trans llamada Calpernia Addams. La Coalición de Lesbianas y Gais por la Justicia, con sede en Nashville, visitó a Addams y le sugirió que, «en aras de la claridad», dijera a los periodistas que en realidad era un «él», porque «¿cómo se puede decir que él [Winchell] era gay si salía con una mujer?». Addams aceptó y en las noticias posteriores ella figuraba como el «novio» o «amigo travestido» de Winchell. Esta devastadora mentira borró tanto la existencia de Addams como la base de su relación con Winchell. Un activista gay de Nashville concluyó: «No tenemos vocabulario para tratar estos temas».

---

[4] D. France, «An inconvenient woman», *New York Times Magazine*, 28 de mayo de 2000, pp. 24-29, y fotografía de portada. Todas las citas relativas al asesinato de Barry Winchell proceden de esta fuente. Una dramatización del asesinato de Winchell y de su romance con Calpernia Addams, titulada *Soldier's Girl*, se estrenó en el canal de películas por cable prémium Showtime el 3 de mayo de 2003.

El 2 de junio de 2001, los periódicos publicaron la noticia de que en el año 2000 el Ejército había despedido a más personas que en cualquier otro año desde que se iniciara la política de «no preguntes, no digas nada». Casi la mitad de las bajas se produjeron en Fort Campbell, Kentucky, sede de la 101.ª División Aerotransportada, donde Winchell había sido golpeado hasta la muerte con un bate de béisbol en 1999. El *San Francisco Chronicle* describió a Winchell como alguien «del que se pensaba que era gay», reconociendo así que no lo era. Sin embargo, esta descripción sugiere erróneamente que el ataque fue simplemente un caso de error de identidad. Winchell salía con Calpernia Addams, de la que se sabía que era trans y que a veces trabajaba como artista en un bar de travestis. El asesino, que solía frecuentar el bar, sentía una auténtica homofobia dirigida equivocadamente hacia otro soldado compañero hetero.

Las implicaciones de este caso de homofobia para el Ejército aún no están claras. Tras los atentados del 11 de septiembre de 2001, el Pentágono emitió una orden por la que se suspendían los procedimientos de baja contra los miembros del servicio que revelaran su homosexualidad. Una orden similar se emitió durante la guerra del Golfo Pérsico. Al parecer, en tiempos de guerra, las tropas de gais y lesbianas no suponen un problema.[5]

Al igual que las mujeres trans se han convertido en hombres gais travestidos, los hombres trans se han convertido en lesbianas travestidas. Billy Tipton era un músico de *jazz* que se casó con una mujer y adoptó y crio a sus hijos. A su muerte, en 1989, se descubrió que tenía una anatomía genital femenina. La comunidad de lesbianas se refiere a él como «ella». Del mismo modo, la prensa lesbiana se refiere a Brandon Teena, un joven trans que fue violado y asesinado en Nebraska en 1993 al descubrirse que era transgénero, como una lesbiana travestida que se hacía pasar por un hombre heterosexual. Esto valida lo que los violadores intentaban demostrar: que como podía ser violado como una mujer, era una mujer. Sin embargo, Brandon Teena se esforzó por ser tomado en serio

---

[5] C. Heredia, «Gay, lesbian troops can serve openly-for now: Pentagon suspends discharges during conflict», *New York Times*, 19 de septiembre de 2001.

como hombre y se refería a sí mismo utilizando pronombres masculinos. No es que se hiciera pasar por un hombre heterosexual, es que lo era.[6]

Recientemente se produjo el asesinato de un transgénero, paradójicamente en la zona de la bahía de San Francisco. Una joven transexual de diecisiete años, Gwen Araujo, fue asesinada durante la noche del 3 al 4 de octubre de 2002, aunque su cuerpo no fue encontrado hasta mediados de octubre. Nacida como Edward Araujo, Gwen vivía como una chica y mantenía una relación sentimental con varios chicos. Dos con los que había intimado empezaron a sospechar que había nacido varón y conspiraron para averiguar qué tipo de genitales tenía. Planeaban castigarla si descubrían que tenía genitales masculinos: «Lo juro, si es un puto hombre, lo mataré. Si es un hombre, no se irá de rositas».[7] En una fiesta celebrada el 3 de octubre de 2002 en Newark, una chica le levantó la falda a Gwen y la delató ante la multitud: «Es un puto hombre». Uno de los chicos con los que Gwen había intimado gritó entonces: «No puedo ser un puto gay». La chica que había expuesto a Gwen intentó consolar al chico diciendo: «No es tu culpa. Fui al instituto contigo y estabas en el equipo de fútbol. A cualquier mujer que te conozca esto no le va a importar. Déjala que se marche».[8] No obstante, los cuatro chicos empezaron a golpear a Gwen hasta dejarla ensangrentada, la estrangularon con una cuerda, la metieron en una camioneta para llevarla durante cuatro horas hasta un lugar en el condado de El Dorado, cerca de las montañas de la Sierra Nevada, y arrojaron el cuerpo en una tumba poco profunda que cubrieron con pesadas rocas, tierra y un tronco de árbol. A continuación, los cuatro volvieron a subir a su vehículo, condujeron hasta un puesto de hamburguesas y pidieron el desayuno en la ventanilla. Pasaron días hasta que el asesinato se denunció.

A muchas personas que no son transgénero parece costarles reconocer que este tipo de violencia se produce con regularidad en

---

[6] A. Livia, «Disloyal to masculinity», en A. Livia y K. Hall (eds.), *Queerly Phrased: Language, Gender, and Sexuality*, Oxford University Press, 1997, pp. 349-368.

[7] H. Lee, «Guilty plea in transgender killing», *San Francisco Chronicle*, febrero de 2003.

[8] K. St. John, «Slain teen's last night recounted», *San Francisco Chronicle*, 20 de febrero de 2003.

su propio barrio. Estos crímenes no son delitos ordinarios, sino auténticos crímenes de odio. Demuestran que ser expuesto como gay o transgénero no es simplemente descortés e insultante, sino que compromete seriamente la seguridad personal. Los crímenes también demuestran lo estrechamente vinculada que está la violencia contra los trans y los gais: los criminales no hacen distinciones razonadas entre la identidad de género y la orientación sexual, sino que se lanzan a la yugular y no preguntan por qué.

Crear coaliciones

Tras décadas de turbulencias, el panorama político de la comunidad lésbico-gay-trans-bisexual-intersexual está empezando a estabilizarse. Desde los disturbios de Stonewall en 1969, la postura política de los homosexuales ha sido afirmar que el público no está preparado para los transgénero: es mejor asegurar los derechos de los homosexuales y luego pasar a los transgénero. Creo que este análisis político es erróneo. El público en general no quiere preocuparse por una nueva categoría de personas a las que proteger cada año. Al excluir a los transgénero, las organizaciones de defensa de los derechos de los homosexuales pierden terreno moral, pueden ser criticadas por representar solo «derechos especiales» en lugar de derechos humanos. La Human Rights Campaign parece pensar que los transgénero son demasiado pocos para que su contribución económica sea significativa o tenga peso en las urnas, y políticamente son un lastre. Nuestra postura es que los trans estuvimos allí desde el principio y estamos ahí para hacer el trabajo pesado. Gran parte de la violencia que se hace pasar como ataques a los homosexuales es en realidad violencia contra las personas con diversidad de género. La legislación que protege la orientación sexual sin mencionar la identidad de género no tiene sentido. Las personas gais suelen ser también personas de género variante; es esto lo que las pone en peligro, más que su orientación sexual, porque su actividad sexual se lleva a cabo en privado, mientras que su variación de género es visible en público. Sin embargo, la situación política está mejorando. El 10 de marzo de

2001, la HRC añadió por fin los derechos de los transgénero a su declaración de objetivos, aunque todavía no ha incluido la identidad de género en sus propuestas legislativas. Muchas organizaciones de gais han añadido una «T» a su nombre, para significar la inclusión de los transgénero. En San Francisco, el Club Demócrata Harvey Milk incluyó a las personas trans hace unos años, y le siguió el Club Demócrata Alice B. Toklas, en lo que supone una rara unidad entre estas organizaciones políticas rivales, progresista y centrista. Y lo que es más importante, Mark Leno, un valiente líder político que representa al distrito mayoritariamente gay de Castro, en San Francisco, promovió la legislación por la que se incluían las necesidades médicas de los transgénero en el plan de seguro médico de la ciudad. El 30 de abril de 2001, la Junta de Supervisores aprobó la propuesta con los nueve votos necesarios sobre once, tras un debate público reflexivo y articulado. Los medios de comunicación nacionales cubrieron el acontecimiento, que fue el resultado de una acción conjunta de gais, lesbianas y trans en favor de los temas que afectan a los transgénero, una de las pocas muestras de unidad que se han producido desde Stonewall. La acción estableció una nueva normativa en Estados Unidos para la inclusión de todo el arcoíris humano de expresión de género y sexualidad.[9] Mark Leno ha pasado ahora a la Asamblea de California, donde se ha convertido en uno de los legisladores más eficaces del estado.

¿Cuántas letras tiene el alfabeto?

La confusión sobre quién forma parte de la comunidad lésbico-gay-trans-bisexual-intersexual ha dejado de ser un problema importante. Hubo un tiempo en el que parecía que cada año aparecía

[9] Hay mucho mérito en esta innovadora legislación. Según Jamison Green, activista y líder trans tanto a nivel nacional como en el área de San Francisco, el mérito inicial corresponde al alcalde Willie Brown, una figura controvertida pero eficaz con un largo historial de éxitos en materia de derechos humanos. El alcalde Brown nombró a Melissa Welch como directora de la Junta de Servicios Sanitarios de la ciudad, en parte por su apoyo a la atención de las necesidades médicas de las personas trans. La doctora Welch elaboró la mayor parte de la propuesta, que finalmente se aprobó con la participación de muchas personas trans.

un nuevo grupo que necesitase ser reconocido: primero los gais, luego las lesbianas, después los bisexuales, más tarde las personas transgénero y finalmente los intersexuales. La gente se pregunta si esta sopa de letras en la que se incluye a las minorías sexuales y de género dejará de crecer alguna vez. ¿Tenemos que modificar nuestras leyes año tras año, cada vez que un nuevo grupo de votantes reclama su reconocimiento y protección?

Creo que la lista actual es coherente y completa, y la partida de Scrabble sobre género puede que ya haya terminado. En teoría, los gais y las lesbianas ratifican las distinciones binarias tradicionales de identidad de género y de cuerpo, pero invierten las direcciones de la orientación sexual. Los bisexuales desafían el concepto binario de la sexualidad, las personas trans desafían la clasificación binaria del género y las personas intersexuales desafían la definición binaria del cuerpo. En conjunto, estas categorías de identidad parecen cubrir todo el espectro cuerpo-género-sexualidad, y si se omite alguna queda un vacío. Tal vez hayamos alcanzado por fin una comunidad cuerpo-género-sexualidad en la que espero que cualquiera pueda encontrar su nicho combinando los elementos que necesite de cada una de estas categorías.

Creo que todos los miembros de la comunidad cuerpo-género-sexualidad tenemos más en común de lo que a veces sugiere la retórica de nuestra política de identidad. En primer lugar, cada uno de nosotros «sale del armario». Llegamos a un acuerdo con nosotros mismos, con nuestra familia, escuela o empleador, con amigos y colegas, y con la sociedad. Aceptamos, a menudo tras años de negación, el estigma y el riesgo de ser nosotros mismos. Nos diferenciamos en detalles: un hombre gay se da cuenta de su atracción sexual por otro hombre, una mujer lesbiana se da cuenta de que no es solo un marimacho, una mujer trans se enfrenta en su primera aparición en público a la carrera de obstáculos que representa una multitud de abucheadores, y una persona intersexual perdona. Momentos traumáticos. Compare esto con una chica que le dice a papá que no va a estudiar Ingeniería; un niño que le dice a mamá que no será médico; una mujer soltera que le cuenta a su familia que está embarazada; un hombre que le dice a su familia que se va a casar con alguien que no es de su raza o religión. Estos son también momentos serios de autodefinición, pero rara vez son comparables a lo que soporta una persona *queer* al salir del armario. En segundo lugar, a cada uno de nosotros se nos dice que somos algo imposible, que se supone que no existimos, que la ciencia, la religión y la costumbre niegan nuestra realidad. En teoría, representamos un problema. Y, sin embargo, existimos. Y somos buena gente.

¿Cuántos géneros hay?

La comunidad lésbico-gay-trans-bisexual-intersexual puede parecer completa, pero hay una cuestión más amplia que es necesario abordar. Las personas trans deben situarse continuamente dentro de la distinción binaria tradicional entre hombre y mujer. En su vida personal muchos individuos trans encajan en las normas de género tradicionales, aunque eso no quiera decir que deseen imponer esas normas a los demás. Muchas mujeres trans se identifican simplemente como mujeres heterosexuales y llevan una vida parecida a la de otras mujeres de edad y ocupación similares, independientemente de su inusual historia. Lo mismo ocurre con los hombres trans. Lynn Conway ha compilado una serie de breves biografías de individuos transgénero exitosos, la mayoría de los cuales se han ajustado a las normas de género.[10]

Otras personas trans transgreden las normas de género. La que se manifiesta de manera más franca es la autora y activista trans Kate Bornstein, que escribe: «Sé que no soy un hombre [...] y he llegado a la conclusión de que probablemente tampoco soy una mujer [...]. El problema es que vivimos en un mundo que insiste en que seamos una cosa o la otra».[11] Algunas personas sienten que habitan un espacio entre el hombre y la mujer, un tercer género.

Dado que los espacios de tercer género existen en otras culturas, muchos se preguntan si la cultura estadounidense no será

---

[10] Ver https://ai.eecs.umich.edu/people/conway/TSsuccesses/TSsuccesses.html; y https://ai.eecs.umich.edu/people/conway/TSsuccesses/TransMen.html.

[11] K. Bornstein, *Gender Outlaw: On Men, Women, and the Rest of Us*, Vintage Books, 1994. Cita extraída de la contracubierta.

demasiado rígida como para aceptar un tercer (o cuarto) género —forzando así a la gente a ubicarse en uno u otro de los dos géneros principales—, o si son más bien las personas las que eligen identificarse con uno de los géneros. La mayor dificultad que se plantea para que se pueda reconocer una tercera identidad de género es saber qué es lo que esto representa. Las personas que pasan de un género binario tradicional a otro tienen muy claro dos cosas: dónde quieren acabar y una gran insatisfacción con su punto de partida. Pasar a un tercer género requiere mucha exploración y probar diferentes combinaciones, siendo algunas mezclas armoniosas de ambos géneros y otras declaraciones flagrantes y provocativas de resistencia.

Otros géneros experimentales son el llamado *genderqueer*[12] o el *gender-fuck*. Uno de los primeros grupos pioneros en manifestarse como *gender-fuck* fue el de las Sisters of Perpetual Indulgence (Hermanas de la Perpetua Indulgencia), un grupo de hombres que se visten con hábitos de monja y lucen barba o bigote.[13] Se fundó en 1979 y se han establecido en muchas ciudades del mundo, dedicándose a obras de beneficencia. Son escandalosos y muy solicitados para desfiles y como maestros de ceremonias en actos públicos. Se burlan con éxito de muchos líderes religiosos, que casi siempre pican el anzuelo y responden a la provocación.

Jóvenes lesbianas marimachos y chicos trans están explorando nuevas, interesantes y atractivas combinaciones de lo masculino y lo femenino como estilos de vida completos. Estos nuevos modelos de género sugieren que un tercer género puede convertirse en una opción real en los próximos años.[14]

---

[12] *Genderqueer* describe a una persona cuya identidad de género reside fuera del tradicional binarismo de género. El *gender-fuck* es reconocido como un acto radical de presentación de género, no como una identidad. No es simplemente ser andrógino ante la sociedad o estar inconforme con el género, se trata de tomar acción conscientemente ante ello e impactar a las personas que piensan que solo existe ser masculino o femenino. *(N. de la T.).*

[13] Ver https://www.thesisters.org/sistory/spihistory-.htm.

[14] Ver discusión y fotografías en J. Halberstam, *Female Masculinity*, Duke University Press, 1998 [trad. cast.: *Masculinidad femenina*, Editorial Egales, 2008]; D. Volcano y J. Halberstam, *The Drag King Book*, Serpent's Tail, 1999.

La evolución del arcoíris humano

Insisto: las lesbianas, los gais, los bisexuales, los trans y los intersexuales existen. Pero ¿por qué existimos? ¿Podemos teorizar sobre cómo evolucionó la diversidad de género y la sexualidad en los humanos, como hicimos antes con los animales? Creo que no. Metodológicamente, no se puede estudiar la evolución humana del mismo modo que se estudia la evolución animal. Los humanos ocupan el globo. A los animales normalmente podemos identificarlos con un tipo de entorno y unos rasgos asociados a una función concreta en dicho entorno. En cambio, nuestra especie ha evolucionado en respuesta a todos los entornos físicos y sociales con los que nuestro acervo genético se ha ido topando. Los lazos sociales creados a través de la sexualidad entre personas del mismo sexo podrían mantener a alguien vivo en la antigua Grecia, pero causar su muerte durante la Inquisición católica. La evolución de nuestra especie refleja presiones tanto positivas como negativas.

La historia relativamente corta de la sexualidad entre personas del mismo sexo como categoría de identidad puede deberse a lo común que es. Teniendo en cuenta su prevalencia, la vigilancia de la sexualidad entre personas del mismo sexo como una categoría distintiva, y en ausencia de marcadores fenotípicos visibles, requiere un derroche de energía permanente por parte de la sociedad. No hay más que ver cuánto tiempo y dinero se gastan en actividades legislativas y legales para reprimir a los gais, como si algún día fueran a desaparecer si se invirtiese lo suficiente en erradicarlos. Las categorías transgénero parecen tener una historia más larga, quizá porque las personas trans son a la vez visiblemente distintivas y relativamente poco comunes, por lo que se requiere menos energía para mantenerlas en casillas descriptivas. A veces me pregunto si las categorías identitarias de gay y lesbiana simplemente se disolverán algún día porque ya nadie querrá molestarse en hacer tales distinciones, mientras que las categorías trans persistirán durante más tiempo.

Las expresiones transgénero parecen estar asociadas a ciertas ocupaciones, y los ingresos de tales actividades pueden beneficiar directamente a la persona trans o a su familia en el sentido más amplio de la palabra. En la Antigüedad, ser eunuco permitía trabajar en el espacio privado tanto de los hombres como de las mujeres, sin verse confrontado a la competencia entre hombres. Es de suponer que los padres de los esclavos eunucos se beneficiaban de la venta de sus hijos y quizá esto les permitía criar a otros. Del mismo modo, los nativos americanos dos espíritus ayudaban a veces directamente a criar a sus parientes, y algunas vestidas mexicanas dan dinero a sus familias. Estos beneficios familiares pueden ser significativos para la evolución a través de la selección de parentesco, especialmente con un sesgo reproductivo ya alto en la población. Dado que las personas con identidades transgénero eran valiosas en determinadas ocupaciones, pueden haber ayudado a perpetuar su presencia en el acervo genético humano al beneficiar a sus familias. Por otra parte, a lo largo de la historia, las personas trans han tenido sus propios hijos. Su ocupación y su temperamento pueden ser directamente ventajosos en algunas circunstancias, por lo que pueden ser buscadas como pareja. En general, la evolución de la expresión transgénero, al igual que la sexualidad entre individuos del mismo sexo, refleja la prosperidad en épocas positivas y la represión en épocas adversas.

Probablemente nunca sabremos por qué se produce un color concreto en el arcoíris del género y la sexualidad humanos. Sin embargo, es evidente que nuestra especie, al igual que otras, tiene arcoíris naturales de expresión de género y sexualidad que emanan de nuestra reserva genética, de nuestra humanidad compartida. La sociedad talla estos arcoíris en categorías como los moldes esculpen una masa de galletas en determinadas formas. Damos forma a nuestras galletas a través de nuestras políticas de derechos humanos. ¿Deberíamos tener solo dos categorías muy amplias, hombre y mujer, que dieran cabida a la sexualidad entre personas del mismo sexo y al cruce de géneros; dos enormes galletas llenas de pepitas de chocolate, pasas, frutos secos, chispitas de colores y mucho más? ¿Estas dos grandes categorías únicas seguirían permitiendo la discriminación de quienes desean un tercer género? ¿O deberíamos tener muchas galletas pequeñas, cada una con sabores especiales —el enfoque de los M&M's—, y una proliferación de políticas de identidad? ¿O tal vez algunas galletas grandes y otras pequeñas? No lo sé. Lo que sí sé es que lo que no va a funcionar es embutir a nuestra especie en dos pequeñas categorías de género y sexualidad. Creo que el arcoíris siempre tiene más colores que las categorías de la sociedad, y que esta siempre trata de meterlo en unas pocas categorías preexistentes. Los científicos sociales tienen la perspectiva opuesta; piensan que la diversidad ocurre porque la sociedad genera diferencias entre personas que son biológicamente iguales. No estoy de acuerdo. La biología que conozco habla de una variación infinita, no de unas pocas categorías universales. Esta interminable variabilidad biológica siempre está asomando por entre las categorías sociales, desbordando las fronteras, falseando los bordes.

Sin embargo, el arcoíris no es estático. Cuando modificamos la sociedad, sus instituciones y categorías, la sustancia de nuestra especie cambia lentamente en respuesta a las nuevas fuerzas de la selección natural que ahora residen en la sociedad, dando lugar a nuevos arcoíris que fluyen hacia la sociedad, en un vaivén cultural-biológico lento.

Un imperativo moral

Hasta ahora me he centrado en los fundamentos empíricos para sostener el arcoíris humano de la diversidad al completo. Ahora, para abrazar la diversidad, me referiré a un imperativo moral tomado de una tradición religiosa. La Biblia no aborda la diversidad afirmando categorías seleccionadas una por una. Sin duda nos gustaría que la Biblia fuera más directa en la ratificación de las personas homosexuales. Pero es posible que dentro de otros mil años lleguemos a discernir más categorías de identidad que las que actualmente reconocemos, mientras que otras ya se habrán consolidado. ¿Qué dirá entonces la Biblia? Pues lo mismo que dice ahora. La Biblia ratifica toda la diversidad biológica —incluso las categorías sin nombre o las reorganizadas— en la historia del arca de Noé, un relato que abarca tres capítulos del Génesis.

Veamos de nuevo esta historia:[15] «La tierra estaba llena de violencia. Y Dios dijo a Noé: "Construye un arca"». Se le dijo: «Y de todo lo que vive, de toda carne, dos de cada especie meterás en el arca [...]. De las aves según su especie y de las bestias según su especie, de todo reptil de la tierra según su especie, dos de cada especie entrarán contigo para que tengan vida [...]. De todo animal limpio tomarás siete parejas, un macho y su hembra; pero, de los animales que no son limpios, una sola pareja, el macho y su hembra; también de las aves de los cielos, siete parejas, macho y hembra, para conservar viva la especie sobre la faz de la tierra».

El Génesis continúa: «Y Noé y sus hijos y su mujer y las mujeres de sus hijos entraron con él en el arca para escapar de las aguas del diluvio. De los animales limpios, y de los animales no limpios, y de las aves, y de todo lo que se arrastra sobre la tierra, de dos en dos, macho y hembra, entraron en el arca con Noé [...], toda bestia según su tipo y todo el ganado bovino según su tipo, y todo lo que se arrastra sobre la tierra según su tipo, y toda ave según su tipo, toda ave de cada tipo. Entraron en el arca con Noé, dos y dos de toda carne en la que había aliento de vida».

Después de cuarenta días de inundación, las aguas se retiraron. Y Dios dijo: «Todos los animales que están contigo, aves y bestias y todo reptil que se arrastra sobre la tierra, llevarás contigo; que vayan por la tierra, y fructifiquen y se multipliquen sobre la tierra». (Génesis 6-9).

Estos pasajes dejan claro que todos los organismos tienen cabida en el arca, tanto los «limpios» como los «impuros», y cada uno «según su tipo». Sin embargo, el arca suele representarse con un solo macho y una hembra de cada especie. «Tipo» significa más que simplemente una especie. «Tipo» incluye las variedades dentro de una especie. «Todo el ganado bovino según sus tipos» significa todas las variedades de ganado. Todos los bovinos pertenecen a la misma especie porque todos pueden cruzarse entre sí. Así que «todos los bovinos según sus tipos» indica que el arca contenía todas las variedades de bovinos y, por extensión, todas

[15] Para este pasaje y los siguientes he utilizado la traducción de la Biblia al español de Reina-Valera, 1960. *(N. de la T.).*

las variantes dentro de cada especie. Dios no le dijo a Noé que escogiera, incluyendo algunas variedades y excluyendo otras. Por lo tanto, el arca habría albergado todo el arcoíris de expresión de género y sexualidad, así como todas las demás dimensiones de la diversidad biológica.

En la historia del arca de Noé, la Biblia ofrece una protección global para toda la diversidad biológica. El mensaje es exhaustivo en su inclusión, y sin calificaciones. No nos hace falta buscar en la Biblia la ratificación de cada nueva categoría de diversidad que distingamos. El arca lo cubre todo, ahora y siempre. El mensaje del arca de Noé es que hay que conservar todas las clases biológicas.

La agenda trans

Una vez fui a cenar con un conferenciante que, al enterarse de que era trans, se mostró molesto por mi existencia. «Pero ¿vosotros qué es lo que queréis?», insistió. Uno habría pensado que la respuesta era obvia: disfrutar de los mismos derechos que tiene todo el mundo. Pero no era lo suficientemente concreta. Por ello, y para concluir este capítulo, expongo aquí mi lista de «lo que queremos». Mi agenda trans consta de seis puntos:

1. Queremos ser vistos como una parte normal de la diversidad humana.
2. Exigimos la libertad de expresar nuestros propios testimonios sin filtros; exigimos tener nuestras propias voces.
3. Queremos que nos traten con cortesía y dignidad. No queremos levantarnos la falda para mostrar que somos mujeres ni bajarnos los pantalones para mostrar que somos hombres. Queremos que nos respeten como personas, no como cuerpos.
4. Exigimos que cesen los asesinatos de personas trans. Apoyamos la ampliación de la legislación vigente contra los delitos de odio para incluir la identidad de género como categoría protegida.

5. Queremos una participación igualitaria en las instituciones públicas, incluyendo el empleo, la educación, la vivienda, el matrimonio, la adopción, el servicio militar y la vida religiosa. Apoyamos la ampliación de cualquier legislación antidiscriminatoria existente para que se incluya en ella la identidad de género. Apoyamos la legislación que permita a dos personas cualesquiera contraer matrimonio. Defendemos la revocación de la norma de «no preguntes, no digas nada» del Ejército estadounidense. Apoyamos el bautismo y la ordenación, independientemente de la orientación sexual o la identidad de género.
6. Queremos que los planes sanitarios cubran todos los servicios médicos necesarios para la transición de género, como es el caso de la cobertura de las prestaciones por embarazo. Aunque algunos planes de salud solo cubren enfermedades devastadoras, otros cubren muchos tratamientos, desde la acupuntura hasta la fisioterapia, y estos planes integrales no deberían excluir las prestaciones para personas transgénero.

De estos seis puntos, el primero es el más importante, y el resto se desprende de él. Creo que nos hemos ganado estos derechos por nuestras contribuciones colectivas a la familia y a la sociedad, y sé que podríamos ser aún más productivos si no estuviéramos trabajando bajo la amenaza constante a nuestra integridad personal, o mermados por el estigma. También creo que una sociedad moderna que quiera ser moral y civilizada debe garantizar estos seis puntos.

Apéndice

Recomendaciones para una normativa

He ofrecido en este libro información sobre diversidad, género y sexualidad que en general no se conoce ni se valora. ¿Cuál es el siguiente paso? ¿Nos sentamos a reflexionar y vamos olvidándonos poco a poco del tema? ¿O nos vemos obligados a actuar? Creo que está justificado que actuemos. Los hechos expuestos en la primera parte sobre la diversidad en los vertebrados exigen una reforma educativa en la etapa preparatoria de la enseñanza médica, en las facultades de Medicina y en la formación continua. La parte segunda, que revela cómo la ingeniería genética y la medicina intentan curar enfermedades, desarrollar armas biológicas y manipular nuestras reservas genéticas, desvela la necesidad de que existan normas explícitas de ética profesional y una participación pública en la supervisión de la biotecnología. La exploración de la tercera parte sobre cómo se manifiestan el género y la sexualidad en diversas culturas exige un reconocimiento público de nuestro arcoíris humano. A continuación, presento algunas recomendaciones específicas sobre las medidas que podríamos adoptar.

Educación

Plan de estudios para los cursos preparatorios de Medicina

Recomiendo que el plan de estudios de los estudiantes de cursos preparatorios de Medicina incluya la enseñanza de la diversidad biológica y, en particular, del género y la sexualidad, y que las facultades de Medicina impongan este requisito como condición para la admisión. En la actualidad, el plan de estudios de Medicina de Estados Unidos incluye cursos de química orgánica, bioquímica, genética y biología celular, quizá con algo de fisiología. Como resultado, los estudiantes que acceden a la carrera de Medicina solo conocen profesionalmente siete especies: una bacteria, un gusano, una mosca de la fruta, un pollo, un conejo, un ratón y el ser humano, las especies con las que han realizado la mayoría de los estudios médicos en el laboratorio. Limitar el plan de estudios a estas siete especies hace que los médicos no tengan ni idea de la diversidad natural, lo que se traduce en convertir en algo patológico cualquier cosa que sea sorprendente. ¿Imagina la alarma que siente un joven médico al encontrarse por primera vez con un bebé con unos conductos genitales atípicos, una mujer con anatomía masculina, un hombre con anatomía femenina o una persona que presenta a su pareja del mismo sexo en una fiesta? Sin embargo, esto es tremendamente anodino a la luz de la morfología genital de los vertebrados, de las múltiples expresiones de género que incluyen a machos femeninos y a hembras masculinas, y de los más de trescientos grupos en los cuales existe el cortejo y el apareamiento entre individuos del mismo sexo.

Plan de estudios de Medicina

Es evidente que los pacientes y sus médicos necesitan hablar de muchas cuestiones relacionadas con el sexo, el género y la sexualidad. Sin embargo, la Facultad de Medicina de la Universidad de Stanford, por ejemplo, no ofrece ni un solo curso sobre sexualidad humana, aunque los estudiantes de Medicina han organizado uno por su cuenta, recurriendo a conferenciantes externos. Creo que esta laguna curricular plantea dudas sobre la idoneidad del plan de estudios, suponiendo que Stanford sea representativa. Por lo tanto, recomiendo que las facultades de Medicina ofrezcan una formación en sexualidad humana como condición para ser acreditadas para ofrecer un título de doctorado.

Una de las dificultades para poner en práctica esta recomendación reside en encontrar profesorado competente en materia de sexualidad humana. La sexualidad humana es una de las materias académicas más flojas de toda la ciencia biomédica. Para remediar la falta de académicos destacados en esta área recomiendo que los Institutos Nacionales de Salud establezcan becas especiales para apoyar a aquellos que se encuentran al principio o a la mitad de su carrera científica en otras disciplinas biomédicas, para que cambien sus estudios por los de la sexualidad humana. Además, recomiendo que la formación continua de los médicos incluya formación tanto en diversidad de género como en sexualidad humana.

Plan de estudios de Psicología

Recomiendo que el plan de estudios de Psicología incluya un curso básico de un año sobre los principios de la biología que abarque tres áreas:

- → *Clasificación.* Si se toma la biología como referencia, en psicología la clasificación de las personas en varios «tipos» y «subtipos» se hace de manera poco rigurosa. Los biólogos, en cambio, son cautelosos incluso a la hora de clasificar los organismos en especies, y nunca se les ocurriría establecer categorías basadas en un diagnóstico formal para clasificar la variación fenotípica dentro de una especie. En las dos últimas décadas, la biología ha desarrollado sofisticados métodos estadísticos que se emplean para clasificar, y estos principios modernos de clasificación deberían aplicarse también en psicología.
- → *Biología evolutiva.* Los psicólogos abusan cada vez más de la teoría de la evolución para inventar historias evolutivas que supuestamente «explican» el comportamiento humano. Deberían comprender mejor las normas y los métodos para proponer y comprobar las hipótesis de la biología evolutiva.
- → *Genética molecular y endocrinología.* Los psicólogos suelen hablar de genes y hormonas en términos simplistas y desfasados desde hace décadas. La psicología necesita actualizar la información sobre la acción de los genes y las hormonas para tener una base explicativa menos dicotómica de la distinción naturaleza-crianza.

Práctica médica

Lista de enfermedades certificada por la FDA

La Administración de Alimentos y Medicamentos de Estados Unidos (FDA) debería asumir la responsabilidad de mantener una lista oficial de enfermedades que fuese utilizada por los profesionales de la salud como base para el diagnóstico. En la actualidad, las listas de enfermedades son administradas por numerosas sociedades profesionales y grupos de especialistas. El *Manual Merck* es la guía para las dolencias físicas, el *DSM-IV* para las afecciones del comportamiento, y diversos tratamientos tienen sus propios «estándares de atención médica».

Además, las sociedades profesionales se pronuncian sobre determinados procedimientos, como la circuncisión. Mientras tanto, las principales aseguradoras y organizaciones responsables de la salud tienen sus propias listas de diagnósticos con cobertura, prescripciones permitidas, formularios de medicamentos apropiados, etc. En su lugar, sugiero que se encargue a la propia FDA la elaboración de una lista oficial de afecciones que se consideren enfermedades. El proceso de creación de la lista debería incluir las aportaciones de los profesionales médicos, las aseguradoras, las organizaciones responsables de la salud y los grupos de defensa de los pacientes.

Procedimientos médicos aprobados por la FDA

La FDA debería regular las terapias quirúrgicas y conductuales de la misma manera que lo hace con los tratamientos farmacéuticos. El estándar para una cura con el bisturí o en el diván no debería ser diferente al de la cura que se obtiene con una ampolla. Para ser certificado por la FDA, un medicamento debe pasar pruebas sobre su eficacia, modo de acción y efectos secundarios. Lo mismo debería exigirse a los procedimientos quirúrgicos y a las terapias comportamentales. Para que la FDA certifique un procedimiento quirúrgico o una terapia comportamental, debe demostrarse que funciona, debe entenderse por qué funciona y deben cuantificarse los efectos secundarios. Además, debe garantizarse un estudio de seguimiento. Estos pasos podrían eliminar o reducir en gran medida la curación espuria de enfermedades que no son tales.

Ingeniería genética y biotecnología

Juramento deontológico

Los biotecnólogos deberían abanderar públicamente un código ético profesional. Los médicos llevan mucho tiempo adhiriéndose a alguna versión del antiguo juramento hipocrático, que les compromete, sobre todo, a no hacer daño.[1] La admisión a un programa de máster o a un doctorado en las disciplinas de biotecnología, incluidas la biología molecular, la bioquímica y la ingeniería genética, también debería incluir un juramento. Este juramento debería ser: «Prometo proteger el patrimonio genético humano. Prometo utilizar la biotecnología para la paz». Como mínimo, este juramento dejaría claro el imperativo moral.

Uno podría objetar que este juramento no va lo suficientemente lejos. Creo que es demasiado pronto para exigir un juramento de protección de las reservas genéticas de otras especies, aunque en el futuro podríamos hacerlo. Hasta ese momento, deberíamos exigir un compromiso para proteger a la especie humana.

Licencia de biotecnólogo profesional

Al igual que los médicos y los ingenieros, los biotecnólogos deberían tener una licencia. Los exámenes para obtener la certificación deberían evaluar los conocimientos sobre seguridad ciudadana, incluidas las implicaciones epidemiológicas y para la salud pública. La prueba también debería examinar el conocimiento de las dimensiones éticas de su práctica e incluir una reafirmación de su juramento de proteger el patrimonio genético humano y buscar

---

[1] Una discusión actual sobre el juramente hipocrático: https://www.pbs.org/wgbh/nova/doctors/oath.html.

la paz. A partir de entonces, solo un biotecnólogo con título debería poder optar a financiación gubernamental como investigador principal de estudios que afecten al genoma humano, al igual que solo los médicos con una titulación son elegibles para llevar a cabo investigaciones en seres humanos con fondos del Gobierno.

Política empresarial en materia ética

Se debería exigir a las empresas de biotecnología un compromiso corporativo similar al juramento que hacen los biotecnólogos a título personal. Las empresas deberían apoyar una política corporativa que proteja el acervo genético humano y persiga la paz. Recomiendo que los inversores institucionales eliminen de sus carteras de acciones a las empresas de biotecnología que no asuman este compromiso, y que los inversores privados no compren acciones de dichas empresas. Recomiendo que las empresas que no se impliquen en esta dirección no puedan optar a subvenciones ni a contratos gubernamentales.

Informe de impacto epidemiológico

En cuanto a los productos biotecnológicos, la Administración de Alimentos y Medicamentos de Estados Unidos debería autorizar las terapias solo después de que se haya elaborado un informe de impacto epidemiológico satisfactorio. Este informe sería el equivalente médico del informe de impacto ambiental que se exige para los proyectos de construcción que afectan al bienestar de la comunidad. El informe de impacto epidemiológico exigiría que se hicieran los deberes ecológicos antes de aprobar la terapia. En el caso de las enfermedades infecciosas, el informe de impacto detallaría cómo administrar el fármaco para minimizar el desarrollo de resistencias en los patógenos. En el caso de las enfermedades genéticas, el informe de impacto debería explicar por qué es necesario reparar el arcoíris humano. El informe aclararía si la terapia genética en cuestión realmente remedia un defecto genético o se trata únicamente de cosmética génica. El informe debería centrarse en las implicaciones del producto para el acervo genético humano.

Un informe de impacto epidemiológico para las terapias de ingeniería genética es el equivalente a los informes de impacto exigidos por los grupos de consumidores y ecologistas para los cultivos de ingeniería genética.[2] Las preocupaciones suscitadas por los alimentos Frankenstein ofrecen un pequeño anticipo de las protestas que surgirán sobre la ingeniería genética del arcoíris humano una vez que se conozcan mejor las aspiraciones de las industrias biotecnológicas.

Un código común para los informes de impacto ecológico y medioambiental

En la actualidad, la Agencia de Protección Ambiental (EPA) regula las plantas diseñadas para producir sus propios pesticidas, y el Departamento de Agricultura de Estados Unidos (USDA) es responsable de garantizar la seguridad ecológica de las plantas modificadas genéticamente. Sus procesos de regulación han sido muy criticados. De ahí esta recomendación final: debería desarrollarse un código o estándar común para los informes de impacto ecológico y epidemiológico para la FDA, la EPA y el USDA.

Un símbolo público

Propongo que construyamos una «Estatua de la Diversidad» que sea para la costa oeste lo que la Estatua de la Libertad es para la costa este: un faro de bienvenida y una declaración fundamental de los valores y el modo de vida estadounidenses. En las elecciones de noviembre de 2000 me presenté como candidata a supervisora en el barrio South of Market de San Francisco. Propuse que se construyera una Estatua de la Diversidad en el puerto de San Francisco.[3]

---

[2] C. Yoon, «Reassessing ecological risks of genetically altered crops», *New York Times*, 3 de noviembre de 1999, p. 1.

[3] *City and County of San Francisco Voter Information Pamphlet and Sample Ballot*, «Supervisor - District 6, Ballot Type 03», 7 de noviembre de 2000, p. 13.

Podría construirse en Treasure Island, una isla del puerto, cerca del Bay Bridge, que fue el lugar donde se celebró la Feria Mundial de 1939-1940. Los barcos que se dirigieran a los muelles de Oakland y San Francisco navegarían frente a ella, sería visible desde ambas ciudades y se podría acceder a ella en cinco minutos desde la terminal del *ferry* de Market Street en San Francisco y en un trayecto algo más largo desde Jack London Square, en Oakland.

Imagino que el diseño podría surgir de un concurso abierto y podría contener símbolos que afirmen la diversidad biológica y cultural de muchas tradiciones espirituales. La instalación también podría albergar una plaza y un espacio público para la recreación, las artes y la naturaleza. La estatua ofrecería esperanza a quienes han sufrido discriminación, animando a la gente a mirar más allá de las promesas incumplidas de la meritocracia, promesas que se hacen con tanta frecuencia pero que rara vez se cumplen. Esta Estatua de la Diversidad sería una audaz declaración del liderazgo moral de Estados Unidos.